2026

합격Easy

위험물
산업기사 필기

- ✔ 단원 미리 보기 및 **학습 POINT를 통해 공부 방향을 제시**
- ✔ 별점 개수를 통한 **효과적인 학습 가이드**
- ✔ 기출 복원 문제로 구성한 **CBT 최종모의고사 6회 수록**
- ✔ **핵심 정리+형성평가+CBT 최종모의고사 완벽 해설**

이응재·윤두수·김선기·최은선 공저

 위험물 산업기사 핵심 개념
동영상 강의 무료 제공

 CBT 최종모의고사 해설
동영상 강의 무료 제공

 CBT 온라인 과년도
기출문제 무료 제공

 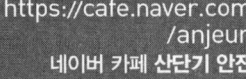 **학습지원센터**
https://cafe.naver.com
/anjeun
네이버 카페 산단기 안전

 도서
출판 **건기원**

합격Easy
위험물산업기사 필기

🔒 교재 인증[등업] 방법

01 산단기 안전 학습지원센터 카페에 가입
(https://cafe.naver.com/anjeun)

02 아래 공란에 닉네임 기입 후 **QR-코드 촬영**

03 게시판 목록 중 **[합격이지 교재 인증]**에 게시

카페 닉네임

- 중고도서 지운 흔적 등 중복기입(인증) 불가
- 볼펜, 네임펜 등 지워지지 않는 펜으로 크게 기입

📌 주의 사항

- ✔ 교재 인증 시 [산단기 안전] – [무료 강의] 게시판 목록에서 강의 시청 가능
- ✔ 카페 닉네임 변경 시 등급 변경에 대한 불이익을 받을 수 있습니다.
- ✔ 카페 내 공지사항은 반드시 필독해 주세요!

합격 Easy 위험물산업기사 합격을 향한 합격이지의 Easy한 사용법

STEP 1 | 합격이지 위험물산업기사 필기 교재 인증

① QR 코드로 [합격이지 교재 인증] 빠른 이동
② [글쓰기] 클릭
③ 양식에 맞춰 글 작성

STEP 2 | CBT 온라인 기출문제 이용법

• 미디어몬에서 위험물산업기사 필기 온라인 기출문제 무료 응시
  ※ CBT 온라인 모의고사 이용 시 **로그인 및 PC 사용 권장**

STEP 3 | 합격이지 위험물산업기사 필기 무료 강의

① QR 코드로 스캔하여 [위험물산업기사 필기] 빠른 이동
② 합격이지 위험물산업기사 필기의
   무료 강의로 모두 다 함께 학습!

Preface

머리말

산업사회의 급속한 변화와 발달로 인해 위험물을 취급하는 정유회사, 석유화학, 위험물의 제조소, 유기합성물 제조업, 의약품 제조업 등의 분야에서 취급·사용되는 위험물질들이 증가함에 따라 사고에 대한 보안 감독이 크게 강화되고 있으며, 이 분야의 안전관리자 역할이 강조되면서 위험물 안전관리자의 수요가 급증하고 있습니다.

여러 현장에서 근무하는 많은 직장인이나 전공·비전공 분야의 학생들이 이 분야의 전문자격증을 취득하고자 열성을 다하여 공부하고 있으며, 또한 이러한 열의로 단기간에 국가기술자격증을 취득하고자 노력하고 있습니다. 하지만 최근에는 개정된 출제 경향에 따라 시험 문제가 출제됨으로써 수험생들이 어려움을 겪고 있어 이러한 어려움을 해결하기 위해 국가기술자격시험의 출제 경향을 철저하고 세밀히 파악·분석하여 시험에 응시하는 모든 수험생이 가장 쉽고 빠르게 단기간에 합격할 수 있도록 기초부터 쉽게 이해할 수 있도록 새롭게 재구성하였습니다.

교재의 핵심 포인트

❶ 단원 미리 보기의 '핵심 키워드'와 '학습 방향'을 통해 해당 과목의 공부 방향을 제시
❷ 각 챕터의 "학습 POINT"를 통해 학습 방향을 제시하고, 단기 합격을 위한 개념을 제시
❸ 본문의 핵심정리와 다양한 '그림'과 '표', '날개'의 설명을 통해 쉽게 이해할 수 있도록 제시
❹ 단원별 형성평가 문제와 해설을 빠짐없이 수록하여 해당 단원을 실시간 평가할 수 있도록 제시
❺ 출제빈도가 높은 기출 복원 문제로 구성한 CBT 최종모의고사를 통해 체계적 학습을 할 수 있도록 제시

출제빈도를 별점 개수로 표시하여 효과적인 학습 방향을 제시하였습니다.

★: 간혹 출제되는 개념이지만, 기본이 되는 개념입니다.

★★: 자주 출제되는 개념이므로, 시간이 부족해도 반드시 이해하고 넘어가세요.

★★★: 반드시 이해 및 숙지하고 넘어가야 하는 빈출 개념입니다. 시험 전날에는 반드시 한 번 더 봐야 할 개념입니다.

본 저자는 〈위험물산업기사〉 자격증을 취득하고자 하는 분들에게 미흡하나마 도움을 드리고자 하는 마음으로 이 책을 집필하였으며, 부족하고 미흡한 점이 있다면 반드시 수정 보완하여, 좀 더 완벽한 책이 될 수 있도록 노력하겠습니다. 끝으로 이 책으로 공부하시는 모든 수험생이 꼭 합격의 영광을 누릴 수 있기를 진심으로 기원하며 이 책의 출간에 힘써주신 도서출판 건기원 임직원분들께 감사의 말씀을 드립니다.

공저자 일동

출제기준

직무 분야	화학	중직무분야	위험물	자격 종목	위험물산업기사	적용 기간	2025.01.01.~ 2029.12.31

○ **직무내용**: 위험물제조소등에서 위험물을 제조 · 저장 · 취급하고 작업자를 교육 · 지시 · 감독하며, 각 설비에 대한 점검과 재해 발생 시 사고대응 등의 안전관리 업무를 수행하는 직무이다.

필기 검정방법	객관식	문제수	60	시험 시간	1시간 30분

과목명	주요항목	세부항목	세세항목
물질의 물리 · 화학적 성질 (20)	1. 기초 화학	1. 물질의 상태와 화학의 기본법칙	1. 물질의 상태와 변화 2. 화학의 기초법칙 3. 화학 결합
		2. 원자의 구조와 원소의 주기율	1. 원자의 구조 2. 원소의 주기율표
		3. 산, 염기	1. 산과 염기 2. 염 3. 수소이온농도
		4. 용액	1. 용액 2. 용해도 3. 용액의 농도
		5. 산화, 환원	1. 산화 2. 환원
	2. 유기화합물 위험성 파악	1. 유기화합물 종류 · 특성 및 위험성	1. 유기화합물의 개념 2. 유기화합물의 종류 3. 유기화합물의 명명법 4. 유기화합물의 특성 및 위험성
	3. 무기화합물 위험성 파악	1. 무기화합물 종류 · 특성 및 위험성	1. 무기화합물의 개념 2. 무기화합물의 종류 3. 무기화합물의 명명법 4. 무기화합물의 특성 및 위험성 5. 방사성 원소
화재 예방과 소화방법 (20)	1. 위험물 사고 대비 · 대응	1. 위험물 사고 대비	1. 위험물의 화재예방 2. 취급 위험물의 특성 3. 안전장비의 특성
		2. 위험물 사고 대응	1. 위험물시설의 특성 2. 초동조치 방법 3. 위험물의 화재 시 조치

과목명	주요항목	세부항목	세세항목
	2. 위험물 화재예방·소화방법	1. 위험물 화재예방 방법	1. 위험물과 비위험물 판별 2. 연소이론 3. 화재의 종류 및 특성 4. 폭발의 종류 및 특성
		2. 위험물 소화방법	1. 소화이론 2. 위험물 화재 시 조치방법 3. 소화설비에 대한 분류 및 작동방법 4. 소화약제의 종류 5. 소화약제별 소화원리
	3. 위험물 제조소 등의 안전계획	1. 소화설비 적응성	1. 유별 위험물의 품명 및 지정 수량 2. 유별 위험물의 특성 3. 대상물 구분별 소화설비의 적응성
		2. 소화 난이도 및 소화설비 적용	1. 소화설비의 설치기준 및 구조·원리 2. 소화난이도별 제조소등 소화설비 기준
		3. 경보설비·피난설비 적용	1. 제조소등 경보설비의 설치대상 및 종류 2. 제조소등 피난설비의 설치대상 및 종류 3. 제조소등 경보설비의 설치기준 및 구조·원리 4. 제조소등 피난설비의 설치기준 및 구조·원리
위험물 성상 및 취급 (20)	1. 제1류 위험물 취급	1. 성상 및 특성	1. 제1류 위험물의 종류 2. 제1류 위험물의 성상 3. 제1류 위험물의 위험성·유해성
		2. 저장 및 취급방법의 이해	1. 제1류 위험물의 저장방법 2. 제1류 위험물의 취급방법
	2. 제2류 위험물 취급	1. 성상 및 특성	1. 제2류 위험물의 종류 2. 제2류 위험물의 성상 3. 제2류 위험물의 위험성·유해성
		2. 저장 및 취급방법의 이해	1. 제2류 위험물의 저장방법 2. 제2류 위험물의 취급방법
	3. 제3류 위험물 취급	1. 성상 및 특성	1. 제3류 위험물의 종류 2. 제3류 위험물의 성상 3. 제3류 위험물의 위험성·유해성
		2. 저장 및 취급방법의 이해	1. 제3류 위험물의 저장방법 2. 제3류 위험물의 취급방법
	4. 제4류 위험물 취급	1. 성상 및 특성	1. 제4류 위험물의 종류 2. 제4류 위험물의 성상 3. 제4류 위험물의 위험성·유해성

과목명	주요항목	세부항목	세세항목
		2. 저장 및 취급방법의 이해	1. 제4류 위험물의 저장방법 2. 제4류 위험물의 취급방법
	5. 제5류 위험물 취급	1. 성상 및 특성	1. 제5류 위험물의 종류 2. 제5류 위험물의 성상 3. 제5류 위험물의 위험성·유해성
		2. 저장 및 취급방법의 이해	1. 제5류 위험물의 저장방법 2. 제5류 위험물의 취급방법
	6. 제6류 위험물 취급	1. 성상 및 특성	1. 제6류 위험물의 종류 2. 제6류 위험물의 성상 3. 제6류 위험물의 위험성·유해성
		2. 저장 및 취급방법의 이해	1. 제6류 위험물의 저장방법 2. 제6류 위험물의 취급방법
	7. 위험물 운송·운반	1. 위험물 운송기준	1. 위험물운송자의 자격 및 업무 2. 위험물 운송방법 3. 위험물 운송 안전조치 및 준수사항 4. 위험물 운송차량 위험성 경고 표지
		2. 위험물 운반기준	1. 위험물운반자의 자격 및 업무 2. 위험물 용기기준, 적재방법 3. 위험물 운반방법 4. 위험물 운반 안전조치 및 준수사항 5. 위험물 운반차량 위험성 경고 표지
	8. 위험물 제조소 등의 유지관리	1. 위험물 제조소	1. 제조소의 위치기준 2. 제조소의 구조기준 3. 제조소의 설비기준 4. 제조소의 특례기준
		2. 위험물 저장소	1. 옥내저장소의 위치, 구조, 설비기준 2. 옥외탱크저장소의 위치, 구조, 설비기준 3. 옥내탱크저장소의 위치, 구조, 설비기준 4. 지하탱크저장소의 위치, 구조, 설비기준 5. 간이탱크저장소의 위치, 구조, 설비기준 6. 이동탱크저장소의 위치, 구조, 설비기준 7. 옥외저장소의 위치, 구조, 설비기준 8. 암반탱크저장소의 위치, 구조, 설비기준
		3. 위험물 취급소	1. 주유취급소의 위치, 구조, 설비기준 2. 판매취급소의 위치, 구조, 설비기준 3. 이송취급소의 위치, 구조, 설비기준 4. 일반취급소의 위치, 구조, 설비기준

과목명	주요항목	세부항목	세세항목
		4. 제조소등의 소방시설 점검	1. 소화난이도 등급 2. 소화설비 적응성 3. 소요단위 및 능력단위 산정 4. 옥내소화전설비 점검 5. 옥외소화전설비 점검 6. 스프링클러설비 점검 7. 물분무소화설비 점검 8. 포소화설비 점검 9. 불활성가스 소화설비 점검 10. 할로젠화물 소화설비 점검 11. 분말소화설비 점검 12. 수동식 소화기설비 점검 13. 경보설비 점검 14. 피난설비 점검
9. 위험물 저장·취급	1. 위험물 저장기준		1. 위험물 저장의 공통기준 2. 위험물 유별 저장의 공통기준 3. 제조소등에서의 저장기준
	2. 위험물 취급기준		1. 위험물 취급의 공통기준 2. 위험물 유별 취급의 공통기준 3. 제조소등에서의 취급기준
10. 위험물안전관리 감독 및 행정처리	1. 위험물시설 유지관리 감독		1. 위험물시설 유지관리 감독 2. 예방규정 작성 및 운영 3. 정기검사 및 정기점검 4. 자체소방대 운영 및 관리
	2. 위험물안전관리법상 행정사항		1. 제조소등의 허가 및 완공검사 2. 탱크안전 성능검사 3. 제조소등의 지위승계 및 용도폐지 4. 제조소등의 사용정지, 허가취소 5. 과징금, 벌금, 과태료, 행정명령

※ 자세한 출제기준은 한국산업인력공단(http://www.q-net.or.kr/)에서 확인하실 수 있습니다.

차 례

PART 2 화재 예방과 소화방법

Contents

차 례

PART 3 위험물 성상 및 취급

CHAPTER 1 제1류 위험물

CHAPTER 2 제2류 위험물

CHAPTER 3 제3류 위험물

Contents

차 례

CHAPTER 8 위험물 운송·운반기준

PART 4 CBT 최종모의고사

MEMO

CBT 필기시험 미리보기

http://www.q-net.or.kr

처음 방문하셨나요?

큐넷 서비스를 미리 체험해보고
사이트를 쉽고 빠르게 이용할 수 있는
이용 안내, 큐넷 길라잡이를 제공

큐넷 체험하기	CBT 체험하기
이용안내 바로가기	큐넷길라잡이 보기
동영상 실기시험 체험하기	
전문자격시험체험학습관 바로 가기	

이용 방법 큐넷에 **접속**한 후, 메인 화면 하단의 〈CBT 체험하기〉
버튼을 클릭한다.

PART

1

물질의 물리·화학적 성질

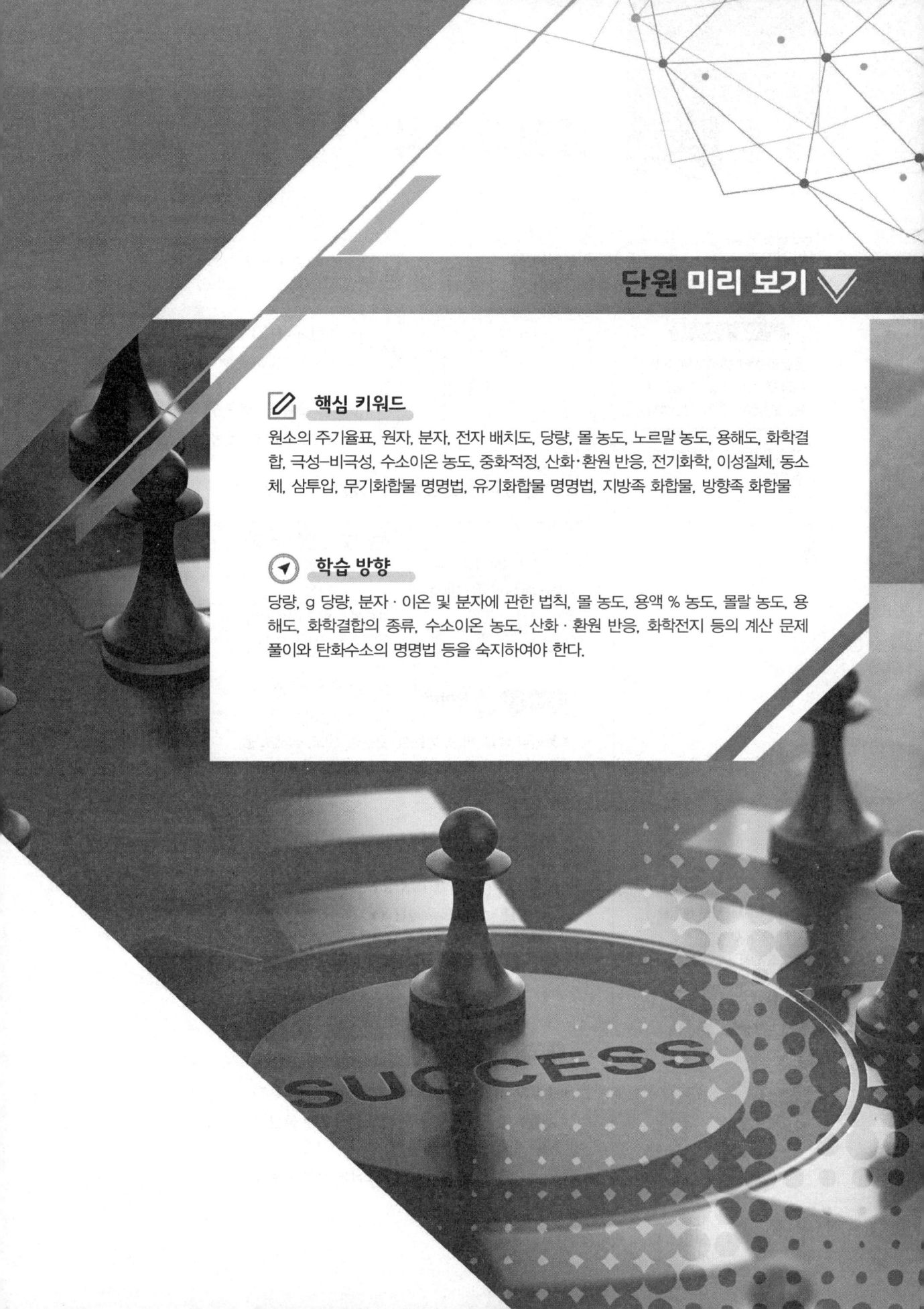

단원 미리 보기 ▽

✎ 핵심 키워드

원소의 주기율표, 원자, 분자, 전자 배치도, 당량, 몰 농도, 노르말 농도, 용해도, 화학결합, 극성–비극성, 수소이온 농도, 중화적정, 산화·환원 반응, 전기화학, 이성질체, 동소체, 삼투압, 무기화합물 명명법, 유기화합물 명명법, 지방족 화합물, 방향족 화합물

◉ 학습 방향

당량, g 당량, 분자 · 이온 및 분자에 관한 법칙, 몰 농도, 용액 % 농도, 몰랄 농도, 용해도, 화학결합의 종류, 수소이온 농도, 산화 · 환원 반응, 화학전지 등의 계산 문제 풀이와 탄화수소의 명명법 등을 숙지하여야 한다.

물질과 과학 ✦✦✦

1▶ ① 물질의 분류

학습 POINT

물질의 상태변화에서부터 원자와 분자, 분자 및 분자설, 이온, 분자설에 관한 기본법칙을 개념화하고 더불어 화학식의 종류와 이의 명명법을 알 수 있다.

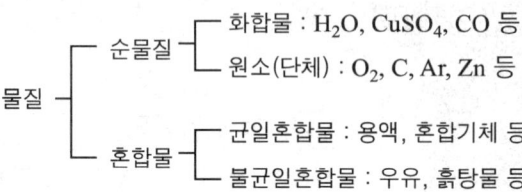

$$
\text{물질} \begin{cases} \text{순물질} \begin{cases} \text{화합물} : H_2O, CuSO_4, CO \text{ 등} \\ \text{원소(단체)} : O_2, C, Ar, Zn \text{ 등} \end{cases} \\ \text{혼합물} \begin{cases} \text{균일혼합물} : \text{용액, 혼합기체 등} \\ \text{불균일혼합물} : \text{우유, 흙탕물 등} \end{cases} \end{cases}
$$

1. 순물질과 혼합물의 차이점

	순물질(pure substance)	혼합물(mixture)
성분비	일정	일정하지 않음
녹는점(mp), 끓는점(bp)	일정	일정하지 않음
성분의 분리	화학적 방법으로만 분리 《예》 물 → 전기분해	물리적 방법으로 분리 《예》 소금물 → 증발

Check! Point

- **물리적 성질**: 비중, 녹는점, 끓는점, 밀도, 용해도 등
- **화학적 성질**: 물질 본질 자체가 변화될 때 관찰되는 성질

2. 화합물과 원소의 차이점: 연소생성물로 구별됨

✔ 원소

주기율표에 표시된 물질들
《예》 물(H_2O)
- 수소 원자 2개와 산소 원자 1개로 이루어진 물질
- 수소 원소와 산소 원소로 이루어진 물질

1) **원소:** 한 가지 연소생성물 발생

《예》 $2H_2 + O_2 \rightarrow 2H_2O$

2) **화합물:** 두 가지 이상의 연소생성물 발생

《예》 $CH_4 + 2O_2 \rightarrow CO_2 + 2H_2O$

Check! Point

- **순물질**: 홑원소 물질과 화합물
- **혼합물**: 순물질이 두 가지 이상 섞여 있는 물질
  《예》 소금 용액, 공기 등
- **원소(=단체):** 한 종류의 원자만으로 구성된 물질

■ **화합물**: 둘 또는 그 이상의 원자들이 일정 비율로 결합되어 있는 물질
   《예》 CH_4, H_2O, $NaCl$ 등
■ **홑원소 물질**: 한 가지 원소만으로 구성된 물질
   《예》 Cu, Fe, H_2, O_2, I_2, P_4 등

• 유기화합물은 탄소(C)를 중심으로 산소, 수소, 질소, 할로젠 등의 원소가 결합되어 있는 화합물
  《예》 CH_4, $CHCl_3$ 등
• 무기화합물은 탄소 이외의 원소만으로 이루어진 화합물
  《예》 다이아몬드, CO, CO_2, CS_2, KCN 등
• 고분자화합물은 분자량이 10,000 이상인 화합물
  《예》 단백질, 헥세인, 고무, 나일론 등

3. 혼합물의 분리와 정제

① 고체와 액체 혼합물: 거름(여과법), 증류
② 고체 혼합물: 분별 결정(재결정법), 승화, 추출
③ 액체 혼합물: 분별 증류(분류법), 밀도차 이용
④ 기체 혼합물: 액화, 화학 반응 이용

Check! Point

■ **기체 혼합물 분리정제**
   ① 산성 건조제: 진한 황산, 오산화인(수증기와 염기성 기체를 흡수)
   ② 염기성 건조제: 소다석회(수증기와 산성 기체를 흡수)
   ③ 중성 건조제: 염화칼슘, 실리카겔(수증기 흡수)

참고

• **거름(여과법)**: 고체와 액체 혼합물 분리하는 방법
  《예》 흙탕물로부터 흙과 물의 분리
• **증류(끓는점 차이를 이용)**: 비휘발성 고체가 용해된 액체 혼합물을 가열하여 액체는 증기로 만들어 냉각시켜 순수한 액체로 만들고 고체를 분리하는 방법
  《예》 소금물을 가열하여 물과 소금으로 분리
• **분별 결정(재결정법)**: 용해도 차에 의해 결정이 석출되어 분리하는 방법
  《예》 소량의 소금이 불순물로 들어있는 질산칼륨에서 순수한 질산칼륨을 분리
• **승화**: 승화성 물질이 승화되어 분리되는 방법
  《예》 드라이아이스, 나프탈렌 등
• **추출**: 혼합물에서 한 종류만이 용해되는 용매로 목적하는 물질만 녹여 분리하는 방법
  《예》 에터 용매를 사용 콩 속의 유지를 추출
• **분별증류(분류법)**: 비등점(끓는점) 차이를 이용
  《예》 원유로부터 가솔린, 경유, 등유 등을 분리할 때
• **비중차 이용(밀도차 이용)**: 서로 섞이지 않는 액체 혼합물을 분별깔때기를 사용하여 분리
  《예》 물과 기름의 분리
• **액화법**: 기체 혼합물을 액화시켜 분별 증류하거나 비점(비등점) 차이를 이용
  《예》 공기의 액화 분리(질소의 비등점: −195℃, 산소의 비등점: −183℃)
• **크로마토그래피(chromatography)**: 정지상과 이동상에 수반되는 분리법으로 용매에 혼합물을 녹여서 용액 상태로 만든 후, 흡착 물질에 부으면 물질에 따라 흡착되는 속도가 달라 층을 이룸으로써 분리함
  《예》 TLC, 가스크로마토그래피(GC), 액체크로마토그래피(LC), 관크로마토그래피, 종이크로마토그래피 등

② 물질의 상태

1. 물질의 상태변화

① 기화: 액체 → 기체

② 액화: 기체 → 액체

③ 용융: 고체 → 액체

④ 응고: 액체 → 고체

⑤ 승화: 고체 → 기체, 기체 → 고체

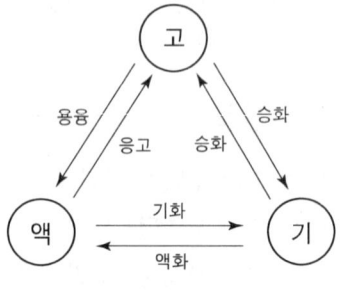

▲ 물질의 상태변화

Check! Point

■ **기체**

① 분자 간의 간격이 삼상태 중에서 가장 크다.

② 분자 운동(진동·회전·병진 운동)이 가장 활발하여 에너지가 가장 크다.

■ **액체**

• 분자 운동: 진동과 회전 운동

■ **고체**

① 분자와 분자 간의 인력이 크다.

② 분자 운동: 진동 운동

③ 고체의 결합력 세기: 원자성결정 〉 이온성결정 〉 금속성결정 〉 분자성결정

2. 상평형

① 곡선 AD: 용융 곡선

② 곡선 AB : 증기압력 곡선

③ 곡선 AC: 승화 곡선

④ 점 A: 삼중점(고체, 액체, 기체가 공존하는 있는 온도와 압력을 표시한 점)

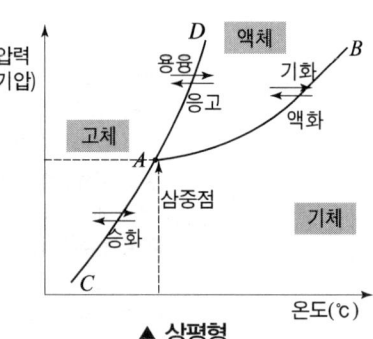

▲ 상평형

Check! Point

■ **액화의 조건**: 임계온도 이하, 임계압력 이상일 것

㉠ 임계온도(한계온도): 기체가 액화될 수 있는 가장 높은 온도

㉡ 임계압력(한계압력): 기체가 액화될 수 있는 가장 낮은 압력

■ **순물질일 경우**: 융용점(m.p)과 응고점(f.p)이 같다.

3. 물의 삼상태 ✐

1) 물의 삼상태

① 물의 현열: 100cal/g

② 얼음의 융해열: 80cal/g

③ 물의 기화열: 539cal/g

④ 물의 비열: 1cal/g·℃

⑤ 얼음의 비열: 0.5cal/g·℃

⑥ 수증기의 비열: 0.47cal/g·℃

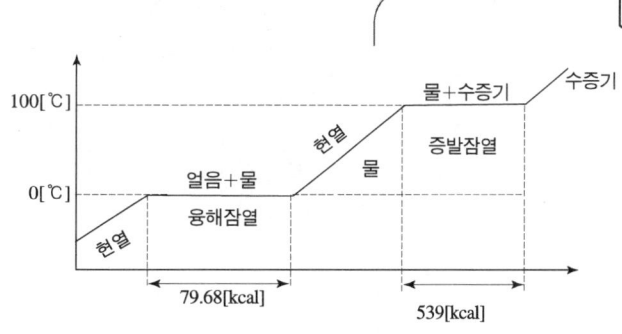

▲ 물의 삼상태

2) 현열($Q = Cm\Delta t$): 상태변화 없이 온도만 변할 때의 열량

3) 잠열($Q = mr$): 온도변화 없이 물질의 상태만 변할 때의 열량

4) 비열($C = Q/m\Delta t$): 물질 1g을 1℃올리는 데 필요한 열량

(Q: 열량(cal), m: 질량(g), Δt: 온도차(℃), r: 잠열(=융해열 또는 기화열)

4. 결정구조

1) 고체의 결정구조

① 체심 입방 구조: Na, K 등

② 입방 밀집 구조(면심 입방 구조): Cu, Ag 등

③ 육방 밀집 구조: Zn, Co 등

2) 결정의 분류

(1) 결정성 고체: 일정한 녹는점을 가짐

① 원자결정: 다이아몬드

② 분자결정: 드라이아이스

③ 이온결정: 소금

④ 금속결정: 구리

(2) 비결정성 고체

① 결정의 특성이 없고, 녹는점이 없음

② 비결정성 고체

《예》 유리, 아교, 엿 등

○ 결정에 따른 분류

결정	성분 원소	구성입자	결합	녹는점	예
분자결정	비금속+비금속	분자	분자 간 힘	낮음	드라이아이스
이온결정	금속+비금속	양이온, 음이온	이온결합	높음	NaCl
원자결정	비금속+비금속	원자	공유결합	높음	C(다이아몬드)
금속결정	금속	양이온, 자유전자	금속결합	높음	Cu, Zn, Fe

1▸ ③ 원자와 분자

1. 원자의 구성 입자

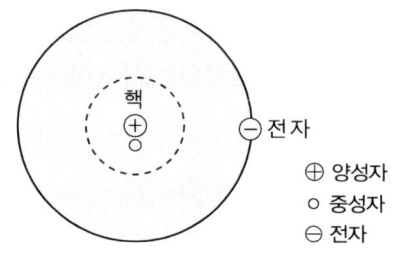

① 중심에 (+) 전기를 띤 핵(양성자와 중성자)과 그 주위를 돌고 있는 (−)전기를 띤 전자로 구성됨

② 원자핵의 (+) 전하와 (−) 전하의 양이 같아 전기적으로 중성을 나타냄

입자		전하	질량비	부호	발견자
핵	양성자(p,H$^+$)	+1	1(1836)	P 또는 $_1^1$H	골드슈타인
	중성자(n)	0	1(1839)	n 또는 $_0^1$n	채드윅(1932년)
전자(e$^-$)		−1	$\dfrac{1}{1836}$	e 또는 $_{-1}^0$n	톰슨(1887년)

Check! Point

- **원자 1개의 지름**: $1 \times 10^{-8} \sim 3 \times 10^{-8}$cm
  $\mathring{A}$(옹스트롬)$= 10^{-8}$cm$= 10^{-10}$m
- **원자핵의 지름**: $1 \times 10^{-13} \sim 3 \times 10^{-12}$cm
- **전자 질량**: 9.10×10^{-26}g
- **중간자**: 핵 내의 양성자와 중성자가 뭉쳐 있을 수 있게 하는 핵력을 나타내는 물질

◆ 원자

물질을 구성하는 기본 입자

◆ 원자의 구성 입자

① 양성자: 양(+)전하를 띤다.
② 중성자: 전하를 띠지 않는다.
③ 전자: 음(−)전하를 띤다.

2. 질량수와 동위 원소 ✦

1) 질량수

원자핵을 구성하는 핵자의 총수

질량수＝양성자 수＋중성자 수

2) 원자의 표시법

$$_Z^A X_n^m$$

Z: 원자번호(양성자 수=전자 수)   A: 질량수(양성자 수＋중성자 수)
m: 이온이 되었을 때 전하   n: 화합물 내에서의 원자의 수

3) 동위 원소

① 원자번호는 같고 질량수가 다른 원소
② 양성자 수, 전자 수는 동일하지만 중성자 수가 다른 원소
③ 화학적 성질은 같고 물리적 성질이 다른 원소

원소	기호	양성자 수	중성자 수	질량수
$_1$H	$_1^1$H(경수소)	1	0	1
	$_1^2$H(D)(중수소)	1	1	2
	$_1^3$H(T)(삼중수소)	1	2	3
$_6$C	$_6^{12}$C	6	6	12
	$_6^{13}$C	6	7	13
$_8$O	$_8^{16}$O	8	8	16
	$_8^{17}$O	8	9	17
	$_8^{18}$O	8	10	18
$_{17}$Cl	$_{17}^{35}$Cl	17	18	35
	$_{17}^{37}$Cl	17	20	37

4) 동중원소

① 원자번호는 다르나 질량수(원자량)가 같은 원소
② 서로 다른 물질이기 때문에 화학적·물리적 성질이 서로 다름

《예》 $_8^{14}$O와 $_7^{14}$N

5) 동소체

같은 원소지만, 원자 배열이 다른 원소로 연소생성물이 같다.

◐ 여러 가지 동소체와 연소생성물

원소(원자)	동소체	연소생성물
탄소(C)	다이아몬드, 흑연, 활성탄	이산화탄소(CO_2)
산소(O)	산소(O_2), 오존(O_3)	–
인(P)	흰인(P_4), 붉은인(P)	오산화인(P_2O_5)
황(S_8)	사방황(S_8), 단사황(S_8)	이산화황(SO_2)

3. 원자설에 관한 기본법칙 ✍

1) 질량 보존의 법칙(라보아제)

반응물질의 총질량과 생성물질의 총질량은 항상 같다.

$$C \ + O_2 \ \rightarrow \ CO_2$$
$$12g + 32g \ \rightarrow \ 44g$$

2) 일정 성분비의 법칙(프루스트)

한 화합물을 구성하고 있는 성분 원소의 질량비는 항상 일정하다.

$$2H_2 + O_2 \ \rightarrow \ 2H_2O$$
$$4g \ + \ 32g \rightarrow \ 36g(\text{수소와 산소의 질량비는 } 1:8)$$

3) 배수비례의 법칙(돌턴)

같은 두 원소가 화합하여 두 가지 이상의 화합물을 만들 때 한 원소의 일정량과 결합하는 다른 원소의 질량 사이에는 간단한 정수비가 성립된다.

CO와 CO_2에서 C의 질량 12와 결합하는 O의 질량비는 16g : 32g, 즉 1 : 2의 정수비를 이룬다.

4. 원자량 ✍

$^{12}_{6}C$를 기준으로 이 값과 비교한 다른 원자의 상대질량

원자질량단위(a.m.u: atomic mass unit)

$1a.m.u = $ 탄소 원자 1개 질량$(1.99 \times 10^{-23}g) \times \dfrac{1}{12} = 1.66 \times 10^{-24}g$

※ 원자(분자) 1개의 질량 $= \dfrac{\text{원자량(분자량)}}{N(6.02 \times 10^{23})}g$

C원자 1개의 질량 $= \dfrac{12}{6.02 \times 10^{23}} = 1.99 \times 10^{-23}$

◉ 돌턴의 원자설

① 원자는 더 이상 쪼갤 수 없다.
② 같은 원소의 원자는 모양, 크기, 질량이 같다.
③ 원자들은 새로 생성되거나 소멸되지 않는다.
④ 화합물은 서로 다른 원자가 정수비로 결합하여 만들어진다.
  ㉠ 원자는 더 작은 입자로 나눌 수 있다.
  ㉡ 같은 원소의 원자라도 질량이 다른 것이 있다.

◉ 원자설 중 수정되어야 할 사항

• 원자는 쪼갤 수 있다(양성자, 중성자 등).
• 원자는 핵분열과 핵융합에 의해서 다른 원자로 바뀔 수 있다.
• 동위원소는 화학적 성질은 비슷하지만 질량값은 다르다.

1) g 원자량

원자량에 g 단위를 붙인 값=원자 1몰의 질량=원자 1개의 질량×
$(6.02×10^{23}$개)의 질량

2) 당량

어떤 원소가 산소(당량 8)나 수소(당량 1.008)와 결합 또는 치환할 수
있는 원소의 양

$$당량=\frac{원자량}{원자가},\ 원자량=당량×원자가,\ 원자가=\frac{원자량}{당량}$$

3) g 당량

당량에 'g'를 붙인 것

Check! Point

■ **산의 1g 당량**$=\dfrac{산의\ 분자량}{수소(H)의\ 개수}$ {수소의 개수=산의 염기도 수}

《예》 HCl의 1g 당량 $=\dfrac{36.5}{1}=36.5g$

■ **염기의 1g 당량**$=\dfrac{염기의\ 분자량}{수산기(OH)의\ 개수}$ {수산기의 개수=염기의 산도 수}

《예》 Ca(OH)₂의 1g 당량: $\dfrac{74}{2}=37g$

- 산소 1g 당량=8g, 수소 1g
  당량=1.008g
- 산소 2g 당량=16g, 수소
  2g 당량=2.016g

4) 원자량 구하는 방법

- 듀퐁—프티 법칙: 원자량 $=\dfrac{6.4}{비열}$
- 원자량=당량×원자가

1▶④ 분자 및 이온

1원자 분자	He(헬륨), Ar(아르곤), Hg(수은)
2원자 분자	H₂(수소), N₂(질소), HCl(염화수소)
3원자 분자	CO₂(이산화탄소), O₃(오존)
4원자 분자	P₄(인), NH₃(암모니아)
고분자(거대분자)	녹말, 수지

✔ **분자**

2개 이상의 원자가 결합하여
이루어진 물질의 특성을 가지
는 기본 입자

1. 아보가드로 분자설

① 물질을 나누어 가면 분자가 된다.
② 같은 물질의 분자는 크기, 모양, 질량이 같다.
③ 분자는 다시 몇 개의 원자로 쪼갤 수 있다.
④ 같은 온도, 압력, 부피 속에서 모든 기체는 같은 수의 분자 수가 존재한다.

2. 분자량

분자량
원자량의 총합

1) 분자량

《예》 H_2O(H 원자량: 1, O 원자량: 16)$=1\times2+16\times1=18$

2) g분자량

분자량에 g 단위를 붙인 값=분자 1몰의 질량=분자 1개의 질량 × 6.02×10^{23}개의 질량

3) 분자량의 측정

공기의 평균분자량

> 질소(분자량 28) 78%, 산소(분자량 32) 21%, 아르곤(아르곤 40) 1%
> $\therefore$ 공기의 평균 분자량 $=\dfrac{(28\times78)+(32\times21)}{100}$ ≒ 29

3. 이온

이온
전하를 띤 원자나 원자단

1) 양이온: 원자가 전자를 잃고 (+) 전하를 띤 입자

《예》 Na^+, NH_4^+, Al^{3+}, Mg^{2+}, Cu^{2+}, Pb^{2+} 등

2) 음이온: 원자가 전자를 얻어 (−) 전하를 띤 입자

《예》 Cl^-, SO_4^{2-}, NO_3^-, CH_3COO^-, CO_3^{2-} 등

4. 분자설에 관한 기본법칙 ✖✖

1) 기체 반응의 법칙

화학 반응에서 반응하는 기체와 생성되는 기체의 부피 사이에는 간단한 정수비가 성립된다.

■ 몰 수의 비=체적의 비(몰 비 2 : 1 : 2=체적비 2 : 1 : 2)

$$\underline{2H_2} + \underline{O_2} \rightarrow \underline{2H_2O}$$
수소　산소　　물

2) 아보가드로의 법칙

모든 기체는 같은 온도와 같은 압력에서 같은 부피 속에 존재하는 기체 분자의 수는 일정하다.

3) 보일의 법칙

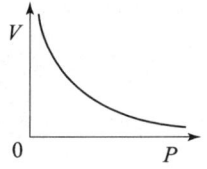 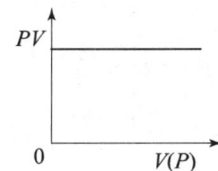 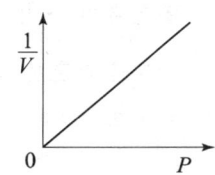

일정한 온도에서 모든 기체의 부피는 압력에 반비례

$$PV = P'V', \ PV = k(T는 일정)$$

4) 샤를의 법칙

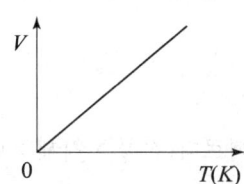 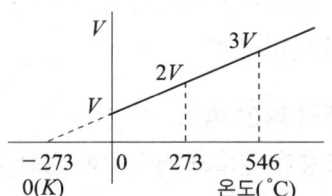

일정한 압력에서 모든 기체의 부피는 절대온도에 비례

$$\frac{V}{T} = \frac{V'}{T'}, \ V = kT(P는 일정)$$

5) 보일-샤를의 법칙

$$\frac{PV}{T} = \frac{P'V'}{T'}, \ \frac{PV}{T} = k$$

일정한 기체의 부피는 압력에 반비례하고 절대온도에 비례

• 모든 기체 1mol은 표준상태 (0℃, 1atm)에서 체적이 22.4 L이며, 이 부피 속의 분자 수는 6.023×10^{23}개임

• 표준상태(STP)
Standard Temperature and Pressure

6) 이상 기체상태 방정식 ✖✖

$$PV = nRT$$

(P: 압력, V: 부피, n: 몰 수[질량(w)/분자량(M)], R: 기체상수
($= 0.082l \cdot atm/mol \cdot K$), T: 절대온도 K)

 Point

■ 절대온도 환산법

① ℃(섭씨절대온도): $K = ℃ + 273$

② ℉(화씨절대온도): $R = ℉ + 460$

③ $K = \dfrac{℉R}{1.8}$, $℉R = K \times 1.8$

④ ℃를 ℉ 환산: $℉ = \dfrac{9}{5} \times ℃ + 32$

⑤ ℉를 ℃ 환산: $℃ = (℉ - 32) \times \dfrac{5}{9}$

✔ **분자 운동**

① 기체: 진동 · 회전 · 병진 운동
② 액체: 진동과 회전 운동
③ 고체: 진동 운동

5. 기체 분자의 운동 ✖✖

1) 그레이엄의 법칙(기체의 확산 속도를 이용하여 분자량을 측정)

$$\frac{V_1}{V_2} = \sqrt{\frac{M_2}{M_1}} = \sqrt{\frac{d_2}{d_1}} \ (V: 분출속도, \ M: 분자량, \ d: 밀도)$$

같은 온도와 압력에서 두 기체의 분출 속도는 밀도 및 분자량의 제곱근에 반비례 함

2) 기체의 확산 속도

분자량과 밀도가 작을수록 확산 속도가 빠르다(진공 > 기체 > 액체).

 Point

① 1몰: 입자 6.02×10^{23}개의 집단

② 몰 부피: 0℃, 1기압에서 기체 1몰의 부피 → $22.4 \ l$

③ 기체 분자의 몰 수 계산법

$$몰(mol) \ 수 = \frac{질량}{분자량} = \frac{기체부피(l)}{22.4} = \frac{분자 \ 수}{6.02 \times 10^{23}}$$

④ 기체의 분자량 구하는 법

• 밀도를 이용 $M = \dfrac{W}{V} \times 22.4$ [W: 질량(g), V: 부피(l)] (STP 상태)

• 비중을 이용 $M_A = \dfrac{W_A}{W_B} \times M_B$ [W: 기체의 질량, M: 기체의 분자량]

3) 혼합 기체의 압력

돌턴의 부분 압력의 법칙

$$P_t = P_1 + P_2 + P_3 + \cdots$$

(P_t: 전체 압력, P_1, P_2, P_3: 성분 기체의 부분 압력)

Check! Point

- **혼합 기체의 분압 비**=몰 비=부피 비=분자 수의 비=압력의 비
- **부분 압력**=전 압력×몰 분율=전 압력×부피 분율

4) 몰 분율과 부분 압력

$$P_1 = \frac{n_1}{n} \times P_t$$

(P_t: 전체 압력, P_1: 성분 기체 1의 부분 압력, n: 전체 몰 수,
n_1: 성분 기체 1의 몰 수)

1▶ ⑤ 화학식

1. 화학식의 종류

① **실험식**: 물질의 구성 원자를 원소기호로서 가장 간단하게 표시한 화학식
② **분자식**: 분자의 정확한 원자 조성을 나타낸 화학식
③ **시성식**: 분자 속에 들어있는 작용기(관능기)의 결합상태를 나타낸 화학식
   《예》 $-OH$, $-COOH$, $-CHO$, $-CO$, $-O-$ 등
④ **구조식**: 분자를 구성하는 원자들의 결합상태를 결합선으로 나타낸 화학식

구분	실험식	분자식	시성식	구조식
물	H_2O	H_2O	HOH	$H-O-H$
아세트산	CH_2O	$C_2H_4O_2$	CH_3COOH	$\begin{array}{c} H \\ \mid \\ H-C-O-OH \\ \mid \\ H \end{array}$

■ 분자식과 실험식과의 관계

① 분자식 = 실험식 × n (n은 정수)

《예》 $C_2H_4 = (CH_2 \times 2)$

② 실험식 = $\dfrac{분자식}{n}$ (n은 정수)

③ 분자량 = 실험식량 × n (n은 정수)

④ 실험식 비 = $\dfrac{각\ 성분의\ 질량}{원자량의\ 비}$

⑤ 실험식 구하는 순서

아세트알데하이드(CH_3CHO) 각 원소의 질량백분율과 실험식

• 질량백분율

A의 질량% = $\dfrac{전체\ 내의\ A\ 질량}{전체의\ 질량} \times 100$

$C\% = \dfrac{24g}{44g} \times 100 = 54.6\%$, $H\% = \dfrac{4g}{44g} \times 100 = 9.1\%$,

$O\% = 100\% - (54.6\% + 9.1\%) = 36.3\%$

• 실험식

$\dfrac{54.6g}{12g/mol} = 4.55\,mol$, $\dfrac{9.1mol}{1g/mol} = 9.1\,mol$, $\dfrac{36.3g}{16g/mol} = 2.27\,mol$

$C: \dfrac{4.55mol}{2.27mol} = 2$, $H: \dfrac{9.1mol}{2.27mol} = 4$, $O: \dfrac{2.27mol}{2.27mol} = 1$

$\therefore C_2H_4O$

2. 화학식 만들기

① 실험식을 구한다.

② 시성식을 구한다(각 원자 또는 원자단의 원자가를 교차한다).

③ 주기율표에서 전형원소 원자가

주기 \ 족수	1	2	3	4	5	6	7	0
원자가	+1	+2	+3	± 4	−3	−2	−1	0
	불변			가변				불변

④ 중요한 원자단의 원자가

이름	원자가	이름	원자가
수산기(OH^-)	−1	황산기(SO_4^{2-})	−2
질산기(NO_3^-)	−1	아황산기(SO_3^{2-})	−2
시안기(CN^-)	−1	인산기(PO_4^{3-})	−3
탄산기(CO_3^{2-})	−2	암모늄기(NH_4^+)	+1

✔ 원자단

두 가지 이상의 원소가 일정한 원자 수로 결합하여 1개의 원자처럼 화학 변화 시 이동하는 원자의 집합체

《예》 NaCl(염화나트륨): Na⁺⨯Cl⁻, Al₂O₃(산화알루미늄): Al³⁺⨯O²⁻

NaOH(수산화나트륨): Na⁺⨯OH⁻

CO_2(이산화탄소): C⁴⁺⨯O²⁻ , CO(일산화탄소): C²⁺⨯O²⁻

3. 화학식의 명명법

① 모든 이성분 화합물의 명명
- 음이온의 이름을 앞에 쓰고 어미로 '–화'를 붙인다.
  《예》 $Al(OH)_3$: 수산화알루미늄, KCN: 사이안화칼륨

② 음이온의 원자단이 수소(H)와 결합한 물질은 어미에 '–산'을 붙인다 (단, OH⁻, NH₄⁺는 제외).
  《예》 H_2SO_4: 황산, CH_3COOH: 초산

③ 양이온의 원자가가 2개인 경우
- 작은 원자가를 가진 양이온: '제1' 또는 원자가를 로마자로 표시
- 큰 원자가를 가진 양이온: '제2' 또는 원자가를 로마자로 표시
  《예》 $FeO(Fe^{2+}O^{2-})$: 산화제1철(Ⅱ)
  　　　$Fe_2O_3(Fe^{3+}O^{2-})$: 산화제2철(Ⅲ)
  　　　$Cu_2O(Cu^+O^{2-})$: 산화구리(Ⅰ)
  　　　$CuO(Cu^{2+}O^{2-})$: 산화구리(Ⅱ)

④ 음이온의 원자가가 2개인 경우
- 큰 원자가를 가진 음이온에 '과'를 붙인다.
  《예》 $H_2O(H^+O^{2-})$: 물, $H_2O_2(H^+O^-)$: 과산화수소

⑤ 음이온의 원자 수가 여러 개인 경우 음이온 원소의 수를 붙인다.
  《예》 CO와 CO_2: 일산화탄소와 이산화탄소

CHAPTER 02 원자의 구조와 원소의 주기율

2▶ ① 원자의 구조

1. 빛과 스펙트럼

빛은 파동성을 갖는 전자기파와 입자의 성질에 해당하는 광자(proton)라고 할 수 있고, 색광에 따라 파장(λ)과 굴절률도 다르다.

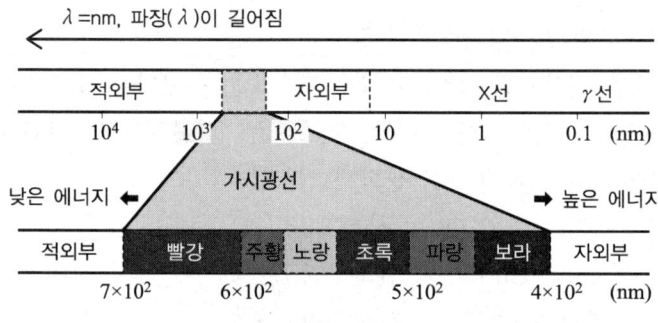

▲ 빛과 스펙트럼

> ※ 파장(λ), 진동수(v), 에너지(E)와의 관계식
> - $c = \lambda v$, c = 빛의 속도($3.0 \times 10^8 m/s$)
> - $E = hv = \dfrac{hc}{\lambda}$, h = 플랑크상수($6.626 \times 10^{-34} J \cdot s$)

2. 원자의 전자 배치 ✖✖

1) 수소 원자의 에너지 준위와 스펙트럼 계열

① 라이먼 계열(자외선 영역): n=2, 3, 4, …인 준위로부터 n=1인 준위로 떨어질 때 방출되는 빛

② 발머 계열(가시광선 영역): n=3, 4, 5, …인 준위로부터 n=2인 준위로 떨어질 때 방출되는 빛

③ 파셴 계열(적외선 영역): n=4, 5, 6, …인 준위로부터 n=3인 준위로 떨어질 때 방출되는 빛

✔ 가시광선 영역

전자기파 중에서 사람의 눈에 보이는 범위의 파장

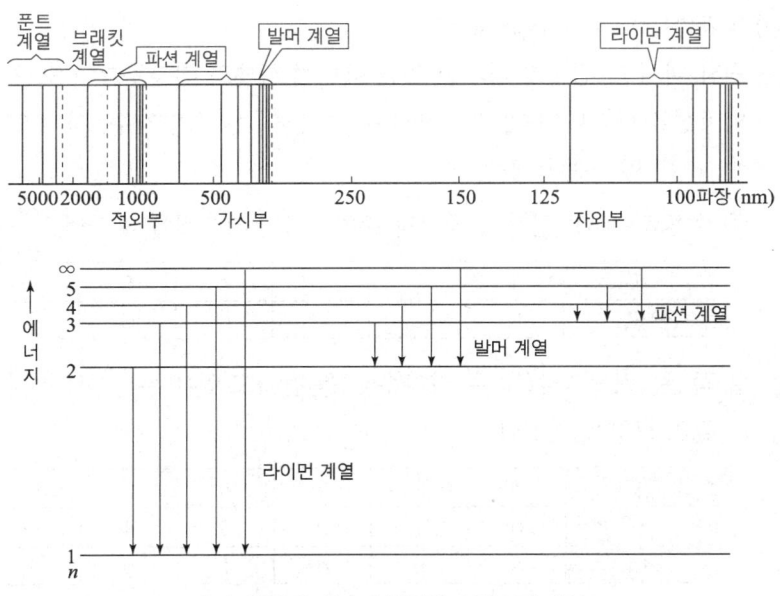

▲ 수소 원자의 에너지 준위와 스펙트럼 계열

Check! Point

1. 수소 원자 스펙트럼 계열 사이의 관계

① 에너지 크기: 라이먼(자외부) 〉 발머(가시부) 〉 파셴(적외부) 〉 블라켓(적외부) 〉 푼트(원적외부)

② 라이먼 계열: 에너지 변화 클수록 → 파장이 짧다.

③ 파셴 계열: 에너지 변화 작을수록 → 파장이 길다.

2. 수소 원자의 선스펙트럼

수소기체를 전기 방전시키면 수소 분자가 수소 원자들로 분해될 때 에너지를 흡수하여 들뜬상태가 되었다가 다시 바닥상태로 되면서 빛을 방출하는데, 이 때 방출되는 빛을 프리즘에 통과시키면 불연속적인 선으로 나타나게 된다.

① 바닥상태(ground state): 전자가 가장 낮은 에너지 준위에 있는 안정한 상태

② 들뜬상태(excited state): 바닥상태의 전자가 에너지를 흡수해 바닥상태보다 높은 에너지 준위에 있는 불안정한 상태(=여기상태)

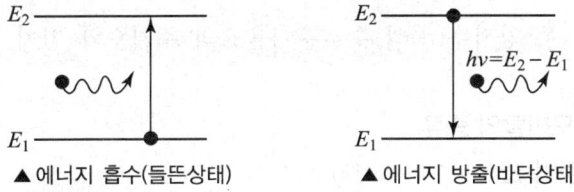

▲ 에너지 흡수(들뜬상태)   ▲ 에너지 방출(바닥상태)

2) 양자수와 오비탈(궤도함수)

원자의 현대적 모델로서 핵 주위의 전자가 어떤 공간에서 발견될 확률을 보여주는 함수로써 양자역학의 이론적 토대를 둠

(1) 양자수(quantum numbers)

원자 내의 각 전자가 가지고 있는 에너지 상태와 전자구름의 모양 및 방향성을 나타내며 네 가지 양자수(주 양자수, 부 양자수, 자기 양자수, 스핀 양자수)를 갖는다.

① 주 양자수(n): 전자의 에너지 준위로서 전자껍질을 나타냄.

n	1	2	3	4	5	⋯
전자껍질	K	L	M	N	O	⋯

② 각 운동량 양자수(l): 주 양자수(n)를 감싸고 있는 부껍질로 전자껍질의 모양을 결정함

n	1	2	3	4	5	⋯
l	0	1	2	3	4	⋯
기호	s	p	d	f	g	⋯

※ 부 양자수 $l = (n-1)$

③ 자기 양자수(m_l): 전자구름의 방향과 궤도면의 위치를 결정함

$m_l = -l, -l+1, \cdots 0 \cdots l-1, l$의 값을 가지며, 오비탈은 $2l+1$개가 존재한다.

《예》 주 양자수(n)가 2인 껍질의 방위 양자수(l) 1인 오비탈 2p는 자기 양자수(m_l) -1, 0, 1의 세 방향(x, y, z) 오비탈이 존재 → $2p_x$, $2p_y$, $2p_z$

④ 스핀 양자수(m_s): 전자의 자전 에너지를 나타내며 두 가지 허용된 방향의 스핀만을 가짐($m_s = +\frac{1}{2}, -\frac{1}{2}$)

(2) 양자수와 원자 오비탈(궤도함수) ✎

원자의 현대적 모델로서 양자역학의 이론적 토대를 둠. 전자껍질을 이루는 에너지 상태

> 주 양자수(n)의 수=주기율표의 주기수와 일치

① 원자오비탈의 종류

ㄱ 1주기 K (n=1) → s(1s)

ㄴ 2주기 L (n=2) → s(2s)와 p(2p)

ㄷ 3주기 M (n=3) → s(3s), p(3p)와 d(3d)

ㄹ 4주기 N (n=4) → s(4s), p(4p), d(4d)와 f(4f)

주 양자수
↓
$2p_x^2$ ← $2p_x$오비탈에 들어 있는 전자수
← 오비탈의 공간 배향
↑
오비탈 종류

② 오비탈의 모양

 ㉠ s 오비탈: 구형으로 방향성이 없고 주 양자수와 함께 1s, 2s, 3s
 등으로 표시함

 ㉡ p 오비탈: 아령 모양으로 x, y, z 세 종류가 존재함

 ㉢ d 오비탈: $n=3$ 이상일 때만 존재하며 dxy, dyz, dxz, dz^2,
 dx^2-dy^2의 5개가 존재함

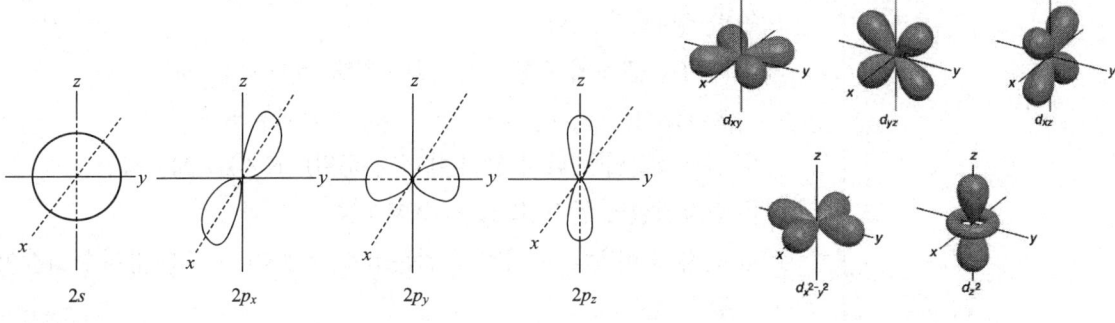

| ▲ s 오비탈 | ▲ p 오비탈 | ▲ d 오비탈 |

Check! Point

• 각 오비탈은 전자를 수용할 수 있는 방을 갖는다.

• 각 오비탈 방에 들어가는 전자 수: 최대 2개 수용(파울리 배타원리)

s 오비탈1개 ⋯ [‥]
　　　　　 2개

p 오비탈 3개 ⋯ [‥ | ‥ | ‥]
　　　　　　　　6개

d 오비탈 5개 ⋯ [‥ | ‥ | ‥ | ‥ | ‥]
　　　　　　　　　　10개

f 오비탈 7개 ⋯ [| ‥ | ‥ | ‥ | ‥ | ‥ | ‥ | ‥ |]
　　　　　　　　　　　　14개

③ 원자 오비탈 수

• 오비탈(s, p, d, f) 수용 최대전자 수: $2n^2$

s 오비탈 1개 ⋯ 　1s
　　　　　　　　[‥]

p 오비탈 3개 ⋯ 　2s 　　2p
　　　　　　　　[‥] [‥ | ‥ | ‥]

d 오비탈 5개 ⋯ 　3s 　　3p 　　　　3d
　　　　　　　　[‥] [‥ | ‥ | ‥] [‥ | ‥ | ‥ | ‥ | ‥]

f 오비탈 7개 ⋯ 　4s 　　4p 　　　　4d 　　　　　　　4f
　　　　　　　　[‥] [‥ | ‥ | ‥] [‥ | ‥ | ‥ | ‥ | ‥] [| ‥ | ‥ | ‥ | ‥ | ‥ | ‥ | ‥ |]

○ 전자껍질의 종류와 수용될 수 있는 전자 수

전자껍질(n)	K(1)	L(2)		M(3)			N(4)			
원자오비탈	1s	2s	2p	3s	3p	3d	4s	4p	4d	4f
수용전자 수	2	2	6	2	6	10	2	6	10	14
전자껍질의 전자 수	2	8		18			32			

3) 전자 배치 ✯✯

핵과 가까운 전자껍질일수록 에너지가 낮아서 안정하며, 핵과 멀어질수록 에너지가 높다.

① 각 전자껍질에 수용할 수 있는 최대 전자 수는 $2n^2$

　　$K = 2 \times 1^2 = 2$, $L = 2 \times 2^2 = 8$, $M = 2 \times 3^2 = 18$ …

② 전자껍질의 에너지 상태(에너지 준위): $K < L < M < N$ …

③ 전자껍질의 안정성: $K > L > M > N$ …

④ 원자 오비탈의 에너지 준위는 $s < p < d < f$ … (주 양자수 n값이 같은 경우)

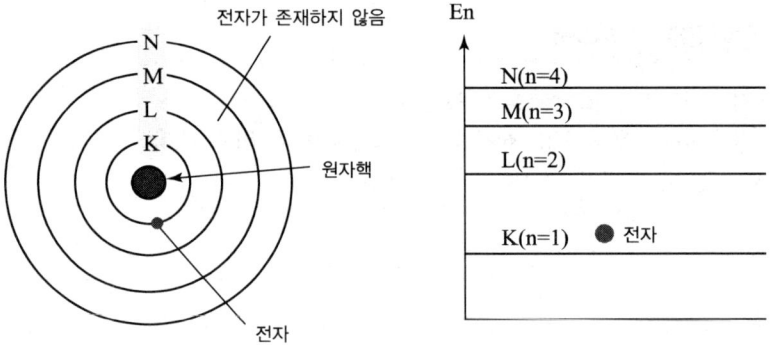

▲ 전자껍질의 에너지준위

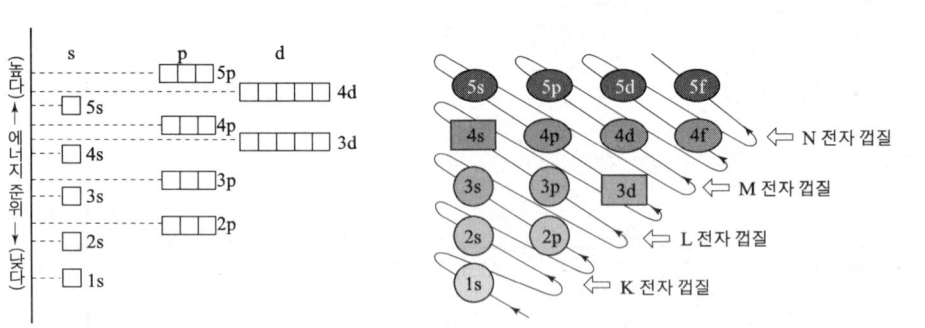

• 부껍질의 에너지 준위

$1s < 2s < 2p < 3s < 3p < 4s < 3d < 4p < 5s < 4d < 5p < 4f < 5d < 5f$

※ 각 부껍질에 들어가는 전자의 수를 표시하기 위하여 윗첨자로 표시한다.

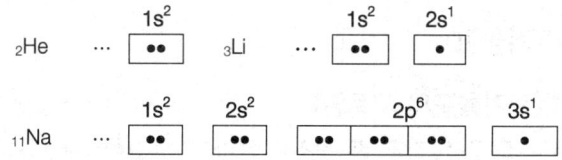

⑤ 전자배치에 필요한 규칙

　㉠ 파울리의 배타 원리: 1개의 오비탈(궤도함수)에는 전자 2개만 들
　　어갈 수 있다.

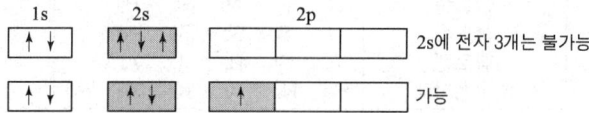

　㉡ 훈트의 규칙: 가능한 한 전자는 이미 점유된 오비탈에 있는 전자
　　와 짝지어 있는 것보다는 비어있는 오비탈에 들어가는 것이 좋다
　　(같은 에너지 준위에서 홀 전자 수가 많을수록 안정하다).

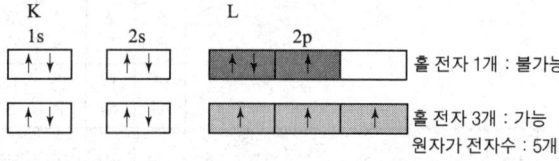

• **홀전자**: 오비탈 내에서 전자쌍을 이루지 못한 전자

맨델레프
주기율의 첫 발견(1869년), 원자량의 순서로 나열

모즐리
현재의 주기율표 완성(1913년), 원자번호를 확정하여 원자번호 순서로 나열

족(Group)
주기율표의 세로줄(원자가 전자 수가 같다.)

1. 주기율표

1) 족(주기율표의 세로줄)
- 동족 원소(같은 족 원소): 화학적 성질이 비슷하다.

🔘 **동족 원소의 이름**

족	족이름	원소	원자가전자의 수
1〈1A〉	알칼리금속	Li Na K Rb Cs Fr	1
2〈2A〉	알칼리토금속	Be Mg Ca Sr Ba Ra	2
3〈3B〉	알루미늄족	B Al Ga In 씨	3
4〈4B〉	탄소족	C Si Ge Sn Pb	4
5〈5B〉	질소족	N P As Sb Bi	5
6〈6B〉	산소족	O S Se Te Po	6
7〈7B〉	할로겐	F Cl Br I At	7
0	비활성기체	He Ne Ar Kr Xe Rn	0

족\주기	1	2											3	4	5	6	7	0
1	1 H																	2 He
2	3 Li	4 Be											5 B	6 C	7 N	8 O	9 F	10 Ne
3	11 Na	12 Mg											13 Al	14 Si	15 P	16 S	17 Cl	18 Ar

족\주기	1A	2A	3A	4A	5A	6A	7A	8			1B	2B	3B	4B	5B	6B	7B	0
4	19 K	20 Ca	21 Sc	22 Ti	23 V	24 Cr	25 Mn	26 Fe	27 Co	28 Ni	29 Cu	30 Zn	31 Ga	32 Ge	33 As	34 Se	35 Br	36 Kr
5	37 Rb	38 Sr	39 Y	40 Zr	41 Nb	42 Mo	43 Tc	44 Ru	45 Rh	46 Pd	47 Ag	48 Cd	49 In	50 Sn	51 Sb	52 Te	53 I	54 Xe
6	55 Cs	56 Ba	*	72 Hf	73 Ta	75 W	56 Ba	76 Os	77 Ir	78 Pt	79 Au	80 Hg	81 Tl	82 Pb	83 Bi	84 Po	85 At	86 Rn
7	87 Fr	88 Ra	**															

※ 원자 번호는 원소 기호 위에 표시하였다.

* 란탄 계열	57 La	58 Ce	59 Pr	60 Nd	61 Pm	62 Sm	66 Eu	67 Gd	68 Tb	69 Dy	67 Ho	68 Er	69 Tm	70 Yb	71 Lu
** 악티늄 계열	89 Ac	90 Th	91 Pa	92 U	93 Np	94 Pu	95 Am	96 Cm	97 Bk	98 Cf	99 Es	100 Fm	101 Md	102 No	103 Lr

▲ 원소 주기율표

2) 주기(주기율표의 가로줄)

① 같은 주기 원소: 전자껍질 수가 같다.

② 단 주기형 주기표: 2주기와 3주기의 원소를 기준으로 만든 주기표 (8번째마다 주기성을 나타내므로 각각 8개의 원소를 기준으로 만들 어짐)

③ 장 주기형 주기표: 4주기와 5주기의 18개 원소를 기준으로 만든 주기 표(원자의 성질과 변화를 알기 쉽다.)

✅ 주기(Period)

주기율표의 가로줄(전자껍질 수가 같다.)

◐ 주기와 전자껍질 및 원소 수

주기	1	2	3	4	5	6	7
전자껍질 수	1	2	3	4	5	6	7
최외각 전자껍질	K	L	M	N	O	P	Q
원소 수	2	4	8	8	18	32	미완성

Check! 👉 Point

① **전형 원소**: 1(1A), 2(2A), 3(3B)~7(7B) 및 0족에 속한 원소들

② **전이 원소**: 4~7 주기에 속하는 3B, 4B, 5B, 6B, 7AB, 8B, 1B, 2B족 원소들

③ **금속 원소**: 양이온 원자가 전자 수: 1~3개

④ **비금속 원소**: 음이온 원자가 전자 수: 4개 이상

⑤ **양쪽성 원소**: 금속과 비금속의 성질을 모두 가지고 있는 원소

《예》 Al, Zn, Sn, Sb, Pb 등

2. 원소의 주기적 성질 및 이온화 에너지

① 같은 주기

㉠ 원자번호 증가할수록 → 이온화 에너지 증가, 비금속성이 커짐

㉡ 원자번호 감소할수록 → 이온화 에너지 감소, 금속성이 커짐

② 같은 족: 원자번호 증가할수록 → 이온화 에너지 감소. 금속성이 커짐

③ 이온화 에너지: 기체상태의 원자 1몰에서 전자 1몰을 떼어내는 데 필요한 에너지

✅ 이온화 에너지 결정인자

• 핵의 전하가 클수록 이온화 에너지는 증가

• 핵과 전자 사이의 평균거리 가 작을수록 이온화 에너지 는 증가

• 가리움 효과가 작을수록 이 온화 에너지는 증가

※ 가리움 효과: 다전자 원자 에서 전자와 전자 간의 반 발력이 원자핵과 전자 사 이의 인력을 부분적으로 상쇄시키는 효과

✅ 이온화 에너지

0족 원소들이 가장 크고 1족 원소(금속)들이 가장 작음

• 0족(불활성기체)

He > Ne > Ar > Kr > Xe > Rn

• 1족(알칼리금속)

Li > Na > K > Rb > Cs

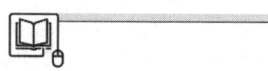

비금속성이 커진다. →

1 H																	2 He
3 Li	4 Be											5 B	6 C	7 N	8 O	9 F	10 Ne
11 Na	12 Mg											13 Al	14 Si	15 P	16 S	17 Cl	18 Ar
19 K	20 Ca	21 Sc	22 Ti	23 V	24 Cr	25 Mn	26 Fe	27 Co	28 Ni	29 Cu	30 Zn	31 Ga	32 Ge	33 As	34 Se	35 Br	36 Kr
37 Rb	38 Sr	39 Y	40 Zr	41 Nb	42 Mo	43 Tc	44 Ru	45 Rh	46 Pd	47 Ag	48 Cd	49 In	50 Sn	51 Sb	52 Te	53 I	54 Xe
55 Cs	56 Ba	57 La	72 Hf	73 Ta	75 W	56 Ba	76 Os	77 Ir	78 Pt	79 Au	80 Hg	81 Tl	82 Pb	83 Bi	84 Po	85 At	86 Rn
87 Fr	88 Ra	89 Ac	104 Rf	105 Db	106 Sg	107 Bh	108 Hs	109 Mt	110 Ds	111 Rg	112	113	114	115	116	117	118

금속성이 커진다. ←

▲ 주기율표에서 금속성과 비금속성의 변화

3. 원자반지름

① 같은 주기: 원자번호 증가할수록 → 감소

② 같은 족: 원자번호 증가할수록 → 증가

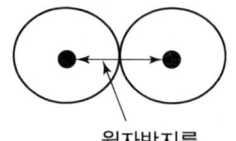 **Point**

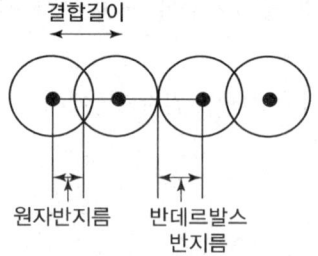

원자반지름

염소의 원자반지름은 $\dfrac{0.198}{2} = 0.099\,nm$

① **단일 공유결합 2원자 분자의 경우**: 두 핵들 사이의 거리의 반

② **비활성기체의 경우**: 결정 상태에서 서로 인접한 두 원자의 핵 간 거리의 반

결합길이

원자반지름   반데르발스 반지름

③ 원자반지름 결정 인자
- 핵의 전하량: 핵의 전하가 증가하면 핵과 전자 사이의 정전기적 인력이 커져 반지름은 줄어듦
- 전자껍질: 전자껍질 수가 많아질수록 원자반지름은 커짐

④ 원자반지름 주기성
- 같은 주기: 원자번호가 증가할수록 핵의 전하량의 증가로 원자반지름은 감소
- 같은 족: 원자번호가 증가할수록 전자껍질 수의 증가로 원자반지름은 증가

4. 이온반지름

① 같은 주기: 전자를 얻을수록 원자반지름 보다 커지고, 전자를 잃을 수록 원자반지름보다 작아짐

② 같은 족: 원자번호가 커질수록 전자껍질 수가 증가하므로 커짐

③ 전자 수가 같은 이온의 경우: 원자번호가 클수록 원자핵의 인력이 커 져 이온반지름은 작아짐

Check! Point

■ 등전자 이온(양성자 수는 다르지만 전자 수가 같은 이온)반지름
O^{2-}, F^-, Na^+, Mg^{2+}, Al^{3+} 등의 이온이 해당됨
- 금속원소의 경우 양이온이 될 때 전자껍질 수가 감소하므로, 원자반지름 > 양이온반지름
  《예》 $Na > Na^+$
- 비금속 원소의 경우 음이온이 될 때 전자 수의 증가에 따른 전자끼리의 반발 력 증가로, 원자반지름 < 음이온반지름
  《예》 $Cl < Cl^-$

5. 전기음성도

이온화 에너지와 전자 친화도가 큰 원자 → 전기음성도가 큰 것이 많음

1) 전기음성도 경향

① 같은 주기: 오른쪽으로 갈수록 커짐
② 같은 족: 아래로 갈수록 작아짐

$F(4.1) > O(3.5) > N(3.07) > Cl(3.0) > Br(2.8) > C(2.5) > S(2.44) > I(2.21) > H(2.1) > Cs(0.7)$

- 전기음성도 가장 큰 것: F
- 전기음성도 가장 작은 것: Cs

2) 결합의 극성을 결정지음

① 전기음성도가 큰 쪽은 전기적으로 음성($\delta-$), 작은 쪽이 전기적으로 양성($\delta+$)을 띠어 극성분자가 됨

② 전기음성도가 큰 비금속 원자끼리의 결합: 공유결합

③ 전기음성도가 작은 금속과 큰 비금속 간의 결합: 이온결합

6. 이온화 에너지와 전자 친화도

① 이온화 에너지: 기체상태의 원자 1몰에서 전자 1몰을 떼어내는 데 필요한 에너지

② 전자 친화도: 기체상태의 중성 원자 1몰이 전자 1몰을 받아들여 음 이온으로 될 때 방출하는 에너지

Check! Point

■ **이온화 에너지 경향**
- 금속: 양이온이 되기 쉽다. → 이온화 에너지가 작다.
- 비금속: 음이온이 되기 쉽다. → 이온화 에너지가 크다.
- 같은 족: 원자번호가 증가(전자껍질 수 증가) → 이온화 에너지 감소
- 같은 주기: 원자번호가 증가(핵 내의 양전하 증가) → 이온화 에너지 증가 (핵 내의 양전하가 증가한다.)

■ **전자 친화도 경향**
- 같은 족: 원자번호가 증가할수록 전자 친화도는 감소
- 같은 주기: 원자번호가 증가할수록 전자 친화도는 증가

CHAPTER 03 용액·용해도

3▶ ① 용해·용액의 개념

1. 용해, 용액 ✗✗

① 용해: 두 가지 이상의 순물질이 균일하게 섞이는 현상

$$용질(설탕) + 용매(물) \underset{석출}{\overset{용해}{\rightleftharpoons}} 용액(설탕물)$$

② 용액: 두 가지 이상의 순물질이 균일하게 섞여 있는 혼합 액체
  ㉠ 용매: 녹이는 데 사용하는 물질(양이 많은 물질)
  ㉡ 용질: 녹아 들어가는 물질(양이 적은 물질)
③ 용해도: 일정한 온도에서 용매 100g에 녹는 용질의 최대 g 수

$$용해도 = \frac{용질의 \ 질량(g)}{용매의 \ 질량(g)} \times 100$$

 Point

① **포화 용액**: 용해속도 = 석출속도
  일정한 온도에서 일정량의 용매에 용질이 최대한 녹아 있는 용액
② **불포화 용액**: 용해속도 > 석출속도
  용질이 용매에 더 녹을 수 있는 용액
③ **과포화 용액**: 용해속도 < 석출속도
  용질이 녹을 수 있는 한도 이상으로 녹아 있는 용액
④ 과포화 용액 $\underset{냉각}{\overset{가열}{\rightleftharpoons}}$ 포화용액 $\underset{냉각}{\overset{가열}{\rightleftharpoons}}$ 불포화 용액

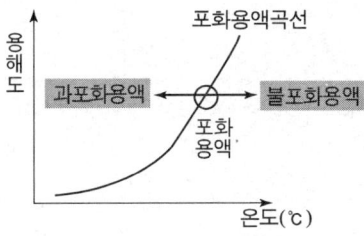

학습 POINT

퍼센트 농도, 몰 농도, 몰랄 농도, 노르말 농도 등 용액의 농도와 용해도, 용액의 성질을 알고 문제를 해결할 수 있다.

2. 용액의 농도 ✗✗✗

① 퍼센트 농도(%): 용액 100g 중의 녹아 있는 용질의 질량(g). 즉, 용액 속에 녹아 있는 용질의 질량(g)

$$\% \text{ 농도} = \frac{\text{용질의 질량}}{\text{용액의 질량}} \times 100 = \frac{\text{용질의 질량(g)}}{\text{용매 질량(g)} + \text{용질 질량(g)}} \times 100$$

② 몰 농도(M 또는 mol/l): 용액 1l(1000mL) 속에 녹아 있는 용질의 몰(mol) 수

$$\text{M 농도(mol/}l\text{)} = \frac{\text{용질의 몰 수(mol)}}{\text{용액의 부피}(l)} = \frac{\text{용질의 질량(g) / 분자량}}{\text{용액의 부피(mL)}/1000}$$

③ 몰랄 농도(m 또는 mol/kg): 용매 1000g(1kg)에 녹은 용질의 몰(mol) 수

$$\text{m 농도(mol/kg)} = \frac{\text{용질의 몰 수(mol)}}{\text{용매의 질량(kg)}} = \frac{\text{용질의 질량(g) / 분자량}}{\text{용매의 질량(g)}/1000}$$

④ ppm(mg/l): 용액 1000mL(1l) 속에 녹아 있는 용질의 질량(mg) 수

$$\text{PPM(mg/}l\text{)} = \frac{\text{용질의 질량(mg)}}{\text{용액의 부피}(l)} = \frac{\text{용질의 질량(mg)}}{\text{용액의 부피(mL)}/1000}$$

⑤ 노르말 농도(N 또는 g 당량/l): 용액 1l 속에 녹아 있는 용질의 g 당량 수

$$\text{N 농도(g 당량/}l\text{)} = \frac{\text{용질의 g 당량 수}}{\text{용액의 부피}(l)} = \frac{\text{용질의 질량(g) / 당량}}{\text{용액의 부피(mL)}/1000\text{mL}}$$

• 당량 수 = 노르말 농도 × 부피(l)

⑥ 농도 환산

㉠ % 농도 → 규정 농도(N) = $\dfrac{10 \cdot d \cdot s}{\text{당량}}$ (d: 비중, S: % 농도)

㉡ % 농도 → 몰 농도(M) = $\dfrac{10 \cdot d \cdot s}{\text{분자량}}$ (d: 비중, S: % 농도)

3▶ ❷ 용해도 ✗✗✗

1. 고체의 용해도

포화용액에서 용매 100g에 용해된 용질의 g 수

① 흡열반응(A): 온도 상승 → 용해도는 증가

② 발열반응(B): 온도 상승 → 용해도는 감소

Check! **Point**

■ 용해도 $= \dfrac{\text{용질}}{\text{용매}} \times 100$ (반드시 온도를 표시할 것)

※ 고체의 용해도: 압력의 영향을 받지 않음

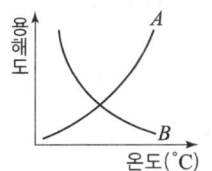

▲ 온도에 따른 용해도

2. 액체의 용해도

① 압력(P)과 온도(T)에 무관함

② 극성용질 → 극성 용매, 비극성용질 → 비극성 용매에 잘 용해됨

3. 기체의 용해도

① 용해 시 항상 발열 반응. 기체의 용해도 – 압력에 비례, 온도에 반비례

② 헨리의 법칙: $[B] = K \cdot P_B$

($[B]$=녹는 기체의 농도, P_B=기체의 부분압력, K=헨리의 상수)

Check! **Point**

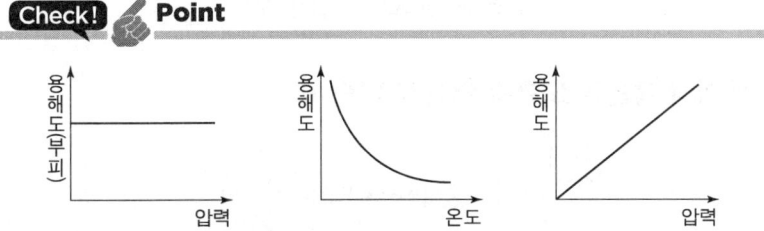

① 헨리의 법칙에 잘 적용되는 기체: 무극성분자(H_2, O_2, N_2, CO_2 등)
② 헨리의 법칙에 잘 적용되지 않는 기체: 극성분자(HCl, NH_3, SO_2 등)

4. 물질의 용해성 구분

① 가용성: 물 100mL에 1g 이상 녹는 물질

② 불용성: 물 100mL에 0.1g 미만 녹는 물질

③ 난용성: 물 100mL에 0.1~1g 정도 녹는 물질

1. 라울의 법칙

$$P_A = f_A \cdot P_A^0, \; P_B = f_B \cdot P_B^0$$

① P_A, P_B: 용액에서 A와 B 성분의 부분 증기압력

② f_A, f_B: A와 B 성분의 몰 분율

③ P_A^0, P_B^0: A와 B 성분의 순수한 증기압력

2. 용액의 증기압력 내림($\triangle P$)

비휘발성 용질이 녹아 있는 용액의 증기압력 < 순수한 용매의 증기압력

$$\triangle P = f_A P_A^o \; (f_A: \text{용질의 몰분율}, \; P_A^o : \text{용매의 증기압력})$$

- 순수한 용매는 증발하기 쉽다(증기압이 높다).
- 비휘발성 용질이 녹아 있는 용액은 증발이 어렵다(증기압이 낮다).

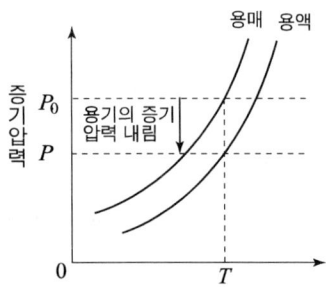

▲ 용매와 용액의 증기압력 곡선

3. 용액의 끓는점 오름과 어는점 내림 ✩✩✩

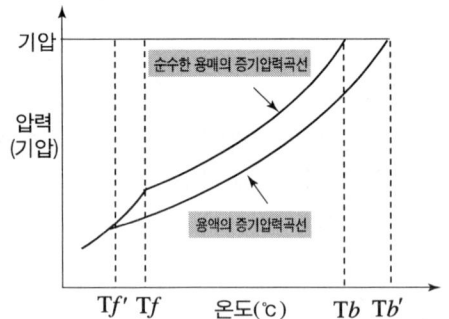

$\left\{ \begin{array}{l} \text{T}f': \text{용액의 어는점} \\ \text{T}f: \text{용매의 어는점} \end{array} \right.$ $\left\{ \begin{array}{l} \text{T}b: \text{용매의 끓는점} \\ \text{T}b': \text{용액의 끓는점} \end{array} \right.$

$\triangle \text{T}f(\text{어는점 내림}) = \text{T}f - \text{T}f', \; \triangle \text{T}b(\text{끓는점 오름}) = \text{T}b - \text{T}b'$

▲ 순수한 용매와 용액의 증기압력 곡선

① 용액의 끓는점 오름($\triangle T_b$)

비휘발성 용액의 끓는점 〉순수한 용매의 끓는점

$\triangle T_b = K_b \cdot m$($K_b$: 몰랄 오름 상수, m: 몰랄 농도)

② 용액의 어는점 내림($\triangle T_f$)

비휘발성 용액의 어는점 〈순수한 용매의 어는점

$\triangle T_f = K_f \cdot m$ (K_f: 몰랄 내림 상수, m: 몰랄 농도)

③ 비전해질 용액에서의 용질의 분자량 환산법

$$M = \frac{1000 \times w \times K_b(\text{or } K_f)}{W \times \triangle T_b(\text{or } \triangle T_f)}$$

- W: 용매의 질량(g)
- w: 용질의 질량(g)
- M: 용질의 분자량
- K_b(or K_f): 몰랄 오름 상수(몰랄 내림 상수)
- ΔT_b(or ΔT_f): 끓는점 오름(어는점 내림)

① **삼투압**: 반투막을 사이에 두고 농도가 작은 용액 속의 용매 분자가 농도가 큰 쪽으로 이동하는 현상인 삼투 현상에 의해 높아진 용액의 높이에 의해 생긴 압력

② **삼투압을 이용한 분자량 환산**

$M = \dfrac{WRT}{\pi V}$ (π: 삼투압): 반트 호프의 법칙

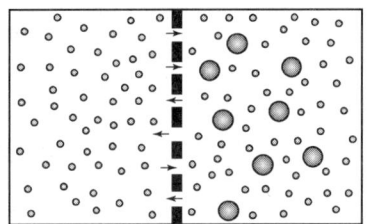

3▶④ 콜로이드 용액

1. 콜로이드 용액 특징

① 빛을 산란할 수 있을 정도의 크기를 가진 입자가 분산된 용액

② 용질의 크기: $10^{-7} \sim 10^{-5}$cm, 여과지는 통과하나 반투막은 통과하지 못함

③ 현미경으로 볼 수 없고 거름종이로 거를 수 없음

2. 콜로이드 용액 성분

① 분산매: 참용액의 용매에 해당

② 분산질: 참용액의 용질에 해당

③ 분산계: 분산매＋분산질(용액)

⊘ **참용액**

코로이드보다 더 작은 입자들이 녹아 있는 투명한 용액(설탕물이나 소금물)

분류	형태	예
에어로졸(aerosol)	공기를 분산매로 하는 콜로이드	구름, 먼지, 연기, 안개 등
졸(sol)	액체상에 고체가 분산된 액상 콜로이드	먹물, 아교, 잉크단백질, 녹말 등
겔(gel)	콜로이드 입자가 반고체화 된 고체상 콜로이드	젤리, 두부 등
에멀전(emulsion)	액체인 분산매에 액체가 분산된 콜로이드	우유, 크림 등
서스펜션(suspension)	콜로이드 입자보다 큰 입자가 분산된 콜로이드	흙탕물 등

3. 콜로이드 용액의 성질 ✦

1) 입자 크기로 생기는 현상

① 틴들현상: 콜로이드가 빛을 산란시켜 빛의 진로가 보이는 현상

② 투석(다이얼리시스): 반투막을 통과하지 못하는 성질을 이용하여 콜로이드를 정제하는 방법

2) 입자 하전으로 생기는 현상

① 전기영동: 콜로이드 입자는 전기를 띠고 있어 콜로이드 용액에 전기를 걸면 (+)극 또는 (−)극으로 이동하는 현상

《예》 굴뚝의 매연을 제거하는 장치

② 엉김과 염석: 콜로이드 입자가 전해질과의 전기적 중화로 침전하는 현상

③ 흡착: 콜로이드 입자는 단위 질량당 표면적이 크므로 분자나 이온 등의 다른 입자들을 잘 흡착시키는 현상

3) 분산매의 열운동에 의한 현상

• 브라운 운동: 콜로이드 입자의 불규칙한 직선운동

Check! Point

① **소수 콜로이드(응석):** 소량의 전해질에 의해 침전이 되는 콜로이드

《예》 금속 산화물, 점토 콜로이드 등

② **친수 콜로이드(염석):** 다량의 전해질에 의해서만 침전이 되는 콜로이드

《예》 녹말, 단백질, 비누, 한천 등

③ **보호 콜로이드:** 소수 콜로이드의 침전을 방지하기 위해 친수 콜로이드를 소량 첨가하여 소수 콜로이드를 보호하는 콜로이드

《예》 먹물의 아교 등

CHAPTER 04

화학결합의 종류

4▶ ① 화학결합의 종류 ✦

1. 이온결합 ✦

금속과 비금속이 양이온과 음이온을 형성하여 정전기적인 인력(쿨롱의 힘)으로 결합된 화학결합

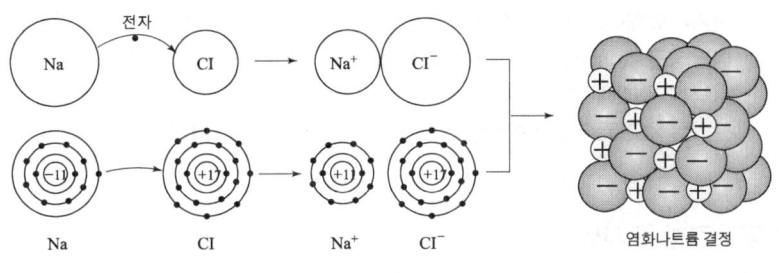

▲ 이온의 형성

Check! 👉 Point

■ **이온결합물질(금속+ 비금속)의 성질**
 ① 녹는점(m.p), 끓는점(b.p)이 높아짐(이온 전하량이 클수록, 이온 간의 거리가 짧을수록 결합력이 증가하기 때문)
 ② **전기전도성**
  • 용융상태, 수용액 상태: 이온들이 자유롭게 이동할 수 있어 전도성임
 ③ **물에 대한 용해성**
  • 대부분 극성 용매(물)에 잘 녹음
 ④ **이온결정의 부스러짐**
  • 쿨롱의 힘에 의한 강한 인력으로 단단함
  • 이온결정에 큰 힘을 주면 이온층이 밀려 같은 전하를 띤 이온들이 서로 반발하여 부스러짐

🔊 학습 POINT

이온결합, 공유결합, 배위결합, 수소결합 등 화학결합의 종류와 분자 간의 힘을 통해 분자 모양을 예측해 볼 수 있다.

✅ 고체상태

결정 중의 이온이 다른 이온들로 둘러싸여 있어 이동의 어려움으로 비전도성

✅ 쿨롱의 힘

양이온과 음이온 사이에 작용하는 정전기적 힘으로, 인력과 반발력이 있음. 힘의 세기(f)는 두 이온 간의 거리(r)의 제곱에 반비례하고, 두 이온의 전하량(q) 곱에 비례

$$f = k\frac{qq'}{r^2}$$

여기서, r: 두 이온 간의 거리, q, q': 전하량, k: 상수

2. 공유결합 ✨✨

이온화되기 어려운 원자 간의 홀 전자를 공유하여 안정한 상태로 되는
화학결합

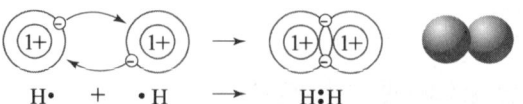

$H\cdot \quad + \quad \cdot H \quad \longrightarrow \quad H\!:\!H$

▲ 공유결합에 의한 수소 분자의 형성

Check! 👉 **Point**

① **공유결합 화합물**: 비금속의 단체(H_2O, O_2 등)나 비금속과 비금속의 화합물(HCl, CO_2 등)

② **공유결합 화합물의 특성**
- 전기부도체이며 녹는점(mp), 끓는점(bp)이 낮다.
- 휘발성인 것이 많으며 비극성 용매에 잘 용해된다(벤젠, 석유 등).
- 비극성 용매에 잘 녹는다.
- 전기음성도 차는 2.0 미만인 원자들 사이에서 잘 이루어진다.

1) 공유결합 표시법

(1) Lweis 전자식과 선구조식
　① 전자점식: 원자가 전자를 점으로 표시하여 공유결합을 나타낸 식
　② 선구조식: 공유결합 전자쌍을 '−' 로 연결한 식(결합선 수 = 공유 전자쌍 수)

◎ 2, 3주기 원소의 전자식

족	1	2	3	4	5	6	7	0
2주기	Li·	Be:	Ḃ:	·Ċ:	·N̈:	·Ö:	:F̈:	:N̈e:
3주기	Na·	Mg:	Al̈:	·S̈i:	·P̈:	·S̈:	:C̈l:	:Är:

○ 2주기 원소의 전자식

2주기 원소	B	C	N	O	F
화합물	BH_3	CH_4	NH_3	H_2O	HF
전자점식	H H:B:H	H H:C:H H	H H:N:H H	H:O: H	H:F
선구조식	H H−B−H	H H−C−H H	H H−N−H H	H−O H	H−F

Check! Point

■ **공유 전자쌍**: 두 원자 간에 서로 공유하는 전자쌍
■ **비공유 전자쌍**: 두 원자 간 공유결합에 참여하지 않는 전자쌍

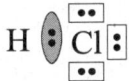 H : Cl :   비공유전자쌍
공유전자쌍

2) 공유결합 수

(1) 다중 결합

① 단일 결합: 두 원자가 1개의 전자쌍을 공유하는 결합
　　H_2, Cl_2, CH_4 등

② 이중 결합: 두 원자가 2개의 전자쌍을 공유하는 결합
　　O_2, C_2H_4 등

③ 삼중 결합: 두 원자가 3개의 전자쌍을 공유하는 결합
　　N_2, C_2H_2 등

Check! Point

■ **다중 결합 간의 특성**
① 결합 길이가 짧을수록 두 원자핵 사이가 강한 결합을 한다.
② 다중 결합일수록 결합 에너지가 커지고, 결합 길이는 짧아진다.
　　• 결합력: 단일 결합 < 이중 결합 < 삼중 결합
　　• 결합길이: 단일 결합 > 이중 결합 > 삼중 결합

3. 배위결합 ✖✖

① 양이온과 비공유 전자쌍을 가진 분자나 원자단 사이의 결합: 물 분자 또는 암모니아 분자가 가진 비공유 전자쌍을 수소이온에게 일방적으로 제공하여 전자를 공유

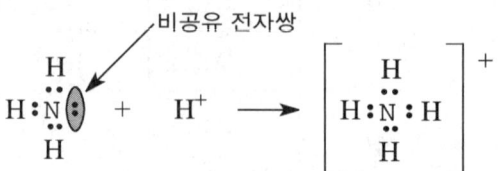

② 옥텟을 이루지 못한 분자와 비공유 전자쌍을 가진 물질 사이의 결합

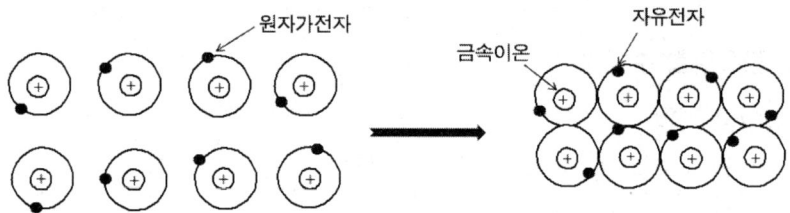

4. 금속결합 ✖

자유전자가 금속원자의 이온 사이를 자유롭게 이동하면서 이루어지는 결합을 말한다.

▲ 금속의 결합과 자유전자

Check! Point

① **자유전자**: 원자에서 떨어져 나온 전자로 금속 원자의 원자가전자를 말함
 《예》 자유전자 수: Na → 1개, Mg → 2개, Al → 3개
② **금속결합력**: 자유전자 수가 많을수록 강해짐(녹는점 크기: Na 〈 Mg 〈 Al)
③ **금속의 특성**
  • 열과 전기의 양도체·전성(펴짐성)과 연성(뽑힘성)
  • 특유의 광택(대부분 은백색)을 가짐(자유전자와 관련 됨)
  • 밀도가 크고, 녹는점과 끓는점이 높음
④ **금속결합의 결합력**
  • 방향성이 없고, 결합력은 이온결합이나 공유결합보다 약함
  • 자유전자 수가 많을수록, 금속 원자반지름이 작을수록 강해짐

옥텟 규칙

원자들이 이온이 되거나 화학 결합 형성 시 최외각에 8개 전자를 가지려는 경향(예외: Be, B)

2 분자 간 힘

1. 분자 간 힘의 종류

1) 쌍극자 – 쌍극자 인력(극성분자 간의 힘)

① 극성분자들 사이에 작용하는 정전기적 인력으로 쌍극자 모멘트가 클수록 강하다.

② 쌍극자 사이의 힘: 이온결합력보다 약하고 분산력(반데르발스의 힘) 보다 강하다.

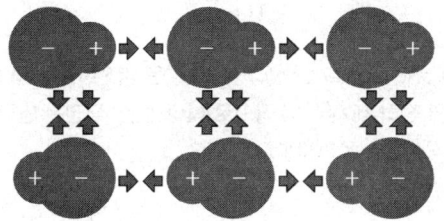

▲ 쌍극자 – 쌍극자 인력

2) 쌍극자 – 유발 쌍극자 인력

① 편극: 극성분자에 접근 시, 분자의 전자가 극성분자의 (+)전하 쪽으로 쏠리는 현상

② 유발 쌍극자: 편극 시 전자가 쏠린 쪽은 (−)전하를, 반대쪽은 (+)전하를 띤 분자가 생기는데 이러한 쌍극자를 유발 쌍극자라 한다.

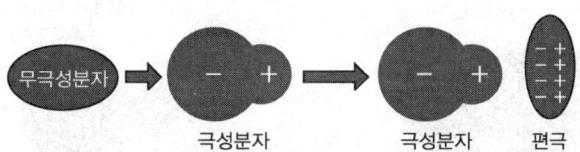

▲ 쌍극자 – 유발 쌍극자 인력

3) 분산력(반데르 발스의 힘)

• 분자와 분자 간의 약한 인력: 무극성 분자의 사이에 작용하는 약한 정전기적 인력

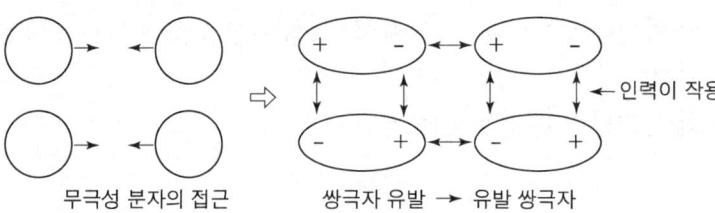

▲ 분자 – 분자 간의 약한 인력

■ **쌍극자(dipole)**: 쌍극자란 크기는 같고 부호가 반대인 두 전하가 분리되어 있는 것. 극성 결합(극성 공유결합) 분자들은 각각 원자들은 전기 음성도 차이에 의해서 전자들이 전자쌍을 끄는 힘이 큰 쪽으로 전자들이 몰리게 된다. HF 분자에서 전자들이 F쪽으로 치우치면서 양전하($\delta+$)와 음전하($\delta-$)가 불균일하게 분포되고 부분적인 이온성(쌍극자)을 갖게 된다.

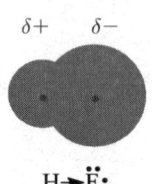

■ **쌍극자 모멘트(dipole moment, m)**: 크기가 같은 양전하($\delta+$)와 음전하($\delta-$) 사이 중심 간 거리(r)와 전하 세기(δ)의 곱으로 나타낸 것. 극성은 쌍극자 모멘트(m)가 클수록 크며, 무극성은 m이 0이다.

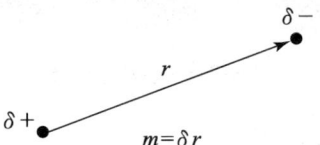

2. 분자 간 힘과 물질의 성질

▲ 무극성 공유결합(H : H)　　　　　▲ 극성 공유결합($H^{\delta+}Cl^{\delta-}$)

1) 극성 분자와 무극성 분자

① 극성 분자: HCl 분자는 공유결합할 때 전기 음성도가 큰 Cl 원자쪽으로 전자구름이 끌리게 된다. 이때 분자에서 부분적인 음전하(δ^-)와 양전하(δ^+)가 생긴다. 이러한 극성 결합을 하는 분자는 극성 분자이다.

〈예〉 HCl, CO, H_2O, CH_3Cl 등

② H_2 분자와 같은 공유결합에서는 공유 전자쌍이 어느 한쪽으로 치우쳐지지 않고 각 원자의 중간에 위치하게 되면 무극성(nonpolar) 공유결합이라 한다. 이와 같이 무극성 결합하는 분자는 무극성 분자이다.

《예》 H_2, O_2, CO_2, CH_4, C_6H_6 등

2) 극성 용매와 무극성 용매

① 극성 용매: 물(H_2O), 에틸알코올(C_2H_5OH), 아세톤(CH_3COCH_3) 등
② 무극성 용매: 벤젠(C_6H_6), 사염화탄소(CCl_4), 핵세인(C_6H_{14}) 등

3) 용매의 성질과 용해도

극성 용질은 극성 용매에 무극성 용질은 무극성 용매에 잘 녹음

4▶ ③ 수소결합 ✦✦

전기음성도가 큰 F, O, N 원자와 공유결합을 하고 있는 H 원자가 다른 분자 중의 F, O, N 원자 사이에 작용하는 인력

1. 특징

높은 녹는점, 끓는점을 가짐

$$F - H \cdots\cdots F - H$$

$$H{\diagdown}O - H \cdots\cdots O{\diagup}^{H}_{\diagdown H}$$

$$H{\diagdown}_{H}{\diagup}N - H \cdots\cdots N{\diagup}^{H}_{\diagdown H}$$

▲ 수소결합

2. 수소결합과 물(H_2O)의 특성 ✦

① 얼음의 녹는점과 물의 끓는점은 유난히 높다.
② 얼음의 밀도가 물의 밀도보다 작다.
③ 비열이 대단히 크다.
④ 용융열과 기화열이 매우 크다.

3. 분자 모양 ☆☆

1) 전자쌍 반발원리

① 원자를 둘러싼 전자쌍들은 정전기적 반발로 가능한 멀리 떨어져 있으려는 방향으로 놓임

② 전자쌍 사이의 반발력

비공유 전자쌍 ↔ 비공유 전자쌍 〉 비공유 전자쌍 ↔ 공유 전자쌍 〉 공유 전자쌍 ↔ 공유 전자쌍

③ 중심원자가 공유 전자쌍을 갖는 경우 → 분자 모양이 전자 배치와 일치

○ 중심원자가 공유 전자쌍을 갖는 경우

전자쌍 수	2	3	4	5	6
배열	선형	평면삼각형	정사면체	삼각쌍 뿔	정팔면체
화합물	$BeCl_2$	BF_3	CH_4	PCl_5	SF_6
분자 모형	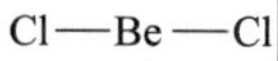	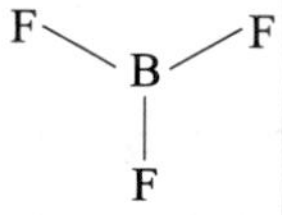	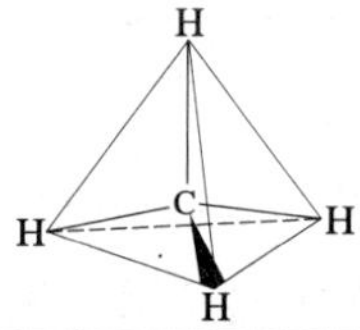	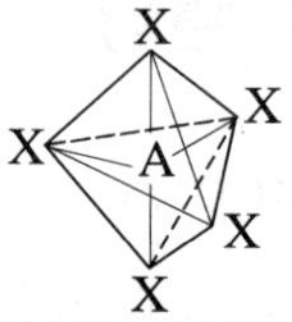	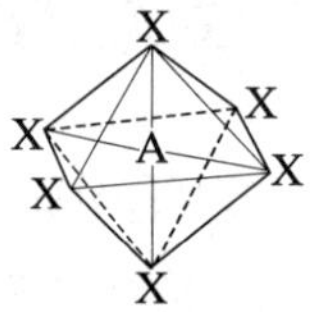
결합각	180°	120°	109.5°	80°	80°
혼성궤도 함수	sp	sp^2	sp^3	sp^3d	sp^3d^2

④ 중심원자가 비공유 전자쌍을 갖는 경우 → 비공유 전자쌍의 반발력이 공유 전자쌍의 반발력보다 커 비공유 전자쌍이 많을수록 결합각이 더 작아짐

○ 중심원자가 비공유 전자쌍을 갖는 경우

비공유 전자쌍	1	2
배열	삼각뿔	V
화합물	NH_3	H_2O
분자 모형	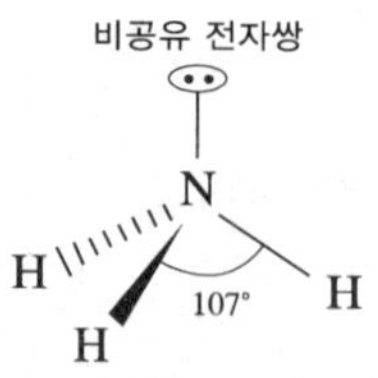	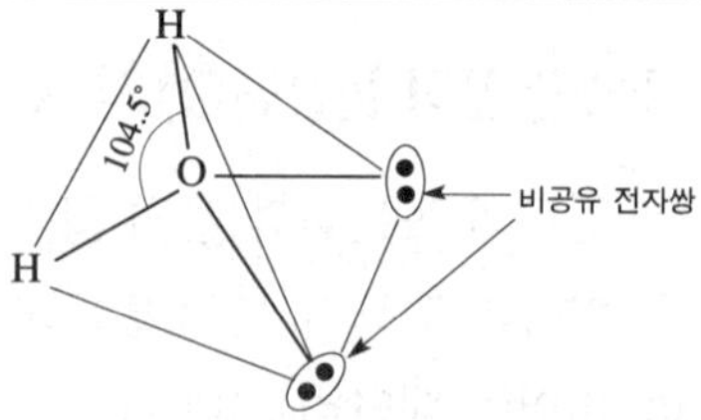
결합각	107°	104.5°
혼성궤도함수	sp^3	sp^3

2) 혼성 오비탈과 분자의 모양

① s, p 오비탈로부터 이루어진 혼성 오비탈

② 한 원자 안에서 다른 오비탈끼리 혼성되어 형성된 새로운 오비탈

③ sp 혼성 오비탈, sp^2 혼성 오비탈, sp^3 혼성 오비탈

1. sp 혼성 오비탈: Be의 2s 오비탈 전자 1개와 2p 오비탈 전자 1개가 혼성한 오비탈(결합각 180°)

$_4$Be

	1s	2s	2p	
	↑↓	↑↓	□□□	바닥 상태
	↑↓	↑	↑ □□	들뜬 상태

혼성화

2. sp^2 혼성 오비탈: B의 2s 오비탈 전자 1개와 2p 오비탈 전자 2개가 혼성한 오비탈(결합각 120°)

$_5$B

	1s	2s	2p	
	↑↓	↑↓	↑ □□	바닥 상태
	↑↓	↑	↑ ↑ □	들뜬 상태

혼성화

3. sp^3 혼성 오비탈: C의 2s 오비탈 전자 1개와 2p 오비탈 전자 3개가 혼성한 오비탈(결합각 109.5°)

$_6$C

	1s	2s	2p	
	↑↓	↑↓	↑ ↑ □	바닥 상태
	↑↓	↑	↑ ↑ ↑	들뜬 상태

혼성화

4. 다중 결합을 갖는 분자 모양

1) 에틸렌(C_2H_4): sp^2

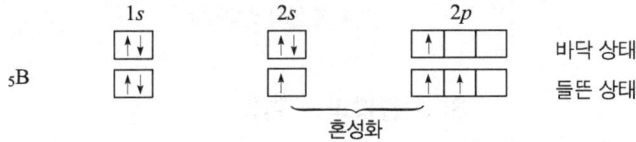

π 결합$(2p-2p)$

σ 결합(sp^2-sp^2)

C (↑↓) (↑↓) (↑) (↑) (   )

1s   2s   2p$_x$ 2p$_y$ 2p$_z$

▲ 탄소 원자의 바닥 상태

C (↑↓) (↑) (↑) (↑) (↑)

1s   2s   2p$_x$ 2p$_y$ 2p$_z$

▲ 혼성화 상태(sp^2)

2) 아세틸렌(C_2H_2): sp

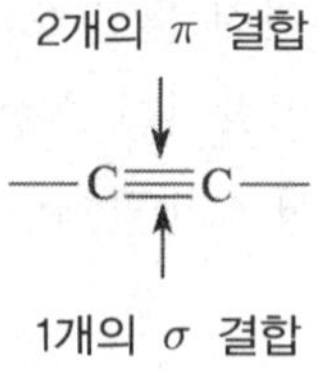

2개의 π 결합
↓
$—C \equiv C—$
↑
1개의 σ 결합

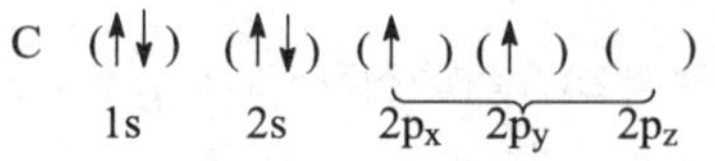

C (↑↓) (↑↓) (↑) (↑) ( )
 1s   2s   2p$_x$ 2p$_y$ 2p$_z$

▲ 탄소 원자의 바닥 상태

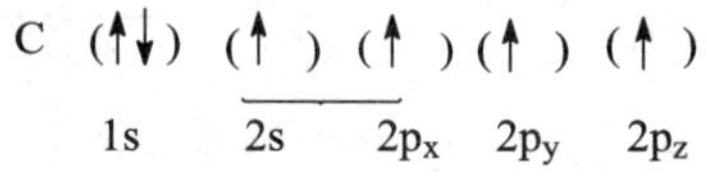

C (↑↓) (↑) (↑) (↑) (↑)
 1s   2s   2p$_x$ 2p$_y$ 2p$_z$

▲ 혼성화 상태(sp)

3) σ 결합과 π 결합

① σ 결합(단일 결합): s–s 오비탈, s–p 오비탈, p–p 오비탈 겹침, 단면이 원형이며 분자의 골격을 형성

② π 결합(이중, 삼중 결합): p–p 오비탈 겹침, 단면이 아령 모양으로 σ 결합에 수직으로 분포하여 분자의 골격에 거의 영향을 미치지 않고 반응성이 큼

화학 반응 ✶✶✶

5▶ ① 물리·화학적 변화 ✶

1. 물리적 변화

물질의 본질은 변하지 않고 모양, 크기, 상태만 바뀌는 변화

《예》 얼음 → 물 → 수증기

2. 화학적 변화

물질의 본질이 변하여 전혀 다른 물질이 되는 변화

《예》 숯이 타는 연소반응, 산과 염기의 중화반응

3. 종류

1) 화합

2종 또는 그 이상의 물질이 결합하여 새로운 성질을 가진 하나의 물질로 되는 반응

《예》 $2H_2 + O_2 \rightarrow 2H_2O$

2) 분해

하나의 물질이 두 가지 이상의 새로운 물질로 되는 반응

《예》 $2H_2O \rightarrow 2H_2 + O_2$

3) 치환

화합물을 구성하는 성분 중 일부가 다른 원소로 바뀌는 반응

《예》 $Zn + H_2SO_4 \rightarrow ZnSO_4 + H_2$

4) 복분해

두 가지의 화합물이 서로 성분의 일부를 바꾸어 서로 다른 성질을 갖는 새로운 물질을 생성하는 반응

《예》 $HCl + NaOH \rightarrow NaCl + H_2O$

📖 학습 POINT

화학 반응, 반응속도, 화학 평형, 산·염기 반응, 수소이온 농도, 중화적정과 염, 산화·환원 반응, 전기화학, 화학전지의 일반적인 개념을 알고 문제를 해결할 수 있다.

4. 화학 반응의 양적 관계

1) 화학 반응의 양적 관계

화학 반응식	$2H_2(g) + O_2(g) \rightarrow 2H_2O(g)$		
물 질	수소	산소	물
몰 수 비	2몰	1몰	2몰
분자수비	2분자	1분자	2분자(아보가드로의 법칙)
부 피 비	2부피	1부피	2부피(기체 반응의 법칙)
질 량 비	$(2 \times 2)g$	32g	$(2 \times 18)g$(질량 보존의 법칙)

① 열량 단위: kcal
② 화학 반응식: 질량 불변의 법칙이 적용된다.
③ 반응열(열에너지): 에너지 보존의 법칙이 적용된다.

2) 화학 변화와 에너지

① 열화학 반응식: 화학 반응과 열에너지와의 관계를 양적으로 표시한 식

② 발열 반응: 반응열을 발산하는 반응(반응물질 에너지 > 생성물질 에너지)

$$C(s) + O_2(g) \rightarrow CO_2(g) + 393.5kJ$$

③ 흡열 반응: 반응열을 흡수하는 반응(반응물질 에너지 < 생성물질 에너지)

$$HgO(l) \rightarrow Hg(l) + \frac{1}{2}O_2(g) - 90.8kJ$$

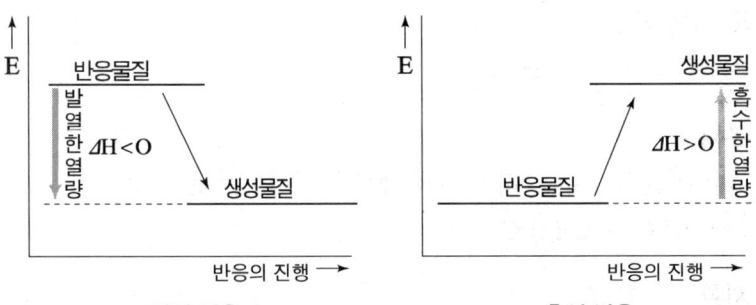

▲ 발열 반응   ▲ 흡열 반응

 **Point**

① **연소열**: 물질 1mol이 완전히 연소할 때 발생하는 열량
   《예》 $C(s) + O_2(g) \rightarrow CO_2(g)$, $\Delta H = -393.5kJ$
② **생성열**: 화합물 1mol이 성분 원소로부터 생성될 때 발산하거나 흡수하는 열량
③ **분해열**: 화합물 1mol이 성분 원소로 분해할 때 발산하거나 흡수되는 열량
④ **중화열**: 산과 염기 1g 당량이 중화될 때 발생하는 열량
   《예》 $HCl(aq) + NaOH(aq) \rightarrow NaCl(aq) + H_2O(l)$, $\Delta H = -13.8kJ$
⑤ **용해열**: 물질 1mol이 다량의 용매에 용해될 때 발생하는 열량

3) 엔탈피

어떤 물질이 일정한 압력과 온도 하에서 생성될 때 생성물질 속에 축적된 열에너지를 말한다.

$$\Delta H(엔탈피변화) = H(생성물질) - H(반응물질)$$

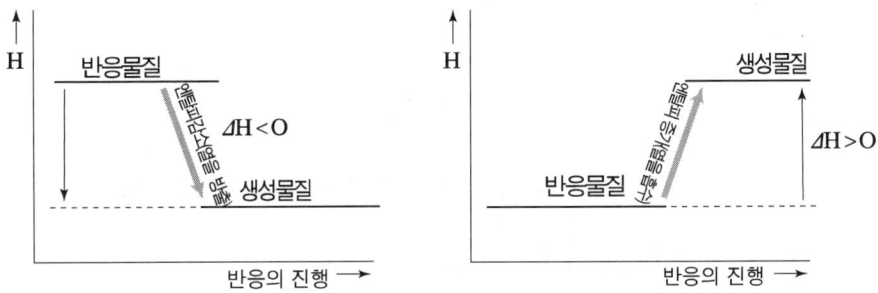

▲ 화학 반응에서의 엔탈피 변화

Check! Point

■ 엔탈피

① 발열반응: 열이 방출되어 엔탈피가 감소

→ $\Delta H < 0 (+ Q)$, H(생성물질) $< H$(반응물질)

《예》 $H_2(g) + \dfrac{1}{2} O_2(g) \rightarrow H_2O(l)$, $\Delta H = -285.5 \text{kJ}$ 또는

$$H_2(g) + \dfrac{1}{2} O_2(g) \rightarrow H_2O(l) + 285.5 \text{kJ}$$

② 흡열반응: 열이 흡수되어 엔탈피가 증가

→ $\Delta H > 0 (- Q)$, H(생성물질) $> H$(반응물질)

《예》 $HgO(s) + Hg(l) \rightarrow \dfrac{1}{2} O_2(g)$, $\Delta H = +90.8 \text{kJ}$ 또는

$$HgO(s) + Hg(l) \rightarrow \dfrac{1}{2} O_2(g) - 90.8 \text{kJ}$$

5. 반응열의 측정: 봄베열량계

• **열량계의 열용량**: $Q_{반응} = C_{열량계} \times \Delta t$

$Q_{반응}$: 반응한 열량, $C_{열량계}$: 열량계의 열용량, Δt: 온도변화

6. 헤스의 법칙(총열량 불변의 법칙)

① 화학 반응에 따른 열량의 총량은 반응 전 물질의 종류와 상태 및 반응 후 물질의 종류와 상태가 결정되면, 반응 경로에 상관없이 항상 일정하다.

② 탄소(C)를 연소시켜 이산화탄소(CO_2)가 되는 경로

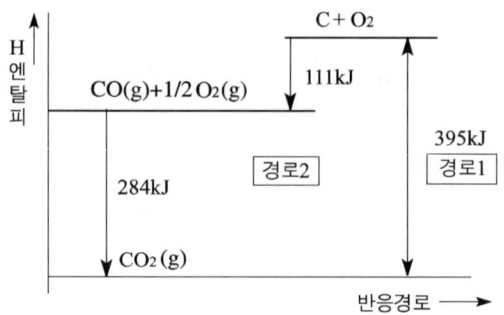

▲ 탄소(C)를 연소시켜 이산화탄소(CO_2)가 되는 경로

(경로1) $C(g) + O_2(g) \rightarrow CO_2(g) + 395kJ$

(경로2) $C(g) + \frac{1}{2}O_2(g) + 111kJ \rightarrow CO(g) + \frac{1}{2}O_2(g) + 284kJ \rightarrow CO_2(g) + 395kJ$

7. 표준생성엔탈피($\triangle H_f^o$) ✷

1기압, 25℃의 가장 안정한 원소에서 순수한 물질 1몰이 생성되는 반응의 엔탈피 변화

$$\triangle H_f^o = \Sigma \triangle H_f^o \text{(생성물질)} - \Sigma \triangle H_f^o \text{(반응물질)}$$

5▸ ❷ 반응속도

1. 화학 반응속도 ✷✷✷

1) 반응속도

화학 반응의 빠르고 느린 정도(반응물질의 농도는 감소, 생성물질의 농도는 증가)

$$\text{반응속도} = \frac{\text{감소한 반응물질의 농도}}{\text{시간}} = \frac{\text{증가한 생성물질의 농도}}{\text{시간}}$$

$2SO_3(g) \rightarrow 2SO_2(g) + O_2(g)$

$V = -\frac{1}{2}\frac{\Delta[SO_3]}{\Delta t} = \frac{1}{2}\frac{\Delta[SO_2]}{\Delta t} = \frac{\Delta[O_2]}{\Delta t}$

※ '−' : 농도의 감소, [ ] : 농도(몰/L)

2) 반응속도식

반응속도는 일정한 온도에서 반응물질의 몰 농도의 곱에 비례한다.

$$aA + bB \rightarrow cC + dD$$
$$v = k[A]^m[B]^n \ (k: \text{반응속도 상수})$$

- 반응속도 상수(k): 농도에 무관, 온도에 의해서만 변한다.
- 전체 반응의 차수: $(m+n)$차, m, n: 반응 차수

3) 반응속도에 영향을 주는 인자

① 이온결합물질 반응이 공유결합물질 반응보다 빠름
② 농도(반응물질 농도가 진할수록 반응속도가 빠름)
③ 분자충돌횟수(화학 반응 시 분자들의 충돌횟수가 많을수록 반응속도 빠름)
④ 온도(온도가 10 상승 시 반응속도는 2~3배 빨라짐)
⑤ 촉매
  ㉠ 촉매 자신은 반응 전·후의 변화가 없는 물질이지만 반응속도를 빠르게 함
  ㉡ 촉매는 활성화 에너지만 영향을 미친다.

2. 온도의 영향

온도가 약 10℃ 상승 시 반응속도는 2~3배 빨라짐

3. 촉매의 영향

① 촉매: 반응속도를 변화시키지만, 자신은 반응 전·후의 변화가 없는 물질
② 촉매는 활성화 에너지에만 영향을 미친다.

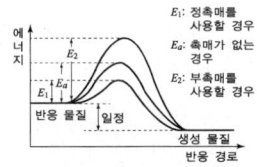

◆ 사용촉매에 따른 활성화 에너지의 변화량

① 정촉매: 반응속도를 빠르게 한다(=활성화 에너지 감소).
② 부촉매: 반응속도를 느리게 한다(=활성화 에너지 증가).
③ 활성화 에너지: 반응을 일으키는 데 필요한 최소한의 에너지
④ 활성화 에너지가 크다: 화학 반응이 일어나기 어렵다.
⑤ 활성화 에너지가 작다: 화학 반응이 일어나기 쉽다.

1. 가역 반응과 비가역 반응

1) 가역 반응(reversible reaction)

반응 조건(온도, 압력, 농도 등)에 따라 정반응과 역반응이 모두 일어나는 반응

$$CH_3COOH(aq) \rightleftarrows CH_3COO^-(aq) + H^+(aq)$$

2) 비가역 반응(irreversible reaction)

한쪽 방향으로만 진행되는 반응(정반응은 발생하지만, 역반응이 일어나기 어려운 반응)

Check! **Point**

- ■ 비가역 반응의 예
  - ① 기체 발생 반응
    $$Zn(s) + H_2SO_4(aq) \rightarrow ZnSO_4(aq) + H_2(g) \uparrow$$
  - ② 침전 발생 반응
    $$NaCl(aq) + AgNO_3(aq) \rightarrow AgCl(s) \downarrow + NaNO_3(aq)$$
  - ③ 강산과 강염기의 중화 반응
    $$2NaOH(aq) + H_2SO_4(aq) \rightarrow Na_2SO_4(aq) + 2H_2O(l)$$

2. 화학 평형

1) 화학 평형 상태(equilibrium state)

정반응과 역반응의 속도가 같아져서 반응이 정지된 것처럼 보이는 상태로 반응물의 농도와 생성물의 농도가 일정해진다.

$$aA + bB \underset{v_2}{\overset{v_1}{\rightleftarrows}} cC + dD$$

정반응 속도(v_1)＝역반응 속도(v_2)

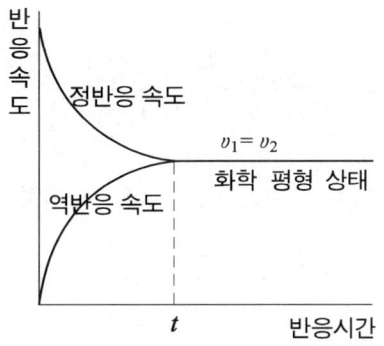

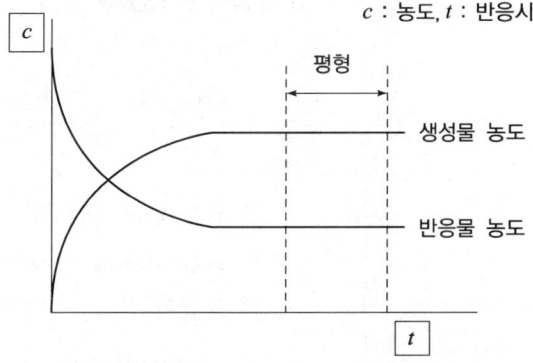

c : 농도, t : 반응시간

- 반응물의 농도 → 점점 줄어들다가 일정해짐
- 생성물의 농도 → 점점 늘어나다 일정해짐

▲ 화학 평형

2) 화학 평형 상태의 성질

① 평형 상태에서는 반응물과 생성물이 함께 존재

② 화학 반응식의 계수: 반응물과 생성물의 존재비와는 무관, 외부 조건에 따라 달라짐

③ 외부 조건을 변화시키면 반응물과 생성물의 존재비가 달라져 새로운 화학 평형 상태에 도달함

④ 외부 조건이 같다면 반응이 정반응에서 출발하든지, 역반응에서 출발하든지 같은 평형 상태에 도달함

⑤ 평형 상태에서 외부 조건이 같다면 반응물과 생성물의 농도는 항상 일정함

3) 화학 평형의 법칙

가역 반응에서 일정 온도의 화학 평형 상태에서는 반응물질의 농도의 곱과 생성물질의 농도의 곱의 비는 항상 일정하며 이를 평형상수(K)라 한다.

(1) 평형상수(K)

$$aA + bB \underset{v_2}{\overset{v_1}{\rightleftharpoons}} cC + dD \text{에서} \quad K = \frac{(C)^c (D)^d}{(A)^a (B)^b}$$

A, B, C, D: 각물질의 몰 농도, a, b, c, d: 계수

◆ 화학 평형의 조건
① 가역 반응일 것
② 농도 변화가 없을 것
③ 2개의 반응속도가 같을 것

$$2HI(g) \underset{v_2}{\overset{v_1}{\rightleftarrows}} H_2(g) + I_2(g) \text{에서} \quad K = \frac{[H_2] \quad [I_2]}{[HI]^2}$$

① K는 온도에만 의존한다(농도에 상관없이 K는 항상 일정함).

② K값이 크다 → 정반응

③ K값이 작다 → 역반응

④ 정반응과 역반응의 K값은 역수 관계다($K = \frac{1}{K'}$).

3. 평형 이동의 법칙(르샤틀리에의 원리) ✦✦✦

가역평형 상태에서 농도, 압력, 온도와 같은 반응 조건을 변화시키면, 반응은 변화를 감소하는 방향으로 반응이 진행되어 새로운 평형 상태에 도달한다.

1) 농도의 영향

$$N_2(g) + 3H_2(g) \rightleftarrows 2NH_3(g)$$

① 반응물질 농도 증가 ⇒ 생성계 쪽으로 반응이 진행(정반응)

② 생성물질 농도 증가 ⇒ 반응계 쪽으로 반응이 진행(역반응)

2) 압력의 영향

$$N_2(g) + 3H_2(g) \rightleftarrows 2NH_3(g)$$
1몰   3몰   2몰

① 압력을 높이면 ⇒ 기체의 몰 수가 적어지는 방향으로 평형이 이동 (정반응)

② 압력을 낮추면 ⇒ 기체의 몰 수가 늘어나는 방향으로 평형이 이동 (역반응)

단, 반응물과 생성물의 몰 수가 같으면 평형은 이동이 없다.

《예》 $N_2(g) + O_2(g) \rightleftarrows 2NO(g)$

3) 온도의 영향

$$N_2(g) + 3H_2(g) \rightleftarrows 2NH_3(g) + 92.2kJ , \; \Delta H = -92.2kJ$$

① 온도를 높이면 ⇒ 흡열 반응 쪽으로 평형이 이동

② 온도를 낮추면 ⇒ 발열 반응 쪽으로 평형이 이동

4) 촉매의 영향

정촉매는 반응물의 활성화 에너지(E_a)를 낮추어 화학 반응이 빠르게 일어나도록 하여 쉽게 평형에 도달시키는 역할만을 할 뿐 평형 상태를 이동시키지는 않는다.

5▶ ④ 산과 염기의 반응

1. 산과 염기의 반응 ✯✯

1) 아레니우스의 산·염기

① 산(acid): 수용액에서 이온화하여 수소이온(H^+)을 내놓는 물질: HCl, H_2SO_4 등

② 염기(base): 수용액에서 이온화하여 히드록시이온(OH^-)을 내놓는 물질: NaOH, $Ca(OH)_2$ 등

> ✅ 아레니우스의 산·염기 정의의 단점
> 수용액이 아닌 산·염기에 대한 반응은 설명하기 어렵다.

2) 브뢴스테드의 산·염기

산(acid)은 염기(base)에게 양성자(H^+)를 주고 염기는 산으로부터 양성자(H^+)를 받는다.

$$H\ddot{\text{O}}:^- \ + \ H-\overset{..}{\underset{..}{\text{Cl}}}: \ \longrightarrow \ H\ddot{\text{O}}:-H \ + \ :\overset{..}{\underset{..}{\text{Cl}}}:^-$$

※ 양성자(H^+)=수소이온

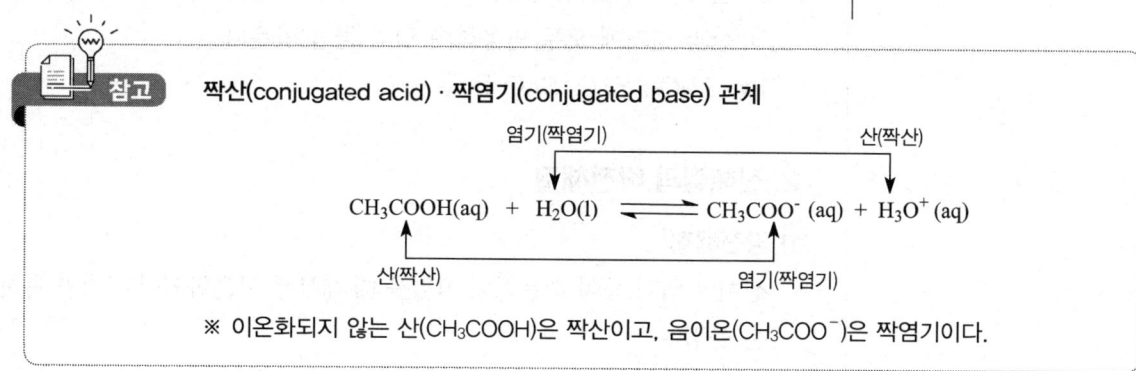

참고 **짝산(conjugated acid)·짝염기(conjugated base) 관계**

염기(짝염기)   산(짝산)

$$CH_3COOH(aq) \ + \ H_2O(l) \ \rightleftharpoons \ CH_3COO^-(aq) \ + \ H_3O^+(aq)$$

산(짝산)   염기(짝염기)

※ 이온화되지 않는 산(CH_3COOH)은 짝산이고, 음이온(CH_3COO^-)은 짝염기이다.

3) Lewis 산·염기

루이스(Lewis) 산은 전자쌍 받개, 루이스(Lewis) 염기는 전자쌍 주개이다.

$$
\begin{array}{ccc}
\underset{\text{(염기)}}{\overset{\displaystyle H}{\underset{\displaystyle H}{:N}}-H} & + & \underset{\text{(산)}}{\overset{\displaystyle F}{\underset{\displaystyle F}{B}}-F}
\end{array}
\longrightarrow
H-\overset{\displaystyle H}{\underset{\displaystyle H}{N}}-\overset{\displaystyle F}{\underset{\displaystyle F}{B}}-F
$$

4) 산성 산화물

① 비금속의 산화물

② 물에 녹아 산이 되는 물질

③ 염기와 반응하여 염과 물을 만든다.

《예》 CO_2, SO_2, SiO_2 등

주의) CO, N_2O, NO ⇒ 중성산화물

5) 염기성 산화물

① 금속의 산화물

② 물에 녹아 염기가 되는 물질

③ 산과 반응하여 염과 물을 만든다.

《예》 K_2O, MgO, CuO, CrO, Cr_2O_3 등

주의) CrO_3, MnO_3, Mn_2O_7 ⇒ 산성 산화물

> ※ 일반적으로 산화수가 낮으면 염기성, 높으면 산성 산화물임

6) 양쪽성 산화물

① Al, Zn, Sn, Pb, As, Sb 등의 산화물

② 물에 녹지 않는 산화물

③ 산과 염기에 모두 반응하여 염과 물을 만든다.

《예》 Al_2O_3, ZnO, SnO 등

2. 전해질과 비전해질

1) 강전해질

산이나 염기 등이 수용액이 되었을 때 대부분 이온화되어 전기가 통하는 물질

《예》 염화나트륨($NaCl$), 황산(H_2SO_4), 염산(HCl), 수산화나트륨($NaOH$), KOH 등

$$HCl(g) + H_2O(l) \rightarrow H_3O^+(aq) + Cl^-(aq)$$

2) 비전해질

수용액 상태에서 이온화가 되지 않아 전기가 통하지 않는 물질

《예》 설탕($C_{12}H_{22}O_{11}$), 포도당, 에틸알코올(C_2H_5OH) 등

3) 약전해질

물에 일부분만 전리되는 것

《예》 CH_3COOH, NH_3 등

이온화도(전리도 α)
① 동일한 온도 → 농도가 작을수록 α 커진다.
② 같은 양의 전해질이 녹아 있는 경우 → 온도가 높을수록 α의 크기가 커진다.
   ㉠ α값이 크다: 강전해질(강산, 강염기, 수용성염)
   ㉡ α값이 작다: 약전해질(약산, 약염기)

3. 이온화도(전리도) ✦✦

전해질이 물에 용해되었을 때 이온화된 전해질의 양과 전해질 전체 양에 대한 비율

$$\text{전리도}(\alpha) = \frac{\text{이온화된 용질의 몰 수}}{\text{용질 전체의 몰 수}} = \frac{\text{전리된 질량}}{\text{전체의 질량}}$$

$$= \frac{\text{전리된 g 당량 수}}{\text{전체의 g 당량 수}}$$

✔ **전리도 크기**
① 동일한 온도: 농도가 작을수록
② 같은 양의 전해질이 녹아 있는 경우: 온도가 높을수록 전리도가 커진다.

4. 이온화 상수(K_a) ✦✦

전해질(약산과 약염기)이 이온화 평형상태에 있을 때 이온화 평형상수를 이용하여 전해질의 이온화 정도를 알 수 있는 것

$$[CH_3COOH(aq) \rightleftarrows H^+(aq) + CH_3COO^-(aq)] \text{ 에서}$$

$$K_a = \frac{[CH_3COO^-][H^+]}{[CH_3COOH]}$$

• K_a가 클수록: 강전해질(강산·강염기), 이온화도가 크다.
• K_a가 작을수록: 약전해질(약산·약염기), 이온화도가 작다.

이온화 상수(K_a)

HA+H_2O ⇌ H_3O^+ + +A− 반응에서

① $K_a = \dfrac{[H_3O^+][A^-]}{[HA]}$

　※ K_a는 온도가 일정하면 농도가 변해도 일정하다.

② C몰/l 산 HA의 이온화도가 α이면 $K_a = \dfrac{C\alpha^2}{1-\alpha}$

　※ α가 매우 작으면 $K_a = C\alpha^2$

5. 용해도곱 상수(K_{sp}) ✖✖

용해도곱 상수(K_{sp})는 물에 약간 녹는 (거의 불용) 이온성 화합물의 용해 평형에 대한 평형상수 값을 말하며, 포화용액에서 이온화된 이온 농도들의 곱으로 나타내며 온도에 의존한다.

K_{sp} 값이 작으면 용해도는 작고, 따라서 이온 농도도 작다.

1) 일반식

$$A_xB_y(s) = xA^{n+}(aq) + yB^{m-}(aq)$$
$$K_{sp} = [A^{n+}]^x \cdot [B^{m-}]^y$$

불용성 염인 아이오딘화납의 수용액에서의 평형식과 용해도곱 상수

$$PbI_2(s) \rightleftarrows Pb^{2+}(aq) + 2I^-(aq)$$

용해도곱 상수(K_{sp})

$$(K_{sp}) = [Pb^{2+}][I^-]^2$$

《예》 $Ca_3(PO_4)_2$ 용해도곱 상수

$$Ca_3(PO_4)_2(s) \rightleftarrows 3Ca^{2+}(aq) + 2PO_4^{3-}(aq)$$

$$K_{sp} = [Ca^{2+}]^3[PO_4^{3-}]^2$$

5▸ ⑤ 수소 이온 농도

1. 물의 이온곱 상수 ✦✦

$$\mathrm{Kw} = [\mathrm{H^+}] \times [\mathrm{OH^-}] = 10^{-7} \times 10^{-7} = 1.0 \times 10^{-14}$$

Check! 👉 **Point**

■ 25℃ 상 순수한 물의 이온 농도

$$[\mathrm{H^+}] = \frac{\mathrm{Kw}}{[\mathrm{OH^-}]} = \frac{10^{-14}}{10^{-7}} = 10^{-7}\mathrm{mol/L}, \quad [\mathrm{OH^-}] = \frac{\mathrm{Kw}}{[\mathrm{H^+}]} = \frac{10^{-14}}{10^{-7}} = 10^{-7}\mathrm{mol/L}$$

2. 수소 이온 농도($\mathrm{H^+}$)

① 수소 이온 농도: 수용액 상에서 존재하는 수소이온 ($\mathrm{H^+}$)의 수
② 수산 이온 농도: 수용액 상에 존재하는 수산화이온 ($\mathrm{OH^-}$)의 수
　　수소 이온 농도$=[\mathrm{H^+}]=C\alpha$

3. 수소 이온 지수(pH) ✦✦

$$\mathrm{pH} = \log \frac{1}{[\mathrm{H^+}]} = -\log[\mathrm{H^+}], \quad \mathrm{pH} + \mathrm{pOH} = 14$$

① 산성: $\mathrm{pH} < 7, \quad \mathrm{pOH} > 7$
② 중성: $\mathrm{pH} = 7$
③ 염기성: $\mathrm{pH} > 7, \quad \mathrm{pOH} < 7$

Check! 👉 **Point**

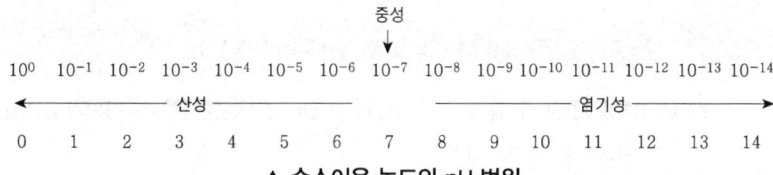

▲ 수소이온 농도와 pH 범위

• 수소 이온 농도가 1.0×10^{-3}M이라면 그 용액의 pH $= -\log(1.0 \times 10^{-3}) = 3$이다.
• 25℃에서 수소 이온 농도가 1.0×10^{-7}M인 중성 용액의 pH$=7$이다.

✅ 수소 이온 지수(pH)
수소 이온 농도의 역수를 상용
대수로 나타낸 값

5▸ **6** 중화적정과 염

1. 중화적정

주어진 농도의 산 또는 염기의 용액과 농도를 모르는 산 또는 염기의 농도를 결정하는 정량적 방법

2. 산과 염기 중화 ✄✄

① $nMV = n'M'V'$

(n, n': 산과 염기의 가수, M, M': 산과 염기의 몰 농도, V, V': 산과 염기의 부피)

② $NV = N'V'$

(N, N': 산과 염기의 노르말 농도, V, V': 산과 염기의 부피)

③ n' 가의 염기 wg을 중화시키는데 M몰 농도, n가산, VmL가 필요한 경우

$$\frac{nMV}{1000} = \frac{n' \times w}{화학식량}$$

3. 산과 염기의 혼합용액의 농도와 pH ✄✄

① 산+산 → 혼합산, 염기+염기 → 혼합염기

$$nMV + n'M'V' = n''M''V''$$

《예》 0.1M HCl 용액 50mL와 0.2M HCl 용액 100mL를 섞은 용액의 농도

$(1 \times 0.1 \times 50) + (1 \times 0.2 \times 100) = 1 \times M'' \times 150,\ M'' = 0.167$

② 산과 염기가 혼합된 용액의 농도

$$nMV - n'M'V' = n''M''V''(V'' = V + V')$$

《예》 0.12M HCl 수용액 70mL와 0.06M $Ba(OH)_2$ 수용액 50mL를 섞은 용액의 pH

$nMV - n'M'V' = n''M''V''$

$(1 \times 0.12 \times 70) - (2 \times 0.06 \times 50) = 1 \times M'' \times 120,\ M'' = 0.02$

$\therefore pH = -\log[H^+] = -\log[0.02] = -\log[2 \times 10^{-2}]$

$\qquad = 2 - \log 2 = 1.7$

4. 지시약 및 중화적정 곡선

1) 지시약

중화적정 시 중화점을 쉽게 판별하기 위해 pH값에 따라 색이 변하는 색소

○ 지시약의 종류

지시약	산성	중성	알칼리성	변색범위	중화적정
메틸오렌지(M.O)	적색	황색	황색	3.1~4.4	강산과 약염기 적정
메틸레드(M.R)	적색	주황	황색	4.2~6.3	강산과 약염기 적정
페놀프탈레인(P.P)	무색	무색	적색	8.2~10.0	약산과 강염기 적정
리트머스시험지	적색	보라	청색	5.0~10.0	사용하지 않음

2) 중화적정 곡선

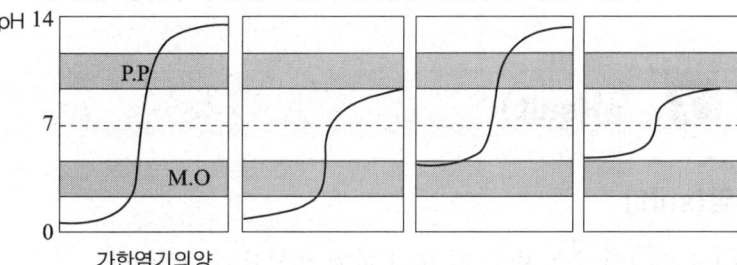

㉮ 강산＋강염기   ㉯ 강산＋약염기   ㉰ 약산＋강염기   ㉱ 약산＋약염기

P. P: 페놀프탈레인 (8.2~10.0)
M.O: 메틸오렌지 (4.4~6.2)

▲ 중화적정 곡선

5. 완충용액

pH를 유지하기 위해 소량의 산이나 염기를 가해도 pH 변화가 없는 용액

Check! Point

- 산성 완충용액: $CH_3COOH + CH_3COONa$
- 염기성 완충용액: $NH_4OH + NH_4Cl$

1. 공통이온효과: 르샤틀리에의 원리가 적용됨

이온화 평형을 이룬 CH_3COOH 수용액에 CH_3COONa을 가하면 CH_3COO^- 농도가 증가하게 되며, 르샤틀리에의 원리에 의해서 공통이온인 CH_3COO^- 농도가 감소하는 역반응이 진행된다.

① $CH_3COOH(aq) \rightleftharpoons CH_3COO^-(aq) + H^+(aq)$
② $CH_3COONa(aq) \rightarrow CH_3COO^-(aq) + Na^+(aq)$

2. 완충용액

약산 또는 약염기와 그 염으로 만들어진 용액에 외부에서 산이나 염기를 가해도 공통이온효과로 인해서 pH의 변화가 거의 없는 용액을 말함

이온화도가 큰 CH_3COONa 용액을 약산인 CH_3COOH에 첨가한 혼합용액에 산을 첨가하면, H^+ 이온이 많아지게 되어 공통이온 효과로 H^+ 이온이 적어지는 역반응이 진행하게 되어 pH가 일정하게 유지된다.

① $CH_3COOH(aq) \rightleftharpoons CH_3COO^-(aq) + H^+(aq)$
② $CH_3COONa(aq) \rightarrow CH_3COO^-(aq) + Na^+(aq)$

또한, 염기를 가하면 OH^- 이온이 많아지면서 H^+와 반응하여 중화되어 H^+ 농도가 감소하지만, 정반응이 진행되어 H^+가 증가하므로 pH가 거의 변화가 없이 유지된다.

$CH_3COOH(aq) + OH^-(aq) \rightarrow CH_3COO^-(aq) + H_2O(l)$

5▶ ❼ 염(salt)

1. 염(salt)

산과 염기의 중화 반응 시 물과 함께 생성되는 물질이다.

$$산 \ + \ 염기 \rightarrow \ 염 \ + \ 물$$
$$HCl \ + \ NaOH \rightarrow NaCl \ + \ H_2O$$

① 산의 수소 원자(H^+)가 금속 또는 NH_4^+ 이온으로 치환된 화합물
② 염기의 수산화이온(OH^-)이 산을 이루는 음성의 산기나 할로젠 원소로 치환된 화합물

$$HCl + Ca(OH)_2 \ \rightarrow Ca(OH)Cl \ + \ H_2O$$

2. 염의 종류

① 정염: 산의 수소 원자와 염기의 수산화이온이 전부 치환한 것
《예》 $NaCl$, KNO_3 등

$$NaOH \ + \ HCl \rightarrow NaCl \ + \ H_2O$$

② **산성염**: 산의 수소 원자 중 일부가 치환된 것

《예》 $NaHCO_3$, $KHCO_3$ 등

$$NaOH + H_2CO_3 \rightarrow NaHCO_3 + H_2O$$

③ **염기성염**: 염기의 수산화이온 중 일부가 치환된 것

《예》 $Ca(OH)Cl$, $Mg(OH)Cl$ 등

$$Ca(OH)_2 + HCl \rightarrow Ca(OH)Cl$$

④ **복염**: 성분염의 이온이 생성염의 이온과 같은 것

《예》 $KAl(SO_4)_2 \cdot 12H_2O$

⑤ **착염**: 성분염의 이온이 생성염의 이온과 다른 것

《예》 $K_4Fe(CN)_6$, $Cu(NH_3)_4$, SO_4 등

3. 염의 가수분해

수용액에서 염이 이온화할 때 생기는 이온 중 일부가 물과 반응하여 H^+나 OH^-을 생성함으로써 수용액이 산성이나 염기성을 나타내는 현상

① 염의 양이온 + $H_2O \rightarrow$ 염기 + H^+: 산성

$$NH_4^+ + H_2O \rightarrow NH_3(aq) + H^+(aq)$$

② 염의 음이온 + $H_2O \rightarrow$ 산 + OH^-: 염기성

$$Cl^-(aq) + H_2O \rightarrow HCl + OH^-(aq)$$

4. 염의 수용액의 액성

① **중성**: 강산과 강염기의 염, 약산과 약염기염(가수분해는 안 되고 이온화만 된다.)

《예》 $NaCl$, KNO_3, $NaNO_3$, $NaNO_3$, Na_2SO_4, $CaCl_2$ 등

② **산성**: 강산과 약염기의 염

《예》 $CuSO_4$, NH_4Cl, $FeCl_3$, $NaHSO_4$, 등

③ **염기성**: 약산과 강염기의 염

《예》 CH_3COONa, Na_2CO_3, K_2CO_3 등

■ 염의 수용액 액성

① 산성: 염의 양이온 + H_2O → 염기 + H_3O^+

② 염기성: 염의 음이온 + H_2O → 산 + OH^-

③ 약산의 음이온: 가수분해 시 염기성을 띰

　《예》 CH_3COO^-, CO_3^{2-}, HCO_3^- 등

④ 약염기의 양이온: 가수분해 시 산성을 띰

　《예》 NH_4^+, Cu_2^+ 등

⑤ 강산의 음이온, 강염기의 양이온 – 가수분해되지 않음

　《예》 SO_4^{2-}, Cl^-, NO_3^-, Na^+, Ca^{2+}, Ba^{2+} 등

5▶ 8 산화·환원 반응

1. 산화수 구하는 법 ✦

① 단체인 원자의 산화수는 [0]이다.

　《예》 H_2, O_2, N_2, Cu, Fe 등

② 화합물에서 산소의 산화수는 [−2], 수소의 산화수는 [+1]이다. 단, 과산화물에서의 산소 산화수와 수소화합물에서의 수소 산화수는 [−1]이다.

　㉠ H_2O, MgO, CO_2 등의 산소화합물의 산소 원자의 산화수는 −2이다.

　㉡ HCl, NH_3, CH_4 등의 수소화합물의 수소산화수는 +1이다.

　㉢ LiH, NaH, $LiAlH_4$ 등의 금속수소화합물의 수소 원자의 산화수 −1이다.

　㉣ H_2O_2, MgO_2, Na_2O_2 등의 과산화물의 산소의 산화수는 −1이다.

③ 이온결합 물질에서 각 원자의 산화수는 이온의 하전수와 같다.

　• NaCl → Na^+Cl^-, $AlCl_3$ → $Al^{3+}Cl^-$ 등

④ 모든 중성 분자의 산화수의 총합이 [0]이다.

　• $KMnO_4 = K^+Mn^{7+}O_4^{2-} = 1 + 7 + (−2 \times 4) = 0$

⑤ 다원자 이온을 구성하는 원자들의 산화수의 총합은 그 이온의 산화수와 같다.

　• SO_4^{2-} : $S + 4 \times (−2) = −2$, S: +6

　• MnO_4^- : $Mn + 4 \times (−2) = −1$, Mn: +7

⑥ 단원자 이온의 산화수는 그 이온의 전하와 같다.

　• Cu^{2+}: +2, Fe^{3+}=+3

⑦ 모든 할로젠화합물의 할로젠의 산화수는 −1이다.

　• NaCl에서 Cl의 산화수 −1, $MgBr_2$에서 Br의 산화수 −1

⑧ 모든 황화물의 황의 산화수는 [−2]이다.

　• FeS에서 S의 산화수 −2

✪ 산화수

화합물을 구성하는 원자들의 원자가에 (+)나 (−) 부호를 붙여 그 원자가 가지는 전하를 표시한 수

2. 산화와 환원 반응 ✘✘

산화와 환원 반응은 항상 동시에 일어남

반응의 종류	산소	전자	수소	산화수
산 화	얻음	잃음	잃음	증가
환 원	잃음	얻음	얻음	감소

1) 산화 반응

산소와 결합: $2Mg+O_2 \rightarrow 2MgO$, 전자를 잃음: $Na \rightarrow Na^+ + e^-$

2) 환원 반응

수소와 결합: $N_2+3H_2 \rightarrow 2NH_3$, 전자를 얻음: $Cl+e^- \rightarrow Cl^-$

3) 산화수에 의한 산화·환원 반응

$$2FeCl_3 + SnCl_2 \rightarrow 2FeCl_2 + SnCl_4$$

　　(+3)　　　(+2)　　　(+2)　　(+4)

（환원）

（산화）

3. 산화제와 환원제 ✘✘

1) 산화제

（산화）

$$Cu(환원제)+2Ag^+(산화제) \rightarrow Cu^{2+}+2Ag$$

（환원）

✪ 산화제

자신은 환원되면서 다른 물질을 산화시키는 물질

Check! Point

■ 산화제 조건

① 전자를 얻는 성질이 큰 물질(7족의 F, Cl, Br, I 등의 원소)

② 높은 산화수를 갖는 금속이나 비금속원자를 갖는 화합물

　• $KMnO_4$: Mn의 산화수는 +7

　• $HClO_4$: Cl의 산화수는 +7

③ 동일 원자의 경우 산화수가 큰 원자일수록 강한 산화제이다.

$$HBrO_4 > HBrO_3 > HBrO_2 > HBrO$$

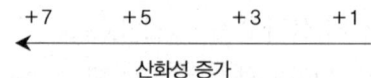

+7   +5   +3   +1

← 산화성 증가

❷ 환원제

자신은 산화하면서 다른 물질을 환원시키는 물질

2) 환원제

Check! Point

■ 환원제 조건

① 전자를 잃는 성질이 클 것: K, Mg, Ca, Zn 등

② 낮은 산화수를 갖는 금속이나 비금속원자를 갖는 화합물

$MnCl_2$, $FeCl_2$, H_2S

  +2   +2   −2

③ 동일 원자의 경우 산화수가 작은 원자일수록 강한 환원제이다.

$$HBrO_4 < HBrO_3 < HBrO_2 < HBrO < Br_2 < Br^{-1}$$

+7   +5   +3   +1   0   −1

환원성 증가 →

❷ 양쪽성 물질

산화제도 되고 환원제도 되는 물질

3) 양쪽성 물질

① 과산화수소(H_2O_2): 주로 산화제로 쓰이나 과산화수소보다 산화력이 강한 용액($KMnO_4$, $K_2Cr_2O_7$ 등)에서는 환원제로 사용된다.

② 이산화황(SO_2): 주로 환원제로 쓰이나 이산화황인 자신보다 환원력이 강한 용액(H_2S 등)에서는 산화제로 쓰인다.

Check! Point

■ 환원제로 작용하는 경우

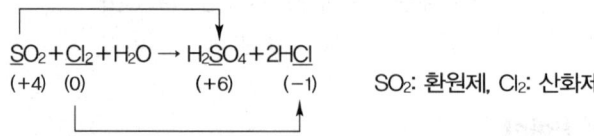

$$SO_2 + Cl_2 + H_2O \rightarrow H_2SO_4 + 2HCl$$

(+4)   (0)   (+6)   (−1) SO_2: 환원제, Cl_2: 산화제

■ 산화제로 작용하는 경우

┌─ (산화) ─┐

$$SO_2 + 2H_2S \rightarrow 2H_2O + 3S$$

(+4)   (−2)   (0) SO_2: 산화제, H_2S: 환원제

└─ (환원) ─┘

5▶ 9 전기화학

1. 전기분해 개념

전해질 용액에 직류 전기를 통해 주면 전해질이 두 전극에서 화학 변화를 일으켜 분해되는 현상을 전기분해라 한다.

전기 에너지 → 화학 에너지

① 양(+)극: 음이온이 끌려와서 전자를 잃고 산화된다.
② 음(−)극: 양이온이 끌려와서 전자를 얻으며 환원된다.

참고

※ **물의 전기분해**
- 음극: $2H^+ + 2e^- \rightarrow H_2 \uparrow$ (수소기체 발생)
- 양극: $2OH^- - 2e^- \rightarrow H_2O + \frac{1}{2}O_2 \uparrow$ (산소기체 발생)

※ **황산구리($CuSO_4$) 수용액의 전기분해(구리 도금이 원리)**
- 음극: $Cu^{+2} + 2e^- \rightarrow Cu$
  (구리가 석출되면서 음극의 물체표면에 도금이 된다.)
- 양극: $Cu + O \rightarrow CuO$, $CuO + 2H^+ \rightarrow H_2O + Cu^+$
  (구리가 구리이온으로 되면서 구리의 질량이 감소된다.)

※ **소금물($NaCl$) 수용액의 전기분해**
$NaCl \rightarrow Na^+ + Cl^- \parallel H_2O \rightarrow H^+ + OH^-$
- 음극: $2H_2O + 2e^- \rightarrow H_2 + 2OH^-$ (환원 반응)
- 양극: $2Cl^- \rightarrow Cl_2 + 2e^-$ (산화 반응)

※ **전기분해 반응이 어려운 이온**
- 양이온: Li^+, Na^+, K^+, Mg^{2+}, Al^{3+}
  (음극에서 환원되기 어렵기 때문에 수소이온이 환원되어 수소기체가 생성)
  $[2H_2O(l) + 2e^- \rightarrow 2OH^- + H_2 \uparrow]$
- 음이온: NO_3^-, SO_4^{2-}, CO_3^{2-}, PO_4^{3-}, F^-
  (양극에서 산화되기 어렵기 때문에 수산화이온이 산화되어 산소기체가 생성)
  $[2H_2O(l) \rightarrow O_2 \uparrow + 4H^+ + 4e^-]$

2. 패러데이의 법칙 ✖✖✖

1) 제 1법칙

전기분해 시 음극과 양극에서 반응이 일어날 때 석출되는 물질의 양은 통해준 전기량에 비례한다.

전기량＝전류의 세기×시간

◆ 단위

① 1C(쿨롱): 1A(암페어)의 전류를 1초 동안 통했을 때의 전하량

② 1F: 전자 1mol의 전기량 (=96,500C)

• 서로 다른 전해질인 경우 같은 전하량에 의해 석출 또는 발생되는 양은 g 당량 수 $\left(\dfrac{원자량}{이온의\ 전하수}\right)$에 비례

Check! ☞ Point

$1F = 1.6 \times 10^{-19}C \times (6.02 \times 10^{23}) = 96500C$

물질 1g 당량을 석출하는 데 필요한 전기량 = 전자(e^-) 1몰(6.02×10^{23}개)의 전기량

Q(전기량, C) = 전류의 세기(A) × 시간(초)

---

2) 제 2법칙

① 1F의 전기량에 의해 얻어지는 물질의 양은 전자 1몰이 이동한 수에 비례한다.

② 전자 1몰이 이동하려면 1F의 전기량이 필요하다.

5▶ ⑩ 화학전지

1. 전지원리

산화·환원 반응을 이용하여 물질의 화학에너지를 전기에너지로 바꿔주는 장치

① 전자와 전류가 흐르는 방향

   ㉠ 전자: (−)극에서 (+)극으로 흐름

   ㉡ 전류: (+)극에서 (−)극으로 흐름

② 기전력: 전지가 도선을 통하여 전류를 흐르게 하는 힘(단위: V)

③ 전지의 구조: (−)극 금속 | 전해질 용액 | (+)극 금속

◎ 전지의 구조

전극	(−) 극	(+) 극
전극 금속의 이온화 경향	크다	작다
전자	전자를 내놓는다.	전자를 받아들인다.
전류	전류가 흘러들어온다.	전류가 흘러나간다.
반응	산화 반응	환원 반응

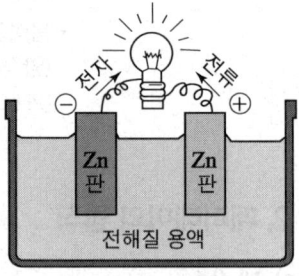

▲ 전지의 원리

2. 종류 ✖✖

① 볼타전지: 아연(Zn)판과 구리(Cu)판을 묽은 황산 용액에 담근 후 도선을 연결한 전지

$$[\ (-)\ Zn\ |\ H_2SO_4\ |\ Cu\ (+)\ ]$$

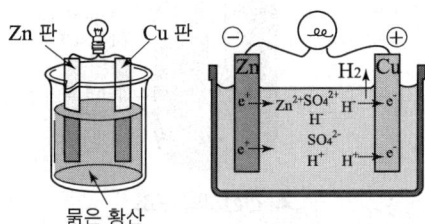

▲ 볼타전지의 구조

 Point

■ **전극에서의 반응**
- $(-)$극: $Zn \rightarrow Zn^{2+} + 2e^-$(산화)
- $(+)$극: $2H^+ + 2e^- \rightarrow H_2$(환원)

$(+)$극에서 발생한 수소기체가 구리 전극에 쌓여 볼타전지의 기전력(1.1V → 0.4V)이 저하되는 분극 현상이 발생하므로 수소기체를 산화시키기 위한 감극제가 사용된다.

- 분극 원인: 수소기체가 많으면 $H_2 \rightarrow 2H^+ + 2e^-$ 반응이 일어나 역기전력이 발생하기 때문
- 감극제의 종류: H_2O_2, MnO_2, $K_2Cr_2O_7$ 등

② 다니엘전지: 아연(Zn)판은 황산아연 수용액에, 구리(Cu)판은 황산구리 수용액에 담근 후 두 용액을 염다리로 연결한 전지

$$[\ (-)\ Zn\ |\ Zn_2SO_4\ ||\ Cu_2SO_4\ |\ Cu\ (+)\ ],\ E°=1.1V$$

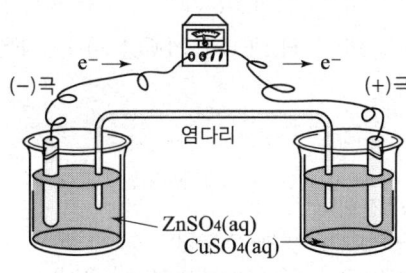

▲ 다니엘전지의 구조

❷ **전극에서의 반응**
- $(-)$극
  $Zn \rightarrow Zn^{2+} + 2e^-$(산화)
- $(+)$극
  $2Cu + 2e^- \rightarrow Cu$(환원)

3. 실용전지

① 막대를 (+)극으로 한 전지

$$[\ (-) \ Zn \ | \ NH_4Cl \ | \ MnO_2, \ C(+) \ ], \ E° = 1.5V$$

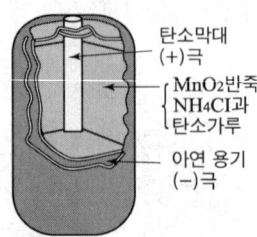

- 탄소막대 (+)극
- MnO₂반죽 NH₄Cl과 탄소가루
- 아연 용기 (−)극

▲ 건전지의 구조

전극에서의 반응

(−)극: $Zn \rightarrow Zn^{2+} + 2e^-$(산화) ; $Zn^{2+} + 4NH_3 \rightarrow Zn(NH_3)_4^{2+}$(산화)

(+)극: $2H + 2e^- \rightarrow H_2$(환원) ; $H_2 + 2MnO_2 \rightarrow Mn_2O_3 + H_2O$(환원)

- 기전력은 약 1.5V로 염다리가 필요 없고 전해질이 약산으로 전지의 수명이 짧다.
- 감극제: MnO_2

② 알칼라인 건전지: 망가니즈−아연 건전지에 강염기인 KOH을 넣은 전지

$$[\ (-) \ Zn \ | \ KOH \ | \ MnO_2(+) \ ], \ E° = 1.5V$$

전극에서의 반응

(−)극: $Zn + 2OH^- \rightarrow Zn(OH)_2 + 2e^-$(산화)

(+)극: $2MnO_2 + H_2O + 2e^- \rightarrow Mn_2O_3 + 2OH^-$(환원)

- 망가니즈 − 아연 건전지보다 수명이 길고 안정된 전압을 얻을 수 있다.

③ 납축전지: 비중 1.25 정도인 묽은 황산 용액에 (−)극에는 Pb, (+)극에는 PbO_2를 사용한 전지

$$[\ (-) \ Pb \ | \ H_2SO_4 \ | \ PbO_2(+) \ ], \quad E° = 2V$$

전극에서의 반응

(−)극: $Pb + SO_4^{2-} \rightarrow PbSO_4 \downarrow + 2e^-$(산화)

(+)극: $PbO_2 + 4H^+ + SO_4^{2-} + 2e^- \rightarrow PbSO_4 \downarrow + 2H_2O$(환원)

전체 반응: $Pb + 2H_2SO_4 + PbO_2 \rightleftharpoons 2PbSO_4 \downarrow + 2H_2O$(→: 방전, ←: 충전)

- 감극제: PbO_2

- **1차 전지**(충전이 불가능한 전지): 볼타전지, 건전지, 다니엘전지 등
- **2차 전지**(충전이 가능한 전지): 납축전지, 에디슨전지 등

4. 전극전위 ✒

1) 표준 수소 전극

1M의 H^+용액과 접촉하고 있는 1기압의 수소기체로 이루어진 반쪽 전지가 나타내는 전위차를 0.00V로 나타내는 것

- **표준 수소 전극**: 모든 표준 전극전위의 기준이 된다.
  $[2H^+(aq,1mol/l,\ 25℃)+2e^- \rightarrow H_2(g,1atm),\ E=0.00V]$

2) 표준 전극전위($E°$)

25℃, 1기압에서 반쪽 전지의 수용액의 농도가 $1mol/l$일 때, 표준 전극을 (−)극으로 하여 얻은 반쪽 전지의 전위를 말한다.

- **표준 전극전위**: 보통 환원 반응이 일어날 때의 표준 환원 전위로 표준 환원 전위값이 (−)이면 수소보다 환원하기 어렵고, (+)이면 수소보다 환원하기 쉽다.

3) 표준 전극전위의 이용

(1) 기전력

① (+)전지와 (−) 전지의 전극전위 값의 차

② 전지의 기전력(V)＝E°(전극전위 값이 큰 쪽)−E°(전극전위 값이 작은 쪽)

(2) 산화·환원 반응의 진행 방향

① 표준 전극전위 E°: (+)값이면 정반응이, (−)값이면 역반응이 생긴다.

② E°의 값

　　㉠ (+)값일 경우: 환원 반응

　　㉡ (−)값일 경우: 산화 반응

CHAPTER 06

무기화합물·유기화합물·고분자 화합물 ★★

 학습 POINT

금속, 알칼리금속과 그 화합물, 전이원소와 그 화합물, 할로젠원소와 그 화합물, 기타화합물, 유기화합물(탄소화합물), 고분자 화합물의 성질을 알 수 있다.

✔ **무기화합물(금속·비금속)**

탄소 이외의 원소만으로 이루어진 화합물로 금속(전형원소, 전이금속) 및 비금속화합물이 있음

✔ **아말감**

수은(Hg)과 다른 금속의 합금

6▶ ❶ 무기화합물(금속·비금속)

1. 금속

1) 비중에 의한 분류

① 경금속: 비중이 4 이하인 것
② 중금속: 비중이 4 이상인 것(Mg, Al 등)

2) 화학적 안정성에 의한 분류

① 귀금속(화학적으로 안정 녹이 슬지 않음): 금(Au), 백금(Pt), 은(Ag) 등
② 천이금속(녹이 잘 슬고 내약품성이 없음)

3) 합금

두 가지 이상의 원소를 함유하고 있으면서 금속의 특성을 지님

원소	합금명	성분	용도
비스무트(Bi)	우드금속	Bi+Cd	퓨즈 플러그
구리(Cu)	황동	Cu+Zn	동전
납(Pb)	땜납	Pb+Sn	땜질
은(Ag)	치과용 아말감	Ag+Sn+Cu+Hg	치과용 재료

① 낮은 녹는점 금속은 수은에 잘 녹음: 납(Pb), 카드뮴(Cd) 등
② 높은 녹는점 금속은 수은에 녹기 어렵다.
  《예》 철(Fe), 니켈(Ni), 크로뮴(Cr), 망가니즈(Mn), 백금(Pt) 등
③ 금(Au)·은(Ag)도 어느 정도 녹으므로 아말감에 의한 정련이 과거에 쓰였음

4) 금속의 물리적 성질

① 전성(퍼짐성)
  금(Au) 〉 은(Ag) 〉 구리(Cu) 〉 알루미늄(Al) 〉 주석(Sn) 〉 백금(Pt) 〉 납(Pb) 〉 철(Fe)

② 연성(늘어나는 성질)

금(Au) 〉 은(Ag) 〉 백금(Pt) 〉 철(Fe) 〉 구리(Cu) 〉 알루미늄(Al) 〉 주석(Sn) 〉 납(Pb)

③ 도전율

㉠ 금속은 전기와 열을 잘 전도시킴(자유전자)

㉡ Ag가 가장 좋다.

㉢ 은(Ag) 〉 구리(Cu) 〉 알루미늄(Al) 〉 안티몬(Sb) 〉 수은(Hg)

5) 금속의 이온화 경향

금속원자가 원자가 전자를 잃고 양이온이 되려는 성질

2. 알칼리금속과 그 화합물: 주기율표 1족 금속원소

1) 알칼리금속: Li, Na, K, Rb, Cs, Fr

2) 성질

① 높은 열전도도와 전기전도도를 가짐: 은백색 광택의 가볍고 무른 고체

② 가장 전기음성도가 낮고, 가장 염기성이 센 원소들임

③ 양이온(+1)이 되기 쉽다($M \rightarrow M^+ + e^-$).

④ 공기 중에 쉽게 산화하여 산화물을 생성($4M + O_2 \rightarrow 2M_2O$)

⑤ 상온에서 물과 반응하여 수소를 발생($2M + 2H_2O \rightarrow 2MOH + H_2$)

⑥ 할로젠 원소(X_2)와 직접 반응하여 할로젠화물 생성($2M + X_2 \rightarrow 2MX$)

3) 반응성: Li 〈 Na 〈 K 〈 Rb …

4) 녹는점과 끓는점: Li 〉 Na 〉 K 〉 Rb …

5) 알칼리금속의 보관법: 석유나 파라핀유 속에 넣어 보관

3. 알칼리금속의 화합물

1) 수산화물

① 종류: LiOH(수산화리튬), NaOH(수산화나트륨), KOH(수산화칼륨) 등

② 성질: 다른 이온 결정에 비해 무르고 녹는점이 낮으며, 수산화리튬을 제외하면 모두 열에 안정적이고 강한 염기성을 띤다.

✔ **이온화 경향**

① 이온화 경향이 큰 금속: 산과 반응하여 수소가스를 더 많이 발생.

② 이온화 경향이 작은 금속은 경향이 큰 금속의 염에 치환 못 한다.

③ 이온화 경향 순서
K 〉 Ca 〉 Na 〉 Mg 〉 Al 〉 Zn 〉 Fe 〉 Ni 〉 Sn 〉 Pb 〉 H 〉 Cu 〉 Hg 〉 Ag 〉 Pt 〉 Au

✔ **수산화나트륨(NaOH)**

① 백색의 반투명한 고체로 공기 중의 수분을 흡수하여 스스로 액체가 되는 조해성이 강하다.

② 물에 잘 녹으며 수용액은 강알칼리성이다.

③ 제법: 소금물의 전해법과 가성화법이 있다.

• 원소별 불꽃 반응
Li(진한 빨강) / Na(노랑) / K(연보라) / Rb(진한 빨간색) / Cs(연한 파란색)

2) 탄산염

① 종류: Na_2CO_3(탄산나트륨), $NaHCO_3$(탄산수소나트륨) 등
② 성질: 알칼리금속의 탄산염 – 리튬염만 제외하면 모두 물에 잘 녹고 열에 대해서 대단히 안정하다.

 **2** **전이원소와 그 화합물: 주기율표에서 3(3B) ~ 11(1B)족에 속하는 원소**

1. 전이원소의 성질 ✵✵

원자가 전가가 d 또는 f 오비탈에 부분적으로 채워져 있는 원소

1) 이온의 전자 배치

최외각의 s 오비탈 전자를 먼저 잃고 d 오비탈의 전자도 잃어 여러 가 지 산화수를 가짐

2) 전이원소의 특성

① 열과 전기의 양도체인 금속: 밀도가 크고 녹는점과 끓는점이 높다.
② 활성이 작아 촉매로 많이 사용

2. 착화합물

1) 착이온

리간드라 불리는 몇몇 음이온 또는 분자들과 금속 양이온이 배위 결합 하여 생성된 이온

2) 착이온의 구조

① 배위수 2: 직선형 구조
《예》 $[Ag(CN)_2]^-$, $[Ag(NH_3)_2]^+$
② 배위수 4: 평면 사각형 구조
《예》 $[Cu(NH_3)_4]^{2+}$, $[Ni(CN)_4]^{2-}$
③ 배위수 4: 정사면체 구조
《예》 $[Zn(NH_3)_4]^{2+}$, $[Cd(NH_3)_4]^2$
④ 배위수 6: 팔면체 구조
《예》 $[Fe(CN)_6]^{3-}$, $[Co(NH_3)_6]^{3+}$

3. 전이원소 화합물 ✷

1) 다이크로뮴산칼륨($K_2Cr_2O_7$)

① 산성용액: 강산화제로 작용된다.

② 염기성용액: 크로뮴산염이 된다.

2) 철과 화합물

① Fe^{2+}의 검출

육시아노철(Ⅲ) 산 칼륨($K_3[Fe(CN)_6]$) − 푸른색 앙금(턴블파랑)

② Fe^{3+}의 검출

육시아노철(Ⅱ) 산 칼륨($K_4[Fe(CN)_6]$) − 푸른색 앙금(프러시안 파랑)

3) 구리 화합물

① +2, +1의 산화수를 가지고, 대부분 +2가의 화합물로 존재

$$CuSO_4 \cdot 5H_2O \xrightarrow{100℃} CuSO_4 \cdot H_2O \xrightarrow{100℃} CuSO_4$$
(푸른색)   (연한 푸른색)   (흰색)

② 무수물 $CuSO_4$: 수분과 반응 푸른색이 되는 성질 때문에 석유, 알코올 속의 미량의 수분검출용으로 사용됨

4) 은과 그 화합물

① 은(Ag)

㉠ 열과 전기 전도성이 금속 중에서 가장 크다.

㉡ +1가의 산화수만 갖는다.

② Ag^+은 할로젠 이온(X^-)과 반응하여 할로젠화은(AgX)을 형성함

《예》 AgF(용해), $AgCl$(흰색) 침전 등

5) 망가니즈와 그 화합물

① 이산화망가니즈(MnO_2): 실험실에서 염소 제조 시 산화제, 염소산칼륨으로부터 산소를 방출 시 촉매로 사용됨

㉠ $MnO_2 + 4HCl \rightarrow MnCl_2 + 2H_2O + Cl_2 \uparrow$

㉡ $KClO_3 \xrightarrow{MnO_2} KCl + KClO_4 + O_2$

② 과망가니즈산칼륨($KMnO_4$): 흑자색 결정, 물에 녹아 적자색의 MnO_4^-가 생김

㉠ 망가니즈의 산화수: +7로 강산화제임

✔ **철**

Fe^{2+}, Fe^{3+} 상태로 존재

✔ **망가니즈(Mn)**

• 은회색 금속, 반응성이 큼
• +2∼+7의 여러 가지 산화수를 가짐

6▶③ 할로젠 원소와 화합물: 주기율표 7족

1. 할로젠 원소: F, Cl, Br, I, At

1) 플루오르(F) = 불소

① 황색의 자극성이 강한 유독성 기체이다.

② 강산화제로 모든 원소와 결합이 가능하다.

③ 제법

㉠ 형석(CaF)이나 빙정석(Na_3AlF_6)에서 산출한다.

㉡ 플루오르화 수소칼륨(KHF_2)을 용융·전기분해하여 얻는다.

2) 염소(Cl_2)

① 공기보다 무거운 황록색의 유독성 기체

② 제법

㉠ 염산에 산화제인 이산화망가니즈(MnO_2)를 넣고 가열

$$4HCl + MnO_2 \rightarrow MnCl_2 + 2HCl + Cl_2\uparrow$$

㉡ 표백분($CaOCl_2$)에 진한 염산을 가하여 얻는다.

$$CaCl(ClO) \cdot H_2O + 2HCl \rightarrow CaCl_2 + 2H_2O + Cl\uparrow$$

3) 브로민(Br_2)

상온에서 적갈색의 액체로서 자극성 냄새가 나며, 적갈색의 유독한 증기가 발생한다.

4) 아이오딘(I_2)

① 흑자색의 고체: 승화성이 강하며 증기는 독성

② 제법: 아이오딘화수소(HI)에 이산화망가니즈(MnO_2)를 넣고 가열

$$4HI + MnO_2 \rightarrow MnI_2 + 2H_2O + I_2$$

2. 성질

① 화학적으로 활성이 크며 원자번호가 커질수록 활성과 비금속성이 감소한다.

② 원자가 전자가 7개로 음이온(-1)이 되기 쉽다($X + e^- \rightarrow X^-$).

③ 알칼리금속이나 수소와 직접 반응한다.

3. 녹는점, 끓는점: $F_2 < Cl_2 < Br_2 < I_2$

4. 반응성(산화력): $F_2 > Cl_2 > Br_2 > I_2$

5. 수소와 결합력의 세기: $F_2 > Cl_2 > Br_2 > I_2$

6. 할로젠 원소의 수소화합물

무색의 자극성 기체로, 물에 녹아 산성을 나타낸다.
① 할로젠수소산의 안정성(결합력의 세기): $HF > HCl > HBr > HI$
② 할로젠수소산의 세기: $HF < HCl < HBr < HI$

1) 플루오르화수소(HF)

① 유리를 부식시키므로 납 병이나, 폴리에틸렌 병에 보관한다(석영과 반응).
② 수소결합: 끓는점이 높고, 물에 녹아 약산을 이룬다.

2) 염화수소(HCl)

① 물에 녹아 강산인 염산이 되고 암모니아와 반응하면 흰 연기가 발생한다.

$$HCl + NH_3 \rightarrow NH_4Cl(흰 연기, NH_3, HCl 검출에 이용)$$

② 제법: 소금에 진한 황산을 가하여 가열하여 얻는다.

$$NaCl + H_2SO_4 \xrightarrow{500℃\ 이하} NaHSO_4 + HCl$$

3) 브로민화수소(HBr)와 아이오딘화수소(HI)

발연성 기체로 물에 녹으면 강한 산성을 나타낸다.

7. 할로젠의 산소산

① 플루오르(F)를 제외하고 모두 산소산을 만든다.
② 산화제로 사용, 산소가 많을수록 강한 산이다.

화학식	이 름	산의 세기
$HClO_4$	과염소산	아주 강한 산
$HClO_3$	염소산	강한 산
$HClO_2$	아염소산	중간 정도의 산
$HClO$	하이포아염소산	약한 산

4 그 밖의 원소와 화합물

1. 알칼리토금속과 그 화합물: 주기율표 2족 원소

1) 원소: Be, Mg, Ca, Sr, Ba, Ra

2) 성질

 ① 알칼리금속보다 약한 염기성으로 원자번호가 증가함에 따라 염기성도 증가한다.

 ② 양이온(+2)이 되기 쉽고, 물 또는 산과 반응하여 수소를 발생한다.

 **참고**

화합물
① 염화마그네슘($MgCl_2$): 무색 결정, 물에 잘 용해되며 조해성이 있음
② 염화칼슘($CaCl_2$): 결빙방지제(어는점을 낮춤), 냉동제로 이용
 $CaCO_3 + 2HCl \rightarrow CaCl_2 + H_2O + CO_2$
③ 산화마그네슘(MgO): 물에서 약염기성을 띔
 $MaO + H_2O \rightarrow Mg(OH)_2$
④ 탄산칼슘($CaCO_3$): 물에 녹지 않음
⑤ 생석회(CaO): 물에 의해 수산화칼슘($Ca(OH)_2$)이 된다. → 소석회 [$Ca(OH)_2$]
 $CaO + H_2O \rightarrow Ca(OH)_2$
 $Ca(OH)_2$: 물에 약간 녹아 강염기성을 띔. → CO_2, Ca^{2+} 검출에 이용됨

2. 붕소족 원소와 그 화합물: 주기율표 3족 원소

- B: 비금속
- Al, Ga, In, Tl: 금속

1) 원소: B, Al, Ga, In, Tl

 ① 붕소(B)

  ㉠ 흑회색의 단단한 결정

  ㉡ 금속광택을 가지고 있으나 전기전도성은 없음

 ② 알루미늄(Al)

  ㉠ 은백색의 가벼운 금속. 열 및 전기의 양도체이고 전성 및 연성이 큼

  ㉡ 공기 중에서 금속표면에 산화알루미늄(Al_2O_3)의 막이 생성되어 내부를 보호한다.

  ㉢ 양쪽성 원소로 산과 염기에 모두 반응한다.

2) 화합물

① 붕산(H_2BO_3)

    ㉠ 수용액은 약산성

    ㉡ 붕산염($Na_2B_4O_7$)에 황산(H_2SO_4)을 가하여 제조

② 산화알루미늄(Al_2O_3): 테르밋반응을 함

 **Point**

■ 테르밋반응

알루미늄가루와 산화철(Ⅲ)을 섞어서 점화하면, 격렬히 반응함: 용접에 이용

$2Al + Fe_2O_3 \rightarrow Al_2O_3 + 2Fe + Q + HCl \rightarrow Ca(OH)_2$

3. 탄소족 원소와 그 화합물: 주기율표 4족 원소

① 원소: C, Si, Ge, Sn, Pb

② 탄소(C): 단체로서 세 가지의 동소체가 존재

    (다이아몬드와 흑연 – 결정형 탄소, 석탄, 활성탄 – 무정형 탄소)

> **참고**
>
> **탄소화합물**
>
> 1. 일산화탄소(CO)
>
>   ① 염기와 반응하지 않음
>
>   ② 탄소의 불완전 연소나 포름산에 진한 황산을 반응시켜 제조
>
> $2C + O_2 \rightarrow 2CO$, $HCOOH \rightarrow H_2O + CO$
>
> 2. 이산화탄소(CO_2)
>
>   ① 석회수를 통과 시 탄산칼슘의 흰색 앙금이 생성됨
>
> $Ca(OH)_2 + CO_2 \rightarrow CaCO_3(흰색 앙금)\downarrow + H_2O$
>
>   ② 킵장치로 기체를 CO_2를 발생시킬 수 있다.
>
>   ㉠ 킵장치(킵의 기체 발생기): 체물질과 액체 물질을 반응시켜서 기체를 발생시킬 때 쓰이는 장치
>
>   ㉡ 킵장치를 이용한 기체 제조: 수소(H_2), 이산화탄소(CO_2), 황화수소 (H_2S)등
>
> 3. 이산화규소(SiO_2)
>
>   ① 대부분의 약품에 불용이지만 HF에는 녹는다.
>
> $SiO_2 + 4HF \rightarrow SiF_4 + 2H_2O$
>
>   ② NaOH와 반응하여 규산나트륨(Na_2SiO_3)을 생성

4. 산소족 원소와 그 화합물: 주기율표 6족 원소

① 원소: O, S, Se, Te, Po

② 산소(O_2)

 ㉠ 공기 중에 약 21%를 차지하는 기체로 불연성, 조연성기체

 ㉡ 산소의 동소체: 산소(O_2)와 오존(O_3), 거의 모든 원소들과 반응하여 산화물을 형성

③ 황(S_8)

 ㉠ 황색 고체로 열과 전기의 부도체

 ㉡ 세 가지의 동소체가 존재(사방황, 단사황, 고무상황)

참고

산소화합물

1. 물(H_2O): H_2S, H_2Se, H_2Te 보다 끓는점이 높다(수소결합).

2. 황화수소(H_2S)

 ① 황화철(FeS)에 염산 또는 묽은 황산을 가해 제조

  $FeS + 2HCl \rightarrow FeCl_2 + H_2S$

 ② 금속이온 분리나 검출에 사용

  • 염기성용액: $Zn^{2+} + S^{2-} \rightarrow ZnS\downarrow$

  • 산성용액: $Cu^{2+} + S^{2-} \rightarrow CuS\downarrow$

  • 앙금을 만들지 않는 이온: NH_4^+, 알칼리금속(Na^+, K^+), 알칼리토금속(Mg^{2+}, Ca^{2+} 등)

3. 아황산(SO_2)

 ① 환원성이 강해 표백제로 이용

 ② 구리에 진한 황산을 넣고 가열제조

  $Cu + 2H_2SO_4 \rightarrow CuSO_4 + 2H_2O + SO_2$

4. 삼산화황(SO_3)

 ① 산성비의 원인

 ② 백금이나 오산화바나듐 촉매하에 산화시켜 제조

  $2SO_2 + O_2 \xrightarrow{V_2O_5} 2SO_3$

5. 황산(H_2SO_4)

 ① 백금이나 오산화바나듐 촉매를 이용 접촉법 제조

  $SO_2 + O_2 \xrightarrow{V_2O_5} SO_3 \xrightarrow{H_2O} H_2SO_4$

 ② 산화력이 강하며, 탈수 작용을 한다.

---

5. 질소족 원소와 그 화합물: 주기율표 5족 원소

① 원소: N, P, As, Sb, Bi

② 질소(N_2)

 ㉠ 공기 중에 약 78%를 차지

 ㉡ 활성이 없는 무색 기체

③ 인(P_4)

ㄱ 인의 동소체: 황린(P_4)과 적린(P)

ㄴ 백린: 공기 중 자연발화성으로 물속에 저장

ㄷ 적린: 비활성이며 물에 잘 녹지 않지만 승화성을 가지고 있다.

질소화합물

1. 암모니아(NH_3) 제조법

하버법: $N_2 + 3H_2 \xrightarrow[450℃, \ 300 \sim 500기압]{Fe, \ Al_2, \ O_3} 2NH_3$

2. 히드라진(N_2H_4) 제조법

암모니아를 차아염소산나트륨($NaClO$)으로 산화시켜 제조

$2NH_3 + NaClO \rightarrow N_2H_4 + NaCl + H_2O$

3. 질산(HNO_3)

① 공업적제법: 암모니아를 백금촉매로 산화시켜 얻는다(오스트발트법).

② 실험실적제법: $NaNO_3 + H_2SO_4 \rightarrow NaHSO_4 + HNO_3$

③ 부동태: 철을 진한 질산에 넣으면 표면에 마그네타이트의 검은녹(Fe_3O_4)을 만들며 이것은 더 이상 산화가 되지 않는다.

④ 왕수(진한질산: 진한염산=1: 3): 금이나 백금도 용해시킨다.

4. 오산화인(P_4O_5): 건조제, 탈수제 사용

5. 인산(H_3PO_4): 오산화인을 물에 끓여서 생성됨

$P_4O_{10} + 6H_2O \rightarrow 4H_3PO_4$

6. 비활성 기체: 주기율표 0족 원소

(1) 원소: He, Ne, Ar, Kr, Xe, Rn

(2) 성질

① 실온에서 무색 기체로 단원자 분자이며 녹는점과 끓는점이 매우 낮음

② 이온화 에너지는 매우 크지만 반응성이 작음: 거의 화합물을 형성하지 못함

③ 원자가전자가 8개로 안정된 전자 배치를 이룸

☑ 유기화합물

탄소원자를 기본 골격으로 질소, 산, 황, 인, 할로젠 등이 결합되어 다양하고 독특한 특성을 가지며, 가장 간단한 유기화합물은 탄화수소로 탄소와 수소 원자들로 이뤄져 있음

1. 탄화수소의 분류

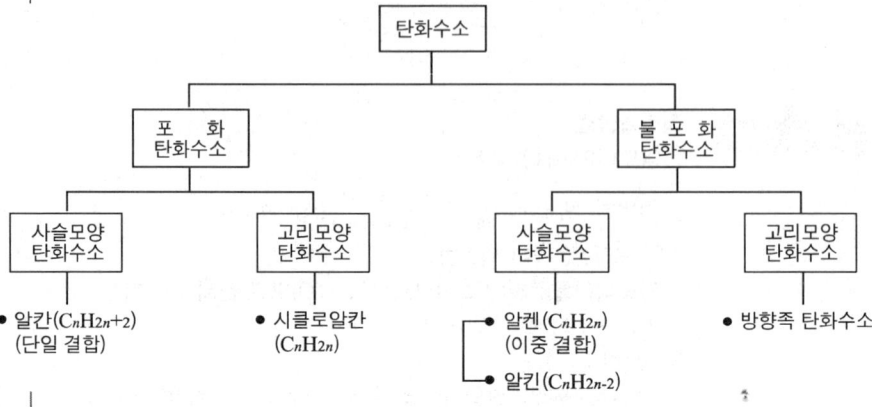

▲ 탄화수소의 분류

① 포화 탄화수소 : 파라핀계(메테인계), 단일 결합으로 이루어짐
② 불포화 탄화수소 : 2중 결합 또는 3중 결합으로 이루어짐[중합반응, 첨가반응(부가반응)]

Check! 👉 Point

■ **탄소화합물의 특성**
  ① 주성분은 탄소(C)이며 수소(H), 산소(C), 질소(N), 황(S), 할로젠 원소 등을 포함
  ② 대부분은 비전해질이고, 벤젠이나 에터 등의 유기 용매에 잘 녹는다.
  ③ 반응성이 약하고 반응속도가 느리다.
  ④ 녹는점, 끓는점이 낮다.
  ⑤ 공기 중에 연소 시 물(H_2O)과 이산화탄소(CO_2)가 생성된다.
  ⑥ 사슬모양이나 고리 모양의 구조를 하고 있으며 이성질체가 존재한다.

☑ 원소

주기율표에 표시된 물질들
《예》 물(H_2O)
• 수소 원자 2개와 산소 원자 1개로 이루어진 물질
• 수소 원소와 산소 원소로 이루어진 물질

2. 지방족 탄화수소

1) 종류

  ① 알케인(Alkane): C_nH_{2n+2}
  ② 모든 결합은 단일 결합: 사슬 모양의 입체구조
  ③ 분자량이 커질수록 녹는점, 끓는점이 높아짐

$$
\begin{array}{ccc}
\text{H} \;\; \text{H} & \text{H} \;\; \text{H} \;\; \text{H} & \text{H} \;\; \text{H} \;\; \text{H} \;\; \text{H} \\
\text{H}-\text{C}-\text{C}-\text{H} & \text{H}-\text{C}-\text{C}-\text{C}-\text{H} & \text{H}-\text{C}-\text{C}-\text{C}-\text{C}-\text{H} \\
\text{H} \;\; \text{H} & \text{H} \;\; \text{H} \;\; \text{H} & \text{H} \;\; \text{H} \;\; \text{H} \;\; \text{H}
\end{array}
$$

| 에테인 | 프로페인 | n-뷰테인 |

▲ 에테인, 프로페인, n-뷰테인의 구조식

《예》 메테인(CH_4), 에테인(C_2H_6), 프로페인(C_3H_8), n-뷰테인(C_4H_{10}) 등

Check! Point

① 탄소화합물 명명 시 접두어

수	1	2	3	4	5	6	7	8	9	10
수	mono	di	tri	tetra	penta	hexa	hepta	octa	nona	deca
탄소수	metha	etha	propa	buta	penta	hexa	hepta	octa	nona	deca

② 포화탄화수소의 상태

$C_1 \sim C_4$: 기체, $C_5 \sim C_{16}$: 액체, C_{17} 이상: 고체

---

2) 사이클로알케인 : C_nH_{2n}(고리 모양)

- 탄소 원자 사이: 단일 결합, 고리 모양

| 사이클로프로페인 | 사이클로뷰테인 | 사이클로펜테인 | 사이클로헥세인 |

▲ 사이클로알케인의 구조식

《예》 사이클로프로페인(C_3H_6), 사이클로뷰테인(C_4H_8), 사이클로헥세인(C_6H_{12}) 등

3) 알켄(Alkene) : C_nH_{2n}(이중 결합 1개)

① 이중 결합 물질

② 첨가반응(부가반응)

▲ 에텐의 첨가 반응

《예》 에텐(C_2H_4), 프로펜(C_3H_5) 등

4) 알카인(Alkine): CH_{2n-2}(삼중 결합 1개)

① 삼중 결합 물질−삼중 결합 중 하나가 끊어져 첨가반응을 이루는 데 사용됨

▲ 에타인의 수소 첨가 반응

《예》 에타인(C_2H_2), 프로파인(C_3H_4), 뷰타인(C_4H_6) 등

3. 탄화수소 명명법(IUPAC) ✰✰

접두사	→	모체	→	접미사
치환기 및 작용기 위치		탄소 원자의 수		작용기 종류

1) 알케인의 명명법

① 분자 중에 존재하는 가장 긴 탄소 사슬을 찾아서 모체로 하고, −ane(에인)으로 기본 명명한다.

② 모체의 각 원자에 번호를 붙인다.

③ 치환기의 위치 번호가 제일 작게 되도록 사슬 끝에서부터 번호를 적고 치환기의 번호를 치환기의 앞에 놓는다.

④ 여러 개의 같은 계열 치환기는 크기 또는 알파벳순으로 적는다.

⑤ 같은 치환기가 여러 개 있으면 다이(−di), 트라이(−tri), 테트라(−tetra), 펜타(−penta) 등을 사용하며 숫자는 무시한다.

3-Methylhexane

4-Ethyle-3-methylheptane

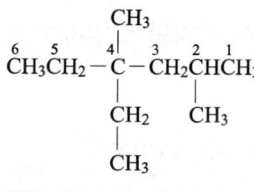

3-Ethyl-2-methylhexane

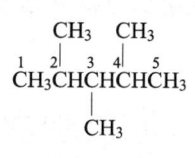

$$CH_3-\underset{7}{C}HCH_2\underset{6}{C}H_2\underset{5}{C}H-\underset{4}{C}HCH_2\underset{1}{C}H_3$$

3-Ethyl-4,7-dimethylnonane

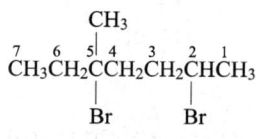

4-Ethyl-2,4-dimethyhexane

2,3,4-trimethyl pentane

2,5-dibromo-5-methyl heptane

2) 알켄의 명명법

① 이중 결합을 포함한 가장 긴 탄소 사슬을 모체로 하고 −ene(엔)으로 기본 명명한다.

② 이중 결합의 번호가 작아지도록 사슬의 탄소 번호를 정하고, cis 또는 trans로 배열을 표시한다.

$$\underset{5}{C}H_3-\underset{4}{C}H_2-\underset{3}{C}H_2-\underset{2}{C}H=\underset{1}{C}H_2$$

1-pentene

cis-2-Butene   trans-2-Butene

③ 다이엔(diene)과 트라이엔(triene)

㉠ 다이엔(diene): 2개의 이중 결합이 있는 탄화수소

$$\underset{1}{C}H_2=\underset{2}{C}H-\underset{3}{C}H=\underset{4}{C}H_2$$

1,3-butadiene

$$\underset{1}{C}H_2=\underset{2}{C}H-\underset{3}{C}H-\underset{4}{C}H=\underset{5}{C}H_2$$

1,4-pentadiene

㉡ 트라이엔(triene): 3개의 이중 결합이 있는 탄화수소

$$\underset{1}{C}H_3\underset{2}{C}H=\underset{3}{C}H\underset{4}{C}H=\underset{5}{C}H\underset{6}{C}H=\underset{7}{C}H\underset{8}{C}H_3$$

2,4,6-octatrien

㉢ 이중 결합과 삼중 결합을 동시에 가지고 있는 탄화수소

$$\underset{1}{C}H_3\underset{2}{C}H=\underset{3}{C}H\underset{4}{C}H_2\underset{5}{C}H_2\underset{6}{C}\equiv\underset{7}{C}\underset{8}{C}H_3$$

2-Octen-6-yne

3) 알카인의 명명법

① 삼중 결합을 하고 있는 사슬로서 어미인 −yne(아인)을 제외하고 알켄의 명명과 동일하다.

② 어미 −ene과 −yne을 사용 시는 각기 다른 종류의 불포화 결합위치를 나타내기 위해 모체 화합물의 명칭 안에 숫자를 삽입하여 표시한다.

$$\underset{4321}{CH_3CH_2C \equiv CH}$$

1-butyne

$$\underset{87654321}{CH_3CH_2CHCH_2C \equiv CCH_2CH_3}$$
$$CH_3$$

6-Methyl-3-octyne

4) 방향족 화합물 명명법

(1) 벤젠화합물 관용명

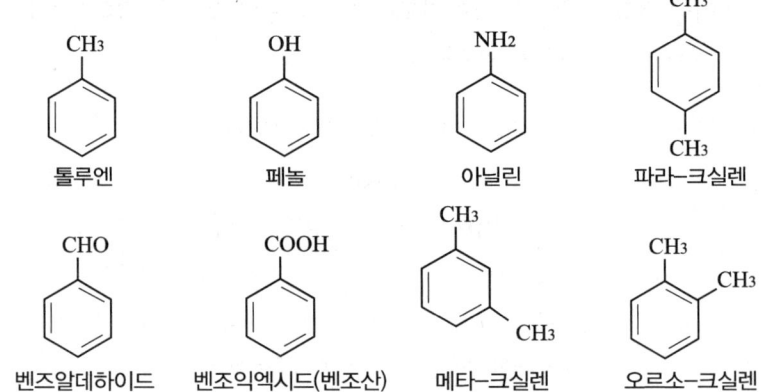

톨루엔 페놀 아닐린 파라−크실렌

벤즈알데하이드 벤조익엑시드(벤조산) 메타−크실렌 오르소−크실렌

(2) 벤젠에 수소 원자가 2개 이상 치환되었을 경우

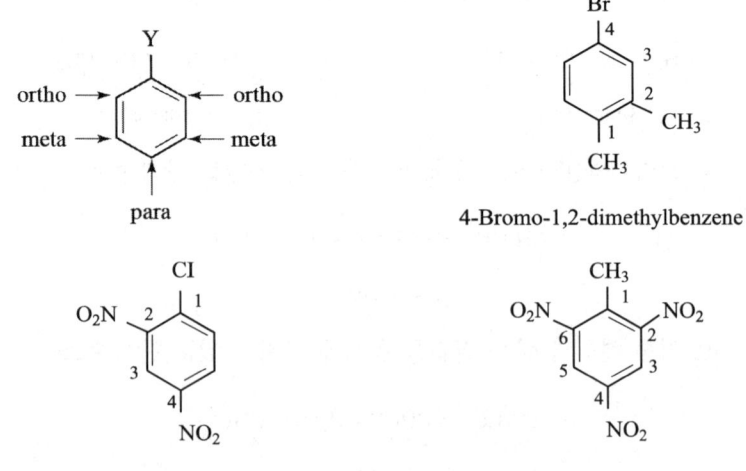

4-Bromo-1,2-dimethylbenzene

1-Chloro-2,4-dinitrobenzene

2,4,6-Trinitrotoluene(TNT)

4. 지방족 탄화수소 유도체

참고

① **지방족 탄화수소 유도체**: 탄화수소의 수소 원자가 다른 원자나 원자단으로 치환된 화합물

알 칸	이 름	알킬기	이 름	알 칸	이 름	알킬기	이 름
CH_4	메테인	CH_3^-	메틸기	C_4H_{10}	뷰테인	$C_4H_9^-$	부틸기
C_2H_6	에테인	$C_2H_5^-$	에틸기	C_5H_{12}	펜테인	$C_5H_{11}^-$	펜틸기
C_3H_8	프로페인	$C_3H_7^-$	프로필기	C_6H_{14}	헥세인	$C_6H_{13}^-$	헥실기

② **알킬기**: 알케인(C_nH_{2n+2})에서 1개의 수소 원자 빠진 원자단
③ **작용기(관능기)**: 탄화수소 유도체가 공통적인 성질을 나타내는 원자단

○ **중요한 작용기와 그 특성**

작용기	이름	유도체의 일반식과 이름	화합물의 예	
$-OH$	하이드록시기	R-OH(알코올)	CH_3OH	메틸알코올
			C_2H_5OH	에틸알코올
$-C\overset{O}{\underset{H}{\diagup}}$	포르밀기	R-CHO(알데하이드)	HCHO	포름알데하이드
			CH_3CHO	아세트알데하이드
$-C\overset{O}{\underset{O-H}{\diagup}}$	카르복실기	R-COOH(카르복실산)	HCOOH	포름산
			CH_3COOH	아세트산
$\underset{O}{\overset{-C-}{\|}}$	카르보닐기	R-CO-R'(케톤)	CH_3COCH_3	아세톤
			$CH_3COC_2H_5$	에틸메틸케톤
$-O-$	에터 결합	R-O-R'(에테르) CI	CH_3OCH_3	다이메틸에터
			$C_2H_5OC_2H_5$	다이에틸에터
$\underset{O}{\overset{-C-O-}{\|}}$	에스터 결합	R-COO-R'(에스테르)	$HCOOCH_3$	포름산메틸
			$CH_3COOC_2H_5$	아세트산에틸
$-N\overset{H}{\underset{H}{\diagup}}$	아미노기	R-NH_2(아민)	CH_3NH_2	메틸아민
			$C_6H_5NH_2$	아닐린

1) 지방족 탄화수소 유도체 종류

(1) 알코올(R-OH)의 반응

① 알칼리 금속(M)과 반응하면 수소기체가 발생

$$2ROH + 2M \rightarrow 2ROM + H_2 \uparrow$$

② 산화 반응

㉠ 1차 알코올: $RCH_2OH \xrightarrow{-H_2} \underset{\text{알데하이드}}{RCHO} \xrightarrow{+O} \underset{\text{카르복실산}}{RCOOH}$

㉡ 2차 알코올: $RCH(OH)R' \xrightarrow{-H_2} \underset{\text{케톤}}{R(C=O)R'}$

㉢ 3차 알코올: 산화되지 않음

③ 에스터화 반응

((예)) $C_2H_5OH + CH_3COOH \xrightarrow{\text{에스터화}} CH_3COOC_2H_5 + H_2O$

④ 아이오딘포름 반응

에틸알코올 검출 시 이용되는 반응: 에틸알코올에 I_2와 KOH 수용액의 혼합액을 가할 때 황색 침전물이 생기는 반응

$$C_2H_5OH \xrightarrow{KOH + I_2} CHI_3$$

(2) 에터(R–O–R')

에틸알코올에 진한 황산을 넣고 가열하여 생성

$$2C_2H_5OH \xrightarrow[130 \sim 140℃]{H_2SO_4} C_2H_5OC_2H_5 + H_2O$$

(3) 알데하이드(R–CHO)

① 은거울 반응: 알데하이드에 암모니아성 질산은 용액을 가하면 은거울이 생성되는 반응으로 알데하이드 검출 시 이용($Ag^+ + e^- \rightarrow Ag$)

$RCHO + 2Ag(NH_3)_2OH \rightarrow RCOOH + 4NH_3 + H_2O + 2Ag\downarrow$

② 펠링 반응: 알데하이드 검출법 중 하나로 펠링 용액에 알데하이드를 가하면 붉은색의 산화구리(I)가 침전하게 되는 반응

$$R + CHO + \underset{\text{펠링 용액(푸른색)}}{Cu^{2+} + H_2O} \xrightarrow{OH^- \text{(염기)}} RCOONa + 4H^+ + \underset{\text{산화구리(I)(붉은색)}}{Cu_2O\downarrow}$$

(4) 케톤(R–CO–R')

① 무색의 액체, 물에 잘 녹기 때문에 극성 용매로 많이 사용

② 2차 알코올이 산화 시 생성되며 아이오딘포름 반응을 함

(5) 카르복실산(R–COOH)

① 알데하이드를 산화시켜 얻는다.

$$약산성(RCOOH \rightleftarrows RCOO^- + H^+)$$

② 알코올과는 축합반응: 에스터를 생성

$$RCOOH + R'OH \rightarrow RCOOR' + H_2O$$

(6) 에스터(R–COO–R')

과일 향기가 나며 물에는 녹지 않음

2) 이성질체(isomer)

분자식은 같으나 물리적, 화학적 성질이 다른 물질을 말한다.

(1) 구조 이성질체(structural isomer)

① 사슬(chain) 이성질체: 탄소 사슬이나 골격이 다른 이성질체

분자식 C_4H_{10}		분자식 C_5H_{12}		

n-부탄	iso-부탄	n-펜탄	iso-펜탄	neo-펜탄

② 위치(position) 이성질체: 같은 사슬과 작용기를 갖지만 작용기의 위치가 다른 것

분자식 C_3H_8O	분자식 C_7H_8O		
$CH_3CH_2CH_2OH$, $CH_3\overset{\displaystyle OH}{CH}CH_3$	o-크레졸	m-크레졸	p-크레졸

③ 작용기(functional group) 이성질체: 분자 사슬과 작용기가 다르다.

분자식 C_2H_6O	분자식 C_3H_6O
CH_3CH_2OH , CH_3OCH_3 에틸알코올　　　　다이메틸에터	CH_3CH_2CHO , CH_3COCH_3 프로피온알데하이드　다이메틸케톤

(2) 입체 이성질체

① 기하 이성질체: 이중 결합의 탄소 원자에 결합된 원자 또는 원자단의 상대적인 위치가 다른 이성질체로 시스(cis-)형과 트랜스(trans-)형이 있다.

　　cis-1, 2-다이클로로에탄　　　　trans-1, 2-다이클로로에탄

② 광학 이성질체: 같은 원자 배열을 가지고 있지만, 공간상에서 원자들의 배열이 다른 이성질체이다. 서로 거울상은 되지만 겹쳐질 수 없는 이성질체로서 우성체(d형), 좌성체(L형), 라세미체(우성체와 좌성체가 50 : 50인 혼합물)가 있다.

✔ 거울상 이성질체
같은 화학적, 물리적 특성을 갖는다.

키랄탄소(chiral)

4개의 다른 치환기가 결합된 탄소

키랄탄소

$CH_3 - \overset{\overset{H}{|}}{\underset{\underset{OH}{|}}{C}} - COOH$

락트산(젖산)

D-락트산   L-락트산
거울면
(락트산 광학 이성질체)

5. 방향족 화합물

1) 벤젠

수소첨가반응	$\bigcirc$ + 3H₂ $\xrightarrow{Ni}$ (사이클로헥세인)
염소첨가반응	$\bigcirc$ + 3Cl₂ $\xrightarrow{\text{햇빛}}$
벤젠 1치환 유도체	니트로벤젠(NO₂) 클로로벤젠(Cl) 톨루엔(CH₃) 페놀(OH) 아닐린(NH₂)
벤젠 2치환 유도체	오르소크실렌(o-) 메타소크실렌(m-) 파라크실렌(p-)

2) 벤젠 이외의 방향족 탄화수소

톨루엔($C_6H_5CH_3$)	$\bigcirc$ + CH₃Cl $\xrightarrow{AlCl_3}$ (톨루엔 CH₃) + HCl
크실렌[($C_6H_5(CH_3)_2$)]	o-크실렌 m-크실렌 p-크실렌

나프탈렌	 나프탈렌
안트라센(anthracene) : $C_{14}H_{10}$	안트라센

3) 방향족 탄화수소의 유도체

페놀(C_6H_5OH)	OH
크레졸[$C_6H_4(OH)CH_3$]	CH_3 OH CH_3 OH CH_3 OH o-크레졸　　　m-크레졸　　　p-크레졸

4) 방향족 카르복실산

살리실산 [$C_6H_4(OH)COOH$]	OH COOH + CH₃COOH $\xrightarrow{\text{c-}H_2SO_4}$ OCOCH₃ COOH + H₂O 살리실산　　　아세트산　　　아세틸살리실산(아스피린)

5) 방향족 아민(amine)류

아닐린($C_6H_5NH_2$)	NO₂ + 3Sn + 12HCl ⟶ 2 NH₂ + 3SnCl + H₂O

1. 종류: 천연 고분자 화합물, 합성 고분자 화합물

2. 합성고분자 화합물: 합성수지, 합성섬유, 합성고무 등

1) 첨가 중합

이중 결합이 끊어지면서 중합이 일어나는 첨가반응에 의한 중합반응

《예》 합성수지

$$n \ \underset{H}{\overset{H}{C}} = \underset{Cl}{\overset{H}{C}} \xrightarrow{\text{첨가 중합}} \left[\underset{H}{\overset{H}{C}} - \underset{Cl}{\overset{H}{C}} \right]_n$$

2) 축합 중합 ✄

두 가지 이상의 단위체가 축합하면서 생성된 중합체로 물과 같은 분자가 빠져 나오면서 일어나는 중합반응

《예》 폴리아미드(polyamide)계 섬유

$$n HOOC-(CH_2)_4\text{-}COOH \ + \ n H_2N-(CH_2)_6\text{-} NH_2 \xrightarrow[-H_2O]{\text{축합중합}} \left[(CH_2)_4CONH(CH_2)_6NHCO\right]_n$$

아디프산   헥사메틸렌다이아민   나일론 66

3) 혼성 중합

종류가 다른 2개의 단위체가 교대로 첨가중합 반응이 일어나는 중합반응

《예》 합성고무

$$n CH_2 = CH - CH = CH_2 + n CH_2 = CH \longrightarrow \left[CH_2 - CH = CH - CH_2 - CH - CH_2 \right]_n$$

◎ 고분자 화합물의 일반적 성질

① 결정이 되기 어렵고, 녹는점이 일정하지 않음

② 열, 공기 등에 대해 화학적으로 안정하고, 점성이 큼

◎ 합성수지

① 열가소성 수지: 일반적으로 열에 의한 변형이 가능한 사슬구조

《예》 폴리에틸렌, 폴리염화비닐(PVC), 폴리스티렌, 아크릴 수지 등

② 열경화성 수지: 열에 의한 변형이 불가능한 그물구조

《예》 페놀수지, 멜라민수지, 요소수지

◎ 합성섬유: 폴리아미드

4) 천연 고분자 화합물: 녹말, 단백질, 효소, 생고무 등

(1) 녹말

참고

탄수화물: 탄소, 수소, 산소의 세 가지 원소로 구성. $C_m(H_2O)_n$의 일반식으로 표시
① 단당류($C_6H_{12}O_6$): 물과 알콜에 녹으며 에터에 난용
  • 종류: 포도당, 만노오즈, 과당, 칼락토오스
② 이당류($C_{12}H_{22}O_{11}$): 산과 효소에 의해 가수분해됨. 설탕은 환원력이 없으며 맥아당과 유당은 환원력이 있다.
  • 종류: 설탕(자당), 맥아당(엿기름), 유당(젖당)
③ 다당류($C_6H_{12}O_6$)n: 물에 잘 녹지 않으나 녹으면 콜로이드가 된다. 환원성이 없음
  • 종류: 녹말(전분), 글리코겐, 섬유소, 이눌린, 펙틴질

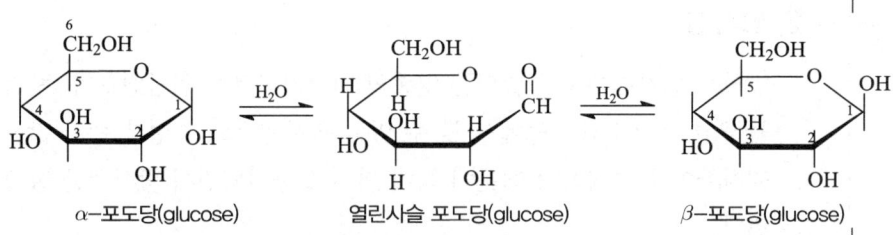

▲ Haworth 구조식에 의한 포도당(glucose) 구조식

(2) 단백질

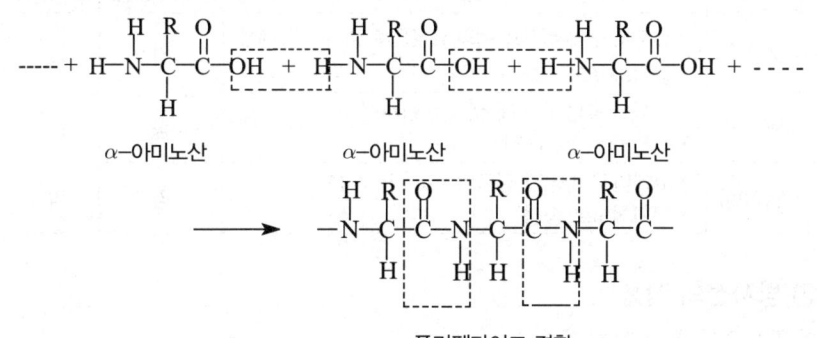

폴리펩타이드 결합

▲ 단백질 구조식

✔ 단백질 검출반응

① 크산토프로테인 반응: 진한 질산을 넣고 가열 시 노란색으로 되며 여기에 암모니아수를 가하면 주황색이 된다.
② 닌히드린 반응: 닌히드린을 가하면 푸른색이 된다.
③ 밀론 반응: 밀론씨 시약을 가하면 붉은 보라색의 앙금이 생긴다.
④ 황 반응: 아세트산 납 수용액을 가하고, 다시 수산화나트륨 수용액을 가하여 끓이면 PbS의 검은색 앙금이 생긴다.
⑤ 뷰렛 반응: 단백질에 NaOH의 진한 수용액을 넣고 $CuSO_4$ 용액을 가하면 보라색 또는 붉은색을 나타낸다.

CHAPTER 07

핵화학

✓ 방사성 동위 원소

방사선을 방출하면서 저절로 붕괴하는 동위 원소로서 천연 동위 원소와 인공 동위 원소가 있다.

7▶ ❶ 방사능과 방사선

1. 방사능

불안정한 원소의 원자핵이 스스로 붕괴하면서 내부로부터 방사선을 방출하는 현상을 말한다(1896년 베크렐 발견).

2. 방사선

방사성 원자핵에서 방출되는 일종의 전자기파로서 원자번호가 큰 라듐(Ra), 우라늄(U) 등에서 볼 수 있는 복사선으로 중성자 수가 많고 원자핵이 불안정하기 때문에 핵이 저절로 붕괴되면서 방사선을 방출한다.

1) 방사성 입자의 종류

종류	정의	투과력(속도)	감광성
α선(^4_2He)	• 원자핵 중에서 ^4_2He 핵의 흐름으로 생기는 방사선 • 양전하(+2)로 대전	약	강
β선($^0_{-1}e$)	• 전자의 흐름에 의해 생기는 방사선 • 음전하(−1)로 대전	중	중
γ선(전파)	• 고에너지 파장인 일종의 전자기복사선 • 전기적으로 중성	강	약

2) 방사선의 작용

 ① 공기를 대전시킨다.

 ② 생물의 세포를 파괴시킬 수 있다.

 ③ 외부조건에 관계없이 방사선을 방출할 수 있다.

3) 방사선 원소의 붕괴 ✄

 ① α붕괴(질량수 4, 원자번호 2 감소 → 중성자와 양성자 비 증가)

  헬륨(He) 원소에 해당하는 만큼의 질량수와 원자번호가 감소되어 새로운 원소가 된다.

② β붕괴(원자번호 1 증가)

질량수는 보존된 채 원자번호가 증가하여 새로운 원소가 된다.

③ γ붕괴: 질량수나 원자번호의 변화 없이 핵의 초과된 내부에너지만을 방출한다.

3. 반감기

방사성 원소가 붕괴하여 그 양이 50%로 될 때 까지 걸리는 시간을 반감기라 한다. 온도와 압력의 영향을 받지 않고 양에 관계없이 반감기는 항상 일정하다.

⊘ 반감기

$$T = M\left(\frac{1}{2}\right)^{\frac{t}{T}}$$

m : 붕괴 후의 질량
M : 붕괴 전 질량
t : 경과시간
T : 반감기

7▶② 핵분열과 원자력

1. 핵분열

우라늄(U)과 같은 큰 원자핵의 중성자가 충격을 받으면 질량수가 작은 원자핵으로 분열된다. 이때 발생한 중성자는 다른 우라늄 핵에 다시 충격을 가하여 분열시킨다. 이러한 과정이 연쇄적으로 반복함으로써 순간적으로 많은 우라늄 핵이 분열되는 과정을 말한다.

2. 원자력

핵분열이 일어날 때 발생하는 막대한 양의 에너지를 말하며, 이러한 에너지를 이용하여 발전하는 설비를 원자력 발전이라 한다.

① 원자로 제어봉: 붕소(B), 카드뮴(Cd)

② 중성자 감속에 이용되는 감속재: 중수($^2_1\text{H}_2\text{O}$), 경수(일반 물), 흑연(C)

③ 경수원자로 감속재 및 냉각재: 물

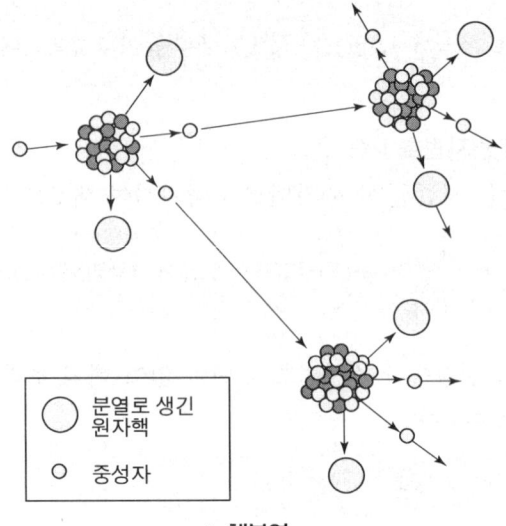

> ○ 분열로 생긴 원자핵
> ○ 중성자

▲ 핵분열

3. 핵융합

두 가지 이상의 원자핵이 핵반응을 일으켜 반응 전보다 원자번호가 큰 원소가 생성되는 현상으로 질량수가 작은 원자핵이 핵반응을 하면 헬륨 원자와 같은 핵과 중성자를 생성하게 되고 이때 막대한 에너지가 생성된다.

 Point

■ **핵융합**

^2_1H (중수소) $+ \ ^2_1H$ (중수소) $\rightarrow \ ^3_2He + \ ^1_0n$ (중성자)

^2_1H (중수소) $+ \ ^3_1H$ (삼중수소) $\rightarrow \ ^4_2He + \ ^1_0n$ (중성자)

《예》 수소폭탄, 태양에너지 등

 참고

1) **원자핵**: 원소의 원자번호와 같은 수의 양성자와 질량수에서 원자번호를 뺀 값과 같은 수의 중성자를 포함하고 있는 일종의 덩어리라 말할 수 있다.
   ① 핵종: 특정한 원자번호와 질량수를 가진 핵의 종류
   ② 핵자: 양성자와 중성자를 합쳐서 부르는 명칭
   ③ 핵력: 양성자들 사이나 중성자들 사이 혹은 양성자와 중성자 사이에 작용하는 핵자들 사이의 인력

2) **핵반응 에너지**: 양성자와 중성자가 결합하여 원자핵을 생성할 때 방출되는 에너지를 말한다.
   ① 분리된 핵자들의 질량과 결합된 원자핵의 질량과의 차이에서 발생하는 결손된 질량이 결합 시 발생한 핵결합에너지에 해당한다.
   ② 질량·결손 에너지의 등가성
   $\Delta E = \Delta mc^2$ (ΔE: 결합에너지, Δm: 질량결손, c: 빛의 속도)

1▶ ① 물질의 분류

01 다음 중 순물질로만 짝지어진 것은?

① 황산, 설탕물　　② 이산화탄소, 구리

③ 모래, 오존　　　④ 유리, 아이오딘

 **해설**

- **설탕물, 모래, 유리**: 혼합물
- **이산화탄소**: 화합물

02 다음 중 균일 혼합물인 것은?

① 공기, 식초　　　② 암석, 원유

③ 우유, 화강암　　④ 나무, 흙

 **해설**

②, ③, ④: 불균일 혼합물

03 불균일 혼합물로 옳은 것은?

① 공기　　　　　② 소금물

③ 수소　　　　　④ 우유

 **해설**

불균일 혼합물: 연기, 우유

04 물과 에터의 두 혼합 액체에서 두 액체를 분리하는 방법으로 옳은 것은?

① 분별증류　　　② 승화

③ 재결정　　　　④ 분별깔대기

해설

물과 에터는 섞이지 않음: 분별깔대기 이용

05 질산은 용액에 염화나트륨 수용액을 가했을 때 침전이 생기는 것을 분리하는 방법으로 맞는 것은?

① 거름

② 재결정

③ 추출

④ 분별증류

 해설

거름(여과법): 고체와 액체 혼합물 분리하는 방법으로 깔대기와 거름종이를 사용하여 분리한다.

06 혼합물의 분리방법 중 액체의 용해도를 이용하여 미량의 불순물을 제거하는 방법은?

① 증류　　　　　② 증발

③ 재결정　　　　④ 추출

해설

재결정법(분별결정): 용해도 차이가 나는 고체 혼합물을 높은 온도에서 녹여 냉각시키면 용해도 차이로 녹아 있던 고체가 석출되는 것

07 고체 유기물질을 정제하는 과정에서 이 물질이 순수한 상태인지를 알아보기 위한 조사 방법으로 다음 중 가장 적합한 방법은 무엇인가?

① 육안 관찰

② 녹는점 측정

③ 광학현미경 분석

④ 전도도 측정

해설

순물질: 끓는점과 어는점 일정하다.

1▸② 물질의 상태

01 물의 끓는점을 낮출 수 있는 방법으로 옳은 것은?

① 밀폐된 그릇에서 물을 끓인다.

② 끓임 쪽을 넣어준다.

③ 설탕을 넣어준다.

④ 외부 압력을 낮추어 준다.

> **해설**
>
> • 기화점＝끓는점(증기압＝대기압), A＝삼중점
> • 물은 외부 압력이 낮을수록 물의 끓는점도 낮아진다.

02 다음 그래프는 드라이아이스의 상태를 온도와 압력의 함수로 나타낸 것이다. 설명이 옳지 않은 것은?

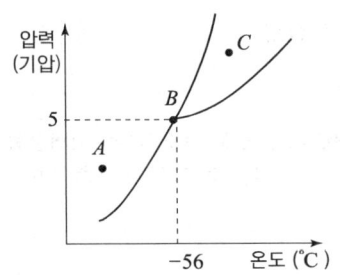

① 점 A는 고체상태에 있다.

② 점 B는 삼중점이다.

③ 압력이 증가하면 녹는점이 낮아진다.

④ 점 C에서 압력을 낮추면 기화한다.

> **해설**
>
> ③ 압력이 증가하면 녹는점은 높아짐

03 다음 고체 물질 중 결정의 종류가 분자결정인 것은?

① 다이아몬드 　② 드라이아이스

③ 염화나트륨 　④ 황산구리

> **해설**
>
> ① 원자성 결정 　② 분자성 결정
> ③ 이온성 결정 　④ 이온성 결정

1▸③ 원자와 분자

01 원자의 질량수로 맞는 것은?

① 양성자 수＋중성자 수

② 중성자 수＋원자량

③ 전자 수＋양성자 수

④ 전자 수＋원자번호

> **해설**
>
> 원자의 질량수＝양성자 수＋중성자 수

02 원자의 구성 입자를 발견한 학자와 발견한 입자를 맞게 짝지은 것은?

① 전자 － 톰슨

② 중성자 － 골드슈타인

③ 양성자 － 채드윅

④ 중간자 － 아보가드로

> **해설**
>
> • 양성자 － 골드슈타인
> • 중성자 － 채드윅
> • 전자 － 톰슨

03 동위 원소에 관한 설명으로 맞지 않는 것은?

① 양성자 수가 같다.

② 전자 수가 같다.

③ 중성자 수가 같다.

④ 화학적 성질이 같다.

해설

동위 원소: 양성자 수는 같으나 중성자 수가 다른 원소

04 다음 중 원자핵을 구성하는 물질이 아닌 것은?

① 전자   ② 양성자

③ 중간자   ④ 중성자 연소

해설

원자핵: 양성자, 중성자, 중간자로 구성

05 원자를 구성하는 입자 중 음(−)전하를 띄고 있는 것은?

① 중성자   ② 양전자

③ 전자   ④ 양성자

해설

• **핵**: 전기적으로 중성인 중성자와 양전하를 띤 양성자로 구성

• **핵 주위**: 전기적으로 음전하를 갖는 전자로 구성됨

06 중수소(^2_1D)의 원자핵 구조를 올바르게 설명한 것은?

① 양성자 2, 중성자 2

② 양성자 1, 중성자 2

③ 양성자 2, 중성자 1

④ 양성자 1, 중성자 1

해설

• ^2_1D (중수소) − 원자번호 1, 원자량 2

• 원자번호＝양성자 수

• 원자량＝양성자 수＋중성자 수

07 원자번호가 19이며 원자량이 39인 K(칼륨)원자의 원자핵에는 중성자와 양자수는 각각 몇 개인가?

① 중성자 19개와 양자 19개

② 중성자 20개와 양자 19개

③ 중성자 19개와 양자 20개

④ 중성자 20개와 양자 20개

해설

• 양성자 수＝원자번호, 양성자 수＋중성자 수＝원자량

• 원자번호＝양성자 수＝19

39＝19＋중성자 수

중성자 수＝20

08 F^- 이온의 전자 수, 양성자 수, 중성자 수는 각각 얼마인가? (단, F의 원자량은 19이다.)

① 9, 9, 10

② 9, 9, 19

③ 10, 9, 10

④ 10, 10, 10

해설

$^{19}_9F \rightarrow {}^{19}_9F^-$(전자 1개 증가)

ⅰ) 원자번호＝양성자 수＝전자 수

　9　＝　9　＝ 9

여기서 전자 1개 증가: 10개

ⅱ) 원자량＝양성자 수＋중성자 수

　19　＝　9　＋　10

09 다음 중 서로 동소체 관계가 아닌 것은?

① 산소와 오존

② 흑연과 다이아몬드

③ 물과 과산화수소

④ 사방황과 단사황

 해설

• **물과 과산화수소**: 홑원소 물질이 아닌 화합물이다.
• **동소체**: 같은 원소이나 원자배열이 다른 원소로서 연소생성물이 같다.

10 사방황, 단사황 등이 동소체임을 알아보기 위한 실험으로 가장 좋은 방법은 어느 것인가?

① 밀도를 비교한다.

② 용해도를 비교한다.

③ 연소생성물을 비교한다.

④ 전기 전도도를 비교한다.

 해설

• **동소체 확인법**: 연소생성물이 같다.
• **황의 동소체**: 연소 시 SO_2 발생함

11 수소와 산소가 화합해서 물이 생성될 때는 수소와 산소의 무게비가 항상 1 : 8이라는 사실로부터 다음의 어느 법칙을 설명할 수 있는가?

① 일정 성분비의 법칙

② 질량불변의 법칙

③ 배수비례의 법칙

④ 기체반응의 법칙

 해설

일정 성분비 법칙
원자들이 화합물을 만들 때 항상 일정한 질량비로 결합한다. 즉 일정한 원자 수와 비로 결합한다.

12 배수비례의 법칙이 성립되는 예를 나타내는 것은?

① O_2, O_3　　　② H_2SO_4, H_2SO_3

③ H_2O, H_2S　　　④ SO_2, SO_3

 해설

배수비례 법칙: 서로 다른 두 원소가 화합하여 두 가지 이상의 화합물을 만들 때 한 원소의 일정량과 결합하는 다른 원소의 질량은 간단한 정수비를 이룸
ex) CO와 CO_2, SO_2와 SO_3 등

13 0℃, 1기압에서 수소(H_2) 1.12l 속에 포함된 수소 원자의 수는?

① 6.02×10^{22}개　　② 3.01×10^{22}개

③ 2.05×10^{23}개　　④ 1.04×10^{22}개

 해설

0℃, 1atm(표준상태)
수소기체 1mol $= 22.4l = 6.02 \times 10^{23}$
$22.4l : 6.02 \times 10^{23} = 1.12l : X$

$$X = \frac{1.12l \times (6.02 \times 10^{23})}{22.4\ l} = 3.01 \times 10^{22} \text{개}$$

1.12l 속에 들어 있는 수소 분자(H_2) 수 $= 3.01 \times 10^{22}$
수소 원자의 수 $= (3.01 \times 10^{22}) \times 2 = 6.02 \times 10^{22}$개
∴ 6.02×10^{22}개

14 표준상태에서 어떤 기체 XO_2의 밀도는 산소 기체의 2배이다. 산소의 원자량이 16이라고 할 때, 기체 XO_2의 성분 원소인 X의 원자량은?

① 16　　　　② 24

③ 32　　　　④ 48

 해설

$$\text{기체의 밀도} = \frac{\text{분자량(g)}}{22.4l}$$

$$\frac{x + (16 \times 2)}{22.4} : 2 = \frac{32}{22.4} : 1$$

$x = 64 - 32$, $x = 32g$

15 17g의 NH_3로부터 만들어지는 황산암모늄 $[(NH_4)_2SO_4]$의 양은 얼마인가? (단, 원소의 원자량은 H=1, N=14, O=16, S=32이다.)

① 66g ② 106g

③ 115g ④ 132g

 해설

i) $2NH_3 + H_2SO_4 \rightarrow (NH_4)_2SO_4$

몰 비는 2 : 1 : 1

34g(2mol)   132g(1mol)

ii) 17g(1mol)일 때 $(NH_4)_2SO_4$는?

2mol : 132g = 1mol : x, x=66g

16 H_2SO_4의 1g 당량은 얼마인가? (단 H_2SO_4의 분자량은 98.08g)

① 49.04g ② 98.04g

③ 24.5g ④ 13.5g

 해설

H_2SO_4 1g 당량= $\dfrac{H_2SO_4 \text{ 분자량}}{\text{수소의 개수}}$ = $\dfrac{98.08}{2}$ =49.04g

∴ 49.04g

17 다음 설명 중 옳지 않은 것은?

① 산 1g 당량은 H^+를 6.02×10^{23}개 낼 수 있는 양을 말한다.

② 산, 염기의 반응은 당량 대 당량으로 반응한다.

③ H_2SO_4(분자량 98) 1g 당량은 98g이다.

④ 알칼리는 물에 녹아 OH^-를 낸다.

 **해설**

16번 해설 참조

18 n그램(g)의 금속을 묽은 염산에 완전히 녹였더니 m몰의 수소가 발생하였다. 이 금속의 원자가를 2가로 하면 이 금속의 원자량은?

① $\dfrac{n}{m}$ ② $\dfrac{2n}{m}$

③ $\dfrac{n}{2m}$ ④ $\dfrac{2m}{n}$

 해설

i) 당량=원자량/원자가

원자량=당량×원자가

원자가=원자량/당량

수소의 당량=1(수소 1mol은 2g이므로)

금속의 당량=x

ii) 1 : x =2m : n

금속의 당량(x)=$\dfrac{n}{2m}$ 이므로,

금속의 원자량=$\dfrac{n}{2m}$ ×2=$\dfrac{n}{m}$ ∴ $\dfrac{n}{m}$

1▶ ④ 분자 및 이온

01 Avogadro는 기체의 종류에 상관없이 같은 온도와 같은 압력에서 무엇이 같으면 부피가 같다고 하였나?

① 무게 ② 질량

③ 입자 수 ④ 밀도

해설

아보가드로 법칙: 모든 기체는 온도, 압력이 같으면 같은 부피 안에 같은 수의 분자를 포함한다.

02 다음 중 분자 운동론으로 설명할 수 없는 법칙은?

① 보일의 법칙 ② 샤를의 법칙

③ 그레이엄의 법칙 ④ 아보가드로 법칙

아보가드로 법칙은 분자 운동론과는 무관함.

03 아보가드로 분자설과 관련이 없는 것은?

① 물질을 나누어 가면 분자가 된다.
② 같은 물질의 분자는 크기, 모양, 질량이 같다.
③ 분자는 다시 몇 개의 원자로 쪼갤 수 있다.
④ 모든 기체 분자의 전하 크기는 모두 같다.

 해설

아보가드로 분자설
• 물질을 나누어 가면 분자가 된다.
• 같은 물질의 분자는 크기, 모양, 질량이 같다.
• 분자는 다시 몇 개의 원자로 쪼갤 수 있다.
• 같은 온도, 압력, 부피 속에서 모든 기체는 같은 수의 분자 수가 존재한다.

04 오존 분자(O_3) 2개가 분해되면 산소 분자 3개가 생긴다. 오존분자 3.01×10^{23}개가 분해되었을 때 생성되는 산소기체의 부피는 표준상태에서 몇 l인가?

① 11.2   ② 16.8
③ 22.4   ④ 33.6

 해설

$[2O_3 \rightarrow 3O_2]$
• $2 : 3 = 3.01 \times 10^{23} : x$
  $x = 4.515 \times 10^{23}$(생성된 산소기체의 분자 수)
• 1몰의 산소기체의 분자 수는 6.02×10^{23}개에 부피는 $22.4l$이다.
  $6.02 \times 10^{23} : 22.4 = 4.515 \times 10^{23} : Y$
  $Y = 16.8l$ (생성된 산소기체의 부피)
  ∴ $16.8 l$

05 수소 1g과 산소 16g의 혼합기체에 연소시켜 물을 만들었다. 이때 반응하지 않고 남은 기체의 부피는 0℃, 1기압에서 얼마인가?

① 2.8l ② 5.6l
③ 11.2l ④ 22.4l

 해설

$H_2 + \dfrac{1}{2} O_2 \rightarrow H_2O$

2g 16g

1g 8g

반응하지 않고 남은 기체: O_2 8g
1mol의 $O_2 = 32g = 6.02 \times 10^{23}$개 $= 22.4l$
$32g : 22.4l = 8g : x$
$x = \dfrac{22.4 \, l \times 8g}{32g} = 5.6l$

06 20℃에서 부피가 $1l$를 차지하는 기체를 압력의 변화 없이 3배로 팽창할 때 온도(K)는 얼마인가? (단, 이상기체로 가정함)

① 549K   ② 659K
③ 769K   ④ 879K

 해설

샤를의 법칙: 일정한 압력하에서 온도에 따른 부피의 변화
$$\frac{V}{T} = \frac{V'}{T'} \text{(압력일정)}$$

$$\frac{1L}{(20+273)K} = \frac{3L}{x}$$
$x = 3 \times (20+273) = 879K$ ∴ 879K

07 프로페인 1몰을 완전연소하는 데 필요한 산소의 이론 양을 표준상태에서 계산하면 몇 l가 되는가?

① 22.4   ② 44.8
③ 89.6   ④ 112.0

 **해설**

- 프로페인의 연소식: $C_3H_8 + 5O_2 \rightarrow 3CO_2 + 4H_2O$
- 이론산소량은 5몰
- 기체 1몰의 부피는 22.4l(STP)이므로, $1 : 5 = 22.4 : x$

$\therefore x = 112.0l$

08 C_3H_8 22g을 완전 연소시켰을 때 필요한 공기의 부피는 얼마인가? (단, 공기 중의 산소량은 21%이다.)

① 56l ② 112l

③ 224l ④ 267l

해설

- 연소반응식

$C_3H_8 + 5O_2 \rightarrow 3CO_2 + 4H_2O$

연소 시 이론 산소량 5mol이 필요함. C_3H_8(분자량 44g) 22g은 0.5mol이므로 필요한 산소량은 2.5mol임

- 이상기체상태 방정식(STP=0℃, 1atm)

$PV = nRT$

$V = \dfrac{2.5mol \times 0.082atm \cdot l/mol \cdot K \times 273K}{1atm}$

$V = 56l$

- 필요한 산소의 부피 : 56l, 필요한 공기의 부피 : $\dfrac{56\,l}{0.21} = 267\,l$

$\therefore 267l$

09 27℃, 1atm 밑에서 2l의 산소기체를 327℃, 3atm으로 변화시켜주면, 이때의 부피는 얼마인가?

① 1l ② 1.3l

③ 2l ④ 2.5l

해설

$\dfrac{PV}{T} = \dfrac{P'V'}{T'}$, $\dfrac{(1 \times 2)}{(273+27)} = \dfrac{3 \times X}{(273+327)}$

$x = 1.3l$

10 드라이아이스 1kg이 완전히 기화하면 몇 몰의 탄산가스(이산화탄소)가 되겠는가? (단, C= 12, O=16)

① 약 23몰 ② 약 51.52몰

③ 약 230몰 ④ 약 515.2몰

 해설

CO_2 분자량: $12 + 16 \times 2 = 44g$

몰 수$(n) = \dfrac{W}{M} = \dfrac{1,000g}{44g} = 22.72$

$\therefore 23$몰

11 730mmHg, 100℃에서 257mL 부피의 용기 속에 어떤 기체가 채워져 있다. 그 무게는 1.67g이다. 이 물질의 분자량은 얼마인가?

① 28 ② 56

③ 207 ④ 257

해설

$PV = \dfrac{WRT}{M}$

$M = \dfrac{WRT}{PV} = \dfrac{1.67g \times 0.082l \cdot atm/mol \cdot K \times (100+273)K}{\left(\dfrac{730mmHg}{760mmHg}\right) \times \left(\dfrac{257ml}{1000ml}\right)}$

$= 206.917g$

$\therefore 207g$

12 유지 1mol을 비누화 하는 데 필요한 NaOH 무게는? (단, 반응식을 $(RCOO)_3C_3H_5 + 3NaOH \rightarrow 3RCOONa + C_3H_5(OH)_3$이고 NaOH 분자량은 40이다.)

① 80g ② 100g

③ 120g ④ 140g

 **해설**

$$\frac{(RCOO)_3C_3H_8}{1mol} + \frac{3NaOH}{3mol} \rightarrow 3RCOONa + C_8H_5(OH)_3$$

$$1 \quad : \quad 3$$

유지 1mol을 비누화하는 데 3mol의 NaOH(40g)이 필요하므로
$3 \times 40 = 120g$

13 다음 가스 중 밀도가 가장 큰 것은? (단, 공기 평균분자량은 290이고, 산소, 질소, 탄소, 수소의 원자량은 각각 16, 14, 12, 1임)

① 산소　　　　② 질소

③ 이산화탄소　　④ 수소

 **해설**

$$증기밀도 = \frac{분자량}{22.4 l}$$

① $\frac{16 \times 2}{22.4} = 1.43$ 　　② $\frac{14 \times 2}{22.4} = 1.25$

③ $\frac{(12 + (16 \times 2))}{22.4} = 1.96$ 　　④ $\frac{2}{22.4} = 0.09$

14 t℃에서 수소의 압력이 750mmHg이었다. 이 수소의 부피를 같은 온도에서 2배로 하였을 때, 수소의 압력은 얼마인가?

① 350mmHg　　② 375mmHg

③ 400mmHg　　④ 450mmHg

 **해설**

$pv = p'v'$ 에서 750mmHg×1 = $x \times 2$
$x = 375mmHg$ 　　　∴ 375mmHg

15 2mol의 질소, 1.5mol의 이산화탄소, 1mol의 산소, 0.5mol의 수소를 섞은 혼합기체의 전체 압력이 4atm일 때, 그 부분압력이 0.4atm이 되는 기체는 무엇인가?

① 질소

② 이산화탄소

③ 산소

④ 수소

 해설

부분압력＝전체압력×몰분율

$0.4 = 4 \times \frac{\chi}{(2 + 1.5 + 1 + 0.5)}$, $x = 0.5mol$이므로

수소가 해당됨

16 기체 X는 플루오르(F_2) 기체보다 3.1배 더 빨리 분출된다. X의 분자량을 구하면 얼마인가? (F=19g)

① 1　　　　　② 2

③ 3　　　　　④ 4

 해설

$\frac{V_{F_2}}{V_X} = \sqrt{\frac{M_X}{F_2}}$ 에서 $\frac{1}{3.1} = \sqrt{\frac{M_X}{38}}$ 　　∴ $M_X = 4$

17 "두 가지 기체가 퍼지는 확산속도는 그 기체의 밀도(분자량)의 제곱근에 반비례한다."라는 법칙과 연관성이 있는 것은?

① 미지의 기체 분자량을 측정에 이용된다.

② 보일−샤를이 정립한 법칙이다.

③ 기체상수 값을 구할 수 있다.

④ 기체상태방정식으로 표현된다.

 해설

Graham의 확산법칙

$$\frac{V_1}{V_2} = \frac{\sqrt{M_2}}{\sqrt{M_1}} = \frac{\sqrt{d_2}}{\sqrt{d_1}} \text{ (V: 속도, M: 분자량, d: 밀도)}$$

18 어떤 기체의 확산 속도는 SO_2의 2배이다. 이 기체의 분자량은 얼마인가?

① 8   ② 16

③ 32   ④ 64

해설

$$\frac{V_1}{V_2} = \frac{\sqrt{M_2}}{\sqrt{M_1}} \ \text{(V: 확산속도, M: 분자량)}$$

SO_2의 분자량=64g

$$\frac{1}{2} = \sqrt{\frac{M}{64}} \qquad \therefore M=16$$

19 물질의 상태 중 운동에너지가 가장 큰 것은 무엇인가?

① 고체   ② 액체

③ 기체   ④ 모두 같다.

해설

분자 운동
- 기체: 진동 · 회전 · 병진 운동
- 액체: 진동과 회전 운동
- 고체: 진동 운동

1▶ 5 화학식

01 카르복실산의 실험식은 CH_2O이고 분자량은 60이다. 이 산의 분자식과 시성식으로 맞는 것은?

① $C_2H_4O_2$, CH_3COOH

② CH_2O_2, $HCOOH$

③ CHO_2, $COOH$

④ $C_2H_4O_2$, C_2H_2OH

해설

CH_2O의 실험식량$=12+(1\times2)+16=30$
분자량$=$실험식량$\times n$ (n은 정수)
$60=30\times n$, $n=2$
- 분자식$=$실험식$\times n$ (n은 정수)
  분자식$=2\times(CH_2O)=C_2H_4O_2$
- 시성식: 카르복실산 $-COOH$이므로 CH_3COOH

02 유기화합물을 질량 분석한 결과 C 84%, H 16%의 결과를 얻었다. 다음 중 이 물질에 해당하는 실험식은?

① C_5H ② C_2H_2

③ C_7H_8 ④ C_7H_{16}

해설

C, H의 실험식 비

$$\frac{84}{12} : \frac{16}{1} = 7 : 16 \qquad \therefore C_7H_{16}$$

03 $C_3H_3O_2$인 실험식을 가지는 물질의 분자량이 142일 때 분자식에 해당하는 것은?

① $C_6H_6O_4$ ② $C_9H_9O_6$

③ $C_{12}H_{12}O_8$ ④ $C_{15}H_{15}O_{10}$

해설

분자식$=$실험식$\times n$, $n=$분자량/실험식량
$C_3H_3O_2$인 실험식량$=71$

$$\therefore n = \frac{142}{71} = 2$$

$C_3H_3O_2 \times 2 = C_6H_6O_4$

04 분자를 이루고 있는 원자단을 나타내며 그 분자의 특성을 밝힌 화학식을 무엇이라 하는가?

① 시성식   ② 구조식

③ 실험식   ④ 분자식

해설

- **실험식**: 가장 간단하게 표현한 식
- **분자식**: 원소의 종류와 그 수로만 표시란 식
- **시성식**: 분자 속에 들어 있는 원자단(관능기) 결합상태를 표시한 식
- **구조식**: 원자가와 같은 결합선으로 표시한 식

05 분자식 $HClO_2$의 이름은?

① 염소산   ② 아염소산

③ 차아염소산   ④ 과염소산

해설

① $HClO_3$ ③ $HClO$ ④ $HClO_4$

06 다음 금속 화합물의 명칭이 바르게 된 것은?

① Fe_2O_3: 산화철(Ⅱ)

② CuO: 산화구리(Ⅰ)

③ Cu_2O: 산화구리(Ⅱ)

④ $SnBr_3$: 브로민화주석(Ⅲ)

해설

① 산화철(Ⅲ)
② 산화구리(Ⅱ)
③ 산화구리(Ⅰ)

07 탄소, 수소, 산소로 구성된 유기물 44mg을 태워 CO_2 88mg, H_2O 36mg을 얻었다면, 이 유기물의 분자식으로 맞는 것은?

① C_2H_4O ② CH_0

③ CH_3COOH ④ C_3H_5O

해설

- CO_2 중 C의 양=$88 \times \dfrac{12}{44}=24$

- H_2O 중 H의 양=$36 \times \dfrac{2}{18}=4$

- 산소의 양=$44-(24+4)=16$이므로

  $C : H : O = \dfrac{24}{12} : \dfrac{4}{1} : \dfrac{16}{16} = 2 : 4 : 1$이므로

  ∴ 분자식은 C_2H_4O

08 어떤 탄화수소 30mg을 완전연소시켰더니 CO_2 88mg을 얻었다. 이때 탄화수소의 실험식은 무엇인가?

① CH_3 ② C_2H_5

③ C_3H_7 ④ C_4H_9

해설

실험식: 물질의 조성을 원소기호로서 가장 간단하게 표시한 식

- CO_2 중 C의 양=$88 \times \dfrac{12}{44}=24$

- 탄화수소 중 H의 양=$30-24=6$

  $C : H = \dfrac{24}{12} : \dfrac{6}{1} = 2 : 6 = 1 : 3$이므로

  ∴ CH_3

09 어떤 기체의 원소 성분 결과 탄소 원자 수와 수소 원자 수의 비가 1 : 2였다. 이 기체의 밀도가 1.25g/l일 때 분자식은 무엇인가?

① CH_4 ② C_2H_2

③ C_2H_4 ④ C_2H_6

해설

- **실험식**: CH_2, 실험식량=$12+(1 \times 2)=14$

- **분자량**: $\dfrac{1.25g}{L} \times \dfrac{22.4L}{mol}=28g$

  $n=\dfrac{분자량}{실험식량}=\dfrac{28}{14}=2$

  ∴ 분자식=$(CH_2) \times 2=C_2H_4$

2▸ ① 원자의 구조

01 원자 오비탈에 관한 설명 중 옳지 않은 것은?

① 핵 주위에 분포되어 있다.

② 전자를 발견할 확률적 분포이다.

③ 원자구조를 위한 모형이다.

④ 전자의 운동 경로를 나타낸다.

 해설

원자 오비탈: 원자핵 주위에 전자가 존재하는 확률적 분포로서 원자구조를 위한 모형임

02 전자껍질의 수는 n일 때, 각 에너지 준위에서 가질 수 있는 최대 수용 전자 수는 몇 개인가?

① $2n$ ② n^2

③ $2n^{-2}$ ④ $2n^2$

 해설

최대 수용 전자 수: $2n^2$

03 $1s^2 2s^2 2p^1$와 같은 전자 배치에 해당하는 원소는 무엇인가?

① B   ② Na

③ Bi   ④ Ne

 해설

원자번호 5번 B(붕소)

04 K^+ 양이온의 전자 배치로 맞는 것은?

① $1s^2 2s^2 2p^6$

② $1s^2 2s^2 2p^4$

③ $1s^2 2s^2 2p^6 3s^2 3p^2$

④ $1s^2 2s^2 2p^6 3s^2 3p^6$

 해설

K+전자 수=18개

K: 원자번호 19번(4주기), 원자번호는 전자 수와 같다.

K+이온은 전자를 1개 잃은 상태이므로 전자 수는 18개임

05 F^- 음이온의 전자 배치로 맞는 것은?

① $1s^2 2s^2 2p^6$

② $1s^2 2s^2 2p^5$

③ $1s^2 2s^2 2p^6 3s^2 3p^6$

④ $1s^2 2s^2 2p^6 3s^2 3p^6$

 해설

F−전자 수=10개

F: 원자번호 9번(2주기), 원자번호는 전자 수와 같다.

F−이온은 전자를 1개 얻은 상태이므로 전자 수는 10개임

06 다음과 같은 전자 배치를 가진 원자 중 그 성질이 염소 원자와 비슷한 것은?

① $1s^2 2s^1$ ② $1s^2 2s^2 2p^1$

③ $1s^2 2s^2 2p^5$ ④ $1s^2 2s^2 2p^6$

해설

Cl의 최외각 전자는 7개로 같은 족의 9F와 성질이 비슷함

07 다음 전자 배치 중 전이 원소에 속하는 것은?

① $1s^2 2s^2 2p^6 3s^2 2p^6 4s^1$

② $1s^2 2s^2 2p^6 3s^2 3p^6 4s^2$

③ $1s^2 2s^2 2p^6 3s^2 3p^6 4s^2 3d^1$

④ $1s^2 2s^2 2p^6 3s^2 2p^6 4s^2 3d^{10} 4p^1$

[정답] 01 ④ 02 ④ 03 ① 04 ④ 05 ① 06 ③ 07 ③

전이원소: d, f 오비탈에 전자가 완전히 채워지지 않는다.

08 다음 중에서 전자 수가 나머지 셋과 다른 것은?

① NH_4^+ ② OH^-

③ Li^+ ④ CH_4

①, ②, ④는 모두 10개, ③는 2개

09 다음 중 Ca^{2+}과 같은 전자구조를 가진 것은?

① Mg^{2+} ② Ar

③ Kr   ④ Na^+

Ca^{2+}: 원자번호 20번으로 전자 2개를 잃음으로써 원자번호 18번인 Ar 같은 전자구조를 갖는다.

10 수소 원자에서 K, L, M, N 껍질의 에너지로만 구성되었다면 전자가 전이할 때 나타나는 스펙트럼의 종류는 몇 종류나 되겠는가?

① 6종류   ② 5종류

③ 4종류   ④ 3종류

수소 원자 스펙트럼 종류: 4종류
• K 각(n=1) 라이먼 계열(자외선 영역)
• L 각(n=2) 발머 계열(가시광선 영역)
• M 각(n=3) 파센 계열(적외선 영역)
• N 각(n=4) 브라켓 계열 등

11 분광기로 관찰했을 때 어떤 경우에 선스펙트럼이 나타나는가?

① 백열된 고체상태의 빛

② 발광된 기체상태의 빛

③ 햇빛이나 텅스텐 전구가 내는 빛

④ 백열된 고체상태의 빛이 기체나 액체를 거쳐 나온 빛

화학적 물질의 기체나 증기를 전기아크나 분젠 불꽃에 가열하여 발생된 빛을 프리즘에 통과시키면 선스펙트럼이 나타남

12 다음 이론은 누구의 법칙인가?

> "같은 에너지 준위에 있는 오비탈이 여러 개가 있고 여기에 여러 개의 전자가 들어갈 때는 모든 오비탈에 분산되어 들어가려고 한다."

① 러더퍼드의 법칙(Rutheford' Law)

② 보일의 법칙(Boyle's Lay)

③ 헨리의 법칙(Henry' Law)

④ 훈트의 법칙(Hund' Law)

훈트의 법칙: 가능한 한 전자는 이미 점유된 오비탈에 있는 전자와 짝짓기보다는 비어있는 오비탈에 들어가 채워지는 것

13 원자번호가 14(Si)인 원소의 전자 배치가 올바른 것은?

① $1S^2$, $2S^2$, $2P^6$, $3S^2$, $3P^2$

② $1S^2$, $2S^2$, $2P^6$, $3S^1$, $3P^2$

③ $1S^2$, $2S^2$, $2P^5$, $3S^1$, $3P^2$

④ $1S^2$, $2S^2$, $2P^6$, $3S^2$

해설

Si: 원자번호 14, 전자 수 14
그리고 4족 원소로서 최외각 전자 수 4개
$1S^2, 2S^2, 2P^6, 3S^2, 3P^2$

14 다음 중 비활성 기체원자 Ar과 같은 전자배치를 가지고 있는 것은?

① Na^- ② Li
③ Al^{3+} ④ S^{2-}

해설

Ar의 전자 수: 18
① Na^-의 전자 수=11
② Li의 전자 수=3
③ Al^{3+}의 전자 수=10
④ S^{2-}의 전자 수=18

15 어떤 원자의 K, L, M 전자껍질에 전자가 완전히 채워진다면 이 원자가 가지는 전자의 총수는 몇 개인가?

① 10   ② 18
③ 28   ④ 32

해설

K : n=1, $2n^2$에서 $2×1^2$=2개
L : n=2, $2n^2$에서 $2×2^2$=8개
M : n=3, $2n^2$에서 $2×3^2$=18개
∴ 총 전자 수=(2+8+18)=28개

2▸ ❷ 주기율표

01 오늘날 쓰이는 주기율표는 다음 어느 것에 따라 만들어졌는가?

① 양성자 수   ② 질량수
③ 중성자 수   ④ 원자의 모양

해설

주기율표: 원자번호(양성자 수)에 의해 만들어짐

02 원자의 화학적 성질을 결정하는 것은?

① 원자번호   ② 원자가 전자 수
③ 원자량   ④ 질량수

해설

원자가 전자 수: 원자의 화학적 성질을 결정함

03 다음 원소들의 주기적인 성질 중 같은 주기에서 원자번호가 증가할수록 감소하는 것은?

① 이온화 에너지   ② 원자반지름
③ 비금속성   ④ 전기음성도

해설

같은 주기에서 원자번화가 증가할수록
• 원자반지름 → 작아진다.
• 이온화 에너지와 전기음성도 → 커진다.
• 비금속성 → 강해진다.

04 주기율표를 보면 같은 족이 아래로 갈수록 점차 증가하는 성질이 있는데 이에 해당하지 않는 것은?

① 원자번호   ② 원자량
③ 가전자의 수   ④ 오비탈의 총수

가전자 수(원자가 전자 수): 같은 주기에서 오른쪽으로 갈수록 증가함

05 다음 전자 배치 중에서 첫째 이온화 에너지가 가장 큰 것은?

① K(2) L(1) ② K(2) L(3)
③ K(2) L(5) ④ K(2) L(7)

이온화 에너지는 같은 주기에서
• 원자번호가 클수록 비금속성이 증가
• 원자반지름은 감소

06 다음 원자 중 이온화 에너지가 가장 큰 것은?

① 나트륨 ② 염소
③ 탄소 ④ 붕소

이온화 에너지: 중성원자의 최외각 전자 1개를 떼어 양이온이 되는 데 필요한 에너지
• 같은 족: 원자번호가 작을수록 이온화 에너지가 크다.
• 같은 주기: 0족이 가장 크고 1족의 금속이 가장 작다.

07 주기율표에서 같은 족에 속하는 원소의 관계를 가장 올바르게 설명한 것은?

① 서로 비슷한 화학적 성질을 갖는다.
② 0족 기체는 이온화 에너지가 작다.
③ 원자번호가 클수록 비금속성이 강해진다.
④ 원자번호가 클수록 원자반지름이 짧아진다.

② 이온화 에너지는 0족이 가장 크고 1족이 가장 작다.

③ 같은 주기상에서 원자번호가 클수록 비금속성이 강해진다.
④ 같은 족상에서 원자번호가 클수록 원자 반지름이 길어진다.

08 다음 주족원소들에 대해 일반적인 특징을 나열한 것 중 옳지 않은 것은?

① 금속은 열전도성과 전기전도성이 있지만, 비금속은 없다.
② 금속은 낮은 이온화 에너지를 가지며, 비금속은 높은 이온화 에너지를 갖는다.
③ 금속의 산화물은 산성이며, 비금속의 산화물은 염기성이다.
④ 금속은 낮은 전기음성도를 가지며, 비금속은 높은 전기음성도를 갖는다.

• **금속**: 염기성 산화물
• **비금속**: 산성산화물

09 주기율표에서 0족의 최외각 궤도의 전자 수는?

① 1 ② 4
③ 6 ④ 8

주기율표 0족: 최외각 전자 수는 헬륨을 제외하고 모두 8개임

10 다음과 같은 전자 배치를 가진 2주기 원소의 원자가 있다. 다음 중 원자 반지름이 가장 작은 것은?

A: $1s^2 2s^1$ B: $1s^2 2s^2 2p^1$
C: $1s^2 2s^2 2p^5$ D: $1s^2 2s^2 2p^6$

① A ② B
③ C ④ D

해설

같은 주기
- 원자번호가 클수록 비금속성이 증가
- 원자반지름은 감소

11 다음 이온의 반경을 크기순으로 올바르게 나열한 것은?

$$B^{3+}, \ Al^{3+}, \ Ga^{3+}, \ In^{3+}$$

① $B^{3+} < Al^{3+} < Ga^{3+} < In^{3+}$
② $B^{3+} > Al^{3+} > Ga^{3+} > In^{3+}$
③ $Ga^{3+} < In^{3+} < B^{3+} < Al^{3+}$
④ $Ga^{3+} > In^{3+} > B^{3+} > Al^{3+}$

해설

- **원자반지름 크기**: $B^{3+} < Al^{3+} < Ga^{3+} < In^{3+}$
- **같은 족**: 원자량이 증가할수록 이온 반경이 커진다.
- **같은 주기**: 원자번호가 증가할수록 원자반지름은 작아진다.
  (원자핵의 +전하량이 증가하여 전자를 끄는 힘이 강해지기 때문)

12 다음 원소 중 전기음성도 값이 가장 큰 것은?
① C　　　　② N
③ O　　　　④ F

해설

- **전기음성도 세기**: F > O > N > Cl > Br > C > S > I
- **전기음성도((−)이온이 되려는 성질)**: 중성원자가 다른 원자로부터 전자를 끄는 힘의 척도로서 일반적으로 같은 주기에서 할로젠족(7족) 계열의 원소들이 전기음성도가 크다.

3▶ ① 용해·용액의 개념

01 다음 중 용액에 대한 설명이 아닌 것은?

① 균일 혼합물을 말한다.

② 모든 합금은 고용체로 분류된 용액이다.

③ 기체 혼합물, 액체 용액 그리고 고용체로 분류될 수 있다.

④ 용액 속의 성분 중 함량 비율이 가장 큰 것을 용매, 용매에 녹아 있는 물질을 용질이라고 한다.

 **해설**

용액(solution)
- 균일한 혼합물
- 용액 중 가장 많이 존재하는 성분: 용매, 녹아 있는 다른 성분: 용질
- 혼합 여부는 기체 혼합물, 액체 용액과 고용체를 만드는 각 성분들의 성질에 따라 좌우됨
- 대부분의 물질들은 특정 용매에 녹을 수 있는 한계가 있음

02 비중이 1.18인 묽은 황산 $1l$ 속에 순수한 황산이 300g 들어 있다. 이 묽은 황산의 무게%는 얼마인가?

① 12.5% ② 20.5%

③ 25.4% ④ 30.3%

 **해설**

- 황산 $1l$의 무게 $= 1.18 \times 1000 = 1180g$
- 황산의 무게% $= \dfrac{300}{1180} \times 100 = 25.42\%$

  ∴ 25.42%

03 물 80g 속에 소금 8g이 녹아 있다. 이때 농도는 얼마인가?

① 8.4% ② 9.1%

③ 9.9% ④ 10.2%

 해설

$$\text{중량\% 농도} = \frac{\text{용질의 중량}}{\text{용액의 중량}} \times 100 = \frac{8}{80+8} \times 100 = 9.09\%$$

04 다음 중 KNO_3의 용해도가 15℃에서 20인데 15℃의 KNO_3의 포화용액의 퍼센트(%) 농도는 얼마인가?

① 5% ② 13.5%

③ 16.7% ④ 20%

 해설

$$\text{중량\%농도} = \frac{\text{용질의 중량}}{\text{용액의 중량}} \times 100$$

$$= \frac{20}{(100+20)} \times 100 = 16.7\%$$

※ 용해도: 용매 100g에 녹아 있는 용질의 최대 g 수

05 10g의 $Na_2SO_4 \cdot 10H_2O$를 100g의 물에 용해시켰다. 이 용액의 퍼센트(%) 농도는 약 얼마인가? (단, Na_2SO_4의 화학식량은 142.0이다.)

① 4% ② 6%

③ 8% ④ 10%

 해설

100g의 물에 용해되는 Na_2SO_4의 양

$10g : 322 = \chi g : 142$

$\chi = \dfrac{10 \times 142}{322} = 4.4g$

$\%농도 = \dfrac{4.4g}{100g + 10g} \times 100 = 4\%$ ∴ 4%

06 95wt% 황산의 비중은 1.84이다. 이 황산의 몰 농도는 약 얼마인가?

① 4.5   ② 8.9

③ 17.8   ④ 35.6

해설

% 농도 → 몰 농도(M) = $\frac{10ds}{M}$ (d: 비중, S: 중량%농도, M: 분자량)

$\frac{10ds}{M} = \frac{10 \times 1.84 \times 95}{98} = 17.8$

∴ 17.8 M

07 28% 황산 용액은 몇 몰 용액인가? (단, 20℃에서 28% 황산 용액 1mL무게는 1.202g이며, H₂SO₄의 분자량은 98.082g이다.)

① 3.43M   ② 3.97M

③ 4.11M   ④ 5.16M

해설

% 농도 환산

몰 농도(M) = $\frac{10 \cdot d \cdot s}{분자량}$ (d: 비중, s: % 농도)

$\frac{10 \times 1.202g/mL \times 28}{98.082g} = 3.43$

∴ 3.43M

08 기체 암모니아를 27℃, 760mmHg에서 용적을 측정한 결과 800mL였다. 이것을 100mL의 물에 전량 흡수시켜 암모니아 수용액을 만들 경우 NH₃의 중량%와 수용액의 몰 농도는 얼마인가? (단, NH₃ 분자량 17g이다.)

① 6.7%, 2M

② 0.55%, 0.325M

③ 0.607%, 0.357M

④ 5.5%, 3M

해설

• 800mL에 해당하는 기체 암모니아의 양

$PV = \frac{W}{M}RT$

$W = \frac{P \cdot V \cdot M}{R \cdot T} = \frac{1atm \times 0.8L \times 17g/mol}{0.082atm \cdot L/mol \cdot K \times (27+273)°K}$
$= 0.553g$

• NH₃의 중량 % 농도(1mL=1g)

$\frac{용질의\ 질량}{용액의\ 중량} \times 100 = \frac{0.553g}{100g + 0.553g} \times 100 = 0.55\%$

• NH₃ 수용액의 몰 농도

$M = \frac{0.553g/17g}{100mL/1000} = 0.325$

∴ 0.325M

09 NaOH 1M 수용액을 만들려면 어떻게 하여야 하는가?

① 물 1000mL에 NaOH 40g을 녹인다.

② 물 960mL에 NaOH 80g을 녹인다.

③ 물 981.2mL에 NaOH 40g을 녹인다(부피 18.8mL를 만든다).

④ 물에 NaOH 40g을 녹여 전체 부피가 1000mL가 되게 한다.

해설

NaOH 1M 용액에는 용액 1000mL 속에 NaOH 1mol(40g)이 녹아 있다.

10 50mL 수용액에 4.3g의 설탕(C₁₂H₂₂O₁₁)이 녹아 있는 용액의 몰 농도는 얼마인가?

① 0.25M   ② 0.5M

③ 1.25M   ④ 1.5M

해설

- $1000mL(=1l)$ 의 수용액 속에 녹아 있는 설탕의 양

  $50 : 4.3 = 1000 : x$ $x = 86g$

- 설탕 1mol은 342g으로 설탕 86g의 mol 수는

  $1mol : 342g = x : 86g$ $x = 0.25mol$

- 몰 농도(M) $= \dfrac{\text{용질의 몰 수(mol)}}{\text{용액의 부피(L)}} = \dfrac{0.25}{1} = 0.25M$

11 pH=12인 NaOH 용액 10mL를 중화하는데 H_2SO_4 용액 100mL가 소모되었다면 이 황산의 몰 농도는 얼마인가?

① 2×10^{-3} ② 3×10^{-4}

③ 5×10^{-4} ④ 6×10^{-3}

해설

- NaOH의 몰 농도

  pH=12이므로 $[H^+] = 10^{-12}M$, $[OH^-] = 10^{-2}M$

  $NaOH \rightarrow Na^+ + OH^-$

  ∴ NaOH의 몰 농도: 0.01 M

- $n \cdot M \cdot V = n' \cdot M' \cdot V'$ (n: 기수, M: 몰 농도, V: 부피)

  $2 \times M \times 100 = 1 \times 0.01 \times 10$

  ∴ $M = 5 \times 10^{-4}$

12 용매 1kg에 녹아 있는 용질의 몰 수로 정의되는 용액의 농도는?

① 몰랄 농도

② 몰 농도

③ 퍼센트 농도

④ 노르말 농도

해설

- **몰 농도**: 용액 1l 속에 녹아 있는 용질의 mol 수
- **퍼센트 농도**: 용액 100g 중에 녹아 있는 용질의 g 수
- **노르말 농도**: 용액 1l 속에 녹아 있는 용질의 g 당량 수

13 다음 중 1 몰랄 농도에 관한 설명으로 옳은 것은?

① 용액 1l 속에 녹아 있는 용질의 몰 수

② 용매 1000g에 녹아 있는 용질의 몰 수

③ 용액 100g에 녹아 있는 용질의 g 수

④ 용액 1l 속에 녹아 있는 산-염기의 g 당량 수

해설

① 몰 농도   ③ %농도   ④ 노르말 농도

14 물 100g에 분자량 100인 용질 20g을 녹였다. 이 용액의 농도는 얼마인가?

① 17.6%   ② 19.6%

③ 2M   ④ 2m

해설

m(몰랄 농도)=용액 1000g 속에 녹아 있는 용질의 몰 수

20g에 물 100g이면, 200g에는 1000g이다.

$1000g : x = 100g : \dfrac{20}{100}$

∴ $x = 2m$

15 KNO_3의 물에 대한 용해도는 20℃에서 30이다. 이 온도에서 KNO_3 포화용액의 몰랄 농도를 구하여라. (단 $KNO_3 = 101g$)

① 1m   ② 2m

③ 3m   ④ 4m

해설

KNO_3 포화용액의 m(몰랄 $= \dfrac{30g/101g}{100g/1000g} = 2.97m$농도)

∴ $2.97m \fallingdotseq 3m$

16 비중이 1.2인 6M NaOH 용액의 몰랄 농도는?

① 5.76m ② 6.00m

③ 6.25m ④ 7.89m

해설

- NaOH의 질량

  6M NaOH 용액－용액 1l 속에 존재하는 NaOH 6mol

  1mol : 40g＝6mol : x, x＝240g

  ∴ 6M NaOH 용액 속의 NaOH량＝240g

- 용매의 질량

  $S = \dfrac{분자량}{10 \cdot d} = \dfrac{40 \times 6}{10 \times 1.2} = 20$ ∴ 20%

  $20\% = \dfrac{240}{240 + y} \times 100$

  ∴ 용매의 질량(y)＝960g

- 6M NaOH 용액의 몰랄 농도

  $m = \dfrac{240/40}{960/1000} = 6.25$

  ∴ 6.25m

17 황산의 수용액 400mL 속에 순황산이 98g 녹아 있다면 이 용액은 몇 N(규정 농도)인가? (단, H, O, S 원소의 원자량은 각각 1, 16, 32이다.)

① 3N ② 4N

③ 5N ④ 6N

해설

- 노르말 농도(N)＝용액 1l 속에 녹아 있는 용질의 g 당량 수

  (산의 1g 당량＝산의 분자량＝$\dfrac{산의\ 분자량}{수소의\ 개수}$)

- 황산(H_2SO_4)의 분자량＝98g

  $1g당량 = \dfrac{98g}{2} = 49g$

- 황산의 N 농도＝$\dfrac{용질의\ 질량(g) / 당량}{용액의\ 부피(mL) / 1000}$

  $\dfrac{98g / 49g}{400ml / 1000mL} = 5N$ ∴ 5N

18 3N－NaOH 100mL에는 몇 g의 NaOH가 들어 있는가? (단, NaOH의 분자량은 40g이다.)

① 4g ② 6g

③ 8g ④ 12g

해설

- N(규정 농도＝노르말 농도): 용액 1l 속에 녹아 있는 용질의 g 당량 수

  NaOH 1g 당량＝$\dfrac{40g}{1}$＝40g

- $N = \dfrac{용질의\ g\ 당량\ 수}{용액의\ 부피(L)} = \dfrac{용질의\ 질량(g) / 당량}{용액의\ 부피(mL) / 1000}$

- $3N = \dfrac{x/40}{100/1000}$, x＝12g ∴ 12g

19 산성 용액하에서 사용할 0.1N KMnO$_4$ 용액 500mL를 만들려면 몇 g이 필요한가? (단, 원자량은 K: 39, Mn: 55, O: 16)

① 15.8g ② 16.8g

③ 1.58g ④ 0.89g

해설

MnO_4^- 이온은 산성 용액에서 Mn^{2+}로 환원될 때 5개의 전자를 얻으므로 과망가니즈산칼륨($KMnO_4$)의 당량은 1mol(158g)을 얻은 전자 수(5)로 나눈 값이 된다.

$MnO_4^- + 8H^+ + 5e^- \rightarrow Mn^{2+} + 4H_2O$

- 산화제(또는 환원제)의 당량＝$\dfrac{물질\ 1mol의\ 질량}{얻은\ 전자수}$

- $KMnO_4$ 당량＝$\dfrac{158g}{5}$＝31.6g

- N 농도＝$\dfrac{용질의\ 질량(g) / 당량(g)}{500mL / 1000mL}$

  $0.1N = \dfrac{Xg / 31.6g}{500mL / 1000mL}$, X＝1.58g ∴ 1.58g

20 실험실에서 NaOH 1g이 250mL 메스플라스크에 녹아 있을 때 NaOH 수용액의 농도는? (단, NaOH는 100%로 간주하고 NaOH 분자량은 40임)

① 0.1N ② 0.3N
③ 0.5N ④ 0.7N

━ 해설 ━

NaOH 1g 당량 = $\dfrac{40}{1}$ = 40

일정한 용액 부피 속에 녹아 있는 용질의 농도 = 규정 농도(N)

$N = \dfrac{\text{용질의 질량(g)/당량}}{\text{용액의 부피(mL)/1000}} = \dfrac{1/40}{250/1000} = 0.1$

∴ 0.1N

21 100mL 메스플라스크로 10ppm 용액 100mL를 만들려고 한다. 1000ppm 용액 몇 mL를 취해야 하는가?

① 1 ② 2
③ 9 ④ 10

━ 해설 ━

100mL 플라스크로 취한 1000ppm 용액으로 10ppm 용액 100mL를 만들었기 때문에 용액 속의 용질의 양은 변화가 없다.

$ppm = \dfrac{\text{용질의 질량(g)}}{\text{용액의 부피(l)}} = \dfrac{\text{용질의 질량(mg)}}{\text{용액의 부피(mL)/1000}}$

(용액 1l 중에 녹아 있는 용질의 mg 수)

• 용질의 양

$10ppm = \dfrac{x}{100/1000}$ $x = 1mg$

• 100mL 플라스크로 취한 1000ppm 용액의 양

$1000ppm = \dfrac{1}{V/1000}$

$1000 \times \dfrac{V}{1000} = 1$

∴ V = 1mL

3▸ ❷ 용해도

01 고체의 용해도에 관한 설명으로 틀린 것은?

① 고체의 용해는 무질서도를 증가시킨다.
② 최대 무질서도로 가려는 경향은 고체의 용해를 조장한다.
③ 고체의 용해 과정은 대개 발열 과정으로 용해도가 증가한다.
④ 고체는 대부분 온도가 높을수록 용해도가 커진다.

━ 해설 ━

고체의 용해 과정: 대개 흡열 과정으로 용해도가 증가한다.

02 기체의 용해도에 관한 설명으로 틀린 것은?

① 기체의 용해도는 무질서도를 감소시킨다.
② 기체의 용해 과정은 대개 발열 과정이다.
③ 최대 무질서도로 가려는 경향은 기체의 용해를 방해한다.
④ 온도 상승에 따라 기체의 용해도가 감소하는 것은 기체의 용해 과정이 흡열이기 때문이다.

━ 해설 ━

기체의 용해 과정이 발열 과정이기 때문에 온도 상승에 따라 용해도가 감소한다.

03 20℃ 수용액 위의 질소의 압력이 1기압일 때 물 100g에 녹는 질소의 양은 1.8×10^{-4}이다. 질소의 압력이 2기압일 때의 용해도는 얼마인가?

① 1.6×10^{-3}g ② 2.6×10^{-3}
③ 3.6×10^{-4}g ④ 4.6×10^{-4}g

 **해설**

헨리의 법칙 $[N_2] = KP_{N_2}$

2기압에서 $[N_2] = 1.8 \times 10^{-4}g \times 2 = 3.6 \times 10^{-4}g$

04 무극성 분자인 액체 A와 B가 있다. 동일한 온도에서 액체 A가 B에 비해 증기압이 높다고 할 때 A와 B의 비교 설명이 옳은 것은?

① 액체 A가 B에 비해 분자 간 인력이 크다.

② 액체 A가 B에 비해 분자량이 크다.

③ 액체 A가 B에 비해 몰 증발열이 크다.

④ 액체 A가 B에 비해 휘발성이 크다.

해설

증기압이 높다는 의미: 일정 공간에 존재하는 증발된 기체의 수가 많다는 것을 의미한다. 즉, 증기압이 높은 액체일수록 휘발성이 크다.

05 차가운 탄산음료수의 병마개를 뽑으면 거품이 솟아오르는 이유는?

① 수증기가 생기기 때문이다.

② 이산화탄소가 분해하기 때문이다.

③ 용기 내부 압력이 줄어들면 용해도가 줄기 때문이다.

④ 온도가 내려가게 되어 포화 용해도가 줄기 때문이다.

해설

헨리의 법칙

06 탄산음료의 마개를 따면 기포가 발생한다. 이는 어떤 법칙으로 설명이 가능한가?

① 보일의 법칙   ② 샤를의 법칙

③ 헨리의 법칙   ④ 르샤틀리에 원리

해설

헨리의 법칙: 일정한 온도에서 일정량의 용매에 녹아 있는 기체의 양은 그 기체의 부분압에 비례한다.

$[X] = K \cdot P$

※ 헨리의 법칙이 잘 적용되는 기체

H_2, O_2, N_2, CO_2 등의 무극성 분자는 헨리의 법칙에 적용됨

07 용해도가 그다지 크지 않은 기체가 있다. 압력 P일 때 일정량의 액체에 a 그램(g)의 기체가 녹으면 압력 nP일 때는 몇 그램 녹는가?

① $\dfrac{a}{n}$ 그램   ② na그램

③ a그램   ④ $\dfrac{a}{\sqrt{n}}$ 그램

해설

$P : a = nP : x$

$x = \dfrac{anP}{P} = an$ ∴ na그램

08 20℃에서 NaCl의 용해도는 36이다. 20℃에서 NaCl 포화용액인 것은?

① 용액 100g 중에 NaCl이 35g 녹아 있을 때

② 용액 100g 중에 NaCl이 36g 녹아 있을 때

③ 용액 136g 중에 NaCl이 36g 녹아 있을 때

④ 용액 100g 중에 NaCl이 136g 녹아 있을 때

해설

고체의 용해도: 포화용액에서 용매 100g에 용해된 물질의 g 수
용질: NaCl 36g, 용매: 100g, 용액: 136g

09 다음 중 기체의 용해도에 영향을 주지 않는 것은?

① 온도   ② 분자의 크기

③ 압력   ④ 화학적 성질

기체의 용해도: 온도가 낮거나 압력이 높을수록 증가, 화학적 성질(극성분자)은 물에 잘 녹음

10 다음 중 용해도와 관련된 설명으로 옳지 않은 것은?

① 기체의 액체에 대한 용해도는 일반적으로 온도가 올라가면 줄어든다.

② 용매 100g에 녹는 용질의 최대량을 g 수로 표시한 것을 그 온도에서의 용해도라 한다.

③ 고체가 물에 녹을 때 흡열반응을 하는 물질은 온도가 올라감에 따라 용해도는 작아진다.

④ 압력의 변화는 액체나 고체의 용해도에 거의 영향을 미치지 않으나, 기체는 압력을 높이면 용해도는 증가한다.

③ 흡열반응 → 용해도 증가

11 질산칼륨의 물에 대한 용해도는 40℃와 10℃에서 각각 60과 20이다. 40℃에서 포화용액 800g을 만들어 10℃까지 냉각하면 몇 g의 질산칼륨이 석출하겠는가?

① 100   ② 200

③ 300   ④ 400

$$\text{용해도} = \frac{\text{용질}}{\text{용매}} \times 100$$

• 40℃ : $60 = \dfrac{x}{(800-x)} \times 100$, 40℃에서의 용질의 양($x$) 300g

• 10℃ : $20 = \dfrac{y}{(800-300)} \times 100$, 10℃에서의 용질의 양($y$) 100g

• 질산칼륨 석출량: 300g - 100g = 200g

∴ 200g

3▶ ③ 용액의 성질

01 몰랄오름이나 몰랄내림과 관계가 있는 것은?

① 용액의 종류   ② 용질의 질량

③ 용액의 질량   ④ 용매의 종류

용질의 질량: 용질의 몰 수와 관계가 있다.

02 다음 중 어느 경우에 순수한 물의 끓는점 오름 현상이 나타나는가?

① 설탕을 넣었을 때

② 세게 가열할 때

③ 구리가루를 넣었을 때

④ 에터(ether)를 넣었을 때

비휘발성, 비전해질 묽은 용액: 용질이 비휘발성일 때 용액의 증기압력 내림 때문에 용액이 끓는점은 순수한 용매만의 끓는점보다 높고 어는점은 낮아진다(라울의 법칙).

03 각각 1000g의 물에 요소 5g을 녹인 용액 A와 염화나트륨 5g을 녹인 용액 B가 있다. A, B의 끓는점 오름 또는 어는점 내림에 대한 것으로 옳은 것은?

① 끓는점 오름은 B보다 A가 더 크고, 어는점 내림은 A보다 B가 더 크다.

② 어느 것이나 A가 B보다 크다.

③ 어느 것이나 B가 A보다 크다.

④ 끓는점 오름은 A보다 B가 더 크고, 어는 점 내림은 B보다 A가 더 크다.

─ 해설 ─

끓는점 오름과 어는점 내림은 용매에 녹아 있는 용질의 몰랄 농도에 비례한다.

• $(NH_2)2CO$: 비전해질 요소($(NH_2)2CO$) 5g

$= \dfrac{5}{60} = \dfrac{1}{12}$ mol $= 0.083$mol

• 염화나트륨($NaCl$) 5g

$= \dfrac{5}{58.5} \times 2 = \dfrac{1}{5.85}$ mol $= 0.17$mol

$NaCl$: 전해질로서 수용액에서 2mol의 이온이 생김

$NaCl \rightleftharpoons Na^+ + Cl^-$

$NaCl$ 용액이 끓는점은 더 높고 어는점은 더 낮다.

04 다음 물질들이 각각 5g씩 물 1000g에 녹았을 때, 어는점이 가장 낮은 것은?

① 메틸알코올(CH_3OH)

② 아세톤(CH_3COCH_3)

③ 포도당($C_6H_{12}O_6$)

④ 설탕($C_{12}H_{22}O_{11}$)

─ 해설 ─

몰 수가 클수록 어는점이 낮다.

05 어떤 비전해질 12g을 물 60.0g에 녹였다. 이 용액 $-1.88℃$의 빙점 강하를 보였을 때 이 물질의 분자량을 구하면? (단, 물의 $K_f = 1.86$, $\triangle T_f = 1.88$임)

① 207

② 202

③ 198

④ 16.5

─ 해설 ─

빙점 강하(어는점 내림)

$\triangle T_f = K_f \times m$ 혹은 $K_f \times \dfrac{W}{M}$

$\therefore M = \dfrac{W \cdot K_f}{\triangle T_f} = \dfrac{K_f \cdot 1000 \cdot w}{\triangle T_f \cdot a}$

┌ $\triangle T_f$: 어는점 내림, K_f: 몰내림 상수, a: 용매의 질량(g)

│ W : 용매 1kg에 대한 용질의 질량, w: 용질의 질량(g)

└ m: 몰랄 농도, M: 분자량

$M = \dfrac{K_f \cdot 1000 \cdot W}{\triangle T_f \cdot a} = \dfrac{1.86 \times 1000 \times 12}{1.88 \times 60} = 197.9$g

$\therefore$ 198g

06 물 200g에 아세톤 2.9g을 녹인 용액의 빙점은 얼마인가? (단, 아세톤의 분자량 58, 물의 몰 내림은 1.86임)

① $-0.465℃$

② $-0.932℃$

③ $-1.871℃$

④ $-2.453℃$

─ 해설 ─

어는점 내림(빙점 강하)

$\triangle T_f = K_p \times m = K_f \times \dfrac{W}{M}$

┌ K_f: 몰내림상수

│ M: 분자량

│ W: 용매 1kg에 대한 용질의 질량 $\left(\dfrac{1000 \cdot w}{M \cdot a}\right)$

└ a: 용매의 질량

$\triangle T_f = K_f \times \dfrac{W}{M} = K_f \times \dfrac{1000 \cdot w}{M \cdot a}$

$= 1.86 \times \dfrac{1000 \times 2.9}{58 \times 200} = 0.465$

$\therefore -0.465℃$

07 미지의 유기화합물 5.0g을 80.0g의 초산에 녹였을 때 초산의 어는점이 1.35℃ 내려갔다. 이 미지시료의 분자량은 얼마인가? [단, 초산의 어는점 내림상수, $K_f = -3.90$℃/m이다.]

① 90g/mol　　　② 120g/mol

③ 150g/mol　　　④ 180g/mol

어는점 내림(빙점 강하)

$$\triangle T_f = k_f \times m = k_f \times \frac{W}{M}$$

$$M = \frac{W \cdot k_f}{\triangle T_f} = \frac{1000 \cdot w \cdot k_f}{a \cdot \triangle T_f}$$

$$M = \frac{1000 \times 5g \times 3.90℃/mol}{80g \times 1.35℃} = 180g/mol$$

$$\therefore 180g/mol$$

m: 몰랄 농도
W: 용매 1kg에 대한 용질의 질량
M: 분자량
a: 용매의 질량
$\triangle T_f$: 어는점 내림(빙점 강하)
w: 용질의 질량

08 물 100g에 30g의 요소(NH_2)$_2$CO를 녹인 용액의 어는점이 −0.93℃였다. 여기에 포도당($C_6H_{12}O_6$) 100g을 더 녹이면 혼합용액의 어는점은 몇 ℃가 되는가?

① 1.97　　　② 2.97

③ 0.97　　　④ −1.97

물 100g에 요소 30g $= \frac{30}{60} = 0.5mol$

포도당 100g $= \frac{100}{180} = 0.56mol$ 이 녹는다.

$0.5 : -0.93 = (0.5 + 0.56) : x$

$x = -1.97℃$

09 0.2mol/l의 NaCl 수용액과 같은 어는점을 가지고 있는 포도당 100mL 중의 포도당 분자 수는 몇 개인가?

① 1.2×10^{22}　　　② 2.4×10^{22}

③ 1.2×10^{23}　　　④ 2.4×10^{23}

- NaCl: 전해질로서 수용액에서 2mol의 이온이 생김
  $NaCl \rightleftarrows Na^+ + Cl^-$
  0.2mol/l의 NaCl 수용액에서 이온의 몰 수는
  0.2mol/$l \times 2 = 0.4$mol/l이다.

- 어는점이 같으므로 포도당 100mL의 몰 수는
  $1l : 0.4mol = 0.1l : X$
  X = 0.04mol

- 포도당 100mL 중의 분자 수
  $1mol : 6.02 \times 10^{23} = 0.04mol : Y$
  $\therefore Y = 2.408 \times 10^{22}$

10 황의 결정 4g을 이황화탄소 50g에 녹인 용액의 끓는점은 이황화탄소의 끓는점보다 0.37℃가 높다. 녹은 황의 분자량은 얼마인가? (이황화탄소 $K_b = 2.34$이다.)

① 205.5　　　② 305.6

③ 405.7　　　④ 506

$$M = \frac{1000 \times w \times K_b}{W \times \triangle t} = \frac{1000 \times 4 \times 2.34}{50 \times 0.37} = 505.95$$

11 분자량을 알 수 없는 어느 물질 6g을 물에 녹여 1.6l의 용액을 만들어 25℃에서 삼투압을 측정하였더니 7.4×10^{-3}atm이었다. 이 물질의 분자량을 구하면 얼마인가?

① 1.24×10^4　　　② 2.25×10^4

③ 3.25×10^5　　　④ 4.25×10^5

해설

$$M = \frac{w \times R \times T}{\pi \times V} = \frac{6 \times 0.082 \times (273 + 25)}{7.4 \times 10^{-3} \times 1.6}$$

$$= 12383.1 = 1.24 \times 10^4$$

12 다음 중 잘못된 것은?

① $n\lambda = 2d\sin\theta$ (Bragg 식)

② $P_{용액} = X_{용매} \cdot P^o_{용매}$ (라울의 법칙)

③ 1 Faraday = 1몰의 전자

④ $\Pi = MRT$ (삼투압법칙, M = 분자량)

해설

삼투압: $\pi V = \dfrac{w}{M} RT$

- π: 삼투압
- V: 용액의 부피(L)
- $\dfrac{w(용질의 \ 무게)}{M(분자량)}$ = 몰 수(n)
- R: 기체상수
- T: 절대온도(°K)

13 요소 6g을 물에 녹여 1000L로 만든 용액의 27℃에서의 삼투압은 약 얼마인가? (단, 요소의 분자량은 60이고, 기체 상수는 0.0825 L · atm · mol⁻¹ · K⁻¹이다.)

① 1.26×10^{-1} atm

② 1.26×10^{-2} atm

③ 2.475×10^{-3} atm

④ 2.56×10^{-4} atm

해설

삼투압: $M = \dfrac{MRT}{\pi V}$, 요소($NH_2)_2CO$의 분자량: 60g

$$\pi = \frac{WRT}{MV} = \frac{6g \times 0.0825 L \cdot atm/mol \cdot K \times 300K}{60g \times 1000L}$$

$$= 2.475 \times 10^{-3} atm$$

14 어떤 비전해질 3.0g을 물에 녹여 1L로 한 용액의 삼투압을 측정하였더니 27℃에서 1.0기압이었다. 이 물질의 분자량은 얼마인가? (단, 기체 상수 R = 0.082atm/mol · K)

① 73.8

② 78.9

③ 84.0

④ 89.1

해설

$$\pi V = \frac{WRT}{M}, \quad M = \frac{WRT}{PV}$$

$$M = \frac{3g \times 0.082 L \cdot atm/mol \cdot K \times (273 + 27)K}{1atm \times 1L}$$

$$= 73.8 g/mol$$

∴ 물질의 분자량 = 73.8g/mol

3▸ ④ 콜로이드 용액

01 콜로이드 용액에 대한 다음 글 중 옳지 않은 것은?

① 콜로이드 용액은 틴들현상을 보인다.

② 콜로이드 입자의 지름은 대략 $0.1\mu \sim 1m\mu$이다.

③ 콜로이드 입자는 (+) 혹은 (−)로 대전하고 있다.

④ 콜로이드 용액은 거름종이와 투석막을 통과한다.

해설

콜로이드 용액

• 크기: $10^{-7}cm \sim 10^{-5}cm$ ($10Å \sim 1000Å$, $1m\mu \sim 1\mu$) 거름종이에는 통과하나 반투막에서는 통과하지 못함

• 성질: 틴들현상, 브라운운동, 투석, 전기영동, 흡착성, 엉김

02 굴뚝에서 나오는 연기를 하전된 판 사이로 통과시킴으로서 연기를 제거할 수 있는 것은 콜로이드의 어떤 현상을 이용한 것인가?

① 틴들현상　　　② 브라운 운동
③ 투석　　　　　④ 전기영동

굴뚝의 매연을 제거하는 장치: 전기영동을 이용함(콜로이드 입자가 전극에 끌려오는 현상)

03 콜로이드는 질량에 비해 표면적이 대단히 넓다. 이것은 콜로이드의 어떤 성질을 설명한 것인가?

① 틴들 현상　　　② 흡착
③ 브라운 운동　　④ 투석

흡착: 콜로이드 입자는 단위 질량당 표면적이 크기 때문에 분자나 이온 등의 다른 입자들을 잘 흡착시킨다.

04 콜로이드 입자는 용액 속에서 계속적으로 불규칙한 운동을 하고 있는데 이유는 무엇인가?

① 콜로이드 입자는 (+), (−)의 두 종류의 전기를 띠고 있는데, 이것의 인력과 반발력이 작용하기 때문이다.
② 콜로이드 입자는 그 크기가 크기 때문이다.
③ 콜로이드 입자는 스스로 운동을 하기 때문이다.
④ 용매 분자가 운동을 하다가 콜로이드 입자와 충돌하기 때문이다.

콜로이드 입자와의 충돌로 인해 불규칙하게 운동을 한다.

05 우유와 같이 액체가 분산되어 있을 때를 무엇이라고 하는가?

① 서스펜션　　　② 에멀션
③ 소수콜로이드　④ 친수콜로이드

해설

콜로이드 입자보다 큰 입자($10^{-4} \sim 10^{-2}$cm)가 분산되어 있는 경우
• **분산질이 고체**: 서스펜션(현탁액) ex) 흙탕물
• **분산질이 액체**: 에멀션(유탁액)　ex) 우유

06 비누나 두부를 만들 때 진한 소금물이나 간수를 가하는 것은 콜로이드의 어떤 성질을 이용한 것인가?

① 브라운 운동　　② 틴들 현상
③ 전기분해　　　④ 염석

해설

① **브라운 운동**: 콜로이드 입자의 불규칙한 직선운동
② **틴들 현상**: 콜로이드 입자가 빛을 산란시키는 현상
③ **전기분해**: 전기에너지를 이용하여 화학변화를 일으킴
④ **염석**: 어느 물질의 용액에 가용성 염류를 가하여 그 물질을 석출시키는 조작

07 콜로이드의 엉김(coagulation)을 일으키는데 효과가 가장 큰 것은?

① NaCl　　　　　② $Al_2(SO_4)_3$
③ $BaCl_2$　　　　④ $CaCl_2$

해설

엉김: 콜로이드가 전기적 중화로 침전하는 현상으로 전리된 이온 수가 많을수록 엉김 효과가 크다.
① Na^+ Cl^-(2개)
② $2Al^{+3}$ $3SO_4^{2-}$(5개)
③ Ba^+ $2Cl^-$(3개)
④ Ca^{2+} $2Cl^-$(3개)

08 콜로이드 입자에 대한 Tyndall 현상에 대한 옳은 설명은?

① 콜로이드 용액에 광선을 비추게 되면 입자들이 빛을 산란시켜서 광선의 진로를 알 수 있는 현상

② 콜로이드 입자는 표면적이 질량에 비해 매우 크기 때문에 흡착되는 현상

③ 콜로이드 입자가 전극에 끌려오는 현상

④ 콜로이드 입자가 끊임없는 불규칙한 직선운동을 하는 현상

 해설

① 틴들현상
② 흡착성
③ 전기 영동
④ 브라운 운동

09 양(+)으로 하전된 수산화철(Ⅲ)의 엉김을 일으키는 데 가장 효과적인 것은 무엇인가?

① NaCl   ② $Al_2(SO_4)_3$
③ $K_3Fe(CN)_6$ ④ $CuSO_4$

 해설

음이온의 전하량이 클수록 엉김 효과가 크다.
① Cl^-
② SO_4^{2-}
③ $Fe(CN)_6^{3-}$
④ SO_4^{2-}

10 소수성 콜로이드의 특성이 아닌 것은?

① 금, $Fe(OH)_3$, 황, $Al(OH)_3$, 등이 여기에 속한다.

② 물과 분산질 사이에 인력이 없다.

③ 소량의 전해질만 가해도 침전된다.

④ 에멀션도 소수성 콜로이드에 속한다.

 **해설**

에멀션: 액체에 액체가 분산된 것(우유)

4▸ ❶ 화학결합의 종류

01 다음 물질 중 이온결합을 하고 있는 것은?

① 얼음 ② 흑연

③ 다이아몬드 ④ 염화나트륨

해설

④: 이온결합(금속과 비금속의 결합)

①, ②, ③: 공유결합

02 금속성이 강한 원자와 비금속성이 강한 원자간의 화학결합의 종류는?

① 이온결합 ② 공유결합

③ 배위 결합 ④ 금속결합

해설

이온결합: 금속+비금속

03 NaCl의 결정계는 다음 중 무엇에 해당하는가?

① 입방체형(cubic)

② 정방정계(tetragonal)

③ 육방정계(hexagonal)

④ 단사정계(monoclinic)

해설

- NaCl: 입방체형
- **이온결합 물질**: 고체상태에서는 비전도성이나 용융상태일수록 수용액에서는 전기전도성이 있다.

04 다음 이원자 분자 중 결합 에너지값이 가장 큰 것은?

① H_2 ② N_2

③ O_2 ④ F_2

해설

결합 에너지: 원자와 원자 사이의 결합 1몰을 끊어서 원자 상태로 해리하는 데 필요한 에너지(kJ/mol) → 원자들 사이의 결합이 다중 결합일수록, 극성이 클수록 결합의 세기가 증가한다.

① 단일 결합 ② 삼중 결합 ③ 이중 결합 ④ 단일 결합

05 다음은 이온결합성 물질의 성질을 설명한 것이다. 틀린 것은?

> ㉠ m.p.와 b.p.가 낮다.
> ㉡ 용융상태에서는 전해질이다.
> ㉢ 극성 용매에 잘 녹는다.
> ㉣ 결정 상태에서 분자성

① ㉠과 ㉡ ② ㉡와 ㉣

③ ㉠과 ㉣ ④ ㉠와 ㉡와 ㉣

해설

이온결합성 물질(금속+비금속)

- m.p.와 b.p.가 높다.
- 극성 용매인 물에 잘 녹는다.
- 비전도성이나 용융상태일수록 수용액에서는 전기전도성이 있다.
- 결정 상태는 이온성이다.
- 전기음성도 차는 1.7 이상이다.

06 물에 녹였을 때 전도성을 띠는 물질은?

① 설탕

② 유당

③ 초산나트륨

④ 폴리염화비닐

해설

전도성 물질: 물에 녹아 이온으로 되는 물질로 전기를 전도하는 물질

초산나트륨(CH_3COONa) $\rightleftharpoons CH_3COO^- + Na^+$

07 루이스 전자식 중에서 옳지 않은 것은?

① $H : \overset{..}{\underset{..}{C}} l :$

② $H : \overset{..}{\underset{..}{O}} : H$

③ $H : N : H$
$\qquad\quad H$

④ $H : B : H$
$\qquad\quad H$

 **해설**

N의 원자가 전자 수는 5

08 공유결합 분자의 모양을 예측하는 데 이용되는 것은?

① 전기 음성도의 차이

② 원자가 전자의 수

③ 원자량의 크기

④ 전자쌍 반발 이론

 **해설**

공유결합 분자: 전자쌍 반발 원리로 모양을 예측함

09 CH_4, NH_3 및 H_2O의 결합각은 각각 109°, 107°, 105°의 순으로 작아진다. 그 이유는 주로 다음의 어느 것 때문인가?

① 분자 간의 거리

② 이온화 전위

③ 수소결합

④ 비공유 전자쌍

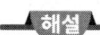 **해설**

한 원자를 둘러싸고 있는 전자쌍들은 정전기적 반발력 때문에 가능한 한 멀리 떨어져 있으려는 방향성을 갖기 때문에 결합각에 있어서 차이가 생긴다.

10 한 분자 내에 배위결합과 이온결합을 동시에 가지고 있는 것은?

① NH_4Cl

② K_2CO_3

③ $CHCl_3$

④ $NHCl_3$

해설

- **이온결합**(금속+비금속): 정전기적인 인력에 의한 결합
- **배위결합**: 비공유 전자쌍을 일방적으로 내놓는 결합

$$H : \overset{..}{\underset{..}{N}} : + H^+ \rightarrow \quad H : \overset{..}{\underset{..}{N}} : H^+ \rightarrow [H - \underset{H}{\overset{H}{N}} - H]^+$$
$$H \qquad\qquad\qquad H \qquad\qquad\qquad$$

11 다음 물질 중 비공유 전자쌍을 가장 많이 가지고 있는 것은?

① CH_4

② NH_3

③ H_2O

④ CO_2

 해설

① $\quad H$ (0개)
$\quad\; | $
$H - C - H$
$\quad\; |$
$\quad\; H$

② $H - \overset{..}{N} - H$ (1개)
$\qquad\; |$
$\qquad\; H$

③ $H - \overset{..}{\underset{..}{O}} - H$ (2개)

④ $: \overset{..}{O} = C = \overset{..}{O} :$ (4개)

12 다음 중 배위결합으로 되지 않은 것은?

① NH_4^+

② H_3O^+

③ H_2O

④ $[Cu(NH_3)_4]_2^+$

해설

H_2O: 공유결합

4▶ 3 수소결합

01 전기음성도가 큰 원소의 결합력은 액체의 끓는점이 분자량으로 예측되는 값보다 훨씬 높다. 이 이유에 해당하는 화학결합은 어느 것인가?

① 공유결합　　② 이온결합
③ 분자량　　　④ 수소결합

㉠ 공유결합: 전자쌍이 원자 2개에 공유되어 형성된 화학결합 (HCl)
㉡ 이온결합: 금속과 비금속의 결합(NaCl)
㉢ 음·양의 전하를 가진 이온끼리의 정전기 인력에 의한 화학결합
　• 전기음성도 차가 큰 원자 사이에서는 이온결합이 잘 형성됨
㉣ 수소결합: 전기음성도가 큰 F, O, N 원자들과 결합하여 H 원자를 사이에 두고
　• F-H…F-, O-H…O-, N-H…N- 형태의 결합

02 다음 중 끓는점이 가장 높은 것은 어느 것인가?

① PH_3　　　② CH_4
③ CCl_4　　④ H_2O

수소결합물질: 무극성분자의 끓는점보다 높다.

03 물 분자들 사이에 작용하는 수소결합에 의해 나타나는 현상과 관계가 없는 것은?

① 물의 기화열이 크다.
② 물의 끓는점이 높다.
③ 무색투명한 액체다.
④ 얼음이 물 위에 뜬다.

해설

물의 물리적 성질
• 높은 녹는점과 끓는점을 갖고, 또한 물의 녹는열, 증발열, 비열이 비교적 높다.
• 고체(얼음)의 밀도는 액체의 밀도보다 작다.

04 H_2O가 H_2S보다 비등점이 높은 이유는 무엇인가?

① 분자량이 적기 때문에
② 수소결합을 하고 있기 때문에
③ 공유결합을 하고 있기 때문에
④ 이온결합을 하고 있기 때문에

해설

H_2O는 수소결합에 의한 물 분자의 회합 때문에 비등점과 녹는점이 높다(H_2O의 비등점: 100℃, H_2S의 비등점: -60.4℃).

05 다음 중에서 분자 사이에 수소결합을 하는 것은 무엇인가?

① CH_3-CH_3　　② NH_2-NH_2
③ CH_3-Cl　　④ $I-Cl$

해설

수소결합: 전기음성도가 큰 F, O, N과 수소가 결합한 것

06 다음 중에서 염화나트륨 결정을 용해시킬 수 있는 용매는 어느 것인가?

① 사염화탄소　　② 벤젠
③ 아세톤　　　　④ 다이에틸에터

해설

NaCl은 이온결정으로 극성 용매(아세톤, 메틸알코올)에 녹는다.

[정답] 01 ④ 02 ④ 03 ③ 04 ② 05 ② 06 ③

07 다음 두 물질이 서로 섞이지 않는 것은?

① NH_3와 H_2O ② $NaCl$과 H_2O

③ C_2H_5OH와 H_2O ④ C_6H_5Cl와 H_2O

 **해설**

극성과 비극성은 섞이지 않음

① 극성, 극성   ② 이온성, 극성

③ −OH, −OH   ④ 무극성, 극성

08 다음 중 비극성 분자는 어느 것인가?

① HF ② H_2O

③ NH_3 ④ CH_4

 해설

- **비극성분자**: 두 개의 전자를 공유하는 결합
  H_2, Cl_2, CO_2, CH_4, CCl_4 등
- **극성분자**: 물과 암모니아 같은 극성 원자의 결합
  NH_3, H_2O, HCl, HF, HBr 등

09 다음에서 비극성 용매라고 생각되는 것은?

① 에틸알코올   ② 물

③ 아세톤   ④ 헥세인

 해설

- **비극성 용매**: 분자구조가 대칭성을 보이는 것으로 벤젠 · 시클로헥세인 · 이황화탄소 · 사염화탄소 등
- **극성 용매**: 물 · 알코올 · 암모니아 등

10 입체적인 모형이 나머지 셋과 다른 것은?

① SiH_4 ② S_8

③ H_3O^+ ④ P_4

 **해설**

②: 평면 모양

①, ③, ④: 사면체 모양

11 원자 사이의 결합은 극성 공유결합이지만 대칭성 구조를 가지고 있기 때문에 무극성인 것은?

① CCl_4 ② H_2O

③ NH_3 ④ $CHCl_3$

 **해설**

①: 정사면체 구조로 무극성

12 다음 중 평면구조를 갖는 물질은?

① BCl_3 ② H_3O^+

③ NH_3 ④ PH_3

 해설

①: 삼각형 평면구조(sp^2)

②, ③, ④: 삼각형 뿔 구조

13 다음 중 분자 형태가 옳지 않은 것은 어느 것인가?

① BCl_3 − 삼각 평면형

② H_2S − 직선형

③ PH_3 − 피라미드형

④ NH_3 − 피라미드형

해설

②: 굽은형

14 CH_4, NH_3 및 H_2O의 결합각은 각각 109°, 107°, 105°의 순으로 작아진다. 그 이유는 무엇인가?

① 분자 간의 거리   ② 이온화 전위

③ 수소결합   ④ 비공유 전자쌍

해설

결합각은 결합되어 있는 두 원자의 핵의 중심을 연결하는 두 선이 이루는 각으로 비공유 전자쌍에 의한 결합각의 차이를 보임

15 다음 화합물 중 sp^3 혼성 오비탈을 가지고 있는 것은?

① BCl_3 ② NO_3^-

③ C_2H_4 ④ CH_4

 해설

④: sp^3 정사면체 구조

①, ②, ③: sp^2 평면삼각형

5▶ ❶ 물리·화학적 변화

01 다음과 같은 화학 변화를 무엇이라 하는가?

$$AgNO_3 + HCl \rightarrow AgCl + HNO_3$$

① 화합　　　　　② 분해

③ 치환　　　　　④ 복분해

복분해: 두 가지 화합물이 반응하여 성분의 일부가 서로 바뀌는 반응

$AB + CD \rightarrow AD + CB$

$AgNO_3 + HCl \rightarrow AgCl + HNO_3$

02 다음 화학 반응 명칭이 틀린 것은?

① 화합: $A + B \rightarrow AB$

② 분해: $AB \rightarrow A + B$

③ 치환: $AB + CD \rightarrow AC + BD$

④ 치환: $AB + C \rightarrow AC + B$

③: 복분해

03 다음 반응식 중 흡열반응을 나타내는 것은?

① $CO + 1/2O_2 \rightarrow CO_2 + 68kcal$

② $N_2 + O_2 \rightarrow 2NO$, $\triangle H = +42kcal$

③ $C + O_2 \rightarrow CO_2$, $\triangle H = -94kcal$

④ $H + 1/2O_2 - 58kcal \rightarrow H_2O$

흡열반응: 반응열을 흡수하는 반응 = $+\triangle H$

①, ③, ④: 발열반응

②: 흡열반응

04 A 물질을 물에 용해시켰더니 온도가 내려갔다. 이 사실로서 A 물질의 용해 과정에서 알 수 있는 것은?

① 발열과정이므로 온도를 높이면 용해도가 증가한다.

② 발열과정이므로 온도를 높이면 용해도가 감소한다.

③ 흡열과정이므로 온도를 높이면 용해도가 증가한다.

④ 흡열과정이므로 온도를 높이면 용해도가 감소한다.

흡열과정은 주변의 온도가 높을수록 반응이 커지고 용해도가 증가하게 된다.

05 다음 과정에서 엔트로피의 변화가 감소하는 것은?

① 얼음이 녹아서 물이 되는 과정

② 휘발유가 연소하여 CO_2와 H_2O로 되는 과정

③ TNT가 폭발하는 과정

④ 아이오딘 증기가 차가운 표면에 서려서 결정이 되는 과정

엔트로피(Entropy): 반응이 일어나는 계(System)의 무질서한 정도

• 큰 분자들이 부서져서 작은 분자로 되는 분해

• 계 내부의 기체 몰 수의 증가

• 고체의 녹음 및 순수한 액체의 증발

• 둘 또는 그이상의 순수한 물질들의 혼합

06 H_2, C 및 C_2H_4의 연소열은 각각 $\Delta H = -67$ kcal, $\Delta H = -93$kcal, $\Delta H = -338$kcal이다. C_2H_4의 생성열 ΔH_f는 다음 중 어느 것과 같은가?

① +175kcal ② +18kcal

③ −136kcal ④ −162kcal

㉠ $H_2(g) + \frac{1}{2}O_2(g) \rightarrow H_2O(L)$, $\Delta H = -67$kcal

㉡ $C(s) + O_2(g) \rightarrow CO_2(g)$, $\Delta H = -93$kcal

㉢ $C_2H_4 + 3O_2 \rightarrow 2CO_2 + 2H_2O$, $\Delta H = -338$kcal

C_2H_4의 생성열 ΔH_f는 $2C(s) + 2H_2(g) \rightarrow C_2H_4(g)$

(㉡×2 + ㉠×2) − ㉢, $\Delta H = +18$kcal

07 아세틸렌의 생성열을 다음 열화학 반응식을 이용하여 구한 것으로 맞는 것은?

(i) $2C_2H_2 + 5O_2 \rightarrow 4CO_2 + 2H_2O + 624$kcal

(ii) $C + O_2 \rightarrow CO_2 + 96.8$kcal

(iii) $H_2 + \frac{1}{2}O_2 \rightarrow H_2O + 67.5$kcal

① 28.4kcal/mol

② −38.4kcal/mol

③ +50.9kcal/mol

④ 58.4kcal/mol

$2C(s) + H_2(g) \rightarrow C_2H_2 + Q$

$(ii \times 2) + iii - \left(i \times \frac{1}{2} \right)$하면 Q = +50.9kcal/mol

08 에테인이 산소 중에서 타서 CO_2와 수증기로 될 때의 연소열을 계산하면?

$C_2H_6(g) \rightarrow 2C(s) + 3H_2(g)$ $\Delta H = +20.4$kcal

$2C(s) + 2O_2(g) \rightarrow 2CO_2(g)$ $\Delta H = -188.0$kcal

$3H_2(g) + \frac{3}{2}O_2(g) \rightarrow 3H_2O(g)$ $\Delta H = -173.0$kcal

① $\Delta H = -340.6$kcal

② $\Delta H = 340.6$kcal

③ $\Delta H = -35.4$kcal

④ $\Delta H = 35.4$kcal

$C_2H_6(g) \rightarrow 2C(s) + 3H_2(g)$ …… (1)

$2C(s) + 2O_2(g) \rightarrow 2CO_2(g)$ …… (2)

$3H_2(g) + \frac{3}{2}O_2(g) \rightarrow 3H_2O(g)$ … (3)

(1) + (2) + (3)하여 반응식을 정리하면

$C_2H_6(g) + 3.5O_2(g) \rightarrow 2CO_2(g) + 3H_2O(g)$

연소열(ΔH) = 20.4kcal + (−188kcal) + (−173kcal)

$= -340.6$kcal

∴ −340.6kcal

09 1몰의 수소와 1몰의 염소가 완전히 반응하여 염화수소기체를 만들 때 방출하는 열량은 얼마인가? (단, 결합에너지는 H—H: 104kcal/mol, Cl—Cl: 58kcal/mol, H—Cl: 103kcal/mol이다.)

① 44kcal/mol ② 59kcal/mol

③ 265kcal/mol ④ 368kcal/mol

염소와 수소의 반응식: $H_2 + Cl_2 \rightarrow 2HCl$

(2×103kcal/mol) − (104kcal/mol + 58kcal/mol) = 44 kcal/mol

∴ 반응 시 방출되는 열량 = 44kcal/mol

10 대기압에 열린 실린더에 있는 1mol의 기체를 20℃에서 120℃까지 가열하면 기체가 흡수하는 열량은 약 몇 cal인가? (단, 이 기체 몰 열용량은 4.97cal/mol · K이다.)

① 1　　　　　　　② 100

③ 497　　　　　　④ 7,601

$Q = cm\Delta t$

4.97cal/mol · K×1mol×(393k−293k)=497cal

∴ 497cal

5▶ ❷ 반응속도

01 다음 중 활성화 에너지에 대한 설명으로 맞는 것은?

① 물질이 반응 전에 가지고 있는 에너지

② 물질이 반응할 때 흡수하는 에너지

③ 물질이 반응할 때 방출하는 에너지

④ 물질이 반응을 일으키는 데 필요한 에너지

활성화 에너지: 물질이 반응을 일으키는 데 필요한 에너지

02 일정 온도에서 A와 B를 반응시킬 때, B의 농도를 일정하게 하고 A의 농도를 2배로 하면 반응속도가 2배가 되고 A의 농도를 일정하게 하고 B의 농도를 4배로 하면 반응속도가 2배가 된다. k를 이 온도에서의 반응속도 상수라고 할 때, 반응속도 v를 나타내는 관계식은?

① $v = k[A]^2[B]$　　② $v = k[A]^{\frac{1}{2}}[B]$

③ $v = k[A][B]^2$　　④ $v = k[A][B]^{\frac{1}{2}}$

$V \propto [A]$, $V \propto [B]^{\frac{1}{2}}$ 이므로 $v = k[A][B]^{\frac{1}{2}}$

03 반응속도에 영향을 미치지 않는 것은?

① 반응계의 온도 변화

② 촉매의 유무

③ 반응물질의 농도 변화

④ 일정 농도에서의 부피 변화

농도가 일정할 때 부피의 변화는 반응속도에 영향을 주지 못함
※ 반응속도에 영향을 미치는 인자: 농도, 압력, 온도, 촉매 등

04 어떤 반응이 200℃에서 진행 중에 있다. 반응계의 온도를 230℃로 높여 주면 반응속도는 200℃일 때보다 몇 배나 빨라지는가? (단, 10℃ 상승에 따라 반응속도는 2배 빨라진다고 한다.)

① 2배　　　　　　② 4배

③ 8배　　　　　　④ 10배

10℃마다 2배씩 빨라지므로 온도가 30℃ 상승 시 반응속도는 $2^3 = 8$배가 상승함

05 반응속도에 관한 다음의 설명 중 옳지 않은 것은?

① 반응속도는 압력이 클수록 빨라진다.

② 평형상수의 값이 클수록 빠르다.

③ 반응속도는 활성화 에너지가 클수록 느리다.

④ 촉매를 가하면 반응속도를 빨리 또는 느리게 할 수 있다.

평형상수 값: 반응물질과 생성물질의 농도의 비를 나타내며, 반응속도에 영향을 주지 않는다.

06 다음 반응속도식에서 2차 반응인 것은?

① $V = K[A]^{\frac{1}{2}}[B]^{\frac{1}{2}}$

② $V = K[A][B]$

③ $V = K[A][B]^2$

④ $V = K[A]^2[B]^2$

반응속도를 전체 반응에 관여하는 화학종의 농도의 함수로 나타낸 식＝속도법칙

$mA+nB \rightarrow$ 생성물, 반응속도＝$[A]^m[B]^n$

- K: 속도상수
- [A]와 [B]: A와 B의 농도
- m, n: A와 B에 관한 반응차수

전체반응차수＝m+n

∴ $V=K[A][B] \rightarrow$ 2차 반응

07 다음 중 촉매의 역할에 대한 설명으로 맞는 것은 어느 것인가?

① 화학 반응 시 방출되거나 흡수되는 반응열은 변화없다.

② 정반응의 속도를 감소시키는 촉매는 역반응의 속도를 증가시킨다.

③ 활성화에너지를 증가시켜 반응속도를 빠르게 한다.

④ 정반응의 속도를 증가시키는 촉매는 역반응의 속도를 감소시킨다.

촉매: 화학 반응 시 반응열의 변화시키지 못한다.

08 다음 중 반응속도에 영향을 미치는 요인으로 맞지 않는 것은?

① 농도 ② 부피
③ 압력 ④ 촉매

반응속도에 영향을 미치는 인자: 압력, 온도, 촉매, 농도 등

09 다음 중 $H_2(g)+I_2(g) \rightarrow 2HI(g)$에서 반응속도 v를 바르게 표시한 식은?

① $\dfrac{\triangle[I_2]}{\triangle t}$

② $\dfrac{1}{2}\dfrac{\triangle[HI]}{\triangle t}$

③ $-\dfrac{\triangle[HI]^2}{\triangle t}$

④ $-\dfrac{1}{2}\dfrac{\triangle[HI]}{\triangle t}$

반응속도 $=\dfrac{\text{감소한 반응물질의 농도}}{\text{반응시간}}$

$\quad\quad\quad =\dfrac{\text{증가한 생성물질의 농도}}{\text{반응시간}}$

반응시간 동안에 수소의 농도 $\triangle[H_2]$, 아이오딘의 농도 $\triangle[I_2]$가 감소되었다면 아이오딘화수소의 농도 [HI]는 $\triangle[H_2]$의 2배 또는 $\triangle[I_2]$의 2배가 생성된다.

$$v=-\dfrac{\triangle[H_2]}{\triangle t}=-\dfrac{\triangle[I_2]}{\triangle t}=\dfrac{1}{2}\dfrac{\triangle[HI]}{\triangle t}$$

10 다음과 같은 반응에서 A와 B의 농도를 각각 2배로 해주면 반응속도는 몇 배가 되겠는가?

$$A + 2B \rightarrow 3C + D$$

① 2배 ② 4배
③ 6배 ④ 8배

해설

$aA + bB \xrightarrow{V} cC + dD$, $V = K \cdot [A]^a \cdot [B]^b$

$V = k \cdot [A] \cdot [B]^2$에서 농도를 2배로 해주면

$V = [2] \times [2]^2 = 8$

∴ 8

5> ③ 화학 평형

01 다음 반응이 밀폐된 그릇에서 평형상태에 도달하였다. 이에 대한 설명으로 맞지 않는 것은?

$$H_2 + F_2 \rightleftarrows 2HF + Q$$

① 평행에 도달한 이후에 모든 반응은 완전히 끝났다.

② 촉매는 가하여도 평형에 영향을 주지 못한다.

③ 평형상태에서 HF 의 생성속도와 분해속도가 같다.

④ 반응기의 온도를 높이면 평형은 HF 농도가 감소하는 방향으로 이동한다.

해설

가역반응으로서 온도, 농도, 압력을 변화시키면 정반응과 역반응으로 진행시킬 수 있다.

• 촉매: 반응속도에 영향

02 다음 반응이 평형상태에 있을 때 평형을 오른쪽으로 진행시킬 수 없는 것은?

$$N_2(g) + 3H_2(g) \rightleftarrows 2NH_3 + Q$$

① 반응계의 온도를 감소시킨다.

② 반응계의 압력을 높인다.

③ 반응계에 정촉매를 첨가시킨다.

④ 발생된 암모니아 기체를 응축시킨다.

해설

촉매: 평형상태에 영향을 주지는 못하고 단지 반응속도에 영향을 준다.

• 반응조건에 따른 평형이동

　㉠ 온도: 높이면 흡열반응,　낮추면 발열반응

　㉡ 농도: 높이면 감소하는 방향으로, 낮추면 농도를 증가시키는 방향

　㉢ 압력: 높이면 분자 수가 감소하는 방향, 낮추면 분자 수가 증가하는 방향

03 다음 반응의 평형상수식으로 옳은 것은?

$$N_2(g) + O_2(g) \rightleftarrows 2NO(g)$$

① $K = \dfrac{2[NO]}{2[N][O]}$　② $K = \dfrac{[NO]^2}{[N]^2[O]^2}$

③ $K = \dfrac{2[NO]}{[N_2][O_2]}$　④ $K = \dfrac{[NO]^2}{[N_2][O_2]}$

해설

$aA + bB \rightleftarrows cC + dD$ 반응식에서

$K(평형상수) = \dfrac{[C]^c[D]^d}{[A]^a[B]^b} = \dfrac{[NO]^2}{[N_2][O_2]}$

04 다음 반응 중 압력을 감소시킬 때 반응이 정반응으로 진행되는 것은 어느 것인가?

① $CO(g) + H_2(g) \rightleftarrows C(s) + H_2O + 34kcal$

② $N_2O_4(g) \rightleftarrows 2NO_2(g) - 14kcal$

③ $H_2(g) + I_2(g) \rightleftarrows 2HI(g) + 23kcal$

④ $N_2(g) + 3H_2(g) \rightleftarrows 2NH_3(g) + 25kcal$

해설

압력: 높이면 분자 수가 감소하는 방향, 낮추면 분자 수가 증가하는 방향

05 반응 "$A_2(g)+2B_2(g) \rightarrow 2AB_2(g)+$열"에서 평형을 왼쪽으로 이동시킬 수 있는 조건은?

① 압력감소, 온도감소

② 압력증가, 온도증가

③ 압력감소, 온도증가

④ 압력증가, 온도감소

발열반응이므로 온도를 증가시키고, 생성물질이 반응물질보다 몰 수가 적으므로 압력을 낮추면 평형을 왼쪽으로 이동시킬 수 있음.

06 다음 기체상태의 반응 중에서 압력을 바꾸어도 화학 평형에 영향을 주지 않는 반응은 어느 것인가?

① $H_2+Cl_2 \rightleftarrows 2HCl$

② $N_2+3H_2 \rightleftarrows 2NH_3$

③ $2SO_2+O_2 \rightleftarrows 2SO_3$

④ $2NO+O_2 \rightleftarrows 2NO_2$

반응물질과 생성물질의 몰 수가 같으므로 압력의 영향을 받지 않음

07 $H_2+I_2 \rightarrow 2HI$일 때 반응 후 농도가 $[H_2]=$ 0.004M, $[I_2]=$0.004M, 평형 농도 $[HI]=$ 0.004M일 때, 평형상수(K)의 값은?

① 1 ② 2

③ 3 ④ 4

평형상수(K) $= \dfrac{[HI]^2}{[H_2][I_2]} = \dfrac{0.004^2}{0.004 \times 0.004} = 1$

08 $N_2(g)+3H_2(g) \Leftrightarrow 2NH_3(g)$이 반응계의 압력을 증가시키면 반응은 어떤 영향이 나타나는가?

① 오른쪽으로 진행 ② 왼쪽으로 진행

③ 무변화 ④ 공존

평행이동의 법칙
• 압력을 높이면 → 분자 수가 감소하는 방향(몰 수가 적은 쪽)
• 압력을 내리면 → 분자 수가 증가하는 방향(몰 수가 큰 쪽)

5▸ ④ 산과 염기의 반응

01 산(acid)의 성질을 잘못 설명한 것은?

① 수용액 속에서 H^+으로 되는 H를 가진 화합물이다.

② 신맛이 있고 푸른색 리트머스 종이를 붉게 변화시킨다.

③ 금속과 반응하여 수소를 발생하는 것이 많다(Fe, Zn).

④ 쓴맛이 있고 붉은색 리트머스 종이를 푸르게 변화시킨다.

산(acid)의 성질: 신맛이 나고 리트머스 시험지를 청색에서 적색으로 변화

02 다음 중 물이 산으로 작용하는 반응은?

① $NH_4^+ + H_2O \rightleftarrows NH_3 + H_3O^-$

② $HCOOH + H_2O \rightleftarrows HCOO^- + H_3O^-$

③ $CH_3COO^- + H_2O \rightleftarrows CH_3COOH + OH^-$

④ $2Fe_3O_4 + H_2O \rightleftarrows 3Fe_2O_3 + H_2$

브뢴스테드 이론
• 산: 양성자(H^+)를 줄 수 있는 물질
• 염기: 양성자(H^+)를 받을 수 있는 물질
① 염기 ② 염기 ③ 산

03 다음 물질 중 물과 반응하여 산(acid)을 만드는 물질은?

① CO_2　　　② Na_2O
③ NH_3　　　④ MgO

비금속의 산화물(산성산화물): 물에 녹아 산(acid)이 됨
ex) CO_2, SO_2, SO_3, P_2O_5 등

04 다음 반응식에서 브뢴스텐드의 산, 염기 개념으로 볼 때 산에 해당하는 것은?

$$H_2O + NH_3 \leftrightarrow OH^- + NH_4^+$$

① NH_3와 NH_4^+　　② NH_3와 OH^-
③ H_2O와 OH^-　　④ H_2O와 NH_4^+

브뢴스테드의 산 · 염기(짝산 · 짝염기)
• 산: 다른 물질에 H^+(양성자)를 제공할 수 있는 물질
• 염기: 다른 물질로부터 H^+(양성자)를 제공받을 수 있는 물질
산인 H_2O의 짝염기: OH^-, 염기 NH_3의 짝산: NH_4^+

05 아레니우스의 이론에 의한 산 · 염기 정의에 따르면 다음 반응에서 산에 해당하는 물질은?

$$CO_3^{-2} + H_2O \rightleftharpoons HCO_3^- + OH^-$$

① H_2O와 HCO_3^-　② H_2O와 CO_3^{-2}
③ CO_3^{-2}와 HCO_3^-　④ CO_3^{-2}와 OH^-

아레니우스의 산 · 염기
• 산: 수용액에서 이온화하여 H^+이온을 내놓는 것
• 염기: 수용액에서 이온화하여 OH^-이온을 내놓는 것
$$CO_3^{2-} + H_2O \rightleftharpoons HCO_3^- + OH$$
　염기　　산　　　산　　염기

06 루이스 염기로 작용하는 것은?

① NH_3　　　② BF_3
③ $AlCl_3$　　　④ CO_2

Lewis 염기: 원자, 분자 혹은 이온과 공유결합을 할 수 있는 비공유 전자쌍을 가진 물질

07 다음 화합물 중 1염기산에 해당하지 않는 것은?

① CH_3COOH
② HCl
③ HNO_3
④ H_3BO_3

①, ②, ③: 1염기산(1가의 산)
④: 3염기산(3가의 산)

08 다음 화합물 중 3산 염기에 해당하는 것은?

① $Cu(OH)_2$　　② $Ba(OH)_2$
③ $Ca(OH)_2$　　④ $Fe(OH)_3$

①, ②, ③: 2산 염기(2가의 염기)
④: 3산 염기(3가의 염기)

09 다음 산·염기 반응에 대한 설명으로 옳은 것은?

> $HCl + H_2O \rightarrow H_3O^+ + Cl^-$
> $NH_3 + H_2O \rightarrow NH_4^+ + OH^-$

① HCl과 NH_3는 산으로 작용한다.

② H_2O는 양쪽성 물질이다.

③ H_2O의 짝산은 NH_3이다.

④ H_3O^+은 산, NH_4^+은 염기로 작용한다.

해설

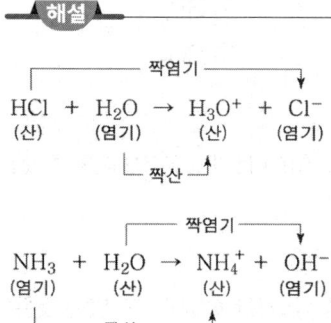

10 다음 설명 중 염기가 될 수 없는 조건은?

① H^+을 받아들일 수 있다.

② OH^-을 내놓을 수 있다.

③ 비공유 전자쌍을 가지고 있다.

④ 물에 녹아 H_3O^+을 내놓을 수 있다.

해설

염기
- +극에서 산소 발생
- 수산이온을 내는 금속의 수산화물
- 양성자를 받을 수 있는 물질
- 비공유 전자쌍을 줄 수 있는 물질

11 아래에 제시된 조건을 참고하여 보기 항의 설명이 잘못된 것은 어느 것인가?

> 아세트산 이온과 황화수소 이온은 다음과 같이 반응하여 평형을 이룬다.
> $CH_3COO^- + HS^- \rightleftarrows CH_3COOH + S^{2-}$
> 또한, 25°C에서 CH_3COOH와 HS^-의 이온화상수(K_a)는 다음과 같다고 할 때
> $CH_3COOH \rightleftarrows CH_3COO^- + H^+$
> $K_a = 1.8 \times 10^{-5}$
> $HS^- \rightleftarrows H^+ + S^{2-}$
> $K_a = 1.3 \times 10^{-13}$

① HS^-의 짝염기는 S^{2-}이다.

② CH_3COOH가 HS^-보다 강한 산이다.

③ CH_3COO^-가 S^{2-}보다 강한 염기이다.

④ 평형상태에서 CH_3COO^-와 HS^-의 농도가 CH_3COOH와 S^{2-}보다 크다.

해설

브뢴스테드의 산·염기의 상대적 세기
- 이온화상수 K_a, K_b가 큰 값이면 이온화가 많이 되어 강한 산·강한 염기가 되고, K_a, K_b 작으면 약한 산·약한 염기가 된다.
- 산성의 세기는 CH_3COOH가 HS^-보다 강하다.
- 염기성의 세기는 S^{2-}가 CH_3COO^-보다 강하다.

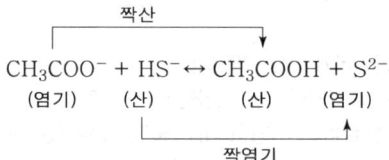

12 다음 산화물 중 물과 작용하여 수산화물을 형성하며 염기성을 나타내는 것은?

① Cl_2O_7　　　② SiO_2

③ P_4O_{10}　　　④ Na_2O

염기성 산화물
- 금속의 산화물
- 물에 녹아 염기가 되는 것
- 산과 작용하여 염과 물 생성
  ①, ②, ③: 산성산화물
  ④: 염기성 산화물

13 다음의 산화물 중 물과 작용하여 산성을 띠는 것으로 짝지어진 것은 어느 것인가?

① MgO, Al_2O_3 ② Na_2O, CO_2

③ CO, NO ④ SO_3, P_4O_{10}

CO, NO는 비금속 산화물이지만 산성화합물이 아님
- **산성화합물**: 물에 녹아 산이되거나, 염기와 반응하여 염을 생성하는 비금속 원소의 산화물(CO_2, P_4O_{10}, SO_3, Cl_2O_7 등)

14 다음 중에서 염기성 산화물로만 묶어진 것은?

① CaO, Fe_2O_3 ② K_2O, SO_2

③ CO_2, SO_3 ④ Al_2O_3, N_2O_5

염기성 산화물=금속 산화물, **산성산화물**=비금속산화물
① 염기성, 염기성
② 염기성, 산성
③ 산성, 산성
④ 산성, 산성

15 다음 중 양쪽성 원소로 옳지 않은 것은?

① Zn ② Sn

③ Li ④ Pb

해설

양쪽성 원소: Al, Zn, Sn, Pb, Sb, Be

16 다음 물질 중 비전해질에 해당하는 것은?

① HCl ② HNO_3

③ C_2H_5OH ④ CH_3COOH

해설

- **전해질**: 이온을 통하여 전기를 전도하는 성질
- **비전해질**: 순수한 상태에서나 용액에 있어서 이온으로 극성되지는 않고 이온을 만들지도 않는 화합물

17 어느 전해질 5몰이 녹아 있는 용액 속에서 그 중 0.2몰이 전리되었다면 그 전리도는 얼마인가?

① 0.04   ② 0.02

③ 1.0   ④ 5.0

해설

$$전리도(\alpha) = \frac{이온화된\ 용질의\ 몰\ 수}{용질\ 전체의\ 몰\ 수} = \frac{전리된\ 질량}{전체의\ 질량}$$
$$= \frac{전리된\ g\ 당량\ 수}{전체의\ g\ 당량\ 수}$$

$\alpha = \dfrac{0.2}{5} = 0.04$

∴ 0.04

18 다음 중 전리도가 가장 커지는 경우는?

① 농도와 온도가 일정할 때
② 농도가 진하고 온도가 높을수록
③ 농도가 묽고 온도가 높을수록
④ 농도가 진하고 온도가 낮을수록

해설

- **전리도**: 전해질을 물에 녹였을 때 전리되어 있는 양과 용질 전체에 대한 비율
- **전리도 크기**
  같은 온도일 경우 – 농도가 묽어질수록 커진다.
  같은 몰 수일 경우 – 온도가 높아질수록 커진다.

19 AgCl의 용해도는 $1.12 \times 10^{-5} mol/l$이다. AgCl의 용해도적은 얼마인가?

① 1.12×10^{-8} ② 1.25×10^{-8}

③ 1.25×10^{-10} ④ 1.45×10^{-10}

해설

용해도곱

포화용액에 있어서는 음·양 두 이온의 농도(mol/l)의 곱

$$AgCl \rightleftharpoons Ag^+ + Cl^-$$
$$(1.12 \times 10^{-5}) \quad (1.12 \times 10^{-5})$$

AgCl의 용해도 곱(용해도적)=$[Ag^+][Cl^-]=(1.12 \times 10^{-5})^2$

$\therefore 1.254 \times 10^{-10}$

20 CaF_2의 k_{sp}는 3.9×10^{-11}이다. 20℃에서 CaF_2 포화용액에 있는 칼슘과 플루오르 이온의 농도를 계산한 것으로 옳은 것은?

① 2.14×10^{-4}, 4.28×10^{-4}

② 3.12×10^{-4}, 4.28×10^{-4}

③ 3.14×10^{-5}, 2.14×10^{-5}

④ 2.14×10^{-5}, 2.14×10^{-5}

해설

$$CaF_2(s) \rightarrow Ca^{2+}(aq) + 2F^-(aq) \rightarrow k_{sp} = [Ca^{2+}][F^-]^2$$

$$k_{sp} = = [Ca^{2+}][F^-]^2 = \alpha \times (2\alpha)^2 = 4\alpha^3 = 3.9 \times 10^{-11}$$

$$\alpha^3 = \frac{1}{4}(3.9 \times 10^{-11}), \ \alpha = 2.14 \times 10^{-4}$$

평형에서 $[Ca^{2+}] = \alpha = 2.14 \times 10^{-4}$, $[F^-] = 2\alpha = 4.28 \times 10^{-4}$

5▸ ⑤ 수소 이온 농도

01 0.1N-HCl 1.0mL를 물로 희석하여 1000mL로 하면 pH는 얼마나 되는가?

① 2 ② 3

③ 4 ④ 5

해설

$$N \cdot V = N' \cdot V'$$
$$0.1N \times 1ml = X \times 1000ml$$
$$X = 0.0001N$$
$$pH = -\log[H^+] = -\log[0.0001] = 4$$
$$\therefore \ pH = 4$$

02 0.04M의 NaOH 500mL와 0.02M의 HCl 500mL를 혼합한 용액의 pH는 얼마인가?

① 7 ② 9

③ 10 ④ 12

해설

$$NaOH + HCl \rightarrow NaCl + H_2O$$
$$1 \ : \ 1$$
$$0.04M \quad 0.02M$$

산·염기혼합용액에서 $nMV - n'M'V' = n''M''V''$

$$(1 \times 0.04 \times 500) - (1 \times 0.02 \times 500) = 1000 \times M''$$
$$M'' = 0.01M$$

$[OH^-] = 0.01$ M이면 10^{-2} M이므로, $[H^+] = 10^{-12}$ 이다.

$\therefore$ pH=12

03 $NH_3(aq)$의 이온화도는 1.3×10^{-2}이다. 0.01M $NH_3(aq)$의 $[H^+]$와 $[OH^-]$를 구하여라.

① 7.7×10^{-11}M, 1.3×10^{-4}M

② 6.7×10^{-12}M, 2.3×10^{-4}M

③ 6.7×10^{-11}M, 2.3×10^{-5}M

④ 7.7×10^{-12}M, 3.2×10^{-5}M

해설

$$NH_3 + H_2O \leftrightarrow NH_4^+ + OH^-$$

• $[H^+]$

$$1.0 \times 10^{-14} = [H^+] \cdot (1.3 \times 10^{-4})$$

$$[H^+] = \frac{1.0 \times 10^{-14}}{1.3 \times 10^{-4}} = 7.7 \times 10^{-11}$$

$$\therefore [H^+] = 7.7 \times 10^{-11}$$

- $[OH^-]$

$$1.3 \times 10^{-2} = \frac{[OH^-]}{0.01} \quad \therefore [OH^-] = 1.3 \times 10^{-4}$$

04 0.5M-HCl 100mL와 0.1M-NaOH 100mL를 혼합한 용액의 pH는 얼마인가?

① 0.5   ② 0.6

③ 0.7   ④ 0.8

해설

산 · 염기혼합용액에서

$nMV - n'M'V' = n''M''V''$

$(1 \times 0.5 \times 100) - (1 \times 0.1 \times 100) = 200 \times M''$

$M'' = 0.2M$

$pH = -\log[H^+] = -\log(2 \times 10^{-1}) = 1 - \log 2$

$\therefore 0.7$

05 1M의 아세트산 수용액의 pH는 대략 어느 정도인가? (단, 아세트산의 $K_a = 1.6 \times 10^{-5}$이고 $\log 2 = 0.301$)

① 1.4   ② 2.0

③ 2.4   ④ 3.0

해설

$CH_3COOH \rightleftharpoons CH_3COO^- + H^+$

$K_a = \frac{[CH_3COO^-][H^+]}{[CH_3COOH]} = 1.6 \times 10^{-5}$

$[H^+] = C \cdot \alpha = \sqrt{C \cdot K_a} = \sqrt{1 \times 1.6 \times 10^{-5}} = \sqrt{1.6 \times 10^{-5}}$

$\therefore pH = -\log[H^+] = -\log\sqrt{1.6 \times 10^{-5}} = 2.35 = 2.4$

06 0.16M의 HCl 용액 70mL와 0.08M의 NaOH 용액 130mL를 혼합하였다면, 이때 pH는 얼마인가? (단, $\log 4 = 0.6$)

① 1.2   ② 2.4

③ 3.2   ④ 4.4

해설

산 · 염기혼합용액에서

$nMV - n'M'V' = n''M''V''$

$(1 \times 0.16 \times 70) - (1 \times 0.08 \times 130) = 1 \times M'' \times 200$

$M'' = 0.004는 4 \times 10^{-3}$

$pH = -\log[H^+] = -\log(0.004) = -\log(4 \times 10^{-3})$

$\quad = 3 - \log 4 = 2.4$

$\therefore pH = 2.4$

07 0.1N HCl 100mL에 0.32g의 수산화나트륨을 넣고 물에 부어 1ℓ로 한 용액의 pH 값은 약 얼마인가? (단, 원자량은 H=1, Cl=35.5, Na=23, O=16이다.)

① 1.7   ② 2.7

③ 3.7   ④ 4.7

해설

- 0.1N HCl 100mL에서 HCl 양은?

(HCl의 1당량 $= \frac{36.5}{1} = 36.5g$)

$N = \frac{용질의\ 질량(g)/당량}{용액의\ 부피(ml)/1000}, \quad 0.1 = \frac{X/36.5g}{100/1000}$

$X = 0.1 \times 0.1 \times 36.5 = 0.365g \quad \therefore HCl = 0.365g$

- $HCl + NaOH \rightarrow NaCl + H_2O$

     1 : 1

0.365g   0.32g

$\frac{0.365}{36.5} = 0.01mol, \quad \frac{0.32}{40} = 0.008mol$

HCl과 NaOH는 서로 1 : 1로 중화되고 남은 물질은

$0.01 - 0.008 = 0.002mol(HCl)$

$pH = -\log[H^+] = -\log[0.002] = -\log(2 \times 10^{-3})$

$\quad = 3 - \log 2 = 2.7$

$\therefore pH = 2.7$

08 다음 중에서 산성이 가장 강한 것은?

① $[H^+]=2\times10^{-3}mol/l$

② $pH=3$

③ $[OH]=2\times10^{-3}mol/l$

④ $0.1M-HF$(이온화도 0.0001)

───── 해설 ─────

수소이온지수(pH)가 1에 가까울수록 산성이 크다.

① $pH=-\log[H^+]=-\log[2\times10^{-3}]=-\log2+3$
$\qquad =2.69897\fallingdotseq2.7$

② $pH=3$

③ $[H^+]\cdot[OH^-]=10^{-14}$, $[H^+]=\dfrac{10^{-14}}{2\times10^{-3}}=5\times10^{-12}$

$\quad pH=-\log[H^+]=-\log[5\times10^{-12}]=-\log5+12=11.3$

④ 몰 농도: $0.1M$, 이온화도: 0.0001
$\quad [H^+]=0.1\times0.0001mol/l$
$\quad pH=-\log[H^+]=-\log[0.1\times0.0001]=5$
$\quad$ 산성 크기 순서: ①〉②〉④〉③

09 pH가 2인 용액은 pH가 4인 용액의 수소이온 농도와 비교하여 몇 배의 용액이 되는가?

① 100배　　　② 10배

③ 5배　　　　④ 2배

───── 해설 ─────

$pH2\to[H^+]=10^{-2}$
$pH4\to[H^+]=10^{-4}$　　∴ 100배

10 $0.001mol/l$ NaOH 수용액의 pH는 얼마인가?

① 3　　　　　② 10

③ 11　　　　　④ 12

───── 해설 ─────

• NaOH 수용액의 수산이온 농도는
　$[OH^-]=0.001mol/l=10^{-3}mol/l$
　$[OH]=10^{-3}$, $[H^+][OH^-]=[10^{-14}]$　∴ $[H^+]=[10^{-11}]$

• NaOH 수용액의 pH
　$pH=-\log[H^+]=-\log[10^{-11}]=11$　　∴ $pH=11$

11 0.05[몰/l]의 H_2SO_4 수용액의 pH는 얼마인가?

① 1　　　　　② 2

③ 3　　　　　④ 4

───── 해설 ─────

0.05 몰/l $H_2SO_4=0.05M$ H_2SO_4
$[H^+]=0.05\times2=0.1$
∴ $pH=-\log[H^+]=1$

12 다음 중 수용액의 pH가 가장 작은 것은?

① $0.01N$ HCl

② $0.1N$ HCl

③ $0.01N$ CH_3COOH

④ $0.1N$ NaOH

───── 해설 ─────

$pH=\log\dfrac{1}{[H^+]}=-\log[H^+]$

$Kw=[H^+][OH^-]=10^{-14}=10^{-7}\times10^{-7}=10^{-14}$

① $0.01N$ HCl$[H^+]=0.01g$ ion/l　　　　∴ $pH=2$

② $0.1N$ HCl$[H^+]=0.1g$ ion/l　　　　∴ $pH=1$

③ $0.01N$ $CH_3COOH[H^+]=0.01g$ ion/l　　∴ $pH=2$

④ $0.1N$ NaOH$[OH^-]=0.1g$ ion/l
$\quad [H^+]=10^{-13}g$ ion/l　　　　　　∴ $pH=13$

13 $[OH^-]=1\times10^{-5}mol/l$인 용액의 pH와 액성으로 옳은 것은?

① $pH=5$, 산성

② $pH=5$, 약알칼리성

③ $pH=9$, 약산성

④ $pH=9$, 약알칼리성

해설

$[H^+][OH^-] = 10^{-14}$이므로

$$[H^+] = \frac{10^{-14}}{1 \times 10^{-5}} = 1.0 \times 10^{-9}$$

$pH = -\log[H^+] = -\log(1.0 \times 10^{-9}) = 9(약알칼리성)$

14 수산화나트륨 0.4g을 물에 용해시켜 $10l$로 하였다. 이 용액의 pH를 구하면 얼마인가?

① 7 　　　　　② 9
③ 11 　　　　　④ 13

해설

$NaOH(40g)$ $0.4g \rightarrow \frac{0.4}{40} = 0.01\ mol$

이것을 물에 녹여 $10l$로 하면 $1l : 0.01\ mol = 10l : X$

$\therefore X = 1 \times 10^{-3} mol$

따라서 $[OH^-] = 1.0 \times 10^{-3} M$, $pOH = 3$

$$[H^+] = \frac{1 \times 10^{-14}}{1 \times 10^{-3}} = 1 \times 10^{-11}$$

$\therefore pH = 11$

15 0.1M의 HCl 45mL와 0.1M의 NaOH 35mL를 섞은 용액 중의 $[OH^-]$는 얼마인가?

① 2×10^{-13} 　　　② 4×10^{-13}
③ 6×10^{-13} 　　　④ 8×10^{-13}

해설

$nMV - n'M'V' = n''M''V''$에서 HCl의 농도는

$(0.1 \times 45) - (0.1 \times 35) = 80 \times x$

$x = 0.0125 = 1.25 \times 10^{-2}$

$[H^+] = 1.25 \times 10^{-2} M$

$[H^+][OH^-] = 1 \times 10^{-14}$이므로

$$[OH^-] = \frac{1.0 \times 10^{-14}}{1.25 \times 10^{-2}} = 8 \times 10^{-13}$$

$\therefore 8 \times 10^{-13}$

16 pH=9인 NaOH 용액 $10l$ 중에 Na^+ion의 수는 몇 개인가?

① 3.01×10^{20}개
② 6.02×10^{20}개
③ 3.01×10^{22}개
④ 6.02×10^{19}개

해설

· pH=9인 NaOH의 수산이온 농도는 $[OH^-] = 10^{-5}$

$pH = 9 = -\log[10^{-9}]$

$[H^+] = 10^{-9}$, $[OH^-] = 10^{-5}$

· NaOH $1l$ 중의 $[OH^-] = 10^{-5}$이므로 $10l$ 중의

$[OH^-] = 10^{-5} \times 10 = 10^{-4} M$

· $NaOH \rightarrow Na^+ + OH^-$

Na^+이온 1mol은 6.02×10^{23}개의 수를 가지므로 용액 $10l$ 중의

$10^{-4} M$ 농도의 Na^+ 이온 개수는

$1mol : 6.02 \times 10^{23} = 10^{-4} mol : x$

$x = 6.02 \times 10^{23} \times 10^{-4} : 6.02 \times 10^{19}$

$\therefore 6.02 \times 10^{19}$

17 pH가 10.7인 용액에서의 수산이온 (OH^-)농도는 얼마인가?

① $0.01mol$
② $0.003mol/l$
③ $0.0005mol/l$
④ $0.00007mol/l$

해설

$pH + pOH = 14$

$pOH = 14 - 10.7 = 3.3$

$pOH = -\log[OH^-]$

$3.3 = -\log[OH^-]$

$\therefore [OH^-] = 0.0005mol/l$

18 상온에서 1ℓ의 순수한 물이 전리 되었을 때 [H⁺]과 [OH⁻]는 각각 얼마나 존재하는가? (단, [H⁺]과 [OH⁻] 순이다.)

① $1.008 \times 10^{-7}g$, $17.008 \times 10^{-7}g$

② $1000 \times \dfrac{1}{18}g$, $1000 \times \dfrac{17}{18}g$

③ $18.016 \times 10^{-7}g$, $18.016 \times 10^{-7}g$

④ $1.008 \times 10^{-14}g$, $17.008 \times 10^{-14}g$

──── **해설** ────

• 상온에서 중성상태의 물일 때 각 이온의 농도를 X라 두면
$[H^+][OH^-] = (X)(X) = 1.0 \times 10^{-14}M$
$X^2 = 1.0 \times 10^{-14}M$
$X = 1.0 \times 10^{-7}M$

• 몰(M) 단위이므로 질량단위로 바꾸어 주기 위해 분자량을 곱하면
$[H^+]$: $(1.0 \times 10^{-7}M) \times (1g/mol) = 1.0 \times 10^{-7}g$
$[OH^-]$: $(1.0 \times 10^{-7}M) \times (17g/mol) = 17 \times 10^{-7}g$

──────────────

5▸ **6** 중화적정과 염

01 다음 지시약 중 산성용액에서 색깔을 나타내지 않는 것은?

① 메틸오렌지　　② 페놀프탈레인
③ 페놀레드　　　④ 티몰블루

──── **해설** ────

페놀프탈레인 지시약: 산성용액 중 무색
① 적색　③ 황색　④ 적색

02 지시약으로 사용되는 메틸오렌지 용액은 산성에서 어떤 색을 띠는가?

① 적색　　　　　② 청색
③ 무색　　　　　④ 황색

03 다음은 0.1몰의 아세트산을 0.1몰의 수산화나트륨 수용액으로 적정할 때의 적정 곡선이다. 이때 사용해야 할 지시약은?

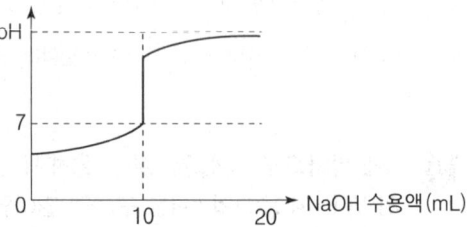

① 메틸오렌지　　② 페놀프탈레인
③ 메틸옐로우　　④ 티몰블루

──── **해설** ────

중화점이 염기성 영역(pH 8.2~10)에 있으므로 페놀프탈레인 용액을 사용한다.

04 물 1L 속에 NaOH 2g이 있다. 2N–HCl 용액으로 중화시키는 데 필요한 HCl은 몇 mL인가? (단, NaOH=40)

① 100　　　　　② 75
③ 50　　　　　　④ 25

──── **해설** ────

• NaOH 2g의 N?
N(규정 농도)=용액 1ℓ 속에 녹아 있는 용질의 g 당량 수
$N = \dfrac{용질의 \ 질량(g) / 당량}{용액의 \ 부피(mL) / 1000}$

$NaOH \ 1g \ 당량 = \dfrac{40g}{1} = 40g = \dfrac{2/40}{1000/1000} = 0.05$

∴ 1ℓ 기준 0.05N

• $N \cdot V = N' \cdot V'$
$0.05 \times 1000 = 2 \times V'$
$V' = 25mL$
∴ 중화시키는 데 필요한 HCl은 25mL

05 다음 반응식 중 중화반응이라고 생각되는 것은?

① $2CH_3OH + 2Na \rightarrow 2CH_3ONa + H_2$

② $CH_3COOH + C_2H_5OH \rightarrow CH_3COOC_2H_5 + H_2O$

③ $CH_3COOH + NaOH \rightarrow CH_3COONa + H_2O$

④ $C_6H_5OH + HNO_3 \rightarrow C_6H_4(NO)_2OH + H_2O$

 해설

$CH_3COOH + NaOH \rightarrow CH_3COONa + H_2O$
　　산　　염기　　　　염

산과 염기는 중화하여 물과 염을 생성하며, 중화 시 산의 H^+와 염기의 OH^-가 1 : 1로 반응함

06 0.1M HCl 10mL를 중화시키는 데 필요한 0.05M NaOH 수용액의 부피는 얼마인가?

① 10mL　　　　② 20mL

③ 30mL　　　　④ 40mL

 해설

$nMV = n'M'V'$

$1 \times 0.1 \times 10 = 1 \times 0.05 \times x$

$x = 20$　　∴ 20mL

07 pH 13인 수산화나트륨 수용액 25mL를 중화시키는데 미지농도의 염산 50mL 사용되었다면 이 염산의 농도는?

① 0.01N　　　　② 0.02N

③ 0.05N　　　　④ 0.1N

 해설

• pH 13인 수산화나트륨 수용액의 농도

pH 13 = $-\log 10^{-13}$

$[H^+] = 10^{-13}, [OH^-] = 10^{-1}$

∴ pH 13인 수산화나트륨 수용액의 농도 = 0.1 N

• $N \cdot V = N'V'$　　$0.1 \times 25 = x \times 50$　　$x = 0.05$

∴ 0.05N

08 0.2N NaOH 용액 51mL에 0.6N NaOH 용액 얼마를 가하면 0.3N NaOH 용액이 되겠는가?

① 85mL　　　　② 34mL

③ 25.5mL　　　④ 17mL

 해설

$NV + N'V' = N''V''$

$(0.2N \times 51mL) + (0.6N \times x) = 0.3N \times (51mL + x)$

$10.2 + 0.6x = 15.3 + 0.3x$

$x = 17mL$　　∴ 17mL

09 농도를 모르는 산의 용액 A가 있다. 이것을 20mL 취하여 0.4N의 염기의 용액 B를 15.4mL 가하니 알칼리성이 되었다. 다시 0.2N의 산의 용액 C를 2.8mL 넣으니 정확히 중화되었다면 최초의 산(A)의 농도(N)는 얼마인가?

① 0.28　　　　② 1.27

③ 2.47　　　　④ 4.28

 해설

산 A(xN), 염기 B(0.4N), 산 C(0.2N)

20mL + 15.4mL → 알칼리성 + 2.8mL → 중화

중화적정공식 $NV + N'V' = N''V''$

$(x \times 20) + (0.2 \times 2.8) = 0.4 \times 15.4$

$x = 0.28N$

10 0.1M HCl 10mL을 중화시키는 데 필요한 0.05M NaOH 수용액의 부피는 얼마인가?

① 10mL　　　　② 20 mL

③ 30mL　　　　④ 40mL

해설

$0.1M \times 10mL = 0.05M \times x$

$x = \dfrac{0.1 \times 10}{0.05} = 20$

∴ 20mL

11 $1N-H_2SO_4$ 용액으로 물 1000mL에 NaOH 4g이 녹아 있는 용액을 중화시키려 한다. $1N-H_2SO_4$ 몇 mL가 필요한가? (단, Na=23, S=32, O=16, H=1이다.)

① 1000mL　　　② 100mL

③ 50mL　　　　④ 25mL

• 산(염기)의 1g 당량 $= \dfrac{\text{산(염기)의 분자량}}{\text{수소(수산기)의 개수}}$

NaOH의 1g 당량 $= \dfrac{40}{1} = 40g$

$N = \dfrac{\text{용질의 질량(g)/g 당량}}{\text{용액의 부피(ml)/1000}} = \dfrac{4/40}{1000/1000} = 0.1N$

• $N \cdot V = N' \cdot V'$

$1N \times x = 0.1N \times 1000mL$

$x = 100mL$　　　∴ H_2SO_4 100mL

5▸ **⑦ 염(salt)**

01 금속산화물과 비금속산화물이 결합하여 생기는 화합물은?

① 염기　　　② 산

③ 산화물　　④ 염

염기성 산화물+산성산화물 → 염: $CaO+CO_2 → CaCO_3$
금속산화물=염기성산화물, 비금속산화물=산성산화물

02 다음 중 염(salt)을 만드는 화학 반응식이 아닌 것은?

① $HCl+NaOH → NaCl+H_2O$

② $Zn+H_2SO_4 → ZnSO_4+H_2$

③ $CuO+H_2 → Cu+H_2O$

④ $H_2SO_4+MgO → MgSO_4+H_2O$

염: 산의 수소 원자가 금속 혹은 금속의 양이온(NH_4^+이온 등)으로 치환된 화합물
$HNO_3+NaOH → \underline{NaNO_3}+H_2O$
　　　　　　　　　염

03 다음 중 산성염만으로 묶인 것은?

① $NaHSO_4$, $Ca(HCO_3)_2$

② $Ca(OH)Cl$, $Cu(OH)Cl$

③ $NaHSO_4$, $Cu(OH)Cl$

④ $Ca(OH)Cl$, $Ca(HCO_3)_2$

산성염: 산의 $[H^+]$가 일부만 치환된 염

04 다음 중 가수분해가 되지 않는 것은?

① KCN　　　　② $AgNO_3$

③ $NaNO_3$　　④ NH_4NO_3

• 강한 산과 강한 염기로 중화된 염: 가수분해되지 않음
• $NaNO_3$, NaCl, KNO_3 등은 가수분해하지 않고 이온상태로 존재하며 물에 녹아 중성을 나타낸다.

05 다음 중 수용액에서 염기성인 이온으로 옳은 것은?

① NH_4^+　　　② Cu^{2+}

③ Na^+　　　　④ CO_3^{2-}

가수분해 시 염기성을 띠는 음이온
: CH_3COO^-, CO_3^{2-}, HCO_3^- 등
① 산성
② 산성
③ 가수분해되지 않음(중성)

06 가수분해하여 산성을 나타내는 것은 어느 것인가?

① $(NH_4)_2SO_4$ ② $NaNO_3$

③ CH_3COONa ④ Na_2CO_3

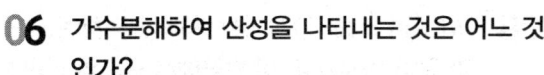

①: 수용액의 액성이 산성(강산+약염기 염)

NH_4Cl, $FeCl_3$, $NaHSO_4$, $CuSO_4$, $(NH_4)_2SO_4$ 등

②: 중성

③, ④: 염기성

5▶ ⑧ 산화 · 환원 반응

01 다음은 산화 · 환원에 대한 설명이다. 잘못된 것은?

① 한 원소의 산화수가 증가하였을 때 산화되었다고 말한다.

② 산화-환원 반응은 꼭 전하를 띤 물질만을 포함할 필요는 없다.

③ 산화제는 다른 화학종을 산화시키며, 그 자신의 산화수는 증가하는 물질을 말한다.

④ 산화상태가 0인 대부분의 비금속 원소를 센염기로 처리하면 자동산화가 일어난다.

· 산화

ㄱ 산소와 화합하는 것 ㄴ 수소를 잃는 것

ㄷ 전자를 잃는 것 ㄹ 산화수가 증가하는 것

· 환원

ㄱ 산소를 잃는 것 ㄴ 수소를 얻는 것

ㄷ 전자를 얻는 것 ㄹ 산화수가 감소하는 것

· **산화제**: 다른 물질을 산화시키고 자신을 환원되는 물질

· **환원제**: 다른 물질을 환원시키고 자신을 산화되는 물질

02 다음 중 산화 · 환원 반응이 아닌 것은?

① $Cu + 2H_2SO_4 \rightarrow CuSO_4 + 2H_2O + SO_2$

② $H_2S + I_2 \rightarrow 2HI + S$

③ $Zn + CuSO_4 \rightarrow ZnSO_4 + Cu$

④ $HCl + NaOH + H_2O \rightarrow NaCl + H_2O$

HCl과 NaOH의 반응: 산화수의 변화가 없으므로 산화 · 환원 반응이라 볼 수 없다.

03 이산화납과 과산화수소는 $PbO_2 + H_2O_2 \rightarrow$ $PbO + O_2 + H_2O$와 같이 반응하여 산소를 발생한다. 이 반응에 대한 설명이 옳은 것은?

① 산화 · 환원 반응이 아니다.

② PbO_2나 H_2O_2는 산화제로 작용한다.

③ H_2O_2나 PbO_2는 환원제로 작용한다.

④ PbO_2는 산화제로 작용하고 H_2O_2는 환원제로 작용한다.

과산화수소(H_2O_2): 산화제이나 H_2O_2보다 산화력이 강한 물질에서는 환원제로서 작용

ex) $KMnO_4$, MnO_2, PbO_2 등

$PbO_2 + H_2O_2 \rightarrow PbO + O_2 + H_2O$

(산화제)   (환원제)

04 다음 중 산화제가 될 수 없는 물질은?

① 산소를 잃기 쉬운 물질

② 전자를 잃기 쉬운 물질

③ 수소와 결합하기 쉬운 물질

④ 발생기 산소를 내기 쉬운 물질

산화제가 되기 위한 조건
• 산소를 잃기 쉬운 물질
• 전자를 받기 쉬운 물질
• 수소와 결합하기 쉬운 물질
• 발생기 산소를 내기 쉬운 물질

05 다음 물질 중 환원제로 이용되는 물질인 것은?

① H_2SO_4　　　② HNO_3
③ $KMnO_4$　　　④ SO_2

• ①, ②, ③: 산화제
• 환원제: 자신은 산화되고 다른 물질을 환원시키는 물질
　㉠ 산소와 쉽게 반응할 수 있는 물질: SO_2, H_2SO_3, HI, H_2S 등
　㉡ 활발한 금속원소: K, Na, Ca, Ba 등

06 환원제가 될 수 있는 물질이 아닌 것은?

① 수소를 내기 쉬운 물질
② 전자를 잃기 쉬운 물질
③ 산소와 화합하기 쉬운 물질
④ 발생기의 산소를 내는 물질

문제 5번 해설 참조

07 다음 산화제와 환원제로 모두 사용 가능한 것은?

① $KMnO_4$　　　② $K_2Cr_2O_7$
③ HNO_3　　　④ H_2O_2

산화제와 환원제 양쪽으로 작용하는 물질: SO_2, H_2O_2 등

08 과산화수소는 20℃에서 촉매에 의하여 다음과 같이 분해한다. 이 반응에서 수소의 산화수는 어떻게 변했는가?

$$2H_2O_2 \rightarrow 2H_2O + O_2$$

① +2에서 +1로 감소되었다.
② −1에서 +1로 증가하였다.
③ 0에서 +1로 증가하였다.
④ 반응 전후 변함없이 +1이다.

$2H_2O_2 \rightarrow 2H_2O + O_2$
+1−1　　+1−2　　0
수소의 산화수는 반응 전후 변함이 없음
• 산화수 계산법
　㉠ 과산화물에서 산소의 산화수: −1
　㉡ 수소의 산화수: +1
　㉢ 산화물에서 산소의 산화수: −2
　㉣ 홀 원소일 때 산소의 산화수: 0

09 다이크로뮴산이온$(Cr_2O_7)^{2-}$에서 Cr의 산화수는?

① +3　　　② +6
③ +7　　　④ +12

다원자 이온의 산화수의 총합=그 이온의 전하수
$(Cr_2O_7)^{2-}$에서 Cr의 산화수 x
$(2 \times x) + (7 \times -2) = -2$
$x = +6$　　∴ $x = +6$

10 다음 화합물에서 크로뮴의 산화수가 +3인 것은?

① $Cr(OH)_3$　　　② CrO_3^{2-}
③ Cr_2O_7　　　④ CrO_4^{2-}

① Cr(OH)₂, X+(−2+1)×3=0, X=+3
② CrO₃²⁻, X+(3×−2)=−2, X=+4
③ Cr₂O₇, 2X+(7×−2)=0, X=+7
④ CrO₄²⁻, X+(4×−2)=−2, X=+6

11 KMnO₄에서 Mn의 산화수는 얼마인가?

① +3   ② +5

③ +7   ④ +9

해설

- KMnO₄에서 K의 산화수: +1
- Mn의 산화수: x
- O의 산화수: −2
  $1+x+(-2×4)=0$, $x=+7$
  ∴ Mn의 산화수 +7

12 다음 중 산소의 산화수가 가장 큰 것은?

① O₂   ② KClO₄

③ H₂SO₄   ④ H₂O₂

해설

① 0   ② −2   ③ −2   ④ −1
- 산소의 산화수
  ㉠ 모든 원소 상태나 홑원소 물질에서 원소 산화수는 0
    ex) H₂, O₂에서 H, O의 산화수는 0
  ㉡ 산화물에서 산소의 산화수는 −2
    ex) SO₂, CO₂의 산화수는 −2
  ㉢ 과산화물에서 산화수는 −1
    ex) Na₂O₂(과산화나트륨)에서 산소의 산화수는 −1

13 다이크로뮴산칼륨에서 크로뮴의 산화수는?

① +2   ② +4

③ +6   ④ +8

해설

다이크로뮴산칼륨: K₂Cr₂O₇
Cr의 산화수: x, O의 산화수: −2, K의 산화수: +1
$2×(+1)+(2×x)+[7×(-2)]=0$, $x=+6$
∴ Cr의 산화수는 +6

5▶ ⑨ 전기화학

01 1F의 전하량은 얼마인가?

① 아보가드로수의 전자가 갖는 전하량

② 전자 96500개가 갖는 전하량

③ 1개의 전자가 갖는 전하량

④ 전자 12개가 갖는 전하량

해설

1F=96500c=아보가드로수의 전자가 갖는 전하량

02 전자 1개가 가지는 (−)전하량은 $1.6×10^{-19}$C 이다. 아보가드로수 $N=6.0×10^{23}$이라고 하면, 물 1g을 완전히 전기분해하는 데 몇 C의 전하량이 필요한가?

① $1.1×10^4$ ② $1.6×10^{-19}$

③ $1.8×10^{-4}$ ④ $2.6×10^{-19}$

해설

$2H_2O → 2H^+ + 2OH^-$
물 2mol 전기분해 시 4mol의 전자가 이동
물 1g은 $\frac{1}{18}$mol에 해당되므로
$$\frac{1}{9}×6.0×10^{23}×1.6×10^{-19}=1.1×10^4 C$$

03 황산구리(Ⅱ) 용액에 1F의 전하량을 통했을 때, (−)극에서 환원되는 Cu^{2+}의 수는 얼마나 되는가?

① 1.53×10^{23} ② 2.15×10^{23}

③ 3.01×10^{23} ④ 6.02×10^{23}

 해설

$CuSO_4 \rightleftharpoons Cu^{2+} + SO_4^{2-}$

• 이온화하여 (−)극에서 구리 석출

  (−)극: $Cu^{2+} + 2e \rightarrow Cu$

• Cu 1mol을 석출시키는 데는 2F의 전자가 필요하므로

  1F는 $\frac{1}{2}$ mol 구리가 석출

  ∴ $6.02 \times 10^{23} \times \frac{1}{2} = 3.01 \times 10^{23}$

04 황산구리 수용액에 1.93A의 전류를 통할 때 매초 음극에서 석출되는 Cu의 원자 수를 구하면 약 몇 개가 존재하는가?

① 3.12×10^{18} ② 4.12×10^{18}

③ 5.12×10^{18} ④ 6.02×10^{18}

 해설

• 1F=전자 1몰의 전기량=전자 1개의 전기량×아보가드로수
  $(1.062 \times 10^{-19}C \times 6.02 \times 10^{23}) = 96500C$이다.

• 황산구리($CuSO_4$)수용액에서 $CuSO_4 \rightarrow Cu+2+SO_4-2$
  석출되는 Cu는 $Cu+2+2e^- \rightarrow Cu$
  (Cu 1mol이 석출되는데 2F의 전기량이 필요함)

• 1F=96500C, 1C=1A의 전류가 1초 동안 흐른 전기량
  $2F : 1mol = 1.93C : x$
  $2 \times 96500 : 6.02 \times 10^{23} = 1.93 : x$
  $x = \dfrac{6.02 \times 10^{23} \times 1.93}{2 \times 96500} = 6.02 \times 10^{18}$
  ∴ 6.02×10^{18} 개

05 $AgNO_3$와 $CuSO_4$의 수용액에 각각 같은 전기량을 통했을 때 구리가 63.5g 석출되었다면 Ag(은)은 몇 g이 석출되는가? (단, Cu=63.5, Ag=108)

① 63.5g ② 108g

③ 127g ④ 216g

 해설

$Cu^{2+} + 2e^- \rightarrow Cu$, Cu 1mol당 e^-(2F 전기량 필요)
$Ag^+ + e^- \rightarrow Ag$, Ag 1mol당 e^-(1F 전기량 필요)

1mol 즉, 63.5g이 석출되기 위해서는 2F의 전기량이 공급되어야 하고, 그러면 Ag에도 2F의 전기량이 공급됨
석출된 Ag(은)=108×2=216g

06 질산은($AgNO_3$)수용액에 2F의 전기량을 통하였을 때 음극에서 석출하는 은(Ag)은 몇 g 당량인가?

① 1g 당량 ② 2g 당량

③ 3g 당량 ④ 4g 당량

해설

페러데이 법칙
어느 물질 1g 당량을 얻는 데 필요한 전기량으로 96500C(쿨롱)
1g 당량=96500 C=1 F
1 F의 전기량=전자 1 mol=e^-
$Ag^{+1} + e^- \rightarrow Ag$(Ag 1g 당량 석출)
∴ 2F의 전기량=Ag 2g 당량 석출

07 백금 전극을 사용하여 NaOH 수용액을 전기분해할 때 +극에서 5.6l의 기체가 발생하는 동안 (−)극에서 발생하는 기체의 부피는?

① 5.6l ② 11.2l

③ 22.4l ④ 44.8l

전기분해에서

㉠ 양극(+): 음이온이 전자를 잃고 산화됨

$$2OH^- - 2e^-$$

$$2OH \rightarrow H_2O + \frac{1}{2}O_2\uparrow$$

㉡ 음극(−): 양이온이 전자를 얻어 환원됨

$$2H^+ + 2e^-$$

$$2H \rightarrow H_2\uparrow$$

㉢ 양극에서는 산소 발생: $\frac{1}{2}O_2$

㉣ 음극에서는 수소 발생: H_2

$1 : 2 = 5.6l : x$, $x = 11.2$

∴ $11.2\ l$

08 2F의 전기량으로 물을 전기분해할 때 생기는 기체의 총 분자 수는? (단, 아보가드로수: 6×10^{23}개)

① 3×10^{23}　　　② 9×10^{23}

③ 1.2×10^{23}　　④ 6×10^{23}

물의 전기분해 시 수소 1mol과 산소 0.5mol이 생성되며, 이때 사용된 전기량은 2F이다. 즉 2F 의 전기량으로 총 1.5mol의 기체가 생성됨

$(+극)$ $2OH^- - 2e^- \rightarrow 2OH = H_2O + \frac{1}{2}O_2\uparrow$

$(-극)$ $2H^+ + 2e^- \rightarrow 2H = H_2\uparrow$

$1mol : 1.5mol = 6.02 \times 10^{23} : X$

$X = 9 \times 10^{23}$개

09 $CuSO_4$ 용액에 0.5F의 전자를 흘렸을 때 약 몇 g의 구리가 석출되겠는가? (단, 원자량 Cu: 64, S: 32, O: 16임)

① 16　　　　② 32

③ 64　　　　④ 128

$$CuSO_4 \rightarrow Cu^{2+} + SO_4^{2-}$$

$$Cu^{2+} + 2e^- \rightarrow Cu$$

Cu 1mol이 석출하는 데 2F의 전기량이 필요하다.

$2F : 64g = 0.5F : X$

$$X = \frac{64g \times 0.5F}{2F} = 16g$$

∴ 16g

10 소금물(NaCl 수용액)을 전기분해 시 얻을 수 있는 세 가지 물질로 맞는 것은?

① Na, H_2, Cl_2

② $NaOH$, H_2, Cl_2

③ $HClO_3$, HCl, H_2O

④ $NaNO_3$, H_2, HCl

$2NaCl + 2H_2O \rightarrow 2NaOH + H_2 + Cl_2$

11 다음 중 전기화학 반응을 통해 전극에서 금속으로 석출되는 원소 중 무게가 가장 큰 것은? (단, 각 원소의 원자량은 Ag는 107, Cu는 63.546, Al은 26.982, Pb는 207.2이고, 전기량은 동일하다.)

① Ag　　　　② Cu

③ Al　　　　④ Pb

페러데이 2법칙

- 일정한 전기량으로 양쪽 극에서 생성되는 물질의 양은 그 물질의 종류에 관계없이 같은 g 당량 수에 해당하는 질량이 생성된다.
- 생성물질의 양은 화학 당량에 비례한다.
- 1F(1 패러데이)의 전기량 = 전자 1mol = e^-

∴ 동일한 전기량으로 가장 많이 석출되는 원소는, 석출되는 데 가장 적은 전기량이 필요한 Ag뿐이다.

01 다음은 볼타전지를 나타낸 것이다. 볼타전지에 관한 설명으로 옳은 것은?

① (−)극은 Cu판, (+)극은 Zn판이다.
② 전자는 Cu판에서 Zn판으로 이동한다.
③ Zn판에서는 산화, Cu판에서는 환원이 일어난다.
④ 용액 중의 SO_4^{2-}이 감소한다.

─ 해설 ─

- **양극(+)**: 이온화 경향이 작은 금속(환원) − Cu
- **음극(−)**: 이온화 경향이 큰 금속(산화) − Zn
- **전자**: 음극에서 양극으로 이동하므로 전자를 잃는 (−)극은 산화됨
- **용액**: 항상 전기적 중성 유지

02 볼타전지에서 갑자기 전류가 약해지는 현상을 "분극 현상"이라 한다. 이 분극 현상을 방지해 주는 감극제로 사용되는 물질은?

① MnO_2 ② $CuSO_3$
③ NaCl   ④ $Pb(NO_3)_2$

─ 해설 ─

감극제: 분극 현상을 방지함. ex) MnO_2

03 다음은 납축전지를 충전할 때 일어나는 현상을 설명한 것이다. 옳은 것은?

① 액의 비중은 변하지 않는다.
② 황산이 없어지므로 액의 비중은 작아진다.
③ 황산이 더 많이 생기므로 액의 비중은 커진다.
④ 납(Pb) 이온이 많이 생기므로 액의 비중은 커진다.

─ 해설 ─

납축전지 충전 시: 방전 시와 반대 현상으로 액비중이 커진다.
※ 방전 시: (−)극인 Pb와 (+)극인 PbO_2가 모두 $PbSO_4$가 되어 두 극의 질량은 증가함. H_2SO_4는 H_2O로 되면서 묽어지므로 용액의 비중은 감소한다.

04 다음 금속을 질산은($AgNO_3$) 용액에 담갔을 때 그 표면에 은(Ag)이 석출되지 않는 것은?

① 백금   ② 납
③ 구리   ④ 아연

─ 해설 ─

- **이온화 경향**: Zn 〉 Pb 〉 Cu 〉 Ag 〉 Pt
- **백금**: 은(Ag)보다 이온화 경향이 작으므로 은이 석출되지 않음

05 다음 금속의 쌍으로 전기 화학전지를 만들 때 외부 전류가 화살표 방향으로 흐르게 되는 것은?

① $Zn \rightarrow Ag$ ② $Fe \rightarrow Ag$
③ $Cu \rightarrow Fe$ ④ $Zn \rightarrow Cu$

─ 해설 ─

전류: (+)극 → (−)극 / **전자**: (−)극 → (+)극
- 전류는 이온화 경향이 작은 금속에서 이온화 경향이 큰 금속으로 흐른다.
- ①, ②, ④: 전자의 흐름

06 다음 금속 중 표준 전극 위가 가장 높은 것은?

① Fe   ② Al
③ Li   ④ Cu

─ 해설 ─

- 이온화 경향이 클수록 표준 전극 위가 높다(Li 〉 Al 〉 Fe 〉 Cu).
- 산화 반쪽 반응(ε반응)의 반쪽 전지 전위와 환원 반쪽 반응(ε)의 반쪽 전지 전위의 합은 기전력이고, 환원 반쪽 반응에서 주어지는 전극 전위는 표준 전극 전위이다. 그러므로 이온화 경향이 클수록 표준 전극 위가 높다.

6> ① 무기화합물(금속 · 비금속)

01 열 · 전기의 전도성이 가장 우수한 것은?

① Ag   ② Cu

③ Sb   ④ Pt

─ 해설 ─

은(Ag): 열 · 전기의 전도성이 가장 우수함

02 다음 금속 중에서 아말감을 만들 수 있는 금속은?

① Pt   ② Fe

③ Ni   ④ Ag

─ 해설 ─

아말감: 수은과 다른 금속의 합금
• 낮은 녹는점 금속은 수은에 잘 녹는다(납, 카드뮴 등).
• 높은 녹는점 금속은 수은에 녹기 어렵다(철, 니켈 등).
• 금 · 은도 어느 정도 녹으므로 아말감에 의한 정련이 과거에 쓰였다.

03 다음 중 알칼리금속의 특징에 해당되지 않는 것은?

① 반응성의 크기는 Li < Na < K이다.
② 물과 반응하여 수소를 발생한다.
③ 산화제가 되기 쉽다.
④ 자연계에는 화합물로만 존재한다.

─ 해설 ─

알칼리 금속: 전자를 잃고 환원제가 된다.

04 알칼리 금속 원소들이 반응성이 큰 까닭으로 가장 적당한 것은?

① 무른 금속이기 때문이다.
② 원자가 전자를 쉽게 잃기 때문이다.
③ 자유 전자가 있기 때문이다.
④ 원자 반지름이 작기 때문이다.

─ 해설 ─

알칼리 금속은 원자가 전자를 쉽게 잃고 +1가의 양이온이 된다.

05 다음 중 알칼리 금속 원소로만 짝지어진 것은?

① Al과 Be   ② Na과 Mg

③ Sr과 Ca   ④ Li과 K

─ 해설 ─

알카리 금속(1족 원소): Li, Na, K, Rb, Cs, Fr

06 다음 금속 중 불꽃 반응 시 보라색을 나타내는 금속은?

① Li   ② K

③ Na   ④ Ba

─ 해설 ─

Li − 빨강색, Na − 노란색, K − 보라색

07 NaCl과 KCl을 구별할 수 있는 가장 좋은 방법으로 맞는 것은?

① $AgNO_3$ 용액을 가한다.
② 불꽃 반응을 실시하여 색깔을 본다.
③ HNO_3를 가한다.
④ 네슬러시약을 가한다.

[정답] 01 ①   02 ④   03 ③   04 ②   05 ④   06 ②   07 ②

$NaCl \rightarrow$ 노란색, $KCl \rightarrow$ 보라색

08 노란색(황색)의 불꽃 반응을 나타내며, 수용액에 $AgNO_3$ 용액을 넣었더니 흰색 침전이 생겼다. 이 물질은 무엇인가?

① $NaCl$ ② $BaCl_2$

③ $CuSO_4$ ④ K_2SO_4

해설

- 노란색 불꽃 반응: Na
  $NaCl + AgNO_3 \rightarrow NaNO_3 + AgCl \downarrow$ (질산은반응)
- 각 원소별 불꽃 반응
  Li(진한빨강) / Na(노랑) / K(연보라) / Ca(황적색) / Cu(청록색) / Ba(황록색)
- 용액에 소금이나 염소이온 존재 시 질산은($AgNO_3$) 용액을 첨가하면 흰색 침전이 생긴다.

09 다음은 금속칼륨과 물이 반응하여 생성되는 현상을 나타낸 것이다. 옳은 것은?

① 산화칼륨+수소+발열반응

② 산화칼륨+수소+흡열반응

③ 수산화칼륨+수소+흡열반응

④ 수산화칼륨+수소+발열반응

해설

- 금속칼륨은 물과 반응 발열하며 수소를 발생한다.
- 물과의 반응 $2K + 2H_2O \rightarrow 2KOH + H_2 \uparrow + Q$

10 $Na_2CO_3 \cdot 10H_2O$를 건조한 공기 중에 놓아두면 일부분의 결정수를 잃어 $Na_2CO_3 \cdot H_2O$의 조성으로 된다. 이와 같은 현상을 무엇이라 하는가?

① 산화   ② 풍해

③ 용융   ④ 삼투

해설

풍해: 고체수화물이 공기 중에서 결정수를 잃고 분말상태로 되는 현상

11 탄산나트륨에 대한 설명으로 맞지 않는 것은?

① 탄산나트륨은 무색의 가루이며 풍해성이다.

② 탄산나트륨의 제조 원료는 염화나트륨과 석회석 및 이산화탄소다.

③ 탄산나트륨은 주로 판유리 및 조미료의 제조에 사용된다.

④ 탄산나트륨의 공업적 생산법은 솔베이법을 이용한다.

해설

탄산나트륨(Na_2CO_3)의 주원료는 석회석이며 부원료로는 암모니아를 사용한다.

6▶ ② 전이원소와 그 화합물: 주기율표에서 3(3B)~11(1B)족에 속하는 원소

01 전이원소에 대한 일반적인 성질이 아닌 것은?

① 녹는점이 매우 높은 중금속이다.

② 한 원소가 여러 산화수를 나타낸다.

③ 합금을 이루기 쉽고 촉매로 사용한다.

④ 공기 중에서 가열하여도 산화되기 어려우며 이온화 경향이 매우 작다.

해설

④ 귀금속류에 대한 설명임

02 빨갛게 달군 철에 수증기를 통할 때의 반응식으로 옳은 것은?

① $3Fe + 4H_2O \rightarrow Fe_3O_4 + 4H_2$
② $2Fe + 3H_2O \rightarrow Fe_2O + 3H_2$
③ $Fe + H_2O \rightarrow FeO + H_2$
④ $Fe + 2H_2O \rightarrow FeO_2 + 2H_2$

─ 해설 ─

철과 수증기와의 반응식
가열된 철은 고온의 수증기를 분해하여 수소를 발생시킴
$3Fe + 4H_2O \rightarrow Fe_3O_4 + 4H_2$

03 다음 이온이 혼합된 용액에 암모니아를 첨가하여도 착이온을 만들지 못하는 이온은?

① Cu^{2+}
② Zn^{2+}
③ Al^{3+}
④ Ag^+

─ 해설 ─

착이온을 이루는 금속(중심 금속)
주로 전이 금속원소가 해당됨
ex) Cu^+, Ag^+, Cu^{2+}, Zn^{2+}, Co^{2+}, Fe^{2+}, Fe^{3+}, Cr^{3+} 등

04 다음 중 착이온의 리간드(배위자)가 될 수 없는 것은?

① CN
② NH_4^+
③ NH_3
④ Cl^-

─ 해설 ─

리간드
중심 금속 이온에 비공유 전자쌍을 제공하여 배위 결합을 할 수 있는 분자나 이온, NH_4^+는 중심 금속에 더 이상의 비공유 전자쌍을 제공할 수 없음
ex) 리간드 분자: NH_3, H_2O, NO 등
    리간드 이온: Cl^-, CN^-, Br^-, $S_2O_3^{2-}$ 등

05 다음 중에서 착염이 아닌 것은?

① $Cu(NH_3)_4Cl_2$
② $KAl(SO_4)_2$
③ $[CO(NO_2)_2(NH_3)_4]$
④ $Na_3Ag(S_2O_3)_2$

─ 해설 ─

② 복염: 수용액에서 성분이온으로 완전히 이온화되는 것
$2KAl(SO_4)_2 \rightarrow K^+ + Al^{3+} + 2SO_4^{2-}$
※ 착염: 전하를 띤 착이온을 포함한 염

06 $Cu(NH_3)_4^{2+}$의 착이온의 입체 구조는 다음 어느 것인가?

① 직선형
② 정사면체형
③ 평면사각형
④ 정팔면체형

─ 해설 ─

• 배위수 2개: 직선형 $[Ag(NH_3)_2]^+$
• 배위수 4개: 평면사각형 $[Cu(NH_3)_4]^{2+}$, 정사면체 $[Zn(NH_3)_4]^{2+}$
• 배위수 6개: 팔면체 $[Co(NH_3)_6]^{3+}$

07 $Fe(CN)_6^{4-}$와 4개의 K^+이온으로 이루어진 물질 $K_4[Fe(CN)_6]$을 무엇이라고 하는가?

① 착화합물
② 할로젠 화합물
③ 유기화합물
④ 탄소화합물

─ 해설 ─

• **착화합물**: 분자나 이온이 다른 분자 또는 이온과 붙어서 생긴 원자집단
• **할로젠 화합물**: 할로젠 A와 이보다 전기음성도가 적은 원소 B와의 이성분화합물 AB
• **유기화합물**: 탄소의 산화물이나 금속의 탄산염 등 소수인 간단한 것을 제외한 모든 탄소화합물의 총칭

6▸③ 할로젠 원소와 화합물: 주기율표 7족

01 할로젠 원소의 성질을 설명한 것으로 옳은 것은?

① 원자가전자를 잃기 쉽다.
② 원자번호가 증가할수록 끓는점이 낮아진다.
③ 같은 주기 원소 중 이온화 에너지가 가장 적다.
④ 모두 2원자 분자로 존재한다.

 **해설**

할로젠 원소: 모두 2원자 분자로 존재함

02 할로젠화수소산 HF, HCl, HBr, HI의 산성과 결합력의 세기로 맞는 것은?

① 산성 HF > HCl > HBr > HI,
　결합력 HF < HCl < HBr < HI
② 산성 HF > HCl > HBr > HI,
　결합력 HF > HCl > HBr > HI
③ 산성 HF < HCl < HBr < HI,
　결합력 HF > HCl > HBr > HI
④ 산성 HF < HCl < HBr < HI,
　결합력 HF < HCl < HBr < HI

해설

- 산성 세기: HF < HCl < HBr < HI
- 결합력 세기: HF > HCl > HBr > HI

03 다음은 할로젠화수소의 결합에너지 크기를 비교하여 나타낸 것이다. 올바르게 표시된 것은?

① HI > HBr > HCl > HF

② HBr > HI > HF > HCl
③ HF > HCl > HBr > HI
④ HCl > HBr > HF > HI

해설

- 결합에너지의 크기: F > Cl > Br > I
- 할로젠 원소는 화학적으로 활성이 크며 원자번호가 커짐에 따라 활성과 비금속성이 감소한다.

04 다음의 할로젠 원소 중에서 산화제로 사용될 때 산화력이 가장 큰 원소는?

① F_2　　　　② Cl_2
③ Br_2　　　　④ I_2

해설

- 할로젠 원소(7족 원소): F_2, Cl_2, Br_2, I_2, At
- 산화력이 클수록 → 환원 반응이 강하다. 또한 전기음성도가 클수록 환원 반응이 강하다.
  ∴ F_2 > Cl_2 > Br_2 > I_2

05 할로젠 원소 중 플루오르가 비금속성이 가장 강한 이유는?

① 이온화 에너지가 가장 크기 때문에
② 원자의 크기가 가장 크기 때문에
③ 전자 친화도가 가장 크기 때문에
④ 가장 산화되기 쉽기 때문에

해설

비금속성: 전자를 얻어 음이온으로 되기 쉬운 성질, 전자친화도가 클수록 비금속성 증가

06 할로젠산소산의 산의 세기를 맞게 표시한 것은?

① $HClO_4$ > $HClO_3$ > $HClO_2$ > $HClO$
② $HClO_4$ < $HClO_3$ < $HClO_2$ < $HClO$

③ $HClO_4 > HClO > HClO_2 > HClO_3$

④ $HClO_3 > HClO_2 > HClO_4 > HClO$

해설

- 산소가 많을수록 강한 산이다.
- 할로젠산소산의 세기: $HClO_4 > HClO_3 > HClO_2 > HClO$

6▸④ 그 밖의 원소와 화합물

01 다음 반응 중 수소를 발생하지 않는 반응은?

① 철과 묽은 황산

② 소금물의 전기분해

③ 은과 묽은 황산

④ 알루미늄과 수산화나트륨

해설

수소가 생성되기 위해서는 수소보다 이온화 경향이 커야 한다.
∴ Na 〉 Al 〉 Fe 〉 H 〉 Ag

02 고체에 액체를 넣어 가열하지 않고 기체를 발생시킬 때 킵장치(Kipp Apparatus)를 사용한다. 아래 화학 반응식 중 킵장치를 사용할 필요가 없는 것은?

① $Cu + H_2SO_4 \rightarrow CuSO_4 + H_2$

② $Zn + H_2SO_4 \rightarrow ZnSO_4 + H_2$

③ $CaCO_3 + 2HCl \rightarrow CaCl_2 + H_2O + CO_2$

④ $FeS + 2HCl \rightarrow FeCl_2 + H_2S$

해설

이온화 경향이 Cu보다 H가 크므로 반응이 일어나지 않는다.
※ 킵장치(킵의 기체 발생기): 고체물질과 액체 물질을 반응시켜서 기체를 발생시킬 때 쓰이는 장치
※ 킵장치를 이용한 기체제조: 수소, 이산화탄소, 황화수소 등

03 다음 중 황화철과 반응하여 H_2S를 발생시킬 수 있는 것은?

① $H_2SO_4 + KOH$

② $HNO_3 + NaOH$

③ $CH_4COOH + NH_4OH$

④ $HCl + H_2O$

해설

H_2S(황화수소) 제법: $FeS + 2HCl \rightarrow FeCl_2 + H_2S \uparrow$

04 석영, 유리가 질산이나 황산에는 침식되지 않으나 HF에는 침식되는 이유로 올바르게 설명한 것은?

① HF는 HNO_3나 H_2SO_4보다 강산이기 때문이다.

② HF는 SiO_2와 반응하여 SiF_4가 생성되기 때문이다.

③ HNO_3와 H_2SO_4는 환원성 산이기 때문이다.

④ HNO_3와 H_2SO_4는 산소를 발생하기 때문이다.

해설

- 석영 유리(SiO_2): 질산이나 황산 등에 녹지 않지만, 알칼리용융 또는 탄산염용해 등에 의하여 가용성인 규산염이 되며 진한 알칼리수 용액에도 서서히 녹음
- 플루오르화수소 HF와의 반응 시 SiF_4(사플루오르화규소)가 생성되며 침식
  ∴ $SiO_2 + 4HF \rightarrow SiF_4 + 2H_2O$

05 Si와 C의 산화물인 SiO_2와 CO_2를 비교 시 SiO_2의 끓는점이 월등히 높은 이유는 무엇인가?

① 분자량이 커서 반데르발스 힘이 크기 때문이다.

② 전하를 띠고 있기 때문이다.

③ 분자 간 인력이 크기 때문이다.

④ 원자들이 강한 공유결합을 하고 있기 때문이다.

 해설

• SiO_2: 원자결정
• CO_2: 분자결정

06 산소족 원소가 아닌 것은?

① S   ② Se

③ Te   ④ Bi

 **해설**

• 산소족 원소(6족): O, S, Se, Te, Po
• 질소족 원소: ④ Bi

07 아래 (㉠)와 (㉡)에 알맞은 용어는 무엇인가?

> 과산화수소는 자신이 분해하여 발생기 산소를 발생시켜 강한 산화작용을 한다. 이는 (㉠) 종이를 보라색으로 변화시키는 것으로 확인되며, 이 과산화수소는 (㉡) 등에 황산을 작용시켜 얻는다.

① ㉠ 리트머스, ㉡ 염소산칼륨

② ㉠ 아이오딘화칼륨 녹말, ㉡ 염소산칼륨

③ ㉠ 리트머스, ㉡ 과산화바륨

④ ㉠ 아이오딘화칼륨 녹말, ㉡ 과산화바륨

 해설

H_2O_2

㉠ KI전분지 → 보라색

㉡ 제조: $BaO_2 + H_2SO_4 → H_2O_2 + BaSO_4$

08 다음 화합물 중 황화수소(H_2S)를 통과시키면 노란색 침전이 생성되는 것은?

① $Cd(NO_3)_2$ ② $Cu(NO_3)_2$

③ $Bi(NO_3)_2$ ④ $Pb(NO_3)_2$

해설

$Cd(NO_3) + H_2O → 2HNO_3 + CdS↓$ (노란색 침전)

09 탄소와 모래를 전기로에 넣어서 가열하면 연마제로 쓰이는 물질이 생긴다. 다음 중 어느 것인가?

① 카보런덤   ② 카바이드

③ 카본블랙   ④ 규소

해설

카보런덤: SiC

10 CO와 CO_2의 성질에 대한 설명이 잘못된 것은?

① CO_2는 공기보다 무겁고 CO는 가볍다.

② CO_2와 CO는 석회수와 작용하여 탄산칼슘이 된다.

③ CO_2는 타지 않으나 CO는 타서 파란색 불꽃을 낸다.

④ CO_2는 빵을 부풀게 하는 데 쓰며, CO는 금속 산화물을 환원하는 데 쓴다.

② CO는 석회수에 불용

※ 수산화칼슘용액(석회수)에 CO_2를 통하면 탄산칼슘이 생긴다.

∴ $Ca(OH)_2 + CO_2 \rightarrow CaCO_3 \downarrow + H_2O$

11 소금에 진한 황산을 가하여 고온에서 반응시키고 발생한 기체를 수용액으로 만든다. 이 용액에다 또 이산화망간즈를 가하고 가열하여 생성한 기체를 상온에서 소석회에 흡수시켰다. 이때 얻어진 생성물은?

① 표백분　　　　② 염화칼슘

③ 염화수소　　　　④ 과산화망간즈

$2NaCl + H_2SO_4 \rightarrow Na_2SO_4 + 2HCl$

$MnO_2 + 4HCl \rightarrow MnCl_2 + Cl_2 + 2H_2O$

$2Ca(OH)_2 + 2Cl_2 \rightarrow Cu(ClO)_2 + CaCl_2 + 2H_2O$

$Cu(ClO)_2$: 표백분

12 황산(H_2SO_4) 제조시 주 촉매로 사용되는 것은?

① Fe_2O_3　　　　② V_2O_5

③ Pt　　　　④ Al

황산(H_2SO_4) 제조시 주 촉매: 오산화바나듐(V_2O_5)

13 다음 중 가정용 표백제, 로켓트 연료의 히드라진 제조용으로 사용되는 것은?

① $AgBr$　　　　② CCl_4

③ $NaClO$　　　　④ HCl

히드라진(N_2H_4) 제조법: 암모니아를 차아염소산나트륨($NaClO$)으로 산화시켜 제조

$2NH_3 + NaClO \rightarrow N_2H_4 + NaCl + H_2O$

14 O_3의 성질에 해당하는 것은?

① 금속과 염을 생성

② 바닷물의 전기분해 때 발생

③ 환원제

④ 우주선과 자외선 흡수

O_3(오존)

태양에서 발산되는 광선 중 자외선과 우주선을 흡수한다.

15 다음 단원자 분자에 해당하는 것은?

① 산소　　　　② 질소

③ 네온　　　　④ 염소

단원자 분자

단일 원자로서 기체상태에 존재하는 분자(He, Ne, Ar 등)

16 비활성기체의 설명으로 적당하지 않은 것은?

① 단원자 분자이다.

② 화합물을 잘 만든다.

③ 대부분 최외각 전자는 8개이다.

④ 저압에서 방전되면 색을 나타낸다.

비활성기체(0족 원소)

• 바깥부껍질이 채워져 가장 안전하며 이온화 포텐셜이 높고 화학적 활성이 낮음

• 모두 단원자 기체이고 화합물생성이 어렵다.

6▸ ⑤ 유기화합물(탄소화합물)

01 알케인의 동족체에 대한 설명 중 맞지 않는 것은?

① 일반식은 C_nH_{2n+2}이다.

② 탄소 수가 많을수록 비점이 높다.

③ 안정하여 첨가반응을 한다.

④ 탄소 수가 4개까지는 상온에서 기체상태로 존재한다.

 **해설**

알케인은 포화탄화수소로서 첨가반응을 하지 않음

02 다음 중 상온에서 액체상태인 포화탄화수소의 탄소는 얼마인가?

① $C_5 \sim C_{16}$　　② $C_2 \sim C_4$

③ $C_{17} \sim C_{30}$　　④ $C_5 \sim C_{25}$

 **해설**

$\dfrac{C}{H}$비

• 기체: 1~3

• 액체: 5~6

• 고체: 17~20

03 지방족 포화탄화수소의 일반식은 무엇인가?

① C_nH_{2n+2}　　② C_nH_{2n-2}

③ C_nH_{2n+1}　　④ C_nH_{2n}

 **해설**

일반식: C_nH_{2n+2}

04 유기화합물 간의 반응이 무기화합물 간의 반응에 비하여 일반적으로 반응이 느린 이유는 무엇인가?

① 이온결합 화합물이기 때문이다.

② 높은 비등점을 가진 화합물이기 때문이다.

③ 공유결합 화합물이기 때문이다.

④ 큰 분자량을 가진 화합물이기 때문이다.

 해설

유기화합물 간의 반응: 공유결합 화합물로서 반응이 느리다.

05 다음 화합물 중에서 반응성이 가장 큰 것은 어느 것인가?

① $CH_2 = CH_2$

② $CH_3 - CH = CH - CH_3$

③ $CH \equiv CH$

④ C_4H_8

 **해설**

반응성의 크기: $C \equiv C \rangle C = C \rangle C - C$

06 다음 작용기 중에서 메틸(methyl)기는 어느 것인가?

① $-C_2H_5$　　② $-COCH_3$

③ $-NH_2$　　④ $-CH_3$

 **해설**

① 에틸기　② 아세틸기　③ 아미노기

07 다음 중 에타인(아세틸렌: C_2H_2)을 원료로 하지 않은 것은?

① 아세트산　　② 염화비닐

③ 에틸알코올　　④ 메테인올

 해설

에틸알코올, 아세트알데하이드, 아세트산, 염화비닐, 벤젠 등이 해당됨

08 분자식이 $C_{16}H_{28}$인 탄화수소의 분자 중에는 2중 결합이 몇 개 있는가?

① 1개   ② 2개
③ 3개   ④ 4개

 해설

단일 결합 물질의 분자식: C_nH_{2n+2}

n=16, $C_{16}H_{34}$

$C_{16}H_{28}$에서 H 수: 28개

$\dfrac{(34-28)}{2} = 3$

∴ 2중 결합 개수=3개

09 다음 물질들에서 이웃하는 두 탄소 간의 결합 길이가 가장 짧은 것은?

① $CH \equiv CH$ ② $CH_2 = CH_2$
③ $CH_3 - CH_3$ ④

해설

탄소 간의 결합 길이: 단일 결합 〉 이중 결합 〉 삼중 결합

10 다음 화학식의 올바른 명명법은?

$$CH_3 - CH_2 - \underset{\underset{CH_3}{|}}{CH} - CH_2 - CH_3$$

① 3-메틸 펜테인
② 2,3,5-트리메틸 헥세인
③ 아이소뷰테인
④ 1,4-헥세인

 해설

3-메틸 펜테인

11 다음 물질의 명명한 것으로 맞는 것은?

$$CH_2 = CH - CH = CH_2$$

① 1,3-뷰테인   ② n-뷰테인
③ 1,3-부타다이엔   ④ 이이소뷰텐

해설

두 개의 이중 결합이 있는 탄화수소

$$\underset{1}{CH_2} = \underset{2}{CH} - \underset{3}{CH} = \underset{4}{CH_2}$$

1,3-부타다이엔

12 2,3-Dimethyl-1,3-Butadiene의 화학식(구조식)으로 올바른 것은?

① $CH_2 = C - CH = CH_2$ 아래 CH_3
② $CH_2 = C - C = CH_2$ 아래 CH_3 CH_3
③ $CH_2 = C - CH = CH_3$ 아래 CH_3
④ $CH_3 / CH - CH = CH_2$ 아래 CH_3

 해설

$$\underset{1}{CH_2} = \underset{2}{C} - \underset{3}{C} = \underset{4}{CH_2}$$ 아래 CH_3 CH_3

• 2번 탄소와 3번 탄소에 두 개의 메틸기: 2,3-Dimethyl
• 1번 탄소와 3번 탄소에 이중 결합: 1,3-Butadiene

13 3-Methylhexane의 구조식으로 맞는 것은?

① 　　　　　　　CH₂CH₃
$$CH_3CH_2CH_2CH - CH_3$$

② $CH_2 = C - C = CH_2$
　　　　│　　│
　　　　CH_3　CH_3

③ $CH_3 - CH_2 - CH_2 - CH = CH_2$

④ 　　CH_3　CH_3
　　　　│　　│
　　$CH_3CHCHCHCH_3$
　　　　　　│
　　　　　CH_3

해설

② 2,3-Dimethyl-1,3-Butadiene
③ n-pentane
④ 2,3,4-trimethyl pentane

14 CH₃-CHCl-CH₃의 명명법이 맞는 것은?

① 2-mono-chloro-propane
② Di-chloro ethylene
③ Di methyl-methane
④ Di-methyl-ethane

해설

유기화합물 명명법
접두사(치환기 및 작용기의 위치) → 모체(탄소 원자의 수) →
접미사(작용기 종류)
㉠ 기본골격: 탄소 3개 –propane
㉡ 2번 탄소에 1개의 염소가 결합됨: 2-mono chloro
㉠+㉡ 2-mono-chloro-propane

15 다음 물질을 바르게 명명한 것은?

$$CH_3 - CH_2 \qquad CH_3$$
$$\backslash \qquad /$$
$$C = C$$
$$/ \qquad \backslash$$
$$H \qquad H$$

① cis-2-pentene
② trance-2-pentane
③ 2-Methyl-3-pentane
④ 4-Ethyl-3-pentane

해설

cis-2-pentane

16 2,3,4-trimethyl pentane의 구조식으로 맞는 것은?

① 　　CH_3　　CH_3
　　　　│　　　│
　　$CH_3CHCHCHCH_3$
　　　　　　│
　　　　　CH_3

② 　　　　CH_3
　　　　　│
　　$CH_3CHCHCH_2CH_2CH_3$
　　　　　│
　　　　CH_2CH_3

③ $CH_3 - CH_2 - CH - CH_2 - CH_3$
　　　　　　　│
　　　　　　CH_3

④ 　　　　　　CH_3
　　　　　　　│
　　$CH_3 - CH_2 - C - CH_2 - CH_3$
　　　　　　　│
　　　　　　CH_3

해설

　　CH_3　　CH_3
　　　│　　　│
$CH_3CHCHCHCH_3$
　1　　2　3　4　5
　　　　　│
　　　　CH_3

17 메틸알코올의 증기를 300℃에서 구리분말 위에서 공기로 산화시켜 만드는 것으로 자극성 냄새가 나는 기체로서 살균력이 커 방부제나 소독제로 쓰이는 것은?

① 에틸렌글리콜　　② 글리세린
③ 에틸알코올　　　④ 포름알데하이드

해설

$$CH_3OH \xrightarrow[-H_2]{CuO} HCHO + H_2O \xrightarrow[+O]{Pt\ 촉매} HCOOH + H_2O$$

18 다음 중 에틸알코올과 이성질체의 관계에 있는 것은?

① CH_3OCH_3　　② CH_3COOH

③ CH_3CHO　　④ CH_3OH

 해설

이성질체: 분자식은 같으나 분자 속에 들어있는 원자단의 결합상태(시성식)가 다른 물질

19 C_2H_5OH(에틸알코올)을 빨갛게 달군 구리선을 넣어 산화시킬 때 생성되는 물질은?

① CH_3OCH_3　　② CH_3CHO

③ $HCOOH$　　④ C_3H_7OH

 해설

$$C_2H_5OH \xrightarrow[300℃\,(-H_2)]{Cu} CH_3CHO \xrightarrow[+O]{Pt} CH_3COOH$$

20 다음 중에서 산화시키면 산이 되고 환원시키면 알코올이 되는 것은 무엇인가?

① $CH_3 - \overset{\overset{\displaystyle O}{\|}}{C} - OH$

② $CH_3 - CH_2OH$

③ $CH_3 - \overset{\overset{\displaystyle O}{\|}}{C} - H$

④ $CH_3 - \underset{\underset{\displaystyle OH}{|}}{CH} - CH_3$

 해설

- **산화**: $CH_3CHO \xrightarrow{+O} CH_3COOH$(아세트산)
- **환원**: $CH_3CHO \xrightarrow{+H_2} CH_3CH_2OH$(에틸알코올)

21 다음에서 말하는 이 화합물은 무엇인가?

> A. 산화하면 아세트산이 된다.
> B. 환원하면 에틸알코올이 된다.
> C. 펠링 용액을 환원시킨다.

① CH_3OH　　② CH_3CHO

③ CH_3COCH_3　　④ CH_3COOH

 해설

아세트알데하이드(CH_3CHO)에 대한 설명임

22 포르말린 제조에 있어서 가장 일반적으로 쓰이는 원료는?

① 에틸알코올　　② 에틸렌

③ 개미산　　④ 메틸알코올

 해설

메틸알코올을 산화시켜 포르말린(포름알데하이드) 제조
$CH_3OH \leftrightarrow HCHO \leftrightarrow HCOOH$

23 카니자로(cannizzaro) 반응에서 생성되는 물질은?

① 카르복실산과 케톤

② 카르복실산과 알코올

③ 알코올과 에스터

④ 알코올과 물

해설

카니자로(cannizzaro) 반응: 알데하이드와 염기와 반응하여 카르복실산과 알코올이 생성됨

$2C_6H_5CHO + KOH \rightarrow C_6H_5CH_2OH + C_6H_5COOK$

24 다음 중 CH_3COOH와 C_2H_5OH의 혼합물에 소량의 진한 황산을 가하여 가열하면 생성되는 물질은?

① 아세트산에틸   ② 메테인산에틸

③ 글리세롤   ④ 에틸에터

해설

$CH_2COOH + C_2H_5OH \xrightarrow[\text{(탈수)}]{H_2SO_4} CH_3COOC_2H_5 + H_2O$

25 다음 중 에스터화 반응에 해당하는 것은?

① 나이트로벤젠 → 아닐린

② 아세트산 + 진한 황산 → 초산에틸 + 물

③ 단백질 → 아미노산

④ 페놀 + 포름알데하이드 → 베이크라이트

해설

에스터화 반응: 산과 알코올이 반응하여 물이 생성된다.

$R\text{-COOH} + R'\text{-OH} \xrightarrow{c\text{-}H_2SO_4} R\text{-COOR'} + H_2O$

26 비누의 분자식 중 소수성(기름과 친한 성질)의 원자단은 어느 것인가?

① $C_nH_{2n+1}-$ ② $C_nH_{2n+1}COO-$

③ $Na-$ ④ $-COONa$

해설

- 비누의 일반식: $C_nH_{2n+1}COONa$
- 친수성: $COONa$
- 소수성: C_nH_{2n+1}

27 물질의 수용액에 펠링 용액을 가할 때, 붉은색 앙금이 생성되지 않는 것은 어느 것인가?

① $HCHO$

② $HCOOH$

③ CH_3CHO

④ CH_3COOH

해설

펠링 용액과 반응하는 것: $-CHO$를 갖는 화합물

28 다음 아래와 같은 유기화합물의 화학 반응식을 무슨 반응이라 하는가?

$$(C_{15}H_{31}COO)_3C_3H_5 + 3NaOH \rightarrow 3C_{15}H_{31}COONa + C_3H_5(OH)_3$$

① 중화   ② 산화

③ 발효화   ④ 비누화

해설

비누화 반응: $RCOOR' + NaOH \rightarrow RCOONa + R'OH$
에스터가 알칼리의 작용으로 가수분해되어 알코올과 산의 알칼리 염이 되는 반응

29 다음 물질 중에서 은거울반응과 아이오딘포름 반응을 모두 할 수 있는 것은?

① CH_3OH

② C_2H_5OH

③ CH_3CHO

④ CH_3ClOCH_3

해설

- 은거울반응: 알데하이드와 같은 환원성 물질의 검출방법
- 아이오딘포름 반응: 아세톤, 에틸알코올, 아세트알데하이드에 KOH와 I_2를 넣으면 노란색의 CHI_3(아이오딘포름)의 침전물이 생기는 반응

30 탄소 수가 5개인 포화탄화수소 펜테인의 구조 이성질체 수는 몇 개인가?

① 2개   ② 3개
③ 4개   ④ 5개

해설

펜테인(C_6H_{12})의 구조 이성질체
㉠ (노말형) $CH_3CH_2CH_2CH_2CH_3$
㉡ (이소형) $CH_3CH_2CHCH_3$
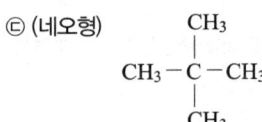

㉢ (네오형)

```
        CH₃
        |
CH₃ ─ C ─ CH₃
        |
        CH₃
```

31 부텐(C_4H_8)의 이성질체 수로 맞는 것은?

① 1개   ② 2개
③ 3개   ④ 4개

해설

㉠
```
  |   |   |   |
 ─C = C ─ C ─ C─
  |       |   |
```

㉡
```
  H         CH₃
   \        /
    C = C        (trans)
   /        \
 H₃C         H
```

㉢
```
 CH₃        CH₃
    \        /
     C = C        (cis)
    /        \
   H          H
```

㉣
```
  |   |   |
 ─C = C ─ C─
      |
     ─C─
      |
```

32 다음 중 기하 이성질체가 있는 화합물은?

① $CH_3CH = CH_2$
② $CH_2 = CH_2$
③ $CH_3CH_2CH = CHCH_2CH_3$
④ CH_3OH

해설

기하이성질체(시스, 트랜스 이성질체)
두 화합물이 배위권 안에 같은 리간드를 갖지만, 이들이 공간에 배열하는 방법이 다를 때 일어나는 입체 이성질체 중 하나임

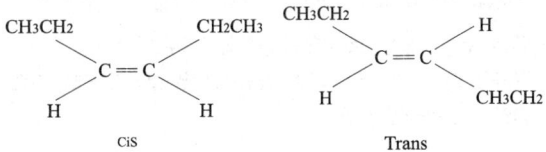

           cis   Trans

33 다음은 벤젠에 관한 성질이다. 옳은 것은?

① 불을 붙이면 그을음이 많은 불꽃을 내며 타는데 그 이유는 H의 수에 비해 C의 수가 많기 때문이다.
② 이중 결합이 있으나, 분자가 공명되어 있어 불안정하다.
③ sp^2 혼성 오비탈을 형성하여 평면형 구조이다.
④ 물과 같은 극성 용매 잘 녹는다.

해설

벤젠
② 공명구조로 안정됨(치환반응함)
③ sp^2 혼성 오비탈을 형성하며 평면상의 정육각형 구조임
④ 벤젠은 비극성으로 극성 용매인 물에 녹지 않음

34 다음은 벤젠 구조에 대한 설명이다. 틀린 것은?

① 탄소-탄소결합의 길이는 모두 같다.

② 같은 탄소 수를 가진 포화탄화수소 보다 8개의 수소가 부족하다.

③ 한 탄소 원자가 다른 두 탄소 원자와 형성하는 결합각은 120° 이다.

④ 6개의 탄소-탄소결합 중 2개는 단일 결합이고 나머지 4개는 이중 결합이다.

 **해설**

• **벤젠**: 수소 6개와 탄소 6개의 불포화탄화수소
• **결합각**: 120°, 3개의 6개의 탄소결합 중 단일 결합과 3개의 이중 결합이 공존(공명구조)

35 다음 중 벤젠의 유도체가 아닌 것은?

① 페놀　　　　　② 톨루엔
③ 아세톤　　　　④ 크실렌

 **해설**

벤젠의 유도체: 분자내 벤젠핵(◯)을 가지고 있음

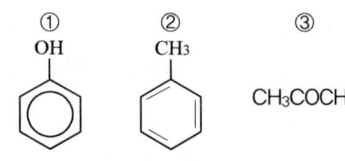

36 다음 중 $FeCl_3$ 용액을 가했을 때 적자색을 나타내는 것은?

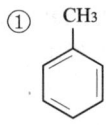

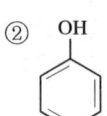

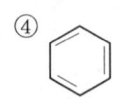

 해설

$FeCl_3$ 정색반응: 페놀성 −OH(벤젠고리에 직접 붙은 −OH)에서만 나타남

37 다음 중 커플링(coupling) 반응 시 생성되는 작용기는?

①　−NH_2　　　　②　−CH_3
③　−COOH　　　④　−N=N−

 해설

• **커플링 반응(짝지음 반응)**: 디아조늄에 방향족 아민류, 페놀류를 결합시켜 아조화합물을 만드는 반응
• **아조기**: −N=N−

38 벤젠에 수소 원자 한 개는 −CH_3기로, 또 다른 수소 원자 한 개는 −OH기로 치환되었다면 이 성질체 수는 몇 개인가?

①　1　　　　　②　2
③　3　　　　　④　4

 해설

오르소(o−), 메타(m−), 파라(p−)형이 있음

39 페놀의 특징에 해당하지 않는 사항은?

① 자극성 냄새를 가진 무색결정

② 진한 용액은 피부를 부식하고, 묽은 용액은 소독제로 쓰인다.

③ 석탄산이라고도 하며, 탄산보다 강한 산이다.

④ 페놀의 용액에 $FeCl_3$ 용액을 가하면 보라색으로 변한다.

• 특수가연물 가연성 고체, 지정 수량 3000kg
• 탄산보다는 약한 산에 해당됨

40 페놀에 대한 설명 중 가장 거리가 먼 내용은?

① 산성을 띤다.

② FeCl₃ 용액을 가하면 정색반응을 한다.

③ 벤젠과 아세톤을 산촉매에서 반응시키면 큐멘(아이소프로필벤젠)이 생성된다.

④ 벤젠보다 끓는점이 높다.

큐멘(아이소프로필벤젠)
AlCl₃ 촉매하에서 벤젠을 할로겐화알킬류와 반응시키는 프리텔-크라프츠 반응에 의해 생성된다.

41 벤젠을 공기 중에서 태우면 매연이 발생하는 이유는?

① 벤젠이 기체연료이기 때문에

② 벤젠에 어느 정도 수분을 포함하고 있기 때문에

③ 벤젠의 조성이 수소에 비해 탄소를 많이 포함하고 있기 때문에

④ 벤젠이 공기 중 수증기와 반응하여 니트로벤젠과 살리실산이 합성되기 때문에

벤젠(C₆H₆)은 탄소와 수소가 1 : 1로 결합되어 있어 연소 시 매연이 발생함

42 다음 중 수용액의 액성이 산성이 아닌 것은?

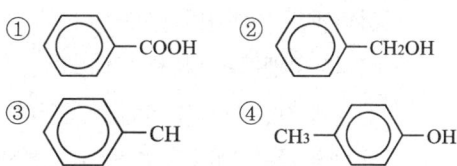

① 안식향산   ② 벤질알코올
③ 페놀   ④ 나이트로톨루엔

• **벤질알코올**: 무색투명하며 수용액상 중성임

43 알코올성 수산기와 페놀성 수산기의 비교한 것을 서술한 것이다. 이 중 페놀성 수산기의 특성을 나타낸 것은?

① 수용액이 중성이다.

② NaOH를 가하면 반응하지 않는다.

③ 할로겐과는 반응하지 않는다.

④ FeCl₃ 용액과 특유한 정색 반응을 한다.

페놀성 수산기는 FeCl₃와 반응 → 보라색으로 변함

44 프리이델-크라프츠 반응에서 사용하는 촉매는?

① $HNO_3 + H_2SO_4$ ② SO_3

③ Fe   ④ $AlCl_3$

프리이델 – 크라프츠 반응(알킬화반응)
염화알루미늄 무수물(AlCl₃)의 존재하에서 벤젠에 할로겐화 알킬을 작용시켜 알킬벤젠을 생성하는 반응

45 아닐린의 제법(실험실)으로 알맞은 것은?

① 톨루엔을 산화시킨다.

② 나이트로벤젠을 환원시킨다.

③ 벤젠에 진한 황산을 가하고 가열한다.

④ 벤젠에 암모니아수를 가하고 가열한다.

아닐린 제조법

나이트로벤젠($C_6H_5NO_2$)에 수소를 작용시켜 환원시켜 제조하며, 수소는 철과 염소산 또는 주석과 염산을 작용시켜 얻음

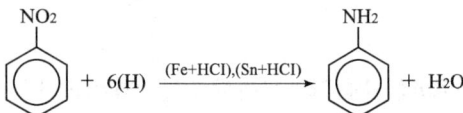

6▸⑥ 고분자 화합물

01 고분자 화합물의 특징이 아닌 것은?

① 비결정 상태로서 용융점이 일정하지 않다.

② 분자량이 대단히 크며 일정한 분자량을 가지고 있다.

③ 고분자 물질은 특수한 용매에만 녹아 콜로이드 용액이 된다.

④ 재결정, 증류 등의 보통 방법으로 정제되지 않는 특징이 있다.

고분자 화합물: 분자량이 대단히 크고 분자량이 일정치 않다.

02 아래 물질 중 다음과 같은 사실을 모두 만족시키는 것은?

> A. 녹말을 가수분해할 때 얻어진다.
> B. −OH와 −CHO를 가지고 있다.
> C. C, H 및 O_2로 이루어진 화합물이다.
> D. 암모니아성 질산은 용액을 가하면 은이 석출된다.

① 셀룰로오스　　② 에틸렌글리콜

③ 포도당　　　　④ 알데하이드

포도당에 대한 설명임

03 탄수화물이 가지고 있는 작용기로 맞게 짝지어진 것은?

① −OH, −COOH

② −OH, CHO

③ −OH, −NH$_2$

④ −CHO, −NH$_2$

탄수화물: $C_m(H_2O)_n$의 일반식으로 −OH를 갖고 있으며, 환원성의 −CHO기를 갖고 있음

04 다음 화합물 가운데 환원성이 없는 것은?

① 포름산　　　　② 과당

③ 설탕　　　　　④ 포도당

설탕: 환원성이 없음

05 다음 중 아미노산에 들어 있는 기로 짝지어진 것은?

① $-COOH$, $-OH$

② $-COO$, $-NH_2$

③ $-NH_2$, $-COOH$

④ $-NO_3$, $-COOH$

아미노산의 일반식

$$\begin{array}{c} H \\ | \\ R-C-COOH \\ | \\ NH_2 \end{array}$$

06 축중합반응에 의하여 나일론을 제조할 때 사용되는 것은?

① 아디프산과 헥사메틸렌다이아민

② 아이소프렌과 아디프산

③ 염화비닐과 폴리에틸렌

④ 멜라민과 헥사메틸렌다이아민

$$n\left[\begin{array}{c} H \quad\quad H \\ | \quad\quad | \\ H-N-(CH_2)_6-N-H \end{array}\right] + n\left[\begin{array}{c} O \quad\quad\quad O \\ \| \quad\quad\quad \| \\ HO-C-(CH_2)_4-C-OH \end{array}\right] \xrightarrow{\text{축합 중합}}$$

헥사메틸렌디아민   아디프산

$$\left[\begin{array}{c} H \quad\quad H \quad O \quad\quad\quad O \\ | \quad\quad | \quad \| \quad\quad\quad \| \\ -N-(CH_2)_4-N-C-(CH_2)_4-C- \end{array}\right]_n + 2nH_2O$$

6,6-나일론

07 천연고무인 아이소프렌의 단위체는 무엇인가?

① $CH_2=CH-CN$

② $CH_2=CH-CH=CH_2$

③ $CH_2=C(CH_3)_2$

④ $CH_2=C(CH_3)-CH-CH_2$

아이소프렌: $CH_2=C(CH_3)-CH=CH_2$

08 나일론에는 다음 어느 결합이 들어 있는가?

① $-S-S-$ ② $-O-$

③ $\begin{array}{c} O \\ \| \\ -C-O- \end{array}$ ④ $\begin{array}{c} O \quad H \\ \| \quad | \\ -C-N- \end{array}$

나일론

펩타이드 결합($\begin{array}{c} O \quad H \\ \| \quad | \\ -C-N- \end{array}$)을 하고 있음

$$-[NH(CH_2)_6NH-\overset{\overset{\displaystyle O}{\|}}{C}-(CH_2)_4-\overset{\overset{\displaystyle O}{\|}}{C}]_n-$$

[Nylon-66]

09 단백질의 검출에 사용되는 것으로서 단백질에 진한 질산을 가하면 노란색으로 변하고 알칼리를 작용시키면 오렌지색으로 변하는 반응을 무슨 반응이라 하는가?

① 뷰렛 반응

② 닌히드린 반응

③ 아담키바이츠 반응

④ 크산토프로테인 반응

크산토프로테인 반응: 단백질의 검출 반응

7▶ ① 방사능과 방사선

01 다음 방사선 중 투과력이 가장 강한 것은?

① α선 ② β선

③ γ선 ④ X선

 **해설**

- **방사선 투과력**: $\gamma \rangle \beta \rangle \alpha$
- **감광성**: $\alpha \rangle \beta \rangle \gamma$

02 방사성 원소에서 방사되는 방사선의 파장이 가장 짧고 투과력과 방출속도가 가장 큰 것은 다음 중 어느 것인가?

① α−선(α−Ray) ② β−선(β−Ray)

③ γ−선(γ−Ray) ④ δ−선(δ−Ray)

해설

투과력의 세기: γ선 $\rangle$ β선 $\rangle$ α선

- α선: 양전하를 띠며 음전하를 띤 β선에 비해서 비교적 큰 질량을 가짐
- β선: 전자의 흐름
- γ선: 높은 에너지의 파장인 짧은 전자기 복사

03 방사선 원소의 α선에 대한 다음 설명 중 틀린 것은?

① 투과력이 가장 강하다.

② 본체는 헬륨의 원자핵이다.

③ 방사선 원소에 따라 속도는 다르다.

④ 감광작용, 전리작용이 가장 강하다.

 **해설**

방사선 투과력: $\alpha \langle \beta \langle \gamma$

04 다음 중 핵반응에 대한 설명 중 맞지 않는 것은?

① 원소가 α붕괴를 하면 질량수가 4 감소한다.

② 원소가 α붕괴를 하면 원자번호는 2 감소한다.

③ 원소가 β붕괴를 하면 중성자 수가 1 감소한다.

④ 원소가 β붕괴를 하면 질량수는 변화가 없다.

해설

β붕괴: 질량수에는 변화가 없고 원자번호만 1이 증가한다.

05 $^{226}_{88}$Ra이 α 붕괴할 때 생기는 원소는?

① $^{222}_{86}$Rn ② $^{232}_{90}$Th

③ $^{226}_{90}$Ra ④ $^{231}_{91}$Pa

해설

α**붕괴**

방사선 핵종에 의한 α입자의 방출로서 질량수는 4, 원자번호는 2가 감소함

$$^{226}_{88}\text{Ra} \rightarrow {}^{4}_{2}\text{He} + {}^{222}_{86}\text{Rn}$$

방사선 종류	핵 변화, 질량수	핵 변화, 원자번호
α	4 감소	2 감소
β	변화 없음	1 증가
γ	변화 없음	변화 없음

06 다음 핵 반응식의 ( ) 안에 들어갈 적당한 기호로 맞는 것은?

$$_{13}^{27}\text{Al} + _{2}^{4}\text{He} \rightarrow _{15}^{30}\text{P} + (\quad)$$

① $_{0}^{1}\text{n}$ ② $_{-1}^{0}\text{e}$

③ $_{+1}^{0}\text{e}$ ④ $_{1}^{1}\text{H}$

 **해설**

$_{13}^{27}\text{Al} + _{2}^{4}\text{He} \rightarrow _{15}^{30}\text{P} + _{0}^{1}\text{n}$ (중성자)

07 다음 핵화학 반응에서 ( ) 안에 들어갈 수 있는 것은?

$$_{4}^{9}\text{Be} + _{2}^{4}\text{He} \longrightarrow (\quad) + _{0}^{1}\text{N}$$

① $_{4}^{10}\text{Bn}$ ② $_{5}^{11}\text{B}$

③ $_{6}^{12}\text{C}$ ④ $_{7}^{13}\text{N}$

 **해설**

반응물질의 원자량의 합과 원자번호의 합=생성물질의 원자량의 합과 원자번호의 합

08 $_{93}^{237}\text{Np}$ 방사선 원소가 β선을 1회 방출한 경우 생성되는 원소는?

① Pa ② U

③ Po ④ Pu

해설

• β**붕괴**: 원자량에는 관계없이 원자번호가 증가함(전자방출, 양전자방출 그리고 전자포착)
• α**붕괴**: 원자번호가 2 감소, 질량수 4 감소
• γ**붕괴**: 원자번호, 질량수 변화 없음

$_{93}^{237}\text{Np} \xrightarrow{\beta} _{94}^{237}\text{Pu} + e^{-}$

09 AT(아스탄틴)의 원소가 α−선을 방출하면서 방사선 붕괴가 일어났다. 이때 얻어지는 핵종은 어느 것인가?

① Hg ② Pd

③ Bi ④ Os

 **해설**

α**붕괴**: α입자의 방출로 질량수는 4, 원자번호 2가 감소

$_{85}^{210}\text{At} \xrightarrow{\alpha} _{2}^{4}\text{He} + _{83}^{206}\text{Bi}$

10 방사성 원소인 U(우라늄)이 다음과 같이 변화되었을 때의 붕괴 유형은?

$$_{92}^{238}\text{U} \rightarrow _{2}^{4}\text{He} + _{90}^{234}\text{Th}$$

① α ② β

③ γ ④ r

 해설

• α**붕괴**: 질량수가 4 감소하고, 원자번호가 2 적은 새로운 원소가 되는 변화
• β**붕괴**: 원자번호만 1 증가된 새로운 원소가 되는 변화
• γ**붕괴**: γ선은 일종의 전자파로서 핵의 내부에너지만 감소한다.

11 어느 방사성 물질의 반감기가 200년이라면 1000년 후에 남은 그 물질의 양은 얼마인가?

① 원래 양의 $\dfrac{1}{4}$

② 원래 양의 $\dfrac{1}{8}$

③ 원래 양의 $\dfrac{1}{16}$

④ 원래 양의 $\dfrac{1}{32}$

해설

반감기(T)

$$m = M\left(\frac{1}{2}\right)^{\frac{t}{T}}$$

(m: 붕괴 후의 질량, M: 붕괴 전 질량, t: 경과시간, T: 반감기)

$$m = M\left(\frac{1}{2}\right)^{\frac{t}{T}} = M\left(\frac{1}{2}\right)^{\frac{1000}{200}} = M\left(\frac{1}{2}\right)^{5} = M\left(\frac{1}{32}\right)$$

12 어떤 방사성 원소가 붕괴되고 있다. 이 방사성 원소가 초기 양의 1/8로 감소하는데 3년이 걸렸다면 이 원소의 반감기는 얼마인가?

① 1년   ② 3년

③ 5년   ④ 7년

해설

반감기(T)

$$m = M\left(\frac{1}{2}\right)^{\frac{t}{T}}$$

$\frac{1}{8} = \left(\frac{1}{2}\right)^{3}$ 이므로 $\left(\frac{1}{2}\right)^{3} = \left(\frac{1}{2}\right)^{\frac{3}{T}}$

$3 = \frac{3}{T}$ ∴ T=1년

7▶ ❷ 핵분열과 원자력

01 핵융합 반응의 설명 중 맞지 않는 것은?

① 핵융합 반응은 고온에서 반응할 필요가 없다.

② 핵분열반응에 비해 많은 에너지를 얻을 수 있다.

③ 핵융합의 예로서 수소폭탄이나 태양에너지를 말할 수 있다.

④ 두 가지 이상의 원자핵이 핵반응을 일으켜 반응 전보다 원자번호가 큰 원소가 생성되는 현상이다.

해설

핵융합 반응: 초고온(1.5×10^{7}K)의 플라즈마상태에서 실시된다.

02 경수와 중수는 중성자 감속에 이용되는 감속재이다. 다음 설명 중 부적당한 것은?

① 중수는 값이 비싸다.

② 경수는 열전달 특성이 뛰어나다.

③ 경수는 중성자 흡수 단면적이 크다.

④ 중수는 흡수 단면적이 적다.

해설

경수: 감속제로 흡수 단면적이 적다.

경수(H_2O), 중수($_{1}^{2}H_2O$)

MEMO

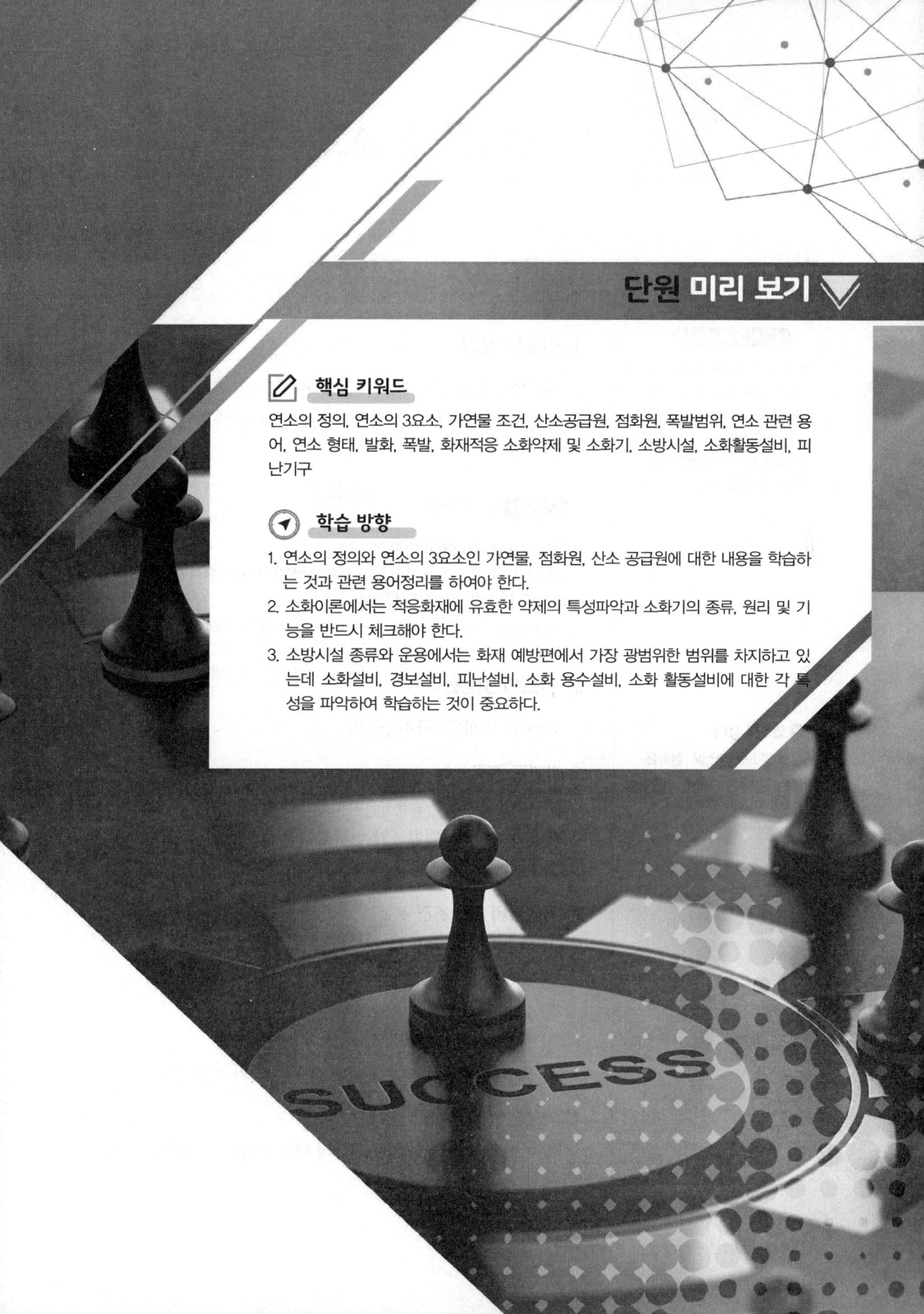

핵심 키워드

연소의 정의, 연소의 3요소, 가연물 조건, 산소공급원, 점화원, 폭발범위, 연소 관련 용어, 연소 형태, 발화, 폭발, 화재적응 소화약제 및 소화기, 소방시설, 소화활동설비, 피난기구

학습 방향

1. 연소의 정의와 연소의 3요소인 가연물, 점화원, 산소 공급원에 대한 내용을 학습하는 것과 관련 용어정리를 하여야 한다.
2. 소화이론에서는 적응화재에 유효한 약제의 특성파악과 소화기의 종류, 원리 및 기능을 반드시 체크해야 한다.
3. 소방시설 종류와 운용에서는 화재 예방편에서 가장 광범위한 범위를 차지하고 있는데 소화설비, 경보설비, 피난설비, 소화 용수설비, 소화 활동설비에 대한 각 특성을 파악하여 학습하는 것이 중요하다.

연소이론 및 소화이론

🛰학습 POINT

연소 및 소화이론, 연소의 정의와 연소의 3요소 및 이에 해당하는 물질이 무엇인지를 알고, 소화이론에서는 소화약제의 종류 및 적응화재에 대하여 알 수 있다.

1▸ ❶ 연소이론

1. 연소의 정의 ✄

가연물이 공기 중의 산소와 반응하여 열과 빛을 동시에 수반하는 심한 발열반응을 말한다(단지 빛이나 열을 내는 반응은 연소라고 하지 않는다).

Check! 👉 Point

■ 연소 시 고온체가 발하는 색깔과 온도
522℃(담암적색) 〈 700℃(암적색) 〈 850℃(적색) 〈 950℃(휘적색) 〈 1100℃(황적색)
〈 1300℃(백적색) 〈 1500℃(휘백색)

2. 연소의 3요소 ✄✄

가연물, 점화원, 산소공급원

✅ 연소의 4요소

실제 연소는 가연물, 점화원, 산소 그리고 순조로운 연쇄반응으로 이루어짐

1) 가연물 종류

① 고체: 목재류, 섬유류, 고무류, 합성수지 등
② 액체: 제4류 위험물인 인화성액체 등
③ 기체: 상온에서 기체상태로 존재하는 가연성 가스

2) 가연물의 구비조건 ✄

① 산소와 친화력이 클 것
② 반응열이 클 것
③ 산소와 접촉할 수 있는 표면적이 클 것
④ 열전도도가 적을 것
⑤ 활성화 에너지가 적을 것(점화 에너지가 적을 것)

3) 가연물이 될 수 없는 조건

① 완전 산화된 물질로서 더 이상 화학 반응을 할 수 없는 경우
　　CO_2, Al_2O_3, SiO_2 등

② 주기율표상 0족의 불활성 기체

헬륨(He), 네온(Ne), 아르곤(Ar), 크립톤(Kr), 크세논(Xe) 등

③ 흡열반응 물질(N_2)

《예》 $N_2+O_2 \rightarrow 2NO-21.6kcal$

4) 산소공급원

① 공기(O_2): 가장 대표적 산화제

② 산화제

　㉠ 제1류 위험물(산화성 고체)

　㉡ 제6류 위험물(산화성 액체)

③ 자기연소성 물질(제5류 위험물)

가연성 물질과 산소를 동시에 포함하며, 연소속도가 매우 빨라 폭발을 일으킴

5) 점화원(점화 에너지, 활성화 에너지)

① 마찰, 충격, 단열압축

② 산화열, 나화

③ 전기불꽃, 과전류, 정전기

④ 핵반응 열

⑤ 천재(天災) 등

참고

■ **기계적 열에너지**: ① 마찰열 ② 마찰스파크 ③ 압축열
■ **화학적 열에너지**: ① 분해열 ② 융해열
■ **전기적 에너지**: ① 저항열 ② 유도가열 ③ 유전열 아크열 ④ 전기불꽃 ⑤ 정전기가열
■ **전기불꽃 에너지 방정식**

$E = \dfrac{1}{2}CV^2 = \dfrac{1}{2}QV$, E=전기불꽃 에너지, C= 전기용량, V=방전전압, Q=전기량

■ **정전기**
　① 어떤 물질에 접착되거나 접지되어 있지 않으면, 전기의 충전이 축적되기 때문에 스파크 방전이 발생한다.
　② 인화성 액체류 이송 배관에서 가연성 기체를 발화시키는데 충분한 정전기를 발생시킬 수 있다.
■ **정전기 방지대책**
　① 공기를 이온화
　② 공기 중 상대습도를 70% 이상 유지
　③ 접지를 한다.
　④ 대전체를 사용.
　⑤ 인화성 액체류 이송 배관에서는 유속을 낮출 것 또는 대전방지제를 첨가할 것
■ **핵에너지**: 원자의 핵에서 방출되는 에너지

3. 연소한계(연소범위, 폭발범위, 가연범위, 가연한계) ✦

공기 중에서 가연성 가스가 연소를 일으킬 수 있는 농도 범위로서 그림의 $C_1 \sim C_2$까지의 범위이다.

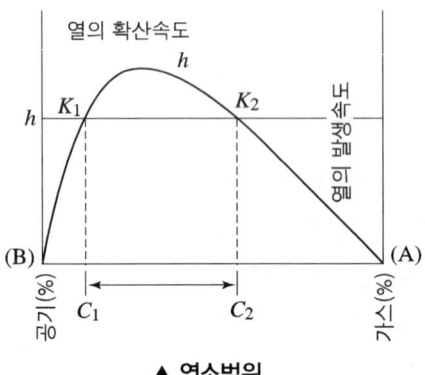

▲ 연소범위

✅ 물질의 연소범위

- 메테인(CH_4) 5.0~15%
- 에테인(C_2H_6) 3.0~12.4%
- 수소(H_2) 4.0~75%
- 아세틸렌(C_2H_2) 2.5~81%
- 아세트알데하이드(CH_3CHO) 4.1~57%
- 아세톤(CH_3COCH_3) 2.5~12.8%
- 이황화탄소(CS_2) 1~50%
- 에틸렌(C_2H_4) 2.7~36%

Check! Point

■ **연소 상한값과 하한값**

① 연소(폭발) 상한값: 연소 최고 농도비(%)

② 연소(폭발) 하한값: 최저 농도비(%)

- 연소(폭발): 연소범위 내에서만 연소(폭발)가 일어나고 폭발상한값~폭발하한값을 벗어나면 연소나 폭발은 일어나지 않는다.

  《예》 C_2H_2의 폭발범위는 2.5~81%이다. 연소(폭발)는 폭발하한값인 2.5%~폭발상한값인 81% 내에서만 일어난다. 즉 2.5% + 97.5%(공기)~81% +19%(공기)에서만 폭발이 일어남

---

1) 연소범위가 넓어지는 요소

① 산소(농도가 클수록)

② 온도(높을수록)

③ 압력(증가할수록)

2) Le Chatelier의 법칙

가연성가스 혼합기체의 폭발범위를 구하는 공식

$$\frac{100}{L} = \frac{V_1}{L_1} + \frac{V_2}{L_2} + \frac{V_3}{L_3} + \frac{V_n}{L_n}$$

L: 혼합가스의 폭발 한계치

L_1, L_2, L_3, L_n: 혼합가스 각 조성성분의 폭발 상한 또는 하한값

V_1, V_2, V_3, V_n: 혼합가스 각 조성성분의 부피 백분율(%)

3) 연소속도

발열량이 클수록, 즉 열의 발생속도가 클수록 커지며, 온도 및 인화점 등에 따라 달라진다.

Check! Point

- **온도가 10℃ 상승**: 반응속도는 약 2배가 증가한다.
- 모든 화학 반응에서 온도가 올라가면 반응속도는 증가한다. 즉, 온도가 올라가면 운동속도가 빨라지고 충돌 횟수가 증가한다.

4. 인화점

가연물이 점화원에 의해서 불이 붙을 수 있는 최저의 온도를 말한다.

5. 발화온도(착화점, 발화점)

점화원 없이 스스로 연소를 시작하는 최저온도를 말한다(인화점보다 수십에서 수백도씩 높은 온도).

- 착화점(발화점, 착화온도)이 낮아질 수 있는 조건
  ① 발열량이 높을수록
  ② 압력이 높을수록
  ③ 분자구조가 복잡할수록
  ④ 산소 농도가 클수록
  ⑤ 반응활성도가 클수록
  ⑥ 접촉하는 금속의 열전도도가 클수록
  ⑦ 습도 및 증기압이 낮을수록

6. 연소점

① 일반적으로 인화점보다 약 10℃ 정도 높은 온도
② 가연물에 점화원을 주어 인화점보다 높은 온도를 유지해 주면 점화원을 제거해도 지속적인 연소를 일으킬 수 있는 온도

7. 위험도

$$위험도 = \frac{U - L}{L}$$

U = 연소(폭발)상한값(%), L = 연소(폭발)하한값(%)

✅ **위험도가 커지는 조건**
① 연소 하한값이 낮을수록
② 연소 상한값과 하한값의 차이가 클수록 위험성이 커진다.

1. 분해연소 ✖✖✖

고체 가연물은 열분해를 일으키면서 발생한 가스가 산소와 혼합하여 연소하는 현상

2. 증발연소 ✖✖✖

제4류 위험물 인화성 액체류 등과 같이 휘발성이 높은 가연성 액체를 가열하였을 때 그 액체 표면에 가연성 증기가 발생하여 연소하는 현상

3. 자기연소(제5류 위험물) ✖✖✖

가연성 물질이면서 자체에 산소를 포함한 경우로써, 외부점화원이 존재하면 외부의 산소 없이도 연소 가능한 현상

4. 표면연소 ✖✖✖

숯, 코크스, 금속분 등과 같은 고체연소의 일반적인 연소 형태

5. 확산연소(발염연소) ✖

기체연료가 공기 중에 산소와 혼합되면서 연소하는 현상

1▶ **3** 발화(자연발화, 준자연발화, 혼합발화)

1. 자연발화 ✖✖

가연성 물질이 외부열원에 의해 장기간 열이 축적되면서 발화온도에 도달하여 스스로 연소를 일으키는 현상

1) 자연발화의 종류 ✖✖

① 산화열: 건성유, 석탄, 고무 분말 등
② 분해열: 셀룰로이드, 나이트로화합물
③ 흡착열: 활성탄, 목탄분 등
④ 미생물: 퇴비, 먼지 등
⑤ 중합열: 사이안화수소, 산화에틸렌 등

◎ 고체의 연소

표면연소, 분해연소, 증발연소 (황, 나프탈렌, 장뇌, 파라핀), 자기연소

◎ 액체의 연소 형태

증발연소, 분해연소(제3석유류 이상)

◎ 제5류 위험물

나이트로글리세린, 질산에틸, 유기과산화물 등

2) 자연발화 조건 ✖

① 발열량이 클 것

② 열전도율이 적을 것

③ 표면적이 넓을 것

④ 고온 다습할 것

3) 자연발화에 영향을 주는 인자

① 열의 축적   ② 열전도율

③ 퇴적방법   ④ 발열량

⑤ 공기의 유동상태   ⑥ 수분

4) 자연발화 방지대책 ✖

① 습도가 높은 곳은 피할 것

② 저장실의 온도를 낮추고 통풍이 잘되게 할 것

③ 퇴적 시 열의 축적이 되지 않도록 할 것

2. 준 자연발화

가연물이 공기나 물과 접촉시 발열 발화하는 현상으로 짧은 시간에 급격한 발열반응이 일어나는 경우임

① **알킬알루미늄**: 제3류 금수성 물질로서 공기 중 습도 또는 물과 반응하여 발열 발화한다.

   • **희석제**: 벤젠 또는 헥세인

② **금속(K, Na)**: 물 또는 습기와 접촉 발화 및 발열

   • **보호액**: 석유, 경유, 파라핀

3. 혼합발화

두 가지 또는 그 이상의 위험물이 서로 혼합·접촉하였을 경우 발열·발화하는 현상

① **폭발성 혼합물을 생성하는 경우**: 산화제와 가연물의 혼합

② **폭발성 화합물을 생성하는 경우**: 아세트알데하이드, 산화프로필렌, 아세틸렌 등은 Cu, Mg, Hg, Ag 또는 이들 합금과 접촉 시 폭발성의 아세틸라이트 생성하여 치환(화합)폭발

③ **시간이 경과함에 따라 분해발화 또는 폭발하는 경우**

④ **가연성가스를 생성하는 경우**

위험물 구분	제 1 류	제 2 류	제 3 류	제 4 류	제 5 류	제 6 류
제 1 류		×	×	×	×	○
제 2 류	×		×	○	○	×
제 3 류	×	×		○	×	×
제 4 류	×	○	○		○	×
제 5 류	×	○	×	○		×
제 6 류	○	×	×	×	×	

비고.

1. "x" 표시는 혼재할 수 없음
2. "0" 표시는 혼재할 수 있음
3. 지정 수량의 1/10 이하 위험물인 경우에는 적용 안 됨

1▶ 4 폭발

1. 화학적 폭발과 기계적 폭발

1) 화학적 폭발: 화학적 변화에 의해 폭발되는 형태를 말한다.

① 산화 폭발: 가연성 가스와 공기 혼합

② 중합 폭발: 사이안화수소, 산화에틸렌, 과산화물

③ 화합 폭발: 아세트알데하이드, 산화프로필렌

[Cu, Mg, Hg, Ag 또는 이들 합금과 접촉 시 폭발성의 아세틸라이트 생성하여 치환(화합) 폭발]

④ 분해 폭발: C_2H_2(흡열화합물로 1.5atm 이상 가압 시 폭발)

2) 기계적 폭발

고압가스 용기 폭발, 보일러 폭발

2. 폭연(deflagration)과 폭굉(detonation)

폭발하는 속도(폭속)에 따라 폭연과 폭굉으로 구분한다.

1) 폭연(deflagration)

폭속이 음속 이하인 폭발 현상으로 폭연에서의 폭속 범위는 약 0.1m/sec~10m/sec이다.

✅ **폭발의 영향 인자**

① 온도
② 조성
③ 압력
④ 용기의 크기 및 형태 등

· 음속 340m/sec

2) 폭굉(detonation)

화염의 전파속도가 음속보다 큰 경우로써 충격파(압력파)가 생겨서 격렬한 파괴작용이 일어나는 것

3. 폭굉유도거리(DID)

최초의 완만한 연소에서 폭굉까지의 발전하는 데 필요한 거리

- 폭굉유도거리(DID)가 짧아지는 요인
  ① 정상연소속도보다 큰 혼합가스일수록
  ② 관속에 장애물이 있거나, 관경이 작을수록
  ③ 압력이 높을수록
  ④ 점화원의 에너지가 클수록

- **폭굉연소속도**
  : 1000m/s~3500m/s
- **정상연소속도**
  : 0.1m/s~10m/s

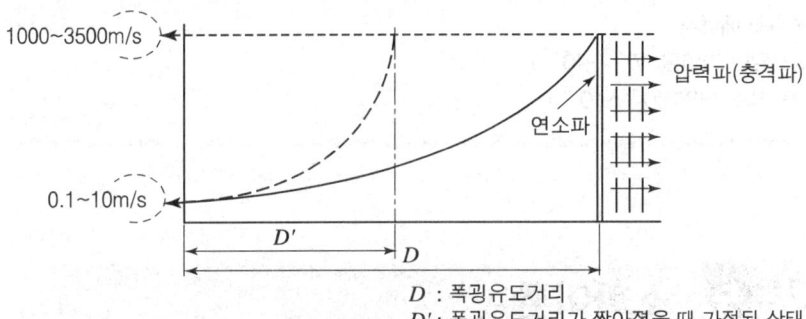

D : 폭굉유도거리
D' : 폭굉유도거리가 짧아졌을 때 가정된 상태

▲ 폭발과 폭굉의 전파현상

4. 분진 폭발(dust explosion)

1) 분진이 발화 폭발 조건

① 미분상태의 가연물: 입자의 크기가 작고 표면에너지가 클 것
② 점화원의 존재: 산소가 반응하여 폭발할 수 있는 최소 에너지를 일으킬 수 있는 점화원이 있을 것
③ 밀폐된 공간: 실내, 파이프, 용기, 집진실내 등 닫혀있는 공간이 있을 것
④ 공기 중 부유: 미분상으로 공기 중에 골고루 분포되어 산소와 잘 혼합되어 있을 것

2) 분진 폭발을 일으키는 물질

① 곡물: 사료, 쌀겨, 분유, 설탕, 소맥분, 코코아

② 광물질: 석탄분, Al 분말, Mg 분말, 철분, 티탄 등의 금속분

③ 기타: 천연 및 합성수지 분말, 무수 프탈산, 황분말, 폴리스틸렌 등

3) 분진 폭발을 방지하는 방법

① 불활성 분말의 혼합

② 불활성 가스에 의한 희석

③ 점화원의 배제(정전기를 포함)

④ 폭발 억제 설비의 사용 등

Check! Point

- 분진 폭발범위: 25∼45mg/l, 상한 80mg/l
- 분진 입자의 크기: 100μm(미크론 이하)
- 착화 에너지
  - 일반 가연물: 10^{-3}∼10^{-2}J
  - 가스·화약: 10^{-6}∼10^{-4}J

1▸ 5 소화이론

1. 소화의 정의

연소의 3요소 중 전부 또는 일부를 제거해서 연소를 계속할 수 없게 하는 것

2. 화재분류 및 적응소화기

분류 \ 구분	소화기 표시	주된 소화방법	적응소화기	적응화재
일반화재(A급)	백색	냉각 소화	주수(물), 산·알칼리, 강화액, 포	목재, 섬유, 종이 등
유류 및 가스화재(B급)	황색	질식 소화	분말, CO_2, 할로겐, 포	제4류 인화성 액체류 등
전기화재(C급)	청색	질식 소화	CO_2, 할로겐, 분말	전기누전화재
금속화재(D급)	무색	피복에 의한 질식 소화	마른모래, 금속화재용 분말	Mg, Na, Ti, K, 금속분 등

3. 소화방법 ✦

1) 제거 소화

가연물 제거나 가연성 액체의 농도를 희석시켜 연소를 저지시키는 것

① 촛불: 입김으로 소화한다.

② 유전화재: 질소폭탄을 투하하여 유전을 파괴한다.

③ 가스화재: 용기 밸브를 잠궈서 가스공급을 차단

④ 산불화재: 화재 진행 방향의 나무를 제거

2) 질식 소화

산소 농도(21%)를 15% 이하로 떨어뜨려 연소를 중단시키는 방법

Check! Point

■ 질식 소화기 종류

① 포말 소화기(화학포, 공기포): 거품(포)으로 연소물을 덮는 방법

② 분말 소화기: 제1종 소화 분말, 제2종 분말, 제3종 분말, 제4종 분말

③ 할로젠화합물 소화기: 할론 1301, 할론 1211, 할론 2402, 할론 104

④ CO_2 소화기

⑤ 간이 소화기: 마른 모래

  ※ 제4류 위험물 화재에 가장 적합한 소화방법이다.

3) 냉각소화

연소물을 냉각시켜 인화점 및 발화점 이하로 떨어뜨려 소화시키는 방법이다.

① 물(H_2O)

② 강화액

③ 포말

④ CO_2

4) 억제소화(부촉매 효과)

연소의 4요소 중 연쇄반응을 차단시켜 화재를 소화하는 것

《예》 할론 1211, 할론 2402, 할론 1301, 사염화탄소 등

- CO_2 소화기는 전기화재, 유류화재에 유효함

1. CO_2 소화기 ✖✖✖

1) 특징

① 증기비중 1.53
② 무색, 무취, 무독하며 전기적으로 비전도성이다.

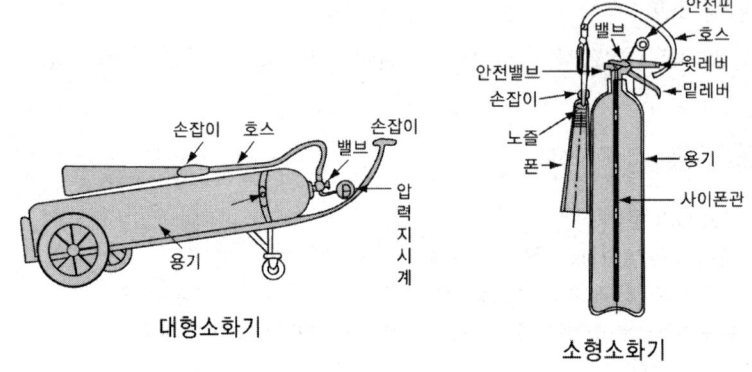

▲ **이산화탄소 소화기구조**

③ 용기: 이음매 없는(무계목) 강제 고압용기
④ 폰의 재질: 베크라이트제(열경화성)
⑤ 충전비 1.5 이상

$$C = \frac{V}{G}$$

C=충전비, G=소화약제량(kg), V=용기체적(l)

⑥ CO_2는 냉각과 질식소화를 동시에 한다.

2) CO_2 소화기의 장점 및 단점

(1) 장점

① 소화 후에 증거보존이 용이하다.
② 전기절연성이 우수하며 전기화재에 용이하다.

(2) 단점

① 방사 거리가 짧으며, 고압가스이므로 취급에 주의해야 된다.
② 니트로셀룰로오스와 같은 자기연소성 물질을 저장 취급하는 곳에는 사용하지 말 것

● **냉각소화**

약제 분출 시 사이펀 관을 통과하면서 단열 팽창(줄–톰슨 효과)에 의한 드라이아이스가 되며, 승화성 물질인 드라이아이스의 기화 시 기화열을 이용하여 냉각소화 효과
• 드라이아이스 온도
: −78~−80℃

● **질식소화**

기화된 CO_2 가스는 공기보다 무거워 화재구역에서 연소물과 공기층을 차단

③ 금속분 및 금속수소화물 화재에 사용시 연소확대 우려있음

$$CO_2 + 2Mg \rightarrow 2MgO + C$$
$$CO_2 + 4Na \rightarrow 2Na_2O + C$$

Check! Point

■ CO_2

① 고체(드라이아이스), 액체(액화탄산), 기체(탄산가스)

② 상온, 상압에서 기체상태로 존재

③ 임계온도 31.35℃, 임계압력 72.9kg/cm^2

④ 삼중점(기체, 액체, 고체)은 5.3kg/cm^{2}에서 −56.7℃

⑤ 액화 CO_2의 비점 −78℃ 1kg을 15℃에서 대기에 방출하면 534l의 부피로 팽창

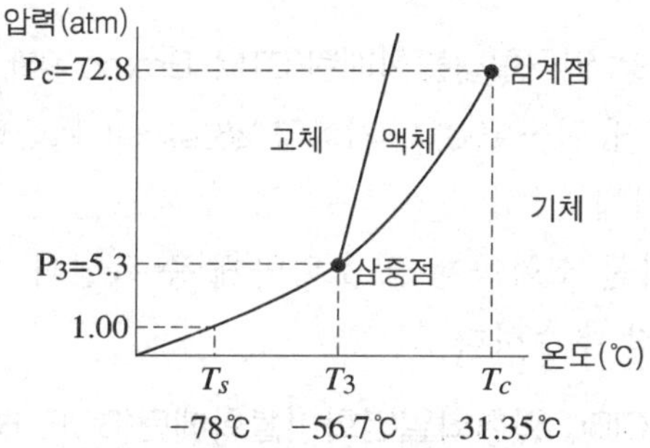

▲ 이산화탄소에 대한 압력: 온도 상평형

2. 할로젠화합물 소화기(증발성 소화기) ★★★

1) 할로젠화합물 소화약제 종류

○ 할로젠화합물 소화약제 종류

종 류	분자식	적응화재	명 칭	비 고
할론1301	CF_3Br	A·B·C급	BTM(Bromo Trifluoro Methane) 일취화삼불화메탄	• 독성이 가장 약함 • 소화력은 가장 우수
할론1211	CF_2ClBr	B·C급	BCF(Bromo Chloro difluoro Methane) 일취화일염화이불화메탄	
할론2402	$C_2F_4Br_2$	B·C급	FB(Tetra Fluoro dibromo Ethane) 이취화사불화에탄	독성 大 ↓ ↑ 소화력 大
할론1011	CH_2ClBr	B·C급	CB(Chloro Bromo Methane) 일염화일취화메탄	
할론104	CCl_4	B·C급	CTC(Carbon Tetra Chloride) 사염화탄소	• 독성이 가장 큼 • 소화효과 적다.

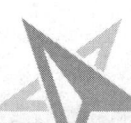

■ **할론 소화약제**: 증발성이 강한 액체로써 연소물에 뿌려주면 화재의 열을 흡수하여 액체가 증발되며, 이때 증발된 증기는 불연성이고 공기보다 무겁기 때문에 공기가 침투하지 못하여 질식 소화된다. 또한, 증기는 화재 불꽃에 의해 할로겐 원소가 유리되어 가연물이 산소와 결합하기 전에 화재현장에 유리된 가연성 유리기와 결합하는 부촉매 효과가 있다.

■ **할론의 3대 소화효과**: ① 질식 효과, ② 부촉매(억제) 효과, ③ 냉각 효과

■ **부촉매 효과(소화능력) 크기**: I > Br > Cl > F

■ **전기음성도(친화력) 크기**: F > Cl > Br > I

■ **할로젠화합물 소화약제 명명법**
  • 할론: Ⓐ C(탄소) 수, Ⓑ F(불소) 수, Ⓒ Cl(염소) 수, Ⓓ Br(브로민, 취소) 수

---

(1) **할론1301 CF_3Br**: 일취화삼불화메탄(BTM, Bromo Trifluore Methane)
  액비중 1.499, 융점 −168℃, 기화열 28.4kcal/kg, 비점 57.75℃
  ① 상온에서 기체
  ② 할로젠화합물 소화약제 중 소화약제 중 독성이 가장 낮고 소화효과는 가장 우수하다.

(2) **할론1211 CF_2ClBr**: 일취화일염화이불화메탄(BCF, Bromo Chloro difluore Methan)
  액비중 1.75, 융점 −160.5℃, 기화열 32.3kcal/kg, 비점 −4℃
  ① 할론1301에 비하여 금속물질에 대한 부식성이 강하다.
  ② 할론1211은 방출시 기체로 방출된다.

(3) **할론2402 $C_2F_4Br_2$**: 이취화 사불화에탄(FB, Tetra fluore dibromo ethane)
  액비중 2.18, 융점 − 110.5℃, 기화열 25Kcal/kg, 증기비중 7.3
  ① 무색투명한 액체이다.
  ② 독성과 부식성은 적다.
  ③ CCl_4, CH_2ClBr에 비해 소화효과가 크다.

(4) **할론1011 CH_2ClBr**: 일염화일취화메탄(CB ; Chloro Bromo Methane)
  액비중 1.93~1.96, 비점 67.2℃, 융점 −86℃, 기화열 50kcal/kg, 증기비중 4.48
  ① 무색투명하다.
  ② 물에는 녹지 않는다.
  ③ 금속을 부식시키며 수분이 포함되어 있으면 부식성이 강해진다.

(5) 할론104 CCl₄: 사염화탄소(CTC, Carbon Tetra Chloride)

액비중 1.595, 비점 77℃, 융점 −22.9℃, 기화열 46.5Kcal/kg, 증기
비중 5.3

① 무색투명한 액체이며 불연성 액체로 전기 불량도체이다.

② 증기는 두통, 구토 등의 중독 증상의 독성이 있다.

③ 금속을 부식시키며 수분이 포함시 부식성이 강해진다.

④ 열분해 시는 맹독성의 포스겐을 생성

참고 **사염화탄소의 반응**
① 건조공기 중 산소와 반응: $2CCl_4 + O_2 \rightarrow 2COCl_2 + 2Cl_2$
② 습한 상태에서 수분과 반응: $CCl_4 + H_2O \rightarrow COCl_2 + 2HCl$
③ 탄산가스와 반응: $CCl_4 + CO_2 \rightarrow 2COCl_2$
④ 산화철과의 반응: $3CCl_4 + Fe_2O_3 \rightarrow 3COCl_2 + 2FeCl_3$

2) 할로젠화합물 소화기 및 CO₂ 소화기 설치 금지 장소

지하층 · 무창층 · 거실 또는 사무실로서 바닥면적이 $20m^2$ 미만

3) 할론 소화약제의 구비조건

① 비점이 낮을 것(기화하기 쉬울 것)

② 기화가 쉬우면서 증발잠열이 클 것

③ 증기는 불연성일 것

④ 공기보다 무거울 것(증기 비중이 클 것)

⑤ 기화 후 잔유물을 남기지 아니할 것

3. 청정소화약제 ✷✷

오존파괴지수(ODP, Ozone Depletion Potential)와 지구 온난화지
수(GWP, Global Warmth Potential)가 할로젠화합물 소화약제나
이산화탄소 소화약제에 비해서 현저히 작은 소화약제를 말한다.

Check! **Point**

■ 오존파괴지수(ODP) $= \dfrac{\text{물질 1kg의 오존파괴량}}{\text{CFC11 1kg의 오존파괴량}}$

■ 지구 온난화지수(GWP) $= \dfrac{\text{물질 1kg에 의한 기온상승}}{\text{CO}_2 \text{ 1kg에 대한 기온상승}}$

CFC는(Chlorofluorocarbon) 탄소(C), 플루오린(F), 염소(Cl)가 포함된 유기화합물을 말한다. CFC−○○○에서 첫 번째 자리는 탄소, 두 번째는 수소, 세 번째는 불소의 개수를 나타낸다.

1) 할로젠화합물 청정소화약제 명명법

HCFC 계열, HFC 계열, FC 계열이 있다.

- 명명법

$$\square\square\square\square - ○○○$$

○의 첫 번째 자리인 탄소 수는 +1, 두 번째 수소 수는 -1, 세 번째는 불소 수이며, 나머지는 Cl 원소로 채워준다.

《예》 HCFC−124의 화학식: C_2HF_4Cl

(C: 1+1=2, H: 2-1=1, F: 4, Cl:1)

HFC−23의 화학식: CHF_3

(첫째 자리가 0이므로 C: 0+1=1, H: 2-1=1, F: 3)

FC−3−1−10의 화학식: C_4F_{10}

(C: 3+1=4, H: 1-1=0, F: 10)

2) 불활성가스계 청정소화약소화약제

비활성기체(IG, Inert Gas) 질소(N_2), 아르곤(Ar), 이산화탄소(CO_2)의 상대적 백분율이며, IG−○○○의 숫자는 순서대로 N_2, Ar, CO_2를 의미한다. 숫자가 2자리인 경우 맨 뒷자리 수는 0을 의미한다.

○ 불활성가스계 청정소화약소화약제

소화약제	약제	농도%
불연성·불활성기체혼합가스(IG−541)	$N_2(52)$, Ar(40%), CO_2(8%)	43
불연성·불활성기체혼합가스(IG−01)	Ar(100%)	43
불연성·불활성기체혼합가스(IG−100)	N_2(100%)	43
불연성·불활성기체혼합가스(IG−55)	N_2(50%), Ar(50%)	43

4. 포 소화기(포말소화기) ✷✷✷

1) 화학 포 소화약제

① A제(외약제): 중탄산나트륨($NaHCO_3$)

② B제(내약제): 황산알루미늄 ($Al_2(SO_4)_3$)

③ 외약제 기포안정제: 가수분해단백질, 계면활성제, 카세인, 젤라틴, 사포닝

● 약제방출방식

보통전도식, 내통밀폐식, 내통밀봉식

④ 약제반응식 ✦

$$6NaHCO_3 + Al_2(SO_4)_3 \cdot 18H_2O$$
$$\rightarrow 3Na_2SO_4 + 2Al(OH)_3 + 6CO_2 + 18H_2O$$

⑤ 포핵(거품 속의 가스): CO_2

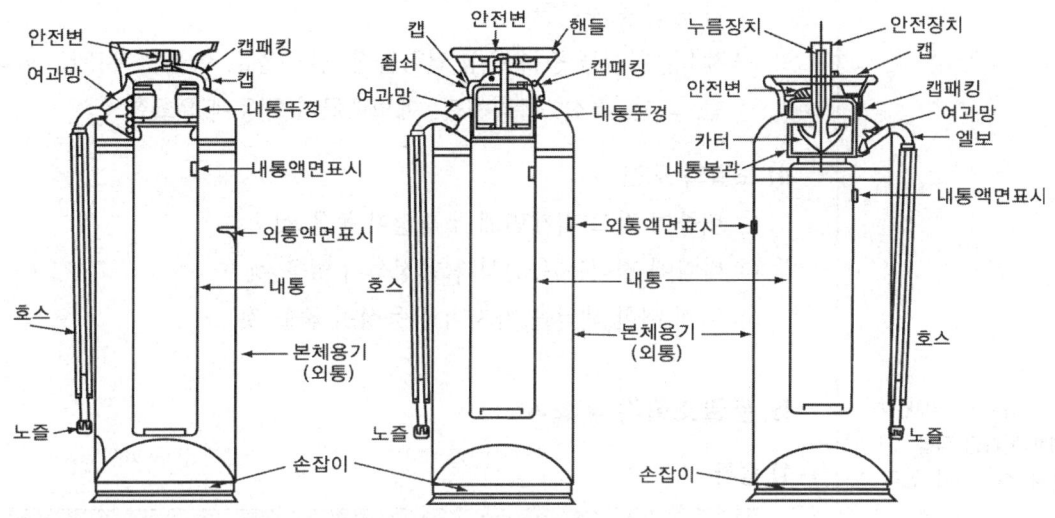

▲ 포 소화약제 통 내부

2) 기계 포 소화약제(공기 포 소화약제) ✦✦

① 발포배율에 따른 구분

　　㉠ 저발포: 6배 이상 20배 미만

　　㉡ 고발포: 제1종기계포(팽창비 80~250배)

② 포핵(거품 속의 가스): 공기

✪ 포 소화약제의 종류

기계포 종류 ✦	약제 특성
단백포	① 동물, 식물성 단백질을 첨가시킨 형태로 내구력이 없어 보관 시 유의해야 한다. ② 재연소 방지능력이 우수하다. ③ 겨울철에는 유동성이 저하된다. ④ 다른 포약제에 비하여 부식성이 있다.
합성계면활성제포	고급알코올 황산에스테르와 고급알코올 황산염을 사용하여 포의 안정성을 첨가한 소화약제
수성막포	불소계 계면활성제가 주성분이며 특히 기름 화재용 포액으로서 가장 좋은 소화력을 가진 포(foam)
불화단백포	단백포에 불소계계면활성제를 혼합하여 제조한 것: 가격이 비싸다.
알코올포	단백질의 가수분해물에 합성세제를 혼합한 소화약제로서 수용성(알코올 에스테르 등) 물질에 사용

✔ 기계 포 소화약제의 종류

단백포, 합성계면활성제포, 수성막포, 불화단백포, 알코올포

• 방출방식: 축압식, 가스가압식

3) 알코올용 포 소화기(특수포), B급 수용성 액체 가연물에 유효 ✦

① 일반화학포는 소포성이 있어서 알코올포를 사용함

② 갈색의 악취가 나는 점도가 높은 소화약제

③ 유기 지방산염 중 복염을 첨가한 것으로 물과 접촉하는 순간 복염이 해리되어 불용성의 지방산염의 피막을 생성하여 포를 유지하여 공기 공급을 차단한다.

④ 제4류 위험물 중 수용성 인화물질, 알코올류, 아세톤, MEK, 피리딘, 의산, 초산, 글리세린, 에틸렌글리콜 등에 유효함

4) 포말의 조건 ✦

① 비중이 작고 화재면에 부착성이 좋을 것

② 바람에 견디는 응집성과 안정성이 있을 것

③ 열에 대한 센막을 가지며 유동성이 좋을 것

5. 분말소화기 ✦✦✦

1) 종류 ✦

• 분말소화기는 전기화재, 유류화재에 가장 적합
• **소화효과**: 질식소화, 냉각소화
• **방출방식**: 축압식, 가스가압식

분 류	약제 주성분	약제색	화학식	적용화재
제1종 분말	탄산수소나트륨(중조)	백 색	$NaHCO_3$	B.C
제2종 분말	탄산수소칼륨	보라색	$KHCO_3$	B.C
제3종 분말	인산암모늄	담홍색	$NH_4H_2PO_4$	A.B.C.
제4종 분말	탄산수소칼륨+요소	회 색	$KHCO_3+(NH_2)_2CO$	B.C

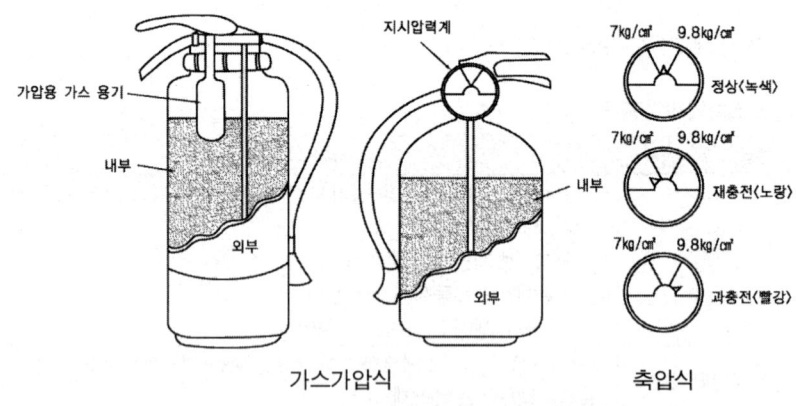

▲ 분말소화기 종류

2) 방출방식

① 축압식: 내부 압력은 $7 \sim 9.8 \text{kg/cm}^2$, 주입 가스는 N_2, 공기 또는 CO_2

② 가압식: 용기 내부나 외부에 압력용기를 설치하여 분말 약제를 분사 시키는 소화기

3) 열분해 반응식 ✖

① 1종 분말

㉠ 온도 270℃에서

$$2NaHCO_3 \rightarrow Na_2CO_3 + CO_2 + H_2O - \underline{Q \ Kcal}$$
흡열반응

㉡ 온도 850℃에서

$$2NaHCO_3 \rightarrow Na_2O + 2CO_2 + H_2O - \underline{Q \ Kcal}$$
흡열반응

② 2종 분말

㉠ 온도 190℃에서

$$2KHCO_3 \rightarrow K_2CO_3 + CO_2 + H_2O - \underline{Q \ Kcal}$$
흡열반응

㉡ 온도 590℃에서

$$2KHCO_3 \rightarrow K_2O + 2CO_2 + H_2O - \underline{Q \ Kcal}$$
흡열반응

③ 3종 분말: $NH_4H_2PO_4 \rightarrow \underline{HPO_3} + NH_3 + H_2O$
방진작용

④ 4종 분말: $2KHCO_3 + (NH_2)_2CO \rightarrow K_2CO_3 + 2NH_3 + 2CO_2$

4) 분말 소화약제의 특성

① 전기절연성이 우수

② 금속수지, 실리콘수지 첨가(약제의 유동화와 발부성을 부여함)

④ 금속화재용: 염화바륨, 염화나트륨, 염화칼슘 등 회백색임

⑤ 질식작용, 냉각작용, 일부 연소억제(HPO_3) 작용

Check! Point

■ **3종 분말**

$NH_4H_2PO_4 \rightarrow HPO_3 + NH_3 + H_2O$

• 흡열반응에 의한 냉각 효과

• 불연성 가스(H_2O)에 의한 질식 효과

• 메타인산(HPO_3)의 방진 효과 등으로 A·B·C급 화재 모두에 유효한 우수한 소화약제

※ 방진작용: 가연물의 표면에 부착되어 연소가 진행되는 것을 차단하는 것

---

6. 물소화기 ✦✦

1) 적응화재: 일반화재(A급)

2) 소화효과: 냉각소화, 질식소화, 유화작용

3) 주수방법: 봉상 주수(A급), 무상주수(A·B·C급)
① 구입이 쉽고 가격이 저렴하며 사용 시 안정성이 있다.
② 기화잠열(539cal/g)이 커서 우수한 냉각소화 성능

7. 강화액소화기 ✦

1) 적응화재: A급(냉각소화, 질식소화)

2) 방출방식: 봉상[A급(냉각소화)]

3) 방출형식: 가스가압식, 반응식(파병식), 축압식
① 가스가압식: 가압용 가스 N_2 사용
용기 내부나 외부에 압력용기를 설치하여 약제를 방출시키는 소화기
② 반응식(파병식): 가압원 CO_2
알칼리 금속염의 수용액에 황산을 반응시켜 그 반응시 발생되는 가스압력으로 방사한다.

$$K_2CO_3 + H_2SO_4 \rightarrow K_2SO_4 + H_2O + CO_2$$

③ 축압식: 축압용 가스는 압축공기, 압력계의 눈금은 $8.1 \sim 9.8 kg/cm^2$

4) 특성 ✦
① 물에 탄산칼륨 용해하여 빙점을 $-25 \sim -30℃$로 조절한 소화약제로 한랭지역 및 겨울철 사용이 가능하다.
② 액성은 강알칼리다(pH12).
㉠ 액비중: $1.3 \sim 1.4$
㉡ 응고점: $-25 \sim -30℃$
㉢ 독성 및 부식성이 없다.

8. 산·알칼리소화기

1) 적응화재: A급(냉각소화)

2) 방출형식 ✦
파병식, 전도식, 수용액은 pH 5.5 이하의 산성임

$$2NaHCO_3 + H_2SO_4 \rightarrow Na_2SO_4 + 2CO_2 + 2H_2O$$

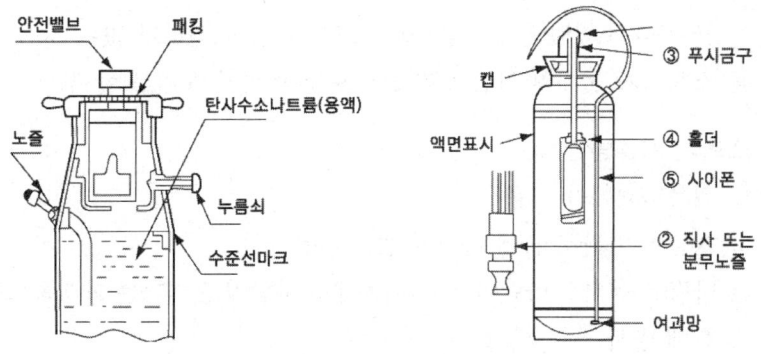

▲ 산·알칼리 소화기 구조

9. 간이소화제

1) 마른모래(만능소화약제) ✨

① 반드시 건조되어 있을 것

② 가연물이 함유되어 있지 않을 것

③ 반절 드럼 또는 포대 안에 저장하며, 양동이, 삽 등의 부속기구를 상비할 것

2) 팽창질석, 팽창진주암: 제3류 위험물 알킬알루미늄과 알킬리튬에 사용되는 소화약제

3) 소화탄: 투척용으로 소화액은 중조, 탄산암모늄, 또는 증발성 액이 이용

4) 중조톱밥: 중조에 톱밥을 혼합한 것으로 주성분은 중조와 톱밥이다.

5) 수증기: 질식작용

10. 소화기 유지관리 ✨

1) 소화기 외부 표시 사항

① 소화기 명칭   ② 적응화재 표시

③ 용기 합격 및 중량 표시   ④ 사용방법

⑤ 취급상 주의 사항   ⑥ 능력 단위

⑦ 제조 년 월 일

---

❷ 팽창질석

운모가 풍화 또는 변질되어 생성된 것으로 함유하고 있는 수분이 탈수되면 팽창하여 늘어나는 성질을 가지고 있다. 색깔은 금색, 은색, 갈색 등이 있으며 내화성(1400℃ 정도)을 가지고 있다.

❷ 팽창진주암

천연유리를 1cm 미만의 진주와 같은 조각으로 분쇄한 것으로 진주와 같은 빛을 발하거나 또는 녹색을 띤다. 3~4%의 수분을 함유하고 있으며, 화재 시에 820~1100℃ 온도에서 체적이 약 15~20배 정도 팽창한다.

2) 각 소화기의 공통된 사항

① 바닥면의 높이가 1.5m 이하가 되는 지점에 설치

② 통행, 피난에 지장이 없고 사용 시에 쉽게 반출할 수 있는 지점

③ 물 기타 소화약제가 동결, 변질 또는 분출할 염려가 없는 지점

④ 소화기가 설치된 지점에 잘 보이도록 소화기 표시를 할 것

3) 소화기 사용방법 ✑

① 적응화재에만 사용

② 성능에 따라서 불에 가까이 접근 사용

③ 바람을 등지고 바람이 부는 위쪽에서 바람이 불어가는 아래쪽으로 향해 방사

④ 양옆으로 쓸 듯이 골고루 방사할 것

4) 소화기 사용상 주의 사항 ✑

① 화재 초기에만 효과가 있고 화재가 확대된 후에는 효과가 없다.

② 대형 소화설비의 대용은 될 수 없다.

③ 그 구조, 성능 취급법을 알고 있지 않으면 효과가 없다.

5) 소화기 점검

① 작동기능검사: 연 1회 상반기 실시

② 종합정밀검사: 연 1회 하반기 실시

CHAPTER 02 소방시설의 종류 및 운영

2▶① 소방시설의 종류

1. 소화설비

1) 소화기구

물, 그 밖의 소화약제를 사용하여 소화를 행하는 기계, 기구 설비

① 수동식 소화기   ② 물 소화기

③ 산알칼리 소화기   ④ 강화액 소화기

⑤ 포 소화기   ⑥ CO_2 소화기

⑦ 할론 소화기   ⑧ 분말 소화기

⑨ 자동식 소화기 및 자동확산 소화용구   ⑩ 간이 소화기 등

2) 옥내소화전설비

3) 스프링클러·간이 스프링클러 설비 및 화재 조기 진압용 스프링클러 설비

4) 물 분무 등 소화설비

① 물 분무 소화설비   ② 포 소화설비

③ 할로젠화합물 소화설비   ④ CO_2 소화설비

⑤ 분말 소화설비 및 청정소화약제설비

※ 물 분무 등 제외: 스프링클러 소화설비

5) 옥외소화전설비

2. 경보설비

① 자동화재탐지설비   ② 자동화재속보설비

③ 비상경보설비(비상벨 또는 경종 포함)   ④ 비상방송설비

⑤ 누전경보기   ⑥ 가스누설경보기

⑦ 확성장치(휴대용 확성기 포함)

학습 POINT

소방시설의 종류 및 운용, 소화설비, 경보설비, 피난설비, 유도표지 및 유도표시등, 비상조명등 및 휴대용 비상조명등, 소화 용수 설비, 소화 활동 설비 등의 설치 및 운영에 관한 내용에 대하여 알 수 있다.

✔ **소방시설의 종류**

소화설비, 경보설비, 피난설비, 소화용수설비, 소화활동설비

✔ **소방시설의 점검**

① 작동기능점검: 상반기 1회 이상

② 종합정밀점검: 연 1회 이상 실시

3. 피난설비

① 피난기구: 미끄럼대, 피난사다리, 완강기, 구조대, 공기안전매트,
   피난교, 피난밧줄 등
② 인명구조기구
③ 방열복 · 공기호흡기 및 인공소생기
④ 유도등 및 유도표지 · 비상조명등
⑤ 비상조명등 및 휴대용 비상조명등

4. 소화용수설비

① 상수도 소화용수 설비
② 소화수조 · 저수조 · 그 밖의 소화용수설비

5. 소화활동설비

① 연결송수관설비	② 연결살수설비
③ 연소방지설비	④ 제연설비
⑤ 비상콘센트설비	⑥ 무선통신보조설비

2▶ ② 소화설비

1. 소화기구 ✍

1) 수동식 소화기 또는 간이 소화용구 설치 대상

① 연면적 $33m^2$ 이상인 것
② 지정 문화재 및 가스시설
③ 터널

2) 자동식 소화기 설치 대상: APT 세대별로 주방에 설치

3) 소화기는 각 층마다 설치한다.

Check! 👉 Point

■ **소방대상물 각 부분으로부터의 보행거리**
① 수동식 소화기: 보행거리 20m 이내
② 수동식 대형 소화기: 보행거리 30m 이내
  • 보행거리: 최단거리로 걸었을 때의 거리

✅ 소화기구의 종류

물, 그 밖의 소화약제를 사용
하여 소화를 행하는 기계, 기
구 설비
① 수동식 소화기
② 물소화기
③ 산알칼리 소화기
④ 강화액 소화기
⑤ 포 소화기
⑥ CO_2 소화기
⑦ 할론 소화기
⑧ 분말 소화기
⑨ 간이 소화기 등
⑩ 자동식 소화기 및 자동확산
   소화용구

4) 소화기구 설치기준

① 소방대상물에 따른 능력 단위 이상 설치

② 바닥으로부터 1.5m 이하에 설치한다.

📖

✔ **전기설비의 소화설비 설치기준**

면적 100m^2 마다 소형 수동소화기 1개 이상 설치

5) 소화기구의 표지판

① 수동식: 소화기

② 마른 모래: 소화용 모래

③ 팽창진주암 · 팽창질석: 소화질석

6) 소화기 설치 금지 장소 및 대상 소화기

① 대상 소화기

  ㉠ 이산화탄소

  ㉡ 할로젠화합물(1301은 제외) 소화기

② 이산화탄소, 할로젠화합물 설치금지 장소

  ㉠ 지하층

  ㉡ 무창층

  ㉢ 밀폐된 사무실 또는 거실로서 바닥면적이 20m^2 미만인 장소

7) 소요단위 및 능력 단위

① 소요단위: 소화설비의 설치 대상이 되는 건축물 그 밖의 공작물의 규모 또는 위험물의 양의 기준

② 능력 단위: ①의 소요단위에 대응하는 소화설비의 소화능력의 기준 단위

8) 소요단위 계산방법 ✱✱✱

① 외벽이 내화구조인 제조소 및 취급소: 100m^{2}를 1소요단위

② 외벽이 내화구조 이외의 제조소 및 취급소: 50m^{2}를 1소요단위

③ 외벽이 내화구조인 저장소: 150m^{2}를 1소요단위

④ 외벽이 내화구조 이외의 저장소: 75m^{2}를 1소요단위

⑤ 위험물 지정 수량의 10배: 1소요단위

9) 기타

① 위락시설: 바닥면적 30m^{2}마다 능력 단위 1단위 이상

② 공연장 · 집회장 · 관람장 및 문화재: 바닥면적 50m^{2}마다 능력 단위 1단위 이상

③ 근린생활시설 · 판매시설: 바닥면적 100m^{2}마다 능력 단위 1단위 이상

10) 기타 소화설비의 능력 단위 ✦

소화설비 (간이소화용구)	용량	능력 단위
소화전용물통	8l	0.3단위
수조(소화전용물통 3개 포함)	80l	1.5단위
수조(소화전용물통 6개 포함)	190l	2.5단위
마른모래(삽 1개 포함)	50l	0.5단위
팽창질석·팽창진주암(삽 1개 포함)	160l	1.0단위

📖

✅ 대형소화기를 소화약제 기준으로 정할 때 소화기 양

① 물 소화기: 80l 이상
② 강화액 소화기: 60l 이상
③ 할로겐화합물 소화기: 30kg 이상
④ 이산화탄소 소화기: 50kg 이상
⑤ 분말 소화기: 20kg 이상
⑥ 포 소화기: 20l 이상

2. 옥내소화전설비 ✦✦✦

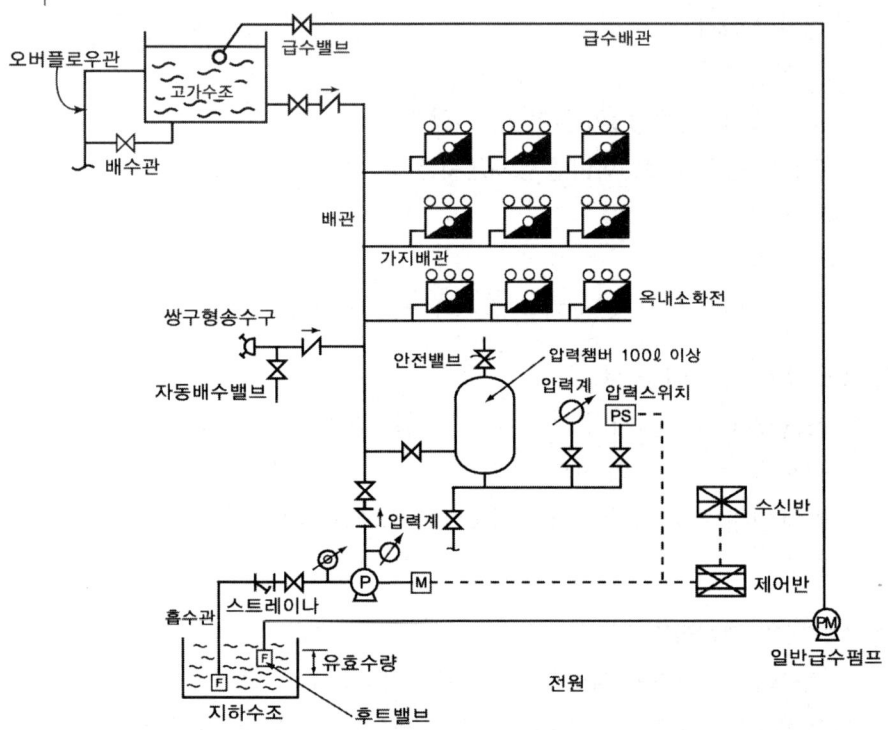

▲ 옥내소화전 구조도

1) 설치기준(위험물 제조소 등 기준)

① 수원의 수량: 설치개수(5개 이상인 경우는 5개로 계산)×7.8m³ 이상

$Q = n(설치개수) \times q(분당토출량\ 260l/min) \times t(30mim)$

② 노즐선단의 방수압력: 350kPa 이상

③ 분당토출량(방수량): 260l/min 이상

④ 비상전원의 용량: 45분 이상

⑤ 호스접속구까지의 수평거리: 25m이하(각 층의 출입구 부근에 1개 이상 설치)

⑥ 공장 · 창고시설로서 특수가연물: 지정 수량 750배 이상 저장 취급하는 곳

⑦ 입상관 구경: 50mm 이상인 것

⑧ 연결송수관 겸용 시: 주 배관은 100mm 이상, 가지배관은 구경이 65mm 이상인 것

2) 옥내소화전 방수구 및 옥내소화전함

① 옥내소화전 방수구

㉠ 방수구경: 40mm 이상

㉡ 바닥으로부터의 높이: 1.5m 이하

② 옥내소화전

㉠ 함의 두께: 강판의 1.5mm 이상, 합성수지 4mm 이상

㉡ 문짝의 크기: 0.5m^2 이상

㉢ 부착면으로부터 15° 이상의 범위에서 10m 이내의 어느 위치에서 확인할 수 있는 적색의 표시등을 설치한다.

㉣ "소화전"이라는 표지를 한다.

③ 개폐밸브 및 호스접속구: 바닥면으로부터 1.5m 이하 높이

3. 옥외소화전 ✐

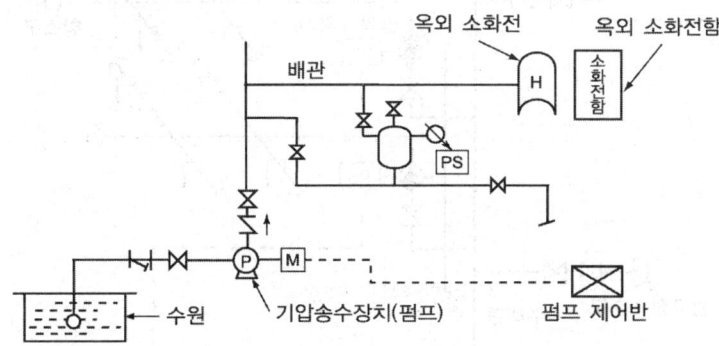

▲ 옥외소화전

1) 설치기준(위험물 제조소 등 기준)

① 수원의 수량: 설치개수(4개 이상인 경우는 4개로 계산)×13.5m^3 이상

② 노즐선단

㉠ 방수압력: 350kPa 이상

㉡ 방수량: 450l/min 이상

③ 비상전원의 용량: 45분 이상

④ 방수구 구경: 65mm 이상

⑤ 호스접결구까지의 수평거리: 40m 이하(설치개수가 1개일 때는 2개로 할 것)

⑥ 특수가연물의 공장 및 창고: 지정 수량 750배 이상 저장 취급하는 곳

2) 옥외소화전설비 특징

건축물의 1층 및 2층 부분만을 방사능력 범위로 하는 소화설비에 해당

3) 옥외소화전 방수구 및 옥외소화전함

① 소화전과 소화전함과의 거리: 5m 이내

② 소화전 10개 이하: 소화전마다 5m 이내의 장소에 소화전함 1개 이상 설치

③ 소화전 11개 이상 30개 이하: 소화전함 11개를 분산 설치

④ 소화전 31개 이상: 소화전 3개마다 소화전함 1개 이상 설치

4. 스프링클러 설비(간이 스프링클러 설비 및 화재 조기 진압용 스프링클러 설비) ✦✦

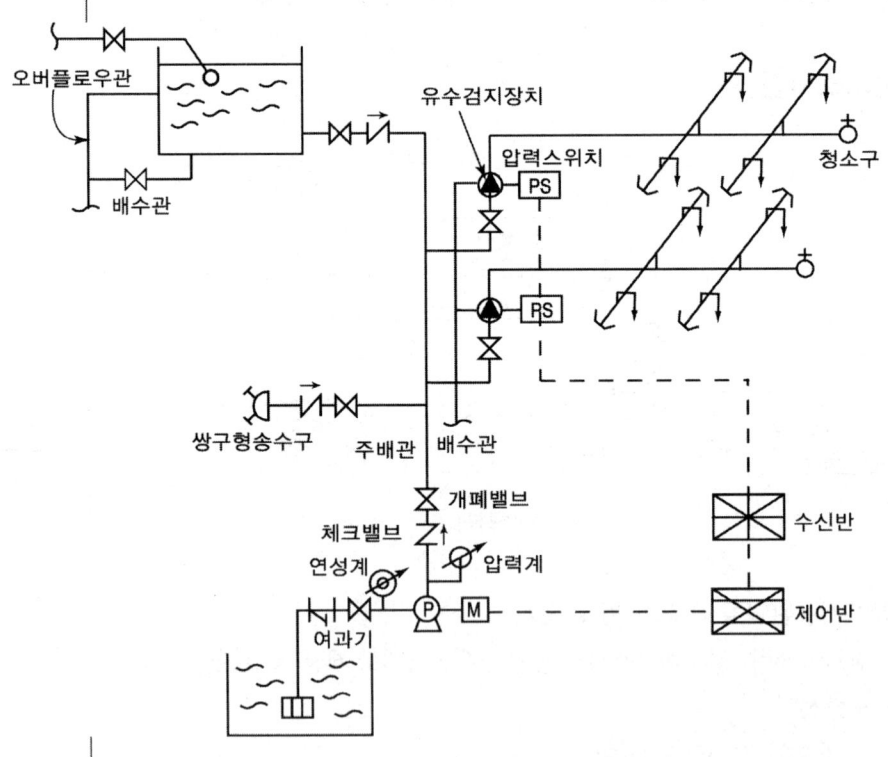

▲ 스프링클러 소화설비

1) 기준(위험물 제조소 등 기준)

① 수원의 수량

　㉠ 폐쇄형 스프링클러 헤드: 30(30 미만일 때에는 설치개수)×2.4m³ 이상

　㉡ 개방형 스프링클러 헤드: 가장 많이 설치된 방사 구역의 헤드 설치개수×2.4m³ 이상

② 방사압력: 100kPa 이상

③ 방수량: 80l/min 이상

④ 비상전원의 용량: 45분 이상

⑤ 유수검지장치: 바닥으로부터 0.8m 이상 1.5m 이하

2) 헤드 설치 기준

① 스프링클러 헤드로부터 반경 60cm 이상의 공간을 보유할 것

② 스프링클러 헤드와 그 부착면과의 거리는 30cm 이하로 할 것(다만, 천장, 반자, 선반 등이 불연재료로 된 경우에는 45cm 이하)

③ 방호대상과 수평거리는 1.7m 이하

3) 배관기준

가지배관에 설치하는 헤드 수 8개 이하로 설치한다.

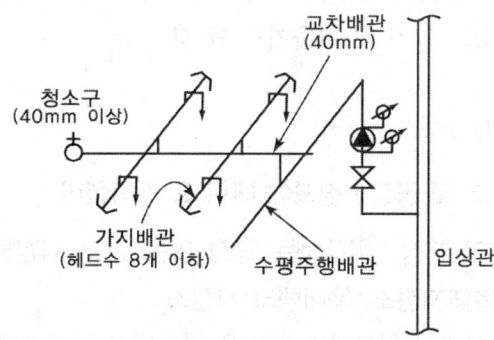

▲ 입상배관 교차배관 가지배관

4) 폐쇄형 스프링클러 헤드의 설치장소의 평상시 최고 주위온도에 따른 표시온도

❷ 표시온도 정의

폐쇄형 헤드의 감열체가 열에 의해 작동하는 온도로서 헤드에 표시된 온도

설치장소 최고온도	표시온도
39℃ 미만	79℃ 미만
39℃ 이상 64℃ 미만	79℃ 이상 121℃ 미만
64℃ 이상 106℃ 미만	121℃ 이상 162℃ 미만
106℃ 이상	162℃ 이상

• 방사 구역이 150m² 이상(표면적이 150m² 미만일 때에는 당해 표면적)으로 할 것

5. 물 분무 소화설비

1) 물 분무 소화설비 수원

① 수원의 수량: 방사구역표면적 $1m^2$ 당 $20l/min \times 30$분 이상

② 방사압력: 350kPa 이상

③ 비상전원의 용량: 45분 이상(옥내소화전설비에 준함)

2) 물 분무 소화설비 설치 제외

① 물에 심하게 반응하는 물질 또는 물과 반응하여 위험물 물질을 저장 취급하는 장소

② 고온의 물질 및 증류범위가 넓어 끓어 넘칠 위험이 있는 물질을 저장 또는 취급하는 장소

③ 운전 시에 표면의 온도가 260℃ 이상으로 되는 등 직접 분무를 하는 경우 그 부분에 손상을 입힐 우려가 있는 기계장치 등이 있는 장소

3) 차고 · 주차장 배수설비

① 높이 10cm 이상의 경계턱으로 배수구 설치

② 길이 40cm마다 집수관 · 소화핏트 등 기름분리장치

③ 차량이 주차하는 바닥은 배수구를 향해 100분의 2 이상의 기울기를 유지

④ 배수설비는 가압송수장치의 최대 송수능력의 수량을 유효하게 배수할 수 있는 크기 및 기울기로 할 것

6. 포 소화설비

1) 위험물 제조소 및 공장 · 창고에 대한 포 소화설비

(1) 특수가연물의 저장 · 취급하는 공장 또는 창고·위험물 제조소, 일반취급소, 옥내저장소, 옥내탱크 저장소

① 포 헤드: 사람이 접근하기 어려운 저장탱크 등에 설치하는 설비

② 홈헤드

③ 홈워터 스프링클러 헤드의 수원의 저수량

헤드 수(가장 많은 층의 것)×표준방사량×10분 이상

④ 고정포 방출설비의 수원의 저수량

고정포 방출구(방출구가 가장 많은 방호구역의 것)×표준방사량×10분 이상

(2) 옥외탱크 저장소

고정포 방출설비, 포 소화전 방출설비(탱크 외부로 흘러나온 액체 위험물 화재 진압)

◎ 고정포 방출 방식

탱크 종류	고정포 방출구 종류		
콘루프 탱크	ⓐ I 형포 방출구	ⓑ II 형포 방출구	ⓒ III 형포 방출구
	ⓓ IV 형포 방출구	ⓔ 표면하 주입식	
플루팅 루프 탱크	특형 방출구		

(3) 포 헤드 방식 표준방사량

① 홈워터 스프링클러 헤드: 75l/min 이상

② 홈헤드

◎ 포 헤드 방식 표준방사량

소방대상물	포 소화약제의 종류	바닥면적 1m^{2}당 방사량(l)
위험물 제조소·일반취급소·옥내 저장소·옥내 탱크저장소·특수 가연물 저장 취급하는 소방대상물	단백포 소화약제	6.5
	합성계면 활성제 포 소화약제	6.5
	수성막포 소화약제	6.5
알코올류를 제조·저장 또는 취급하는 소방대상물	알코올형 포 소화약제	13

2) 포 팽창비율에 따른 포방출구 종류

◎ 포 팽창비율에 따른 포방출구 종류

팽창비율에 의한 포의 종류	포방출구의 종류
20 이하(저발포)	포 헤드(홈헤드, 홈워터 스프링클러 헤드)
80 이상 1000 미만(고발포)	고발포용 고정포 방출구

3) 포 소화전 기준

① 방유제 밖에 설치할 것(방유제가 없는 경우 방호대상물로부터 수평거리 15m 이상 떨어진 곳에 설치할 것)

② 포 소화전(5개 이상 설치된 경우에는 5개)을 동시에 사용하는 경우

ㄱ 노즐 선단의 방사압력: 0.35MPa 이상

ㄴ 방수량: 400l/min 이상

ㄷ 방사거리: 수평거리 15m 이상

③ 방유제의 각 부분 하나의 포 소화전 방수구까지 수평거리가 40m 이내가 되도록 설치하여야 한다.

④ 포 소화전함을 설치할 것

✔ I형포, II형포 방출구

- I형 방출구: 방출된 포가 위험물과 섞이지 아니하고 탱크속에 흘러 들어가 소화 작용을 하도록 통계단 등의 설비가 된 방출구
- II형 방출구: 방출된 포가 반사판에 의하여 탱크의 벽면을 따라 흘러 들어가 소화 작용을 하도록 된 포방출구

(1) 보조 포 소화전(3개까지 설치)

　① 방유제 외측에 설치: 보조 포 소화전 상호간 보행거리 75m 이하

　② 노즐: 방사압력 0.35MPa 이상, 방사량 400 l/min 이상

　③ 20분 이상 방사할 수 있을 것

(2) 포 모니터 노즐

　① 노즐 선단의 방사량: 1900 l/min 이상

　② 수평방사거리: 30m 이상

　③ 30분 이상 방사할 수 있을 것

(3) 이동식 포 소화설비

　① 최대 4개까지 설치: 호스접결구가 4개 미만인 경우는 그 개수

　② 방사압력: 0.35MPa 이상

　　• 방사량: 옥내는 200 l/min 이상, 옥외는 400 l/min 이상

　③ 40분 이상 방사할 수 있을 것

4) 포 소화약제 혼합방식 ✗

(1) 라인 프로포셔너 방식(line proportioner)

　펌프와 발포기의 중간에 설치된 벤츄리관의 벤츄리 작용에 의하여 포 소화약제를 흡입 · 혼합하는 방식

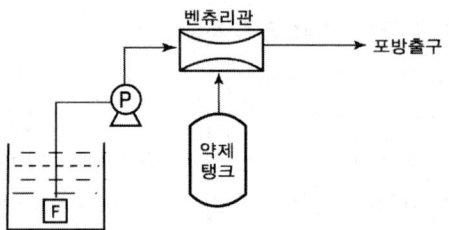

(2) 프레셔 프로포셔너 방식(pressure proportioner)

　펌프와 발포기의 중간에 설치된 벤츄리 관의 벤츄리 작용과 펌프 가압수의 포 소화약제 저장탱크에 대한 압력에 의하여 포 소화약제를 흡입 · 혼합하는 방식

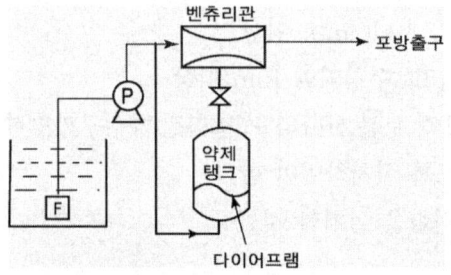

(3) 펌프 프로포셔너 방식(pump proportioner)

펌프의 토출관과 흡입관 사이의 배관도중에 설치한 흡입기에 펌프에서 토출된 물의 일부를 보내고 농도 조정밸브에서 조정된 포 소화약제의 필요량을 포 소화약제 탱크에서 펌프 흡입 측으로 보내어 이를 혼합하는 방식

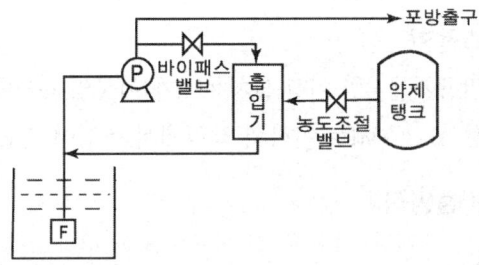

(4) 프레셔 사이드 프로포셔너 방식(pressure side proportioner)

펌프의 토출관에 압입기를 설치하여 포 소화약제 압입용 펌프로 포 소화약제를 압입시켜 혼합하는 방식

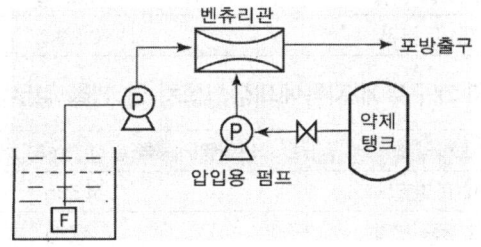

7. 분말 소화설비 ⚝

1) 분말 소화약제

약 제	약제 주성분	화학식	적용 화재	충전비
제1종 분말	탄산수소나트륨	$NaHCO_3$	B.C	0.8
제2종 분말	탄산수소칼륨	$KHCO_3$	B.C	1.0
제3종 분말	인산암모늄	$NH_4H_2PO_4$	A.B.C.	1.0
제4종 분말	탄산수소칼륨+요소	$KHCO_3+(NH_2)_2CO$	B.C	1.25

2) 저장 용기

① 방호구역 외부에 온도가 40℃ 이하인 곳 설치
② 직사광선이나 빗물이 침투할 우려가 없고 방화문으로 구획된 장소에 설치

③ 저장 용기 안전밸브
  ㉠ 가압식: 최고사용압력의 1.8배 이하
  ㉡ 축압식: 용기내압시험압력의 0.8배 이하에서 작동
④ 저장 용기 충전비: 0.8 이상

3) 가압용 가스 및 축압용 가스: 질소, 탄산가스

4) 가압용 가스용기
① 약제 가압용기를 3병 이상 설치 시 2개 이상의 용기에 전자밸브 설치
② 압력조정기: 2.5MPa 이하의 압력에서 조정이 가능한 조정기 설치

5) 소화약제 방출방식

(1) 전역방출방식
  ① 방호구역체적 1m³당 약제량

소화약제	방호구역 1m³당 소화약제량(kg)
제1종 분말	0.6kg
제2, 3종 분말	0.36kg
제4종 분말	0.24kg

  ② 방호구역 개구부에 자동폐쇄장치설치 안 했을 경우

소화약제	가산량(개구부 면적 1m³당 소화약제량(kg))
제1종 분말	4.5kg
제2, 3종 분말	2.7kg
제4종 분말	1.8kg

  ③ 약제방출시간: 30초

(2) 국소방출방식
  ① 면적식 국소방출방식

소화약제	가산량(개구부 면적 1m³당 소화약제량(kg))
제1종 분말	8.8kg
제2, 3종 분말	5.2kg
제4종 분말	3.6kg

  ② 용적식 국소방출방식
  • 약제량: 방호공간 1m³당 약제량 × 방호공간 체적 × 1.1을 곱한 양 이상일 것

$$Q = X - Y\frac{a}{A}$$

Q: 방호공간에 1m³당 분말 소화약제의 양(kg)

a: 방호대상물 벽 면적의 합(m²)

A: 방호공간 1m²당 벽 면적의 합(m²)

◆ X 및 Y의 수치

소화약제	X	Y
제1종 분말	5.2	3.9
제2, 3종 분말	3.2	2.4
제4종 분말	2.0	1.5

※ 약제 방출시간: 30초 이내

③ 호스릴 방식

방호대상물로부터 호스 접결구까지의 수평거리는 15m 이하

◆ 하나의 노즐에 따른 소화약제량

소화약제	소화약제량(kg)
제1종 분말	50kg
제2, 3종 분말	30kg
제4종 분말	20kg

6) 화재감지기: 교차 회로 방식

Check! Point

■ **전역방출 방식**: 고정식 분말 소화약제 공급장치에 배관 및 분사헤드를 설치하여 밀폐 방호공간 구역 내에 분말 소화약제를 방출하는 설비

■ **국소방출 방식**: 고정식 분말 소화약제 공급장치에 배관 및 분사헤드를 설치하여 직접 화점에 분말 소화약제를 방출하는 설비로 화재발생 부분에만 집중적으로 소화약제 를 방출하는 방식

■ **호스릴 방식**: 분사헤드가 배관에 고정되어 있지 않고 소화약제저장 용기에 호스를 연결하여 사람이 직접 화점에 소화약제를 방출하는 이동식 소화설비를 말함

■ **교차 회로 방식**: 하나의 방호구역 내에 2 이상의 화재감지기 회로를 설치하고 인접한 2 이상의 화재감지기가 동시에 감지되는 때에는 분말 소화설비가 작동하여 소화약제 가 방출되는 방식

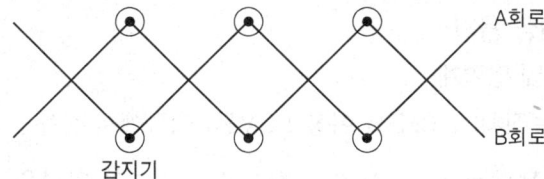

7) 비상전원: 20분 이상

8) 음향경보장치: 방호구역 또는 방호대상물로부터 하나의 확성기까지 수평거리 25m 이하

8. 이산화탄소 소화설비 ✺

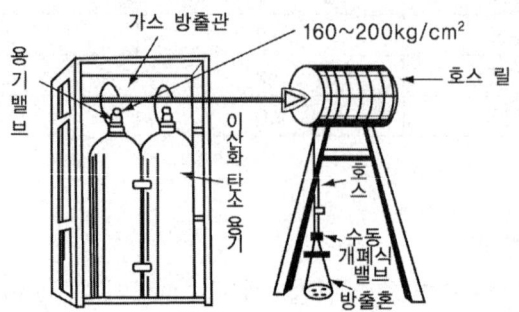

▲ 호스릴 이산화탄소 소화설비

1) 약제 저장 용기

① 방화문으로 구획되고, 방호구역 외부에 온도가 40℃ 이하인 곳 설치

② 직사광선 및 빗물이 침투할 우려가 없는 곳

③ 용기 간의 간격 3cm 이상의 간격을 유지하고 설치표지를 할 것

④ 저장 용기와 집합관을 연결하는 연결 배관에는 체크 밸브를 설치할 것

2) 약제 저장 용기 설치기준 ✺

(1) 저장 용기 충전비

① 고압식: 1.5 이상, 1.9 이하

② 저압식: 1.1 이상, 1.4 이하

(2) 저압식 저장 용기의 안전장치

① 안전밸브작동압: 내압시험압력×0.64 내지 0.8

② 봉판작동압력: 내압시험압력×0.8 내지 내압시험압력

(3) 저압식 저장 용기

① 액면계 및 압력계

② 압력경보장치: 2.3MPa 이상 1.9MPa 이하에서 작동

(4) 자동냉동장치 설치: −18℃ 이하, 21kg/cm²의 압력을 유지할 수 있을 것

(5) 저장 용기 내압시험 압력

① 고압식: 25MPa

② 저압식: 3.5MPa

(6) 소화약제 방출방식

　　① 전역방출방식

　　② 국소방출방식

　　③ 호스릴 방출방식: 하나의 노즐에 대하여 90kg 이상일 것

(7) 기동장치 조작부 설치 높이: 0.8m 이상 1.5m 이하

(8) 소화약제 저장 용기 기동장치

　　① 전기식

　　② 기계식

　　③ 가스 압력식

　　　　㉠ 기동용 가스용기 및 밸브: 25MPa에 견딜 수 있을 것

　　　　㉡ 기동용 가스용기 안전장치: 0.8 내지 내압시험압력에서 작동

　　　　㉢ 기동용기 용적: 1ℓ 이상

　　　　㉣ 기동용기 저장가스: 이산화탄소 0.6kg 이상

　　　　㉤ 충전비: 1.5 이상

(9) 분사헤드 방사압력

　　① 고압식: 2.1MPa 이상

　　② 저압식: 1.05MPa 이상

(10) 호스릴 이산화탄소 설비 ✦

　　① 호스접결구까지 수평거리: 15m 이내

　　② 하나의 노즐당 약제 방사량: 60kg/min

(11) 분사헤드 설치제외 장소

　　① 방제실, 제어실 등 사람이 상시 근무하는 장소

　　② 나이트로셀룰로오스, 셀룰로이드 제품 등 자기 연소성물질을 취
　　　급하는 장소

　　③ 나트륨, 칼륨, 칼슘 등 활성금속 물질을 저장 · 취급하는 장소

　　④ 전시장 등 관람을 위해 다수인이 출입 · 통행하는 장소

(12) 화재감지기 · 비상전원 · 음향경보장치: 분말 소화설비에 준한다.

(13) 약제방출시간

　　① 전역방출방식

　　　　㉠ 표면화재: 1분 이내

　　　　㉡ 심부화재: 7분 이내(설계 약제량의 30% 이상을 2분 이내 방사)

　　② 국소방출방식: 방사시간 30초 이내

✔ 전역방출방식
방호구역과 방호대상물 전체 동시에 약제를 방출하는 방식

✔ 국소방출방식
방호구역으로 구획된 일부분이나 방화 대상물에 국부적으로 약제를 방출하는 방식

9. 할로젠화합물 소화설비 ✦

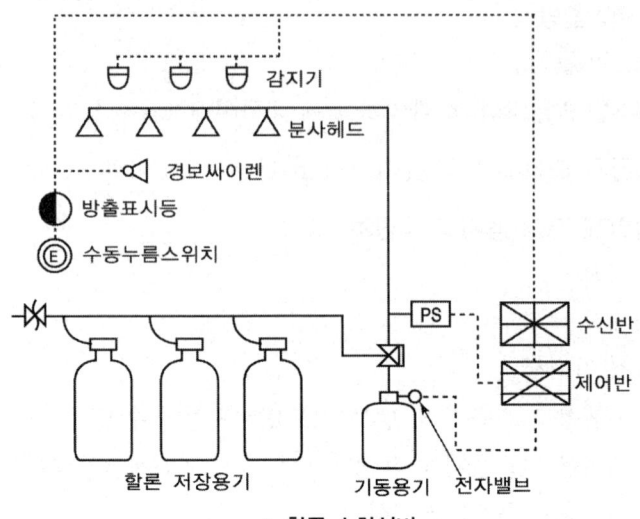

▲ 할론 소화설비

1) 소화약제 저장 용기

① 방화문으로 구획된 방호구역 외부의 온도가 40℃ 이하인 곳에 설치

② 직사광선 및 빗물이 침투할 우려가 없는 곳

③ 용기 간의 간격은 3cm 이상의 간격을 유지하고 용기가 설치된 곳임을 표시할 것

④ 저장 용기와 집합관을 연결하는 연결 배관에는 체크 밸브를 설치할 것

(1) 축압식 저장 용기 압력(축압가스: 질소가스)

① 할론 1211: 1.1MPa 또는 2.5MPa

② 할론 1301: 2.5MPa 또는 4.2MPa

(2) 축압용기 충전비

① 가압식 저장 용기: 할론 2402 - 0.51 이상 0.67 미만

② 축압식 저장 용기

㉠ 할론 1301: 0.9 이상 1.6 이하

㉡ 할론 1211: 0.7 이상 1.4 이하

㉢ 할론 2402: 0.67 이상 2.75 이하

2) 소화약제 방출 방식

① 전역방출방식

② 국소방출방식

③ 호스릴 소화설비: 방호대상물로부터 수평거리 20m 이하

3) 분사헤드 방사압력

① 할론 1301: 0.9MPa 이상

② 할론 1211: 0.2MPa 이상

③ 할론 2402: 0.1MPa 이상

4) 약제 방사시간

- 전역 및 국소방출설비: 30초

5) 화재감지기: 교차회로방식

6) 비상전원: 20분

7) 음향경보장치

① 약제 방사 개시 후 1분 이상 경보를 계속할 수 있을 것

② 하나의 확성기까지 수평거리 25m 이하

8) 호스릴 할로젠화합물 소화설비

하나의 호스 접결구까지 수평거리: 20m 이내

◎ 하나의 노즐당 약제 방사량

소화약제 종류	1분당 방사하는 소화약제의 양
할론 2402	45kg
할론 1211	40kg
할론 1301	35kg

◎ 소화난이도등급 I의 제조소 등 및 소화설비

제조소 등의 구분	제조소 등의 규모, 저장 또는 취급하는 위험물의 품명 및 최대수량 등	소화설비
제조소 일반 취급소	연면적 1,000m² 이상인 것	옥내소화전설비, 옥외소화전설비, 스프링클러설비 또는 물분무등소화설비(화재발생 시 연기가 충만할 우려가 있는 장소에는 스프링클러설비 또는 이동식 외의 물분무 등 소화설비에 한한다)
	지정 수량의 100배 이상인 것(고인화점 위험물만을 100℃ 미만의 온도에서 취급하는 것 및 제48조의 위험물을 취급하는 것은 제외)	
	지반면으로부터 6m 이상의 높이에 위험물 취급설비가 있는 것(고인화점 위험물만을 100℃ 미만의 온도에서 취급하는 것은 제외)	
	일반취급소로 사용되는 부분 외의 부분을 갖는 건축물에 설치된 것(내화구조로 개구부 없이 구획된 것, 고인화점 위험물만을 100℃ 미만의 온도에서 취급하는 것 및 별표 16 Xၟ의2의 화학실험의 일반취급소는 제외)	
주유 취급소	별표 13 V 제2호에 따른 면적의 합이 500m²를 초과하는 것	스프링클러설비(건축물에 한정한다), 소형수동식 소화기 등(능력단위의 수치가 건축물 그 밖의 공작물 및 위험물의 소요단위의 수치에 이르도록 설치할 것)

구분	조건		
옥내 저장소	지정 수량의 150배 이상인 것(고인화점 위험물만을 저장하는 것 및 제48조의 위험물을 저장하는 것은 제외)	처마높이가 6m 이상인 단층 건물 또는 다른 용도의 부분이 있는 건축물에 설치한 옥내저장소	스프링클러설비 또는 이동식 외의 물분무등소화설비
	연면적 150m^{2}를 초과하는 것(150m^2 이내마다 불연재료로 개구부 없이 구획된 것 및 인화성 고체 외의 제2류 위험물 또는 인화점 70℃ 이상의 제4류 위험물만을 저장하는 것은 제외)		
	처마높이가 6m 이상인 단층건물의 것	그 밖의 것	옥외소화전설비, 스프링클러설비, 이동식 외의 물분무등소화설비 또는 이동식 포소화설비(포소화전을 옥외에 설치하는 것에 한한다)
	옥내저장소로 사용되는 부분 외의 부분이 있는 건축물에 설치된 것(내화구조로 개구부 없이 구획된 것 및 인화성 고체 외의 제2류 위험물 또는 인화점 70℃ 이상 의 제4류 위험물만을 저장하는 것은 제외)		
옥외 탱크 저장소	액표면적이 40m^2 이상인 것(제6류 위험물을 저장하는 것 및 고인화점 위험물만을 100℃ 미만의 온도에서 저장하는 것은 제외)	지중탱크 또는 해상탱크 외의 것	황만을 저장 취급하는 것 — 물분무소화설비
	지반면으로부터 탱크 옆판의 상단까지 높이가 6m 이상인 것(제6류 위험물을 저장하는 것 및 고인화점 위험물만을 100℃ 미만의 온도에서 저장하는 것은 제외)		인화점 70℃ 이상의 제4류 위험물만을 저장취급하는 것 — 물분부소화설비 또는 고정식 포소화설비
	지중탱크 또는 해상탱크로서 지정 수량의 100배 이상인 것(제6류 위험물을 저장하는 것 및 고인화점 위험물만을 100℃ 미만의 온도에서 저장하는 것은 제외)		그 밖의 것 — 고정식 포소화설비(포소화설비가 적응성이 없는 경우에는 분말소화설비)
	고체위험물을 저장하는 것으로서 지정 수량의 100배 이상인 것	지중탱크	고정식 포소화설비, 이동식 이외의 불활성가스소화설비 또는 이동식 이외의 할로겐화합물소화설비
		해상탱크	고정식 포소화설비, 물분무소화설비, 이동식이외의 불활성가스소화설비 또는 이동식 이외의 할로겐화합물소화설비
옥내 탱크 저장소	액표면적이 40m^2 이상인 것(제6류 위험물을 저장하는 것 및 고인화점 위험물만을 100℃ 미만의 온도에서 저장하는 것은 제외)	황만을 저장취급하는 것	물분무소화설비
	바닥면으로부터 탱크 옆판의 상단까지 높이가 6m 이상인 것(제6류 위험물을 저 장하는 것 및 고인화점 위험물만을 100℃ 미만의 온도에서 저장하는 것은 제외)	인화점 70℃ 이상의 제4류 위험물만을 저장취급하는 것	물분무소화설비, 고정식 포소화설비, 이동식 이외의 불활성가스소화설비, 이동식 이외의 할로겐화합물소화설비 또는 이동식 이외의 분말소화설비
	탱크전용실이 단층건물 외의 건축물에 있는 것으로서 인화점 38℃ 이상 70℃ 미만의 위험물을 지정 수량의 5배 이상 저장하는 것(내화구조로 개구부 없이 구획된 것은 제외한다)	그 밖의 것	고정식 포소화설비, 이동식 이외의 불활성가스소화설비, 이동식 이외의 할로겐화합물소화설비 또는 이동식 이외의 분말소화설비

옥외 저장소	덩어리 상태의 황을 저장하는 것으로서 경계표시 내부의 면적(2 이상의 경계표시가 있는 경우에는 각 경계표시의 내부의 면적을 합한 면적)이 100m² 이상인 것	옥내소화전설비, 옥외소화전설비, 스프링클러설비 또는 물분무등소화설비(화재발생 시 연기가 충만할 우려가 있는 장소에는 스프링클러설비 또는 이동식 이외의 물분무등소화설비에 한한다)	
	별표 11 Ⅲ의 위험물을 저장하는 것으로서 지정 수량의 100배 이상인 것		
암반 탱크 저장소	액표면적이 40m² 이상인 것(제6류 위험물을 저장하는 것 및 고인화점 위험물만을 100℃ 미만의 온도에서 저장하는 것은 제외)	황만을 저장취급하는 것	물분무소화설비
		인화점 70℃ 이상의 제4류 위험물만을 저장취급하는 것	물분부소화설비 또는 고정식 포소화설비
	고체위험물만을 저장하는 것으로서 지정 수량의 100배 이상인 것	그 밖의 것	고정식 포소화설비(포소화설비가 적응성이 없는 경우에는 분말소화설비)
이송 취급소	모든 대상	옥내소화전설비, 옥외소화전설비, 스프링클러설비 또는 물분무등소화설비(화재발생 시 연기가 충만할 우려가 있는 장소에는 스프링클러설비 또는 이동식 이외의 물분무등소화설비에 한한다)	

(비고)

1. 위 표 오른쪽 란의 소화설비를 설치함에 있어서는 당해 소화설비의 방사범위가 당해 제조소, 일반취급소, 옥내저장소, 옥외탱크저장소, 옥내탱크저장소, 옥외저장소, 암반탱크저장소(암반탱크에 관계되는 부분을 제외한다) 또는 이송취급소(이송기지 내에 한한다)의 건축물, 그 밖의 공작물 및 위험물을 포함하도록 하여야 한다. 다만, 고인화점 위험물만을 100℃ 미만의 온도에서 취급하는 제조소 또는 일반취급소 의 경우에는 당해 제조소 또는 일반취급소의 건축물 및 그 밖의 공작물만 포함하도록 할 수 있다.

2. 고인화점 위험물만을 100℃ 미만의 온도에서 취급하는 제조소 또는 일반취급소의 위험물에 대해서는 대형수동식 소화기 1개 이상과 당해 위험물의 소요단위에 해당하는 능력단위의 소 형수동식 소화기를 설치하여야 한다. 다만, 당해 제조소 또는 일반취급소에 옥내 · 외 소화전 설비, 스프링클러설비 또는 물분무등소화설비를 설치한 경우에는 당해 소화설비의 방사능력범위 내에는 대형수동식 소화기를 설치하지 아니할 수 있다.

3. 가연성증기 또는 가연성미분이 체류할 우려가 있는 건축물 또는 실내에는 대형수동식 소화기 1개 이상과 당해 건축물, 그 밖의 공작물 및 위험물의 소요단위에 해당하는 능력단위의 소형수동식 소화기 등을 추가로 설치하여야 한다.

4. 제4류 위험물을 저장 또는 취급하는 옥외탱크저장소 또는 옥내탱크저장소에는 소형수동식 소화기 등을 2개 이상 설치하여야 한다.

5. 제조소, 옥내탱크저장소, 이송취급소, 또는 일반취급소의 작업공정상 소화설비의 방사능력 범위 내에 당해 제조소 등에서 저장 또는 취급하는 위험물의 전부가 포함되지 아니하는 경우에는 당해 위험물에 대하여 대형수동식 소화기 1개 이상과 당해 위험물의 소요단위에 해당하는 능력단위의 소형수동식 소화기 등을 추가로 설치하여야 한다.

6. 별표 16 Ⅰ 제2호카목에 따른 반도체 제조공정의 일반취급소에 설치하는 소화설비의 방사 범위 내에 있는 위험물 취급설비에 소방청장이 정하여 고시하는 기준에 적합한 소화 장치가 내장 또는 부착된 경우 해당 방사 범위는 제1호에 따른 소화설비를 설치한 것으로 본다.

◎ 소화난이도등급 II의 제조소 등 및 소화설비

제조소 등의 구분	제조소 등의 규모, 저장 또는 취급하는 위험물의 품명 및 최대수량 등	소화설비
제조소 일반취급소	연면적 1,000m² 이상인 것	방사능력범위 내에 당해 건축물, 그 밖의 공작물 및 위험물이 포함되도록 대형수동식 소화기를 설치하고, 당해 위험물의 소요단위의 1/5 이상에 해당되는 능력단위의 소형수동식 소화기 등을 설치할 것
	지정 수량의 100배 이상인 것(고인화점 위험물만을 100℃ 미만의 온도에서 취급하는 것 및 제48조의 위험물을 취급하는 것은 제외)	
	별표 16 II · III · IV · V · VIII · IX · X 또는 X의2의 일반취급소로서 소화난이도 등급 I 의 제조소 등에 해당하지 아니하는 것(고인화점 위험물만을 100℃ 미만의 온도에서 취급하는 것은 제외)	
옥내 저장소	단층건물 이외의 것	
	별표 5 II 또는 IV제1호의 옥내저장소	
	지정 수량의 10배 이상인 것(고인화점 위험물만을 저장하는 것 및 제48조의 위험물을 저장하는 것은 제외)	
	연면적 150m² 초과인 것	
	별표 5 III의 옥내저장소로서 소화난이도등급 I의 제조소 등에 해당하지 아니하는 것	
옥외 탱크 저장소 / 옥내 탱크 저장소	소화난이도등급 I의 제조소 등 외의 것(고인화점 위험물만을 100℃ 미만의 온도로 저장하는 것 및 제6류 위험물만을 저장하는 것은 제외)	대형수동식 소화기 및 소형수동식 소화기 등을 각각 1개 이상 설치할 것
옥외 저장소	덩어리 상태의 황을 저장하는 것으로서 경계표시 내부의 면적(2 이상의 경계표시가 있는 경우에는 각 경계표시의 내부의 면적을 합한 면적)이 5m² 이상 100m² 미만인 것	방사능력범위 내에 당해 건축물, 그 밖의 공작물 및 위험물이 포함되도록 대형수동식 소화기를 설치하고, 당해 위험물의 소요단위의 1/5 이상에 해당되는 능력단위의 소형수동식 소화기 등을 설치할 것
	별표 11 III의 위험물을 저장하는 것으로서 지정 수량의 10배 이상 100배 미만인 것	
	지정 수량의 100배 이상인 것(덩어리 상태의 황 또는 고인화점위험물을 저장하는 것은 제외)	
주유취급소	옥내주유취급소로서 소화난이도등급 I의 제조소 등에 해당하지 아니하는 것	
판매취급소	제2종 판매취급소	

(비고)
제조소 등의 구분별로 오른쪽란에 정한 제조소 등의 규모, 저장 또는 취급하는 위험물의 수량 및 최대수량 등의 어느 하나에 해당하는 제조소 등은 소화난이도등급 II에 해당하는 것으로 한다.

1. 옥내소화전설비, 옥외소화전설비, 스프링클러설비 또는 물분무등소화설비를 설치한 경우에는 당해 소화설비의 방사능력범위 내의 부분에 대해서는 대형수동식 소화기를 설치하지 아니할 수 있다.
2. 소형수동식 소화기 등이란 제4호의 규정에 의한 소형수동식 소화기 또는 기타 소화설비를 말한다. 이하 같다.

◎ 소화난이도등급 Ⅲ의 제조소 등

제조소 등의 구분	제조소 등의 규모, 저장 또는 취급하는 위험물의 품명 및 최대수량 등
제조소 일반취급소	제48조의 위험물을 취급하는 것
	제48조의 위험물 외의 것을 취급하는 것으로서 소화난이도등급 Ⅰ 또는 소화난이도등급 Ⅱ의 제조소 등에 해당하지 아니하는 것
주유취급소	옥내주유취급소 외의 것으로서 소화난이도등급 Ⅰ의 제조소 등에 해당하지 아니 하는 것
옥내 저장소	제48조의 위험물을 취급하는 것
	제48조의 위험물 외의 것을 취급하는 것으로서 소화난이도등급 Ⅰ 또는 소화난이도등급 Ⅱ의 제조소 등에 해당하지 아니하는 것
지하탱크저장소	모든 대상
간이탱크저장소	
이동탱크저장소	
옥외 저장소	덩어리 상태의 황을 저장하는 것으로서 경계표시 내부의 면적(2 이상의 경계표시가 있는 경우에는 각 경계표시의 내부의 면적을 합한 면적)이 5m^2 미만인 것
	덩어리 상태의 황 외의 것을 저장하는 것으로서 소화난이도등급 Ⅰ 또는 소화난이도등급 Ⅱ의 제조소 등에 해당하지 아니하는 것
제1종 판매취급소	모든 대상

(비고) 제조소 등의 구분별로 오른쪽 란에 정한 제조소 등의 규모, 저장 또는 취급하는 위험물의 수량 및 최대수량 등의 어느 하나에 해당하는 제조소 등은 소화난이도등급 Ⅲ에 해당하는 것으로 한다.

◎ 소화난이도등급 Ⅲ의 제조소 등에 설치하여야 하는 소화설비

제조소 등의 구분	소화설비	설치기준	
지하탱크저장소	소형수동식 소화기 등	능력단위의 수치가 3 이상	2개 이상
이동탱크저장소	자동차용소화기	무상의 강화액 8L 이상	2개 이상
		이산화탄소 3.2킬로그램 이상	
		브로모클로로다이플루오로메탄(CF$_2$ClBr) 2L 이상	
		브로모트라이플루오로메탄(CF$_3$Br) 2L 이상	
		다이브로모테트라플루오로에탄(C$_2$F$_4$Br$_2$) 1L 이상	
		소화분말 3.3킬로그램 이상	
	마른 모래 및 팽창질석 또는 팽창진주암	마른모래 150L 이상	
		팽창질석 또는 팽창진주암 640L 이상	
그 밖의 제조소 등	소형수동식 소화기 등	능력단위의 수치가 건축물 그 밖의 공작물 및 위험물의 소요단위의 수치에 이르도록 설치할 것. 다만, 옥내소화전설비, 옥외소화전설비, 스프링클러설비, 물분 무등소화설비 또는 대형수동식 소화기를 설치한 경우 에는 당해 소화설비의 방사능력범위 내의 부분에 대하여는 수동식 소화기 등을 그 능력단위의 수치가 당해 소요단위의 수치의 1/5 이상이 되도록 하는 것으로 족하다	

(비고) 알킬알루미늄 등을 저장 또는 취급하는 이동탱크저장소에 있어서는 자동차용소화기를 설치하는 외에 마른모래나 팽창질석 또는 팽창진주암을 추가로 설치하여야 한다.

○ 소화설비 적응성

소화설비의 구분		건축물 · 그 밖의 공작물	전기설비	제1류 위험물		제2류 위험물			제3류 위험물		제4류 위험물	제5류 위험물	제6류 위험물
				알칼리금속과산화물 등	그 밖의 것	철분·금속분·마그네슘 등	인화성고체	그 밖의 것	금수성물품	그 밖의 것			
옥내소화전비 또는 옥외소화전설		○			○		○	○		○		○	○
스프링클러설비		○			○		○	○		○	△	○	○
물분무등소화설비	물분무소화설비	○	○		○		○	○		○	○	○	○
	포소화설비	○			○		○	○		○	○	○	○
	불활성가스소화설비		○				○				○		
	할로젠화합물소화설비		○				○				○		
	분말소화설비 — 인산염류등	○	○		○		○	○			○		○
	분말소화설비 — 탄산수소염류등		○	○		○	○		○		○		
	분말소화설비 — 그 밖의 것			○		○			○				
대형·소형수동식소화기	봉상수(棒狀水)소화기	○			○		○	○		○		○	○
	무상수(霧狀水)소화기	○	○		○		○	○		○		○	○
	봉상강화액소화기	○			○		○	○		○		○	○
	무상강화액소화기	○	○		○		○	○		○	○	○	○
	포소화기	○			○		○	○		○	○	○	○
	이산화탄소소화기		○				○				○		△
	할로젠화합물소화기		○				○				○		
	분말소화기 — 인산염류소화기	○	○		○		○	○			○		○
	분말소화기 — 탄산수소염류소화기		○	○		○	○		○		○		
	분말소화기 — 그 밖의 것			○		○			○				
기타	물통 또는 수조	○			○		○	○		○		○	○
	건조사			○	○	○	○	○	○	○	○	○	○
	팽창질석 또는 팽창진주암			○	○	○	○	○	○	○	○	○	○

3 경보설비

1. 경보설비의 종류

① 자동화재탐지설비 및 시각경보장치

② 자동화재속보설비

③ 비상경보설비 및단독경보형 감지기

④ 비상방송설비

⑤ 누전경보기

⑥ 가스누설경보기

⑦ 확성장치(위험물 제조소 등에 한함)

◆ 제조소 등별로 설치하여야 하는 경보설비의 종류 ✦

제조소 등의 구분	제조소 등의 규모, 저장 또는 취급하는 위험물의 종류 및 최대수량 등	경보설비
1. 제조소 및 일반취급소	• 연면적 500m² 이상인 것 • 옥내에서 지정 수량의 100배 이상을 취급하는 것(고인화점 위험물만을 100℃ 미만의 온도에서 취급하는 것을 제외한다) • 일반취급소로 사용되는 부분 외의 부분이 있는 건축물에 설치된 일반취급소(일반취급소와 일반취급소 외의 부분이 내화구조의 바닥 또는 벽으로 개구부 없이 구획된 것을 제외한다)	자동화재 탐지설비
2. 옥내저장소	• 지정 수량의 100배 이상을 저장 또는 취급하는 것(고인화점 위험물만을 저장 또는 취급하는 것을 제외한다) • 저장창고의 연면적이 150m²를 초과하는 것[당해 저장창고가 연면적 150m² 이내마다 불연재료의 격벽으로 개구부 없이 완전히 구획된 것과 제2류 또는 제4류의 위험물(인화성 고체 및 인화점이 70℃ 미만인 제4류 위험물을 제외한다)만을 저장 또는 취급하는 것에 있어서는 저장창고의 연면적이 500m² 이상의 것에 한한다] • 처마높이가 6m 이상인 단층건물의 것 • 옥내저장소로 사용되는 부분 외의 부분이 있는 건축물에 설치된 옥내저장소[옥내저장소와 옥내저장소 외의 부분이 내화구조의 바닥 또는 벽으로 개구부 없이 구획된 것과 제2류 또는 제4류의 위험물(인화성 고체 및 인화점이 70℃ 미만인 제4류 위험물을 제외한다)만을 저장 또는 취급하는 것을 제외한다]	
3. 옥내 탱크저장소	단층 건물 외의 건축물에 설치된 옥내 탱크저장소로서 소화난이도등급 Ⅰ에 해당하는 것	
4. 주유취급소	옥내주유취급소	
5. 제1호 내지 제4호의 자동화재탐지설비 설치 대상에 해당하지 아니하는 제조소 등	지정 수량의 10배 이상을 저장 또는 취급하는 것	자동화재탐지설비 비상경보설비 확성장치 또는 비상방송설비 중 1종 이상

(비고) 이송취급소의 경보설비는 별표 15 Ⅳ제14호의 규정에 의한다.

2. 자동화재탐지설비

화재 시 자동적으로 경보를 발해서 조기 통보, 초기 소화, 조기 피난을 가능하게 하기 위한 설비

1) 설치 대상

소방대상물	기 준
공장 및 창고시설로서 특수 가연물을 저장 · 취급하는 것	지정 수량 500배 이상
제조소 및 일반취급소	연면적 500m^2 이상인 것 • 옥내에서 지정 수량의 100배 이상을 취급하는 것 (고인화점 위험물만을 100℃ 미만의 온도에서 취급하는 것을 제외)
옥내저장소	지정 수량의 100배 이상을 저장 또는 취급하는 것(고인화점 위험물만을 100℃ 미만의 온도에서 취급하는 것을 제외) • 저장창고의 연면적이 150m^{2}를 초과하는 것 • 처마높이가 6m 이상인 단층건물의 것

2) 수신기

감지기 또는 발신기로부터 발생한 신호를 직접 또는 중계기를 거쳐 수신하여 화재의 발생을 당해 건물 관계자에게 표시 및 음향장치로 전달하는 것

3) P형 1급 수신기

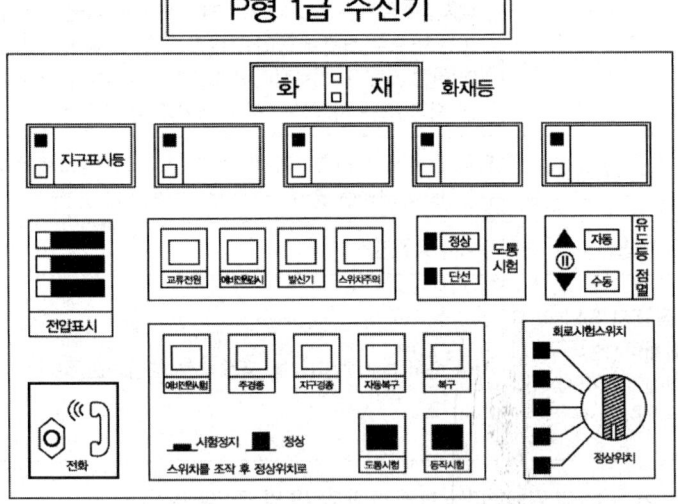

▲ P형 1급 수신기 각부 명칭

(1) 종류

① P형(1급, 2급) 수신기

② R형 수신기(동일구내 다수동이나 초고층 빌딩 등에 사용)

(2) 설치기준

① 수위실 등 상시 사람이 근무하고 있는 장소에 설치

② 하나의 표시등에는 하나의 경계구역이 표시되도록 할 것

③ 조작 스위치: 바닥으로부터의 높이가 0.8~1.5m 이내에 설치

(3) 발신기: P형, T형, M형

① 조작스위치 높이: 바닥으로부터 0.8m 이상 1.5m 이하

② 소방대상물로부터 발신기까지의 수평거리: 25m 이하

③ 표시등

㉠ 함의 상부에 설치

㉡ 부착면으로부터 15° 이상의 범위 안에서 부착지점으로부터 10m 이내에서 식별 가능한 적색등일 것

(4) 음향장치 및 시각경보장치

① 소방대상물로부터 하나의 음향장치까지의 수평거리가 25m 이하

② 정격전압의 80% 전압에서 음향을 발할 수 있을 것

③ 음량은 부착된 음향장치의 중심으로부터 1m 떨어진 위치에서 90폰 이상일 것

3. 자동화재속보설비

화재가 발생 시 자동적으로 작동하여 신속하게 소방관서에 통보하여 주는 설비

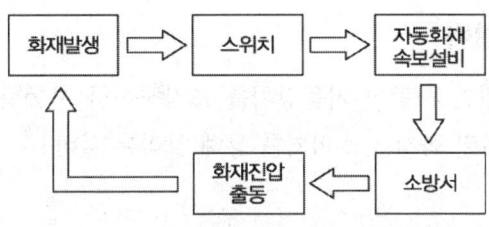

▲ 자동화재 속보 계통도

• 설치기준

발신기 누름 스위치: 바닥으로부터 0.8~1.5m 이내

4. 비상경보설비 및 단독경보형 감지기

화재의 발생 또는 상황을 소방대상물의 관계인에게 경보음 또는 음향으로 통보하여 초기 소화활동 및 피난유도 등을 원활하게 하기 위한 목적으로 설치하는 설비

1) 특징

① 기동장치: 바닥으로부터 0.8~1.5m의 높이에 설치

② 하나의 기동장치까지의 보행거리: 25m 이하

2) 음향장치

① 음량: 90폰 이상

② 각 층의 각 부분으로부터 하나의 음향장치까지의 수평거리: 25m 이하

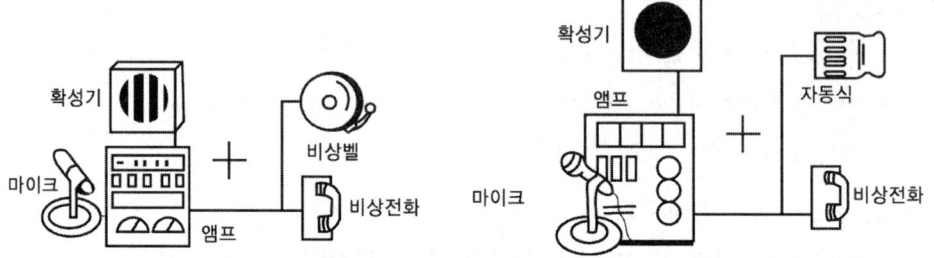

(a) 방송설비와 비상벨을 공용하는 경우　　(b) 방송설비와 자동식 사이렌을 공용하는 경우

▲ 비상방송설비와 다른 경보설비의 공용 설치

3) 단독경보형 감지기 설치기준

① 각 실에 설치, 바닥면적이 150제곱미터를 초과하는 경우에는 150제곱미터마다 1개 이상 설치

② 단독경보형 감지기에 내장된 건전지: 1년에 1회 이상 교환

5. 비상방송설비

화재를 발견한 사람이 기동장치를 조작하거나 자동화재탐지설비에 의하여 감지된 화재를 스피커를 통해 알리는 설비

• 설치기준

① 확성기의 음성입력: 3와트(실내에 설치하는 것은 1와트) 이상일 것

② 확성기는 각 층에 설치, 하나의 확성기까지의 수평거리: 25미터 이하

③ 음량조정기의 배선: 3선식

④ 조작부 스위치: 바닥으로부터 0.8미터 이상 1.5미터 이하

6. 누전경보기

누설전류가 흐르면 자동적으로 경보를 발하도록 한 것

1) 누전경보기의 설치방법

① 1급 누전경보기: 경계전로의 정격전로가 60A(암페어)를 초과하는 전로에 설치

② 1급 또는 2급 누전경보기: 경계전로가 60A 이하의 전로에 설치

2) 설치금지장소

① 가연성의 증기, 먼지, 가스 등이나 부식성의 증기 등이 다량으로 체류하는 장소

② 습도가 높은 장소, 온도의 변화가 급격한 장소

③ 화약류를 제조하거나 저장 또는 취급하는 장소

④ 대전류 회로, 고주파 발생 회로 등에 의한 영향을 받을 우려가 있는 장소

7. 가스누설경보기

가스의 누출현상이 나타나면 자동적으로 경보를 발함으로써 가스로 인한 화재 및 인명피해를 미연에 방지할 수 있는 설비

1) 수신부 종류

① G형

② GP형(G형과 P형의 기능을 겸한 것)

③ GR형(G형과 R형의 기능을 겸한 것) 등

2) 음향장치

음향장치의 중심으로부터 1m 떨어진 지점에서 90폰(단독형은 70폰) 이상의 성능을 가질 것

3) 설치금지장소

① 출입구 부근 등 외부의 기류가 빈번하게 유통하는 곳

② 환기를 위한 흡입구로부터 1.5m 이내의 장소

③ 가스연소기의 폐가스에 접촉하기 쉬운 장소

④ 기타 가스누설을 유효하게 탐지할 수 없는 장소

● 피난설비

① 피난기구: 미끄럼대, 피난
사다리, 완강기, 구조대, 공
기안전매트, 피난교, 피난
밧줄 등
② 인명구조기구
③ 방열복 · 공기호흡기 및 인
공소생기
④ 유도등 및 유도표지 · 비상
조명등
⑤ 비상조명등 및 휴대용 비상
조명등

● 피난설비 기준

1. 주유취급소 중 건축물의
2층 이상의 부분을 점포 ·
휴게음식점 또는 전시장의
용도로 사용하는 것에 있어
서는 당해 건축물의 2층 이
상으로부터 주유취급소의
부지 밖으로 통하는 출입구
와 당해 출입구로 통하는
통로 · 계단 및 출입구에 유
도등을 설치하여야 한다.
2. 옥내주유취급소에 있어서
는 당해 사무소 등의 출입
구 및 피난구와 당해 피난
구로 통하는 통로 · 계단
및 출입구에 유도등을 설
치하여야 한다.
3. 유도등에는 비상전원을 설
치하여야 한다.

2▸ ④ 피난설비

1. 피난기구

(1) 설치기준

① 매입 · 용접 기타의 방법으로 견고하게 부착할 것

② 4층 이상의 층에 피난사다리를 설치하는 경우: 금속성 고정사다리,
노대를 설치

③ 피난기구 위치 표시면

   ㉠ 발광식 또는 축광식표지 부착

   ㉡ 조도: 0lx에서 20분간 발광, 직선거리 20m에서 식별 가능할 것

   ㉢ 쉽게 변형 · 변질 또는 변색되지 아니할 것

   ㉣ 휘도: 0lx에서 20분간 발광, $24mcd/m^2$

④ 유도 등 설치

   ㉠ 주유취급소 중 건축물(점포 · 휴게소 또는 전시장)의 2층으로부터
직접주유취급소의 밖으로 통하는 출입구와 당해 출입구로 통하
는 통로 · 계단 및 출입구 등

   ㉡ 옥내취급소의 출입구 및 피난구로 통하는 통로 · 계단 및 출입
구 등

   ㉢ 유도등에는 비상전원 설치

2) 종류

① 고정식 사다리: 수납식, 접어개기식, 신축식

② 올림식 사다리: 사다리의 상부 지점을 올려 받쳐서 사용하는 것(톱니
모양)

③ 내림식 사다리: 접어개기식, 와이어식, 체인식

2. 구조대

비상시에 건물의 창문, 발코니 등으로부터 지상까지 통상의 포대를 달
아서, 포대 안을 미끄러져 내리게 하는 피난기구

   • 구조대 종류

     ① 사강식(경사하강식)

     ② 수직강하식

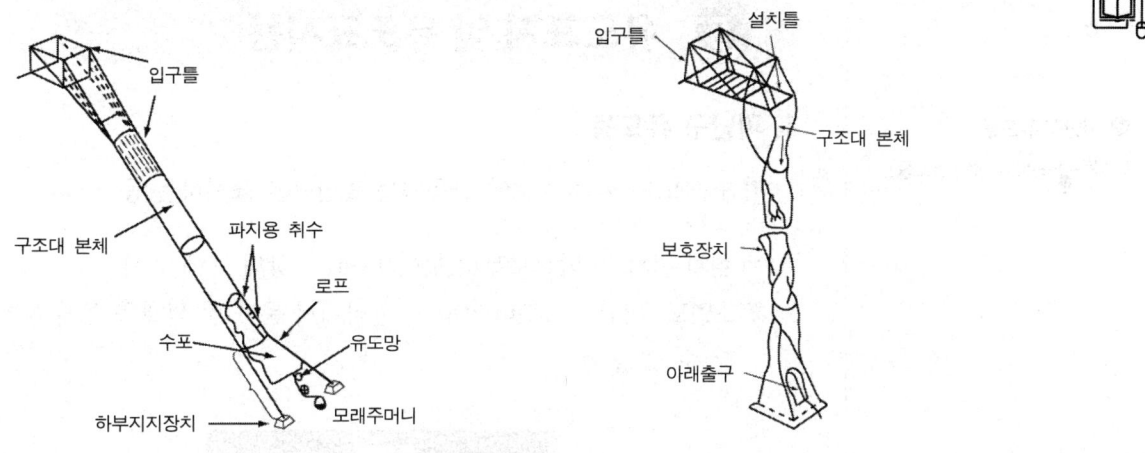

▲ 구조대의 종류

3. 완강기

2층 이상 10층 이하에 설치하고 1인용으로 사용

• 구조

① 조속기 ② 로프

③ 벨트 ④ 후크

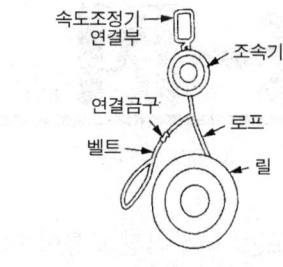

▲ 완강기의 구조

4. 인명 구조기구

• 설치기준

① 방열복·공기호흡기 및 인공소생기 2개 이상 설치

② 화재 시 쉽게 반출 사용할 수 있는 장소에 비치할 것

③ "인명구조기구"라는 표지판 등을 설치할 것

1. 피난구 유도등

✅ 피난구 유도등
녹색등화(녹색 바탕의 유도등)

피난구 또는 피난 경로에 사용되는 출입구를 표시하는 등

① 설치 위치: 바닥으로부터 높이 1.5m 이상의 곳에 설치
② 조명도: 피난구로부터 30m의 거리에서 문자 및 색채를 쉽게 식별할 수 있을 것

▲ 피난구 유도등

2. 통로 유도등

✅ 통로 유도등
백색 바탕에 녹색으로 피난 방향을 표시

피난통로를 안내하기 위한 유도등으로 거실통로 유도등, 계단통로 유도등, 복도통로 유도등이 있다.

▲ 유도 표지등

① 복도 및 거실 통로 유도등: 구부러진 모퉁이 및 보행거리 20m마다 설치할 것
② 설치 위치: 바닥으로부터 높이 1m 이하
③ 계단통로 유도등 조도: 통로 유도등의 바로 밑의 바닥으로부터 수평으로 0.5m 떨어진 지점에서 측정하여 1lx 이상이어야 한다.

3. 객석 유도등 설치기준 설치개수

① 설치 위치: 객석의 통로, 바닥 또는 벽
② 조도: 통로바닥의 중심선에서 측정하여 0.2lx 이상
③ 설치개수 $= \dfrac{\text{객석 통로의 직선길이}(\text{m})}{4} - 1$

4. 유도 표지등

① 보행 거리: 보행 거리가 15m 이하

② 설치 높이: 바닥으로부터 높이 1.5m 이하

③ 조도: 주위 조도 0lx에서 20분간 발광 후 직선거리 20m 떨어진 위치에서 보통 시력으로 표시면의 문자 또는 화살표 등을 쉽게 식별할 수 있는 것으로 할 것

④ 휘도: 주위 조도 0lx에서 20분간 발광 후 24mcd/m^2 이상으로 할 것

5. 유도등의 전원

① 축전지로 할 것

② 유도등 용량: 20분 이상

2▶ ⑥ 비상조명등 및 휴대용 비상조명등

- 설치기준

① 조도: 1lx 이상

② 비상조명등 용량: 20분 이상

2▶ ⑦ 소화용수설비

화재 발생 시 소방대가 소화용수로 사용할 수 있게 설치하는 설비이다

1. 소화수조

1) 소화수조, 저수조의 채수구 또는 흡수관 투입구

소방차가 2m 이내의 지점까지 접근할 수 있는 위치에 설치할 것

2) 흡수관 투입구

① 크기: 한 변이 0.6m 이상이거나 직경이 0.6m 이상

② 설치개수: 소요수량이 80m^3 미만인 것에 있어서는 1개 이상, 80m^3 이상인 것에 있어서는 2개 이상을 설치

- "소화수조 또는 저수조"라 함은 수조를 설치하고 여기에 소화에 필요한 물을 항시 채워두는 것을 말한다.

• "채수구"라 함은 소방차의 소방호스와 접결되는 흡입구를 말한다.

3) 채수구

① 소방용 호스 또는 소방용 흡수관에 사용하는 구경 65mm 이상의 나사식 결합금속구를 설치할 것

② 채수구 높이: 지면으로부터의 높이가 0.5m 이상 1m 이하의 위치

4) 소방용수시설의 수원기준

① 낙차: 지면으로부터의 4.5m 이내

② 흡수부분의 수심: 0.5m 이상일 것

③ 흡수관의 투입구

    ㉠ 사각형: 한 변의 길이가 60cm 이상

    ㉡ 원형: 지름이 60cm 이상일 것

④ 소방펌프 자동차가 용이하게 접근할 수 있을 것

2. 상수도 소화용수설비 ✯

① 호칭지름 75mm 이상의 수도배관에 호칭지름 100mm 이상의 소화전을 접속할 것

② 소방자동차 등의 진입이 쉬운 도로변 또는 공지에 설치할 것

③ 소방대상물의 수평 투영면의 각 부분으로부터 140m 이하가 되도록 설치할 것

• "호칭지름"이라 함은 일반적으로 표기하는 배관의 직경을 말한다.

• "수평 투영면"이라 함은 건축물을 수평으로 투영하였을 경우의 면을 말한다.

2▶ ⑧ 소화활동설비

1. 소화활동설비의 종류

① 연결송수관설비   ② 연결살수설비

③ 연소방지설비   ④ 제연설비

⑤ 비상콘센트설비   ⑥ 무선통신보조설비

2. 연결송수관 설비

고층 빌딩 화재 시 소방자동차로부터의 주수소화가 어려운 경우 소방차와 접속이 가능한 도로면에 송수구를 설치하고, 건축물 내에는 방수구를 설치하여 소화할 수 있도록 한 설비

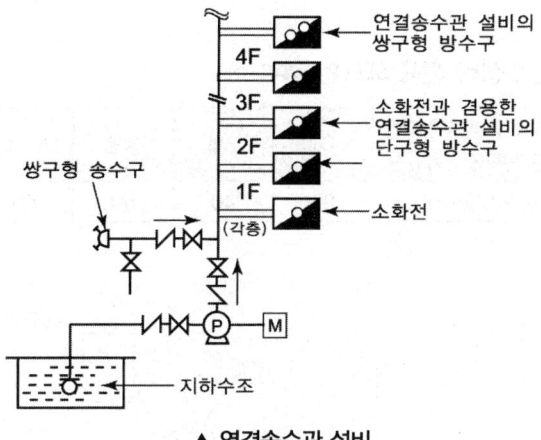

▲ 연결송수관 설비

1) 송수구

① 설치 높이: 지면으로부터 높이가 0.5m 이상 1m 이하

② 구경 65mm의 쌍구형으로 할 것

③ 송수구의 부근에는 자동 배수 밸브 또는 체크 밸브를 설치할 것

2) 배관

① 주 배관: 구경 100mm 이상의 것으로 할 것

② 지면으로부터의 높이가 31m 이상인 소방대상물 또는 지상 11층 이상인 소방대상물에 있어서는 습식설비로 할 것

3) 방수구

① 높이: 바닥으로부터 높이 0.5m 이상 1m 이하

② 구경: 65mm

③ 표시등 설치: 함의 상부에 설치하되, 그 불빛은 15° 이상의 범위 안에서 부착지점으로부터 10m 이내의 어느 곳에서도 쉽게 식별할 수 있는 적색등으로 할 것

3. 연결살수설비

1) 송수구

① 구경: 65mm의 쌍구형(단 하나의 송수구역에 부착하는 살수 헤드의 수가 10개 이하인 것은 단구형)

② 설치 위치: 지면으로부터 높이가 0.5m 이상 1m 이하인 것

2) 배관

① 연결살수설비 전용 헤드인 경우

하나의 헤드에 부착되는 살수 헤드의 수	1개	2개	3개	4개~5개	6개 이상 10개 이하
배관구경(mm)	32	40	50	65	80

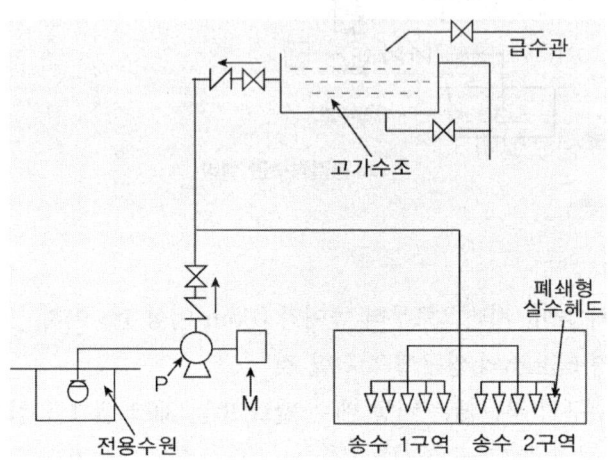

▲ 연결살수설비 계통도

② 폐쇄형인 경우: 시험배관을 설치한다.(구경 25mm)

③ 수평 주행배관 기울기: 1/100 이상 구배

④ 가지관에 설치하는 헤드의 개수: 8개 이하로 할 것

4. 제연설비

화재 시 발생한 연기를 외부로 배출하거나 피난 경로에 침입하는 것을 방지함으로써 원활한 피난 활동과 소화활동을 도와주기 위한 설비이다.

1) 종류

① 자연 제연방식

② 스모그타워 제연방식

③ 기계 제연방식: 제1종, 제2종, 제3종 기계 제연방식

2) 제연설비

① 하나의 제연구역의 면적은 $1,000m^2$ 이내로 할 것

② 거실과 통로(복도를 포함)는 상호 제연구획할 것

③ 제연구역은 보행중심선의 길이가 60m를 초과하지 아니할 것

④ 하나의 제연구역은 직경 60m 원내에 들어갈 수 있을 것

⑤ 하나의 제연구역은 2개 이상 층에 미치지 아니하도록 할 것 다만, 층의 구분이 불분명한 부분은 그 부분을 다른 부분과 별도로 제연구획하여야 한다.

3) 배출기 및 배출 풍도

흡입 측 풍도 안의 풍속은 15m/s 이하로 하고, 배출 측 풍속은 20m/s 이하로 할 것

5. 비상콘센트설비

- **전원회로**
  ① 3상 교류: 200V 또는 380V
  ② 단상 교류: 100V 또는 220V
  ③ 공급용량
    ㉠ 3상 교류: 3kVA 이상
    ㉡ 단상 교류: 1.5kVA 이상

1▸ ❶ 연소이론

01 다음 연소에 대한 설명으로 틀린 것은?

① 산화되기 쉬운 것일수록 타기 쉽다.
② 산소와의 접촉 면적이 큰 것일수록 타기 쉽다.
③ 발열량이 큰 것일수록 타기 쉽다.
④ 열전도율이 큰 것일수록 타기 쉽다.

 **해설**

열전도율이 적을수록 잘 연소된다.

02 다음 연소의 3요소 중 산소공급원에 해당하지 않는 것은?

① 제1류 위험물
② 제6류 위험물
③ 자기연소성 물질
④ 주기율표 0족 원소

 **해설**

주기율표 0족의 원소 He, Ne, Ar , Kr, Xe 등은 불활성물질임

03 불연성이어서 소화제로 이용될 수 있는 물질은?

① 산화 반응을 하고 발열반응을 갖는 물질
② 산화 반응을 하지 않으나 발열반응을 갖는 물질
③ 산화 반응을 하고 발열반응을 갖지 않는 물질
④ 산화환원 반응이 동시에 되는 물질

 해설

흡열반응물질(질소산화물): N_2는 산화 반응을 하되 발열반응이 아닌 흡열반응. 즉 가연물이 될 수 없다.

04 다음 중 점화원이 될 수 없는 것은?

① 산화열
② 고열물
③ 정전기 접지
④ 마찰에 의한 전기불꽃

 해설

정전기 접지는 점화원이 될 수 있는 정전기를 방지하기 위함

05 연소의 3요소 중 제5류 위험물이 갖지 않은 것은?

① 가연물
② 점화원
③ 산소공급원
④ 가연물과 산소공급원

 **해설**

제5류 위험물은 물질자체에 산소와 가연물을 가지고 있으나 점화원은 없음

06 다음 중 산화제가 아닌 것은?

① H_2SO_4 ② HNO_3
③ Cl_2 ④ SO_2

해설

산화제
• 산소를 쉽게 발생하는 물질: H_2SO_4, HNO_3, $KMnO_4$ 등
• 할로젠 원소의 홑원소 물질: Cl_2, F_2, Br_2, I_2 등
• 원자가가 큰 금속화합물: $FeCl_2$, $SnCl_2$ 등

07 다음 중 가연물이 될 수 있는 것은?

① Ar ② P_2O_5

③ CO_2 ④ H_2S

 해설

Ar, CO_2, P_2O_5 등은 불활성 또는 이미 산화 반응이 완결된 상태로 가연물이 될 수 없음

08 전기불꽃 에너지 방정식으로 맞는 것은?

① $E = \dfrac{1}{2}CV^2$

② $E = \dfrac{1}{2}mV^2$

③ $E = \dfrac{1}{2}V^2$

④ $E = \dfrac{1}{2}QV^2$

 해설

전기불꽃 에너지

$$E = \frac{1}{2}CV^2 = \frac{1}{2}QV$$

C: 전기용량, V: 방전전압, Q: 전기량

09 연소할 때 고온체가 발하는 색깔로 온도를 측정할 수 있다. 다음 중 높은 온도의 순서대로 바르게 나열된 것은?

① 적색 〈 황적색 〈 암적색 〈 휘적색 〈 백적색
② 적색 〈 황적색 〈 휘적색 〈 백적색 〈 휘백색
③ 적색 〈 휘적색 〈 황적색 〈 휘백색 〈 백적색
④ 암적색 〈 적색 〈 휘적색 〈 황적색 〈 백적색

 해설

빛을 발하는 온도

522℃(담암적색) 〈 700℃(암적색) 〈 850℃(적색) 〈 950℃(휘적색) 〈 1100℃(황적색) 〈 1300℃(백적색) 〈 1500℃(휘백색)

1▶ ❷ 연소 형태

01 물질의 상태에 따른 연소 형태 중 고체에 해당하지 않는 것은?

① 표면연소
② 분해연소
③ 증발연소
④ 확산연소

 해설

확산연소: 기체

02 석탄, 목재 등의 고체 연료, 종이류, 플라스틱 등의 연소는 연소 형태 중 어디에 해당하는가?

① 분해연소
② 증발연소
③ 자기연소
④ 표면연소

 해설

분해연소: 고체 가연물이 열분해를 일으키며 발생된 가스가 산소와 혼합하여 연소하는 현상

03 나이트로글리세린, 질산에틸, 유기과산화물 등의 연소 형태는?

① 분해연소
② 증발연소
③ 자기연소
④ 표면연소

 해설

자기연소(제5류 위험물): 외부 산소공급이 없이도 연소함

04 수소, 아세틸렌과 같은 가연성 가스가 공기 중에 누출 시 연소 형식으로 옳은 것은?

① 확산연소
② 증발연소
③ 분해연소
④ 표면연소

해설

수소, 아세틸렌은 고압가스로서 용기에서 누출 시 확산연소를 한다.

05 불꽃은 있으나 불티가 없는 연소를 무엇이라고 하는가?

① 혼합연소
② 표면연소
③ 자기연소
④ 확산연소

해설

기체 연소: 불꽃은 있으나 불티가 없으며 확산연소를 한다.

06 다음 연소의 형태 중 내부 연소에 해당하는 것은?

① 기름걸레의 연소
② 이황화탄소의 연소
③ 진한 황산으로 인한 톱밥의 연소
④ 셀룰로오스의 연소

해설

내부연소물질: 제5류 위험물로서 셀룰로오스가 해당된다.

07 제3 석유류인 중질유의 연소 형태는?

① 분해연소
② 증발연소
③ 자기연소
④ 표면연소

해설

제3 석유류인 중질유 및 아스팔트, 타르 등과 같은 고점도성을 가진 유류: 분해연소

1▶ ③ 발화(자연발화, 준자연발화, 혼합발화)

01 금속칼륨이나 금속나트륨이 물과 접촉 시 발화하는 형태는 속하는가?

① 자연발화
② 준자연발화
③ 혼촉발화
④ 혼합발화

해설

준자연발화: 가연물이 공기나 물과 접촉 시 발열, 발화하는 현상

02 자연발화의 조건이 아닌 것은?

① 고온다습할 것
② 열전도율이 클 것
③ 발열량이 클 것
④ 주위의 온도가 높을 것

해설

열전도율은 적어야 한다.

03 위험물의 자연발화를 방지하는 방법으로 옳지 않은 것은?

① 금속분은 강산류와의 접촉을 방지한다.
② 위험물 보관장소의 습도를 가급적 높게 유지한다.
③ 나이트로셀룰로오스 및 셀룰로이드류는 용제의 증발을 억제한다.
④ 반응속도는 온도에 크게 좌우되므로 온도의 상승을 방지한다.

 **해설**

습도가 높은 곳은 피할 것: 습도는 촉매역할을 한다.

04 Cu, Mg, Hg, Ag 또는 이들 합금과 접촉시 폭발성의 아세틸라이트를 생성하여 화합폭발을 하는 물질들로서 맞게 짝지어진 것은?

① 황린, 황, 적린
② 산화프로필렌, 콜로디온, 황린
③ 아세트알데하이드, 이황화탄소, 초산
④ 아세트알데하이드, 산화프로필렌, 아세틸렌

 해설

폭발성 화합물을 생성하는 경우로서 아세트알데하이드, 산화프로필렌, 아세틸렌 등이 해당한다.

05 다음 중 열전도도가 가장 적은 것은?

① 얼음   ② 석면
③ 콘크리트   ④ 석회석

 **해설**

열전도도: 석면이 가장 작다.

06 다음 각 류별 위험물들이 서로 혼재하여도 가능한 것은?

① 제2류와 제1류
② 제2류와 제3류
③ 제2류와 제6류
④ 제2류와 제5류

 해설

제2류 위험물과 제5류 위험물은 혼재가 가능하다.

07 위험물의 혼촉 발화를 예방하기 위해서는 혼촉 발화의 위험성이 있는 물질을 격리하는 것이 중요하다. 다음 중 화재 위험성이 가장 낮은 조합은?

① 제3류 위험물 + 제6류 위험물
② 제2류 위험물 + 제1류 위험물
③ 제4류 위험물 + 제3류 위험물
④ 제6류 위험물 + 제2류 위험물

 **해설**

제4류 위험물과 혼재 가능한 위험물: 제2류, 제3류, 제5류 위험물

08 다음 중 혼재하여 저장할 수 없는 것은?

① 적린과 황화인을 같은 곳에 저장
② 마그네슘과 황을 같은 곳에 저장
③ 철분과 아연분을 같은 곳에 저장
④ 황화인과 과염소산나트륨을 같은 곳에 저장

 **해설**

황화인은 제2류 가연성 고체로서 강산화제인 과염소산나트륨과 혼재할 수 없음

[정답] 03 ② 04 ④ 05 ② 06 ④ 07 ③ 08 ④

1▶ 4 폭발

01 다음 중 폭발에 대한 내용을 바르게 설명한 것은?

① 가연성 기체 또는 액체의 열의 발생속도가 열의 일산속도를 상회하는 현상
② 가연성 기체 또는 액체의 열의 일산속도가 열의 발생속도를 상회하는 현상
③ 가연성 기체 또는 액체의 열의 발생속도가 열의 연소속도를 상회하는 현상
④ 가연성 기체 또는 액체의 열의 연소속도가 열의 발생속도를 상회하는 현상

해설

폭발: 열의 발생속도가 열의 일산속도를 상회하는 현상

02 그림에서 C_1과 C_2 사이를 무엇이라고 하는가?

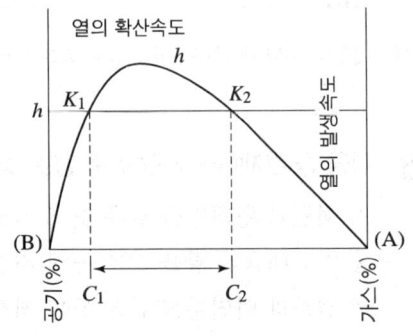

① 폭발범위　　② 발열량
③ 흡열량　　　④ 안전범위

해설

 C_1과 C_2: 폭발범위

03 연소한계에 영향을 미치는 요소와 직접적 관계가 없는 것은?

① 산소　　　　② 온도
③ 압력　　　　④ 부피

해설

연소한계에 영향을 미치는 요소
• 산소
• 온도
• 압력

04 C_2H_2의 폭발 범위는 2.5~81%이다. 여기서 다음 설명이 맞지 않는 것은?

① 연소는 하한값 2.5%~폭발 상한값 81% 내에서만 일어난다.
② 연소는 하한값 2.5% 이하에서도 일어난다.
③ 하한값은 아세틸렌이 2.5% 공기가 97.5%이다.
④ 상한값은 아세틸렌이 81% 공기가 19%이다.

해설

연소(폭발)는 폭발 하한값인 2.5%~폭발 상한값인 81% 내에서만 일어난다.

05 다음 중 화학적 폭발의 종류에 들어가지 않는 것은?

① 산화 폭발　　② 중합 폭발
③ 화합 폭발　　④ 압력 폭발

해설

압력 폭발은 기계적 폭발에 해당한다.

06 분진 폭발을 일으키지 않는 금속분말이 아닌 것은 다음 중 어느 것인가?

① 나트륨　　　　② 마그네슘

③ 티탄　　　　　④ 알루미늄

나트륨은 제3류 금수성 물질로서 분진 폭발하지 않음

07 폭발의 영향인자 중 온도, 압력, 조성의 3조건이 갖추어져 있어도 용기가 작으면 발화하지 않는다. 또한 발화하여도 화염이 전파하지 않고 도중에 꺼져버리는 현상을 무엇이라 하는가?

① 폭속　　　　　② 폭굉

③ 데토네이션　　④ 소염

소염: 화염이 전파되지 않고 꺼져버리는 현상

08 다음 괄호 안에 들어갈 말을 골라라.

> 화염의 전파속도가 (　)보다 큰 경우로서 (　)가 생겨서 격렬한 (　)이 일어나는 것

① 음속, 충격파, 파괴작용

② 폭굉, 단일파, 파괴작용

③ 음속, 충격파, 폭발

④ 폭굉, 충격파, 폭발

09 폭굉유도거리(DID)가 짧아지는 요인에 해당하지 않는 것은?

① 정상연소속도보다 큰 혼합가스일수록

② 관속에 장애물이 있거나 관경이 클수록

③ 압력이 높을수록

④ 점화원의 에너지가 클수록

관속에 장애물이 있거나 관경이 작을수록 DID가 짧아진다.

10 일반 가연물이 분진 폭발을 일으킬 때 착화에너지는 얼마인가?

① $10^{-3} \sim 10^{-2}$J　　② $10^{-4} \sim 10^{-3}$J

③ $10^{-5} \sim 10^{-4}$J　　④ $10^{-6} \sim 10^{-5}$J

착화 에너지
- 일반 가연물: $10^{-3} \sim 10^{-2}$J
- 가스 · 화약: $10^{-6} \sim 10^{-4}$J

1▶ ⑤ 소화이론

01 화재의 분류 시 잘못된 것은?

① 일반화재: A급

② 유류화재: B급

③ 전기화재: C급

④ 금속화재: E급

금속화재: D급

02 B급 화재 시 물의 사용을 금지하는 이유는?

① 연소 면이 확대되기 때문에

② 유독가스가 발생하기 때문에

③ 착화 온도가 낮아지기 때문에

④ 폭발의 위험성이 증가하기 때문에

B급 화재(유류 화재) 시 물을 사용하면 연소면 확대 현상이 발생함

[정답] 06 ① 07 ④ 08 ① 09 ② 10 ① / 01 ④ 02 ①

03 한옥에 불이 났을 때 어느 소화기를 사용하는 것이 적당한가?

① A급   ② B급

③ C급   ④ D급

 해설

한옥은 일반화재로 A급 소화기 사용

04 B급 화재의 소화에서 가장 좋은 소화제는 어느 것인가?

① 마른모래   ② 물 소화기

③ 포말소화기   ④ 팽창진주암

 **해설**

B급 화재(유류 화재)는 포말소화기에 적응성 있음

05 D급 화재 시 소화에 사용할 수 없는 소화제는 무엇인가?

① 팽창질석   ② 마른모래

③ 팽창진주암   ④ 강화액

 **해설**

D급 화재(금속화재)는 수분이 들어있는 소화약제는 사용하지 않음

06 다음 중 유류 화재와 전기화재에 가장 부적당한 소화기는?

① 강화액

② 이산화탄소 소화기

③ 사염화탄소 소화기

④ 분말 소화기

 **해설**

유류 화재 및 전기화재에는 수분을 포함한 소화약제를 사용하지 않음

07 가연물을 제거하거나 가연성 액체의 농도를 희석시켜 연소를 저지시키는 것은 어떤 소화방법에 들어가는가?

① 제거소화   ② 질식소화

③ 냉각소화   ④ 유화소화

 **해설**

제거소화: 가연물 제거

08 유전화재에 질소폭탄을 투하하여 화재를 진압하는 것은 어떤 소화방법에 해당하는가?

① 제거소화   ② 질식소화

③ 유화소화   ④ 냉각소화

 **해설**

유전화재: 제거소화

09 다음 소화방법에 대한 설명으로 틀린 것은?

① 제거소화란 가연물을 연소구역에서 없애 주는 방법이다.

② 억제소화란 연소의 지속을 막기위해 가연물의 분자활성화 속도를 느리게 하는 용매를 사용하는 방법이다.

③ 냉각소화란 연소물로부터 열을 빼앗아 발화점 이하로 온도를 낮추는 방법이다.

④ 질식소화란 공기 중 산소 농도를 약 20%에서 5% 이하로 떨어뜨려 연소를 중단시키는 방법이다.

 해설

질식소화는 공기 중 산소 농도를 15% 이하로 떨어뜨리는 것

1▶ 6 소화기 종류

01 할로젠화물 소화기의 사용금지 장소가 아닌 곳은?

① 무창층

② 지하층

③ 사무실의 바닥면적이 $20m^2$ 미만인 곳

④ 배기를 위한 유효한 개구부가 있는 곳

 해설

CO_2 및 할론 소화기 사용금지 장소

• 무창층

• 지하층

• 사무실의 바닥면적이 $20m^2$ 미만인 곳

02 다음 중 할론 소화기의 적응화재로 옳게 짝지어진 것은?

⊙ 일반화재	ⓛ 유류화재
ⓒ 전기화재	② 금속화재

① ⊙, ⓛ

② ⊙, ⓒ

③ ⊙, ②

④ ⓛ, ⓒ

━ 해설 ━

할론 소화기의 적응화재: 유류, 전기화재

03 할로젠화물 소화약제가 가져야 할 조건으로서 옳지 않은 것은?

① 비점이 낮을 것

② 기화되기 쉬울 것

③ 전기화재에 적응성이 있을 것

④ 공기보다 가볍고 가연성일 것

━ 해설 ━

공기보다 무겁고 불연성일 것

04 할론의 3대 소화효과에 해당 없는 것은?

① 질식 효과   ② 부촉매 효과

③ 냉각 효과   ④ 희석효과

 해설

할론의 3대 소화효과

• 질식 효과

• 부촉매 효과

• 냉각 효과

05 할론 1301 소화제의 화학식은?

① CF_3Br ② CBr_3F

③ CCl_3F ④ $CHFClBr$

━ 해설 ━

할론 1301: CF_3Br

06 할론 1211 소화제의 화학식은?

① $C_2F_4Br_2$ ② CF_3Br

③ CH_2ClBr ④ CF_2ClBr

━ 해설 ━

① 2402

② 1301

③ 1011

07 다음 소화약제 중 연소물과 작용하여 유독한 $COCl_2$ 가스를 발생시키는 소화약제는?

① CH_2ClBr ② CCl_4

③ $CBrClF_2$ ④ CO_2

CCl₄: 공기, 수분, 산화철, 탄산가스와 반응하여 COCl₂ 발생

08 Halon 1301, Halon 1211, Halon 2402 중 상온, 상압에서 액체 상태인 Halon 소화약제로만 나열된 것은?

① Halon 1211

② Halon 2402

③ Halon 1301, Halon 1211

④ Halon 2402, Halon 1211

 해설

- Halon 1211, 1301: 상온에서 기체
- Halon 2402: 상온에서 무색투명한 액체

09 다음 소화제의 분자식과 그 약칭이 맞게 짝지어진 것은?

① CCl₄ − CB

② CH₃Br − MB

③ C₂Br₂F₄ − CTC

④ CBrF₃ − BCF

 해설

① CCl₄: CTC ② CH₃Br: MB
③ C₂Br₂F₄: FB ④ CBrF₃: MTB

10 할로젠화 탄화수소의 할론 번호가 잘못된 것은?

① CCl₄: 1040 ② CH₂ClBr: 1011

③ CF₃Br: 1301 ④ C₂F₄Br₂: 1202

해설

④ 할론 2402

11 불활성가스 소화약제 중 IG−541의 구성성분이 아닌 것은?

① N₂ ② Ar

③ Ne ④ CO₂

 해설

IG−541: 불활성가스계 청정소화약제로 질소 50%, 아르곤 42%, 이산화탄소 8%로 구성(질식효과, 방사시간 1분 이내)

12 질소와 아르곤과 이산화탄소의 용량비가 52대 40대8인 혼합물 소화약제에 해당하는 것은?

① IG−541 ② HCFC BLEND A

③ HFC−125 ④ HFC−23

해설

청정소화약제
IG−541
N₂: 52%, Ar: 40%, CO₂: 8%

13 불활성 가스 청정소화약제의 기본 성분이 아닌 것은?

① 헬륨 ② 질소

③ 불소 ④ 아르곤

해설

불소는 해당 없음

14 다음 중 포 소화제의 조건 중에 해당하지 않는 것은?

① 부착성이 있을 것

② 유동성이 있을 것

③ 부서지기 어려운 응집성을 가질 것

④ 열에 의해 빨리 증발할 것

포 소화제
- 부착성이 좋을 것
- 유동성이 있을 것
- 응집성을 가질 것
- 열에 대해 센막을 가질 것 등

15 화학포를 만들 때 기포 안정제로 적당한 것은?

① 황산알루미늄　　② 인산염류
③ 단백질분해물　　④ 탄산수소나트륨

기포 안정제: 가수분해 단백질, 샤포닝, 계면활성제 등

16 화학포 소화약제의 주성분으로서 맞는 것은?

① 황산알루미늄과 탄산수소나트륨
② 황산알루미늄과 탄산나트륨
③ 황산나트륨과 탄산나트륨
④ 황산나트륨과 탄산수소나트륨

- **외약제**: 중탄산나트륨
- **내약제**: 황산알루미늄

17 다음은 화학포 소화약제의 화학 반응식이다. ( ) 안에 반응계수를 옳게 한 것은?

$6NaHCO_3 + Al_2(SO_4)_3 \cdot 18H_2O$
$\rightarrow$ (㉠)Na_2SO_4+(㉡)$Al(OH)_3$+(㉢)CO_2
$+$(㉣)H_2O

① 6, 2, 3, 18　　② 3, 2, 6, 18
③ 2, 3, 6, 18　　④ 3, 6, 2, 18

$6NaHCO_3 + Al_2(SO_4)_3 \cdot 18H_2O$
$\rightarrow 3Na_2SO_4 + 2Al(OH)_3 + 6CO_2 + 18H_2O$

18 다음 단백포 소화약제에 대한 설명 중 틀린 것은?

① 재연소 방지능력이 우수하다.
② 겨울철에는 유동성이 커진다.
③ 동물, 식물성 단백질을 첨가시킨 형태로 내구력이 없어 보관 시 유의해야 한다.
④ 다른 포약제에 비하여 부식성이 있다.

단백포: 겨울철에는 보온조치가 필요(유동성이 적어진다.)

19 불소계 계면활성제가 주성분이며 특히 기름 화재용 포액으로서 가장 좋은 소화력을 가진 포(Foam)는?

① 단백포액
② 플루오르화 단백포액
③ 수성막포액
④ 알코올포

① **단백포**: 동물성 단백질 가스분해물
② **플루오르화 단백포**: 불소계계면활성제+단백포
③ **수성막포액**: 불소계통의 습윤제+합성계면활성제
④ **알코올포**: 단백질가수분해물+합성세제

20 포 소화약제의 종류에 해당하지 않는 것은?

① 단백 포 소화약제
② 합성계면활성제 포 소화약제

③ 수성막포액

④ 액표면소화약제

④는 해당 없음

21 알코올폼 소화제로 소화하기에 적당한 위험물은?

① 휘발유　　　　② 톨루엔

③ 석유　　　　　④ 메틸알코올

알코올폼 소화제: 수용성 인화물질

22 알코올 화재 시 포 소화제는 효과가 없다. 그 이유로 가장 적당한 것은?

① 알코올은 수용성이라 포를 소멸시키므로

② 알코올과 반응해 유독가스를 발생하므로

③ 연소면을 확대한다.

④ 알코올이 포 소화제와 작용해 유독한 가스를 발생하므로

포가 깨져서 소화효과가 없어지기 때문임

23 알코올류를 취급하는 소방대상물에 사용되는 알코올형 포 소화약제의 1분당 방사량은 바닥면적 $1m^3$당 몇 l 이상인가?

① 13　　　　　　② 8.0

③ 6.5　　　　　　④ 3.7

알코올포 1분당 방사량: 바닥면적 $1m^3$당 $13 l/min \cdot m^2$

24 물 소화기의 일반화재에 대한 소화효과와 거리가 먼 것은?

① 냉각소화　　　② 질식소화

③ 유화작용　　　④ 부촉매 효과

일반화재(A급) 소화효과: 냉각소화 질식소화. 유화작용

25 물이 소화제로 이용되는 가장 큰 이유는?

① 기화열로 가연물을 냉각하기 때문이다.

② 물이 공기를 차단하기 때문이다.

③ 물은 환원성이 있기 때문이다.

④ 물이 가연물을 제거하기 때문이다.

기화잠열은 539cal/g로 커서 기화 시 가연물을 냉각소화함

26 물의 특성 및 소화효과에 관한 설명으로 틀린 것은?

① 이산화탄소보다 기화잠열이 크다.

② 극성분자이다.

③ 이산화탄소보다 비열이 작다.

④ 주된 소화효과가 냉각소화이다.

물이 비열은 1, 이산화탄소의 비열은 0.2040이다.

27 1기압, 100℃에서 물 36g이 모두 기화되었다. 생성된 기체는 약 몇 l인가?

① 11.2　　　　　② 22.4

③ 44.8　　　　　④ 61.2

해설

$PV = nRT$

$$V = \dfrac{\dfrac{36\,\mathrm{g}}{18\,\mathrm{g/mol}} \times \dfrac{0.082\,\mathrm{atm}\cdot l}{\mathrm{mol}\cdot\mathrm{K}} \times (273+100)\mathrm{K}}{1\mathrm{atm}} = 61.2\,l$$

28 물에 탄산칼륨을 보강시킨 소화기로서 물의 빙점을 −30℃까지 낮춘 소화기는?

① 할론 소화기　　② 포 소화기

③ 강화액 소화기　④ 산·알칼리 소화기

해설

강화액 소화기

29 다음 중 강화액 소화기에 대한 설명으로 틀린 것은?

① 물의 단점을 탄산칼슘으로 강화시킨 것이다.

② 한랭지 또는 겨울철에 사용한다.

③ 소화약제의 pH는 12이다.

④ 무상인 경우 A, B, C급 화재에 모두 적용한다.

해설

물에 탄산칼륨을 용해시켜 물의 소화능력을 향상시킨 약제로 겨울철이나 한랭지에서 사용함: A급 화재

30 강화액 소화기에 대한 설명으로 옳은 것은?

① 물의 유동성을 강화하기 위한 유화제를 첨가한 소화기이다.

② 물의 표면장력을 강화하기 위해서 탄소를 첨가한 소화기이다.

③ 산·알칼리 액을 주성분으로 하는 소화기이다.

④ 물의 소화효과를 높이기 위해 염류를 첨가한 소화기이다.

해설

29번 해설 참조

31 다음 (　) 안에 들어갈 말로 알맞은 것은?

> 강화액 소화기는 물에 (㉠)을 용해시켜 빙점을 (㉡)로 조절하여 한랭지역에서 사용가능한 소화기이다.

① ㉠ 탄산칼륨, ㉡ −25℃~−30℃

② ㉠ 탄산칼슘, ㉡ −15℃~−30℃

③ ㉠ 탄산칼륨, ㉡ −15℃~−30℃

④ ㉠ 탄산칼슘, ㉡ −25℃~−30℃

해설

강화액 소화기는 물에 탄산칼륨을 용해시켜서 물의 빙점을 −25℃~−30℃까지 낮춰 한랭지역에서 사용가능하게 하는 소화기이다.

32 다음 (　) 안에 들어갈 말로 알맞은 것은?

> 강화액 소화기의 pH는 (㉠)로 (㉡)이며, 액비중은 (㉢)이며 독성 및 부식성이 있다.

① ㉠ 12, ㉡ 강알칼리, ㉢ 1.3~1.4

② ㉠ 9, ㉡ 약알칼리, ㉢ 1.3~1.4

③ ㉠ 12, ㉡ 강산, ㉢ 0.9~1.2

④ ㉠ 12, ㉡ 약산, ㉢ 0.9~1.2

해설

강화액 소화기의 pH는 12로서 강알칼리이며, 액비중은 1.3~1.4이다.

33 산 · 알칼리 소화약제의 화학 반응식으로 옳은 것은?

① $2NaHCO_3 + H_2SO_4 \rightarrow Na_2SO_4 + 2CO_2 + 2H_2O$

② $2CCl_3 + CO_2 \rightarrow 2COCl_2$

③ $2K + 2H_2O \rightarrow 2KOH + H_2$

④ $2Na + 2C_2H_5OH \rightarrow 2C_2H_5ONa + H_2$

 **해설**

$2NaHCO_3 + H_2SO_4 \rightarrow Na_2SO_4 + 2CO_2 + 2H_2O$

34 산알칼리 소화기의 수용액의 pH는 얼마인가?

① pH5.5 이하의 산성

② pH5.6 이하의 산성

③ pH5.7 이하의 산성

④ pH5.8 이하의 산성

 **해설**

수용액은 pH5.5 이하의 산성

35 산알칼리 소화기의 주 소화작용은?

① 질식소화　　② 억제소화

③ 냉각소화　　④ 부촉매 효과

 해설

• **적응 화재**: 일반화재
• **소화 작용**: 냉각소화

36 간이 소화용구에 해당하는 것은?

① 팽창진주암

② 포 소화설비

③ 스프링클러

④ 동력소방펌프

 해설

간이소화제: 마른모래, 팽창질석, 팽창진주암, 소화탄, 중조톱밥, 수증기

37 간이소화제인 마른모래의 보관법으로 옳지 않은 것은?

① 가연물이 함유되어 있지 않을 것

② 부속기구로 삽, 양동이를 비치할 것

③ 포대 또는 반절드럼에 넣어 보관할 것

④ 충분한 습기를 함유할 것

 **해설**

모래는 습기를 제거하여 보관할 것

38 제3류 위험물 알킬알루미늄과 알킬리튬에 사용되는 소화약제는?

① 팽창질석

② 물소화기

③ 강화액 소화기

④ 중조

 해설

제3류 위험물 알킬알루미늄과 알킬리튬: 팽창질석, 팽창진주암

39 다음 중 중조톱밥의 주성분은?

① 중조 + 모래

② 중조 + 톱밥

③ 모래 + 톱밥

④ 탄산암모늄

 해설

중조톱밥: 중조 + 톱밥

40 다음 중 소화기 외부 표시 사항으로 바르게 짝 지어 놓은 것은?

> ㉠ 소화기의 명칭 ㉡ 적응화재 표시
> ㉢ 능력 단위 ㉣ 보안감독관

① ㉠
② ㉠, ㉡
③ ㉠, ㉡, ㉢
④ ㉠, ㉡, ㉢, ㉣

소화기 표시사항
㉠ 소화기 명칭 ㉡ 적응화재 표시
㉢ 용기 합격 및 중량 표시 ㉣ 사용 방법
㉤ 취급상 주의 사항 ㉥ 능력 단위
㉦ 제조 년 월 일

41 소화기의 사용방법을 바르게 설명한 것끼리 묶어 놓은 것은?

> ㉠ 적응화재에만 사용할 것
> ㉡ 불과 멀리하여 사용할 것
> ㉢ 바람을 등지고 풍하에서 풍상의 방향으로 사용할 것
> ㉣ 양 옆으로 비로 쓸 듯이 골고루 사용할 것

① ㉠, ㉡
② ㉠, ㉢
③ ㉠, ㉣
④ ㉠, ㉢, ㉣

• 성능에 따라서 불에 가까이 접근 사용할 것
• 소화 작업은 바람을 등지고 바람이 부는 위쪽에서 바람이 불어 가는 아래쪽으로 향해 방사한다.

42 소화기 사용상 주의 사항으로 맞지 않는 것은?

① 소화기는 화재 초기에만 효과가 있다, 화재가 확대된 후에는 효과가 없다.
② 소화기는 대형 소화설비의 대용은 될 수 없다.

③ 소화기는 그 구조, 성능 취급법을 알고 있지 않으면 효과가 없다.
④ 소화기는 화재가 확대된 후에도 효과가 지속된다.

소화기: 화재 초기용으로 화재가 확대된 후에는 효과가 없다.

43 어떤 소화기에 다음과 같은 내용이 표시되어 있었다. 알 수 있는 사실이 아닌 것은? (단, A-3, B-5, C 적용)

① 일반화재인 경우 이 소화기의 능력 단위는 5단위이다.
② 유류화재에 적용할 수 있는 소화기이다.
③ 전기화재에 적용할 수 있는 소화기이다.
④ ABC 소화기이다.

일반화재인 경우 소화기 능력 단위는 3단위이다.

44 소화기에 표시된 "A-2, B-4"라고 하는 숫자의 뜻은?

① 사용순위
② 능력 단위
③ 소요단위
④ 제조번호

• A-2: A급 화재 능력 단위 2단위
• B-4: B급 화재 능력 단위 4단위

45 소화기 점검사항이다. 종합정밀검사는 언제 실시하는가?

① 연 2회 실시
② 연 1회 상반기 실시

③ 연 1회 하반기 실시

④ 분기별로 실시

- 작동기능검사: 연 1회 상반기 실시
- 종합정밀검사: 연 1회 하반기 실시

46 드라이아이스의 성분은?

① CO ② CO_2

③ H_2O ④ H_2O_2

CO_2: 드라이아이스(고체), 액화탄산(액체), 탄산가스(기체)

47 주로 가연성 액체와 전기화재에 많이 쓰이는 소화약제로서 무색이고 비중이 1.53인 불연성 물질은 무엇인가?

① 탄산수소칼슘

② 인산암모늄

③ 탄산수소나트륨

④ 이산화탄소

CO_2: 무색, 무취, 비중 1.53, 전기화재에 유효

48 액화 이산화탄소 1kg이 25℃의 대기중으로 방출되었을 때 대기 중 기체상의 이산화탄소의 부피(l)는? (단, CO_2의 분자량은 44이고 대기압은 1atm이다.)

① 555.36 ② 509

③ 1964 ④ 985.6

$$PV = \frac{W}{M}RT$$

$$V = \frac{WRT}{PM} = \frac{1000g \times 0.082 \times (25 + 298)}{1atm \times 44g} = 555.36 l$$

49 용액이 1.5l인 탄산가스 소화기에 충전비가 1.34 되게 충전하려고 할 때 필요한 CO_2의 양은 몇 kg인가?

① 1.02 ② 1.12

③ 1.22 ④ 1.32

$$C = \frac{V}{G}, \ G = \frac{V}{C}, \ G = \frac{1.5}{1.34} = 1.12$$

50 CO_2 약제 방출 시와 드라이아이스가 기화 시 소화효과는?

① 냉각과 질식

② 냉각과 억제

③ 희석과 억제

④ 질식과 부촉매

- 드라이아이스: 냉각소화
- 기화된 CO_2: 공기층 차단 질식효과

51 CO_2의 삼중점 온도는 얼마인가?

① −56.7℃ ② −65.7℃

③ −78℃ ④ −80℃

삼중점 온도: −56.7℃

52 CO₂ 소화기의 단점으로서 맞지 않는 것은?

① 방사 거리가 짧다.

② 고압가스이므로 취급에 주의해야 된다.

③ 나이트로셀룰로오스와 같은 자기연소성 물질을 저장 취급하는 곳에는 사용하지 말 것

④ 금속분 및 금속수소화물 화재에 효과가 우수하다.

금속이나 금속분에 연소확대 우려
- $CO_2 + 2Mg \rightarrow 2MgO + C$
- $CO_2 + 4Na \rightarrow 2Na_2O + C$

2▸ ① 소방시설의 종류

01 위험물관리법령의 소화설비의 적응성에서 소화설비의 종류가 아닌 것은?

① 물 분무 소화설비
② 방화설비
③ 옥내소화전설비
④ 물통

방화설비: 소화용수설비

02 소화설비의 주된 소화효과를 옳게 설명한 것은?

① 옥내ㆍ옥외소화전설비: 질식소화
② 스프링클러 설비, 물 분무 소화설비: 억제소화
③ 포, 분말 소화설비: 억제소화
④ 할로젠화합물 소화설비: 억제소화

① 냉각소화
② 냉각소화
③ 냉각 및 질식소화

03 위험물안전관리법령에서 정한 "물 분무 등 소화설비"의 종류에 속하지 않는 것은?

① 스프링클러 설비
② 포 소화설비
③ 분말 소화설비
④ 이산화탄소 소화설비

① 물 분무 등 소화설비에 해당하지 않음

04 제3류 위험물 중 금수성 물질을 제외한 위험물에 적응성이 있는 소화설비가 아닌 것은?

① 분말 소화설비
② 스프링클러 설비
③ 옥내소화전설비
④ 포 소화설비

분말, 이산화탄소, 할론 소화설비 등은 적응성이 없다.

05 제5류 위험물의 화재 시 적응성이 있는 소화설비는?

① 분말 소화설비
② 할로젠화합물 소화설비
③ 물 분무 소화설비
④ 이산화탄소 소화설비

제5류 위험물: 물 분무 소화설비

06 위험물안전관리법령상 제4류 위험물에 적응성이 없는 소화설비는?

① 옥내소화전설비
② 포 소화설비
③ 불활성가스 소화설비
④ 할로젠화합물 소화설비

옥내소화전설비는 제4류 위험물에 적응성이 없다.

07 소화난이도등급 Ⅰ의 옥내 탱크저장소(인화점 70℃ 이상의 제4류 위험물만을 저장, 취급하는 것)에 설치하여야 하는 소화설비가 아닌 것은?

① 고정식 포 소화설비

② 이동식 외의 할로젠화합물 소화설비

③ 스프링클러 설비

④ 물 분무 소화설비

 **해설**

스프링클러 설비: 주수에 의한 냉각소화로 제4류 위험물의 소화에 적합하지 않다.

08 소화난이도 등급 Ⅰ인 옥외 탱크저장소에 있어서 제4류 위험물 중 인화점이 섭씨 70도 이상인 것을 저장, 취급하는 경우 어느 소화설비를 설치해야 하는가? (단, 지중탱크 또는 해상탱크 외의 것이다.)

① 스프링클러 소화설비

② 물 분무 소화설비

③ 이산화탄소 소화설비

④ 분말 소화설비

 **해설**

옥외탱크 저장소: 물 분무 소화설비 또는 고정식 포 소화설비를 설치할 것

09 위험물안전관리법령상 소화설비의 적응성에 관한 내용이다. 옳은 것은?

① 마른모래는 대상물 중 제1류 ~ 제6류 위험물에 적응성이 있다.

② 팽창질석은 전기설비를 포함한 모든 대상물에 적응성이 있다.

③ 분말 소화약제는 셀룰로이드류의 화재에 가장 적당하다.

④ 물 분무 소화설비는 전기설비에 사용할 수 없다.

 해설

마른모래는 만능소화약제이다.

10 소방시설이 아닌 것은?

① 피난설비   ② 소화설비

③ 경보설비   ④ 방화설비

 해설

소방시설: 소화설비, 경보설비, 피난설비, 소화용수설비, 소화활동설비

2▸ ❷ 소화설비

01 다음 소화설비 중 산화성 액체 위험물에 적응하는 설비가 아닌 것은?

① 스프링클러 설비

② 포말 소화설비

③ 이산화탄소 소화설비

④ 물 분무 소화설비

해설

제6류 위험물 적응 소화설비가 아닌 것
• 할론
• CO_2 소화설비

02 다음 중 소화기구의 종류에 해당하지 않는 것은?

① 수동식 소화기   ② 물 소화기

③ 산알칼리 소화기   ④ 옥내소화전설비

옥내소화전설비: 소화설비

03 소화기구는 바닥으로부터 얼마의 높이에 설치 하는가?

① 1m 이하의 곳　② 1.5m 이하의 곳

③ 2m 이하의 곳　④ 0.5m 이하의 곳

해설

바닥으로부터 1.5m 이하 위치에 설치

04 물 분무 등 소화설비에 해당하지 않는 것은?

① 물 분무 소화설비

② 포 소화설비

③ 할로젠화합물 소화설비

④ 스프링클러 소화설비

해설

물 분무 등 소화설비에 스프링클러는 해당 없음

05 수동식 소화기 또는 간이 소화용구를 설치해야 하는 소방대상물의 연면적은?

① 16.5m² 이상　② 67m² 이상

③ 50m² 이상　④ 33m² 이상

해설

연면적 33m² 이상인 것

06 수동식 소형 소화기는 소방대상물 각 부분으로 부터 보행거리 몇 m 마다 배치하는가?

① 20m 이내　② 30m 이내

③ 40m 이내　④ 50m 이내

수동식 소화기: 보행거리 20m 이내

07 전기 설비의 소형수동 소화기 설치기준의 바닥 면적은 얼마인가?

① 100m²　② 150m²

③ 200m²　④ 250m²

해설

바닥면적 100m²마다 1개 이상 설치

08 소화기구 표지판에 기재되는 내용을 잘못된 것은?

① 수동식: 소화기

② 마른 모래: 소화용 모래

③ 팽창진주암: 소화질석

④ 팽창질석: 소화용석

해설

소화질석: 팽창질석, 팽창진주암

09 이산화탄소와 할로젠화합물 소화기 설치 금지 장소로 맞지 않는 것은?

① 지하층

② 무창층

③ 밀폐된 사무실

④ 거실 바닥면적이 30m² 미만인 장소

해설

거실 바닥면적이 20m² 미만인 장소는 금지함

[정답] 03 ② 04 ④ 05 ④ 06 ① 07 ① 08 ④ 09 ④

10 간이소화용구로 팽창질석 또는 팽창진주암을 삽과 함께 준비하는 경우 능력 단위 3단위에 해당하는 것은?

① 240 l 이상   ② 300 l 이상

③ 480 l 이상   ④ 600 l 이상

팽창질석 또는 팽창진주암
• 삽을 상비한 160 l 이상의 것: 1단위
   $160 \times 3 = 480 l$ 이상

11 간이소화용구로 마른 모래를 삽과 함께 준비하는 경우 능력 단위 3단위에 해당하는 양은?

① 150 l 이상   ② 240 l 이상

③ 300 l 이상   ④ 480 l 이상

마른모래 삽을 상비한 50 l 이상의 것 1포: 능력 단위 0.5
즉, 1단위: 100 l 이상, 2단위: 200 l 이상, 3단위: 300 l 이상

12 소화전용물통 8 l의 소화능력 단위는 얼마인가?

① 0.3단위   ② 0.5단위

③ 1.0단위   ④ 2.5단위

소화전용물통 8 l =0.3단위

13 위험물의 1소요단위는 지정 수량의 몇 배인가?

① 5배   ② 10배

③ 20배   ④ 50배

위험물 1소요단위: 지정 수량 10배
• 소요단위: 소화설비 대상 건축물이나 위험물의 양에 대한 기준 단위

14 공공으로 모일 수 있는 곳(중요문화재)의 연면적이 1,000m²일 경우 소화기구를 배치하여야 할 총 소요단위는 얼마인가?

① 10단위   ② 20단위

③ 30단위   ④ 40단위

공연장 · 집회장 · 관람장 및 문화재: 바닥면적 50m²마다 능력 단위 1단위 이상

$$소요단위 = \frac{1,000}{50} = 20단위$$

15 다음 중 제조소 등 및 위험물에 대한 소화기구의 1소요단위 선정기준으로 맞는 것은?

① 위험물의 경우 지정 수량의 20배

② 저장소용 건축물로서 외벽이 내화구조인 경우 연면적 100제곱미터

③ 제조소 또는 취급소용 건축물로서 외벽이 내화구조인 경우 연면적 150제곱미터

④ 제조소 또는 취급소용으로서 옥외에 있는 공작물인 경우 수평최대면적 100제곱미터

① 위험물 지정 수량 10배
② 연면적 150m²
③ 연면적 100m²

16 등유 20000 l와 적린 5kg이 보관되어 있다면 소화설비의 소요단위는 얼마인가?

① 0.05   ② 0.2

③ 2.01   ④ 2.5

$$소요단위 = \frac{20,000}{1000 \times 10} + \frac{5}{100 \times 10} = 2.01$$

17 탄화칼슘 60,000kg의 소화설비의 설치 소요
　단위는 몇 단위인가?

　　① 10단위　　　　② 20단위

　　③ 30단위　　　　④ 40단위

- 탄화칼슘 지정 수량: 300kg

- 소요단위 $= \dfrac{60,000}{300 \times 10} = 20$단위

18 제1석유류 비수용성 $400\,l$, 제2석유 비수용성
　$2000\,l$ 저장시 저장량의 합계는 지정 수량의
　몇 배인가?

　　① 3　　　　　　② 4

　　③ 5　　　　　　④ 6

환산지정 수량 $= \dfrac{\text{저장 수량A}}{\text{지정 수량A}} + \dfrac{\text{저장 수량B}}{\text{지정 수량B}} + \cdots\cdots$

$\qquad\qquad\qquad = \dfrac{400}{200} + \dfrac{2000}{1000} = 4$

19 다음 ( ) 안에 들어갈 숫자들끼리 바르게 묶어
　놓은 것은?

> ① 소방대상물과 옥내소화전 방수구와의 수
> 　평거리는 (㉠)m 이하로 한다.
> ② 옥외소화전은 호스접결부로부터 수평거
> 　리 (㉡)m 이하에 1개 설치한다.
> ③ 대형 수동식 소화기는 보행거리 (㉢)m
> 　이내에 1개 설치한다.
> ④ 소형 수동식 소화기는 보행거리 (㉣)m
> 　이내에 1개 설치한다.

　　① ㉠ 25, ㉡ 40, ㉢ 30, ㉣ 20

　　② ㉠ 40, ㉡ 25, ㉢ 30, ㉣ 20

　　③ ㉠ 25, ㉡ 40, ㉢ 20, ㉣ 30

　　④ ㉠ 30, ㉡ 40, ㉢ 25, ㉣ 20

20 위험물 제조소 등 3개의 옥내소화전설비가 설
　치되어 있다면 수원의 양은 얼마인가?

　　① $13m^3$　　　　② $21.5m^3$

　　③ $23.4m^3$　　　④ $25m^3$

수원의 수량: 설치개수(5개 이상인 경우는 5개로 계산)

$3 \times 260\,l/\text{min} \times 30\text{min} = 23400\,l = 23.4m^3$

21 옥내소화전에서 비상전원의 용량은 얼마인가?

　　① 10분　　　　　② 20분

　　③ 40분　　　　　④ 45분

비상전원의 용량: 45분

22 옥내소화전을 설치해야 할 공장, 창고시설로
　서 특수가연물을 저장 취급 시 지정 수량은 얼
　마인가?

　　① 350배 이상　　② 450배 이상

　　③ 650배 이상　　④ 750배 이상

옥내소화전: 특수가연물을 750배 이상 저장 취급하는 곳

23 옥내소화전 주 배관과 연결송수관을 겸용 시
　주 배관의 관경은 얼마인가?

　　① 50mm 이상　　② 60mm 이상

　　③ 80mm 이상　　④ 100mm 이상

연결송수관 겸용 시 주 배관은 100mm 이상, 가지배관은 구경이
65mm 이상인 것

---

24 옥내소화전 방수구 높이는 얼마인가?

① 바닥으로부터 1.5m 이상

② 바닥으로부터 1.5m 이하

③ 천장으로부터 1.5m 이상

④ 천장으로부터 1.5m 이하

방수구 높이: 바닥으로부터 1.5m 이하

25 옥내소화전함에 대한 설명으로 맞지 않는 것은?

① 소화전 함의 두께는 강판의 1.5mm 이상이어야 된다.

② 소화전 함의 문짝의 크기는 0.5m² 이상

③ 소화전 함의 표시등은 청색의 표시등을 설치한다.

④ 표시등 부착면으로부터 15° 이상의 범위에서 10m 이내의 어느 위치에서 확인할 수 있도록 한다.

소화전함의 표시등: 적색

26 압력수조를 이용한 옥내소화전설비의 가압송수장치에서 압력수조의 최소압력은 몇 MPa인가? (단, 소방용 호스의 마찰손실 수두압: 3Mp, 배관의 마찰손실압: 1.5MPa, 낙차의 환산수두압: 2.35MPa)

① 6.75　　② 7.2

③ 7.35　　④ 6.83

P = 낙차환산수두압+배관의 마찰손실수두압+소방용 호스 마찰손실 수두압+방사압

= 2.35MPa+1.5MPa+3MPa+0.35MPa = 7.2MPa

27 위험물 제조소 전용 옥내소화전설비의 가압송수장치인 펌프의 1분당 방수량은?

① 80l　　② 130l

③ 260l　　④ 350l

분당 펌프 토출량: 260 l/min

28 위험물 제조소 등에 펌프를 이용한 가압송수장치를 사용하는 옥내소화전을 설치할 경우, 펌프의 전양정은 몇 m인가? (단, 소방용 호스의 마찰손실 수두는 6m, 배관의 마찰손실 수두는 1.7m, 낙차는 32m이다.)

① 56.7　　② 74.7

③ 64.7　　④ 39.87

H = h1 + h2 + h3 + 35m = 6 + 1.7 + 32 + 35 = 74.7

29 위험물 제조소 등에 옥외소화전이 5개 설치되어 있다. 수원의 양은 얼마인가?

① 23m³　　② 34m³

③ 45m³　　④ 54m³

소화전이 4개 이상인 경우는 4개로 계산함

(4×450 l/min×30min) = 54000 l = 54m³

30 옥외소화전 노즐 선단의 방수압과 방수량은 얼마인가?

① 방수압력: 350kPa 이상, 방수량: 450l/min 이상

② 방수압력: 400kPa 이상, 방수량: 400l/min 이상

③ 방수압력: 400kPa 이상, 방수량: 450*l*/
min 이상

④ 방수압력: 300kPa 이상, 방수량: 450*l*/
min 이상

• **방수압력**: 350kPa 이상
• **방수량**: 450 *l*/min 이상

31 옥외소화전 방수구 및 옥외소화전함에 관한 사항으로 맞지 않는 것은?

① 소화전과 소화전함과의 거리는 5m 이내여야 한다.
② 소화전을 10개 이하로 설치 시 소화전마다 5m 이내의 장소에 소화전함 1개 이상 설치
③ 소화전을 11개 이상 30개 이하로 설치 시 소화전함 11개를 분산 설치
④ 소화전 31개 이상 설치 시 소화전 2개마다 소화전함 1개 이상 설치

 해설

소화전 31개 이상 설치 시: 소화전 3개마다 소화전함 1개 이상 설치

32 옥외소화전 방수구 및 옥외소화전함에 관한 사항이다. 소화전과 소화전함과의 거리는 얼마인가?

① 3m 이내   ② 4m 이내
③ 5m 이내   ④ 6m 이내

해설

소화전과 소화전함과의 거리: 5m 이내

33 옥외소화전이 31개 이상 설치될 때에는 옥외소화전 3개마다 몇 개 이상의 소화전함을 설치해야 하는가?

① 1개   ② 3개
③ 5개   ④ 8개

 해설

소화전 31개 이상 설치 시: 소화전 3개마다 소화전함 1개 이상 설치

34 스프링클러 설비의 특징에 대한 것 중 옳지 않은 것은?

① 화재의 초기 진압에 효율적이다.
② 조작이 간편하다.
③ 감지부의 구조가 기계적으로 작동이 정확하다.
④ 다른 소화설비보다 구조가 간단하고 값이 싸다.

 해설

설비비가 비싸고 구조가 복잡한 것이 단점이다.

35 다음 스프링클러 설비는 소화작용에서 어떤 작용을 할 수 없는가?

① 질식작용
② 희석작용
③ 냉각작용
④ 억제작용

 해설

억제작용: 할론 소화약제

36 위험물 제조소 등에 설치하는 폐쇄형 스프링클러 설비 전용 수원의 수량은 얼마 이상이어야 하는가? (단, 스프링클러 헤드 개수: 30)

① 24,000*l* 이상　② 48,000*l* 이상
③ 72,000*l* 이상　④ 96,000*l* 이상

30(30 미만일 때에는 설치개수)×2.4m³ 이상
(30×2.4)=72m³=72000*l*

37 스프링클러 헤드 설치기준으로서 맞지 않는 것은?

① 스프링클러 헤드로부터 반경 60cm 이상의 공간을 보유할 것
② 스프링클러 헤드와 그 부착면과의 거리는 30cm 이하로 할 것
③ 스프링클러 헤드는 천장, 반자, 선반 등이 불연재료로 된 경우 부착면과의 거리는 45cm 이하로 할 것
④ 벽과 스프링클러 헤드 간 간격은 20cm 이상으로 할 것

벽과 스프링클러 헤드 간 간격 10cm 이상으로 할 것

38 스프링클러 헤드의 가지배관의 수는 몇 개 이하로 하는가?

① 10개 이하　② 9개 이하
③ 8개 이하　④ 5개 이하

가지배관에 설치하는 헤드 수 8개 이하로 설치함

39 폐쇄형 스프링클러 헤드는 설치장소의 평상시 최고 주위온도가 39℃ 미만일 경우 표시온도는 얼마로 설치하여야 하는가?

① 70℃ 미만　② 73℃ 미만
③ 76℃ 미만　④ 79℃ 미만

설치장소 39℃ 미만 → 표시온도 79℃ 미만

40 개방형 스프링클러 헤드를 이용하는 스프링클러 설비에서 수동식 개방 밸브를 개방 조작하는데 필요한 힘은 얼마 이하가 되도록 설치하여야 하는가?

① 5kg　② 10kg
③ 15kg　④ 20kg

수동식 개방 밸브는 15kg 이하의 힘에 개방되어야 함

41 다음 중 스프링클러 설비를 사용할 수 없는 대상은?

① 철분·금속분·마그네슘 분을 저장 취급하는 제조소 등
② 인화성 고체류를 저장하는 제조소 등
③ 제6류 위험물을 저장 취급하는 제조소 등
④ 제5류 위험물을 저장 취급하는 제조소 등

스프링클러 설비 제외 대상물
• 철분·금속분·마그네슘 분
• 제1류 알칼리금속과산화물
• 제3류 금수성 물질

[정답] 36 ③ 37 ④ 38 ③ 39 ④ 40 ③ 41 ①

42 위험물 제조소 등의 스프링클러 설비의 기준에 있어 개방형 스프링클러 헤드는 스프링클러 헤드의 반사판으로부터 몇 m의 공간을 수평 방향으로 보유하여야 하는가?

① 하방 0.3m, 수평 방향 0.45m
② 하방 0.3m, 수평 방향 0.3m
③ 하방 0.45m, 수평 방향 0.45m
④ 하방 0.45m, 수평 방향 0.3m

 **해설**

개방형 스프링클러 헤드
• 반사판으로부터 하방 0.45m, 수평 방향 0.3m 공간 확보
• 스프링클러 헤드의 축심이 당해 헤드의 부착면에 대핵 직각이 되도록 설치함

43 물 분무 소화설비를 설치할 수 없는 대상물에 해당하는 것은?

① 제4류 인화성 액체
② 제3류 금수성 물질
③ 전기설비
④ 제6류 위험물

 **해설**

물 분무 소화설비 설치 제외 대상
• 철분 · 금속분 · 마그네슘 분
• 제1류 알칼리금속과산화물
• 제3류 금수성 물질

44 물 분무 소화설비의 비상전원 용량은 얼마인가?

① 10분   ② 20분
③ 30분   ④ 45분

 **해설**

비상전원의 용량: 45분 이상

45 물 분무 소화설비의 방사압력은 얼마인가?

① 350kPa 이상   ② 450kPa 이상
③ 550kPa 이상   ④ 650kPa 이상

 **해설**

방사압력: 350kPa 이상

46 물 분무 소화설비에 의해 방호할 수 있는 대상에 해당하지 않는 것은?

① 석유정제 또는 유지공업 등의 여러 가지 장치 혹은 각종 유압조작기계
② 주차장, 엔진실 등의 액체연료의 사용 장소
③ 위험물을 취급하는 화학공장의 설비
④ 휘발유, 중유 등의 가연물액체가 바닥 위에 누출될 위험이 많은 작업장

 해설

가연성 액체가 누출위험이 많은 작업장에서는 사용하지 않음

47 다음은 물 분무 소화설비를 설치한 차고 · 주차장의 배수설비에 관한 사항이다. 맞지 않는 것은?

① 높이 10cm 이상의 경계턱으로 배수구 설치
② 길이 40cm마다 집수관 · 소화핏트 등 기름분리장치
③ 차량이 주차하는 바닥기울기는 배수구를 향해 200분의 2 이상의 기울기를 유지
④ 배수설비는 가압송수장치의 최대 송수능력의 수량을 유효하게 배수할 수 있는 크기 및 기울기로 할 것

배수구 기울기 100분의 2 이상

48 위험물안전관리법령에서 정한 물 분무소화설비의 설치기준에서 물 분무 소화설비의 방사구역은 몇 m² 이상으로 하여야 하는가?

① 75   ② 100

③ 150   ④ 350

물 분무 소화설비의 방사구역은 150m² 이상으로 할 것
단, 표면적이 150m² 미만인 경우 당해 표면적으로 할 것

49 다음은 포 소화전 기준에 대한 설명이다. 맞지 않는 것은?

① 포 소화전은 방유제 밖에 설치할 것

② 포 소화전 노즐 선단의 방사압력이 3.5 kg/cm² 이상이고, 방수량 300*l*/min 이상이다.

③ 방유제의 각 부분에서 하나의 포 소화전 방수구까지 수평거리가 40m 이내가 되도록 설치하여야 한다.

④ 포 소화전에는 포 소화전함을 설치하지 않는다.

포 소화전함을 설치할 것

50 포(거품) 방출구의 종류는 포의 팽창비율로 나눈다. 고발포용 고정포 방출구의 팽창비는?

① 10 이상~20 미만

② 20 이상~40 미만

③ 80 이상~1,000 미만

④ 1,000 이상

80 이상 1000 미만(고발포)

51 위험물 제조소·특수 가연물 저장 취급하는 소방대상물에 단백포를 사용하는 경우 바닥면적 1m²당 방사량은 얼마인가? (단, 홈헤드 방식)

① 6.5*l*/min 이상   ② 4.3*l*/min

③ 8.0*l*/min 이상   ④ 13*l*/min 이상

단백포 6.5*l*/min 이상

52 옥외탱크 저장소 중 콘루프 탱크에 사용되는 고정포 방출구가 아닌 것은?

① Ⅰ형포 방출구   ② Ⅱ형포 방출구

③ 표면하 주입식   ④ 특형포 방출구

특형포 방출구: 플루팅루프 탱크

53 알코올류를 제조·저장 또는 취급하는 소방대상물에 알코올 형포를 사용하는 데 홈헤드 방식일 경우 바닥면적 1m²당 방사량은 얼마인가?

① 2.3*l*/min 이상   ② 6.5*l*/min 이상

③ 8.0*l*/min 이상   ④ 13*l*/min이상

알코올형 포 소화약제 13*l*/min 이상

54 호스릴 포 소화설비의 설치장소로서 적합한 것은?

① 옥외 탱크저장시설

② 바닥면적 1,000m² 미만의 옥내 탱크저장시설

③ 지상 2층 이하의 주차장

④ 지상 1층으로서 방화구획이 된 부분

호스릴 포 소화설비 설치장소
• 지상 1층으로 방화 구획된 부분
• 완전 개방된 옥상 주차장, 고가 주차장 등

55 펌프와 발포기의 중간에 설치된 벤츄리관의 벤츄리 작용에 의하여 포 소화약제를 흡입·혼합하는 방식의 혼합장치는 무엇인가?

① 라인 프로포셔너 방식

② 프레셔 프로포셔너 방식

③ 펌프 프로포셔너 방식

④ 프레셔 사이드 프로포셔너 방식

라인 프로포셔너 방식: 벤츄리관의 벤츄리 작용으로 포 소화약제 흡입·혼합방식

56 다음 설명되는 포 소화약제 혼합방식은 무엇인가?

⬝⬝⬝⬝⬝⬝⬝⬝⬝⬝⬝⬝⬝⬝⬝⬝⬝⬝⬝⬝⬝⬝⬝⬝⬝⬝⬝⬝⬝⬝⬝⬝⬝
ⓐ 펌프의 토출관과 흡입관 사이의 배관 도중에 설치한 흡입기에 펌프에서 토출된 물의 일부를 보내고 농도 조정밸브에서 조정된 포 소화약제의 필요량을 포 소화약제 탱크에서 펌프 흡입 측으로 보내어 이를 혼합하는 방식
ⓑ 펌프의 토출관에 압입기를 설치하여 포 소화약제 압입용 펌프로 포 소화약제를 압입시켜 혼합하는 방식
⬝⬝⬝⬝⬝⬝⬝⬝⬝⬝⬝⬝⬝⬝⬝⬝⬝⬝⬝⬝⬝⬝⬝⬝⬝⬝⬝⬝⬝⬝⬝⬝⬝

① ⓐ 펌프 프로포셔너

  ⓑ 프레셔 사이드 프로포셔너

② ⓐ 라인 프로포셔너

  ⓑ 프레셔 사이드 프로포셔너

③ ⓐ 펌프 프로포셔너

  ⓑ 프레셔 프로포셔너

④ ⓐ 펌프 프로포셔너

  ⓑ 프레셔 프로셔너

ⓐ **펌프 프로포셔너**: 농도 조정 밸브
ⓑ **프레셔 사이드 프로포셔너**: 압입기

57 위험물제조소 등에 설치하는 포 소화설비에 있어서 포 헤드 방식의 포 헤드는 방호대상물의 표면적(m²) 얼마당 1개 이상의 헤드를 설치하여야 하는가?

① 3   ② 6

③ 9   ④ 12

방호대상물 표면적 9m² 당 1개 이상의 헤드를 설치함

58 차고 또는 주차장에 설치하는 분말 소화약제(포말)는 몇 종 분말인가?

① 제1종 분말

② 제2종 분말

③ 제3종 분말

④ 제4종 분말

차고 또는 주차장: 제3종 분말($NH_4H_2PO_4$)

59 공기포 발포 배율을 측정하기 위해 중량 340g, 용량 1800ml의 포 수집용기에 가득히 포를 채취하여 측정한 용기의 무게가 540g이었다면 발포 배율은 얼마인가?

① 3배　　　　② 5배

③ 7배　　　　④ 9배

 **해설**

• 팽창비(발포 배율)

$$= \frac{\text{발포 후 방출된 포의 체적}}{\text{방출 전 포 수용액의 체적}} = \frac{1800ml}{200ml} = 9$$

• 방출 전 포 수용액 체적(포 + 용기) = 540g
　포 수용액 무게 = 540 − 340 = 200g

• 부피 = $\frac{\text{질량}}{\text{밀도}} = \frac{200g \cdot ml}{1g} = 200ml$

60 분말 소화약제를 전역방출방식에 의해 방출 시 방호구역 1m³당 소화약제량은 얼마인가? (단, 제3종 소화 분말)

① 0.6kg　　　② 0.36kg

③ 0.24kg　　④ 0.3kg

 **해설**

제3종 분말: 0.36kg

61 분말 소화설비에 사용하는 소화약제 중 전역방출방식에 있어서 방호구역의 체적 1m³에 대한 제4종 분말 소화약제의 양은?

① 0.15kg　　② 0.20kg

③ 0.24kg　　④ 0.30kg

해설

제4종 분말: 0.24kg

62 제3종 분말 소화약제의 충전비는 얼마인가?

① 0.8　　　　② 1.0

③ 1.5　　　　④ 1.6

 해설

$NH_4H_2PO_4$ 충전비 1.0

※ 제1종 분말 소화약제 0.8, 제2종 분말 소화약제 1.0 제4종 분말 소화약제 1.25

63 분말 소화약제 저장 용기의 충전비는 얼마인가?

① 0.8 이상　　② 0.7 이상

③ 0.6 이상　　④ 0.5 이상

 해설

충전비 0.8 이상

64 분말 소화설비 압력조정기 작동압력은 얼마인가?

① 20kg/cm² 이하

② 23kg/cm² 이하

③ 25kg/cm² 이하

④ 26kg/cm² 이하

 **해설**

압력조정기: 2.5MPa 이하의 압력에서 조정이 가능한 조정기 설치

65 분말 소화설비 호스릴 방식의 하나의 노즐에 따른 소화약제량은 얼마인가? (단 제1종 소화 분말)

① 20kg　　　② 30kg

③ 40kg　　　④ 50kg

 **해설**

제1종 분말: 50kg

66 분말 소화설비의 방호대상물로부터 호스접결구까지의 수평거리는 얼마인가?

① 10m 이하　　② 15m 이하

③ 20m 이하　　④ 25m 이하

수평거리 15m 이하

67 이동식 분말 소화설비를 제3종 소화분말로 할 경우 하나의 노즐마다 소화약제의 양은 얼마 이상으로 하여야 하는가?

① 20kg　　② 25kg

③ 30kg　　④ 50kg

제3종 분말: 30kg 이상

68 분말 소화설비의 음향 경보장치는 방호구역 또는 방호대상물이 있는 구획의 각 부분으로부터 하나의 확성기까지 수평거리는 얼마인가?

① 15m 이하　　② 20m 이하

③ 25m 이하　　④ 30m 이하

수평거리 15m 이하
하나의 확성기까지 수평거리 25m 이하

69 이산화탄소 소화약제의 저장 용기 설치장소로서 적합하지 않는 것은?

① 용기의 설치장소에는 설치된 곳임을 표시하는 표지는 설치하지 않는다.

② 용기 간의 간격은 점검에 지장이 없도록 3센티미터 이상의 간격을 유지한다.

③ 온도가 40℃ 이하이고, 온도변화가 적은 곳에 설치한다.

④ 방호구역 외의 장소에 설치해야 한다.

용기설치 장소를 표시하는 표지를 설치할 것

70 이산화탄소 고압식 저장 용기의 충전비는 얼마인가?

① 1.2 이상, 1.6 이하

② 1.3 이상, 1.7 이하

③ 1.4 이상, 1.8 이하

④ 1.5 이상, 1.9 이하

저장 용기의 충전비
• 고압식: 1.5 이상, 1.9 이하
• 저압식: 1.1 이상, 1.4 이하

71 이산화탄소 저압식 저장 용기의 안전밸브 작동압력은 얼마인가?

① 내압시험압력×0.54

② 내압시험압력×0.64

③ 내압시험압력×0.64 내지 0.8

④ 내압시험압력×0.64 내지 1.2

안전밸브 작동압: 내압시험압력×0.64 내지 0.8

72 이산화탄소 소화설비의 기준에서 저압식 저장 용기에 반드시 설치하도록 규정한 부품이 아닌 것은?

① 액면계　　② 압력계

③ 용기밸브　　④ 파괴판

③ 해당 없음

73 이산화탄소 저압식 저장 용기에 설치된 압력 경보장치의 작동압력은?

① 1.9MPa 이상, 1.7MPa 이하에서 작동
② 2.1MPa 이상, 1.8MPa 이하에서 작동
③ 2.2MPa 이상, 1.9MPa 이하에서 작동
④ 2.3MPa 이상, 1.9MPa 이하에서 작동

압력경보장치: 2.3MPa 이상 1.9MPa 이하에서 작동

74 이산화탄소 소화설비에 있어서 저압식 저장 용기의 내부온도와 압력은 얼마로 유지하여야 하는가?

① $-18℃$ 이하, $21kg/cm^2$ 이상
② $0℃$ 이하, $21kg/cm^2$ 이상
③ $40℃$ 이하, $19kg/cm^2$ 이상
④ $40℃$ 이하, $23kg/cm^2$ 이상

온도 $-18℃$ 이하, 압력 $21kg/cm^2$ 이상(2.1MPa 이상)

75 전역방출방식의 이산화탄소 소화설비의 분사 헤드의 방사 압력은 얼마 이상이어야 하는가? (단, 저압식 제외)

① 2.1MPa 이상   ② 1.8MPa 이상
③ 1.5MPa 이상   ④ 1.2MPa 이상

• **고압식:** 2.1MPa 이상
• **저압식:** 1.0.MPa 이상

76 이산화탄소 호스릴 방출방식에서 하나의 노즐에 대한 소화약제량은 얼마인가?

① 50kg 이상   ② 60kg 이상
③ 70kg 이상   ④ 90kg이상

하나의 노즐에 대하여 약제 90kg 이상으로 할 것

77 이산화탄소 소화설비 기동장치 조작부 설치 높이는 얼마인가?

① 0.6m 이상 1.5m 이하
② 0.7m 이상 1.5m 이하
③ 0.8m 이상 1.5m 이하
④ 0.9m 이상 1.5m 이하

기동장치 조작부 높이 0.8m 이상 1.5m 이하

78 이산화탄소 소화약제 기동용기의 충전비는 얼마인가?

① 1.1 이상   ② 1.3 이상
③ 1.5 이상   ④ 1.8 이상

충전비: 1.5 이상

79 호스릴 이산화탄소 설비에서 하나의 노즐당 약제 방사량은 분당 얼마인가?

① 60kg/min   ② 70kg/min
③ 80kg/min   ④ 90kg/min

하나의 노즐 약제 방사량: 60kg/min

80 이산화탄소 소화설비의 분사헤드 설치제외 장소로서 맞지 않는 것은?

① 방제실, 제어실 등 사람이 상시 근무하는 장소

② 니트로셀룰로오스, 셀룰로이드 제품 등 자기 연소성 물질을 취급하는 장소

③ 나트륨, 칼륨, 칼슘 등 활성금속 물질을 저장·취급하는 장소

④ 다수인이 출입하지 않는 장소

 해설

사람이 많지 않은 장소, 사람이 상주하지 않는 장소는 설치 가능

81 이산화탄소 약제를 심부화재에 전역방출방식으로 방출시 방출시간은?

① 1분   ② 2분

③ 3분   ④ 7분

 해설

전역방출방식
- 표면화재: 1분 이내
- 심부화재: 7분 이내

82 위험물안전관리법령상 이산화탄소 소화설비의 비상전원은 자가발전설비 또는 축전지 설비로 이산화탄소 소화설비를 유효하게 몇 분 이상 작동할 수 있어야 하는가?

① 10분   ② 20분

③ 45   ④ 60분

 해설

60분 이상 유효하게 작동할 수 있는 자가발전설비 또는 축전지 설비를 설치한다.

83 이산화탄소 소화설비의 소화약제 방출방식 중 전역방출방식 소화설비에 대한 설명으로 옳은 것은?

① 발화위험 및 연소위험이 적고, 광대한 실내에서 특정 장치나 기계만을 방호하는 방식

② 일정방호구역 전체에 방출하는 경우 해당 부분의 구획을 밀폐하여 불연성가스를 방출하는 방식

③ 일반적으로 개방되어 있는 대상물에 대하여 설치하는 방식

④ 사람이 용이하게 소화활동을 할 수 있는 장소에는 호스를 연장하여 소화활동을 행하는 방식

 해설

전역방출방식에 대한 설명임

84 할로젠화합물 소화약제 저장 용기 설치기준으로 맞지 않는 것은?

① 방호구역 외부에 설치한다.

② 온도 변화가 적고 온도가 50℃ 이하인 곳에 설치한다.

③ 직사광선 및 빗물이 침투할 우려가 없는 곳에 설치한다.

④ 방화문으로 구획한 실에 설치한다.

 해설

온도가 40℃ 이하인 곳에 설치한다.

85 할로젠화합물 소화약제 저장 용기 중 할론 1301의 축압식 저장 용기 압력은 얼마인가?

① 1.3MPa 또는 2.5MPa

② 1.5MPa 또는 2.0MPa

③ 1.3MPa 또는 3.5MPa

④ 2.5MPa 또는 4.2MPa

 **해설**

축압식 저장 용기 압력
할론 1301: 2.5MPa~4.2MPa

86 할로젠화합물 축압식 저장 용기의 충전비는 얼마인가? (단, 할론 1301)

① 0.9 이상 1.6 이하

② 0.51 이상 0.67 미만

③ 0.7 이상 1.4 이하

④ 0.67 이상 2.75 이하

 해설

축압식 저장 용기
할론 1301: 0.9 이상 1.6 이하(1.1MPa 또는 2.5MPa)

87 할로젠화합물 소화약제 분사헤드 방사압력은 얼마인가? (단, 할론 1301)

① 0.9MPa 이상

② 0.2MPa 이상

③ 0.1MPa 이상

④ 0.09MPa 이상

 해설

• 할론 1301: 0.9MPa 이상
• 할론 1211: 0.2MPa 이상
• 할론 2402: 0.1MPa 이상

88 할로젠화합물 소화약제 방출 방식 중 호스릴 소화설비는 방호대상물이 있는 각 부분으로부터 수평거리가 얼마 이하인가?

① 10m 이하　　② 15m 이하

③ 20m 이하　　④ 25m 이하

 **해설**

호스릴 소화설비 수평거리 20m 이하

89 할로젠화합물 소화설비에서 약제 방사 개시 후 몇 분 이상 계속 경보를 발해야 하는가?

① 30초　　　　② 1분

③ 1분 이상　　④ 2분 이상

 해설

1분 이상 계속 경보를 할 수 있을 것

90 할로젠화합물 소화설비 중 전역 방출 방식에 대한 설명이 틀린 것은?

① 방호대상물이 내화구조 또는 불연재료로 구획되어 밀폐에 가까운 상태로 될 수 있는 부분에 소화제를 방출하는 방식이다.

② 방호대상물에 따라 방출약제 양과 방출 시간이 달라진다.

③ 설비의 구조나 기능은 이산화탄소 소화설비와 거의 유사하다.

④ 광대한 소방대상물 내에 한정된 소규모의 방호대상물이 있는 경우 방호대상물을 방출약제로 덮어 소화하는 방식이다.

 해설

④ 국소방출방식에 대한 설명

91 다음 조건하에 국소방출방식의 할로젠화합물 소화설비를 설치설비를 설치하는 경우 저장 하여야 하는 소화약제의 양은 몇 kg 이상이어 야 하는가?

> [조건]
> • 저장하는 위험물: 휘발유
> • 윗면이 개방된 용기에 저장함
> • 방호대상물의 표면적: 40m²
> • 소화약제의 종류: 할론 1301

① 222　　　　② 340
③ 467　　　　④ 570

$Q = AKC$
A: 방호대상물 표면적
K: 1m²에 대한 소화약제 양
할론 2402: 8.8kg/m²
할론 1211: 7.6kg/m²
할론 1301: 6.8kg/m²
40m² × 6.8kg/m² × 1.25 = 340kg

92 할론 2402 소화약제를 사용하는 이동식 할로 젠화합물 소화설비는 20℃의 온도에서 하나의 노즐마다 분당 방사되는 소화약제의 양(kg)을 얼마 이상으로 하여야 하는가?

① 5　　　　② 35
③ 45　　　　④ 50

1분당 방사하는 소화약제의 양
• 할론 2402: 45kg
• 할론 1211: 40kg
• 할론 1301: 35kg

2▶ **3** 경보설비

01 지정 수량의 100배 이상을 저장 또는 취급하 는 옥내저장소에 반드시 설치하여야 하는 경 보설비는?

① 비상경보설비
② 자동화재탐지설비
③ 비상방송설비
④ 확성장치

자동화재탐지설비: 지정 수량 100 이상 옥내저장소, 저장창고 연면적 150m²를 초과하는 것 등

02 다음 소화설비 중 경보설비에 해당하는 것은?

① 자동화재속보설비
② 옥내소화전설비
③ 무선통신보조설비
④ 비상콘센트설비

②: 소화설비
③, ④: 소화활동설비

03 위험물 제조소 등에 경보설비를 설치하여야 할 대상은?

① 지정 수량 10배 이상
② 지정 수량 20배 이상
③ 지정 수량 30배 이상
④ 지정 수량 40배 이상

지정 수량 10배 이상일 때 경보설비 설치

04 자동화재탐지설비의 감지기 설치기준 중 틀리는 것은?

① 감지기의 하단과 그 부착면과의 거리는 0.3m 이하로 할 것

② 감지기는 실내로의 공기유입구로부터 1.5m 이상 떨어진 위치에 설치할 것

③ 감지기는 천장 또는 반자의 옥내에 면하는 부분에 설치할 것

④ 스폿형 감지기는 40° 이상 경사되지 아니하도록 부착할 것

 **해설**

스폿형 감지기 : 45° 이상 경사되지 아니하도록 부착할 것

05 자동화재 탐지설비에 공기관식 차동식 분포형 감지기 설치기준으로 틀린 것은?

① 공기관의 노출 부분은 감지구역마다 20m 이상이 되도록 할 것

② 공기관과 감지구역의 각 변과의 수평거리는 1.5m 이하가 되도록 할 것

③ 하나의 검출 부분에 접속하는 공기관의 길이는 100m 이상으로 할 것

④ 검출부는 바닥으로부터 0.8m 이상 1.5m 이하의 위치에 설치 할 것

 **해설**

공기관의 길이는 100m 이하로 할 것

06 자동화재탐지기의 설치기준으로 맞지 않는 것은?

① 수위실 등 상시 사람이 근무하고 있는 장소에 설치

② 조작스위치는 바닥으로부터 0.8~1.5m

이내에 설치

③ 하나의 표시등에는 두 개의 경계구역이 표시되도록 한다.

④ 수신기를 감지기 중계기 또는 발신기가 작동하는 경계구역을 표시할 수 있는 것으로 할 것

 **해설**

하나의 표시등에는 한 개의 경계구역이 표시되도록 한다.

07 자동화재탐지설비의 표시등 설치기준으로 맞는 것은?

① 부착면으로부터 15° 이상의 범위 안에서 부착지점으로부터 10m 이내에서 식별 가능한 적색등일 것

② 부착면으로부터 15° 이상의 범위 안에서 부착지점으로부터 15m 이내에서 식별 가능한 적색등일 것

③ 부착면으로부터 15° 이상의 범위 안에서 부착지점으로부터 20m 이내에서 식별 가능한 적색등일 것

④ 부착면으로부터 15° 이상의 범위 안에서 부착지점으로부터 25m 이내에서 식별 가능한 적색등일 것

 해설

15° 이상의 범위 안에서 부착지점으로부터 10m 이내에서 식별 가능한 적색등일 것

08 자동화재 탐지설비 중 연기감지기 설치장소가 적절한 위치는?

① 감지기는 벽 또는 보로부터 0.6m 이상 떨어진 곳에 설치할 것

② 부식성 가스가 체류하고 있는 장소

③ 화재발생 위험이 적은 장소

④ 먼지, 분진가루 또는 수증기가 다량으로 체류하는 곳에 설치할 것

자동화재 탐지설비 연기감지기
먼지, 분진가루 또는 수증기가 다량으로 체류하지 않는 곳 등에 설치

09 다음 ( )에 알맞은 알로서 맞게 된 것은?

> 자동화재탐지기의 음향장치는 정격전압의 (㉠) 전압에서 음향을 발휘할 수 있어야 하며, 소방대상물로부터 하나의 음향장치까지는 수평거리 (㉡)m 이하, 음향은 1m 떨어진 위치에서 (㉢) 이상이 되어야 한다.

① ㉠ 65, ㉡ 20, ㉢ 80

② ㉠ 70, ㉡ 15, ㉢ 80

③ ㉠ 75, ㉡ 25, ㉢ 90

④ ㉠ 80, ㉡ 25, ㉢ 90

㉠ **정격전압**: 80
㉡ **수평거리**: 25m
㉢ **음향**: 90폰 이상

10 자동화재 탐지설비 중 소방대상물의 층마다 설치하는 지구음향장치와 소방 대상물과의 설치 거리는?

① 10m 이하　　② 15m 이하

③ 20m 이하　　④ 25m 이하

25m 이하로 설치

11 위험물 안전관리법령상 자동화재 탐지설비를 반드시 설치하여야 할 대상에 해당하지 않는 것은?

① 옥내에서 지정 수량 200배의 제3류 위험물을 취급하는 제조소

② 옥내에서 지정 수량 200배 제2류 위험물을 취급하는 일반취급소

③ 지정 수량 200배의 제 1류 위험물을 저장하는 옥내저장소

④ 지정 수량 200배의 고인화점 위험물만을 저장하는 옥내저장소

④ 해당 없음

12 위험물 제조소 등에 설치하는 자동화재탐지설비를 설치기준으로 틀린 것은?

① 원칙적으로 경계구역은 건축물의 2이상의 층에 걸치지 아니하도록 한다.

② 원칙적으로 상층이 있는 경우에는 감지기 설치를 하지 않을 수 있다.

③ 원칙적으로 하나의 경계구역의 면적은 $600m^2$ 이하로 하고 그 한 변의 길이는 50m 이하로 한다.

④ 비상전원을 설치하여야 한다.

④는 해당 없음

13 자동화재 속보기 누름스위치 높이는 얼마인가?

① 바닥으로부터 0.5~1.0m 이내
② 천장으로부터 0.5~1.0m 이내
③ 바닥으로부터 0.8~1.5m 이내
④ 천장으로부터 0.8~1.5m 이내

바닥으로부터 0.8~1.5m 이내

14 비상경보설비의 음향장치 음량은 얼마인가?

① 70폰 이상   ② 80폰 이상
③ 90폰 이상   ④ 100폰 이상

음향장치 음량: 90폰 이상

15 단독경보형감지기 설치기준으로 맞는 것은?

① 각 실마다 설치하며 바닥면적 100m²를 초과 시 100m²마다 1개 이상 설치한다.
② 각 층에 하나를 설치하며 바닥면적 100m²를 초과 시 100m²마다 1개 이상 설치한다.
③ 각 실마다 설치하며 바닥면적 150m²를 초과 시 150m²마다 1개 이상 설치한다.
④ 각 층에 하나를 설치하며 바닥면적 150m²를 초과 시 150m²마다 1개 이상 설치한다.

바닥면적 150m²를 초과 시 150m²마다 1개 이상 설치한다.

16 비상경보 설비의 음향장치는 각층 각 부분으로부터 하나의 음향 장치까지 그 거리는 얼마가 되어야 하는가?

① 수평거리 25m 이하
② 수평거리 50m 이하
③ 보행거리 25m 이하
④ 보행거리 50m 이하

음향장치에서 음향장치까지 거리: 수평거리 25m 이하

17 단독경보형 감지기에 내장된 건전지는 1년에 몇 회 이상 교환해야 하는가?

① 6회   ② 4회
③ 2회   ④ 1회

1년에 1회 이상 교환

18 방송에 의한 비상방송설비의 설치기준에 어긋나는 것은?

① 확성기의 음성입력은 3W 이상일 것
② 음량 조정기를 설치하는 경우 음량 조정기의 배선은 2선식으로 할 것
③ 확성기는 각층마다 설치할 것
④ 조작부의 조작위치는 바닥으로부터 0.8m 이상 1.5m 이하의 높이에 설치할 것

배선은 3선식으로 할 것

19 비상방송설비의 확성기를 실내에 설치하는 경우 음성은 몇 와트(W) 이상인가?

① 1W   ② 2W
③ 3W   ④ 5W

실내에 설치하는 경우: 1W 이상

20 비상방송설비 조작부의 조작스위치 설치 위치는?

① 바닥으로부터 0.2m 이상 1m 이하의 높이에 설치

② 바닥으로부터 0.4m 이상 1.2m 이하의 높이에 설치

③ 바닥으로부터 0.8m 이상 1.5m 이하의 높이에 설치

④ 바닥으로부터 1m 이상 2m 이하의 높이에 설치

 해설

바닥으로부터 0.8m 이상 1.5m 이하의 높이에 설치

21 비상방송설비의 확성기는 각 층마다 설치하되 확성기까지의 수평거리는 얼마인가?

① 15m 이하   ② 20m 이하

③ 25m 이하   ④ 30m 이하

 해설

수평거리: 25m 이하

22 가스누설경보기의 설치금지장소에 관한 설명이다. 맞지 않는 것은?

① 출입구 부근 등 외부의 기류가 빈번하게 유통하는 곳

② 환기를 위한 흡입구로부터 1m 이내의 장소

③ 가스연소기의 폐가스에 접촉하기 쉬운 장소

④ 가스누설을 유효하게 탐지할 수 없는 장소

해설

환기를 위한 흡입구로부터 1.5m 이내의 장소

23 다음 중 누전경보기의 수신기를 설치할 수 없는 장소들로 모두 짝지어 놓은 것은?

> ㉠ 가연성 증기나 부식성가스 등이 다량으로 체류하는 장소
> ㉡ 화약류를 제조하거나 저장, 취급하는 장소
> ㉢ 대전류 회로, 고주파 회로 등의 영향을 받을 우려가 있는 장소
> ㉣ 습도가 높은 장소
> ㉤ 온도의 변화가 작은 장소

① ㉠, ㉡   ② ㉠, ㉡, ㉢

③ ㉠, ㉡, ㉢, ㉣   ④ ㉠, ㉡, ㉢, ㉣, ㉤

 해설

설치금지장소

㉠ 가연성의 증기, 먼지, 가스 등이나 부식성의 증기, 가스 등이 다량으로 체류하는 장소

㉡ 화약류를 제조하거나 저장 또는 취급하는 장소

㉢ 습도가 높은 장소

㉣ 온도의 변화가 급격한 장소

㉤ 대전류 회로, 고주파 발생 회로 등에 의한 영향을 받을 우려가 있는 장소

24 1급 누전경보기의 설치방법으로 맞는 것은?

① 경계전로의 정격전로가 60A 이하의 전로에 설치한다.

② 경계전로의 정격전로가 60A를 초과하는 전로에 설치한다.

③ 경계전로의 정격전로가 65A 이하의 전로에 설치한다.

④ 경계전로의 정격전로가 65A를 초과하는 전로에 설치한다.

- 1급: 정격전로가 60A를 초과하는 전로에 설치
- 2급: 정격전로가 60A 이하의 전로에 설치

25 누전경보기 설치금지장소를 설명한 것으로 맞지 않는 것은?

① 온도의 변화가 없는 장소
② 화약류를 제조하거나 저장 또는 취급하는 장소
③ 대전류 회로, 고주파 발생 회로 등에 의해 영향을 받을 우려가 있는 장소
④ 가연성의 증기, 먼지, 가스 등이나 부식성의 가스가 대량발생 체류하는 장소

해설

온도의 변화가 큰 장소에는 설치 금지

26 가스누설경보기의 수신부 종류가 아닌 것은 무엇인가?

① G형   ② GP형
③ GR형   ④ GC형

해설

④ 해당 없음

2▶ ④ 피난설비

01 피난기구의 적응성으로 6층 이상 10층 이하 의료원에 설치할 피난설비가 아닌 것은?

① 구조대   ② 미끄럼대
③ 피난교   ④ 간이완강기

4층 이상 10층 이하의 의료시설
구조대, 피난교, 피난용 트랩, 간이완강기(의료시설 중 장례식장)

02 화재가 발생하였을 때 피난하기 위한 설비가 아닌 것은?

① 공기안전매트
② 완강기
③ 미끄럼대
④ 연결송수관

해설

연결송수관은 소화활동설비임

03 피난기구의 설치기준으로 적합하지 않은 것은?

① 완강기는 강하 시 로프가 소방대상물과 접촉하여 손상되지 않도록 한다.
② 4층 이상의 층에 피난사다리를 설치하는 경우에는 불연성 고정사다리를 설치해야 한다.
③ 완강기의 미끄럼봉 및 피난로프의 길이는 부착 위치에서 지면 등 강착면까지의 길이로 한다.
④ 피난기구는 피난 또는 소화활동상 유효한 개구부에 고정하여 설치하거나 신속하게 설치할 수 있는 상태에 둔다.

해설

4층 이상의 층에 피난사다리를 설치하는 경우에는 금속성의 고정사다리를 설치함

04 피난기구가 아닌 것은?

① 미끄럼대
② 케이블 선반
③ 완강기
④ 피난교

 해설

피난기구: 미끄럼대, 완강기, 피난교, 피난트랩, 미끄럼봉 등

05 인명구조기구의 설치기준에 관한 사항으로 맞지 않는 것은?

① 방열복 · 공기호흡기(보조 마스크를 포함) 및 인공소생기를 각 2개 이상 비치할 것
② 화재 시 쉽게 반출 사용할 수 있는 장소에 비치할 것
③ 인명구조기구가 설치된 가까운 장소의 보기 쉬운 곳에 "인명구조기구"라는 표지판 등을 설치할 것
④ 인명구조기구는 인공소생기만 2개 비치하면 된다.

 해설

방열복·공기호흡기(보조 마스크를 포함한다) 및 인공소생기를 각 2개 이상 비치할 것

06 방열복, 공기호흡기(보조 마스크 포함) 등은 어떤 설비에 속하는가?

① 방재시설
② 인명구조기구
③ 소화설비
④ 방연설비

 해설

인명구조기구: 방열복, 공기호흡기, 인공소생기 등

2▸ **5** 유도표지 및 유도표시등

01 유도표지 및 비상조명등은 소방시설 중 어디에 속하는가?

① 소화기구
② 경보설비
③ 피난설비
④ 소화활동설비

 해설

피난설비: 인명구조기구, 방열복 · 공기호흡기 및 인공소생기, 유도등 및 유도표지 · 비상조명등

02 다음 중 피난구 유도등의 설치기준에 맞지 않는 사항은?

① 피난구 유도등의 조명도는 피난구로부터 30m 거리에서 문자 및 색채를 쉽게 식별할 수 있을 것
② 피난구 유도등은 피난구의 바닥으로부터 1.5m 이상의 곳에 설치할 것
③ 옥내로부터 직통계단의 계단실 및 그 부속실의 출입구에 설치할 것
④ 옥외로부터 직접 지상으로 통하는 출입구 및 그 부속실의 출입구에 설치할 것

 해설

옥내로부터 직접 지상으로 통하는 출입구 및 그 부속실의 출입구에 설치한다.

03 객석 유도등의 설치 시 객석 통로의 직선 부분의 길이가 28m일 때 유도등의 설치개수는?

① 6개　　　　② 7개
③ 13개　　　④ 14개

 **해설**

$$\frac{직선통로길이(m)}{4} - 1 = \frac{28}{4} - 1 = 6개$$

04 객석 유도등의 조명도는 통로바닥의 중심선에 측정하여 몇 룩스 이상이어야 하는가?

① 0.1룩스　　② 0.2룩스
③ 0.3룩스　　④ 0.4룩스

 **해설**

통로바닥의 중심선에서 0.2룩스 이상일 것

05 관람집회 및 운동시설에 설치해야 하는 피난유도등 유도표지의 설비가 아닌 것은?

① 대형 피난구 유도등
② 통로 유도등
③ 소형 피난구 유도등
④ 객석 유도등

 **해설**

공연장, 집회장, 관람장, 운동시설, 대형 피난구 유도등, 통로 유도등, 객석 유도등

06 피난구 유도등은 피난구의 바닥으로부터 몇 미터 이상의 곳에 설치해야 하는가?

① 0.5m 이상　　② 1m 이상
③ 1.5m 이상　　④ 2m 이상

 해설

바닥으로부터 1.5m 이상의 위치

07 통로 유도등의 설치기준에 대한 설명으로 옳은 것은?

① 녹색 바탕에 백색 문자로 표기한다.
② 바닥으로부터 1.5m 이하의 높이에 설치한다.
③ 보행 거리 20m 이하마다 설치한다.
④ 조도 0.2룩스 이상으로 한다.

해설

① 백색 바탕에 녹색 문자로 표기한다.
② 바닥으로부터 1.5m 이상의 높이에 설치한다.
④ 조도는 1룩스 이상일 것

2▶ **7** 소화용수설비

01 소방용수시설의 수원에 대하여 바르게 설명한 것끼리 묶어 놓은 것은?

> ㉠ 지면으로부터의 낙차가 5m 이내
> ㉡ 흡수 부분의 수심이 0.5m 이상일 것
> ㉢ 흡수관의 투입구가 원형일 경우 지름이 60mm 이상일 것
> ㉣ 소방펌프 자동차가 용이하게 접근할 수 있을 것

① ㉠, ㉡　　　　② ㉡, ㉢
③ ㉡, ㉣　　　　④ ㉡, ㉢, ㉣

 해설

㉠ 낙차 4.5m 이내
㉢ 원형 지름 60cm 이상

02 소화수조 흡수관 투입구의 크기로서 맞는 것은?

① 한 변이 0.3m 이상이거나 직경이 0.4m 이상

② 한 변이 0.4m 이상이거나 직경이 0.5m 이상

③ 한 변이 0.5m 이상이거나 직경이 0.6m 이상

④ 한 변이 0.6m 이상이거나 직경이 0.6m 이상

 **해설**

한 변이 0.6m 이상이거나 직경이 0.6m 이상

03 채수구의 높이는 지면으로부터 얼마인가?

① 0.2m 이상 1m 이하의 위치

② 0.3m 이상 1m 이하의 위치

③ 0.4m 이상 1m 이하의 위치

④ 0.5m 이상 1m 이하의 위치

 **해설**

지면으로부터의 높이가 0.5m 이상 1m 이하의 위치

04 소화용수의 가압송수장치는 지면으로부터 깊이가 몇 미터 이상인 지하에 가압송수 장치를 설치하는가?

① 3.5m 이상

② 4.5m 이상

③ 5.5m 이상

④ 6.5m 이상

 **해설**

낙차: 지면으로부터 4.5m 이상

05 화재 진압에 필요한 소화용수 저장설비가 아닌 것은?

① 소화수조   ② 저수조

③ 연결송수조   ④ 상수도 소화용수

 해설

소화용수 저장설비: 화재 시 화재진압에 필요한 수원을 저장하는 설비로 연결송수조는 해당하지 않음

2▶ ⑧ 소화활동설비

01 소화활동상 필요한 설비가 아닌 것은?

① 옥외소화전설비   ② 제연설비

③ 연결송수관설비   ④ 연결살수설비

 해설

옥외소화전설비: 소화설비

02 연결송수관 설비의 구경은 얼마인가?

① 45mm 이상   ② 55mm 이상

③ 65mm 이상   ④ 75mm 이상

 해설

구경 65mm 이상일 것

03 다음 소화활동설비가 아닌 것은?

① 제연설비   ② 무선통신보조설비

③ 비상벨설비   ④ 비상콘센트설비

 해설

비상벨설비: 경보설비

04 연결송수관 설비의 송수구 설치 높이는 지면으로부터 얼마인가?

① 0.5m 이상 1m 이하
② 0.6m 이상 1m 이하
③ 0.7m 이상 1m 이하
④ 0.8m 이상 1m 이하

 해설

지면으로부터 높이가 0.5m 이상 1m 이하

05 비상콘센트설비의 전원회로 설치 시 하나의 전용회로에 설치할 수 있는 비상콘센트의 수는?

① 1개
② 2개 이하
③ 5개 이하
④ 10개 이하

 해설

비상콘센트의 수: 10개 이하

06 소화활동설비 중 제연설비의 설치기준으로 맞지 않는 것은?

① 하나의 제연구역의 면적은 1,000m² 이내로 할 것
② 거실과 통로는 상호 제연구획할 것
③ 통로상의 제연구역은 보행중심선의 길이가 60m를 초과하지 아니할 것
④ 하나의 제연구역은 직경 80m 원내에 들어갈 수 있을 것

 해설

직경 60m 원내에 들어갈 수 있을 것

07 제연설비 배출기 흡입 측 풍도 안의 풍속은 얼마 이하인가?

① 12m/s 이하
② 13m/s 이하
③ 14m/s 이하
④ 15m/s 이하

 해설

배출기 흡입 측 풍속 15m/s 이하

08 다음에서 설명하는 설비는 무엇인가?

> 화재 시 발생하는 연기를 외부로 배출하거나 피난경로에 침입하는 것을 방지함으로써 원활한 피난활동과 소화활동을 도와주기 위한 설비이다.

① 연소방지설비
② 제연설비
③ 연결송수관설비
④ 피난설비

 해설

제연설비에 관한 설명임

09 연결살수설비의 가지배관에 설치하는 헤드의 개수는 몇 개인가?

① 5개 이하
② 8개 이하
③ 10개 이하
④ 12개 이하

 해설

가지배관 헤드 수: 8개 이하

10 제연설비 중 거실의 바닥면적이 400m² 미만으로 구획된 예상제연구역에서 최저배출량은 시간당 얼마인가?

① 5,000m³/hr
② 5,500m³/hr
③ 6,000m³/hr
④ 6,500m³/hr

 해설

바닥면적이 400m² 미만: 5,000m³/hr

[정답] 04 ① 05 ④ 06 ④ 07 ④ 08 ② 09 ② 10 ①

PART

3

위험물 성상
및 취급

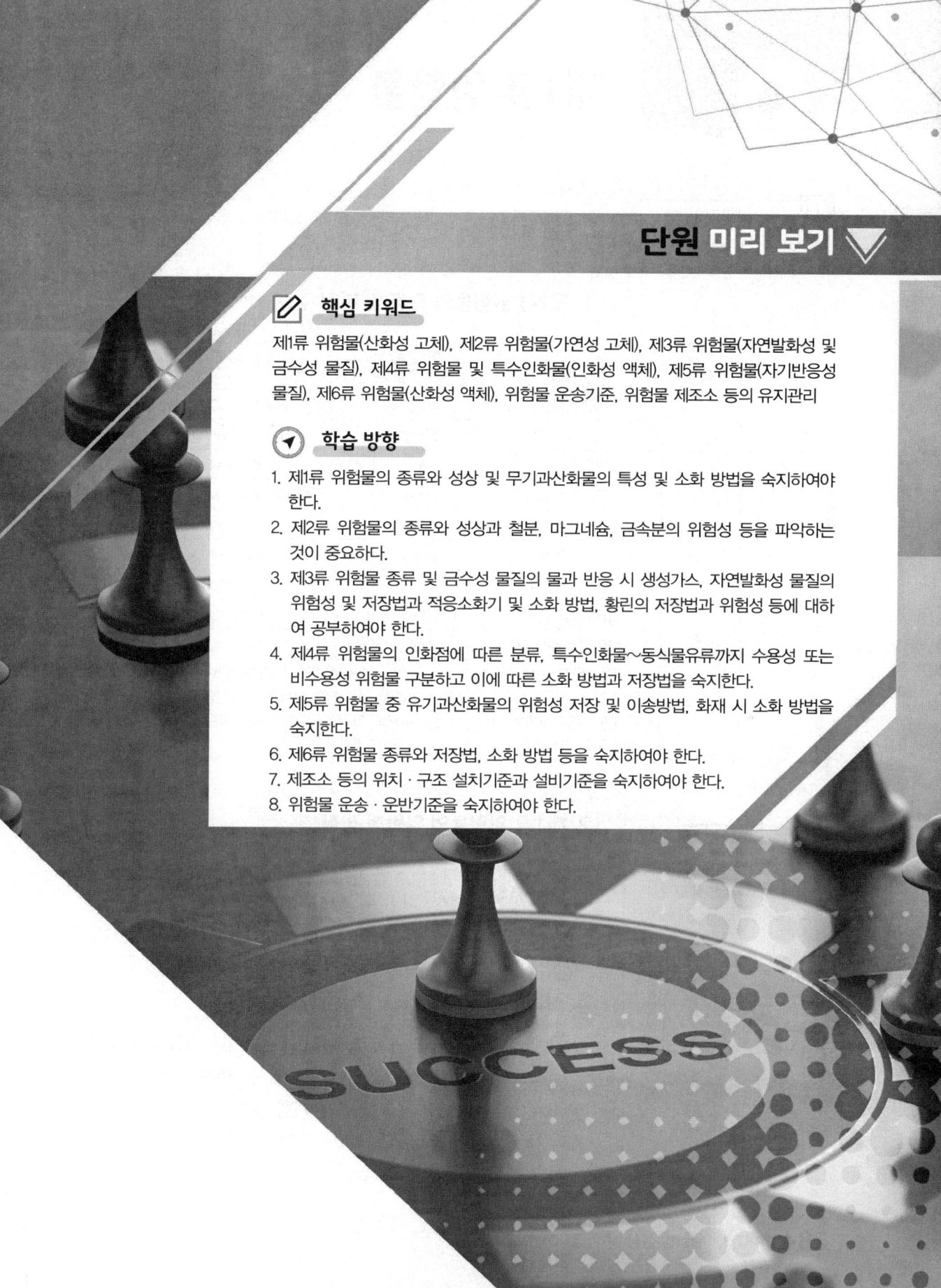

✎ **핵심 키워드**

제1류 위험물(산화성 고체), 제2류 위험물(가연성 고체), 제3류 위험물(자연발화성 및 금수성 물질), 제4류 위험물 및 특수인화물(인화성 액체), 제5류 위험물(자기반응성 물질), 제6류 위험물(산화성 액체), 위험물 운송기준, 위험물 제조소 등의 유지관리

◉ **학습 방향**

1. 제1류 위험물의 종류와 성상 및 무기과산화물의 특성 및 소화 방법을 숙지하여야 한다.
2. 제2류 위험물의 종류와 성상과 철분, 마그네슘, 금속분의 위험성 등을 파악하는 것이 중요하다.
3. 제3류 위험물 종류 및 금수성 물질의 물과 반응 시 생성가스, 자연발화성 물질의 위험성 및 저장법과 적응소화기 및 소화 방법, 황린의 저장법과 위험성 등에 대하여 공부하여야 한다.
4. 제4류 위험물의 인화점에 따른 분류, 특수인화물~동식물유류까지 수용성 또는 비수용성 위험물 구분하고 이에 따른 소화 방법과 저장법을 숙지한다.
5. 제5류 위험물 중 유기과산화물의 위험성 저장 및 이송방법, 화재 시 소화 방법을 숙지한다.
6. 제6류 위험물 종류와 저장법, 소화 방법 등을 숙지하여야 한다.
7. 제조소 등의 위치 · 구조 설치기준과 설비기준을 숙지하여야 한다.
8. 위험물 운송 · 운반기준을 숙지하여야 한다.

CHAPTER

01 제1류 위험물 ✕✕✕

1 ▶ ❶ 제1류 위험물 ⊙

1. 제1류 위험물의 종류 및 지정 수량 ✕

◎ 제1류 위험물의 종류

성질	위험등급	종류	지정 수량	종류
산화성 고체	I	아염소산염류	50kg	$NaClO_2$, $KClO_2$, $Mg(ClO_2)_2$
		염소산염류	50kg	$KClO_3$, $NaClO_3$, NH_4ClO_3
		과염소산염류	50kg	$KClO_4$, $NaClO_4$ NH_4ClO_4
		무기과산화물	50kg	Na_2O_2, K_2O_2, MgO_2, CaO_2, BaO_2
	II	브로민산염류	300kg	$KBrO_3$
		질산염류	300kg	KNO_3, $NaNO_3$, NH_4NO_3
		아이오딘산염류	300kg	KIO_3, $NaIO_3$, $Mg(IO_3)_2$
	III	과망가니즈산염류	1000kg	$KMnO_4$, $NaMnO_4 \cdot 3H_2O$, $Ca(MnO_4)_2 \cdot 2H_2O$
		다이크로뮴산염류	1000kg	$Na_2Cr_2O_7$, $K_2Cr_2O_7$
	I ~ III	• 그밖에 행정안전부령이 정하는 것 • 위의 하나에 해당하는 어느 하나 이상을 함유한 것	50kg, 300kg 또는 1000kg	과아이오딘산, 과아이오딘산염류, 크로뮴, 납 또는 아이오딘의 산화물, 아질산염류, 차아염소산염류, 염소화아이소사이아누르산, 퍼옥소이황산염류, 퍼옥소붕산염류

학습 P◉INT

제류 위험물 종류 및 화학적 성질, 취급 및 저장법을 알 수 있다.

2. 제1류 위험물의 일반적 성질

① 비중은 1보다 크고, 무색 결정 또는 백색 분말

② 자신은 불연성, 강산화제이며 수용성이 많음

③ 열, 충격, 마찰 및 다른 약품과의 접촉 등에 의하여 산소를 방출

3. 저장 및 취급 방법

① 화기는 멀리하고 환기가 잘되는 찬 곳이나 냉암소에 보관

② 조해성이 있는 것은 습기와 수분에 주의하여 용기는 밀폐보관

③ 무기과산화물은 물과 접촉을 피할 것

4. 제1류 위험물 소화 방법 ✦

① 물로 냉각소화함

② 무기과산화물은 주수를 금하고 금속화재용 분말 소화약제 또는 마른모래로 피복 소화

③ 질산염류는 유독가스가 발생하므로 소화에 주의할 것

④ 소화 작업 시 공기호흡기, 보안경, 보호의 등 보호장구를 착용한다.

 **2** ## 위험등급 I : 아염소산염류, 염소산염류, 과염소산염류(50kg)

제1류 위험물 중 염(salt) 정의

산의 수소 원자 일부 또는 전부를 금속 이온이나 암모늄이온으로 치환하였거나, 염기의 수산기의 일부 또는 전부를 산의 음이온이나 비금속 이온으로 치환한 것

산 또는 염기	염
HCl	NaCl
$Ca(OH)_2$	$Ca(OH)Cl, CaCl_2$

① **아염소산염류**: $HClO_2$의 수소(H)가 금속 이온이나 암모늄이온(NH_4^+)으로 치환된 형태의 화합물: $NaClO_2$, $KClO_2$, $Ca(ClO_2)_2$ 등

② **염소산염류**: $HClO_3$ 수소(H)가 금속 이온이나 암모늄이온(NH_4^+)으로 치환된 형태의 화합물

---

1. 위험등급 I : 아염소산염류(50kg)

1) 아염소산나트륨($NaClO_2$)

분해온도 350℃, 수분이 있는 경우 130~140℃에서 발열, 분해

(1) 일반적 성질

① 백색의 결정성 분말로 물에 잘 녹음

② 조해성 있으며 산을 가하면 ClO_2를 발생

③ 수용액은 강한 산화력

(2) 위험성

① 단독으로 폭발이 가능

② 유기물, 금속분 등 환원성 물질과 접촉하면 즉시 폭발

③ 직사광선, 자외선에 노출 시 분해하여 유독성이고 폭발성인 ClO_2 발생

✔ **아염소산염류**

• 지정 수량 50kg

• 아염소산($HClO_2$)의 수소가 금속 또는 금속 양이온으로 치환된 화합물의 총칭

(3) 저장 및 취급 방법

① 건조한 냉암소에 환기가 잘 되도록 하고 직사광선을 피하고 어두운 곳에 저장

② 이산화염소(ClO_2)를 흡입 시 호흡기 장애발생, 즉시 통풍을 시킬 것

③ 강산과의 접촉을 피한다.

④ 티오황산나트륨($Na_2S_2O_3$)과 같은 혼촉 발화가능성 물질과는 격리시킬 것

(4) 소화 방법: 포말소화제, 강화액 분무, 다량의 주수소화

2. 위험등급 Ⅰ: 염소산염류(50kg)

염소산염류
- 지정 수량 50kg
- 염소산(($HClO_3$)의 수소 대신 금속 또는 양이온으로 치환된 화합물의 총칭

1) 염소산칼륨($KClO_3$)

비중 2.32, 분해온도 400℃, 융점 368.4, 용해도 7.3(20℃)

(1) 일반적 성질

① 정계 판상 결정 또는 백색 분말

② 온수, 글리세린에 잘 녹고 냉수 및 에테르에는 녹기 힘들다.

(2) 위험성

- 이산화망가니즈(MnO_2) 등의 촉매가 존재 시 분해 촉진

① 400℃ 분해되기 시작, 540℃~560℃에서 과염소산으로 분해하여 염화칼륨과 산소를 방출

$$2KClO_3 \rightarrow KCl + KClO_4 + O_2 \uparrow$$
$$KClO_4 \rightarrow KCl + 2O_2 \uparrow$$

② 황, 적린, 유기물과 혼합은 폭발의 위험이 있다.

(3) 저장 및 취급 방법

① 가열, 충격, 마찰을 피할 것

② 열원이나 산화되기 쉬운 물질로부터 멀리할 것

③ 용기의 파손을 막고 밀전할 것

④ 산화되기 쉬운 물질이나 강산, 중금속류와 접촉을 피한다.

(4) 소화 방법: 주수에 의한 소화

2) 염소산나트륨($NaClO_3$)

분자량 106.46, 비중 2.5, 융점 240℃, 분해온도 300℃

(1) 일반적 성질

① 조해성, 무색, 무취의 입방 정계 주상 결정

② 알코올, 에테르 물에 쉽게 용해됨

(2) 위험성

① 철 용기에 보관할 수 없음(부식)

② 산과 반응하면 폭발성, 유독한 ClO_2를 발생

③ 300℃에서 열분해 시 산소 발생

$$2NaClO_3 \rightarrow 2NaCl + 3O_2 \uparrow$$

(3) 저장 및 취급 방법

① 가열, 충격을 피할 것

② 환기가 잘되는 냉암소에 저장

③ 용기는 밀전·밀봉하여 저장할 것

(4) 소화 방법: 물에 의한 주수소화

3) 염소산암모늄(NH_4ClO_3)

(1) 일반적 성질: 조해성, 무색의 결정, 물보다 무겁다.

(2) 위험성

① 산화기(ClO_3)와 폭발기(NH_4)가 결합하여 폭발성을 형성함

② 조해성, 수용액 액성은 산성으로 금속을 부식시킴

(3) 소화 방법: 강화액, 포말, 분말, CO_2, 다량의 물로 냉각소화

3. 위험등급 Ⅰ: 과염소산염류(50kg)

1) 과염소산칼륨($KClO_4$) ✎

비중 2.52, 융점 610℃, 분해온도 400℃

(1) 일반적 성질

① 물에 잘 녹지 않고 알코올, 에테르에는 불용

② 400℃에서 분해가 시작하여 610℃에서 완전 분해되어 산소 방출

$$반응식: KClO_4 \rightarrow KCl + 2O_2 \uparrow$$

(2) 위험성

① 진한 황산과 접촉하여 폭발함

② 화재 시 유독성의 염화수소(HCl)를 생성한다.

③ 탄소(C), 인(P), 황(S), 유기물이 섞여 있으면 가열, 충격, 마찰로 폭발함

(3) 저장 및 취급 방법

① 차고, 환기가 잘되는 건조한 장소에 보관

📗

✔ 과염소산염류

• 지정 수량 50kg

• 과염소산($HClO_4$)에서 수소 대신 금속 또는 금속 양이온으로 치환된 화합물의 총칭

② 강산류, 유기물과 혼합, 혼입되지 않게 할 것

③ 화기, 열원, 충격, 마찰, 타격 등에 주의

(4) 소화 방법: 주수소화, 포, 분말소화

2) 과염소산나트륨(NaClO₄)

분자량 122.4, 비중 2.5, 융점 482℃

(1) 일반적 성질: 조해성, 에틸알코올, 아세톤에 잘 녹고 에테르에 불용

(2) 위험성: 130℃ 이상에서 분해 산소 방출

$$NaClO_4 \rightarrow NaCl + 2O_2 \uparrow$$

(3) 저장·취급 및 소화 방법: $KClO_4$에 준한다.

3) 과염소산 암모늄(NH₄ClO₄)

분자량 117.5, 비중 1.87, 분해온도 130℃

• 일반적 성질

① 무색 또는 백색의 결정, 물, 알코올, 아세톤에 녹지만 에테르에는 불용

② 130℃에서 분해, 300℃에서 폭발한다.

1▸ ③ 위험등급 Ⅰ : 무기과산화물(50kg)

1. 무기과산화물: 50kg

참고
• H_2O_2의 수소(H)가 금속 또는 금속양이온으로 치환된 것
• 분자 중에 있는 산소 원자간의 – (O – O) – 결합이 불안정하여 안정된 상태로 되려는 성질이 있다.

Li – O – O – Li → Li – O – Li + [O]
　　　불안정　　　　　　　　안정　　　강산화성

1) 과산화칼륨(K₂O₂)

비중 2.9, 융점 490℃

(1) 일반적 성질: 무색 또는 오렌지색의 분말로 조해성이 있음

(2) 위험성

① 물과 반응하여 산소 방출

② 가열, 충격, 마찰을 피할 것

③ 강산과 심하게 반응하여 과산화수소를 생성

④ CO_2를 흡수하여 탄산염을 생성하고 산소를 방출

Check! **Point**

■ **화학 반응식**

• 물과의 반응: $2K_2O_2 + 2H_2O \rightarrow 4KOH + O_2 \uparrow + Q$

• 열분해 반응: $2K_2O_2 \rightarrow 2K_2O + O_2 \uparrow$

• 이산화탄소와 반응: $2K_2O_2 + 2CO_2 \rightarrow 2K_2CO_3 + O_2 \uparrow$

• 산과 반응: $K_2O_2 + 2CH_3COOH \rightarrow H_2O_2 + 2CH_3COOK$

(3) 저장 및 취급 방법

① 환기가 잘되는 차고 건조한 장소에 보관

② 열, 충격, 마찰을 피하며 유기물이나 금속분과의 혼합이나 혼입을 방지

(4) 소화 방법: 분말 소화약제

2) 과산화나트륨(Na_2O_2)

비중 2.8, 융점 460℃, 비점 657℃(분해)

(1) 일반적 성질 및 위험성

① 조해성, 백색이지만 보통은 황색 분말임

② 산과 반응하여 과산화수소를 발생하며 알코올에는 녹지 않음

③ CO_2를 흡수하여 탄산염을 생성하며 산소를 방출

Check! **Point**

■ **화학 반응식**

• 물과의 반응: $2Na_2O_2 + 2H_2O \rightarrow 4NaOH + O_2 \uparrow$

• 이산화탄소와 반응: $2Na_2O_2 + 2CO_2 \rightarrow 2Na_2CO_2 + O_2 \uparrow$

• 산과 반응: $Na_2O_2 + 2CH_3COOH \rightarrow 2CH_3COONa + H_2O_2$

$Na_2O_2 + H_2SO_4 \rightarrow Na_2SO_4 + H_2O_2$

(2) 저장 및 취급 방법

① 차고 건조한 곳에 보관

② 물과의 접촉을 피해 저장하고 용기는 밀봉·밀전할 것

③ 가열, 충격, 마찰을 피하며 유기물이나 금속분과의 접촉금지

④ 피부와 접촉 시 부식하므로 보호장구 등을 착용

(3) 소화 방법: K_2O_2에 준한다.

3) 과산화마그네슘(MgO_2)

(1) 일반적 성질

① 무색·무취의 분말, 물에 불용

② 시판품은 15~25%의 MgO_2를 함유

(2) 위험성

① 가열, 물과 접촉 시 산소 방출

② 산과 접촉 시 과산화수소를 발생

③ 환원제, 유기물 등과 혼합 시 충격, 마찰에 의해 폭발위험성이 있다.

Check! Point

■ 화학 반응식
- 열분해: $2MgO_2 \rightarrow 2MgO + O_2 \uparrow$
- 산과 반응: $MgO_2 + 2HCl \rightarrow MgCl_2 + H_2O_2$
- 물과 반응: $2MgO_2 + 2H_2O \rightarrow 2Mg(OH)_2 + O_2 \uparrow$

(3) 저장·취급 및 소화 방법

① Na_2O_2에 준한다.

② 분말, 마른모래 사용

4) 과산화칼슘(CaO_2)

비중 1.70, 융점 257℃(분해온도)

(1) 일반적 성질 및 위험성

① 백색 또는 담황색 분말로 물, 에틸알코올, 에테르에 녹지 않음

② 산과 반응하여 과산화수소(H_2O_2)를 발생

Check! Point

■ 화학 반응식
- 산과반응: $CaO_2 + 2HCl \rightarrow CaCl_2 + H_2O_2$

(2) 저장, 취급 및 소화 방법

Na_2O_2에 준한다.

5) 과산화바륨(BaO_2)

비중 4.96 , 융점 450℃, 용해도 0.16, 분해온도 840℃

(1) 일반적 성질

① 백색 또는 회색 분말

② 알칼리토금속 중 가장 안정함

(2) 위험성

① 물과 접촉 시 산소 방출

② 산과 반응하여 과산화수소 생성

Check! Point

■ 화학 반응식

• 산과 반응: $BaO_2 + H_2SO_4 \rightarrow BaSO_4 + H_2O_2$

• 물과 반응: $2BaO_2 + 2H_2O \rightarrow 2Ba(OH)_2 + O_2 \uparrow$

(3) 소화 방법

마른모래, 분말소화기

1▶④ 위험등급 Ⅱ : 브로민산염류(300kg)

1. 브로민산칼륨($KBrO_3$)

비중 3.27, 융점 370℃

1) 일반적 성질

① 백색의 결정 또는 결정성 분말

② 물에 약간 녹고 에테르, 알코올에 녹지 않음

③ 약 370℃ 이상 가열하면 분해하여 산소를 방출한다.

Check! Point

■ 화학 반응식

• 가열분해온도: $2KBrO_3 \rightarrow 2KBr + 3O_2 \uparrow$

• 브로민산($HBrO_3$)의 수소(H)가 금속 또는 금속양이온으로 치환된 것

• 대부분 무색 또는 백색의 결정이고 물에 녹기 쉬운 것이 많다.

2) 위험성

황(S), 목탄, 마그네슘(Mg)분말과 혼합 시 가열, 충격, 마찰에 의해 폭발

3) 저장 및 취급 시 주의사항

① 용기는 밀전하고 환기가 잘되는 서늘한 곳에 보관

② 직사광선을 피할 것

4) 소화 방법

물, CO_2, 분말, 대량 주수소화

2. 브로민산나트륨($NaBrO_3$)

① 비중 3.3, 융점 381℃

② 무색·무취의 결정성 분말로 물에 잘 녹음

③ 기타: $KBrO_3$에 준한다.

3. 브로민산암모늄(NH_4BrO_3)

① 무색·무취의 결정성 고체

② 기타: $KBrO_3$에 준한다.

4. 브로민산은($AgBrO_3$)

① 무색 결정 또는 백색 분말

② 기타: $KBrO_3$에 준한다.

5. 브로민산아연($Zn(BrO_3)_2 \cdot 8H_2O$)

① 비중 2.56, 융점 100℃

② 무색 결정 물, 에틸알코올에 잘 녹는다.

③ 위험성

    ㉠ F_2와 반응하여 불화취소 생성

    ㉡ 연소시 유독성 증기 발생

④ 기타: $KBrO_3$에 준한다.

1▶ ⑤ 위험등급 Ⅱ : 질산염류(300kg)

1. 질산칼륨(KNO_3: 질산칼리, 초석)

비중 2.1, 융점 333℃, 분자량 101, 분해온도 400℃

1) 일반적 성질
① 무색 결정 또는 백색 분말로 강산화제이며 자극성과 짠맛이 있음
② 물, 글리세린에 잘 용해, 에테르에는 녹지 않음
③ 숯가루, 황가루가 혼합된 것이 흑색 화약

2) 위험성
① 가열, 충격, 마찰에 주의할 것
② 유기물과의 접촉을 피하고 밀폐 용기에 넣어 건조한 곳에 보관
③ 단독으로는 분해하지 않지만, 열분해 시(400℃) 산소 방출

Check! Point

■ 열분해 반응식(400℃)
$$2KNO_3 \rightarrow 2KNO_2 + O_2 \uparrow$$

3) 용도
흑색 화약, 불꽃놀이 원료, 유리 청정제, 비료, 촉매, 야금, 분석시약, 금속 열처리제 등

4) 소화 방법
주수에 의한 소화

2. 질산나트륨($NaNO_3$: 칠래초석, 질산소다)

비중 2.27, 융점 308℃, 분해온도 380℃, 분자량 85

1) 일반적 성질
① 물, 글리세린에 잘 녹고 조해성이 있음
② 무색·무취의 결정 또는 백색 분말
③ 유기물 또는 차아황산나트륨($Na_2S_2O_4$)과 같이 가열하면 폭발함
④ 380℃ 이상 가열 시 산소방출

Check! **Point**

■ **열분해 반응식(380℃)**

$2NaNO_3 \rightarrow 2NaNO_2 + O_2 \uparrow$

2) 소화 방법

주수소화

3) 용도

유리, 비료, 염료, 황산, 염산, 아질산소다, 초석, 질산칼리 산화제, 분석시약 등

3. 질산암모늄(NH_4NO_3: 초안, 질산암모늄, 질안) ✄

분자량 80, 융점 169.5℃, 분해온도 220℃

1) 일반적 성질

① 무색, 백색의 결정으로 알코올, 알칼리에 잘 녹음
② 유기물이 섞여 있거나, 가열, 충격 등에 의해서 폭발
③ AN-FO(안포폭약) (경유 6wt%+질산암모늄 94wt%)
④ 물에 잘 녹음(흡열반응을 하며 온도가 내려감).
⑤ 단독으로도 가열, 충격, 마찰에 의해서 폭발한다.

Check! **Point**

■ **열분해 반응식(220℃ 이상)**

$2NH_4NO_3 \rightarrow 2N_2 \uparrow + 4H_2O \uparrow + O_2 \uparrow$

2) 저장방법

① 직사광선을 피할 것
② 유기물, 금속분과의 혼합, 혼입하지 말 것

3) 소화 방법

주수소화

4) 용도

AN-FO폭약, 화약, 냉각제(아이스팩), 비료, 불꽃놀이, 살충제 등

4. 질산은(AgNO₃)

① 분자량 169, 분해온도 445℃
② 물, 알코올, 글리세린에 잘 녹는다.
③ 용도: 사진감광제, 사진제판, 보온병제조 등에 사용

5. 질산니켈(Ni(NO₃)₂)

분자량 290, 융점 567℃

6. 질산구리(Cu(NO₃)₂·3H₂O)

분자량 242, 비점 170℃

1▸ ⑥ 위험등급 Ⅱ : 아이오딘산염류(300kg)

1. 아이오딘산칼륨(KIO₃)

분자량 214, 분해온도 560℃

1) 일반적 성질 및 위험성

① 무색의 결정성 분말, 광택, 물에 녹음
② 황화합물과 저장하지 말 것
③ 밀봉, 밀전하여 보관
④ 포말, 분말, 다량의 물로 소화함

2) 용도

분석시약

2. 기타

① 아이오딘산나트륨(NaIO₃)
② 아이오딘산암모늄(NH₄IO₃)
③ 아이오딘산은(AgIO₃)

1. 과망가니즈산칼륨(KMnO₄) ✦

분자량 158, 분해온도 240℃

1) 일반적 성질

① 흑자색 결정, 적색 금속광택의 사방 정계로서 단맛이 있음

② 물에 녹아서 진한 보라색을 나타내고 강한 산화력과 살균력이 있음

③ 염산과 분해하여 유독성의 염소가스 발생함

④ 알코올, 에테르, 글리세린과 함께 있는 것은 위험함

⑤ 황산과 격렬하게 반응함

⑥ 용액은 카멜레온이라 한다.

Check! Point

■ **240℃ 열분해 반응식**

$KMnO_4 \rightarrow K_2MnO_4 + MnO_2 + O_2 \uparrow$

■ **염산과의 반응식**

$2KMnO_4 + 16HCl \rightarrow 8H_2O + 2KCl + 2MnCl_2 + 5Cl_2 \uparrow$

■ **묽은 황산과 반응식**

$4KMnO_4 + 6H_2SO_4 \rightarrow 2K_2SO_4 + 4MnSO_4 + 6H_2O + 5O_2 \uparrow$

■ **진한 황산**

$2KMnO_4 + H_2SO_4 \rightarrow K_2SO_4 + 2HMnO_4$

$2HMnO_4 \rightarrow \underline{Mn_2O_7} + H_2O$
　　　　　　　칠산화이망가니즈

$2Mn_2O_7 \rightarrow 4MnO_2 + 3O_2 \uparrow$

■ **망가니즈산화물의 산화성의 크기**

$MnO < Mn_2O_3 < MnO_2 < Mn_2O_7$

2) 저장·취급 및 소화 방법

① 산, 유기물과는 격리할 것

② 다량의 물로 냉각소화

3) 용도

산화제, 사카린 제조, 분석시험, 살균제, 섬유, 유지 등의 표백제 염료 등에 사용된다.

2. 과망가니즈산칼슘(Ca(MnO₄)₂)

분자량 106, 분해온도 300℃, 적자색 결정, 기타 KMnO₄에 준한다.

3. 과망가니즈산나트륨(NaMnO₄ · 3H₂O)

분자량 142, 분해온도 170℃, 적자색 결정, 조해성이 강함, 기타 KMnO₄에 준한다.

1▶ ⑧ 위험등급 Ⅲ : 다이크로뮴산염류(1000kg)

1. 다이크로뮴산칼륨(K₂Cr₂O₇)

① 분해온도 500℃, 비중 2.69, 융점 398℃
② 흡수성, 등적색 결정, 물에 녹지만 알코올에는 용해되지 않음
③ 단독으로는 안정하지만 가열하거나 가연물과 접촉 시 마찰 및 열에 의해 폭발함

Check! Point

■ 500℃ 이상에서 열분해 반응식
$4K_2Cr_2O_7 \rightarrow 4K_2Cr_2O_4 + 2Cr_2O_3 + 3O_2 \uparrow$

2. 다이크로뮴산나트륨(Na₂Cr₂O₇)

분자량 298, 분해온도 400℃

1) 일반적 성질 및 기타

① 물에 잘 녹고 알코올에는 녹지 않음
② 조해성과 흡수성이 있음

2) 기타

$K_2Cr_2O_7$에 준한다.

3. 다이크로뮴산암모늄((NH₄)₂Cr₂O₇)

분자량 252, 분해온도 185℃

1) 일반적 성질 및 기타

① 적색 등적색 침상 결정
② 물, 알코올에는 녹지만 아세톤에는 녹지 않음

2) 위험성

강산을 가하면 급격하게 반응하고 유기물이 섞이면 폭발할 수도 있다.

3) 소화 방법

건조사, 분말, CO_2소화, 다량의 물 등

4) 용도

석유정제, 그라비아인쇄의 사진 제판, 사진 제판, 피혁 가공, 염료, 염색, 향료, 도자기 유약, 유기합성 산화제 등

CHAPTER 02

제2류 위험물 ✦✦✦

2▶ ① 제2류 위험물

🔖 학습 POINT

제2류 위험물 종류 및 화학적 성질, 취급 및 저장법을 알 수 있다.

1. 제2류 위험물의 분류 및 지정 수량 ✦

성 질	위험등급	종 류	지정 수량
가연성 고체	II	황화인	100kg
		적린	100kg
		황	100kg
	III	철분	500kg
		마그네슘	500kg
		금속분	500kg
	II, III	• 그 밖에 행정안전부령이 정하는 것	100kg
		• 위의 하나에 해당하는 어느 하나 이상을 함유한 것	500kg
	III	인화성 고체	1000kg

2. 제2류 위험물의 공통적 성질

① 낮은 온도에서 착화하기 쉬운 이연성 물질
② 비중은 1보다 크고 물에 녹지 않음
③ 강력한 환원성 물질이고 대부분 무기화합물임
④ 산화되기 쉽고 저농도의 산소에서도 결합한다.
⑤ 무기과산화물과 혼합한 것은 소량 수분에 의해 발화한다.

3. 제2류 위험물 취급 시 주의사항

① 산화제(제1류, 제6류)의 접촉이나 점화원의 접근 또는 가열은 피할 것
② 금속분은 산, 할로젠 원소, 황화수소와 접촉 시 발화하며 습기와 접촉하면 자연발화한다.

4. 제2류 위험물 저장방법

① 가열하거나 화기를 피할 것

② 산화제(제1류, 제6류)와의 혼합, 혼촉을 피할 것
③ 철분, 마그네슘, 금속분은 물, 습기, 산과의 접촉을 피하여 저장할 것
④ 저장 용기는 밀봉하고 용기의 파손과 누출에 주의할 것
⑤ 통풍이 잘되는 냉암소에 저장한다.

5. 소화 방법 ✦

① 금속분, 철분, 마그네슘의 연소 시 주수하면 발생된 수소에 의한 폭발위험성과 금속의 비산으로 화재면이 확대됨
② 금속분은 건조사가 적합하다.
③ 화재진압 시 공기호흡기를 착용한다.

2▶ ❷ 위험등급 Ⅱ : 황화인(100kg) ✦

1. 삼황화인(P_4S_3)

① 황색의 결정성 덩어리
② CS_2, 질산, 알칼리에는 녹지만, 물, 염소, 염산, 황산에는 불용
③ 발화점이 100℃로 자연발화 위험이 큼
④ 과망가니즈산염류, 유기물과 혼합 시 가열, 충격, 마찰에 의해 발화
⑤ 연소생성물은 모두 유독하다.
⑥ 과산화물, 습기, 가열, 충격 및 산화제 금속분 등을 피하고 통풍이 잘되는 찬 곳에 저장
⑦ 용도: 성냥, 유기합성용 탈색용 등으로 사용

Check! Point

■ 연소반응식
$P_4S_3 + 8O_2 \rightarrow 2P_2O_5 \uparrow + 3SO_2$

2. 오황화인(P_2S_5)

• 발화점 142℃
① 담황색의 결정성 덩어리로 조해성과 흡습성이 있음

② 물 또는 알칼리에 분해하여 황화수소(H_2S)와 인산(H_3PO_4) 발생

③ 알코올, CS_2에 잘 녹음

④ 용도: 선광제, 의약제조, 윤활유 첨가제 등

Check! Point

- **물과 반응식**

  $P_2S_5 + 8H_2O \rightarrow 5H_2S\uparrow + 2H_3PO_4$

  $2H_2S + 3O_2 \rightarrow 5H_2S + 2SO_2$

3. 칠황화인(P_4S_7)

① 담황색 결정이며 조해성이 있음

② CS_2에 약간 녹고, 온수에서 급격히 분해하여 H_2S, H_3PO_4 발생

4. 공통소화 방법

① CO_2, 분말, 건조사 등에 의한 질식소화

② 물에 의한 냉각소화는 부적당함(H_2S 발생)

2▶ ③ 위험등급 Ⅱ : 적린(100kg)

1. 적린(P)

● 적린(P)의 발화점: 260℃

1) 일반적 성질

① 암적색 분말, 조해성, 상온에서 안정, 독성이 없음

② PBr_3(삼브로민화 인)에 녹고, CS_2, 물, 에테르, 암모니아에 불용

③ 황린(P_4)의 동소체로 자연발화성이 없고 공기 중에서 안전하다.

2) 위험성

① 연소 시 유독성의 오산화인을 발생

$$4P+5O_2 \rightarrow 2P_2O_5\uparrow$$

② 염소산 및 과염소산염류 등 강산화제와 혼합 시 약간의 가열, 충격, 마찰에 의해 폭발

$$6P+5KClO_3 \rightarrow 5KCl+3P_2O_5\uparrow$$

③ 강산화제(Na_2O_2, $NaClO_2$)와 혼합 시 발화

④ KNO_3나 $NaNO_3$와 혼촉하면 발화위험이 있다.

3) 저장 및 취급 방법

① 산화제 특히 염소산염류와의 혼합은 절대 금할 것

② 인화성, 발화성 물질과 멀리하고 찬 곳에 저장

③ 가열, 충격, 마찰을 피한다.

4) 소화 방법 질식소화

다량의 물로 냉각, 모래에 의한 질식소화

2▸ 4 위험등급 Ⅱ : 황(100kg)

1. 황(S) ✗

① 3가지 동소체

② 순도 60wt% 미만인 것은 위험물에서 제외한다.

1) 종류

① 사방황: 결정형 – 팔면체, 비중 2.07, 융점 113℃, 착화점 232.2℃

물에 대한 용해도 → 녹지 않음. CS_2에 대한 용해도 → 잘 녹음

② 단사황: 결정형 – 바늘 모양 비중 1.96, 융점 119℃

물에 대한 용해도 → 녹지 않음. CS_2에 대한 용해도 → 잘 녹음

③ 고무상황: 결정형 – 무정형, 붉은 갈색, 착화점 360℃

물에 대한 용해도 → 녹지 않음. CS_2에 대한 용해도 → 녹지 않음

2) 공통성질

① 연소 시 푸른 빛과 SO_2(이산화황) 가스를 발생

황의 연소반응식 $S + O_2 \rightarrow SO_2$

② 전기의 부도체로 마찰에 의한 정전기가 발생

3) 위험성

① 연소 시 유독한 SO_2을 발생

② 분말은 분진 폭발의 위험이 크다.

③ 제1류 산화성 물질과 혼합 시 가열, 충격 등에 의해 발화, 상온에서 $NaClO_2$와 혼합 시 발화위험이 크다.

4) 저장 및 취급 방법

① 강산화제, 유기과산화물, 탄화수소류, 목탄분 등과의 혼합을 피할 것

② 화기 및 가열, 충격, 마찰 엄금

③ 분진 폭발을 방지할 것

④ 차고 건조하며 환기가 잘 되는 곳에 보관함

⑤ 정전기의 발생 및 축적을 억제할 것

⑥ 분말은 유리 또는 금속제 용기, 고체는 폴리에틸렌 포대 등에 보관한다.

5) 소화 방법

① 분무 주수 소화한다.

② 유독성 SO_2의 발생으로 인한 흡입방지를 위해 공기호흡기 착용한다.

2▶ ⑤ 위험등급 Ⅲ : 철분, 마그네슘, 금속분 (500kg)

1. 철분(Iron Powder)

위험물안전관리법상 $53\mu m$ 표준체를 통과하는 것이 50wt% 이상인 것을 위험물로 한다.(비중 1.76, 융점 1530℃, 비등점 2750℃)

1) 일반적 성질

① 회백색 분말, 진한 질산에서 부동태화 됨

② 공기 중에서 산화하여 황갈색의 산화철(Fe_2O_3)이 된다.

2) 위험성

① 환원철은 산화되기 쉽고 공기 중 525~700℃에서 자연발화

② 더운물 또는 묽은 산과 반응하여 수소를 발생

③ 산화성 물질과 혼합한 것은 가열, 충격, 마찰에 대해 매우 민감하다.

공기 중 산화 반응식 $4Fe + 3O_2 \rightarrow 2Fe_2O_3$

묽은 산과의 반응식 $Fe + 2HCl \rightarrow FeCl_2 + H_2 \uparrow$

3) 소화 방법

주수엄금, 건조사, 소금 분말, 건조 분말, 소석회로 질식소화한다.

2. 마그네슘분(Mg)

위험물안전관리법상 마그네슘(Mg)을 함유한 것 중 2mm의 체를 통과하지 아니하는 덩어리는 비위험물로 한다(비중 1.74, 융점 650℃, 비점 1102℃, 발화점: 융점 부근).

1) 일반적 성질

① 은백색의 광택이 나는 가벼운 금속
② 알칼리에 안정하며, 산, 염류에 의해 침식됨
③ 열 및 전기의 양도체이다.

2) 위험성

① 수분과 작용하여 발열하며 자연발화
② 산 및 더운물과 반응하여 수소를 발생
③ CO_2와 같은 질식성 가스 중에서도 연소가 된다.

Check! Point

- **공기 중 산화 반응식** $2Mg + O_2 \rightarrow 2MgO$
- **온수와 반응식** $Mg + 2H_2O \rightarrow Mg(OH)_2 + H_2 \uparrow$
- **산과 반응식** $Mg + 2HCl \rightarrow MgCl_2 + H_2 \uparrow$
- **할로젠 원소와 반응식** $Mg + Cl_2 \rightarrow MgCl_2$
- **이산화탄소와 반응식** $2Mg + CO_2 \rightarrow 2MgO + C$(폭발)

---

3) 저장 및 취급 방법

① 산화제와 혼합하지 말 것
② 물 또는 습기 및 할로젠 원소와의 접촉을 피할 것
③ 분진 폭발이 일어나지 않게 취급에 주의한다.

4) 소화 방법

마른 모래, 소석회, 금속화재용 소화 분말

3. 금속분

위험물안전관리법상 알칼리금속, 알칼리토금속(이상 3류), 철 및 마그네슘 이외의 금속분을 말하며, 구리, 니켈분과 150μm의 체를 통과하는 것이 50wt% 미만인 것은 위험물에서 제외한다.

1) 알루미늄분(Al) �✗

융점 660℃, 비점 2470℃, 분자량 26.9

(1) 일반적 성질

① 은백색의 무른 금속, 전성, 연성이 풍부하여 열전도율, 전기 전도도가 크다.

③ 황산, 묽은 염산, 묽은 질산에 잘 녹으나 진한 질산에는 침식당하지 않는다.

(2) 위험성

① 산화제와 혼합물은 가열, 충격, 마찰 등에 의하여 착화

② 할로젠 원소와 접촉 시 자연발화의 위험

③ 습기를 흡수하면 자연발화의 위험

④ 찬물과는 서서히 반응하고 온수와는 급격히 반응하여 수소 발생

Check! Point

- **산화 반응식** $4Al + 3O_2 \rightarrow 2Al_2O_3 + 339kcal$
- **알칼리 수용액과 반응** $2Al + 2NaOH + 2H_2O \rightarrow 2NaAlO_2 + 3H_2 \uparrow$
- **물과의 반응식** $2Al + 6H_2O \rightarrow 2Al(OH)_3 + 3H_2 \uparrow$

(3) 저장 및 취급 방법
산화제와 혼합되지 않게 하고 수분, 할로젠 원소의 접촉을 피한다.

(4) 소화 방법
마른모래, 소석회, 금속화재용 분말 소화약제

2) 아연분(Zn)

비중 7.14, 비점 907℃, 융점 420℃

(1) 일반적 성질

① 은백색 분말

② 산, 알칼리에 녹아서 수소를 발생한다.

③ 건조한 할로젠과는 반응하지 않는다.

④ 이온화 경향과 활성이 비교적 크다.

(2) 위험성
산·알칼리와 반응(양쪽성 원소이며, 온수와는 격렬하게 반응하여 수소 발생)

- $Zn + H_2SO_4 \rightarrow ZnSO_4 + H_2 \uparrow$
- $Zn + 2H_2O \rightarrow Zn(OH)_2 + H_2 \uparrow$
- $Zn + 2NaOH \rightarrow Na_2ZnO_2 + H_2 \uparrow$

(3) 저장 및 취급 방법: 직사일광 온도가 높은 곳을 피하고 냉암소에 저장한다.

(4) 소화 방법: Al에 준한다.

3) 안티몬분(Sb)

융점 630℃, 비점 1750℃

(1) 일반적 성질

① 은백색 무른 금속

② 산화제와 과염소산염류, 염소산염류 혼합 시 가열, 충격, 마찰로 발화 폭발

(2) 소화 방법: Al에 준한다.

○ 인화성 고체: 1000kg

고형알코올과 인화점이 40℃ 미만인 고체인 것을 말한다.

2▶ 6 위험등급 Ⅲ : 인화성 고체(1000kg)

1. 고형알코올

① 일반적 성질: 인화점 30℃ 미만, 화재위험성이 매우 높다.

② 저장 및 취급 방법

㉠ 증기 발생을 억제하고 환기가 잘되는 찬 곳에 저장

㉡ 강산화제와의 혼합 금지한다.

③ 소화 방법: 알코올형 포, 물 분무, CO_2, 분말 등

④ 용도: 등산용 휴대연료

2. 메타알데하이드(CH_3CHO)$_4$

인화점 36℃, 증기 비중 6.1

① 일반적 성질

㉠ 증기는 공기보다 무겁고, 물에 녹지 않음

ⓒ 에테르, 에틸알코올, 벤젠에는 녹지 않는다.

② 기타: 고형알코올에 준함

3. 제삼부틸알코올($(CH_3)_3COH$)

인화점 11℃, 발화점 478℃, 증기 비중 2.6

① 일반적 성질

　ⓐ 무색의 고체, 물보다 가볍고 잘 녹음

　ⓑ 인화점이 낮아 쉽게 인화가 된다.

② 기타: 고형알코올에 준한다.

4. 락카퍼티: 인화점 21℃ 미만

① 일반적 성질 및 위험성

　ⓐ 휘발성이 강하여 대기에서 인화성 증기 발생

　ⓑ 제1 석유류와 같은 위험성이 있음

② 용도: 락카의 기초 도료

③ 기타: 고형알코올에 준한다.

5. 고무풀: 인화점 −20℃

① 일반적 성질 및 위험성: 생고무에 가솔린이나 기타 인화성 용제를 가공하여 풀과 같은 상태로 만든 것

② 용도: 고무 접착제

③ 저장 및 취급 방법

　ⓐ 화기엄금, 직사광선 차단, 점화원 회피

　ⓑ 저장 용기의 완전 밀봉, 찬 곳에 저장

　ⓒ 가연성의 증기 체류에 주의하고 통풍 환기시킨다.

④ 소화 방법: 알코올 포

CHAPTER 03

제3류 위험물 ✯✯✯

③▶ ① 제3류 위험물

학습 POINT

제3류 위험물 종류 및 화학적 성질,취급 및 저장법을 알 수 있다.

1. 제3류 위험물의 분류 및 지정 수량 ✯

성질	위험 등급	품명 및 품목	지정 수량	대표적 물질
자연발화성 물질 및 금수성 물질	I	칼륨	10kg	K
		나트륨	10kg	Na
		알킬알루미늄	10kg	$(C_2H_5)_3Al$, $(CH_3)_3Al$
		알킬리튬	10kg	$(C_nH_{2n+1})Li$
		황린	20kg	P_4
	II	알칼리금속(칼륨 및 나트륨제외) 및 알칼리토금속	50kg	리튬, 루비듐, 세슘, 프란슘, 베릴륨, 칼슘, 스트론튬, 바륨, 라듐
		유기금속화합물(알킬알루미늄 및 알킬리튬 제외)	50kg	부틸리튬, 다이메틸카드뮴, 테트라에틸납, 테트라페닐주석, 트라이에틸보레이, 테트라메틸실란
	III	금속의 수소화물	300kg	NaH, LiH, $NaBH_4$ $LiAlH_4$, CaH_2
		금속의 인화물	300kg	Ca_3P_2
		칼슘 또는 알루미늄의 탄화물	300kg	CaC_2, Al_4C_3
		• 그밖에 행정안전부령이 정하는 것 • 위의 하나에 해당하는 어느 하나 이상을 함유한 것(I∼III)	10kg, 50kg, 300kg	염소화규소화합물

2. 제3류 위험물의 일반적 성질 및 소화 방법

1) 일반적 성질

① 황린을 제외하고는 물과 접촉하면 발열 또는 발화

② 자연발화성 물질로서 공기와의 접촉으로 자연발화

③ 물과 반응 시 대부분이 H_2나 가연성 탄화수소류 가스를 발생

④ K, Na, 알킬알루미늄, 알킬리튬은 물보다 가볍다.

2) 공통저장 · 취급하는 방법

① 습기 및 물과 접촉하지 않게 하고 화기와 멀리할 것

② 보호액 속에 저장하는 것은 위험물은 노출되지 않게 할 것

③ 용기의 파손과 누설을 방지할 것

④ 소분하여 저장할 것

3) 소화 방법

① 마른모래에 의한 질식소화

② 분말 소화약제(염화나트륨)사용

③ 주수소화는 절대 엄금

④ CO_2, CCl_4 등과는 심하게 반응하므로 절대 사용하지 말 것

⑤ 알킬알루미늄류 및 알킬리튬은 팽창진주암 및 팽창질석에 의해 피복 질식소화한다.

Check! Point

- CO_2와 반응식　$4K+3CO_2 \rightarrow 2K_2CO_3+C$
- CCl_4와 반응식　$4K+CCl_4 \rightarrow 4KCl+C$ (폭발위험)

3▸ 2 위험등급 Ⅰ : K, Na, 알킬알루미늄, 알킬리튬(10kg), P_4(20kg)

1. 칼륨(K, 포타시움), 지정 수량 10kg, 비중 0.86

1) 일반적 성질

① 물보다 비중이 작고, 은백색 광택의 무른 경금속

② 물과 반응하여 수소 가스와 많은 양의 열을 발생

③ 융점 이상으로 가열 시 보라색의 불꽃을 내면서 연소

④ 알코올과 반응하여 알코올라이트 생성

⑤ 화학적으로 활성이 크면 대부분의 원소와 반응한다.

Check! Point

- 물과의 반응　$2K+2H_2O \rightarrow 2KOH+H_2\uparrow+Q$
- 알코올과의 반응　$2K+2C_2H_5OH \rightarrow 2C_2H_5OK+H_2\uparrow$
- 산화 반응　$4K+O_2 \rightarrow 2K_2O$

2) 위험성

① 수분 또는 습기와의 접촉 시 수소(H_2)를 발생하고 발열

② 피부에 닿으면 화상을 입는다.

③ K은 격렬히 연소하며 특별한 소화수단이 없다.

3) 저장 및 취급 방법

① 물과의 접촉은 절대 피할 것

② 석유류(석유, 경유, 유동파라핀 등)에 저장

③ 용기 파손에 의하여 보호액이 새지 않게 주의한다.

④ 취급 시 피부에 닿지 않도록 한다.

4) 소화 방법

① 마른모래에 의한 질식소화

② 사용금지 소화약제: CO_2, CCl_4, 주수 등

2. 나트륨(Na, 금속 소다) 지정 수량 10kg, 비중 0.97

1) 일반적 성질

① 은백색 광택의 무른 경금속

② 물보다 비중이 작고, 물과 반응으로 H_2를 발생하며 발열

③ 가열 시 노란색 화염을 내며 연소함

④ 알코올과 반응하여 알코올라이트 생성함

⑤ 전기에 양도체, 전성이 풍부한 상자성체이다.

Check! **Point**

- **물과의 반응식** $2Na + 2H_2O \rightarrow 2NaOH + H_2 + Q$
- **산화 반응식** $4Na + O_2 \rightarrow 2Na_2O$
- **알코올과의 반응식** $2Na + 2C_2H_5OH \rightarrow 2C_2H_5ONa + H_2 \uparrow$

---

2) 위험성

① 수분 접촉 시 수소(H_2)를 발생하고 발열

② 피부에 닿으면 화상을 입는다.

3) 기타 주의사항 및 소화 방법

K에 준한다.

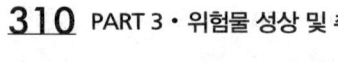

- 칼륨(K), 나트륨(Na)
  ① 보호액속에 저장: 석유류(석유, 경유, 벤젠, 유동파라핀 등)에 저장
  ② 소화 시 마른 모래, 분말사용(주수엄금, 할로젠화합물 소화약제, CO_2 사용금지)

3. 알킬알루미늄류(R_3Al) 지정 수량 10kg ★

○ 유기알킬기 [(C_nH_{2n+1})와 금속 알루미늄과의 화합물의 총칭]

종 류	화학식	인화점	비중	융점	상태	소화제
TMA (트라이메틸알루미늄)	$(CH_3)_3Al$	8℃	0.748	15℃	무색 액체	
TEA (트라이에틸알루미늄)	$(C_2H_5)_3Al$	융점 이하	0.832	-46℃	무색 액체	팽창질석, 팽창진주암
TIBA (트라이아이소부틸알루미늄)	$(iso-C_4H_9)_3Al$	융점 이하	0.79	11℃	무색 액체	
EADC (에틸알루미늄다이클로라이드)	$C_2H_5AlCl_2$	융점 이하	1.25	-85.4℃	무색 고체	

1) 일반적 성질

① 탄소 수가 1개에서 4개($C_1 \sim C_4$)까지는 자연발화한다.

② 물과 반응하여 가연성가스 발생

③ 200℃ 부근에서 열분해하여 가연성 가스발생

④ 할로젠과 반응하여 가연성 가스 발생

⑤ 알코올과 폭발적 반응을 한다.

- 공기 중 자연발화
  TMA: $2(CH_3)_3Al + 12O_2 \rightarrow 6CO_2 + Al_2O_3 + 9H_2O$
  TEA: $2(C_2H_5)_3Al + 21O_2 \rightarrow 12CO_2 + Al_2O_3 + 15H_2O$
- 물과의 반응식
  TMA: $(CH_3)_3Al + 3H_2O \rightarrow Al(OH)_3 + 3CH_4 \uparrow$
  TEA: $(C_2H_5)_3Al + 3H_2O \rightarrow Al(OH)_3 + 3C_2H_6 \uparrow$
- 200℃에서 열분해
  $(C_2H_5)_3Al \rightarrow (C_2H_5)_2AlH + C_2H_4 \uparrow$
  $2(C_2H_5)_2AlH \rightarrow 3H_2 \uparrow + 4C_2H_4 \uparrow + 2Al$
- 할로젠과의 반응
  $(C_2H_5)_3Al + 3Cl_2 \rightarrow AlCl_3 + 3C_2H_5Cl \uparrow$
- 알코올과 반응식
  $(C_2H_5)_3Al + 3CH_3OH \rightarrow Al(CH_3O)_3 + 3C_2H_6 \uparrow$

2) 주의사항

① 공기, 물 등의 접촉시키지 말 것

② 용기는 밀봉하고 탱크에 보관 시 질소 등 불연성 가스를 충전

③ 화재 시 질식성이 강하므로 공기호흡기착용

④ 피부에 닿으면 화상을 입을 수 있으므로 보호구 착용

⑤ 희석제로 벤젠, 헥세인, 톨루엔을 사용한다.

3) 저장 및 취급 방법

① 수분 및 공기와의 접촉을 방지할 것

② 용기는 밀전하고 차고 어두운 장소에 건조한 상태로 저장

③ 취급 시는 불활성 가스 중에서 취급할 것

4) 소화 방법

팽창질석, 팽창진주암, 탄산수소염류($NaHCO_3$, $KHCO_3$) 소화 분말사용

4. 알킬리튬 RLi 지정 수량 10kg

비중 0.534, 융점 180℃, 비점 1336℃

1) 일반적 성질

① 은백색 연한 금속, 금수성이며 자연발화성 물질

② 물과 만나면 심하게 발열, 가연성가스를 발생한다.

2) 위험성 · 저장방법 및 소화 방법

알킬알루미늄에 준한다.

5. 황린(P_4, 인, 백린) 지정 수량 20kg ✦

비중 1.82, 융점 44.1℃, 비점 280℃, 발화점 34℃

1) 일반적 성질

① 자연발화성으로 백색 또는 담황색의 고체

② 물속에 저장(CS_2, 벤젠에 용해)

③ 강한 마늘 냄새로 맹독성 물질, 공기보다 무겁다.

④ 어두운 곳에서 인광을 낸다.

⑤ 유황, 산소, 할로젠과 격렬하게 결합한다.

⑥ 공기를 차단 → 250℃ 가열 시 붉은인이 생성된다.

2) 위험성

① 발화점은 34℃로 자연발화 함

② 공기 중에서 격렬하게 연소하며 유독성 가스도 발생

③ 강알칼리 용액과 반응하여 가연성, 유독성의 포스핀 가스를 발생

④ 피부에 닿으면 화상을 입지만 일부는 피부, 근육, 뼛속으로 침투

⑤ 대인치사량은 0.02~0.05g이다.

Check! Point

- **공기 중 연소 반응식** $P_4 + 5O_2 \rightarrow 2P_2O_5$
- **강알칼리 용액과 반응식** $P_4 + 3KOH + 3H_2O \rightarrow PH_3 \uparrow + 3KH_2PO_2$

3) 저장 및 취급 방법

① 직사광선을 피해서 물속에 보관

② pH9 정도의 물속에 저장(PH_3 생성 방지)

③ 공기 중에 노출 시키지 않도록 한다.

4) 소화 방법

① 물, 포말, CO_2, 분말

② 화재 시 고압 주수소화는 피할 것(비산하여 연소 확대 우려가 있음)

③ 연소 시 발생하는 유독성 가스(P_2O_5)에 노출되지 않게 공기호흡기 착용

3▶③ 위험등급 Ⅱ : 알칼리금속 및 알칼리토 금속, 유기금속화합물(50kg)

- 알칼리금속(칼륨 · 나트륨 제외)류 및 알칼리토금속류
- 유기금속화합물(알킬알루미늄 및 알킬리튬 제외)

1. 금속리튬(Li) 지정 수량 50kg

비중 0.534, 융점 180℃, 비점 1336℃

1) 일반적 성질

① 은백색, 무른 경금속

② 물과 반응하여 수소가스와 대량의 열을 발생

③ 연소시 탄산가스 기류 속에서도 잘 꺼지지 않음

④ 상온에서 산소와 반응하지 않음(100℃ 이상에서만 반응)

2) 소화 방법

마른모래에 의한 피복소화

Check! Point

- 물과의 반응식
  $2Li + 2H_2O \rightarrow 2LiOH + H_2 \uparrow + Q$

2. 금속칼슘(Ca) 지정 수량 50kg

비중 1.55, 융점 851℃

1) 일반적 성질

① 연한 은백색, 무른 경금속

② 상온에서 물과 반응하여 수소가스를 발생

③ 피부에 접촉 시 화상

④ 석유, 톨루엔($C_6H_5CH_3$) 속에 저장한다.

Check! Point

- 물과의 반응식
  $Ca + 2H_2O \rightarrow Ca(OH)_2 + H_2 \uparrow + Q$

2) 알칼리금속과 알칼리토금속의 특징

(1) 알칼리금속

① 제1족의 금속원소를 말하며, 알칼리토금속은 제2족의 금속원소를 말한다.

② 활성이 크며 실온에서 물 또는 산과 맹렬히 반응하여 수소를 발생

(2) 공통적 성질

① 금수성 물질로 물과 반응 시 발열하고 가연성 가스인 수소(H_2) 발생

② 제3류 위험물과 유사한 위험성을 가진다.

3. 유기금속화합물(알킬알루미늄 및 알킬리튬 제외)

1) 종류

① 부틸리튬(C_4H_9Li)

② 다이메틸카드뮴($(CH_3)_2Cd$)

③ 테트라에틸납($(C_2H_5)_4Pb$) 등

2) 위험성 및 기타

① 공기 중 자연발화성이 있음

② 대부분 물과 격렬하게 반응

3▶④ 위험등급 Ⅲ : 금속의 수소화물(300kg)

1. 수소화리튬(LiH) ✄

분자량 7.9, 융점 680℃, 분해온도 400℃

① 무색·투명한 고체로서 알코올에는 녹지 않음

② 알칼리금속 수소화물 중 가장 안정

③ 물과 반응하여 수소를 발생

> **물과 반응식** $LiH + H_2O \rightarrow LiOH + H_2 \uparrow + Q$

2. 수소화나트륨(NaH)

분자량 24, 융점 800℃, 분해온도 425℃

① 습한 공기 중에 분해하고 환원성이 강함

② 물과 심하게 반응하여 수소(H_2)가 발생

③ 유기용매, 액체 암모니아(NH_3)에는 용해하지 않음

> **물과 반응식** $NaH + H_2O \rightarrow NaOH + H_2 \uparrow + 21kcal$

3. 수소화칼슘(CaH₂)

분자량 42, 융점 815℃, 분해온도 600℃

> **물과 반응식** $CaH_2 + 2H_2O \rightarrow Ca(OH)_2 + 2H_2 + 48kcal$

4. 수소화알루미늄리튬(LiAlH₄)

분자량 37.9, 융점 125℃, 분해온도 125℃

① 가열 시 리튬(Li), 알루미늄(Al)과 수소(H_2)로 분해(환원제로 이용된다)

② 백색 또는 회백색 분말로 물에 의하여 수소를 발생하고 에터(ether)에는 용해

✅ 금속의 수소화물

베릴륨(Be), 마그네슘(Mg)을 제외한 알칼리금속과 알칼리토금속이 만드는 M_1H, M_2H_2형 이온 화합물로 모두 무색 결정으로 융점이 높고 물과 반응하여 수소가스 발생

• M_1 : 알칼리금속

• M_2 : 알칼리토금속

1. 인화석회(Ca_3P_2)

1) 일반적 성질

① 적갈색 괴상 고체, 융점 1600℃
② 물, 약산과 심하게 반응, 독성의 인화수소(PH_3)를 발생함

$$Ca_3P_2 + 6H_2O \rightarrow 2PH_3 + 3Ca(OH)_2$$

2) 소화 방법

마른 모래에 의한 피복소화(주수 및 포말 금지)

2. 기타

① 인화알루미늄(AlP)
② 인화갈륨(GaP)
③ 인화아연(Zn_3P_2)

1. 탄화칼슘(CaC_2)

1) 일반적 성질

① 회색 또는 회흑색의 괴상 덩어리로 카바이트라고 함
② 수증기 및 물과 반응해서 아세틸렌 생성

Check! **Point**

- 산화 반응식(350℃) $2CaC_2 + 5O_2 \rightarrow 2CaO + 4CO_2 \uparrow$
- 물과의 반응식 $CaC_2 + 2H_2O \rightarrow Ca(OH)_2 + C_2H_2 \uparrow +27.8kcal$

2) 위험성

① 물 또는 습한 공기와 만나면 아세틸렌을 발생

• 칼슘카바이트 착화온도
: 335℃

② 아세틸렌 위험성

　　㉠ 폭발범위 2.5~81%로 대단히 넓으므로 주의할 것

　　㉡ 약 1.5기압 이상 가압하면 분해 폭발하므로 단독으로 가압하지
　　　말 것

3) 저장 및 취급 방법

① 습기와 접촉하지 말 것

② 용기는 질소가스와 같은 불활성 가스를 채울 것

③ 화기로부터 먼 곳에 저장할 것

4) 소화 방법

마른모래, 사염화탄소, 탄산가스, 소화 분말이 적합하다.

• 주수소화 및 포말약제는 수
　분이 있어 절대엄금

Check! Point

■ **기타 카바이트류**

$Mn_3C + 6H_2O \rightarrow 3Mn(OH)_2 + CH_4\uparrow + H_2\uparrow$

$Be_2C + 4H_2O \rightarrow 2Be(OH)_2 + CH_4\uparrow$

$Al_4C_3 + 12H_2O \rightarrow 4Al(OH)_3 + 3CH_4\uparrow$

$MgC_2 + 2H_2O \rightarrow Mg(OH)_2 + C_2H_2\uparrow$

$Na_2C_2 + 2H_2O \rightarrow 2NaOH + C_2H_2\uparrow$

제4류 위험물 ✦✦✦

4▶ ① 제4류 위험물

1. 제4류 위험물의 분류 및 지정 수량 ✦

성질	위험등급	품명	수용성여부	종류	지정수량	비고
인화성 액체	I	특수인화물		에터, 이황화탄소, 아세트알데하이드, 산화프로필렌 등	50 l	• 인화점 섭씨 −20도 이하, • 비점 섭씨 40도 이하 • 착화온도 섭씨 100도 이하
	II	제1 석유류	수용성	아세톤, 피리딘	400 l	인화점 섭씨 21도 미만인 것
			비수용성	가솔린, 벤젠, 톨루엔, 콜로디온, O-크실렌, M.E.K, 의산메틸에스터, 의산에틸에스터류, 초산에스터류	200 l	
		알코올류	수용성	메틸알코올, 에틸알코올, 프로판올	400 l	탄소 수 1개~3개까지의 포화1가 알코올 (변성유 포함)
	III	제2 석유류	수용성	의산, 초산, 에틸셀로솔브	2000 l	인화점 섭씨 21도 이상 섭씨 70도 미만
			비수용성	등유, 경유, 테레핀유, 스틸렌, 송근유	1000 l	
		제3 석유류	수용성	에틸렌글리콜, 글리세린	4000 l	인화점 섭씨 70도 이상 섭씨 200도 미만
			비수용성	중유, 크레오소오트유, 아닐린, 나이트로벤젠	2000 l	
		제4 석유류		기어유, 실린더유	6000 l	인화점 섭씨 200도 이상 섭씨 250도 미만
		동식물유류		• 건성유(130 이상) • 반건성유(130~100) • 불건성유(100 미만)	10000 l	동물의 지육 등 또는 식물의 종자나 과육으로부터 추출한 것으로서 1기압에서 인화점이 섭씨 250도 미만인 것

 학습 POINT

제4류 위험물 종류 및 특수인화물의 화학적 성질, 취급 및 저장법을 알 수 있다.
석유류(제1 석유류~ 동식물류, 특수 가연물) 종류 및 화학적 성질, 취급 및 저장법을 알 수 있다.

2. 위험물안전관리법상에 의한 4류 위험물의 정의 ✦

1) 특수인화물
① 1기압에서 발화점이 섭씨 100도 이하인 것
② 1기압에서 인화점이 섭씨 영하 20도 이하, 비점이 섭씨 40도 이하인 것

> 지정품명: 다이에틸에터($C_2H_5OC_2H_5$), 이황화탄소(CS_2)

2) 제1 석유류

1기압에서 인화점이 섭씨 21도 미만인 것

> **지정품명:** 아세톤, 휘발유(가솔린)

3) 알코올류

1분자를 구성하는 탄소 원자 수가 1개부터 3개까지인 포화 1가 알코올
(변성알코올을 포함)

> 메틸알코올(CH_3OH), 에틸알코올(C_2H_5OH), 프로판올(C_3H_7OH), 변성알코올

4) 제2 석유류

1기압에서 인화점이 섭씨 21도 이상 섭씨 70도 미만인 것(다만, 도료
류 그 밖의 물품에 있어서 가연성 액체량이 40wt% 이하이면서 인화점
이 섭씨 40도 이상인 동시에 연소점이 섭씨 60도 이상인 것은 제외)

> **지정품명:** 등유, 경유

5) 제3 석유류

1기압에서 인화점이 섭씨 70도 이상 섭씨 200도 미만인 것(다만, 도료
류 그 밖의 물품은 가연성 액체량이 40wt% 이하인 것은 제외)

> **지정품명:** 중유, 클레오소트유

6) 제4 석유류

1기압에서 인화점이 섭씨 200도 이상 섭씨 250도 미만의 것(다만 도료
류, 그 밖의 물품은 가연성 액체량이 40wt% 이하인 것은 제외).

> **지정품명:** 기어유, 실린더유

7) 동식물유류

동물의 지육 등 또는 식물의 종자나 과육으로부터 추출한 것으로 1기
압에서 인화점이 섭씨 250도 미만인 것(다만, 행정안전부령이 정하는
용기기준과 수납, 저장 기준에 따라 수납되어 저장 보관되고 용기의
외부에 물품의 통칭명, 수량 및 화기엄금(화기엄금과 동일한 의미를
갖는 표시를 포함한다)의 표시가 있는 경우를 제외)

3. 제4류 위험물의 공통성질

① 인화가 쉽고, 증기는 공기보다 무겁다(HCN 제외).
② 대부분 물보다 가볍고(CS₂ 제외), 물에 잘 녹지 않음(수용성 및 비수용성 구분)
③ 연소하한이 낮으며 착화온도가 낮은 것은 위험하다.

4. 저장 및 취급 방법

① 화기로부터 멀리 저장할 것
② 정전기 발생에 주의하여 저장, 취급할 것
③ 용기는 밀전하고 통풍이 잘되는 찬 곳에 저장할 것
④ 증기는 가급적 높은 곳으로 배출할 것

5. 소화 방법(질식소화가 가장 유효) ✖

① 분말, 탄산가스(CO_2), 증발성 액체, 화학포
② 수용성 인화물질엔 알코올 포 사용(아세톤, 초산, 의산, 알코올류, 피리딘, 에틸렌글리콜, 글리세린 등)

4▶ ❷ 특수인화물 : 지정 수량 50*l*

1. 다이에틸에터($C_2H_5OC_2H_5$) ✖

① 일반식 R–O–R′, 인화점 −45℃, 착화점 180℃
② 비중 0.72, 비점 34.5℃, 증기 비중 2.55, 연소범위 1.9~48%

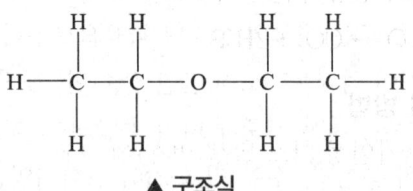

▲ 구조식

1) 일반적 성질

① 휘발성이 강한 무색투명한 특유의 향이 있는 액체
② 물에 잘 안 녹고, 알코올에 잘 녹는다.

2) 위험성

① 전기불량 도체, 마취성, 쉽게 정전기 발생

② 직사광선, 공기와 접촉 시 과산화물이 생성되어 가열, 충격, 마찰에 의해 폭발한다.

③ 피부와 접촉 시 자극적임

3) 저장 및 취급 방법

① 갈색 병에 보관, 밀봉하여 냉암소에 저장

② 용기의 파손, 누출에 주의하고 통풍을 잘 시킬 것

③ 체적팽창 계수가 크므로 안전 공간을 충분히 확보할 것

4) 소화 방법

CO_2, 할론, 포에 의한 질식소화

2. 이황화탄소(CS_2) ✈

인화점 −30℃, 발화점 100℃, 비점 46℃, 비중 1.26, 연소범위 1.4~44%

1) 일반적 성질

① 무색투명하며 불쾌한 냄새, 불순물에 의해 황색을 띤다.

② 물에 불용, 알코올, 에테르, 벤젠 등의 유기용매에 잘 섞인다.

③ 수지, 황, 황린, 생고무 등을 잘 녹인다.

2) 위험성

① 제4류 위험물 중 착화점이 가장 낮으며 증기는 유독함

② 연소 시 이산화황의 유독가스를 발생

$$CS_2+3O_2 \rightarrow CO_2+2SO_2$$

③ 고온의 물과 반응하면 황화수소를 발생

$$CS_2+2H_2O \rightarrow CO_2+2H_2S$$

3) 저장 및 취급 방법

저장 시 물속(가연성 가스 발생 억제)에 보관

4) 소화 방법

이산화탄소, 할론, 분말 소화약제 등에 의한 질식소화

✅ 에테르 속에 과산화물

① 과산화물 검출 시약: 요오드화칼륨 10% 용액(10% KI 용액): 과산화물 존재 시 황색 변화

② 과산화물 제거 시약: 30% 황산 제1철($FeSO_4$), 환원철 0.5%의 물

③ 과산화물의 위험성: 제5류 자기반응성 물질과 같은 위험성을 갖는다.

3. 아세트알데하이드(CH₃CHO) ✎

인화점 −38℃, 발화점 185℃, 연소범위 4~57%, 비점 21℃, 비중 0.8

▲ 구조식

1) 일반적 성질
　① 무색, 휘발성이 강한 액체
　② 물, 알코올, 에테르에 잘 용해
　③ 환원되기 쉬워 은거울 반응을 하고 펠링 용액(Fehling's solution)
　　을 환원한다.

Check! Point

■ 알데하이드 확인 반응
　① **은거울 반응**: 암모니아성 질산은 용액은 알데하이드와 같은 환원성 물질이 가해지
　　면 은(Ag)이 환원되어 그릇벽에 입혀진다.(Ag⁺ → Ag↓)
$$RCHO+\underline{2Ag(NH_3)_2}^+ +H_2O \rightarrow RCOONH_4+2Ag\downarrow +2NH_4^+ +NH_3$$
　　　　　　암모니아성 질산은 용액)
　② **펠링 용액의 환원**: 펠링 용액(타르타르산나트륨 칼륨의 알칼리 용액에 황산제2구
　　리를 가한 것)에 알데하이드와 같이 환원성 물질이 가해서 가열하면 펠링 용액은
　　환원되어 산화 제1구리의 적색 침전이 생긴다.
$$RCHO+2Cu(OH)_2+NaOH \rightarrow RCOONa+3H_2O+\underline{Cu_2O}\downarrow \text{(적색 침전)}$$
　　　　　　　　　　　　　　　　　　　　　　　　　(펠링 용액)

2) 위험성
　① 진한 황산과 접촉 시 격렬히 반응
　② 마그네슘, 은, 구리, 수은 및 이들의 합금과 중합반응으로 폭발성
　　물질을 생성
　③ 가압 시 폭발성의 과산화물을 생성
　④ 열에 의해 메탄가스나 유독성의 일산화탄소를 발생

3) 저장 및 취급 방법
　① 통풍과 환기가 잘되는 장소에 저장
　② 취급설비, 이동 탱크, 옥외 탱크에 저장 시 불연성 가스나 수증기로
　　봉입

③ 취급설비는 마그네슘, 은, 구리, 수은 및 이들의 합금을 사용하지
   말 것

4) 소화 방법

수용성 물질은 알코올 포, 이산화탄소, 할론, 분말 소화약제

Check! Point

- **산화 반응식**

  $2CH_3CHO + 5O_2 \rightarrow 4CO_2 + 4H_2O$

- **산화 · 환원 반응식**

  산화 반응: $2CH_3CHO + O_2 \rightarrow 2CH_3COOH$(아세트산)

  환원 반응: $CH_3CHO + H_2 \rightarrow C_2H_5OH$(에틸알코올)

- **황산과 반응식**

  $3CH_3CHO \xrightarrow{\text{C-H}_2\text{SO}_4} \underline{(C_2H_4O)_3} + Q$
  파라알데하이드

  $4CH_3CHO \xrightarrow{\text{C-H}_2\text{SO}_4} \underline{(C_2H_4O)_4} + Q$
  메타알데하이드

4. 산화프로필렌(CH_3CHCH_2O)

인화점 $-37℃$, 발화점 $748℃$, 연소범위 $2.5 \sim 38.5\%$, 비점 $34℃$,
비중 0.86

▲ 구조식

1) 일반적 성질

① 무색, 휘발성이 강한 액체로 연소가스는 유독함
② 물, 알코올, 에터, 벤젠에 잘 용해함

2) 위험성

① 수용액 상태에서도 인화위험이 큼
② 은, 구리, 철, 수은, 알루미늄 및 이들의 합금, 염화제일철 등과 중합
   반응을 일으키며 폭발성 물질을 생성
③ 강산류, 알칼리, 염, 가연성 물질과 접촉하면 심하게 반응
④ 피부와 접촉 시 화상을 입는다.

3) 저장 및 취급 방법

① 강산화제, 산, 염기와의 접촉을 피할 것

② 저장 시 불연성 가스나 수증기로 봉입하고 냉각장치를 설치할 것

③ 취급설비는 마그네슘, 은, 구리, 수은 및 이들의 합금을 사용하지 말 것

4) 소화 방법

알코올 포 사용, 이산화탄소, 할론, 분말 소화약제

5. 기타 특수인화물

1) 트라이클로로실란($HSiCl_3$)

인화점 $-28℃$, 발화점 $182℃$, 비중 1.34, 연소범위 $7.0 \sim 83\%$, 비점 $32℃$

2) 아이소프렌($CH_2=C(CH_3)CH=CH_2$)

인화점 $-54℃$, 발화점 $220℃$, 비중 0.7, 연소범위: $2 \sim 9\%$, 비점 $34℃$

3) 에틸클로라이드(CH_3-CH_2Cl)

인화점 $-50℃$

4) 비닐에틸 에테르($CH_2=CH-O-C_2H_5$)

인화점 $-45.6℃$

4▶ ③ 제1 석유류: 수용성 400*l*, 비수용성 200*l*

1. 아세톤(CH_3COCH_3, DMK)

① 일반식 $R-CO-R$, 지정 수량 $400l$

② 인화점 $-18℃$, 발화점 $538℃$, 비중 0.8, 연소범위 $2.6 \sim 12.8\%$

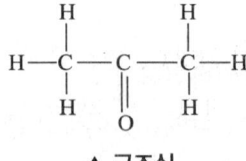

▲ 구조식

1) 일반적 성질

① 무색, 독특한 냄새, 휘발성 액체

② 물, 유기용제에 잘 용해됨

2) 저장 및 취급 방법

① 통풍 환기를 잘 시킬 것

② 밀봉하여 차가운 곳에 보관할 것

③ 햇볕에 의해 과산화물 생성하여 황색변화(갈색 용기 보관)

④ 아이오딘포름(CHI_3) 반응을 한다.

⑤ 피부에 닿으면 탈지작용을 한다.

3) 소화 방법

알코올 포, 물 분무, CO_2 등

2. 가솔린(C_5H_{12}~C_9H_{20})

① 휘발유, 석유에테르, 솔벤트, 나프타, 지정 수량 $200l$

② 인화점 -20~$-43℃$, 발화점 $300℃$, 연소범위 1.4~7.6%, 비중 0.65~0.76

1) 일반적 성질

① 무색투명한 휘발성 액체

② 물에는 불용이고 물보다 가볍다.

③ 공기보다 무겁고 정전기 발생에 유의할 것

④ 체적 팽창계수 $0.00135℃$이므로 온도상승에 유의할 것

2) 제조방법

① 직류법　　② 열분해법　　③ 접촉개질법

3) 소화 방법

분말, CO_2, 포에 의한 질식소화

3. 벤젠(C_6H_6)

인화점 $-11℃$, 발화점 $562℃$, 연소범위 1.4~7.1%, 융점 $5.5℃$, 비중 0.9, 비점 $80℃$, 지정 수량 $200l$

▲ 구조식

🔖 아이오딘포름 반응

에틸알코올, 아세톤, 아세트알데하이드 등의 수용액에 NaOH 용액과 KI을 가하여 두면 노란색 결정인 아이오딘포름(CHI_3)이 생기며 특수한 냄새가 난다.

✅ 가솔린의 분류

① 용도상의 분류: 자동차용 가솔린, 항공기용 가솔린, 공업용 가솔린

② 제조상의 분류: 직류 가솔린, 분해 가솔린, 접촉 가솔린

1) 일반적 성질

① 무색투명한 휘발성 액체, 방향성이 있음

② 증기는 마취성 · 독성(유해한도 100ppm, 서한도 35ppm)

③ 물에는 불용, 알코올 등 유기용제에 잘 용해됨

④ 융점 5.5℃로 고체상태에서 가연성 증기를 발생함

⑤ 저농도에서 장시간 흡입 시 중독을 일으키고 빈혈, 식욕부진, 조혈 기관의 장애 발생

⑥ 유지, 수지를 잘 용해한다.

2) 벤젠의 특성

① 연소 시 검은 그을음의 발생하므로 연료로는 부적합

② 공명구조로 첨가(부가)중합반응이 어렵고 치환반응을 함.

③ 벤젠 유도체는 독성이 있다.(톨루엔, 크실렌 등)

3) 소화 방법

분말, CO_2, 포에 의한 질식소화

✅ 독성이 있는 벤젠 유도체 위험물
- 벤젠(C_6H_6)
- 톨루엔($C_6H_5CH_3$)
- 크실렌($C_6H_4(CH_3)_2$)
- 클로로벤젠(C_6H_5Cl)
- 스틸렌($C_6H_5CHCH_2$)
- 나이트로벤젠($C_6H_5NO_2$)
- 아닐린($C_6H_5NH_2$)

Check! Point

■ 벤젠치환 반응

1. 할로젠화

벤젠 + Cl_2 $\xrightarrow{Fe}$ 클로로벤젠 + HCl

2. 나이트로화

$H + HNO_3 \xrightarrow{H_2SO_4} NO_2 + H_2O$

3. 술폰화

$H + H_2SO_4 \xrightarrow{SO_3} SO_3H + H_2O$

- 수소첨가반응: 첨가반응(부가반응) – 이중 결합이 깨지면서 결합하는 형태
  → 니켈촉매하에 사이클로헥세인(C_6H_{12})

$$\text{(벤젠)} + 3H_2 \xrightarrow{\text{NI, 300℃}} \text{(사이클로헥세인)}$$

→ 일광하에서 벤젠헥사클로라이드(BHC, $C_6H_6Cl_6$)

$$\text{(벤젠)} + 3Cl_2 \longrightarrow \text{(벤젠헥사클로라이드)}$$

→ C_2H_2을 중합반응하면 벤젠이 된다.

$$3C_2H_2 \xrightarrow{\text{Fe, 500℃}} \text{(벤젠)}$$

4. 톨루엔($C_6H_5CH_3$) ✐

① 지정 수량 $200 l$

② 인화점 $4℃$, 발화점 $490℃$, 비중 0.9, 연소범위 $1.4 \sim 6.7\%$

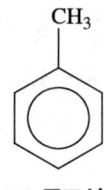

▲ 구조식

1) 일반적 성질

① 무색의 독특한 냄새가 나는 액체로 독성이 있음

② TNT 주성분

③ 물에는 불용성이나 에틸벤젠 등 유기용제에 잘 용해됨

Check! 👉 **Point**

톨루엔을 진한 질산과 진한 황산에 나이트로화시키면 제5류 위험물인 TNT가 된다.

$$\text{(톨루엔)} + 3HNO_3 \xrightarrow{\text{C-}H_2SO_4} \text{(TNT)}$$

톨루엔에 이산화망가니즈(MnO$_2$)와 황산으로 산화시켜 얻는다.

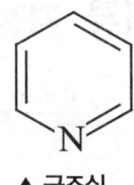

$$\text{톨루엔} \xrightarrow{\text{MnO}_2+\text{H}_2\text{SO}_4} \text{벤조산(안식향산)}$$

2) 위험성

강산화제(제1류, 제6류 위험물), 할로젠 물질과 혼촉 시 발화위험이 있다.

3) 소화 방법

소화 분말, 탄산가스, 포에 의한 질식소화

5. 메틸에틸케톤(CH$_3$COC$_2$H$_5$), MEK

① 일반식 R−CO−R′, 200l
② 인화점 −1℃, 발화점 516℃, 융점 −86.4℃, 비중 0.8, 연소범위
　 1.8~10%

$$\begin{array}{ccccccc}
 & H & & H & & H & \\
H-C-&C-&C-&C-&H \\
 & H & & H & & H & \\
 & O & & & \\
\end{array}$$

▲ 구조식

1) 일반적 성질

탈지작용, 직사광선에서 분해, 에테르에 용해

2) 기타

아세톤과 동일, 위험물안전관리법상 비수용성에 해당

6. 피리딘(C$_5$H$_5$N, 아딘) ✦

① 지정 수량 400l
② 인화점 20℃, 착화점 482℃

▲ 구조식

1) 일반적 성질

① 수용성, 독성(5ppm), 악취

② 급속중독일 경우는 마취, 두통, 식욕감퇴의 증상이 있음

2) 소화 방법

알코올 포 사용

7. 헥세인(C_6H_{14})

인화점 $-22℃$, 발화점 $225℃$, 연소범위 $1.1 \sim 7.5\%$

1) 일반적 성질

① 무색투명한 액체로 휘발성이 강함

② 물에 잘 녹지 않고 알코올, 에테르 등에 잘 녹음

2) 용도

식용유지 추출용제, 일반용제, 이조피혁 등

8. 사이안화수소(HCN)

1) 일반적 성질

① 허용농도 10ppm의 맹독성 물질

② 수분과 중합 반응하여 폭발위험이 큼

③ 안정제는 동망 또는 황산 사용함

④ 휘발성이 강하고 공기보다 가볍다.

2) 소화 방법

알코올 포, 분말 사용

9. 사이클로헥세인(C_6H_{12})

인화점 $-17℃$, 발화점 $268℃$, 비중 0.8, 연소범위 $1.3 \sim 8.4\%$

4▶ ④ 초산에스터류: 지정 수량 200*l*

- 일반식: R-COO-R′

Check! 👉 **Point**

CH_3COOH(유기산)$+ROH$(알코올) $\overset{V_1}{\underset{V_2}{\rightleftarrows}}$ $CH_3COOR+H_2O$

V_1: 에스터 생성반응, V_2: 가수분해 반응

에스터화 반응 시 탈수제로 진한 황산($C-H_2SO_4$)을 첨가시켜 물을 축합시킨다.

$R-COOH+R'-OH \xrightarrow{C-H_2SO_4} R-COO-R'+H_2O$

1. 초산메틸(CH_3COOCH_3)

① 인화점 $-10℃$, 착화점 $454℃$, 비점 $57℃$

② 초산과 메틸알코올의 축합물로써 가수분해 시 초산과 메틸알코올이 된다.

③ 화재 시 알코올 포 사용

2. 초산에틸($CH_3COOC_2H_5$) ✄

① 인화점 $-4℃$, 착화점 $427℃$, 비점 $77℃$

② 용도: 과일에센스(인공향료)

3. 초산프로필 ($CH_3COOC_3H_7$)

인화점 $14℃$, 착화점 $450℃$, 비점 $102℃$

4▶ ⑤ **의산에스터류: 지정 수량 200ℓ**

1. 의산메틸($HCOOCH_3$)

인화점 $-19℃$, 착화점 $449℃$, 비점 $32℃$

1) 일반적 성질

① 럼주 냄새

② 의산과 메틸알코올의 축합물, 가수분해 시 의산과 메틸알코올로 된다.

$$HCOOH + CH_3OH \xrightarrow[\text{가수분해}]{\text{에스터화}} HCOOCH_3 + H_2O$$

✅ 에스터화합물에서 분자량 증가에 따른 공통사항

① 수용성 감소

② 인화점과 비점이 높아진다.

③ 연소범위, 휘발성 감소

④ 이성질체가 많아진다.

⑥ 점도가 커진다.

⑦ 비중이 작아진다.

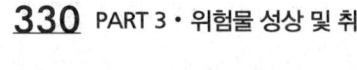

2) 위험성

① 전기설비는 방폭구조로 할 것
② 완전밀봉 보관함

2. 의산에틸($HCOOC_2H_5$)

인화점 $-20℃$, 발화점 $455℃$, 연소범위 $2.7 \sim 13.5\%$, 비중 0.9

3. 의산프로필($HCOOC_3H_7$)

인화점 $-3℃$, 발화점 $455℃$, 비중 0.9

4▶ ⑥ 알코올류: 지정 수량 400ℓ

1. 메틸알코올(CH_3OH, 목정)

인화점 $11℃$, 발화점 $464℃$, 비점 $65℃$, 비중 0.8, 연소범위 $6.0 \sim 36$

1) 일반적 성질

① 물에 가장 잘 녹고, 무색투명, 향기가 있음
② 독성($30 \sim 100mL$)은 생명에 위험을 줄 수 있음
③ Na, K과 반응하여 수소를 발생
④ Pt, CuO 존재하에서 산화하여 HCHO가 생긴다.

2) 소화 방법

알코올 포 사용

 Point

■ **금속과 반응식**

$$2CH_3OH + 2Na \rightarrow \underline{2CH_3ONa} + H_2 \uparrow$$
나트륨메톡시드

■ **산화 · 환원 반응식**

$$\underset{\text{CH_3OH}}{H-\overset{\displaystyle H}{\underset{\displaystyle H}{C}}-OH} \xrightarrow{-2H} \underset{\text{$\underline{HCHO}$ 포름알데하이드}}{H-C\overset{\displaystyle O}{\underset{\displaystyle H}{}}} \xrightarrow{O} \underset{\text{$\underline{HCOOH}$ 포름산}}{H-C\overset{\displaystyle O}{\underset{\displaystyle OH}{}}}$$

✔ **위험물안전관리법상 알코올류의 정의**

1분자를 구성하는 탄소 원자 수가 1개~3개까지인 포화1가 알코올(변성알코올을 포함)을 말함

※ 변성알코올: 공업용 알코올에 변성제로서 독성이나 냄새가 강한 화합물을 첨가한 것

2. 에틸알코올(C_2H_5OH, 주정) ✂

인화점 13℃, 발화점 423℃, 비점 79℃, 비중 0.78, 연소범위 3.3~19%

1) 일반적 성질

① 무색투명, 향기가 있으며 연소 시 연한 푸른 불꽃을 냄
② 산화 시 아세트알데하이드가 되며 다시 산화 시키면 아세트산이 된다.
③ 아이오딘포름 반응으로 검출
④ 진한 황산과의 반응
　㉠ 축합 반응(130~140℃): $2C_2H_5OH \rightarrow C_2H_5OC_2H_5 + H_2O$
　㉡ 탈수 반응(160~170℃): $C_2H_5OH \rightarrow CH_2 = CH_2 + H_2O$

2) 소화 방법

알코올 포 사용

 **Point**

■ 금속과 반응식

$$2C_2H_5OH + 2Na \longrightarrow \underset{\text{알콜라이트}}{2C_2H_5ONa} + H_2 \uparrow$$

■ 산화·환원 반응식

$$CH_3 - \underset{H}{\overset{H}{C}} - OH \xrightarrow{-2H} \underset{\text{아세트알데하이드}}{CH_3 - C \overset{O}{\underset{H}{}}} \xrightarrow{O} \underset{\text{아세트산}}{CH_3 - C \overset{O}{\underset{OH}{}}}$$

■ 아이오딘포름 반응

$$C_2H_5OH + 4I_2 + 6NaOH \xrightarrow{\text{가열}} \underset{\text{(노란색 침전물)}}{CHI_3 \downarrow} + 5NaI + 5H_2O + HCOONa$$

3. 프로필알코올(C_3H_7OH, 프로판올)

인화점 15℃, 발화점 404℃, 비중 0.8, 연소범위 2.1~13.5%

 **Point**

■ 프로필알코올의 2가지 이성질체(분자식은 같지만, 구조식이 다른 것)
① $CH_3CH_2CH_2OH$ (n-propanol 산화 시 알데하이드 생성)
② CH_3CHCH_3 (iso-propanol 산화 시 케톤 생성)
　　　|
　　　OH

4. 변성알코올

공업용으로 에틸알코올에 변성제로 석유 등을 섞은 것

Check! 👉 Point

■ 알코올의 분류

① −OH에 따른 분류

㉠ 1가 알코올: CH_3OH, C_2H_5OH, C_3H_7OH

㉡ 2가 알코올: $C_2H_4(OH)_2$

㉢ 3가 알코올: $C_3H_5(OH)_3$

② −OH가 결합한 탄소 수에 따른 분류

㉠ 1차 알코올	㉡ 2차 알코올	㉢ 3차 알코올
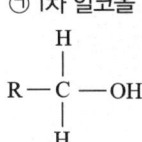	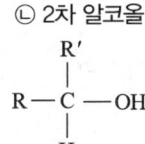	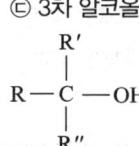

✔ 알코올의 분자량 증가에 따른 성질변환

① 물에 녹기 어렵다.

② 증기 비중, 이성질체가 증가한다.

③ 착화온도가 낮아진다.

④ 연소범위가 좁아진다.

4▸ ⑦ 제2 석유류: 수용성 $2000l$, 비수용성 $1000l$

✔ 지정품명: 등유, 경유

1. 등유(케로신)

① 지정 수량 $1000l$

② 인화점 43~72℃, 연소범위 1~6%, 착화점 250℃, 비점 150~300℃, 증기 비중 4~5

1) 일반적 성질

① 담황색의 액체, 취기 냄새가 있음

② 물에 불용이며 정전기 불꽃에 인화위험이 있음

③ C_9~C_{18}개까지의 포화, 불포화 탄화수소의 혼합물

④ 물보다 가볍고 인화점은 약 43~72℃(40~70℃)이다.

2) 소화 방법

분말, CO_2, 포에 의한 질식소화

2. 경유(디젤유)

① 지정 수량 $1000l$

② 인화점 50~70℃, 연소범위 1~6%, 착화점 257℃, 비점 250~
300℃, 증기 비중 4~5

1) 일반적 성질

① 담황색 또는 담갈색 액체로 등유와 비슷한 성질을 갖음

② 비점은 250~300℃(유출온도 범위)로 C_{15}~C_{20}의 포화, 불포화
탄화수소의 혼합물

2) 소화 방법

분말, CO_2, 포에 의한 질식소화

3. 의산(HCOOH)

① 지정 수량 $2000l$

② 인화점 68.9℃, 발화점 601.1℃, 비중 1.2, 비점 100.5℃

1) 일반적 성질

① 메틸알코올이나 포름알데하이드를 산화시켜 얻음

② 개미나 곤충 속에 들어있어 피부에 닿으면 상하게 함

③ 초산보다 강한 산성을 나타냄

④ 물, 알코올, 에테르에 용해

⑤ 피부와 접촉 시 화상을 입는다.

⑥ 내산성 용기에 보관할 것

Check! Point

카르복실산 중 가장 강한 산으로 포르밀기와 카르복실기를 가지고 있다.

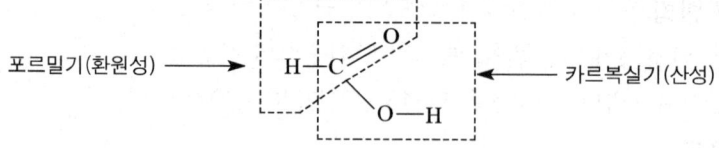

2) 소화 방법

분말, 탄산가스, 포, 할론, 알코올 포 사용

4. 초산(CH₃COOH)

① 지정 수량 2000*l*

② 비중 1.05, 인화점 40℃, 비점 118.3℃, 융점 16.7℃, 연소범위 4.0~
19.9%

1) 일반적 성질

① 물에 잘 녹고, 무색투명한 자극성 액체

② 내산성 용기에 보관할 것

③ 질산, 과산화물과 반응하여 폭발을 일으킴

④ 부식성이 강하며 피부에 닿으면 화상을 입는다.

⑤ 3~5% 수용액을 식초라 한다.

2) 소화 방법

분말, 탄산가스, 포, 할론, 알코올 포 사용

5. 테레핀유(C₁₀H₁₆), 타펜유, 송정유

① 지정 수량 1000*l*

② 비점 155~176℃, 인화점 33.9℃, 발화점 253℃, 연소범위 0.8~
0.86%

1) 일반적 성질

① 송정유(소나무 및 식물포함), 타펜유라고 함

② 무색이나 담황색의 액체로 불쾌한 냄새가 남

③ 물에 녹지 않고 알코올, 에테르, 클로로포름에 용해

④ 건성유와 유사하여 자연발화의 위험이 큼

⑤ I₂와 혼합된 것은 가열하면 폭발함

⑥ 주성분인 피넨(C₁₀H₁₆)이 80~90%임

2) 소화 방법

분말, 탄산가스, 포, 할론 등

6. 송근유

① 지정 수량 1000*l*

② 비중 0.86~0.87, 인화점 54~78℃, 비점 155~180℃, 발화점
355℃

1) 일반적 성질

　① 소나무 뿌리건류 액체로 물에 불용

　② 용해성이 있음

2) 소화 방법

　분말, 탄산가스, 포, 할론 등

7. 스틸렌($C_6H_5CHCH_2$)

　① 지정 수량 1000l

　② 인화점 32.2℃, 비중 0.91, 발화점 490℃, 비점 146℃, 연소범위
　　1.1~6.1%

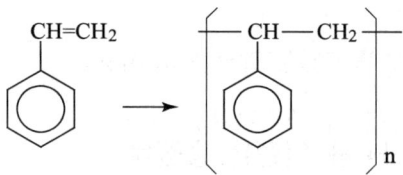

▲ 스틸렌 중합체 – 폴리스틸렌

1) 일반적 성질

　① 무색의 독특한 냄새를 가지는 액체

　② 물에 녹지 않고 알코올, 에테르, 이황화탄소에 용해

　③ 중합 반응하여 무색의 고상물이 된다.

2) 소화 방법

　분말, 탄산가스, 포, 할론 등

8. 크실렌($C_6H_4(CH_3)_2$)

　• 크시롤, 다이메틸벤젠: 지정 수량 1000l

1) 일반적 성질

　① o–크실렌, m–크실렌, p–크실렌의 3가지 이성질체 가짐

　② 무색투명한 액체로서 휘발성, 독특한 냄새

　③ 물에는 불용성이나 알코올 유기용매는 가용성

　④ 유지나 수지 등을 녹인다.

2) 소화 방법

　분말, 탄산가스, 포, 할론 등

종류	구조식	시성식	인화점	분류
o-크실렌	CH₃ CH₃ (벤젠고리 구조)	o-$(C_6H_4(CH_3)_2)$	17.2℃	제1 석유류
m-크실렌	CH₃ CH₃ (벤젠고리 구조)	m-$(C_6H_4(CH_3)_2)$	25℃	제2 석유류
p-크실렌	CH₃ CH₃ (벤젠고리 구조)	p-$(C_6H_4(CH_3)_2)$	25℃	

9. 에틸셀로솔브($C_2H_5OCH_2CH_2OH$)

① 지정 수량 2000l

② 인화점 40℃, 착화점 238℃, 비점 135℃

1) 일반적 성질

① 무색의 수용성 액체

② 가수분해 시는 에틸알코올 및 에틸렌글리콜을 생성

③ 농약, 자동차엔진 세척제 등에 사용

2) 소화 방법

알코올용포 사용

10. 장뇌유(백색유, 적색유, 감색유)

① 지정 수량 1000l

② 인화점 47.7℃

1) 용도

① 백색유: 방부제

② 적색유: 비누향료

③ 감색유: 선광유

2) 소화 방법

분말, 탄산가스, 포, 할론

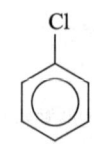

11. 클로로벤젠(C_6H_5Cl)

① 지정 수량 $1000l$

② 인화점 32.2℃, 연소범위 1.3~7.1%

▲ 구조식

1) 일반적 성질

① 마취성, 무색의 액체, 증기는 독성이 있음

② 염료, 향료, DDT의 원료, 유기합성의 원료

③ 연소시 염화수소(HCl)가스가 발생한다.

$$C_6H_5Cl + 7O_2 \rightarrow 6CO_2 + 2H_2O + HCl$$

2) 소화 방법

분말, 탄산가스, 포

8 제3 석유류: 지정 수량 수용성 $4000l$, 비수용성 $2000l$

1. 중유

• 지정 수량 $2000l$

1) 원유에서 추출 방법에 따라

① 직류중유: 인화점 60~150℃, 유출온도 300~350℃, 착화온도 250~400℃, 비중 0.85~0.99

② 분해중유: 인화점 70~150℃, 착화온도 380℃

2) 비중(0.9~0.95)과 점도 차이에 따라 A 중유 · B 중유 · C 중유의 3종류가 있음

3) 위험성

① 상온에서는 인화의 위험이 없고, 가열 시 제1 석유류와 같은 위험성을 가짐

✅ 지정품명: 중유, 크레오소트유

✅ C 중유(벙커 C유)
중유 가운데 점착성이 가장 강하다. 대형 보일러, 대형저속 디젤기관 등의 연료로서 예열 보온설비가 갖추어진 연소장치에 쓰이며 가장 많이 소비되는 중유이다.

② 천, 포, 종이 등의 가연물에 스며들어 자연발화의 위험이 있음

③ 탱크 화재 진압 시 보일오버(boil over)와 슬롭오버(slop over) 현상이 일어날 수 있다.

Check! Point

■ 유류 화재 시 특수현상

① 열파(heat wave) 현상: 유면에서 열의 전달속도

중질유(원유나 중유) 탱크 화재 시 고열의 열유질을 유면에서 밑쪽으로 전달하며 그 층의 두께는 연소시간의 경과에 따라 증대한다. 이와 같이 밑부분으로 전도하는 열유층(熱油層)을 열파라고 한다.

- 원유: 150~200℃, 중유: 250℃ 이상, 전파속도: 0.4~1.3m/h

② 보일오버(boil over) 현상: 탱크 화재 시 탱크 저면부에 고여 있던 수분이 기화되면서 다량의 기름을 탱크 밖으로 밀어내는 현상

- 탱크 내 수분이 고이는 이유는 액체의 위험물이 휘발하여 이때 휘발 시 흡수하는 열에 의해서 공기 중(탱크 내)의 수분이 응축되어 물이 탱크의 저부에 고여있기 때문

③ 슬롭오버(slop over) 현상: 탱크 화재에서 화재 진압 시 사용된 수분이 함유된 소화약제가 100℃ 이상 가열된 기름유와 섞이게 되면서 물이 비등하여 기름을 탱크 밖으로 밀어내는 현상

- 물이나 수분을 포함한 소화제를 방사 시 물의 비점(100℃) 이상일 경우 급작스러운 기화로 1700배 정도의 부피로 확장되어 이로 인해 열유를 교란시켜 탱크 밖으로 밀어 올리거나 비산시키는 현상을 말한다.

④ 블레비 현상(BLEVE, Boiling Liquid Expanding Vapor Explosion): 화재에 의하여 저장 탱크 내의 가연성 액체의 온도가 상승하여 기화한 증기가 팽창한 압력에 의해 폭발하는 현상

4) 소화 방법

포, CO_2, 할론, 분말 등

2. 크레오소트유(타르유)

① 지정 수량 2000l

② 인화점 74℃, 발화점 336℃, 비점 194.4~400℃, 비중 1.02~1.05

1) 일반적 성질

① 황색, 암록색의 기름 모양의 액체

② 방부제, 살충제, 카본블랙의 제조 원료

③ 10% 이상의 여유 공간을 유지한다.

2) 위험성

① 타르산이 많아서 용기를 부식시키므로 내산성 용기에 보관

② 나프탈렌과 안트라센 등이 함유되어 있어 증기는 유독함

3) 용도

목재 방부제, 카본블랙, 살충제, 방수용 도료, 벤젠 흡수유, 농약, 의약 등

4) 소화 방법

중유에 준한다.

3. 에틸렌글리콜($C_2H_4(OH)_2$)

① 수용성, 지정 수량 4000*l*

② 인화점 111.1℃, 발화점 412.8℃, 비점 197.2℃, 비중 1.16

1) 일반적 성질

① 대표적 2가 알코올, 무색의 끈기 있음

② 독성이 있으며 단맛의 액체로 일명 감유임

③ 물, 알코올, 아세톤, 글리세린에 잘 용해됨

④ 락카, 자동차 부동액 등의 제조 원료로 사용된다.

2) 소화 방법

알코올용포, 이산화탄소, 소화 분말, 사염화탄소 등

4. 글리세린($C_3H_5(OH)_3$)

① 수용성, 지정 수량 4000*l*

② 인화점 160℃, 발화점 393℃, 비점 290℃, 비중 1.26

1) 일반적 성질

① 3가 알코올로 물, 알코올에는 잘 녹음

② 무색, 무취 점성의 액체로 흡수성이 있고 단맛이 있음

③ 용제, 윤활유, 화장품, 유기합성용 향미료, 유리세척제에 사용

2) 소화 방법

알코올용 포, 소화 분말, 이산화탄소(CO_2), 사염화탄소 등

5. 나이트로벤젠($C_6H_5NO_2$) ✄

① 지정 수량 $2000l$

② 인화점 88℃, 비중 1.2, 발화점 428℃, 비점 211℃

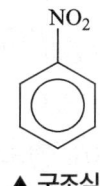

▲ 구조식

1) 일반적 성질

① 갈색, 암황색의 점조한 액체로 증기는 독성이 강함

② 알코올, 에테르, 벤젠에 녹음

③ 철, 아연 등의 금속과 HCl을 작용시킨 상태에서 아닐린($C_6H_5NH_2$)을 생성한다(Cu, Ni, Ag 촉매로 가능).

2) 제법

벤젠에 진한황산과 진한 질산의 혼산을 가해 반응

$$C_6H_6 + HNO_3 \xrightarrow{C-H_2SO_4} C_6H_5NO_2 + H_2O$$

3) 소화 방법

이산화탄소, 분말 등

6. 아닐린($C_6H_5NH_2$) ✄

• 지정 수량 $2000l$, 인화점 75℃

1) 일반적 성질

① 황색, 담황색의 기름 모양 액체

② 물에 녹지 않고 알코올, 벤젠, 에테르, 아세톤에 용해

③ 알칼리금속이나 알칼리토금속과 반응하여 수소 및 아닐리드 발생

2) 제법

나이트로벤젠에 수소를 작용하여 환원시켜 얻는다.

3) 소화 방법
중유에 준한다.

7. 담금질유

• 지정 수량 2000*l*

1) 일반적 성질
철, 강철 등 기타 금속을 900℃ 정도로 가열하여 기름 속에 넣어 급격히 냉각시켜 금속의 재질을 열처리전보다 단단하게 하는데 사용되는 기름

2) 종류
담금질유 170℃ 이상, 180℃ 이상, 200℃ 이상, 230℃ 이상, 250℃ 이상

3) 소화 방법
중유에 준한다.

8. 메타크레졸

① 지정 수량 2000*l*, 인화점 86℃
② 오르소, 파라크레졸은 고체로서 특수가연물 중 가연성 고체에 속한다.

종류	구조식	시성식	인화점	상태	분 류
o-크레졸	OH CH₃	o$-(C_6H_4(CH_3)OH)$	81.4℃	고체	특수 가연물 가연성 고체
m-크레졸	OH CH₃	m$-(C_6H_4(CH_3)OH)$	86℃	액체	제3 석유류
p-크레졸	OH CH₃	p$-(C_6H_4(CH_3)OH)$	85.9℃	고체	특수 가연물 가연성 고체

• 인화점 200℃ 이상은 제4 석유류에 포함된다.

4▶ ⑨ 제4 석유류: 지정 수량 6000*l*

1. 윤활유

마찰하는 부분의 마찰을 감소시키며 냉각 유지를 위해서 쓰이는 기름

1) 분류

① 석유계 윤활유: 원유에서 제조

② 합성 윤활유: 각종 탄화수소로부터 합성

③ 지방성 윤활유: 각종 유지

④ 윤활용 그리스

⑤ 혼성윤활유

2) 석유계 윤활유

제4류 위험물에 해당하는 윤활유(고체상태인 것은 제외)

● **석유계 윤활유의 예**

종류 \ 구분	용 도	인화점
기계유	금속의 회전마찰장소에 사용(가장 많이 사용한다)	
머신유	일반기계 저속, 중속 축받이 차량용	
실린더유	증기기관 실린더	
기어유	기계, 자동차의 치차	200~250℃
터빈유	증기, 화력터빈, 수력터빈, 발전기	
모터유	모터 축받이	
스핀들유	윤활유중 인화점이 가장 낮고 제3 석유류에 해당	140~200℃

2. 가소제(Plasticizer)

인화점 200~250℃, 합성수지, 고분자 물질에 첨가하여 가공성을 개량하는 물질

● **가소제의 종류**

종류	화학식
DOP(프탈산디옥딜)	$C_6H_4(COOC_8H_{17})_2$
DIDP(프탈산디이소데실)	$C_6H_4(COOC_{10}H_{21})_2$
TCP(인산트리크레실)	$(CH_3C_6H_4O)_3PO$
DIDP(아디핀산디이소데실)	$C_{10}H_{21}COO(CH_2)_4COOC_{10}H_{21}$

- **성질**
  ① 휘발성이 적고, 열과 빛에 안정하며 비누, 물, 그리이스, 용제 등에 추출되기 어렵다.
  ② 수지에 고루 혼합 용해하여 가소성을 주어 성형가공 및 유연성, 내한성 등을 부여한다.

3. 방청유

수분의 침투를 방지하여 철제가 부식하는 것을 방지하는 기름

4. 전기절연유

변압기 등에 쓰이는 광물유

5. 절삭유

금속 재료를 절삭 가공 시 마찰열 감소하기 위해 사용하는 기름

4▶ ⑩ 동식물유류: 지정 수량 10000*l*

1. 특징

인화점 250~350℃

1) 일반적 성질
① 인화점 이상 가열 시 석유류와 비슷한 위험성이 있음
② 화재 시 액온이 상승하여 대형화재로 발전하기 때문에 소화가 곤란
③ 인화점이 220~300℃ 정도로 제4 석유류와 유사하다.

2) 소화 방법
① 초기는 분말, 할론, CO_2가 유효하며 화재 규모에 따라 물 분무 소화 가능
② 대형 화재 시 포에 의한 질식소화를 한다.

2. 아이오딘값에 의한 분류 ✦

건성유, 반건성유, 불건성유

1) 건성유

아이오딘값 130 이상

성질	불포화도	자연발화 위험성	종류	
건성유	크다	크다	동물유	정어리기름, 대구기름, 상어기름
			식물유	해바라기기름, 동유, 아마인유, 들기름

※ 아이오딘값이 130 이상으로 걸레 등 섬유류에 스며들어 자연발화의 위험이 크다.

✔ 아이오딘값
- 유지 100g에 부가되는 아이오딘의 g 수
- 아이오딘값이 클수록 2중 결합이 많고 불포화도가 크다. 즉 자연발화가 용이하다.

◐ 주요 건성유 성상

품명	인화점(℃)	아이오딘값	원료	쓰이는 곳
해바라기기름		125~136	해바라기씨	식용
동유	289	145~176	오동열매	도료
정어리기름		154~196	정어리 어체 및 내장에서 채취	경화유
아마인유	222.2	170~204	아마의 씨	도료, 의약
들기름	272	192~208	들깨에서 채취	식용

2) 반건성유

아이오딘값 100 이상 130 미만

성 질	불포화도	자연발화 위험성	종류	
반건성유	중간	중간	동물유	청어기름
			식물유	콩기름, 옥수수기름, 참기름, 채종유, 면실유

◐ 주요 반건성유 성상

품명	인화점(℃)	아이오딘값	원료	쓰이는 곳
채종유	163	97~107	겨자씨	식용, 담금질유, 윤활유
쌀겨기름	234	92~115	쌀겨	식용, 비누
참기름	255	104~116	참깨	식용, 알코올
면실유	252	99~113	목화씨	식용
옥수수기름	254	109~133	옥수수	식용
청어기름	224	123~146	청어	경화유
콩기름	282	117~141	콩	식용

3) 불건성유

아이오딘값 100 미만

성 질	불포화도	자연발화 위험성	종 류	
불건성유	중간	작다	동물유	고래기름, 쇠기름, 돼지기름
			식물유	올리브유, 땅콩기름, 동백유, 피마자유, 팜유

○ 주요 불건성유 성상

품 명	인화점(℃)	아이오딘값	원 료	쓰이는 곳
야자유	216	7~10	야자에서 채취	비누, 고급 알코올 원료, 라우린산
팜유	162	51~57	팜의 열매로부터 채취	식용, 비누
올리브유	225	79~90	올리브 열매에서 채취	브레이크유, 로드유 약용, 화장품, 도료
피마자유	229	81~86	아주까리에서 채취	
낙화생유	282	84~102	땅콩에서 채취	

CHAPTER 05

제5류 위험물 ✗✗✗

5 ▶ ① 제5류 위험물

1. 제5류 위험물의 분류 및 지정 수량 ✗

성질	품명 및 품목	지정 수량	대표적 물질
자기반응성물질	유기과산화물	제1종 : 10kg 제2종 : 100kg	BPO, MEKPO
	질산에스터류		CH_3ONO_2, $C_6H_7O_2(ONO_2)_3$
	나이트로화합물		피크린산($C_6H_2(NO_2)_3OH$)
	나이트로소화합물		파라나이트로소벤젠
	아조화합물		아조벤젠($C_6H_5N=NC_6H_5$)
	다이아조화합물		다이아조디니트로페놀(DDNP)
	하이드라진 유도체		
	하이드록실아민		
	하이드록실아민염류		
	그밖에 행정안전부령이 정하는 것		1. 금속의 아지화합물
	위의 하나에 해당하는 어느 하나 이상을 함유한 것		2. 질산구아니딘

2. 제5류 위험물 공통성질

① 물질 자체가 산소를 함유한 자기반응성 물질로 자기연소를 일으킴

② 가열, 충격, 마찰 등에 의하여 폭발의 위험

③ 공기 중에 노출 시 산화 반응으로 열분해하여 자연발화를 일으킬 수 있다.

3. 저장 및 취급 방법

① 화기로부터 멀리하고 가열, 충격, 마찰 등을 피할 것

② 소분하여 통풍이 잘되는 냉암소에 저장할 것

③ 운반용기 및 포장 외부에는 화기엄금, 충격주의 등의 주의사항을 게시할 것

📡 학습 POINT

제5류 위험물 종류 및 화학적 성질, 취급 및 저장법을 알 수 있다.

✅ 폭발성 판정기준(열분석시험)

표준물질 2,4-다이나이트로톨루엔 및 과산화벤조일과 기준물질인 산화알루미늄의 발열개시온도 및 발열량을 시차주사열량측정장치(DSC) 또는 시차열분석장치(DTA)로 측정/시험물품 및 기준물질의 발열개시온도 및 발열량 측정

✅ 가열분해성 판정기준(압력용기시험)

구멍의 직경이 1mm인 오리피스판을 이용하여 파열판이 파열되지 않는 물질은 등급Ⅲ, 구멍의 직경이 1mm인 오리피스판을 이용하여 파열판이 파열되는 물질은 등급Ⅱ, 구멍의 직경이 9mm인 오리피스판을 이용하여 파열판이 파열되는 물질은 등급Ⅰ

✅ 자기반응성물질 판정기준

압력용기 시험 열분석시험	등급Ⅰ	등급Ⅱ	등급Ⅲ
위험성 있음	제1종	제2종	제2종
위험성 없음	제1종	제2종	비 위험물

4. 소화 방법 ✦

화재 초기에 대량의 물에 의한 질식, 냉각소화를 할 것

5▶ ## ❷ 유기 과산화물

1. 과산화 벤조일(BPO, 벤조일퍼옥사이드) ✦

발화점 125℃, 융점 105℃

$$O=C-O-O-C=O$$

▲ 구조식

1) 일반적 성질

① 무색, 무미, 무취의 백색 또는 결정성 고체임

② 가열 시 100℃에서 흰 연기를 내면서 심하게 분해함

③ 75~80℃에서 오래 있으면 분해하며, 햇빛에 의해서 분해가 촉진됨

④ 건조 시 마찰, 충격에 의해서 순식간에 연소 폭발함

⑤ 희석제는 프탈산메틸, 프탈산디부틸을 사용함

—COOCH$_3$
—COOCH$_3$

▲ 프탈산디메틸

—COOC$_4$H$_9$
—COOC$_4$H$_9$

▲ 프탈산디부틸

⑥ 소맥분 표백제로 사용 시 소맥분 1kg에 대하여 0.3g 이하로 한다.

2) 저장 및 취급 방법

① 소분하여 직사광선을 피해 냉암소 저장

② 물에 녹지 않기 때문에 수분에 흡수시켜 저장 및 이송할 것

③ 물이나 희석제를 혼합 시 폭발성을 줄일 수 있다.

3) 소화 방법

물로 냉각소화

2. 과산화메틸에틸케톤(MEKPO)

발화점 177℃, 인화점 172℃, 녹는점(m.p.) −20℃ 이하

● 유기과산화물

유기화합물에서 분자구조에 과산화기(–O–O–)를 가진 산화물이며 자기반응성 물질로서 무기과산화물보다도 불안정하고 위험하다.

▲ MEKPO

1) 일반적 성질

① 무색 독특한 냄새가 나는 기름 모양의 액체임

② 물에는 녹지 않고 알코올, 케톤, 에테르에 용해됨

③ 직사광선, 수은, 철, 납 구리합금과 접촉 시 분해가 촉진

④ 40℃ 이상에서 분해가 촉진되고, 100℃ 이상에서는 심하게 백연을 발생

⑤ 희석제는 프탈산디메틸, 프탈산디부틸을 사용함

2) 저장 · 취급 방법 및 소화 방법

과산화벤조일에 준한다.

5▶ ③ 질산에스터류

알콜기를 가진 화합물을 질산과 반응시켜 알코올기가 질산기로 치환된 에스터를 질산에스터 화합물이라 한다.

$$CH_3OH + HONO_2 \xrightarrow{H_2SO_4} CH_3ONO_2 + H_2O$$

1. 나이트로셀룰로오스$((C_6H_7O_2(ONO)_2)_3)_n$: NC, 질화면, 면화약, 질산셀룰로오스

1) 일반적 성질

① 무색, 백색의 고체이며 물에 불용

② 햇빛에 의해 황갈색으로 변한다.

③ 건조 시 마찰 전기에 의해 발화 위험이 큼

④ 질산기의 수에 따라 강면약과 약면약이 있다.

2) 저장 및 취급 방법

① 질화도가 클수록 분해도, 폭발성, 위험도가 증가함

② 산 · 알칼리 또는 직사광선에 의해 분해하여 자연발화함

③ 130℃에서 서서히 분해, 180℃ 이상에서 격렬히 연소하여 다량의 유독성 가스를 발생시킨다.

✔ 질화도

나이트로셀룰로오스 중의 질소(N)의 함유 농도%

✔ 강면약

- 강질화면, 에테르와 알코올의 혼합액에 녹지 않는 것)
- 질화도 12.76%

✔ 약면약

- 약질화면, 에테르와 알코올의 혼합액에 녹는 것)
- 질화도 10.18~12.76%

- 제조법

천연셀룰로오스를 진한 황산과 진한 질산의 혼산으로 에스터화 반응시켜 제조

$$4C_6H_{10}O_5 + 11HNO_3 \xrightarrow{C-H_2SO_4} C_{24}H_{29}O_9(NO_3)_{11} + 11H_2O$$

3) 저장 및 취급 방법

① 건조 시 자연발화의 위험이 큼

② 운반 및 저장 시 물과 알코올에 습윤시킴

   (습성제: 운반 시 물 20%, 알코올 30%를 첨가 습윤)

4) 소화 방법

다량의 물로 냉각소화

5) 용도

면화약, 콜로디온, 락카, 셀룰로이드 등

✔ **콜로디온**

질화도가 낮은 나이트로셀룰로오스를 에테르와 알코올(alcohol)의 혼합액에 녹인 것

2. 나이트로글리세린($C_3H_5(ONO_2)_3$): NG ✄

1) 일반적 성질

① 상온에서 무색, 투명한 기름의 액체지만 겨울에는 동결한다.

② 혓바닥을 찌르는 듯한 단맛이 있음

③ 물에는 녹지 않고 메틸알코올, 에틸알코올, 벤젠, 아세톤 등에 녹는다.

2) 위험성

① 가열, 충격, 마찰에 매우 민감하며 연소 시 다량의 가스를 발생함

② 강산류와 혼합 시 자연분해를 일으키고 폭발함

③ 산의 존재하에서 분해가 촉진되고 폭발할 수도 있다.

Check! Point

- 분해 반응식

$$4C_3H_5(ONO_2)_3 \rightarrow \underline{12CO_2\uparrow + 10H_2O\uparrow + 6N_2\uparrow + O_2\uparrow}$$

다량의 가스발생

3) 저장 및 취급 방법

① 다공성 물질(톱밥, 소맥분, 전분 등)에 흡수시켜 운반할 것

② 구리제 용기에 저장

③ 통풍과 환기가 잘되는 찬 곳에 저장한다.

4) 소화 방법

다량의 물로 냉각소화

5) 용도

다이너마이트제조, 무연화약

3. 질산메틸(CH_3ONO_2)

1) 일반적 성질

① 무색, 투명한 액체로 물에 약간 녹음

② 마취성이 있으며 유독하다.

③ 인화점 15℃, 로켓추진제로 사용한다.

2) 소화 방법

다량의 물로 냉각소화

4. 질산에틸($C_2H_5ONO_2$)

1) 일반적 성질

① 무색, 투명한 액체이며 단맛이 있음

② 알코올에 잘 녹으며 인화되기 쉽다.

③ 단독폭발은 하지 않지만, 아질산과 함께 있으면 폭발함

④ 방향성이 있으며 인화점(−10℃)이 낮다.

⑤ 제4류 위험물 제1 석유류와 같은 위험성을 가짐

2) 소화 방법

다량의 물로 냉각소화

📖

✔ **나이트로화합물**

유기화합물의 알킬기 또는 페
닐기 등의 탄소 원자에 나이트
로기(NO_2)가 결합한 형태로서
위험물 안전관리법상 나이트
로기(NO_2)가 2개 이상인 화합
물을 말한다.

5▶ ④ 나이트로화합물

1. 트리나이트로 톨루엔(TNT): $C_6H_2CH_3(NO_2)_3$

① 분자량 227, 융점 81℃, 비점 280℃, 발화점 300℃

$$\text{NO}_2 \quad \begin{matrix} \text{CH}_3 \\ \end{matrix} \quad \text{NO}_2$$

$$\text{NO}_2$$

▲ 구조식

② 제조법

$$C_6H_5CH_3 + 3HNO_3 \xrightarrow{C-H_2SO_4} C_6H_2CH_3(NO_2)_3 + 3H_2O$$

$$\begin{matrix} \text{CH}_3 \end{matrix} + 3HNO_3 \xrightarrow{C-H_2SO_4} \begin{matrix} \text{CH}_3 \\ \text{NO}_2 \quad \text{NO}_2 \\ \text{NO}_2 \end{matrix} + 3\,H_2O$$

Check! 👉 **Point**

■ TNT 폭발 반응식 $2C_6H_2CH_3(NO_2)_3 \rightarrow 12CO + 2C + 3N_2 + 5H_2$

1) 일반적 성질

① 담황색으로 햇빛을 쪼이면 다갈색으로 변화됨
② 충격강도는 피크린산 보다 둔감하지만 급격한 타격을 주면 폭발함
③ 강력한 폭약이며 가끔 폭발력의 기준이 된다.
④ 물에 녹지 않고 알코올, 벤젠, 아세톤 녹는다.
⑤ 중금속이나 습기와 반응하지 않으며 자연발화의 위험은 없다.

2) 위험성

① 산화되기 쉬운 물질과 공존하면 타격 등에 의하여 폭발
② 폭발력이 대단하여 피해 범위도 넓어 위험하다.

3) 소화 방법

대량의 물로 주수 소화한다.

4) 용도

병기 및 다이너마이트, 질산폭약제

2. 피크린산, 트리나이트로 페놀(TNP): $(C_6H_2(NO_2)_3OH)$ ✦

① 분자량 229, 비중 1.8, 융점 122.5℃, 발화점 300℃

▲ 구조식

② 제법

$$C_6H_5OH + 3HNO_3 \xrightarrow{C-H_2SO_4} C_6H_2(OH)(NO_2)_3 + 3H_2O$$

Check! Point

■ **피크린산의 폭발 반응식** $2C_6H_2(OH)(NO_2)_3 \rightarrow 4CO_2 + 6CO + 3N_2 + 3H_2 + 2C$

1) 일반적 성질

① 휘황색의 편편한 침상결정으로 쓴맛과 독성이 있음

② 찬물에 적게 녹고 에테르, 알코올, 벤젠, 더운물에 잘 용해됨

③ 공기 중에서 자연분해하지 않으며 물에 전리하여 강한 산이 된다.

④ 금속과 반응하여 수소를 발생하고, Fe, Pb, Cu와 반응하여 피크린산염을 형성함

2) 위험성

① 단독으로는 타격마찰 등에 둔감하고 탈 때 검은 연기를 내고 타지만 폭발은 하지 못한다.

② 금속염은 대단히 위험하며 요오드, 가솔린, 알코올, 황 등과 혼합한 것은 마찰·타격에 의하여 심하게 폭발한다.

3) 소화 방법

대량의 주수소화

4) 용도

화약, 불꽃놀이

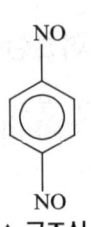
▲ 구조식

5▶ ⑤ 나이트로소화합물

1. 파라나이트로소 벤젠

1) 일반적 성질

① 황갈색 분말

② 소분 저장하고 파라핀을 안정제로 사용

③ 가열 충격에 의해서 폭발하고 폭발력은 강하지 않다.

2) 소화 방법

다량의 주소소화

3) 용도

고무가황제

2. 다이나이트로소 레조르신($C_6H_2(OH)_2(NO)_2$)

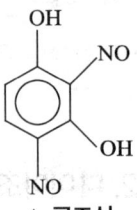
▲ 구조식

1) 일반적 성질

① 회흑색 결정으로 폭발성이 있다.

② 목면의 나염

2) 기타

파라나이트로소 벤젠에 준한다.

5▶ ⑥ 아조화합물

1. 아조다이카본아마이드

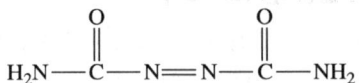

▲ 구조식

담황색 또는 황색 분말 무독성, 발포제로 이용

2. 아조벤젠

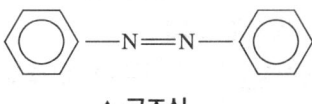

▲ 구조식

3. 다이아조아미노벤젠

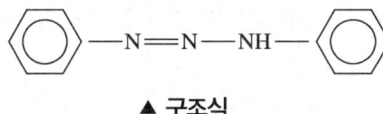

▲ 구조식

5▶ ⑦ 다이아조화합물

1. 염화벤젠다이아조늄

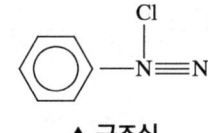

▲ 구조식

2. 다이아조사이클로펜타디엔

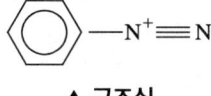

▲ 구조식

5▶ ⑧ 하이드라진 유도체류

1. 염산하이드라진(N_2H_4HCl)

• 일반적 성질

　① 백색 결정성 분말로 물에 녹기 쉽다.

　② 피부와 접촉 시 부식성이 강하다.

☑ 다이아조화합물

다이아조기($-N^+\equiv N$)
를 가진 화합물

☑ 하이드라진 유도체류

인화점에 따라 제4류 위험물
로 분류됨

2. 다이메틸하이드라진((CH_3)$_2NHN_2$)

① 인화점 −15℃, 발화점 249℃

② 암모니아 냄새가 나는 무색 또는 미황색의 기름상 액체

1) 위험성

① 연소 시 유독성의 질소산화물을 발생

② 강산화제, 강산류, 할로젠과 반응한다.

2) 소화 방법

분말, 알코올 포, 이산화탄소 등

3. 메틸하이드라진(CH_3NHNH_2)

인화점 70℃, 발화점 196℃

1) 위험성

다이메틸하이드라진에 준한다.

2) 소화 방법

대량 주소소화

CHAPTER

06 제6류 위험물

 **① 제6류 위험물**

1. 제6류 위험물의 분류 및 지정 수량

성질	위험등급	품명 및 품목	지정 수량
산화성 액체	I	과염소산	300kg
		과산화수소	300kg
		질산	300kg
		그밖에 행정안전부령이 정하는 것	300kg
		위의 하나에 해당하는 어느 하나 이상을 함유한 것	300kg

가. 과산화수소는 그 농도가 36wt% 이상인 것에 한한다.
나. 질산은 그 비중이 1.49 이상인 것에 한한다.

2. 제6류 위험물의 공통적 성질

① 물과 심하게 발열함
② 비중은 1보다 크고 물에는 잘 용해됨
③ 불연성, 부식성 및 유독성이 강한 액체임(강산화제)
④ 증기는 유독하며 피부와 접촉 시 점막을 부식시킴
⑤ 과산화수소를 제외하고는 분해 시 유독성가스를 발생한다.

3. 저장 및 취급 방법

① 내산성 용기에 보관할 것
② 용기의 밀전, 파손방지, 전도방지에 주의
③ 제2류, 제3류, 제4류, 제5류 기타 가연물과는 혼촉발화하므로 혼재하지 말 것
④ 가열에 의한 유독성 가스의 발생을 방지시킨다.

4. 소화 방법

① 마른모래, 건조 분말로 질식소화시킨다.
② 소량 화재 시만 다량의 물로 희석할 수 있다.

학습 POINT
제6류 위험물 종류 및 화학적 성질, 취급 및 저장법을 알 수 있다.

③ H_2O_2의 경우에는 양에 상관없이 다량의 물로 희석소화함.

④ 누출 시 마른모래나 흙으로 흡수하고, 약알칼리 중화제(소다회, 중탄산나트륨, 소석회 등)를 사용한다.

⑤ 화재진압 시 공기호흡기, 방호의, 고무장갑, 고무장화 등을 반드시 착용한다.

6▶ ❷ 질산: 지정 수량 300kg

1) 일반적 성질

① 자극성, 부식성, 휘발성이 강함

② 가연물 또는 유기물질과 혼합 시 발화함

③ Fe, Ni, Co, Al 등은 진한 질산과 반응하여 부동태화된다

④ 피부에 접촉 시 단백질과 반응하여 노란색의 크산토프로테인 반응을 함

2) 위험성

① 물과 반응 시 발열하고, 화재 시 유독성 산화물질을 발생함

② 목탄분, 톱밥, 솜뭉치 등에 스며들어 오래두면 자연발화함

③ 가연성 물질, 산화성 물질, 유기용제, 금속분, 카바이트, 사이안화합물, 황, 알칼리와 심하게 반응함

④ 셀룰로오스, 벤젠 등 방향족 화합물과 반응하여 폭발성의 질산에스터나 나이트로화합물을 만든다.

⑤ 가열 시 진한 적갈색 증기(NO_2)를 발생함

> 열분해 반응식 $4HNO_3 \rightarrow 4NO_2 + 2H_2O + O_2$

3) 저장 및 취급 방법

① 소량은 갈색 병에 넣어서 차고 어두운 곳에 보관한다.

② 가연성 물질과 접촉을 피한다.

4) 소화 방법

마른모래, 소석회, 소다회 사용, 공기호흡기 등 보호장구 착용

◉ 질산(HNO_3)

• 위험물안전관리법상 비중이 1.49 이상인 것에 한하며 산화성 액체의 성상이 있는 것으로 본다.

• 비중 1.49, 융점 -42℃, 비점 86℃

◉ 크산토프로테인 반응

단백질에 질산을 가하면 나이트로화 되어서 노란색으로 변하는데 단백질 검출에 이용한다.

◉ 부동태

Fe, Ni, Co, Al 등은 묽은 질산에는 녹지만, 진한 질산과 접하면 표면에 산화물의 피막을 만들어 그 내부를 보호하여 녹지 않게 된다. 이와 같이 금속이 산화물의 피막을 만든 상태를 부동태라 함

◉ 질산에 용해되지 않는 것

Pt, Au 등은 질산에 용해되지 않음

◉ 왕수

HCl과 HNO_3을 3:1의 부피비로 혼합한 용액. Pt, Au 등을 녹일 수 있음

☑ 과염소산(HClO₄)
- 비중: 1.76
- 융점: −112℃
- 비점: 39℃

1) 일반적 성질
① 무색, 무취의 유동성 액체로 흡습성, 휘발성이 강하다.
② Fe, Cu, Zn과는 격렬히 반응하여 산화물을 만든다.

2) 위험성
① 불안정한 강산으로 물과 반응 시 심하게 발열
② 사이안화물과 반응하여 HCN을 발생
③ 유기물, 다이에틸에터, 황산, 목탄분, 초산, 메틸알코올을 등과 심하게 반응한다.

> **강산의 세기** $HClO < HClO_2 < HClO_3 < HClO_4$

④ 산화력이 강하고 종이, 나뭇조각과 접촉하면 연소와 동시에 폭발한다.

3) 저장 및 취급 방법
① 유리 또는 도자기 밀폐용기에 넣어 저온에서 저장
② 환기가 좋은 저장소에 통풍이 잘되는 곳에 저장
③ 이송 시 젖지 않도록 하고, 일광이 쬐이지 않도록 한다.

4) 소화 방법
물 분무, 분말 등

4 과산화수소: 지정 수량 300kg

☑ 과산화수소(H₂O₂)
- 위험물안전관리법상 농도가 36wt% 이상으로 산화성 액체의 성상이 있는 것으로 본다.
- 분자량 34, 비점 152℃

1) 일반적 성질
① 연한 푸른색, 무취의 투명한 액체임
② 산화제, 환원제로 사용됨
③ 물, 알코올, 에테르에는 용해하기 쉬우나 석유 벤젠에는 불용성
④ 3% H_2O_2 수용액을 옥시풀(peroxide)이라 한다(소독약).
⑤ 시판품은 30~40% 수용액임

- **산화제** $2KI + H_2O_2 \rightarrow 2KOH + I_2$
- **환원제** $2KMnO_4 + 3H_2SO_4 + 5H_2O_2 \rightarrow K_2SO_4 + 2MnSO_4 + 8H_2O + 5O_2$
- **열분해**

$$2H_2O_2 \xrightarrow{MnO_2} 2H_2O + O_2 + Q$$

2) 위험성

① 알칼리, Ag, Pb, Pt 및 금속분말 등과 반응 · 분해 · 폭발함

② 농도가 60% 이상인 것은 충격에 의해 단독 폭발함

③ 열, 햇볕에 의하여 분해할 수 있어 갈색 용기에 저장할 것

④ 은, 백금 등의 금속분말 또는 산화물 등과 혼합하면 급격히 반응하여 산소를 방출하며 때로는 폭발 위험이 있다.

⑤ 분해 시 발생기에 산소(표백작용) 발생

$$2H_2O_2 \rightarrow 2H_2O + O_2$$

3) 저장 및 취급 방법

① 구멍 뚫린 마개를 사용하여 보관할 것

② 충격에 주의하여 환기가 잘되는 냉암소에 보관할 것

③ 인산(H_3PO_4), 요산($C_5H_4N_4O_3$), 요소, 글리세린 등의 안정제를 첨가함

④ 유리 용기(알칼리성)에 장기간 보존하지 말 것(H_2O_2 분해를 촉진 시킴)

- H_2O_2
  ① 저장 시 농도가 높을수록 불안정해진다.
  ② 온도가 높아질수록 분해 속도가 증가하여 비점 이하에서도 폭발한다.
  ③ 햇빛에 의해서도 쉽게 분해하여 산소를 방출하고, 용기가 파열하는 경우가 생긴다.

6▸⑤ 할로젠 간 화합물: 둘 이상의 할로젠 원소 간의 화합물

1. 염화티오닐($SOCl_2$)

① 비중: 1.68, m.p. : $-112℃$, b.p. : $39℃$

② 무색 또는 동황색의 투명한 액체, 벤젠, 클로로포름 사염화탄소에 용해

③ 물과 반응하여 염산과 아황산가스가 발생한다.

$$SOCl_2 + H_2O → 2HCl + SO_2$$

2. 염화술포닐(SO_2Cl_2)

① 비중: 1.695, b.p. : 69.1~69.2℃

② 무색, 투명한 액체로 공기 중에서 발열

③ 독성 및 부식성이 강해 피부에 닿으면 중화상을 입는다.

④ 이산화황에 염소를 넣고 장뇌를 촉매로 하여 햇볕을 쬐면 얻어진다.

⑤ 물을 가하면 분해하고 황산 및 염산으로 된다.

$$SO_2Cl_2 + 2H_2O → H_2SO_4 + 2HCl$$

6▸⑥ 기타

• 발연질산($HNO_3 + NO_2$)

① 무색 또는 적갈색의 액체로 부식성이 강하고 유독함

② 질산보다 산화력이 강하며 발연성으로 황갈색의 가스(NO_2)를 발생함

③ 진한 질산에 이산화질소를 과잉으로 녹인 무색 또는 적갈색의 발연성 액체

제조소 등 위치·구조 설비기준

학습 POINT

제조소 등에서 위험물을 저장 및 취급을 위해 필요한 위험물의 위치구조설비기준에 대하여 알 수 있다.

☑ 제조소 등 허가 및 신고에서 제외되는 경우

① 주택 난방시설(공동주택 중앙난방시설은 제외)을 위한 저장소 또는 취급소

② 농예·축산용 또는 수산용 난방·건조시설을 위한 지정 수량 20배 이하의 저장소

7▸ ① 제조소 등 ✗✗

1. 제조소 등

1) 위험물 제조소 등

제조시설, 취급시설, 저장시설을 말함

① 지정 수량 미만: 시·도 조례로 정함

② 지정 수량 이상: 제조소 등이나 저장소에서 취급

③ 적용제외: 항공기·선박·철도 및 궤도에 의한 위험물의 저장·취급 및 운반

④ 제조소 등 외 장소에서 지정 수량 이상의 위험물을 취급할 수 있는 경우

　㉠ 시·도의 조례가 정하는 바에 따라 관할소방서장의 승인

　㉡ 위험물 저장 기간: 90일 이내

Check! **Point**

▪ 벌칙. 1년 이하의 징역 또는 1천만 원 이하의 벌금

① 저장소나 제조소 등이 아닌 장소에서 지정 수량 이상의 위험물을 저장 또는 취급한 자

② 제조소 등의 설치허가를 받지 아니하고 제조소 등을 설치한 자

▪ 벌칙. 500만 원 이하의 벌금

① 규정에 따른 위험물의 저장 또는 취급에 관한 중요기준에 따르지 아니한 자

② 규정을 위반하여 변경 허가를 받지 아니하고 제조소 등을 변경한 자

---

2) 제조시설

1일 지정 수량 이상의 위험물을 제조하기 위한 일련의 시설(제조·취급 및 저장시설)

3) 저장시설

① 옥내저장소 – 옥내저장시설

② 옥외저장소 – 옥외저장시설

③ 옥내 탱크저장소 – 옥내 탱크저장시설

④ 지하 탱크저장소 – 지하 탱크저장시설

⑤ 간이 탱크저장소 – 간이 탱크저장시설

⑥ 이동 탱크저장소 – 이동 탱크저장시설

⑦ 옥외 탱크저장소 – 옥외 탱크저장시설

⑧ 지하암반저장소 – 지하암반저장시설

4) 취급시설 ✒

① 주유취급소　　② 판매취급소

③ 이송취급소　　④ 일반취급소

5) 제조소 등에서의 위험물의 저장 기준

① 규정에 의한 신고와 관련된 품명 외의 위험물 또는 이러한 허가 및 신고와 관련되는 수량 또는 지정 수량의 배수를 초과하는 위험물을 저장 또는 취급하지 말 것

② 함부로 화기를 사용하지 말 것

③ 관계자 외의 사람을 함부로 출입시키지 말 것

④ 항상 정리 및 청소를 실시하고 함부로 빈 상자 등 불필요한 물건을 두지 말 것

⑤ 집유설비 또는 유분리장치의 위험물은 넘치지 아니하도록 수시로 제거할 것

⑥ 위험물의 쓰레기, 찌꺼기 등은 1일에 1회 이상 당해 위험물의 성질에 따라 안전한 장소에서 폐기하거나 적당한 방법으로 처리할 것

⑦ 위험물을 저장 또는 취급하는 건축물 그 밖의 공작물 또는 설비는 당해 위험물의 성질에 따라 차광 또는 환기를 실시할 것

⑧ 위험물은 온도계, 습도계, 압력계 그 밖의 계기를 감시하여 당해 위험물의 성질에 맞는 적정한 온도, 습도 또는 압력을 유지하도록 저장 또는 취급할 것

⑨ 위험물을 저장 또는 취급하는 경우

　ㄱ 새어 넘치거나 비산하지 아니하도록 필요한 조치를 강구

　ㄴ 변질, 이물질의 혼입 등으로 위험성이 증대되지 아니하도록 필요한 조치를 강구할 것

⑩ 위험물이 남아 있거나 남아 있을 우려가 있는 설비, 기계 · 기구, 용기 등을 수리하는 경우에는 안전한 장소에서 위험물을 완전하게 제거한 후에 실시할 것

✔ 제조소 등 허가 · 변경 · 폐지

① 설치허가, 위치구조 또는 변경: 시 · 도지사

② 위험물의 품명 · 수량 또는 지정 수량의 배수 변경 : 변경하고자 하는 날의 7일 전까지 시 · 도지사에게 신고

③ 제조소 등의 폐지: 폐지한 날부터 14일 이내에 시 · 도지사에게 신고

⑪ 위험물을 용기에 수납하여 저장 또는 취급할 때

　㉠ 당해 위험물의 성질에 적응하고 파손·부식·균열 등이 없을 것

　㉡ 넘어뜨리거나 떨어뜨리는 등의 충격을 가하거나 난폭한 행위를 하지 말 것

⑫ 가연성의 액체·증기 또는 가스가 새거나 체류할 우려가 있는 장소 또는 가연성의 미분이 현저하게 부유할 우려가 있는 장소에서는 전선과 전기기구를 완전히 접속하고 불꽃을 발하는 기계·기구·공구·신발 등을 사용하지 말 것

⑬ 보호액 중에 보존하는 위험물은 보호액으로부터 노출되지 아니하도록 할 것

Check! Point

6) 제조소 등에서의 위험물의 취급기준

(1) 제조에 관한 기준

① **증류공정**: 취급설비의 내부압력 변동에 의하여 액체 또는 증기가 새지 않도록 할 것

② **추출공정**: 추출관의 내부압력이 비정상으로 상승하지 않도록 할 것

③ **건조공정**: 위험물의 온도가 국부적으로 상승하지 않는 방법으로 가열 또는 건조할 것

④ **분쇄공정**: 위험물의 분말이 현저하게 부유하고 있거나 위험물의 분말이 현저하게 기계·기구 등에 부착하고 있는 상태로 그 기계·기구를 취급하지 말 것

(2) 위험물의 취급 중 용기에 다시 채워 넣는 기준

방화상 안전한 장소에서 실시할 것

(3) 소비에 관한 기준

① **분사도장작업**: 방화상 유효한 격벽 등으로 구획된 안전한 장소에서 실시할 것

② **담금질 또는 열처리작업**: 위험물이 위험한 온도에 이르지 않도록 하여 실시할 것

③ 염색 또는 세척의 작업: 가연성 증기의 환기를 잘하고, 폐액을 함부로 방치하지 말고 안전하게 처리할 것

④ 버너를 사용하는 경우: 버너의 역화 방지와 위험물이 넘치지 않도록 할 것

(4) 폐기에 관한 기준

① 소각: 안전한 장소에서 감시원의 배치하에 연소 또는 폭발에 의하여 타인에게 위해나 손해를 미칠 우려가 없는 방법으로 실시

② 매몰: 위험물의 성질에 따라 안전한 장소에서 실시할 것

③ 바다, 강, 호수 등에 유출시키거나 투하금지

단, 다른 위해 또는 손해를 미칠 우려가 없을 때 또는 재해의 발생을 방지하기 위한 적당한 조치를 강구한 때에는 예외

7) 위험물안전관리자

(1) 위험물안전관리자 선임 및 조건

① 대통령령이 정하는 위험물의 취급에 관한 자격자를 선임

② 해임하거나 퇴직한 날부터 30일 이내 선임

③ 선임 또는 해임하거나 퇴직 시 14일 이내에 소방본부장 또는 소방서장에게 신고

④ 안전관리 대리자(代理者) 대행 기간은 30일을 초과할 수 없다.

(2) 안전관리자 역할

① 작업자에게 안전관리에 관한 필요한 지시

② 위험물의 취급에 관한 안전관리와 감독

③ 제조소 등의 관계인과 종사자는 안전관리자의 의견을 존중하고 그 권고에 따를 것

④ 안전관리자 또는 안전관리대리자가 참여한 상태에서 위험물을 취급할 것

(3) 위험물안전관리자 자격

위험물 취급자격자의 구분		취급할 수 있는 위험물
1. 국가기술자격법에 의하여 위험물의 취급에 관한 자격을 취득한 자	위험물관리기능장	제1류~제6류 위험물의 모든 위험물
	위험물관리산업기사	제1류~제6류 위험물의 모든 위험물
	위험물관리기능사	제1류~제6류 위험물의 모든 위험물
2. 안전관리자 교육이수자(소방청장이 실시하는 안전관리자 교육을 이수한 자)		위험물 중 제4류 위험물
3. 소방공무원 경력자(소방공무원으로 근무한 경력이 3년 이상인 자)		위험물 중 제4류 위험물

- **벌칙. 500만 원 이하의 벌금**
  안전관리자를 선임하지 아니하지 않은 경우

- **과태료. 200만 원 이하의 과태료**
  안전관리자의 선임신고 · 해임신고 또는 퇴직신고를 기간 이내에 하지 아니하거나 허위로 한 자

2. 화재 예방규정

1) 제조소 등의 화재 예방규정

행정안전부령에 의한 화재 예방규정을 정하여 시 · 도지사에게 제출

2) 화재 예방규정을 정하여야 하는 제조소 등

대통령령이 정하는 제조소 등에 해당하는 제조소 등

① 지정 수량의 10배 이상의 위험물을 취급하는 제조소
② 지정 수량의 10배 이상의 위험물을 취급하는 일반취급소
③ 지정 수량의 100배 이상의 위험물을 저장하는 옥외저장소
④ 지정 수량의 150배 이상의 위험물을 저장하는 옥내저장소
⑤ 지정 수량의 200배 이상의 위험물을 저장하는 옥외 탱크저장소
⑥ 암반 탱크저장소
⑦ 이송취급소

3) 화재 예방규정 제외

지정 수량의 10배 이상의 위험물을 취급하는 일반취급소로 특수인화물을 제외한 제4류 위험물만을 지정 수량의 50배 이하로 취급하는 일반취급소(제1 석유류 · 알코올류의 취급량이 지정 수량의 10배 이하인 경우)로서 다음에 해당하는 것

① 보일러 · 버너 또는 이와 비슷한 것으로서 위험물을 소비하는 장치로 이루어진 일반취급소
② 위험물을 용기에 옮겨 담거나 차량에 고정된 탱크에 주입하는 일반취급소

- **벌칙. 500만 원 이하의 벌금**
  제조소 등의 사용 전 예방규정을 제출하지 않거나 예방규정 변경 명령을 위반한 자 또는 예방규정의 변경 명령을 위반하여 제조소 등을 설치한 자

4) 화재 예방규정 작성

① 위험물의 안전관리업무를 담당하는 자의 직무 및 조직에 관한 사항
② 자체소방대의 편성과 화학소방자동차의 배치에 관한 사항
③ 위험물의 안전에 관계된 작업에 종사하는 자에 대한 안전교육에 관한 사항
④ 위험물시설 · 소방시설 그 밖의 관련시설에 대한 점검 및 정비에 관한 사항 등

3. 자체소방대

1) 자체소방대 설치 대상 ✨

• 대통령이 정하는 제조소 등
① 제4류 위험물을 취급하는 제조소 또는 일반취급소
② 제4류 위험물로서 지정 수량의 3천 배 이상 저장 취급하는 제조소 등
③ 화학소방자동차 및 자체소방대원을 둘 것

2) 자체소방대설치 제외 대상

• 행정안전부령이 정하는 일반취급소
① 보일러, 버너 그 밖에 이와 유사한 장치로 위험물을 소비하는 일반취급소
② 이동저장 탱크 그 밖에 이와 유사한 것에 위험물을 주입하는 일반취급소
③ 용기에 위험물을 채우는 일반취급소
④ 유압장치, 윤활유순환장치 그 밖에 이와 유사한 장치로 위험물을 취급하는 일반취급소
⑤ 광산보안법의 적용을 받는 제조소 또는 일반취급소

3) 화학소방차 ✨

제조소 등 사업소	화학소방자동차	자체소방대원의 수
제4류 위험물 최대수량 – 지정 수량의 3천 배 이상 12만 배 미만	1대	5인
제4류 위험물 최대수량 – 지정 수량의 12만 배~24만 배	2대	10인
제4류 위험물 최대수량 – 지정 수량의 24만 배~48만 배 미만	3대	15인
제4류 위험물 최대수량 – 지정 수량의 48만 배 이상	4대	20인

◐ 화학소방자동차에 갖추어야 하는 소화능력 설비의 기준

화학소방자동차의 구분	소화능력 및 설비의 기준
포수용액 방사차	• 방사능력 2,000 l/min 이상 • 소화약액탱크 및 소화약액혼합장치를 비치할 것 • 약제 양: 10만 l 이상의 포수용액을 방사할 수 있는 양
분말 방사차	• 방사능력이 35kg/s 이상일 것 • 분말탱크 및 가압용가스설비를 비치할 것 • 1,400kg 이상의 분말을 비치할 것
할로젠화합물 방사차	• 방사능력이 40kg/s 이상일 것 • 할로젠화합물탱크 및 가압용가스설비를 비치할 것 • 1,000kg 이상의 할로젠화합물을 비치할 것
이산화탄소 방사차	• 방사능력 40kg/s 이상 • 이산화탄소저장 용기를 비치할 것 • 3,000kg 이상의 이산화탄소를 비치할 것
제독차	가성 소오다 및 규조토를 각각 50kg 이상 비치할 것

4. 위험물 운송기준

• **운송책임자의 감독 · 지원을 받아 운송하는 위험물** ✄

① 알킬알루미늄

② 알킬리튬

③ 알킬알루미늄이나 알킬리튬을 함유하는 위험물

5. 정기점검대상

1) 정기점검대상 제조소 등

① 지정 수량의 10배 이상의 위험물을 취급하는 제조소

② 지정 수량의 100배 이상의 위험물을 저장하는 옥외저장소

③ 지정 수량의 150배 이상의 위험물을 저장하는 옥내저장소

④ 지정 수량의 200배 이상의 위험물을 저장하는 옥외 탱크저장소

⑤ 암반 탱크저장소

⑥ 이송취급소

⑦ 지하 탱크저장소

⑧ 이동 탱크저장소

⑨ 위험물을 취급하는 탱크로서 지하에 매설된 탱크가 있는 제조소 · 주유취급소 또는 일반취급소

⑩ 액체위험물을 저장 또는 취급하는 100만 l 이상의 옥외 탱크저장소를 말한다.

2) 특정 옥외 탱크저장소 정기점검 및 위험물의 저장관리

특정 옥외 탱크저장소(액체위험물의 최대수량이 100만 ℓ 이상)는 정기 점검 외에 구조안전점검을 실시한다.

① 탱크 내부의 부식을 방지하기 위한 코팅[유리입자(글래스플레이크) 코팅 또는 유리섬유강화플라스틱 라이닝에 한한다]

② 탱크의 에뉼러판 및 밑판 외면의 부식을 방지하는 조치

③ 탱크의 에뉼러판 및 밑판의 두께가 적정하도록 하는 조치

④ 탱크의 구조상의 영향을 줄 우려가 있는 보수를 하지 않거나 변형이 없게 하는 조치

⑤ 현저한 부등침하가 없도록 하는 조치

⑥ 지반은 충분한 지지력과 침하에 대하여 충분한 안전성을 확보하는 조치

⑦ 부식에 영향을 주는 물이나 부식성이 있는 위험물을 저장하지 않도록 조치

⑧ 부식 발생에 영향을 미치는 저장조건의 변경을 하지 않도록 하는 조치

⑨ 탱크의 에뉼러판 및 밑판의 부식율이 연간 0.05밀리미터 이하일 것

3) 탱크시험자 등록신고

(1) 등록신고: 시 · 도지사

(2) 제출서류

① 법인등기부등본

② 기술능력자 연명부 및 기술자격증

③ 안전성능 시험장비의 명세서

④ 보유장비 및 시험방법

⑤ 방사성 동위원소 이동 사용허가증 사본

4) 정기점검 횟수

연 1회 이상 정기점검을 실시

6. 제조소 ✦✦✦

1) 제조소 안전거리 ✦

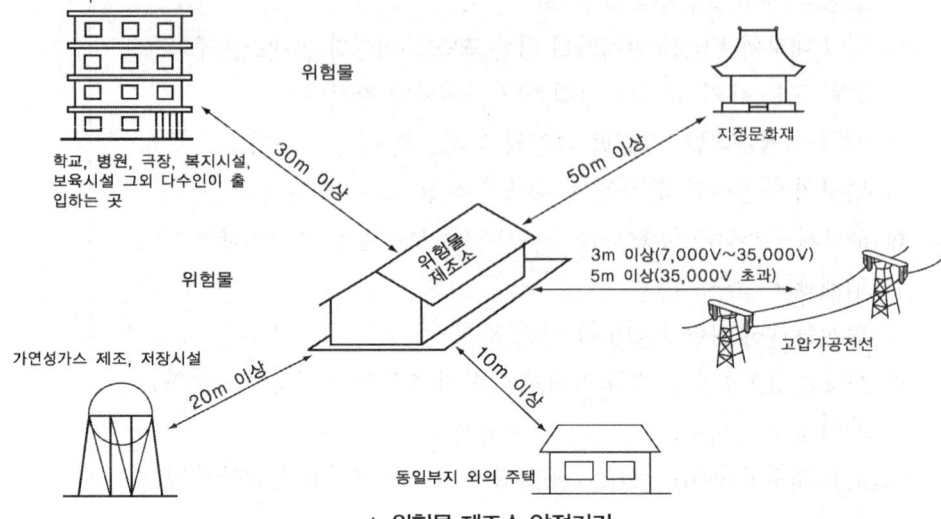

위험물

학교, 병원, 극장, 복지시설, 보육시설 그외 다수인이 출입하는 곳

30m 이상

위험물

가연성가스 제조, 저장시설

20m 이상

위험물 제조소

50m 이상

지정문화재

3m 이상(7,000V~35,000V)
5m 이상(35,000V 초과)

고압가공전선

10m 이상

동일부지 외의 주택

▲ 위험물 제조소 안전거리

① 건축물 그 밖의 공작물(주거용)로 사용되는 것: 10m 이상

② 학교 · 병원 · 극장 등 다수를 수용하는 시설: 30m 이상

③ 유형문화재와 기념물 중 지정문화재: 50m 이상

④ 고압가스, 액화석유가스 또는 도시가스를 저장 또는 취급하는 시설
: 20m 이상

⑤ 사용전압이 7,000V 초과 35,000V 이하의 특고압 가공전선: 3m 이상

⑥ 사용전압이 35,000V를 초과하는 특고압 가공전선: 5m 이상

2) 보유공지 ✦

(1) 위험물을 취급하는 건축물 그 밖의 시설 주위

취급하는 위험물의 최대수량	공지의 너비
지정 수량의 10배 이하	3m 이상
지정 수량의 10배 초과	5m 이상

(2) 보유공지 제외 대상

① 방화벽은 내화구조로 할 것(단, 제6류 위험물은 불연재료로 가능)

② 방화벽에 설치하는 출입구 및 창 등의 개구부는 가능한 한 최소로
하고, 출입구 및 창에는 자동폐쇄식의 60분 + 방화문 · 60분 방화
문을 설치할 것

③ 방화벽의 양단 및 상단이 외벽 또는 지붕으로부터 50cm 이상 돌출
하도록 할 것

3) 표지 및 게시판

(1) 표지판

"위험물 제조소"라는 표지를 설치

① 한 변의 길이가 0.3m 이상, 다른 한 변의 길이가 0.6m 이상인 직사각형

② 색상: 바탕은 백색, 문자는 흑색

(2) 게시판

한 변의 길이가 0.3m 이상, 다른 한 변의 길이가 0.6m 이상의 직사각형

① 기재사항

    ㉠ 위험물의 유별 · 품명

    ㉡ 저장최대수량 또는 취급최대수량

    ㉢ 지정 수량의 배수 및 안전관리자의 성명 또는 직명

② 색상: 바탕은 백색, 문자는 흑색

③ 위험물에 따른 주의사항 게시판

    ㉠ 제1류 위험물 중 알칼리금속의 과산화물과 이를 함유한 것 또는 제3류 위험물 중 금수성 물품: "물기엄금"

    ㉡ 제2류 위험물(인화성 고체 제외): "화기주의"

    ㉢ 제2류 위험물 중 인화성 고체, 제3류 위험물 중 자연발화성 물품, 제4류 위험물 또는 제5류 위험물 "화기엄금"

④ 게시판 색상

    ㉠ "물기엄금"(청색 바탕에 백색 문자)

    ㉡ "화기주의" 또는 "화기엄금"(적색 바탕에 백색 문자)

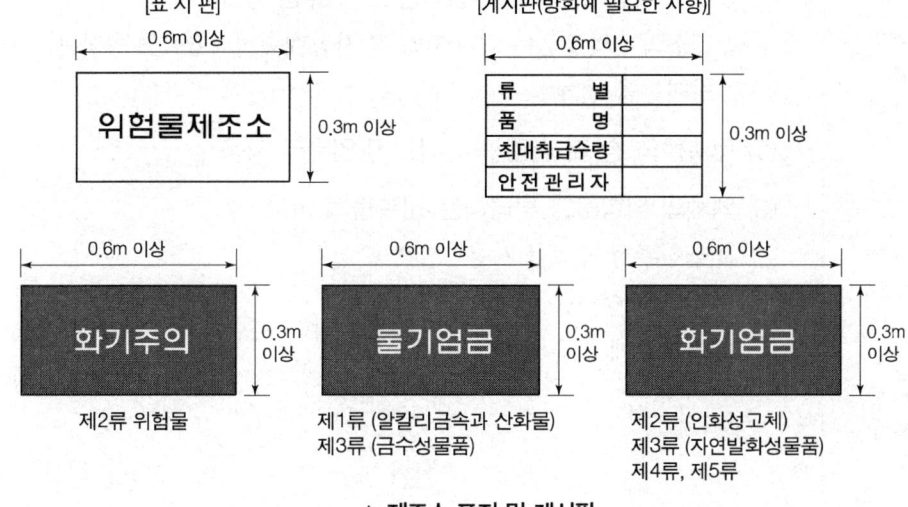

▲ 제조소 표지 및 게시판

4) 제조소 건축물 ✦

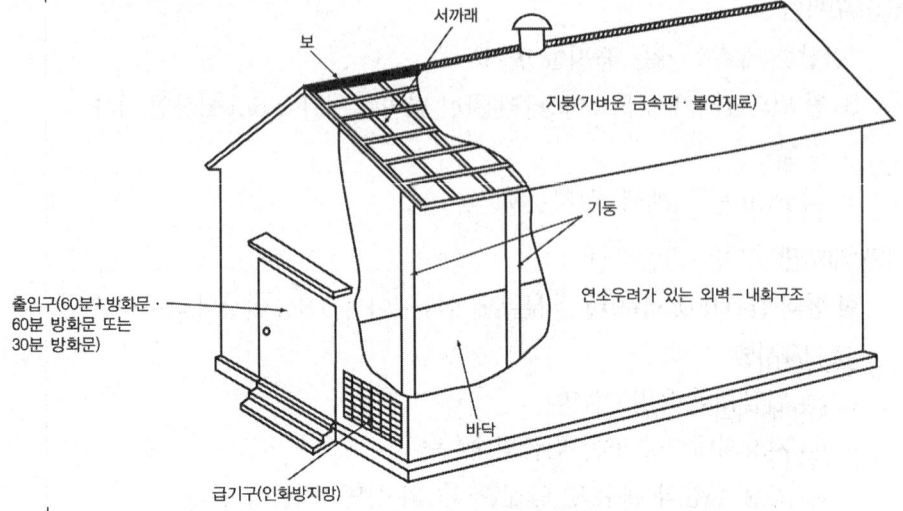

서까래
보
지붕(가벼운 금속판 · 불연재료)
기둥
연소우려가 있는 외벽 – 내화구조
출입구(60분+방화문 · 60분 방화문 또는 30분 방화문)
바닥
급기구(인화방지망)

▲ 제조소 건축물의 구조

(1) 지하층이 없을 것

(2) 건축물

① 벽 · 기둥 · 바닥 · 보 · 서까래 및 계단: 불연재료

② 연소의 우려가 있는 외벽: 개구부가 없는 내화구조의 벽

③ 제6류 위험물을 취급하는 건축물: 아스팔트 또는 부식되지 않는 재료로 피복

(3) 지붕: 가벼운 불연재료

(4) 출입구와 비상구

① 60분 + 방화문 · 60분 방화문 또는 30분 방화문

② 연소의 우려가 있는 외벽 출입구: 자동폐쇄식의 60분+방화문 · 60분 방화문을 설치

(5) 건축물의 창 및 출입구 유리는 망입유리 사용

(6) 액체의 위험물을 취급하는 건축물의 바닥

① 불침투성 재료를 사용

② 적당한 경사를 둘 것

③ 최저부에 집유설비를 설치

✅ 60분 + 방화문

연기 및 불꽃을 차단할 수 있는 시간이 60분 이상, 열을 차단할 수 있는 시간이 30분 이상인 방화문

✅ 60분 방화문

연기 및 불꽃을 차단할 수 있는 시간이 60분 이상인 방화문

✅ 30분 방화문

연기 및 불꽃을 차단할 수 있는 시간이 30분 이상 60분 미만인 방화문

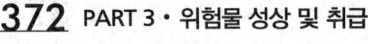

5) 채광 · 조명 및 환기설비

(1) 채광설비

① 불연재료를 사용, 채광면적을 최소

② 연소의 우려가 없는 장소에 설치

(2) 조명설비

① 조명: 방폭조명등

② 전선: 내화 · 내열전선

③ 점멸스위치: 출입구 바깥 부분에 설치

(3) 환기설비

① 자연배기방식

② 급기구

   ㉠ 면적: 바닥면적 $150m^2$마다 1개 이상

   ㉡ 급기구 크기: $800cm^2$ 이상으로 할 것

③ 급기구 위치: 낮은 곳에 설치, 가는 눈의 구리망 등으로 인화방지망을 설치

④ 환기구: 지붕 위 또는 지상 2m 이상의 높이(회전식 고정 벤츄레이터 또는 루푸팬 방식으로 설치)

Check! Point

■ **바닥면적이 $150m^2$ 미만인 경우**

바닥면적	급기구의 면적
$60m^2$ 미만	$150cm^2$ 이상
$60m^2$ 이상 $90m^2$ 미만	$300cm^2$ 이상
$90m^2$ 이상 $120m^2$ 미만	$450cm^2$ 이상
$120m^2$ 이상 $150m^2$ 미만	$600cm^2$ 이상

6) 배출설비

가연성의 증기 또는 미분이 체류할 우려가 있는 건축물에 설치

(1) 배출설비

① 국소방식: 배출능력은 1시간당 배출장소 용적의 20배 이상

② 전역방식: 바닥면적 $1m^2$당 $18m^3$ 이상

③ 배출설비: 강제적으로 배출(배풍기 · 배출 덕트 · 후드 등 이용)

(2) 급기구 및 배출구 기준

　① 급기구 위치: 높은 곳에 설치, 가는 눈의 구리망 등으로 인화방지망을 설치

　② 배출구

　　㉠ 높이: 지상 2m 이상

　　㉡ 배출 덕트가 관통하는 벽 부분: 자동으로 폐쇄되는 방화 댐퍼를 설치

(3) 배풍기: 강제배기방식

7) 옥외설비의 바닥 ✄

액체위험물을 취급하는 설비 기준

　① 높이 0.15m 이상의 턱을 설치(위험물이 외부로 유출방지)

　② 콘크리트 등 불침투성 재료를 사용할 것

　③ 최저부에 집유설비를 설치

　④ 집유설비에 유분리장치를 설치(20℃의 물 100g에 용해되는 양이 1g 미만인 것에 한함)

8) 위험물 제조소의 취급탱크 방유제

(1) 옥외에 있는 액체위험물 취급탱크 방유제 용량(CS_2 제외)

　① 취급탱크 1기: 당해 탱크 용량의 50% 이상

　② 취급탱크 2기 이상: 탱크 중 용량이 최대인 것의 50%+나머지 탱크 용량 합계의 10%를 가산한 양 이상

(2) 옥내에 있는 위험물 취급탱크 방유턱

　① 용량: 탱크에 수납하는 양의 100% 수용할 수 있을 것

　② 방유턱 안에 2기 이상의 탱크가 있는 경우: 최대인 탱크의 양 이상을 수용할 수 있을 것

9) 피뢰설비

지정 수량의 10배 이상의 위험물을 취급하는 제조소(단, 제6류 위험물 제외)

10) 위험물의 성질에 따른 제조소의 특례 ✄

(1) 알킬알루미늄 등을 취급하는 제조소 취급설비

불활성기체를 봉입하는 장치를 갖출 것

(2) 아세트알데하이드 등을 취급하는 제조소 취급설비

　① 은·수은·동·마그네슘 또는 이들 합금으로 만들지 아니할 것

　② 불활성기체 또는 수증기를 봉입하는 장치를 갖출 것

　③ 취급하는 탱크

　　㉠ 불활성기체를 봉입하는 장치

　　㉡ 냉각 또는 저온 유지장치(2 이상 설치)

　　㉢ 비상전원을 갖출 것(냉각장치 고장 시 대비)

(3) 하이드록실아민 등을 취급하는 제조소

　① 제조소 외벽으로부터 안전거리

$$D = \frac{51.1 \cdot N}{3}$$

D : 거리(m)

N : 당해 제조소에서 취급하는 하이드록실아민 등의 지정 수량의 배수

　② 제조소의 주위에 설치하는 담 또는 토제(土堤) 설치기준

　　㉠ 제조소 외벽 또는 공작물의 외측으로부터 2m 이상 떨어진 장소에 설치할 것

　　㉡ 담 또는 토제의 높이는 하이드록실아민 등을 취급하는 부분의 높이 이상으로 할 것

　　㉢ 담은 두께

　　　• 15cm 이상의 철근콘크리트조·철골철근콘크리트조

　　　• 20cm 이상의 보강콘크리트블록조로 할 것

　　㉣ 토제의 경사면의 경사도는 60도 미만일 것

　③ 하이드록실아민 등을 취급하는 설비

　　㉠ 온도 및 농도의 상승에 의한 위험 방지조치를 강구할 것

　　㉡ 철이온 등의 혼입에 의한 위험 방지조치를 강구할 것

7▸ ② 옥외저장소

1. 안전거리: 제조소에 준한다.

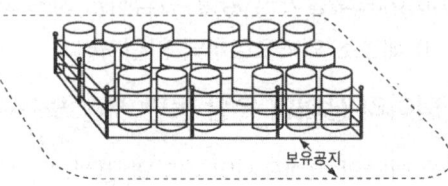

보유공지

▲ 옥외저장소

2. 옥외저장소 기준 및 보유공지

① 습기가 없고 배수가 잘되는 장소

② 위험물을 저장 또는 취급하는 장소에 경계표시를 할 것

③ 보유공지: 위험물의 최대수량에 의한 공지를 보유할 것

저장 또는 취급하는 위험물의 최대수량	공지의 너비
지정 수량의 10배 이하	3m 이상
지정 수량의 10배 초과 20배 이하	5m 이상
지정 수량의 20배 초과 50배 이하	9m 이상
지정 수량의 50배 초과 200배 이하	12m 이상
지정 수량의 200배 초과	15m 이상

Check!  **Point**

■ 제4류 위험물 중 제4 석유류와 제6류 위험물 옥외저장소
위 표의 공지의 너비의 3분의 1 이상의 너비로 할 수 있다.

3. 옥외저장소 선반 기준

① 불연재료

② 높이: 6m를 초과하지 말 것

③ 수납한 용기: 쉽게 낙하하지 않도록 할 것

4. 차광막 설치

1) 과산화수소 또는 과염소산
불연성 또는 난연성의 천막 등의 차광막을 설치할 것

2) 눈·비 등을 피하거나 차광 등을 위하여 옥외저장소에 캐노피 또는 지붕을 설치하는 경우
① 기둥은 내화구조
② 환기 및 소화활동에 지장을 주지 아니하는 구조
③ 캐노피 또는 지붕: 불연재료, 벽은 설치하지 말 것

5. 덩어리 상태의 유황 등만 저장 또는 취급기준
① 하나의 경계표시의 내부의 면적: $100m^2$ 이하
② 경계표시 내부의 면적을 합산한 면적: $1,000m^2$ 이하
③ 인접하는 경계표시 간의 간격: 공지의 너비의 2분의 1 이상
④ 경계표시의 높이: 1.5m 이하로 할 것
⑤ 유황 등을 저장 또는 취급하는 장소의 주위: 배수구와 분리장치를 설치할 것

6. 저장 기준

1) 옥외저장소에 저장 가능한 위험물
① 제2류 위험물 중 유황 또는 인화성 고체(인화점이 0℃ 이상인 것)
② 제4류 위험물 중 제1 석유류(인화점이 0℃ 이상인 것)
③ 알코올류
④ 제2 석유류·제3 석유류·제4 석유류 및 동식물유류
⑤ 제6류 위험물

2) 저장 불가능한 위험물
① 저인화점 위험물   ② 이연성 위험물   ③ 금수성 위험물

7. 고인화점 위험물만을 저장 또는 취급하는 옥외저장소의 보유공지

저장 또는 취급하는 위험물의 최대수량	공지의 너비
지정 수량의 50배 이하	3m 이상
지정 수량의 50배 초과 200배 이하	6m 이상
지정 수량의 200배 초과	10m 이상

◆ 고인화점 위험물
인화점이 100℃ 이상인 위험물

8. 인화성 고체, 제1 석유류 또는 알코올류의 옥외저장소

1) 인화성 고체(인화점이 21℃ 미만)

2) 제1 석유류 또는 알코올류 기준

① 온도 유지를 위한 살수설비 설치

② 배수구 및 집유설비를 설치

③ 제1 석유류 중 비수용성 위험물(20℃의 물 100g에 용해되는 양이 1g 미만인 것)을 저장 또는 취급하는 장소에는 집유설비에 유분리장치를 설치한다.

7▶ ❸ 옥내저장소

1. 옥내저장소

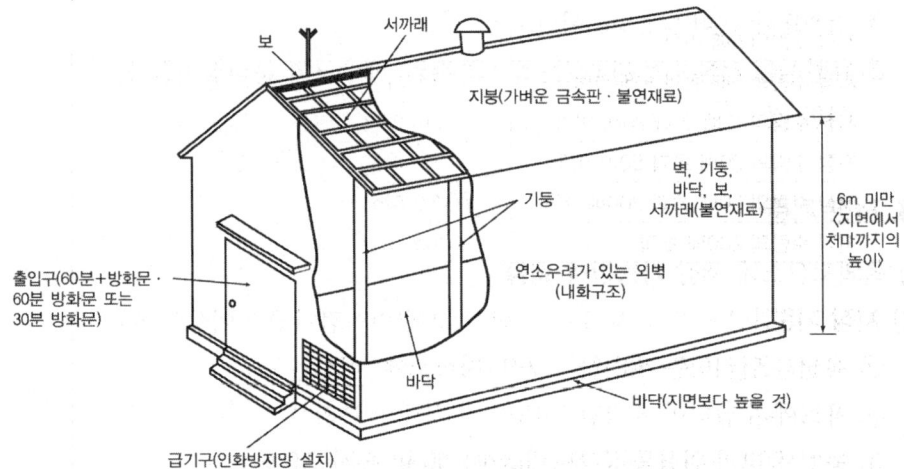

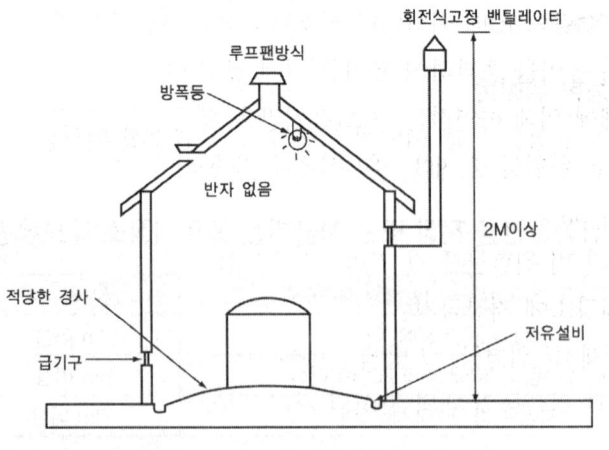

▲ 옥내저장소의 구조

1) 옥내저장소의 기준

- 안전거리를 두지 않아도 되는 경우
  ① 지정 수량의 20배 미만인 제4 석유류 또는 동식물유류
  ② 제6류 위험물
  ③ 지정 수량의 20배(바닥면적이 $150m^2$ 이하는 50배) 이하의 위험물을 저장 또는 취급하는 옥내저장소로서 아래 기준에 적합한 곳
     ㉠ 저장창고의 벽 · 기둥 · 바닥 · 보 및 지붕 – 내화구조일 것
     ㉡ 저장창고의 출입구 – 자동폐쇄방식의 60분 + 방화문 또는 60분 방화문이 설치되어 있을 것
     ㉢ 저장창고 – 무창층일 것

2) 보유공지 ✦

저장 또는 취급하는 위험물의 최대수량	공지의 너비	
	벽 · 기둥 및 바닥이 내화구조로 된 건축물	그 밖의 건축물
지정 수량의 5배 이하	–	0.5m 이상
지정 수량의 5배 초과 10배 이하	1m 이상	1.5m 이상
지정 수량의 10배 초과 20배 이하	2m 이상	3m 이상
지정 수량의 20배 초과 50배 이하	3m 이상	5m 이상
지정 수량의 50배 초과 200배 이하	5m 이상	10m 이상
지정 수량의 200배 초과	10m 이상	15m 이상

❷ 지정 수량의 20배를 초과하는 동일 부지 내 옥내저장소 간의 사이

공지의 너비의 3분의 1(3m 미만은 3m)의 공지를 보유할 수 있다.

3) 저장 기준

① 유별을 달리하는 위험물 – 동일 저장소에 저장금지
② 용기에 수납하여 저장할 것(덩어리 상태의 유황은 제외)
③ 동일 품명의 위험물 중 자연발화나 재해가 발생 될 수 있는 위험물
   - 지정 수량의 10배 이하마다 상호간 0.3m 이상의 거리를 둘 것
④ 저장 시 높이를 초과하여 용기를 겹쳐 쌓지 말 것
   ㉠ 기계에 의해 하역하는 구조(용기만을 겹쳐 쌓는 경우): 6m
   ㉡ 제4류 위험물 중 제3, 제4 석유류 및 동식물유류: 4m
   ㉢ 기타 3m
⑤ 위험물과 비 위험물품 간 거리 – 1m 이상
⑥ 동일 저장소에 저장금지
   - 황린(제3류 위험물) 그 밖에 물속에 저장하는 물품과 금수성 물품
⑦ 위험물과 건축물의 내벽 사이의 거리 – 0.5m

- 유별은 다르지만, 혼재가 가능한 위험물
  ① 서로 1m 이상의 간격을 두는 경우
  ② 제1류 위험물(알칼리금속의 과산화물 또는 이를 함유한 것 제외)과 제5류 위험물
  ③ 제1류 위험물과 제6류 위험물
  ④ 제1류 위험물과 제3류 위험물 중 자연발화성 물질(황린 또는 이를 함유한 것)
  ⑤ 제2류 위험물 중 인화성 고체와 제4류 위험물
  ⑥ 제3류 위험물 중 알킬알루미늄 등과 제4류 위험물(알킬알루미늄 또는 알킬리튬을 함유한 것)
  ⑦ 제4류 위험물 중 유기과산화물(또는 이를 함유하는 것)과 제5류 위험물 중 유기과산화물 또는 이를 함유한 것

4) 옥내저장소 표지 및 게시판

(1) 표지 및 게시판

① 한 변의 길이가 0.3m 이상, 다른 한 변의 길이가 0.6m 이상인 직사각형
② 바탕은 백색으로 문자는 흑색일 것

(2) 게시판에 기재사항

① 위험물의 유별 · 품명
② 저장최대수량 또는 취급최대수량
③ 지정 수량의 배수
④ 안전관리자의 성명 또는 직명

5) 저장창고

(1) 기준

① 지면에서 처마까지의 높이가 6m 미만인 단층 건물일 것
② 바닥을 지반면보다 높게 한다.
③ 벽 · 기둥 및 바닥 – 내화구조, 보와 서까래 – 불연재료
④ 지붕: 가벼운 불연재료, 반자를 만들지 말 것

- 제2류 또는 제4류 위험물을 저장하는 창고를 20m 이하로 할 수 있는 경우
  ① 벽 · 기둥 · 보 및 바닥을 내화구조로 할 것
  ② 출입구에 60분 + 방화문 또는 60분 방화문을 설치할 것
  ③ 피뢰침을 설치할 것(제6류는 제외)

• 제2류 위험물 · 제6류 위험물 저장창고 – 지붕을 내화구조
• 제5류 위험물 저장창고 – 난연재료 또는 불연재료로 된 반자를 설치

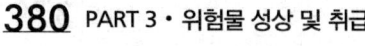

⑤ 출입구 – 60분 + 방화문 · 60분 방화문 또는 30분 방화문 설치
   (연소 우려가 있는 외벽 출입구 – 자동폐쇄식의 60분 + 방화문 또는
   60분 방화문을 설치)
⑥ 창 또는 출입구 – 유리는 망입유리로 할 것

Check! **Point**

- **위험물에 따른 옥내저장소 바닥 기준**
  • 물이 스며 나오거나 스며들지 아니하는 구조로 해야 하는 위험물
    ㉠ 제1류 위험물 – 알칼리금속의 과산화물
    ㉡ 제2류 위험물 – 철분 · 금속분 · 마그네슘
    ㉢ 제3류 위험물 – 금수성 물품
    ㉣ 제4류 위험물

---

⑦ 수납장 – 불연재료
⑧ 제5류 위험물(셀룰로이드 등과 같이 분해 · 발화할 위험성)
  • 비상전원을 갖춘 통풍장치 또는 냉방장치 등의 설비를 2 이상 설치

(2) 저장창고의 바닥면적

① 다음의 위험물을 저장하는 창고 – 1,000m²
   ㉠ 제1류 위험물 중 Ⅰ등급(아염소산염류, 염소산염류, 과염소산염
      류, 무기과산화물 기타 지정 수량이 50kg인 것)
   ㉡ 제3류 위험물 Ⅰ등급(칼륨, 나트륨, 알킬알루미늄, 알킬리튬 기
      타 지정 수량이 10kg인 위험물 및 황린)
   ㉢ 제4류 위험물 Ⅰ, Ⅱ등급(특수인화물, 제1 석유류 및 알코올류)
   ㉣ 제5류 위험물 Ⅰ등급(유기과산화물, 질산에스터류 기타 지정 수
      량이 10kg인 위험물)
   ㉤ 제6류 위험물
② Ⅰ등급 위험물 외의(제4 석유류, 제1 석유류 및 알코올류 제외) 위험
   물을 저장하는 창고 – 2,000m²
③ Ⅰ, Ⅱ등급 이외의 위험물을 내화구조의 격벽으로 완전히 구획된 실
   에 각각 저장하는 창고 – 1,500m²
   [Ⅰ등급 위험물을 저장하는 실의 면적 – 500m²를 초과할 수 없다.]

2. 지정과산화물 옥내저장소 기준

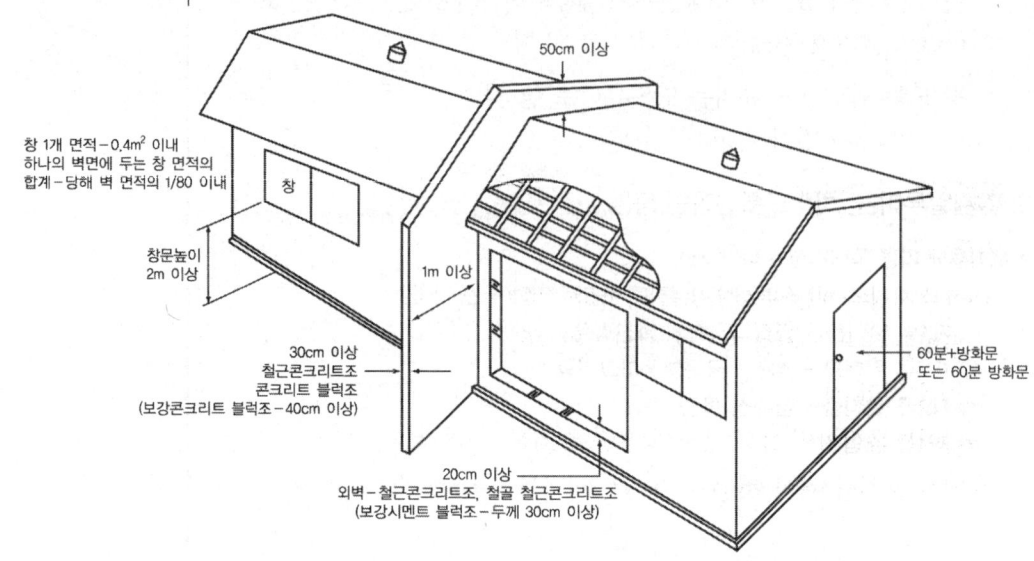

창 1개 면적−0.4m² 이내
하나의 벽면에 두는 창 면적의
합계−당해 벽 면적의 1/80 이내

창

창문높이
2m 이상

50cm 이상

1m 이상

30cm 이상
철근콘크리트조
콘크리트 블럭조
(보강콘크리트 블럭조−40cm 이상)

20cm 이상
외벽−철근콘크리트조, 철골 철근콘크리트조
(보강시멘트 블럭조−두께 30cm 이상)

60분+방화문
또는 60분 방화문

▲ 지정과산화물 옥내저장소

1) 격벽

바닥면적 150m² 이내마다 격벽으로 완전하게 구획할 것

① 외벽으로부터 1m 이상, 상부의 지붕으로부터 50cm 이상 돌출

② 철근콘크리트조 또는 철골철근콘크리트조 − 두께 30cm 이상

③ 두께 40cm 이상 − 보강콘크리트블록조

2) 저장창고의 외벽

① 두께 20cm 이상의 철근콘크리트조나 철골칠근콘크리트조

② 두께 30cm 이상의 보강시멘트블록조로 할 것

3) 저장창고의 지붕

① 중도리 또는 서까래의 간격 − 30cm 이하

② 지붕의 아래쪽 면에는 한 변의 길이가 45cm 이하의 환강(丸鋼) · 경량형강(輕量型鋼) 등으로 된 강제(鋼製)의 격자를 설치할 것

③ 지붕의 아래쪽 면에 철망을 쳐서 불연재료의 도리 · 보 또는 서까래에 단단히 결합할 것

④ 두께 5cm 이상, 너비 30cm 이상의 목재로 만든 받침대를 설치할 것

4) 저장창고의 출입구

60분 + 방화문 또는 60분 방화문을 설치

5) 저장창고의 창

① 바닥면으로부터 2m 이상의 높이

② 하나의 벽면에 두는 창의 면적의 합계: 당해 벽면의 면적의 80분의 1 이내

③ 하나의 창의 면적: 0.4m^2 이내

6) 알킬알루미늄, 하이드록실아민 등을 저장 또는 취급하는 옥내저장소에 기준

① 옥내저장소에는 누설범위를 국한하기 위한 설비 및 누설한 알킬알루미늄 등을 안전한 장소에 설치된 조(槽)로 끌어들일 수 있는 설비를 설치할 것

② 하이드록실아민 등의 온도의 상승에 의한 위험한 반응을 방지하기 위한 조치를 취할 것

7▶④ 옥외 탱크저장소 ✦✦✦

1. 옥외 탱크저장소 기준

1) 안전거리는 제조소에 준한다.

| 고정형(CRT) | 부동형(FRT, 부상형) | 구형 | 횡형 |

▲ 옥외저장 탱크의 종류

2) 보유공지 ✦

저장 또는 취급하는 위험물의 최대수량	공지의 너비
지정 수량의 500배 이하	3m 이상
지정 수량의 500배 초과 1,000배 이하	5m 이상
지정 수량의 1,000배 초과 2,000배 이하	9m 이상
지정 수량의 2,000배 초과 3,000배 이하	12m 이상
지정 수량의 3,000배 초과 4,000배 이하	15m 이상
지정 수량의 4,000배 초과	당해 탱크의 수평단면의 최대지름(횡형인 경우에는 긴 변)과 높이 중 큰 것과 같은 거리 이상. 다만, 30m 초과의 경우에는 30m 이상으로 할 수 있고, 15m 미만의 경우에는 15m 이상으로 하여야 한다.

(1) 위험물 옥외저장 탱크를 동일한 방유제 안에 2개 이상 인접하여 설치하는 경우(단, 제6류 위험물 제외, 지정 수량의 4,000배 초과 시 제외)
  ① 보유공지의 3분의 1 이상의 너비
  ② 최소보유공지의 너비는 3m 이상

(2) 제6류 위험물 옥외저장 탱크
  ① 보유공지의 3분의 1 이상의 너비
  ② 최소보유공지 너비: 1.5m 이상

(3) 제6류 위험물 옥외저장 탱크를 동일구내에 2개 이상 인접하여 설치하는 경우
  ① 보유공지 3분의 1 이상의 너비
  ② 보유공지의 너비: 1.5m 이상

Check! Point

■ 지정 수량의 4,000배를 초과하는 옥외저장 탱크
물 분무설비 설치 시 보유공지의 2분의 1 이상의 너비로 할 수 있는 기준 (탱크 1m²당 20kW 이상의 복사열에 표출되는 표면을 갖는 인접한 옥외저장 탱크)
① 탱크 표면에 방사하는 물의 양: 탱크의 높이 15m 이하마다, 원주 길이 1m당 분당 37l 이상일 것
② 수원은 20분 이상 방사할 수 있는 양 이상
③ 탱크의 높이가 15m를 초과 시는 5m 이하마다 분무 헤드를 설치

3) 표지 및 게시판
  ① "위험물 옥외 탱크저장소"라는 표지판을 설치
  ② 방화에 관하여 필요한 사항을 게시한 게시판을 설치

● 특정 옥외저장 탱크
액체위험물의 최대수량이 100만 l 이상의 것

● 준특정 옥외저장 탱크
액체위험물의 최대수량이 50만 l 이상 100만 l 미만의 것

▲ 위험물 옥외 탱크저장소 표지 및 게시판

4) 옥외저장 탱크의 외부구조 및 설비

(1) 탱크두께: 3.2mm 이상의 강철판

(2) 충수 및 수압시험

① 압력탱크 외의 탱크: 충수시험

② 압력탱크(최대상용압력이 대기압을 초과하는 탱크): 최대상용압력 × 1.5배 압력으로 10분간의 수압시험에서 누수나 변형이 없을 것

(3) 폭발 등에 의한 탱크 내 압력이 비정상적으로 상승하는 경우

- 탱크 내 가스 또는 증기를 상부로 방출할 수 있는 구조

(4) 탱크의 외면은 부식방지 도장 할 것

(5) 압력탱크 및 압력 외 탱크의 설비 ✖

① 압력탱크(최대상용압력이 부압 또는 정압 5kPa을 초과하는 탱크)

ⓐ 압력계 및 안전장치

- 위험물을 가압하는 설비 또는 압력이 상승할 우려가 있는 설비
- 자동으로 압력 상승을 방지 장치

ⓑ 감압 측에 안전밸브를 부착한 감압밸브

ⓒ 안전밸브를 병용하는 경보장치

ⓓ 파괴판(안전밸브의 작동이 곤란한 가압설비에 한함)

② 압력탱크 외의 탱크(제4류 위험물의 옥외저장 탱크에 한함)

ⓐ 밸브 없는 통기관

- 직경은 30mm 이상일 것
- 빗물 등의 침투를 막는 구조(수평면보다 45도 이상 구부림)
- 가는 눈의 구리망 등으로 인화방지장치 설치할 것

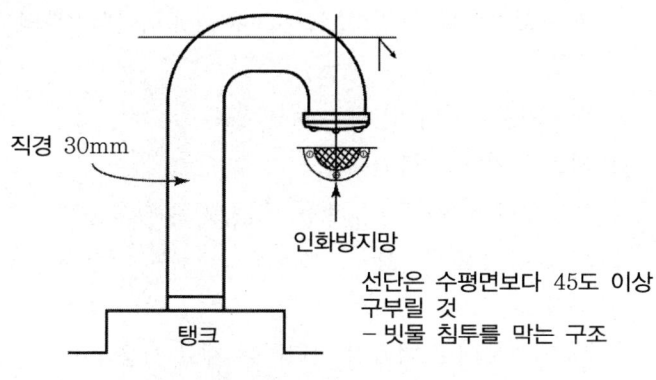

▲ 밸브 없는 통기관

> **✔ 충수시험**
>
> 탱크에 물이 채워진 상태에서
> - 1000kL 미만 탱크: 12시간
> - 1000kL 이상 탱크: 24시간
>
> 위 시간 경과 후 지반침하가 없고, 탱크 본체, 용접부, 접속부 등에서 누설되거나 변형되지 않아야 함

ⓛ 가연성 증기 회수를 위한 밸브를 통기관에 설치하는 경우
- 10kPa 이하의 압력에서 개방되는 구조일 것
- 밸브는 항상 개방되어 있는 구조일 것(단, 위험물을 주입하는 경우 제외)
- 개방된 부분의 유효단면적은 777.15mm^2 이상
ⓒ 대기 밸브 부착 통기관
- 5kPa 이하의 압력 차이로 작동할 수 있을 것
- 가는 눈의 구리망 등으로 인화방지장치를 할 것

(6) 액체위험물 옥외저장 탱크의 계량장치 종류
① 기밀부유식 계량장치
② 부유식 계량장치
③ 전기압력자동방식이나 자동계량장치 또는 유리 게이지

(7) 액체위험물 옥외저장 탱크의 주입구
① 화재 예방상 지장이 없는 장소에 설치할 것
② 주입 호스 또는 주입 관과 결합할 수 있고, 결합 시 위험물이 새지 아니할 것
③ 주입구는 밸브 또는 뚜껑을 설치할 것
④ 주입구 부근은 정전기를 제거하기 위한 접지전극을 설치할 것
⑤ 인화점이 21℃ 미만인 위험물의 주입구는 보기 쉬운 곳에 게시판을 설치할 것

(8) 옥외저장 탱크의 펌프실
① 공지 너비는 3m 이상(방화상 유효한 격벽 설치한 경우, 제6류 위험물, 지정 수량의 10배 이하 위험물 제외)
② 펌프 설비~옥외저장 탱크는 보유공지 너비의 3분의 1 이상의 거리 유지
③ 벽·기둥·바닥 및 보는 불연재료
④ 지붕은 가벼운 불연재료
⑤ 출입구에는 60분 + 방화문 또는 60분 방화문을 설치
⑥ 턱 높이 0.2m 이상
⑦ 바닥
ⓐ 위험물이 스며들지 아니하는 재료 사용
ⓛ 적당히 경사지게 할 것
ⓒ 최저부에 집유설비를 설치할 것
⑧ 펌프실 외의 설치하는 펌프 설비: 턱 높이 0.15m 이상

(9) 배수관: 탱크의 옆판에 설치

(10) 지정 수량의 10배 이상인 옥외 탱크저장소: 피뢰침을 설치(제6류 위험물 제외)

(11) 액체위험물의 옥외저장 탱크의 주위에는 방유제를 설치

(12) 고체 금수성 물질의 옥외저장 탱크: 방수성의 불연재료로 만든 피복 설비를 설치

(13) 이황화탄소의 옥외저장 탱크

　① 벽 및 바닥의 두께: 0.2m 이상

　② 철근콘크리트의 수조에 넣어 보관(보유공지 · 통기관 및 자동계량 장치는 생략)

✔ **피뢰침 설치 생략**

① 옥외 탱크저장소의 지붕과 벽이 모두 3.2mm 이상의 금속재일 때

② 접지시설을 설치한 경우

5) 방유제 ✍

(1) 인화성 액체위험물(이황화탄소 제외)의 옥외 탱크저장소의 탱크 방유제 기준

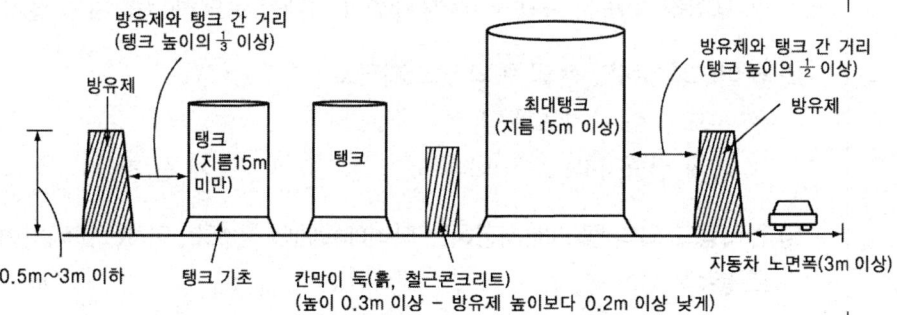

▲ 옥외 탱크저장소 방유제

　① **방유제의 용량**

　　㉠ 탱크 1기: 탱크 용량의 110% 이상

　　㉡ 탱크 2기 이상: 탱크 중 용량이 최대인 것의 용량의 110% 이상

　② **방유제 높이**: 0.5m 이상 3m 이하

　③ **방유제 면적**: 8만m^2 이하

　④ **방유제 내에 설치하는 옥외저장 탱크의 수**: 10기 이하

　⑤ **방유제 외면에 자동차 등이 통행할 수 있는 노면폭**: 3m 이상

　⑥ **옥외저장 탱크의 지름에 따른 탱크와 방유제 간 거리**

　　(인화점이 200℃ 이상인 위험물을 저장 또는 취급하는 것 제외)

　　㉠ 지름이 15m 미만: 탱크 높이의 3분의 1 이상

　　㉡ 지름이 15m 이상: 탱크 높이의 2분의 1 이상

✔ **탱크를 20기 이하로 설치**

① 방유제 내에 설치하는 모든 옥외저장 탱크의 용량이 20만 l 이하

② 옥외저장 탱크에 저장 또는 취급하는 위험물의 인화점이 70℃ 이상 200℃ 미만

(2) 용량이 1,000만 *l* 이상인 옥외저장 탱크의 칸막이 둑

   ① 둑 높이는 0.3m(탱크 용량의 합이 2억 *l*를 초과 시는 1m) 이상 방유제의 높이보다 0.2m 이상 낮게 할 것

   ② 둑 재료는 흙 또는 철근콘크리트

   ③ 둑 용량은 둑 안에 설치된 탱크의 용량의 10% 이상

(3) 계단은 50m마다 설치

(4) 인화성이 없는 액체위험물의 옥외저장 탱크

   ① 탱크가 하나: 탱크 용량의 100% 이상

   ② 탱크가 2기 이상: 최대인 탱크 용량의 100% 이상

4. 알킬알루미늄, 아세트알데하이드, 하이드록실아민 등의 옥외 탱크저장소

1) 아세트알데하이드 등의 옥외 탱크저장소

   ① 탱크 설비: 동·마그네슘·은·수은 또는 이들 합금을 사용금지

   ② 냉각장치 또는 보냉장치, 불활성의 기체를 봉입하는 장치를 설치

2) 하이드록실아민 등의 옥외 탱크저장소

   ① 온도 상승 방지조치 할 것

   ② 옥외 탱크저장소: 철 이온 등의 혼입을 방지조치 할 것

3) 압력탱크 외의 탱크에 저장하는 다이에틸에터 등 또는 아세트알데하이드 등

   ① 산화프로필렌과 이를 함유한 것 또는 다이에틸에터 등: 30℃ 이하

   ② 아세트알데하이드 또는 이를 함유한 것: 15℃ 이하

4) 압력탱크에 저장하는 아세트알데하이드 등 또는 다이에틸에터 등 : 40℃ 이하

특정 옥외저장 탱크

• 옆판의 용접

  ① 세로, 가로 이음: 완전용입 맞대기 용접

  ② 옆판의 세로 이음 간 간격: 두꺼운 쪽 옆판 두께의 5배 이상

  ③ 옆판과 예눌러판 용접: 부분용입 그룹 용접, 비드는 매끄러운 형상

  ④ 에눌러판과 에눌러판: 맞대기 용접(뒷면에 재료를 댈것)

    에눌러판과 밑판, 밑판과 밑판 용접점: 맞대기 용접 또는 겹치기 용접

  ⑤ 필렛용접 사이즈 $t_1 \geq S \geq \sqrt{2t_2}$ (단, $S \geq 4.5$)

    t_1: 얇은 쪽의 강판의 두께(mm), t_2: 두꺼운 강핀의 두께(mm), S: 사이즈(mm)

5. 위험물 탱크 용량 및 내용적 계산 ✦✦

1) 탱크의 용량

　　탱크의 용량 = 탱크의 내용적 − 공간용적을 뺀 용적

2) 탱크 내용적 계산

(1) 타원형 탱크의 내용적

　① 양쪽이 볼록한 것

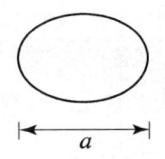 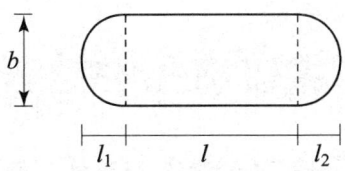

$$\text{탱크 용량} = \frac{\pi ab}{4}\left(l + \frac{l_1 + l_2}{3}\right)$$

　② 한쪽은 볼록하고 다른 한쪽은 오목한 것

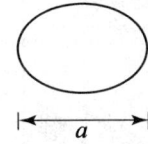 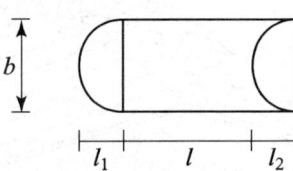

$$\text{탱크 용량} = \frac{\pi ab}{4}\left(l + \frac{l_1 - l_2}{3}\right)$$

(2) 원형 탱크의 내용적

　① 횡으로 설치된 것

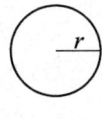 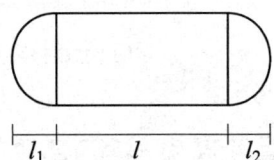

$$\text{탱크 용량} = \pi r^2\left(l + \frac{l_1 + l_2}{3}\right)$$

　② 종으로 설치된 것

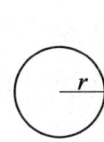 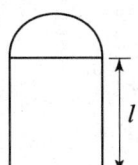

$$\text{탱크 용량} = \pi r^2 l$$

3) 탱크의 안전공간 용적 ✖

액체는 온도가 상승할 때마다 팽창은 가능하나 압축이 어렵기 때문에
온도상승에 따른 액체 팽창을 위해서 둔 여유 공간

① 안전공간용적=탱크의 내용적의 $\frac{5}{100}$ (5% 이상) ~ $\frac{10}{100}$ (10% 이하)

② 소화설비 소화약제 방출구로부터 0.3m 이상 1m 미만 사이의 용적

7▶ ⑤ 옥내 탱크저장소 ✖

1. 옥내 탱크저장소 단층 건축물 기준 ✖

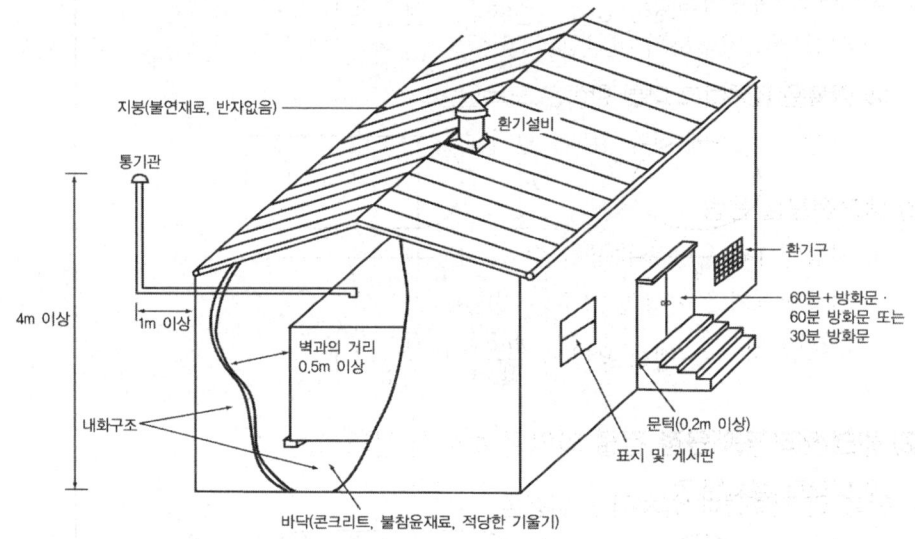

지붕(불연재료, 반자없음)
환기설비
통기관
환기구
60분+방화문·
60분 방화문 또는
30분 방화문
4m 이상
1m 이상
벽과의 거리
0.5m 이상
내화구조
문턱(0.2m 이상)
표지 및 게시판
바닥(콘크리트, 불침윤재료, 적당한 기울기)

▲ 옥내 탱크저장소의 구조

1) 탱크전용실의 벽 및 옥외저장 탱크의 상호 간 거리
0.5m 이상

2) 옥내저장 탱크의 용량
지정 수량의 40배 이하(제4 석유류 및 동식물유류 외의 제4류 위험물
은 20,000*l*를 초과 시는 20,000*l*)

3) 밸브 없는 통기관
① 지면에서 4m 이상의 높이로 설치
② 개구부(창·출입구 등)에서 1m 이상 떨어진 옥외의 장소에 설치
③ 굴곡이 없도록 할 것

④ 인화점이 40℃ 미만인 위험물: 부지경계선으로부터 1.5m 이상
　이격할 것

4) 탱크전용실

① 벽 · 기둥 및 바닥은 내화구조, 보는 불연재료
② 연소 우려가 있는 외벽: 출입구 외에는 개구부가 없도록 할 것
③ 지붕: 불연재료, 천장을 설치하지 아니할 것
④ 창 및 출입구
　　㉠ 60분 + 방화문 · 60분 방화문 또는 30분 방화문 설치
　　㉡ 출입구는 자동폐쇄식의 60분 + 방화문 또는 60분 방화문을 설치
⑤ 창 또는 출입구 유리: 망입유리

5) 바닥구조(액상위험물)

① 위험물이 침투하지 아니하는 구조일 것
② 적당한 경사
③ 가장 낮은 곳에 집유설비를 설치

6) 탱크전용실 용량

① 저장탱크의 용량을 수용할 수 있는 높이 이상
② 저장탱크가 2 이상인 경우는 최대용량의 탱크를 수용할 수 있는
　높이일 것

2. 탱크전용실을 단층 건물 외의 건축물에 설치하는 것

1) 단층 외 건축물에 설치하는 위험물

① 제2류 위험물 중 황화인 · 적린 및 덩어리 황(1층 또는 지하층에 설치)
② 제3류 위험물 중 황린(1층 또는 지하층에 설치)
③ 제6류 위험물 중 질산 (1층 또는 지하층에 설치)
④ 제4류 위험물 중 인화점이 38℃ 이상인 위험물

2) 탱크 용량은 지정 수량의 10배 이하일 것

제4류 위험물의 경우 5,000l을 초과 시는 5,000l 이하(단, 제4 석
유류 및 동식물유류 제외)

3. 알킬알루미늄, 아세트알데하이드, 하이드록실아민 등 옥내 탱크저
장소

① 위험물 주입 시 탱크 내부를 불활성 기체로 치환하여 둘 것

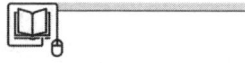

② 압력탱크 외의 탱크에 저장하는 위험물의 온도

　㉠ 산화프로필렌과 이를 함유한 것 또는 다이에틸에터 등: 30℃ 이하

　㉡ 아세트알데하이드 또는 이를 함유한 것: 15℃ 이하

③ 압력탱크에 저장하는 아세트알데하이드 등 또는 다이에틸에터 등의 온도: 40℃ 이하

7▶ 6 지하 탱크저장소

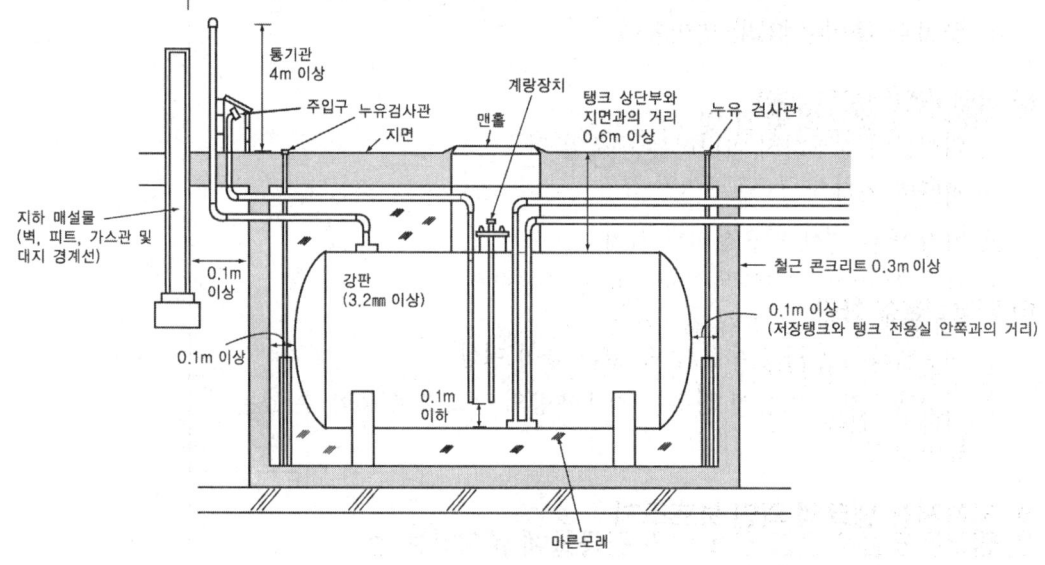

▲ 지하 탱크저장소

1. 지하 탱크저장소의 기준

① 지하철 · 지하가 또는 지하터널의 경우: 수평거리 10m 이내의 장소 또는 지하건축물 내의 장소에 설치 말 것

② 수평투영의 세로 및 가로보다 각각 0.6m 이상 크고 두께가 0.3m 이상인 철근콘크리트조의 뚜껑으로 덮을 것

③ 지하의 가장 가까운 벽 · 피트 · 가스관 등의 시설물 및 대지경계선 : 0.6m 이상

④ 탱크의 윗부분과 지면과의 거리: 0.6m 이상

⑤ 탱크를 2 이상 인접해 설치: 상호 간 1m 이상의 간격 유지 (탱크 용량의 합계가 지정 수량의 100배 이하: 0.5m 이상)

⑥ 지하저장 탱크 두께: 두께 3.2mm 이상

2. 탱크전용실 구조 ✦

① 벽 · 피트 · 가스관 등의 시설물 및 대지경계선: 0.1m 이상 떨어진 곳에 설치
② 지하저장탱크와 탱크전용실의 안쪽과의 사이: 0.1m 이상의 간격을 유지
③ 탱크의 주위: 마른 모래 입자지름 5mm 이하의 마른 자갈분을 채울 것
④ 벽 및 바닥 두께: 0.3m 이상의 콘크리트조
⑤ 철근콘크리트조 뚜껑: 0.3m 이상
⑥ 액체위험물을 저장하는 지하 탱크에는 계량구 설치

3. 지하저장 탱크의 수압 및 기밀시험

① 압력탱크 외 탱크: 70kPa의 압력으로 10분간 수압시험(새거나 변형이 없을 것)
② 압력탱크(최대상용압력이 46.7kPa 이상인 탱크): 최대상용압력×1.5배의 압력으로 각각 10분간 수압시험(새거나 변형되지 않을 것)
③ 수압시험: 기밀시험과 비파괴시험을 동시에 실시하는 방법으로 대신할 수 있음

4. 지하저장 탱크의 외면 보호조치

① 녹 방지도장을 할 것
② 방청제 및 아스팔트프라이머의 순으로 도장을 한 후, 아스팔트 루핑 및 철망의 순으로 탱크를 피복하고, 그 표면에 두께가 2cm 이상에 이를 때까지 모르타르를 도장할 것

5. 통기관

지하저장탱크의 윗부분에 연결할 것

6. 지하저장탱크 액체위험물의 누설을 검사하기 위한 관의 기준 ✦

① 누유검사관(이중관) 설치: 4개소 이상
② 재료는 금속관 또는 경질합성수지관으로 할 것
③ 관은 탱크실 또는 탱크의 기초 위에 닿게 할 것

④ 관의 밑부분에서 탱크의 중심 높이까지의 부분은 소공이 뚫려 있을 것

⑤ 상부는 물이 침투하지 않는 구조이며, 뚜껑은 검사 시에 쉽게 열 수 있도록 할 것

7. 지하저장탱크에는 과충전 방지장치를 설치

① 탱크 용량을 초과 주입될 때 자동으로 그 주입구 폐쇄나 위험물의 공급을 차단하는 방법

② 탱크 용량의 90%가 찰 때 경보음을 울리는 방법

7▸ ⑦ 간이 탱크저장소 ✦

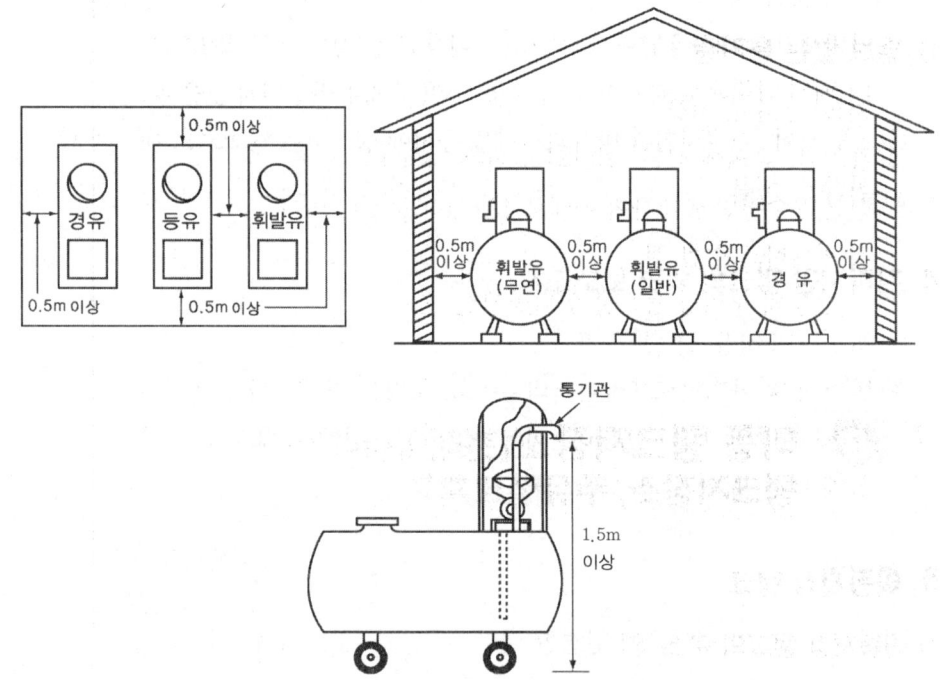

▲ 간이 탱크저장소와 간이저장 탱크

1. 설치기준

① 간이탱크는 3개 이하로 설치

② 동일 위험물의 간이저장 탱크를 2 이상 설치할 수 없다.

2. 간이저장 탱크

① 움직이거나 넘어지지 아니하도록 지면 또는 가설대에 고정시킬 것
② 옥외에 설치하는 경우에는 그 탱크의 주위에 공지 너비: 1m 이상
③ 탱크와 전용실의 벽과의 사이 간격: 0.5m 이상

3. 간이저장 탱크 용량

600*l* 이하

4. 간이저장 탱크 두께

3.2mm 이상의 강판

5. 간이탱크 수압시험

70kPa의 압력으로 10분간 수압시험 실시(새거나 변형되지 않을 것)

6. 밸브 없는 통기관

① 지름: 25mm 이상
② 통기관: 옥외에 설치, 선단의 높이는 지상 1.5m 이상
③ 선단은 수평면에 대하여 아래로 45° 이상 구부려 빗물 등이 침투하지 아니하도록 할 것
④ 가는 눈의 구리망 등으로 인화방지장치를 할 것

 ⑧ 이동 탱크저장소(컨테이너식 이동 탱크저장소, 주유탱크차)

1. 이동저장 탱크

1) 이동저장 탱크의 구조

(1) 이동저장 탱크의 구조
① 탱크, 맨홀 및 주입 관의 뚜껑: 두께 3.2mm 이상의 강철판
② 이동저장 탱크 칸막이
　㉠ 용량 4,000ℓ 이하마다 설치
　㉡ 두께는 3.2mm 이상의 강철판 또는 이와 동등 이상의 강도ㆍ내열성 및 내식성이 있는 금속성의 것

③ 칸막이로 구획된 각 부분: ㉠ 맨홀 ㉡ 안전장치 ㉢ 방파판을 설치

(2) 안전장치

① **상용압력이 20kPa 이하인 탱크**: 20kPa 이상 24kPa 이하의 압력에서 작동

② **상용압력이 20kPa을 초과하는 탱크**: 상용압력의 1.1배 이하의 압력에서 작동

(3) 방파판

① 두께 1.6mm 이상의 강철판 또는 이와 동등 이상의 강도 · 내열성 및 내식성이 있는 금속성 재질

② 하나의 구획 부분에 2개 이상의 방파판을 이동 탱크저장소의 진행방향과 평행으로 설치하되, 각 방파판은 그 높이 및 칸막이로부터의 거리를 다르게 할 것

③ 각 방파판의 면적의 합계

㉠ 당해 구획 부분의 최대 수직단면적의 50% 이상

㉡ 수직단면이 원형이거나 짧은 지름이 1m 이하의 타원형: 40% 이상

▲ 안전장치

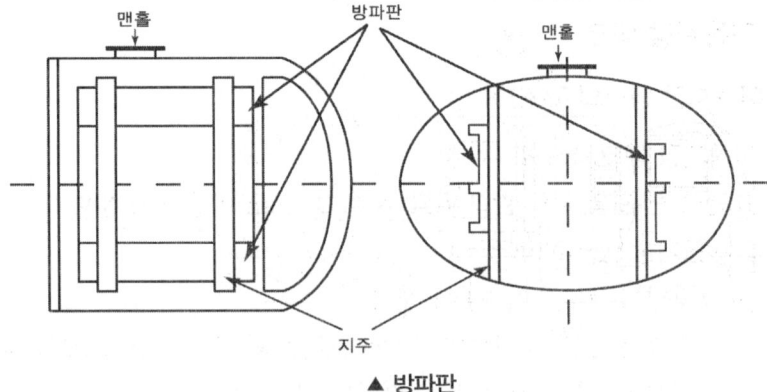

▲ 방파판

(4) 측면틀 및 방호틀

탱크 상부에 돌출된 맨홀·주입구 및 안전장치 등의 부속장치를 보호
하는 역할

① 측면틀

ㄱ 측면틀의 최외측과 탱크의 최외측을 연결하는 직선의 수평면에
대한 내각이 75도 이상

ㄴ 최대수량의 위험물을 저장한 상태에 있을 때의 당해 탱크 중량의
중심점과 측면틀의 최외측을 연결하는 직선과 그 중심점을 지나
는 직선 중 최외측 선과 직각을 이루는 직선과의 내각이 35도 이
상이 되도록 할 것

ㄷ 탱크 상부의 네 모퉁이에 당해 탱크의 전단 또는 후단으로부터
각각 1m 이내의 위치에 설치할 것

② 방호틀

ㄱ 두께 2.3mm 이상의 강철판 또는 이와 동등 이상의 기계적 성질
이 있는 재료

ㄴ 산 모양의 형상

ㄷ 정상 부분은 부속장치보다 50mm 이상 높게 할 것

ㄹ 방호틀 내 보호장치: 맨홀, 주입구

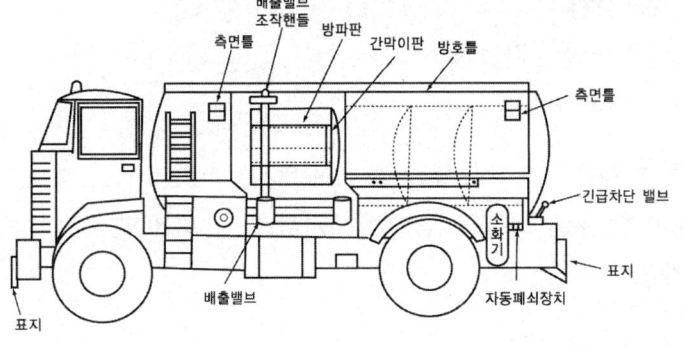

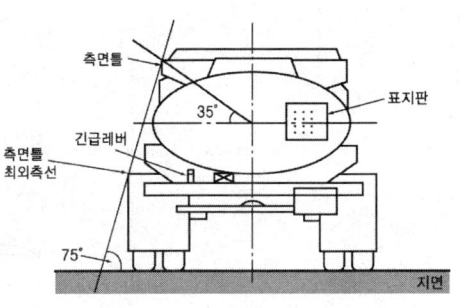

▲ 측면틀 및 방호틀

(5) 이동탱크의 압력 및 수압시험 압력탱크

　① 압력탱크(최대상용압력이 46.7kPa 이상인 탱크) 외 탱크: 70kPa의 압력으로 10분간 수압시험

　② 압력탱크: 최대상용압력×1.5배의 압력으로 각각 10분간의 수압시험을 실시

(6) 비치용구

　① 이동 탱크저장소의 완공검사필증 및 정기점검기록을 비치

　② 알킬알루미늄 등을 저장 또는 취급하는 이동 탱크저장소: 긴급 시의 연락처, 응급조치에 관하여 필요한 사항을 기재한 서류, 방호복, 고무장갑, 밸브 등을 죄는 결합 공구 및 휴대용 확성기를 비치

(7) 저장 기준

　① 보냉장치가 있는 이동저장 탱크에 저장하는 아세트알데하이드 등 또는 다이에틸에터 등: 비점 이하로 유지

　② 보냉장치가 없는 이동저장 탱크에 저장하는 아세트알데하이드 등 또는 다이에틸에터 등: 40℃ 이하

2) 폐쇄장치

비상레버

▲ 수동식 폐쇄장치

• 수동식 폐쇄장치

　① 손으로 잡아당겨 작동

　② 길이: 15cm 이상

3) 결합금속구 등

(1) 놋쇠나 마찰 등에 의하여 불꽃이 생기지 않는 재료(제6류 위험물 탱크 제외)

(2) 이동 탱크저장소에 주유설비를 설치하는 경우
  ① 주유관 길이: 50m 이내(정전기를 제거 장치를 할 것)
  ② 분당 토출량: 200*l* 이하

결합금속구

4) 표지 · 그림문자 및 UN 번호

(1) 표지

소방청장이 고시하며 저장하는 위험물의 위험성을 알리는 표지를
설치함.

① 위험물 수송차량(이동 탱크저장소 또는 위험물 운반차량)

  ㉠ 이동 탱크저장소: 전면 상단 및 후면 상단

  ㉡ 위험물 운반차량: 전면 및 후면

② 규격 및 색상

  ㉠ 한 변의 길이가 60cm 이상, 다른 한 변의 길이는 30cm 이상
    일 것

  ㉡ 색상 및 문자: 흑색 바탕에 황색의 반사 도료로 "위험물"이라 표
    기할 것

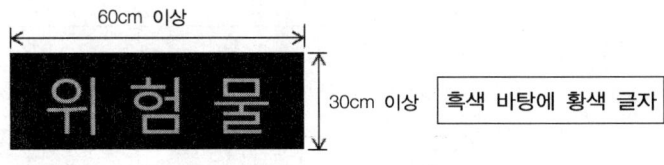

▲ 표지

③ 위험물이면서 유해화학물질에 해당하는 품목의 경우

  화학물질관리법에 따른 유해화학물질 표지를 위험물 표지와 상하
  또는 좌우로 인접하여 부착할 것

(2) UN 번호

위험물 수송차량의 후면 및 양쪽 측면에 그림문자와 UN 번호 표기

① 그림문자를 외부에 표기하는 경우
  ㉠ 한 변의 길이가 30cm 이상, 다른 한 변의 길이는 12cm 이상의 횡형 사각형
  ㉡ 흑색 테두리 선(굵기 1cm)과 오렌지색 바탕에 흑색 UN 번호 (글자 높이 6.5cm 이상)
② 그림문자를 내부에 표기하는 경우
  ㉠ 심벌 및 분류 · 구분의 번호를 가리지 않는 크기의 횡형 사각형
  ㉡ 흰색 바탕에 흑색으로 UN 번호(글자의 높이 6.5cm 이상)를 표기할 것

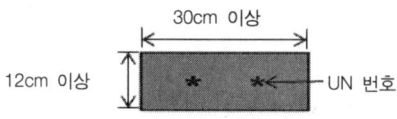

1. 그림문자 외부에 표시하는 경우

2. 그림문자 내부에 표시하는 경우

▲ 그림문자 및 UN 번호

(3) 제4류 위험물 UN 번호 및 GHS 정보

구분	휘발유	등유	경유
UN 번호	1203	1223	1202
분류번호	3(인화성 액체)	3(인화성 액체)	3(인화성 액체)
위험성 표지	1203	1223	1202

5) 알킬알루미늄 이동 탱크저장소
① 두께: 10mm 이상의 강판 또는 이와 동등 이상의 기계적 성질이 있는 재료
② 수압시험: 1MPa 이상의 압력으로 10분간 실시

③ 용량: 1,900ℓ 미만일 것

④ 맨홀 및 주입구의 뚜껑의 두께: 10mm 이상의 강판 또는 이와 동등 이상의 기계적 성질이 있는 재료

⑤ 배관 및 밸브 등은 당해 탱크의 윗부분에 설치할 것

⑥ 이동저장 탱크하중의 4배의 전단하중에 견딜 수 있는 걸고리체결금속구 및 모서리체결금속구를 설치

⑦ 불활성의 기체를 봉입할 수 있는 구조로 할 것

⑧ 이동저장 탱크 및 그 설비: 은 · 수은 · 동 · 마그네슘 또는 이들을 성분으로 하는 합금으로 만들지 아니할 것

6) 위험물 이동저장 탱크의 외부도장 색상

유별	도장의 색상	비고
제1류	회색	1. 탱크의 앞면과 뒷면을 제외한 면적의 40% 이내의 면적은 다른 유별의 색상 외의 색상으로 도장하는 것이 가능하다.
제2류	적색	
제3류	청색	
제5류	황색	2. 제4류에 대해서는 도장의 색상 제한이 없으나 적색을 권장한다.
제6류	청색	

2. 컨테이너식 이동 탱크저장소

1) 컨테이너식 이동 탱크저장소

이동저장 탱크를 차량 등에 옮겨 싣는 구조로 된 이동 탱크저장소

① 걸고리체결금속구 및 모서리체결금속구: 이동저장 탱크하중의 4배의 전단하중에 견딜 수 있을 것

② 유(U)자볼트를 설치: 용량 6,000ℓ 이하인 이동저장 탱크를 싣는 이동 탱크저장소의 경우

2) 상자틀

① 이동저장 탱크의 이동 방향과 평행한 것과 수직인 것: 이동저장 탱크하중의 2배 이상의 하중에 견딜 수 있는 강도일 것

② 이동저장 탱크의 이동 방향과 직각인 것: 이동저장 탱크하중 이상의 하중에 견딜 수 있는 강도일 것

• 이동저장 탱크 및 부속장치 (맨홀 · 주입구 및 안전장치 등)는 강재로 된 상자틀에 수납할 것

3) 이동저장 탱크 · 맨홀 및 주입구의 뚜껑

두께 6mm(탱크의 직경 또는 장경이 1.8m 이하인 것은 5mm) 이상

4) 이동저장 탱크에 칸막이

두께 3.2mm 이상의 강판

① 맨홀 및 안전장치를 설치할 것

② 부속장치는 상자틀의 최외측과 50mm 이상의 간격을 유지할 것

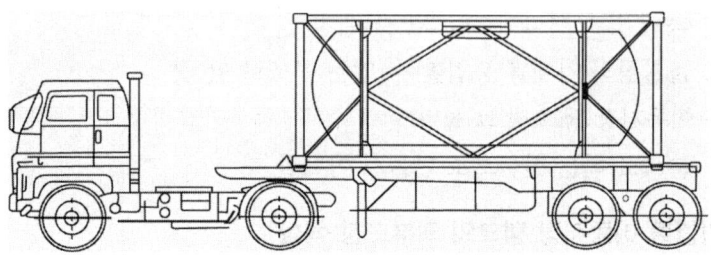

▲ 컨테이너식 이동탱크

3. 주유탱크차

1) 항공기의 연료탱크에 직접 주유하기 위한 주유설비를 갖춘 이동 탱크저장소 기준

① 주유설비의 기준: 금속재 배관은 최대상용압력의 1.5배 이상의 압력, 10분간 수압시험을 실시 누설 및 이상이 없을 것

② 주유설비에는 개방 조작 시에만 개방하는 자동폐쇄식의 개폐장치를 설치할 것

③ 주유호스의 선단: 정전기를 제거장치를 설치할 것

④ 주유호스: 최대상용압력의 2배 이상의 압력으로 수압시험을 실시, 누설 및 이상이 없을 것

2) 공항 안에서 시속 40km 이하로 운행하는 주유탱크

칸막이에 직경 40cm 이내의 구멍을 낼 수 있다.

7▶ 9 암반 탱크저장소

1. 암반탱크 설치기준 ✸

① 암반투수계수: 1초당 10만분의 1m(10^{-5}m/sec) 이하인 천연암반 내에 설치할 것

② 위험물의 증기압을 억제할 수 있는 지하수면하에 설치할 것

③ 암반탱크의 내벽: 암반균열에 의한 낙반을 방지할 수 있도록 볼트 · 콘크리트 등으로 보강할 것

2. 암반탱크 설비

① 지하수위 관측공
② 계량장치
③ 배수시설
　　㉠ 침출수를 자동배출설비 설치
　　㉡ 유분리장치 설치
④ 펌프 설비

7▶⑩ 주유취급소 ⚔

1. 주유공지 및 급유공지

너비 15m 이상, 길이 6m 이상(콘크리트 등으로 포장)

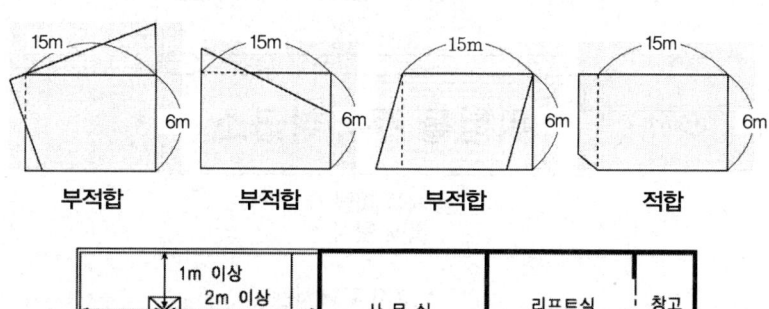

| 부적합 | 부적합 | 부적합 | 적합 |

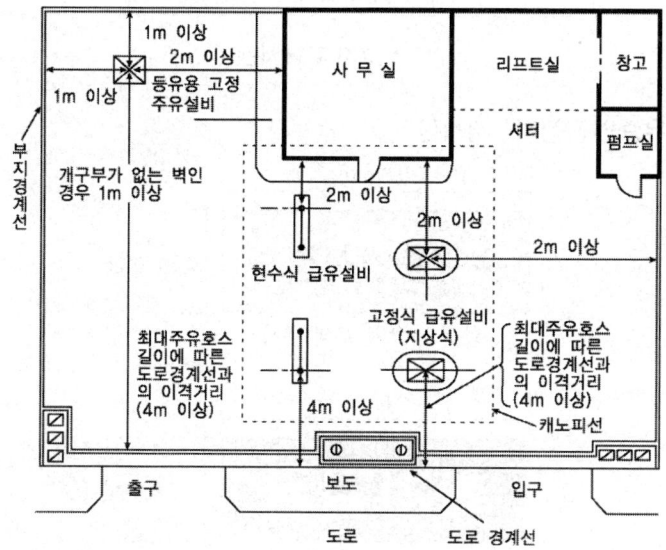

▲ 주유취급소

2. 주유취급소 바닥기준 ✎

① 바닥은 주위 지면보다 높게 할 것
② 적당하게 경사지게 할 것
③ 배수구·집유설비 및 유분리장치를 설치

3. 표지 및 게시판 ✎

1) 표지판

① "위험물 주유취급소"라는 표지판 설치
② 한 변의 길이가 0.6m 이상, 다른 한 변의 길이가 0.3m 이상의 사각형 모형
③ 백색 바탕에 흑색 문자

2) 게시판

① 위험물의 유별 및 품명
② 저장최대수량 또는 취급최대수량
③ 안전관리자의 성명 또는 직명

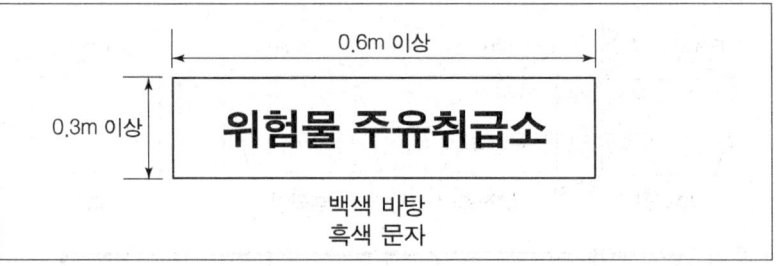

▲ 표지 및 게시판

3) "주유중엔진정지" 게시판

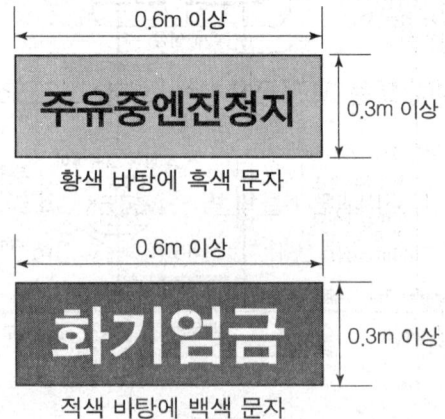

4. 주유취급소 탱크 ✏

① 자동차 등에 주유하기 위한 고정주유설비에 직접 접속하는 전용 탱크: 50,000ℓ 이하

② 고정급유설비에 직접 접속하는 전용 탱크: 50,000ℓ 이하

③ 보일러 등에 직접 접속하는 전용 탱크: 10,000ℓ 이하

④ 자동차 등을 점검 · 정비하는 작업장 등의 폐유 탱크 용량: 2,000ℓ 이하

⑤ 고속도로 주유취급소 탱크의 용량: 60,000ℓ 이하

▲ 주유취급소 탱크

5. 고정주유설비

1) 펌프기기 주유관 선단에서의 최대 토출량

① 제1 석유류: 분당 50ℓ 이하

② 경유: 분당 180ℓ 이하

③ 등유: 분당 80ℓ 이하

④ 이동저장 탱크에 주입하기 위한 고정급유설비: 분당 300ℓ 이하
(분당 토출량이 200ℓ 이상인 것: 배관의 안지름을 40mm 이상)

2) 주유관의 길이

① 고정주유설비 또는 고정급유설비의 주유관의 길이: 5m

② 현수식: 지면 위 0.5m의 수평면에 수직으로 내려 만나는 점을 중심으로 반경 3m이내

6. 고정주유설비 또는 고정급유설비 위치

① 도로경계선: 4m 이상

② 대지경계선 · 담 및 건축물의 벽: 2m(개구부가 없는 벽으로부터는 1m) 이상

③ 고정주유설비와 고정급유설비의 사이: 4m 이상

▲ 고정주유설비 및 현수식 주유설비

7. 건축물 구조

1) 주유취급소 건축물 구조

① 벽 · 기둥 · 바닥 · 보 및 지붕: 내화구조 또는 불연재료

② 창 및 출입구: 60분 + 방화문, 60분 방화문 · 30분 방화문 또는 불연재료로 된 문을 설치

③ 사무실에 유리를 사용하는 경우: 망입유리 또는 강화유리

④ 건축물 중 사무실 그 밖의 화기를 사용하는 곳

    ㉠ 출입구: 안에서 밖으로 개방할 수 있는 자동폐쇄식으로 할 것

    ㉡ 문턱의 높이: 15cm 이상

    ㉢ 높이 1m 이하의 부분에 있는 창 등은 밀폐시킬 것

⑤ 건축물: 내화구조로 된 캔틸레버를 설치할 것(돌출길이는 1.5m 이상)

8. 담 또는 벽

높이 2m 이상의 내화구조나 불연재료의 담 또는 벽을 설치

9. 캐노피

① 배관이 캐노피 내부를 통과할 경우: 1개 이상의 점검구를 설치

② 캐노피 외부의 점검이 곤란한 장소에 배관을 설치하는 경우: 용접이음으로 할 것

③ 캐노피 외부의 배관이 일광열의 영향을 받을 우려가 있는 경우: 단열재로 피복할 것

---

❷ 강화유리의 두께

• 창: 8mm 이상
• 출입구: 12mm 이상

❷ 캔틸레버

옥내주유취급소의 용도에 사용하는 부분에 상층이 있는 경우에는 상층으로의 연소를 방지하기 위함

▲ 캐노피 · 컨틸레버

10. 펌프실 등의 구조

① 바닥은 불침투성 재료, 적당한 경사, 집유설비를 설치할 것

② 출입구는 자동폐쇄식 60분 + 방화문 또는 60분 방화문을 설치할 것

③ "위험물 펌프실", "위험물 취급실" 등의 표지판 및 방화에 필요한 사항을 게시한 게시판을 설치

④ 출입구 턱 높이: 바닥으로부터 0.1m 이상

11. 고객이 직접 주유하는 주유취급소의 특례

1) 셀프용 고정주유설비의 기준

(1) 주유호스

200kg 중 이하의 하중에 의하여 파단(破斷) 또는 이탈되어야 하고, 위험물 누출을 방지할 수 있는 구조일 것

(2) 연속 주유량 및 주유시간의 상한

① 휘발유는 100l 이하, 4분 이하

② 경유는 600l 이하, 12분 이하

2) 셀프용 고정급유설비의 기준

• 1회의 연속 급유량 및 급유시간의 상한

① 급유량의 상한: 100l 이하

② 급유시간의 상한: 6분 이하

> ✔ 기타 주유취급소
> ① 항공기주유취급소의 특례
> ② 철도주유취급소의 특례
> ③ 고속국도주유취급소의 특례: 탱크의 용량 60,000l
> ④ 자가용주유취급소의 특례
> ⑤ 선박주유취급소의 특례
> ⑥ 고객이 직접 주유하는 주유취급소의 특례

1. 판매취급소

1) 제1종 판매취급소

지정 수량의 20배 이하

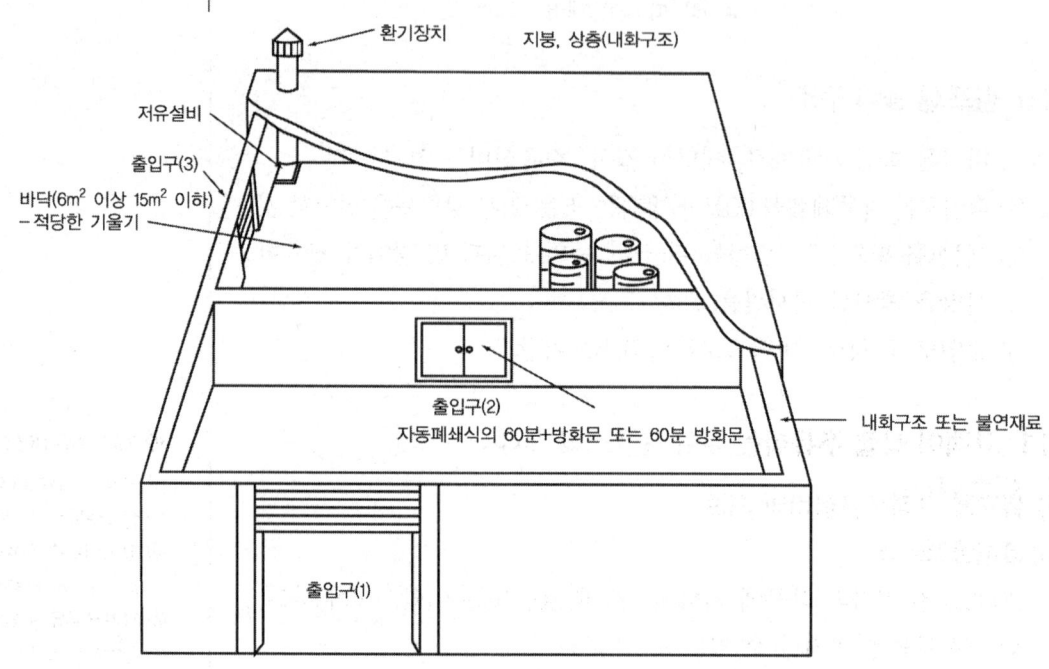

▲ 판매취급소

① 건축물의 1층에 설치할 것

② 건축물은 내화구조 또는 불연재료, 격벽은 내화구조

③ 건축물 보, 반자 불연재료

④ 상층

    ㉠ 상층이 있을 시 바닥은 내화구조

    ㉡ 상층이 없는 경우 지붕은 내화구조로 또는 불연재료

⑤ 창 및 출입구: 60분 + 방화문 · 60분 방화문 또는 30분 방화문

⑥ 창 또는 출입구에 유리: 망입유리

2) 위험물 배합실

① 바닥면적: $6m^2$ 이상 $15m^2$ 이하

② 벽: 내화구조

③ 바닥
　　㉠ 위험물이 침투하지 아니하는 구조
　　㉡ 적당한 경사
　　㉢ 집유설비를 할 것
④ 출입구: 자동폐쇄식의 60분 + 방화문 또는 60분 방화문을 설치
⑤ 문턱의 높이: 바닥면으로부터 0.1m 이상
⑥ 가연성의 증기 또는 가연성의 미분을 지붕위로 방출하는 설비를
　　할 것

3) 제2종 판매취급소
지정 수량의 40배 이하
① 벽 · 기둥 · 바닥 및 보: 내화구조
② 천장: 불연재료
　　격벽: 내화구조
③ 연소의 우려가 있는 벽 또는 창: 자동폐쇄식의 60분 + 방화문 또는
　　60분 방화문을 설치

2. 이송취급소

1) 설치금지장소
① 철도 및 도로의 터널 안
② 고속국도 및 자동차전용도로의 차도 · 길어깨 및 중앙분리대
③ 호수 · 저수지 등으로서 수리의 수원이 되는 곳
④ 급경사지역으로서 붕괴의 위험이 있는 지역

3. 일반취급소

1) 일반취급소 종류
① 분무도장작업 등의 일반취급소
② 세정작업의 일반취급소
③ 열처리작업 등의 일반취급소
④ 보일러 등으로 위험물을 소비하는 일반취급소
⑤ 충전하는 일반취급소(알킬알루미늄 등, 아세트알데하이드 등 및
　　하이드록실아민 등을 제외)
⑥ 옮겨 담는 일반취급소

2) 건축물 기준

① 창을 설치하지 아니할 것

② 출입구

  ㉠ 60분 + 방화문 또는 60분 방화문

  ㉡ 연소의 우려가 있는 외벽 및 격벽의 출입구: 자동폐쇄식으로 할 것

③ 액상 위험물 취급 바닥시설 기준

  ㉠ 적당한 경사를 둘 것

  ㉡ 집유설비를 설치할 것

  ㉢ 바닥은 위험물이 침투하지 아니하는 구조

④ 채광·조명 및 환기의 설비를 설치

⑤ 배출 설비를 설치할 것

⑥ 환기 및 배출설비: 방화상 유효한 댐퍼 등을 설치할 것

CHAPTER 08 위험물 운송·운반기준

8▶ ❶ 위험물의 운반

1. 운반 용기

1) 용기의 재질

강판·알루미늄판·양철판·유리·금속판·종이·플라스틱·섬유판·고무류·합성섬유·삼·짚 또는 나무 등

2) 운반 용기

견고하여 쉽게 파손될 우려가 없고, 그 입구로부터 수납된 위험물이 샐 우려가 없을 것

Check! 👉 Point

■ **고체위험물**: 유리 용기 또는 플라스틱용기(10l), 금속제용기(30l)
■ **액체위험물**: 금속제용기: 30l

2. 수납

① 위험물은 용기에 수납하여 적재할 것
② 운반 용기: 밀봉하여 수납하고, 수납구는 위로 향하게 하여 적재할 것
③ 위험물의 성질에 적합한 재질의 운반 용기에 수납할 것
④ 운반 용기 높이: 겹쳐 쌓는 경우 그 높이를 3m 이하로 함
⑤ 수납률
　㉠ 고체위험물: 운반 용기 내용적의 95% 이하
　㉡ 액체위험물: 운반 용기 내용적의 98% 이하(55℃의 온도에서 누설되지 않도록 충분한 공간용적 유지할 것)
⑥ 제3류 위험물
　㉠ 자연발화성 물품: 불활성 기체를 봉입하여 밀봉할 것 – 공기와 접촉방지

🔊학습 POINT

위험물 운반 및 수납 시 용기의 수납 기준과 적재 방법, 운반 방법 등 위험물의 운송 및 운반 기준에 대하여 알 수 있다.

✅ 위험물의 운반

위험물의 용기·적재방법 및 운반방법에 따른 세부기준은 행정안전부령이 정하는 기준을 따른다.

✅ 위험물의 용기 내 수납의 예외

덩어리 상태의 유황 또는 위험물을 동일구내에 있는 제조소 등의 상호 간에 운반하기 위하여 적재하는 경우에는 제외함

ⓒ 자연발화성 물품 외의 물품
- 파라핀 · 경유 · 등유 등의 보호액으로 채워 밀봉
- 불활성 기체를 봉입하여 밀봉하는 등 수분과 접하지 아니하도록 할 것

ⓒ 자연발화성 물품 중 알킬알루미늄 등 운반 용기 수납률
- 내용적의 90% 이하의 수납률로 수납
- 50℃에서 5% 이상의 공간용적을 유지할 것

3. 운반방법

1) 표지판 설치
① 한 변의 길이가 0.3m 이상, 다른 한 변의 길이가 0.6m 이상인 직사각형
② 바탕은 흑색, 황색 반사도료 그 밖의 반사성이 있는 재료로 "위험물"이라고 표시할 것
③ 표지는 차량의 전면 및 후면의 보기 쉬운 곳에 내걸 것

2) 지정 수량 이상의 위험물을 차량으로 운반하는 경우
해당 위험물에 적응하는 소요단위에 상응하는 능력 단위 이상의 소형 수동식소화기를 갖출 것

3) 위험물의 운반도 중 위급사항 발생 시
응급조치를 강구하는 동시에 가까운 소방관서 그 밖의 관계기관에 통보

4) 품명 또는 지정 수량을 달리하는 2 이상의 위험물을 운반하는 경우
각각의 위험물의 수량을 당해 위험물의 지정 수량으로 나누어 얻은 수의 합이 1 이상일 때에 지정 수량 이상의 위험물을 운반하는 것으로 본다.

5) 위험물의 성질에 따른 운반 ✦
① 차광 덮개
ⓐ 제1류 위험물
ⓑ 자연발화성 물품
ⓒ 제4류 위험물 중 특수인화물
ⓓ 제5류 위험물
ⓔ 제6류 위험물

② 방수성 덮개

    ㉠ 제1류 위험물 중 알칼리금속의 과산화물 또는 이를 함유한 것

    ㉡ 제2류 위험물 중 철분 · 금속분 · 마그네슘 또는 이들 중 어느 하나 이상을 함유한 것

    ㉢ 금수성 물품

③ 제5류 위험물 중 55℃ 이하의 온도에서 분해될 우려가 있는 위험물: 보냉 컨테이너에 수납

4. 위험물 운반 용기의 외부 표시사항 ✯

1) 위험물의 품명 · 위험등급 · 화학명 및 수용성(제4류 위험물로서 수용성인 것)

2) 위험물의 수량

3) 수납하는 위험물에 따른 주의사항

① 제1류 위험물 중 알칼리금속의 과산화물 또는 이를 함유한 것

    ㉠ "화기 · 충격주의", "물기엄금" 및 "가연물접촉주의"

    ㉡ 그 외 "화기 · 충격주의" 및 "가연물접촉주의"

② 제2류 위험물 중

    ㉠ 철분 · 금속분 · 마그네슘 또는 이들 중 어느 하나 이상을 함유한 것 – "화기주의" 및 "물기엄금"

    ㉡ 인화성 고체 – "화기엄금", 그 밖의 것에 있어서는 "화기주의"

③ 제3류 위험물

    ㉠ 자연발화성 물품 – "화기엄금" 및 "공기접촉엄금"

    ㉡ 금수성 물품 – "물기엄금"

④ 제4류 위험물: "화기엄금"

⑤ 제5류 위험물: "화기엄금" 및 "충격주의"

⑥ 제6류 위험물: "가연물접촉주의"

4) 제4류 위험물에 해당하는 화장품 운반 용기 중

① 최대용적이 150mL 이하인 것: 위 1)과 3)의 규정에 의한 표시를 안 할 수 있다.

② 최대용적이 150mL 초과 300mL 이하의 것: 위 1)의 규정에 의한 표시를 안 할 수 있으며, 3)의 규정에 의한 주의사항을 당해 주의사항과 동일한 의미가 있는 다른 표시로 대신할 수 있다.

5) 기계에 의하여 하역하는 구조로 된 운반 용기의 외부 표시사항

① 운반 용기의 제조 년 월 및 제조자의 명칭

② 겹쳐쌓기 시험 하중

③ 운반 용기의 종류에 따른 규정에 의한 중량

6) 금속제의 운반 용기, 경질플라스틱제의 운반 용기 또는 플라스틱 내 용기 부착의 운반 용기

① 2년 6개월 이내에 실시한 기밀시험(액체의 위험물 또는 10kPa 이상의 압력을 가하여 수납 또는 배출하는 고체의 위험물을 수납하는 운반 용기에 한함)

② 2년 6개월 이내에 실시한 운반 용기의 외부의 점검 · 부속설비의 기능점검 및 5년 이내의 사이에 실시한 운반 용기의 내부의 점검

③ 액체위험물을 수납하는 경우에는 55℃의 온도에서의 증기압이 130kPa 이하가 되도록 수납할 것

[부표 1] 운반 용기의 최대용적 또는 중량(별표 19관련)

1. 고체위험물

내장 용기 용기의 종류	내장 용기 최대용적 또는 중량	외장 용기 용기의 종류	외장 용기 최대용적 또는 중량	제1류 I	제1류 II	제1류 III	제2류 II	제2류 III	제3류 I	제3류 II	제5류 I	제5류 II
유리 용기 또는 플라스틱 용기	10ℓ	나무상자 또는 플라스틱상자(필요에 따라 불활성의 완충재를 채울 것)	125kg	○	○	○	○	○	○	○	○	○
			225kg		○	○		○		○		○
		파이버판상자(필요에 따라 불활성의 완충재를 채울 것)	40kg	○	○	○	○	○	○	○	○	○
			55kg		○	○		○		○		○
금속제 용기	30ℓ	나무상자 또는 플라스틱상자	125kg	○	○	○	○	○	○	○	○	○
			225kg		○	○		○		○		○
		파이버판상자	40kg	○	○	○	○	○	○	○	○	○
			55kg		○	○		○		○		○
플라스틱 필름포대 또는 종이포대	5kg	나무상자 또는 플라스틱상자	50kg	○	○	○	○	○				○
	50kg		50kg	○	○	○	○	○				○
	125kg		125kg		○	○	○	○				
	225kg		225kg				○	○				○
	5kg	파이버판상자	40kg	○	○	○	○	○			○	○
	40kg		40kg	○	○	○	○	○				○
	55kg		55kg					○				
		금속제용기(드럼제외)	60ℓ	○	○	○	○	○	○	○	○	○
		플라스틱용기(드럼제외)	10ℓ		○	○	○	○				○
			30ℓ			○		○				○
		금속제드럼	250ℓ	○	○	○	○	○	○	○	○	○
		플라스틱드럼 또는 파이버드럼(방수성이 있는 것)	60ℓ	○	○	○	○	○	○	○	○	○
			250ℓ		○	○		○		○		○
		합성수지포대(방수성이 있는 것), 플라스틱필름포대, 섬유포대(방수성이 있는 것) 또는 종이포대(여러 겹으로서 방수성이 있는 것)	50kg		○	○	○	○		○		○

(비고)

1. "○"표시는 수납위험물의 종류별 각란에 정한 위험물에 대하여 당해 각란에 정한 운반 용기가 적응성이 있음을 표시한다.
2. 내장 용기는 외장 용기에 수납하여야 하는 용기로서 위험물을 직접 수납하기 위한 것을 말한다.
3. 내장 용기의 용기의 종류란이 공란인 것은 외장 용기에 위험물을 직접 수납하거나 유리 용기, 플라스틱 용기, 금속제 용기, 폴리에틸렌 포대 또는 종이 포대를 내장 용기로 할 수 있음을 표시한다.

2. 액체위험물

운반 용기				수납위험물의 종류							
내장 용기		외장 용기		제3류		제4류			제5류		제6류
용기의 종류	최대용적 또는 중량	용기의 종류	최대용적 또는 용적	I	II	I	II	III	I	II	I
유리 용기	5*l*	나무 또는 플라스틱상자(불활성의 완충재를 채울 것)	75kg	○	○	○	○	○	○	○	○
	10*l*		125kg		○		○	○		○	
			225kg					○			
	5*l*	파이버판상자(불활성의 완충재를 채울 것)	40kg	○	○	○	○	○	○	○	○
	10*l*		55kg					○			
플라스틱 용기	10*l*	나무 또는 플라스틱상자(필요에 따라 불활성의 완충재를 채울 것)	75kg	○	○	○	○	○	○	○	○
			125kg		○		○	○		○	
			225kg					○			
		파이버판상자(필요에 따라 불활성의 완충재를 채울 것)	40kg	○	○	○	○	○	○	○	
			55kg					○			
금속제 용기	30*l*	나무 또는 플라스틱상자	125kg	○	○	○	○	○	○	○	○
			225kg					○			
		파이버판상자	40kg	○	○	○	○	○	○	○	
			55kg		○		○	○		○	
		금속제 용기(금속제드럼제외)	60*l*		○		○	○		○	
		플라스틱 용기(플라스틱드럼제외)	10*l*		○		○	○		○	
			30*l*					○		○	
		금속제드럼(뚜껑고정식)	250*l*	○	○	○	○	○	○	○	○
		금속제드럼(뚜껑탈착식)	250*l*				○	○			
		플라스틱 또는 파이버드럼(플라스틱 내 용기 부착의 것)	250*l*		○			○		○	

(비고)
1. "○"표시는 수납위험물의 종류별 각란에 정한 위험물에 대하여 당해 각란에 정한 운반 용기가 적응성이 있음을 표시한다.
2. 내장 용기는 외장 용기에 수납하여야 하는 용기로서 위험물을 직접 수납하기 위한 것을 말한다.
3. 내장 용기의 용기의 종류란이 공란인 것은 외장 용기에 위험물을 직접 수납하거나 유리 용기, 플라스틱 용기 또는 금속제 용기를 내장 용기로 할 수 있음을 표시한다.

1▶① 제1류 위험물

01 제1류 위험물을 취급 시 주의 사항으로서 틀린 것은?

① 환기가 좋은 찬 곳에 저장한다.
② 가열, 충격, 마찰을 피한다.
③ 가연물과의 접촉을 피한다.
④ 용기를 옮길 때는 개방용기를 사용한다.

 해설

용기는 밀봉·밀전하여 누설에 주의할 것

02 제1류 위험물의 특징 중 틀린 것은?

① 대부분 무색 결정 또는 백색 분말이다.
② 반응성이 커서 분해하면 산소를 발생한다.
③ 폭발의 위험이 크다.
④ 비중은 1보다 작으며 물에 대부분 녹는다.

 해설

비중은 대부분 1보다 크고 수용성

03 다음 위험물 중에서 지정 수량이 다른 것은?

① KNO_3
② $KClO_3$
③ $KClO_4$
④ Na_2O_2

 해설

질산칼륨 300kg, 기타 50kg

04 다음 중 산화성 고체위험물에 속하지 않는 것은?

① 염소산칼륨
② 과염소산바륨
③ 과산화나트륨
④ 수소화리튬

 해설

수소화리튬(LiH): 제3류 금수성 물질

05 다음 중 제1류 위험물들로만 옳게 짝지워 놓은 것은?

| ㉠ 염소산칼륨 | ㉡ 과산화나트륨 |
| ㉢ 칠레초석 | ㉣ 과망가니즈산칼륨 |

① ㉠, ㉡, ㉢
② ㉠, ㉡, ㉣
③ ㉡, ㉢, ㉣
④ ㉠, ㉡, ㉢, ㉣

 해설

초석 = 질산칼륨

06 다음 중 제1류 위험물에 속하지 않는 것은?

① Na_2O_2
② NH_4ClO_4
③ HNO_3
④ KNO_3

 해설

질산: 제6류 위험물

07 공기 중에서 흡습성이 큰 물질로 화재 시 물을 사용해서는 안 되는 것은?

① $NaClO_4$
② Na_2O_2
③ KNO_3
④ $KMnO_3$

해설

제1류 위험물 알칼리금속과산화물: 물과 접촉 시 산소를 발생함

08 다음 설명 중 틀린 것은?

① 질산나트륨은 열분해하여 산소를 방출시킨다.

② 과산화마그네슘은 가열하면 MgO와 O_2
를 발생한다.
③ 과산화나트륨은 상온에서 적당한 물과
반응하여 H_2와 O_2가 생성된다.
④ 2몰의 염소산칼륨은 400℃에서 가열하
면 분해하여 KCl, O_2 등이 생성된다.

물과의 반응

$2Na_2O_2 + 2H_2O \rightarrow 4NaOH + O_2 \uparrow$

1▸② **위험등급 Ⅰ : 아염소산염류, 염소산
염류, 과염소산염류(50kg)**

01 아염소산염류의 일반적 성질에 관한 사항으로
틀린 것은?

① 백색의 결정성 분말이다.
② 물에 잘 녹으며 조해성 있다.
③ 산을 가하면 분해하여 이산화염소(ClO_2)
를 발생한다.
④ 수용액은 강한 환원력을 갖는다.

수용액은 강한 산화력을 가짐

02 아염소산염류의 위험성에 대한 설명으로 틀린
것은?

① 단독으로 폭발이 가능성이 있다.
② 유기물, 금속분 등 환원성 물질과 접촉하
면 즉시 폭발한다.
③ 직사광선, 자외선에 노출 시 분해하며
유독성이고 폭발성인 ClO_2를 발생한다.
④ 제4류 위험물과 혼재하여도 무방하다.

해설

제1류 위험물 : 제4류 위험물과 혼재를 하면 안 된다.

03 아염소산나트륨의 저장 및 취급 시 주의사항이
아닌 것은?

① 건조한 냉암소에 환기가 잘 되도록 하고
직사광선을 피하고 어두운 곳에 저장
② 이산화염소(ClO_2)를 흡입 시는 호흡기
장애가 발생하므로 즉시 통풍을 하여야
한다.
③ 티오황산나트륨($Na_2S_2O_3$)과 같은 혼촉 발
화가능성 물질과는 격리 시킬 것
④ 무기물, 금속분 등의 산화성 물질과 접촉
을 피한다.

해설

산화성 고체이므로 무기물, 금속분 등의 환원성 물질과 접촉을 피
할 것

04 다음 중 염소산칼륨($KClO_3$)의 성질에 대한 설
명이 옳은 것은?

① 흑색 분말이다.
② 비중은 4.32이다.
③ 글리세린과 에테르에 잘 녹는다.
④ 강산화제로 가열에 의해 분해하여 산소
를 방출한다.

해설

① 백색 분말
② 비중 2.34
③ 글리세린에 녹고 에테르에는 녹지 않음

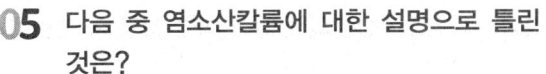

05 다음 중 염소산칼륨에 대한 설명으로 틀린 것은?

① 철을 부식시키므로 철 용기에 보관할 수 없음
② 산과 반응하면 폭발성, 유독한 이산화염소(ClO_2)를 발생
③ 황색의 분말로서 물에 잘 녹는다.
④ 400℃에서 열분해 시 산소 발생

무색·무취의 결정으로 온수와 알코올에 잘 녹는다.

06 염소산칼륨과 혼합했을 때 발화, 폭발의 위험이 있는 물질은?

① 금   ② 유리
③ 석면   ④ 목탄

염소산칼륨은 금속분, 가연성유기물, 유기황화합물, 목탄분과 혼합 시 마찰, 충격으로 폭발

07 실험실에서 산소와 얻고자 할 때 $KClO_3$에 MnO_2를 가하고 가열하여 얻는다. 그 이유로서 가장 적당한 것은?

① O_2를 많이 얻기 위함이다.
② $KClO_3$를 완전분해하기 위함이다.
③ 저온에서 반응속도를 증가시키기 때문이다.
④ MnO_2를 가하지 않으면 O_2를 얻을 수 없기 때문이다.

MnO_2: 정촉매 역할을 하며 저온에서 반응속도를 증가시킨다.

08 염소산나트륨이 산과 반응하면 유독하고 폭발성 가스가 발생한다. 이 가스는?

① 수소
② 산소
③ 염소
④ 이산화염소

산과 반응하면 폭발성, 유독한 이산화염소(ClO_2)를 발생

09 염소산나트륨의 내장용기의 재질로서 적당치 않은 것은?

① 폴리에틸렌
② 유리
③ 철제
④ 종이포대

염소산나트륨은 부식성이 크기 때문에 철제에 보관하지 말 것

10 염소산나트륨의 저장방법이 옳은 것은?

① 조해성이 있기 때문에 바람이 잘 통하는 장소에 보관한다.
② 융해성이 있어서 밀봉, 밀폐하고 보관한다.
③ 튼튼한 철제용기 속에 밀봉하고, 냉암소에 보관한다.
④ 산화성 물질이 들어가지 않도록 주의하고 누출이 되지 않도록 한다.

조해성: 수분을 흡수하는 성질

11 염소산 암모늄의 위험성에 대한 설명으로 틀린 것은?

① 산화기(ClO_3)와 폭발기(NH_4)가 결합하여 폭발성을 형성한다.
② 조해성이 있고 수용액에는 산화성이 있으며 금속을 부식한다.
③ 수용액은 알칼리성이다.
④ 환원성 물질과는 격리시켜야 한다.

수용액은 산성이다.

12 과염소산염류의 공통되는 성질은?

① 마찰, 충격에 불안정하다.
② 극히 산화되기 쉽다.
③ 물을 가하면 분해된다.
④ 흑색의 침상 결정이다.

과염소산염류: 마찰, 충격에 불안정함

13 과염소산염류 중 분해온도가 가장 낮은 것은?

① $KClO_4$
② $NaClO_4$
③ NH_4ClO_4
④ $Mg(ClO_4)_2$

① 400℃   ② 400℃
③ 130℃   ④ 250℃

14 과염소산칼륨의 성질에 대한 설명 중 틀린 것은?

① 조해성이 있고 물, 다이에틸에터에 잘 녹는다.
② 황산과 반응하면 폭발성가스가 생성된다.
③ 가연물과의 혼합 시 충격에 의해 폭발한다.
④ 무색, 무취 결정 또는 백색 분말이다.

물에 녹기 어렵고 에테르에 녹지 않는다.

15 과염소산칼륨에 황린을 혼합하거나 마그네슘분을 섞으면 위험하다. 그 이유 중 옳은 것은?

① 외부적 충격만 가해도 폭발하므로
② 전지가 형성되어 열이 발생하므로
③ 발화점이 높아지므로
④ 용융하므로

$KClO_4$: 강산화제로서 탄소(C), 인(P), 황(S), 유기물이 섞여 있으며 가열, 충격, 마찰에 의해 폭발

16 과염소산암모늄(NH_4ClO_4)에 대한 설명 중 틀린 것은?

① 폭약이나 성냥 원료로 쓰인다.
② 130℃ 정도에서 분해되어 염소가스를 방출한다.
③ 비중이 1.87이고 분해온도가 130℃ 정도이다.
④ 상온에서 비교적 안정하다.

NH_4ClO_4: 130℃ 정도 열분해 시 O_2 발생

17 과염소산암모늄(NH_4ClO_4)에 대한 설명 중 틀린 것은?

① 충격에 비교적 안정하다.
② 폭약이나 성냥 원료로 쓰인다.
③ 물, 에틸알코올, 아세톤, 에테르에 잘 녹는다.
④ 비중이 1.87이고 분해온도가 130℃ 정도이다.

에테르에는 녹지 않음

❸ 위험등급 I : 무기과산화물(50kg)

01 알칼리금속의 과산화물의 성질로서 맞는 것은?

① 단독으로 타지 않는다.
② 비중은 1보다 작다.
③ 분해가 어렵고 산소를 쉽게 방출한다.
④ 물과 격렬하게 반응하여 산소를 방출하나 발열하지 않는다.

알칼리금속 과산화물: 자신은 불연성으로 단독으로 타지 않음

02 제1류 위험물 중 알칼리금속의 과산화물과 물이 접촉하였을 때 주로 발생하는 것은?

① 수소가스   ② 산소가스
③ 탄산가스   ④ 수성가스

$K_2O_2 + H_2O \rightarrow 2KOH + 1/2O_2$(산소가스 발생)

03 공기 중에서 흡습성이 큰 물질로, 화재 시 물을 사용해서는 안 되는 것은?

① $NaClO_4$ ② Na_2O_2
③ KNO_3 ④ $KMnO_3$

제1류 위험물 알칼리금속과산화물: 물과 접촉 시 산소를 발생함

04 과산화칼륨에 대한 특성을 설명한 것이다. 틀린 것은?

① 물과 반응하여 산소를 방출한다.
② 자신은 불연성 물질이다.
③ 강산과 반응하여 산소를 발생한다.
④ 공기 중 CO_2와 반응하여 탄산염이 생성되며, 산소를 방출한다.

강산과 반응하여 과산화수소가 발생한다.

05 과산화나트륨에 대한 설명으로 틀린 것은?

① 순수한 것은 백색이지만 보통 황색의 분말 또는 과립상이다.
② 상온에서 물과 격렬하게 반응하여 열을 발생한다.
③ 강산화제로서 금, 니켈을 제외한 다른 금속을 침식하여 산화물을 만든다.
④ 알코올에 녹아 산소를 발생시킨다.

알코올에는 녹지 않고 발화한다.

06 과산화바륨의 취급에서 틀린 것은?

① 금속용기에 밀폐, 밀봉해 둔다.
② 화재 시 물을 사용하고 사염화탄소를 쓸 수 없다.

③ 직사광선을 피하고 냉암소에 둔다.

④ 유기물, 산 등의 접촉을 피한다.

물과 반응

$2BaO_2 + 2H_2O \rightarrow 2Ba(OH)_2 + O_2 \uparrow$

※ 물과 반응하여 산소를 발생하므로 사용금지

07 과산화마그네슘의 저장 및 취급 시 주의사항에 대한 설명이다. 옳지 않은 것은?

① 습기의 접촉이 없도록 밀봉한다.

② 유기물질의 혼입, 가열, 충격, 마찰을 피한다.

③ 산과 접촉은 무방하나 용기파손에 의한 누출이 없도록 주의한다.

④ 시판품은 15~20%의 MgO_2를 함유한다.

산과 반응

$MgO_2 + 2HCl \rightarrow MgCl_2 + H_2O_2$

※ 과산화마그네슘은 산과 접촉 시 과산화수소를 생성하므로 산과의 접촉을 금함

1 ▶ ④ 위험등급 Ⅱ : 브로민산염류(300kg)

01 브로민산염류의 성질로서 맞지 않는 것은?

① 대부분 무색 또는 백색의 결정이다.

② 일반적으로 물에 대한 용해도가 크다.

③ 열분해하여 산소를 발생하는 강한 환원제이다.

④ 보관 시에는 일광의 직사광선을 피해 저장한다.

브로민산염류: 강산화제

02 브로민산칼륨의 취급 시 주의사항에 해당하는 것은?

① 폭발 방지로 밀봉하지 않는다.

② 습기는 관계없으나 열원을 멀리한다.

③ 혈액 속에서 메타헤모그로핀 증세를 일으킨다.

④ 흡입해도 위장에는 해가 없다.

① 밀전보관 할 것

② 물에 약간 녹음: 습기를 피해 환기가 잘 되는 서늘한 곳에 보관

④ 흡입 시 유독

※ 브로민산칼륨: 피부, 눈, 점막 등을 자극하며, 혈액 속에서 메타헤모그로핀 증상을 일으킴

03 브로민산칼륨과 아이오딘산아연의 공통성질은?

① 두 물질 모두 물에 잘 녹는다.

② 모두 분해온도가 500℃ 이상이다.

③ 가연물과 혼합하여 가열하면 폭발한다.

④ 두 물질 모두 백색의 결정으로 알코올에 잘 녹는다.

• 브로민산칼륨
  ㉠ 백색의 결정 또는 결정성 분말
  ㉡ 물에 약간 녹고 에테르, 알코올에 녹지 않음
  ㉢ 약 370℃ 이상 분해 시 산소 방출

• 아이오딘산 아연($Zn(IO_3)_2$)
  ㉠ 백색의 결정 또는 결정성 분말
  ㉡ 물에 약간 녹고 에틸알코올에 녹지 않음

1▶ ⑤ 위험등급 Ⅱ : 질산염류(300kg)

01 다음 중 질산염류의 성질로서 옳은 것은?

① 강한 환원제이다.
② 조해성이 없다.
③ 일반적으로 물에 대한 용해도가 크다.
④ 질산염류 중 질산암모늄, 질산칼륨, 질산나트륨만 위험성이 있다.

질산염류: 물에 잘 녹는다.

02 다음 위험물 중 질산염류에 속하지 않는 것은?

① 질산칼륨　　② 질산에틸
③ 질산암모늄　④ 질산나트륨

• **제1류 위험물**: 질산염류(질산칼륨, 질산암모늄, 질산나트륨 등)
• **제5류 위험물**: 질산에틸

03 질산칼륨에 대한 설명 중 옳은 것은?

① 유기물 및 강산과 접촉에서 매우 안정하다.
② 열에 안정하며 1000℃ 온도에서도 분해되지 않는다.
③ 알코올에는 잘 녹으나 물, 글리세린에는 잘 녹지 않는다.
④ 무색, 무취의 결정 또는 분말로서 흑색 화약의 원료로 쓰인다.

질산칼륨: 분해온도 400℃, 물과 글리세린에 잘 용해, 유기물과 강산과 접촉 시 폭발

04 다음 질산나트륨의 성질에 관한 설명 중 잘못된 것은?

① 가열하면 약 380℃에서 열분해하여 산소를 방출한다.
② 에틸알코올에는 잘 녹으나 물에는 잘 녹지 않는다.
③ 무색 결정 또는 백색 분말로 조해성이 있다.
④ 티오황산나트륨과 함께 가열하면 폭발한다.

온수나 글리세린에 잘 녹고 알코올류에는 녹지 않음

05 다음 중 사진감광제, 사진제판, 보온병 제조 등에서 사용되는 위험물은?

① 질산칼륨(KNO_3)
② 질산나트륨($NaNO_3$)
③ 질산은($AgNO_3$)
④ 염소산칼륨($KClO_3$)

$AgNO_3$: 사진감광제, 사진제판, 보온병 제조

06 다음 물질 중 아이오딘산에틸시안은과 혼합되면 폭발성 물질이 형성되어 폭발의 위험성이 있는 것은?

① 질산수은($HgNO_3$)
② 질산바륨($Ba(NO_3)_2$)
③ 질산암모늄(NH_4NO_3)
④ 질산은($AgNO_3$)

질산은: 아이오딘산에틸시안은과 혼합 시 폭발성 물질 생성

07 다음은 질산암모늄의 성질을 설명한 것이다. 옳은 것은?

① 흡습성이 없다.

② 강력한 산화제이기 때문에 혼합 화약의 재료로 쓰인다.

③ 조해성이 없다.

④ 상온에서 폭발성 액체이다.

 **해설**

강산화제로서 AN－FO 폭약, 화학 제조에 이용

1▸ 6 위험등급 Ⅱ : 아이오딘산염류 (300kg)

01 아이오딘산칼륨의 지정 수량은 얼마인가?

① 100kg   ② 200kg

③ 300kg   ④ 400kg

 **해설**

지정 수량 300kg

02 아이오딘산칼륨의 일반적 성질에 맞지 않는 것은?

① 무색의 결정성 분말이다.

② 광택이 있다.

③ 물에 잘 녹는다.

④ 흑자색의 결정으로 강한 산화력과 살균력을 나타낸다.

 **해설**

④ 과망가니즈산칼륨

03 다음 중 KIO₃에 대한 설명으로 옳지 않은 것은?

① 염소산칼륨보다는 위험성이 적다.

② 광택이 나는 무색의 결정성 분말이다.

③ 물이나 알코올에는 녹으나, 진한 황산에는 녹지 않는다.

④ 융점 이상 가열하면 산소를 방출하여 가연물과 혼합 시 폭발의 위험이 있다.

 해설

아이오딘산칼륨(KIO_3)

• 무색의 결정성 분말로 광택이 난다.

• 분해온도(560℃) 이상 가열 시 산소방출, 유기물과 혼합 시 폭발

• 물에 잘 녹음(알칼리금속염)

• KCl_3보다는 안정됨

1▸ 7 위험등급 Ⅲ : 과망가니즈산염류 (1000kg)

01 다음은 과망가니즈산칼륨의 일반적 성상에 관한 설명이다. 잘못된 것은?

① 흑자색 고체이다.

② 일광에 쪼이면 분해한다.

③ 용액을 카멜레온이라 한다.

④ 가열하면 분해하여 가연성 가스가 발생한다.

 해설

$$2KMnO_4 \rightarrow K_2MnO_4 + MnO_2 + O_2 \uparrow$$

02 과망가니즈산칼륨에 의해 쉽게 산화되는 유기화합물은?

① C_2H_5OH ② CH_3COOH

③ CH_3CHO ④ $CH_3CH_2CH_3$

 해설

아세트알데하이드: 말단에 2중 결합을 갖고 있는 불포화화합물로서 쉽게 반응한다.

03 다음 중 강산화제로 작용하는 것은?

① $KMnO_4$ ② H_2

③ CO ④ H_2S

 해설

① 강산화제: 제1류 산화성 고체

②, ③, ④: 환원제

04 과망가니즈산칼륨이 240℃에서 분해했을 때 생성물이 아닌 것은?

① O_2 ② MnO_2

③ K_2O ④ K_2MnO_4

 해설

240℃ 열분해

$2KMnO_4 \rightarrow K_2MnO_4 + MnO_2 + O_2 \uparrow$

05 다음 화합물 중 망가니즈의 산화수가 +6인 것은?

① $KMnO_4$ ② MnO_2

③ $MnSO_4$ ④ K_2MnO_4

해설

① $KMnO_4$: K의 산화수는 +1, O의 산화수는
$(+1)+(X)+(-2\times4)=0$, $X=+7$
② MnO_2: O의 산화수는
$(X)+(-2\times2)=0$, $X=+4$
③ $MnSO_4$: S의 산화수는 +2, O의 산화수 −2
$(X)+(+6)+(-2\times4)=0$, $X=+2$
④ K_2MnO_4: K의 산화수는 +1, O의 산화수는
$(+1\times2)+(X)+(-2\times4)=0$, $X=+6$

1▶ ⑧ 위험등급 Ⅲ : 다이크로뮴산염류 (1000kg)

01 다이크로뮴산칼륨에 대한 설명으로 맞지 않는 것은?

① 분해온도는 500℃이고 비중은 2.69이다.
② 흡수성이 있고 등적색 결정이다.
③ 물과 알코올에 용해한다.
④ 단독으로는 안정하지만 가열하거나 유기물 기타 가연물과 접촉하여 마찰 및 열을 받으면 폭발한다.

 해설

물에는 용해하지만 알코올에는 용해하지 않는다.

02 그라비아 인쇄의 사진제판, 매염제, 피혁가공, 석유정제, 불꽃놀이의 제조 등의 용도로 사용하며 적색 또는 등적색의 침상결정으로서 185℃에서 분해하는 다이크로뮴산염류는?

① 다이크로뮴산나트륨($Na_2Cr_2O_7 \cdot 2H_2O$)
② 다이크로뮴산칼륨($K_2Cr_2O_7$)
③ 다이크로뮴산암모늄(($NH_4)_2Cr_2O_7$)
④ 다이크로뮴산칼슘($CaCr_2O_7 \cdot 3H_2O$)

 해설

다이크로뮴산암모늄[$(NH_4)_2Cr_2O_7$] 용도

석유정제, 그라비아 인쇄의 사진 제판, 피혁가공 등

03 오랜지색의 단사정계 결정이며 약 225℃에서 질소가스를 발생하는 것은?

① 다이크로뮴산칼륨
② 다이크로뮴산나트륨
③ 다이크로뮴산암모늄
④ 다이크로뮴산아연

다이크로뮴산암모늄에 대한 설명임

04 다이크로뮴산암모늄에 대한 설명으로 맞지 않는 것은?

① 적색 등적색 침상 결정이다.

② 물, 알코올에 녹는다.

③ 아세톤에 녹지 않는다.

④ 융점 이상 가열하면 수소와 질소가 발생한다.

다이크로뮴산암모늄 열분해 반응식

$(NH_4)_2Cr_2O_7 \rightarrow Cr_2O_3 + N_2 \uparrow + 4H_2O$

2▶ ① 제2류 위험물

01 가연성 고체위험물의 일반적 성질로서 잘못 설명된 것은?

① 모두 단체의 비금속 원소이다.

② 물에 불용하며, 산화하기 쉬운 물질이다.

③ 연소할 때 유독한 기체를 발생하는 것도 있다.

④ 비교적 낮은 온도에서 착화하기 쉬운 가연성 물질이다.

 해설

• **제2류 위험물**: 모두가 1종의 원소로 이루어진 것은 아님
• **단체**: 1종의 원소로 이루어진 순수한 물질
※ 다이아몬드(C), 철(Fe), 수소(H_2), 오존(O_3) 등

02 다음은 제2류 위험물의 공통적인 저장 및 취급 사항을 기술한 것이다. 틀린 것은?

① 열원 및 가열을 피한다.

② 산화제와의 접촉을 피한다.

③ 금속분은 석유 속에 저장한다.

④ 용기의 파손 및 누출에 유의한다.

해설

• **석유 속에 보관**: 제3류 위험물 K, Na
• **금속분**: 밀봉 · 밀전 보관함(수분접촉금지)

03 제2류 위험물과 혼재 가능한 위험물은 어느 것인가?

① 제1류 위험물   ② 제3류 위험물

③ 제4류 위험물   ④ 제6류 위험물

해설

제4류 위험물, 제5류 위험물은 혼재가 가능함

04 제2류 위험물인 가연성 고체의 일반적 성질에 관한 설명으로 맞는 것은?

① 강력한 산화성 물질이다.

② 비교적 낮은 온도에서 착화되기 때문에 연소 시 연소 온도가 낮다.

③ 가연성 물질이므로 무기과산화물과 혼합한 것은 소량의 수분에 의해 발화한다.

④ 대부분 비중은 1보다 작고, 물에 녹지 않으며 모두 유기화합물질로 구성되어 있다.

해설

제2류 가연성 고체위험물: 산화제인 무기과산화물과 혼합 시 산소가 발생 발화한다.

05 유황, 금속분 등을 저장할 때 가장 주의하여야 할 사항은 무엇인가?

① 가연성 물질과 함께 보관하거나 접촉을 피해야 한다.

② 빛이 닿지 않는 어두운 곳에 보관해야 한다.

③ 통풍이 잘 되는 곳에 보관해야 한다.

④ 화기의 접근이나 과열을 피해야 한다.

 **해설**

화기와의 접촉 금지

[정답] 01 ① 02 ③ 03 ③ 04 ③ 05 ④

2▸ ❷ 위험등급 Ⅱ : 황화인(100kg)

01 위험물 성질에서 틀린 것은?

① 황린은 인의 단체이다.
② 적린은 인의 단체이다.
③ 황은 황의 단체이다.
④ 황화인은 인의 단체이다.

황화인은 황과 인으로 이루어진 화합물임

02 다음 황화인에 대한 설명 중 옳지 않은 것은?

① 3황화인 끓는 물에 분해된다.
② 5황화인은 공기 중의 수분을 흡수하여 분해되며 아황산가스를 낸다.
③ 7황화인은 흡수성이 있으며 분해되며 황화수소가스를 발생한다.
④ 과산화물, 망가니즈산염, 안티몬 등과 공존하면 발화한다.

물과 반응식
$P_2S_5 + 8H_2O \rightarrow 5H_2S \uparrow + 2H_3PO_4$
물 또는 알칼리에 분해하여 황화수소(H_2S)와 인산(H_3PO_4) 발생

03 황화인이 물에 녹을 때 발생하는 유독가스의 성분은?

① H_2S ② SO_2
③ P_2O_5 ④ PH_3

$P_2S_5 + 8H_2O \rightarrow 5H_2S \uparrow + 2H_3PO_4$

04 삼황화인이 연소할 때 생성되는 물질은?

① P_2O_5와 SO_2 ② P_4O_3와 SO_2
③ P_4O_7와 SO_2 ④ P_2O_5와 SO_3

연소반응식: $P_4S_3 + 8O_2 \rightarrow 2P_2O_5 \uparrow + 3SO_2$

05 오황화인(P_2S_5)이 물과 작용했을 때 발생되는 기체는 어느 것인가?

① 포스핀   ② 포스겐
③ 황산가스   ④ 황화수소

물과 반응식: $P_2S_5 + 8H_2O \rightarrow 5H_2S \uparrow + 2H_3PO_4$

06 칠황화인(P_4S_7)에 관한 설명 중 틀린 것은?

① 담황색의 결정이다.
② 이황화탄소에 약간 녹는다.
③ 냉수와 작용해서 불연성 가스를 발생한다.
④ 조해성이 있고, 수분을 흡수하면 분해한다.

온수에서 급격히 분해 H_2S, H_3PO_4 발생, 냉수와는 거의 반응하지 않음

2▸ ❸ 위험등급 Ⅱ : 적린(100kg)

01 다음 중 적린의 성질로 잘못된 것은?

① 황린과 성분원소는 같다.
② 착화온도는 황린보다 낮다.
③ 물, 이황화탄소에 녹지 않는다.
④ 황린에 비해 화학적 활성이 적다.

- **적린**: 착화온도 260℃
- **황린**: 착화온도 34℃

02 흰린과 붉은린의 공통되는 성질은?

① 동위 원소이다.
② 착화온도가 같다.
③ 맹독성이다.
④ 동소체이다.

동소체: 같은 원소로 되어 있으나 모양과 성질이 다른 홀원소물질
※ 산소(O_2)와 오존(O_3) 고무상황 · 단사황(單斜黃) · 사방황 · 흰인(白燐)과 붉은인(赤燐), 흑연과 다이아몬드 등

03 다음 중 적린의 위험성에 대하여 옳은 것은?

① 염소산염류와 접촉하면 발화 또는 폭발의 위험이 있다.
② 공기 중에 방치하면 탄다.
③ 물과 반응 시 발열한다.
④ 독성이 크다.

적린은 염소산염류와 접촉 시 발화 · 폭발

04 적린과 염소산칼륨의 위험물이 혼합하면 안되는 이유는?

① 자연발화의 위험성이 있다.
② 독성을 만들어 낸다.
③ 정전기를 발생한다.
④ 가열, 충격, 마찰에 의한 폭발한다.

$$6P + 5KClO_3 \rightarrow 5KCl + 3P_2O_5 \uparrow$$

05 다음 설명 중 올바르게 표현된 것은?

① 황린은 담황색이며 자극성 냄새를 가지고 있으며 맹독성이다.
② 황화인은 녹색의 결정이며 물에 분해하여 이산화황과 인산이 된다.
③ 적린은 적갈색의 분말로서 조해성이 있는 자연발화성 물질이다.
④ 황은 고체 또는 분말이며 많은 이성질체를 갖고 있는 전기 도체이다.

황린(P_4): 자연발화성으로서 맹독성(치사량 0.02~0.05g)

06 황린과 적린의 성질에 대한 설명 중 잘못된 것은?

① 황린이나 적린은 이황화탄소에 녹는다.
② 황린이나 적린은 물과 반응하지 않는다.
③ 적린은 황린에 비하여 화학적으로 활성이 작다.
④ 황린과 적린을 각각 연소시키면 P_2O_5이 생성된다.

- **적린**: CS_2에 녹지 않음
- **황린**: CS_2에 녹음

01 다음은 황에 관한 설명이다. 옳지 않은 것은?

① 황은 4종류의 동소체가 존재한다.
② 황은 연소하면 모두 이산화황으로 된다.
③ 황의 동소체는 오래 방치하면 사방황으로 된다.
④ 황은 물에는 녹지 않으나 알코올에는 약간 녹는다.

사방황, 단사황, 고무상황: 3가지

02 황의 성질에 맞는 것은?

① 착화하면 잘 탄다.
② 자극성 냄새가 난다.
③ 휘발하여 없어지기 쉽다.
④ 물에 잘 녹는 성질이 있다.

황은 물에 녹지 않음

03 황의 동소체 중 이황화탄소에 녹지 않고 350℃로 가열하여 용해한 것을 찬물에 넣으면 생성되는 것은?

① 고무상황
② 단사황
③ 노란색 유동성 황
④ 사방황

고무상황
• 착화점 360℃
• 물에 불용
• CS_2에 대한 용해도 → 녹지 않음

04 붉은 갈색이며, 무정형으로 CS_2에 녹지 않고, 녹는점이 일정치 않은 것은?

① 사방황　　　　② 단사황
③ 고무상황　　　④ 침강황

고무상황: 무정형, CS_2에 불용

05 석유류에 불쾌한 냄새를 가지며 취급하는 장치를 부식시키는 불순물은?

① 황화합물　　　② 수소화합물
③ 질소화합물　　④ 산소화합물

황화합물: 장치부식, 불쾌한 냄새

06 다음 설명 중 틀린 것은?

① 황린은 공기 중에서 산화되며, 자연발화를 일으키는 일이 있다.
② 적린은 $KClO_3$와 혼합, 마찰 시 반응하여 발화한다.
③ 황은 상온에서 자연발화하는 성질이 있다.
④ 황은 금속과의 활성이 풍부하다.

황은 상온에서 자연발화하지 않음

07 다음은 황의 성질에 관한 설명이다. 옳은 것은? (단, 고무상황 제외)

① 물에 잘 녹는다.

② 이황화탄소(CS_2)에 녹는다.

③ 완전연소 시 무색의 유독한 가스가 발생한다.

④ 전기의 도체이므로 마찰에 의하여 정전기가 발생된다.

 해설

황은 이황화탄소에 녹는다.

08 황이 산화제의 혼합에 의해 폭발, 화재가 발생했을 때 가장 적당한 소화 방법은?

① 포의 방사에 의한 소화

② 분말 소화제에 의한 소화

③ 다량의 물에 의한 소화

④ 할로젠화합물의 방사에 의한 소화

 해설

황: 다량의 물로 주수소화

2▸ **5** **위험등급 Ⅲ : 철분, 마그네슘, 금속분 (500kg)**

01 다음 금속분 중 지정 수량이 다른 물질은?

① Al분 ② Zn분

③ Fe분 ④ 금속칼륨(K)

 해설

• Al, Zn, Fe: 500kg

• K: 10kg

02 금속분 중 저장할 때 알루미늄분과는 격리시켜 두는 것이 안전한 것은?

① Fe분 ② Zn분

③ Cu분 ④ Mg분

 해설

Al보다 이온화 경향이 큰 금속일수록 반응성이 크다.
K 〉 Ca 〉 Na 〉 Mg 〉 Al 〉 Zn 〉 Fe 〉 Ni

03 금속분말 화재 시 주수하여서는 안 되는 가장 큰 이유는?

① 수소가 발생하여 연소가 확대되기 때문에

② 유독가스가 발생하여 연소가 확대되기 때문에

③ 산소의 발생으로 연소가 확대되기 때문에

④ 분말이 수증기와 함께 날아가기 때문에

 해설

금속분말
• 주수 시 수소 발생
• 화재 시는 발생된 수소에 의한 폭발이 발생

04 가연성 고체인 Mg분의 위험성에 관한 설명 중 틀린 것은?

① 유기물과 혼합하면 폭발한다.

② 더운물과 작용시키면 수소가스를 발생한다.

③ 점화하면 백색광을 발산하며 연소하므로 소화가 곤란하다.

④ Mg분이 공기 중에 부유하면 화기에 의해 분진 폭발의 위험이 있다.

 해설

유기과산화물과 혼합 시 폭발함

05 은백색의 금속분으로서 온수와 접촉하면 수소를 발생하는 물질은?

① 은분
② 백금분
③ 구리분
④ 마그네슘분

$Mg + 2H_2O \rightarrow Mg(OH)_2 + H_2 \uparrow$

06 다음 물질 중 점화원에 의해 폭발할 위험성이 있는 것으로만 모두 짝지어진 것은?

① 황, 생석회, 알루미늄분
② 마그네슘분, 황, 생석회
③ 적린, 생석회, 마그네슘분
④ 마그네슘분, 알루미늄분, 적린

생석회(CaO): 가연물이 아님

07 마그네슘 리본에 불을 붙여 다음 기체가 담겨 있는 유리병에 넣었을 때 계속해서 연소현상이 진행되는 것은 어떤 가스가 담겨있는 것인가?

① 탄산가스
② 헬륨가스
③ 질소가스
④ 네온가스

이산화탄소기류하에서 연소반응식
$2Mg + CO_2 \rightarrow 2MgO + C$

08 다음 금속분 중 연성과 전성이 가장 풍부한 것은?

① 마그네슘분
② 알루미늄분
③ 아연분
④ 철분

Al분: 전성·연성이 풍부하며, 열전도율 및 전기전도도가 크다.

09 금속분 제조공장에서 분진 폭발을 예방하기 위한 조치로 가장 거리가 먼 것은?

① 제분기나 컨베이어가 설치된 실내에서 분진이 부유, 발산하지 않도록 한다.
② 저장 시 적당한 습기를 유지하고 전기시설의 안전 및 화기에 대해 철저히 통제한다.
③ 운송덕트는 비철금속으로 하고 상시 불연성 가스를 봉입시켜 둔다.
④ 운송덕트는 가급적 짧게 하고 내부에 분진의 집적이나 장애물의 축적을 방지한다.

수분 흡수 시 자연발화의 위험

10 공기 중에서 표면에 산화피막을 형성하는 제2류 위험물로 짝지어진 것은?

① 황화인, 마그네슘
② 적린, 알루미늄분
③ 알루미늄분, 아연분
④ 아연분, 제삼부틸알코올

Al분, Zn분: 산화피막 형성

11 열과 전기의 도체로 산과 알칼리에 녹아 수소를 발생하며 은백색의 광택을 가지는 연한 금속은?

① Fe
② Cs
③ Al
④ Sb

AI: 양쪽성 원소로 산·알칼리 모두에 반응 수소 발생, 전성과 연성이 풍부

12 다음 〈보기〉에서 설명하는 위험물은 어떤 물질인가?

> ㉠ 분자량은 26.98로서 온수와 반응하여 수소를 발생한다.
> ㉡ 공기 중에 산화피막을 형성하여 부식을 방지하는 성질이 있다.

① Zn ② Fe
③ Al ④ Sb

알루미늄(Al)에 대한 설명임

2▶ ❻ 위험등급 Ⅲ : 인화성 고체(1000kg)

01 제2류 위험물 중 인화성 고체는?
① 고무류
② 넝마 및 종이조각
③ 고무풀
④ 목모 및 대팻밥

①, ②, ④: 특수가연물

02 인화성 고체의 지정 수량은 얼마인가?
① 100kg ② 200kg
③ 500kg ④ 1000kg

03 합성수지에 메틸알코올(CH_3OH)을 혼합침투시켜 한천상으로 만든 것은 제2류 위험물 중 무엇인가?
① 고형알코올 ② 메틸알코올
③ 페놀 ④ 아크릴로니트릴

지정 수량 1000kg

고형알코올(등산용 휴대연료)에 대한 설명임

04 고형알코올의 인화점은 몇 도인가?
① 20℃ 미만 ② 30℃ 미만
③ 40℃ 미만 ④ 50℃ 미만

인화점 30℃ 미만

05 메타알데하이드의 일반적 성질에 대한 사항으로 맞지 않는 것은?
① 증기는 공기보다 무거워서 낮은 곳에 체류할 위험이 있다.
② 물에 녹지 않으며 에테르, 에틸알코올, 벤젠에는 녹기 어렵다.
③ 용도로는 등산용 휴대연료로 사용된다.
④ 위험등급 Ⅱ등급에 속한다.

위험등급 Ⅲ등급에 속한다.

3▸ ① 제3류 위험물

01 제3류 위험물의 일반적 성질로서 옳은 것은?

① 황린을 제외하고 물에 대하여 위험한 반응을 초래하는 물질이다.

② 가연성 고체로서 비교적 낮은 온도에서 착화하기 쉬운 이연성(易燃性), 속연성(速燃性) 물질이다.

③ 모두 무기화합물이며 대부분 무색의 결정이나, 백색 분말 상태의 고체이다.

④ 물에 대한 비중은 1보다 크며 조해성(潮解性)이 있다.

황린(P₄): 물속에 보관한다.

02 제3류 위험물의 저장 취급 시 주의할 점이 아닌 것은?

① 가연성 가스를 발생하는 것은 화기에 주의한다.

② 제3류 위험물은 전부 보호액인 석유 속에 저장한다.

③ 대량 저장 시 소화가 곤란하므로 소분하여 저장한다.

④ 용기의 파손 및 부식을 막고, 수분의 접촉을 피한다.

황린: 물속에 보관

03 제3류 위험물의 공통적인 성질을 설명한 것 중 옳은 것은? (단, 황린은 제외)

① 모두 무기화합물이다.

② 저장액으로 석유류를 이용한다.

③ 햇빛에 노출되는 순간 발화한다.

④ 물과 반응 시 발열 또는 발화한다.

황린을 제외하고 물과 반응하여 가연성 가스를 발생하며 발열·발화한다.

04 제3류 위험물의 취급에 주의해야 할 사항으로 맞는 것은?

① 마찰 · 충격을 피할 것

② 화기의 접근을 피할 것

③ 산화물의 혼합을 피할 것

④ 물과의 접촉을 피할 것

물질의 특성상 금수성 및 자연발화성으로서 물과의 접촉을 하지 말 것

05 제3류 위험물의 화재 시에 다음 중 가장 적당한 소화제는?

① 건조사

② 사염화탄소

③ 탄산가스

④ 물

해설

제3류 위험물 소화제: 마른 모래, 금속화재용 분말

06 다음 위험물 중 독성이 강하고 물과 반응 시 인화성 가스가 생성되는 적갈색 괴상의 물질은?

① 탄산나트륨   ② 탄산칼슘
③ 인화칼슘   ④ 탄화칼륨

 **해설**

$Ca_3P_2 + 6H_2O \rightarrow 2PH_3(포스핀) + 3Ca(OH)_2$

07 다음 위험물 저장 시 보호액 연결이 올바른 것은?

① 황린 – 물
② 금속칼륨 – 에틸알코올
③ 이황화탄소 – 석유
④ 금속나트륨 – 황산

 **해설**

물속에 저장: 황린, 이황화탄소

08 제3류 위험물의 일반적 성질로서 다음 가운데 잘못된 것은?

① 금속칼슘은 적회색의 금속으로 전성과 연성이 없다.
② 금속나트륨은 은백색의 경금속으로 비중은 물보다 작다.
③ 금속칼륨은 은백색의 경금속으로서 비중은 물보다 작다.
④ 인화석회는 적갈색의 괴상이며 물과 반응하여 인화수소를 낸다.

 해설

금속칼슘은 은백색의 금속으로 전성과 연성이 풍부함

09 다음은 자연발화 및 금수성 위험물의 공통된 특성에 대한 설명이다. 옳은 것은?

① 가연성이고, 자기연소성 물질이다.
② 일반적으로 불연성 물질이고, 강산화제이다.
③ 저온에서 발화하기 쉬운 가연성 물질이며 산과 접촉하면 흡열한다.
④ 물과 반응하여 가연성 가스가 발생하는 것이 많고, 발열만하는 것도 있다.

 **해설**

대부분이 물과 반응 가연성가스를 발생하고 발열을 한다.

10 다음 위험물을 취급할 때 물과 접촉하여 발생되는 가스로서 틀린 것은?

① 금속나트륨 – 수소
② 탄산칼슘 – 아르곤
③ 금속칼슘 – 수소
④ 인화석회 – 인화수소

 해설

$CaCO_3 \rightarrow CaO + CO_2 \uparrow$

11 제3류 위험물 중 물과 반응할 때 반응열이 가장 큰 것은?

① 탄화칼슘
② 수소화나트륨
③ 금속나트륨
④ 수소화칼슘

 **해설**

$CaH_2(48\ Kcal) > Na(44.1\ Kcal) > CaC_2(27.8\ Kcal) > NaH(21\ Kcal)$

12 다음 3류 위험물중 물과 반응할 때 반응열이 가장 큰 것은?

① 리튬   ② 탄화칼슘

③ 금속나트륨   ④ 금속칼륨

Li(52.7 Kcal) 〉 K(46.4 Kcal) 〉 Na(44.1 Kcal) 〉 CaC₂(27.8 Kcal)

13 다음 위험물 저장 시 보호액 연결이 올바른 것은?

① 황린 – 물

② 금속칼륨 – 에틸알코올

③ 이황화탄소 – 석유

④ 금속나트륨 – 황산

물속에 저장: 황린, 이황화탄소

3▸ ❷ 위험등급 Ⅰ: K, Na, 알킬알루미늄, 알킬리튬(10kg), P₄(20kg)

01 금속칼륨의 지정 수량은?

① 500kg   ② 2kg

③ 3kg   ④ 10kg

금속칼륨(K): 10kg

02 어느 물질을 백금선에 묻혀 가스의 산화 불꽃 속에 넣어보니 보라색을 띄는 불꽃색이 나타났다. 이 화합물에 포함된 금속은?

① 금속칼륨   ② 금속나트륨

③ 금속마그네슘   ④ 금속칼슘

금속칼륨 불꽃 반응: 보라색

03 금속칼륨이 물과 반응할 때 일어나는 반응으로서 옳은 것은 어느 것인가?

① 수산화칼륨＋산소＋발열반응

② 수산화칼륨＋수소＋발열반응

③ 산화칼륨＋수소＋발열반응

④ 수산화나트륨＋수소＋흡열반응

물과의 반응
$2K + 2H_2O \rightarrow 2KOH + H_2 \uparrow + Q$

04 금속 칼륨(K)을 석유에 넣어 보관하는 이유는?

① 산화력이 커서

② 취급이 대단히 위험함을 표시하려고

③ 수분과 접촉을 차단하고 공기 산화를 방지하려고

④ 마찰 충격을 방지하려고

수분과 접촉 시 수소를 발생하며 발열하므로 석유 속에 보관한다.

05 3류 위험물인 칼륨과 폭발 반응을 일으키는 소화약제는?

① 탄산수소염류   ② 인산암모늄

③ 마른모래   ④ 사염화탄소

CCl₄와 반응식
$4K + CCl_4 \rightarrow 4KCl + C$(폭발위험)

06 금속칼륨(2mol)을 산소(0.5mol)와 반응 시키면 생성되는 물질은?

① KOH　　　　② KCl

③ K₂O　　　　④ KNO₃

물과의 반응

$2K + \frac{1}{2}O_2 \rightarrow K_2O + Q$

07 금속칼륨의 취급 잘못으로 화재가 났을 때 가장 적당한 소화 방법은?

① 마른모래를 덮어 소화시킨다.

② 다량의 물을 사용하여 소화한다.

③ 할론소화기를 사용한다.

④ 분무상의 물을 사용한다.

금속칼륨: 마른모래

08 제3류 위험물 중 K(칼륨)의 저장 및 취급 시 주의사항으로 부적당한 것은?

① 통풍이 잘 되고 건조한 암냉소에 밀봉하여 저장한다.

② 저장 중 C₂H₂ 가스발생 유무를 조사한다.

③ 보호액 속에 저장한다.

④ 용기의 파손, 부식에 주의하고 피부에 닿지 않도록 한다.

저장 중 수분과 접촉하여 수소가스가 발생함

09 금속 Na 및 K의 공통적인 성질은?

① 불연성이다.

② 물과 반응해서 산소를 발생한다.

③ 은백색의 단단한 금속이다.

④ 물보다 가벼운 금속이다.

Na, K 공통성질

㉠ 물보다 비중이 적고 물과 반응하여 수소 가스 발생

㉡ 은백색 광택의 무른 경금속

㉢ 알코올라이트 생성

10 다음 중 〈보기〉와 같은 성상을 갖는 물질은 무엇인가?

> ㉠ 융점이 약 63.5℃이고, 비중은 약 0.851이다.
> ㉡ 공기 중에서 수분과 반응하여 가연성가스인 수소가 발생한다.
> ㉢ 은백색 무른 경금속으로 포타슘이라고 한다.

① 칼륨　　　　② 나트륨

③ 알킬리튬　　④ 알킬알루미늄

금속칼륨에 대한 설명임

11 나트륨과 칼륨 금속의 성질에 대한 설명 중 틀린 것은?

① 은백색의 경금속이다.

② 물질 저장 시 석유 속에 넣는다.

③ 물과 작용하여 산소를 발생한다.

④ 공기 속에서 융점이상 가열하면 용이하게 연소한다.

물과 반응하여 수소 발생

12 금속나트륨 금속칼륨의 취급에 대한 설명 중 틀린 것은?

① 보호액 속에 노출하지 않도록 저장한다.

② 수분 습기를 접촉하지 않도록 주의한다.

③ 손으로 꺼낼 때는 손을 깨끗이 닦고 만져야 한다.

④ 일단 연소하면 소화가 어려우므로 소량씩 구분하여 저장한다.

손으로 직접 접촉 시 수분으로 화상을 입을 수 있음

13 금수성 물질인 금속칼륨, 금속나트륨 취급 시 사고예방 또는 응급조치로 적당치 못한 것은?

① 저장, 취급하는 경우 위험물의 변질, 이물질의 혼입으로 위험성이 증대되지 않도록 한다.

② 피부에 접촉하면 화상 또는 염증을 일으키며 소화 시 보호구를 착용한다.

③ 화재 발생 시 주수소화는 금하고, 사염화탄소 소화기를 사용한다.

④ 석유(보호액) 속에 넣어 수분의 혼입을 피해서 보관한다.

CCl_4와 반응식: $4K + CCl_4 \rightarrow 4KCl + C$(폭발위험)

14 어떤 금속조각을 찬물에 넣었더니 반응하여 화염이 발생하였다. 이 금속의 명칭은?

① 아연(Zn)　　② 나트륨(Na)

③ 알루미늄(Al)　　④ 철(Fe)

Na: 물과의 반응성이 큼

15 알킬알루미늄류에 대한 설명으로 옳은 것은?

① 모두 무색의 액체이다.

② 자극성인 냄새와 독성이 있다.

③ 저장 시 밀봉하고 아세틸렌 가스를 충전한다.

④ 물과 접촉하면 폭발적으로 반응하여 산소와 수소를 발생한다.

• TMA: 무색 액체, TEA: 무색 액체, TIBA: 무색 액체, EADC: 무색 고체

• 저장 시 질소 등 불연성 가스를 충전한다.

• 물과 접촉 시 탄화수소류 가연성 가스 발생

16 제3류 위험물인 알킬알루미늄의 화재 시 가장 적당한 소화제는?

① 마른모래

② 팽창진주암

③ 분무상의 물

④ 사염화탄소

알킬알루미늄, 알킬리튬: 팽창질석, 팽창진주암

17 제3류 위험물 화재의 진압대책으로 옳지 않은 것은?

① 대부분 물에 의한 냉각소화는 불가능하다.

② K, Na 등은 특별한 소화수단이 없으므로 연소확대 방지에 주력한다.

③ 알킬알루미늄은 물과 반응하여 산소를 발생하므로 주수소화는 좋지 않다.

④ 인화칼슘은 물과 반응하여 포스핀 가스가 발생하므로 마른모래로 피복소화한다.

알킬알루미늄류는 물과 반응하여 탄화수소류 가스를 발생한다.
- TMA: $(CH_3)_3Al + 3H_2O \rightarrow Al(OH)_3 + 3CH_4\uparrow$
- TEA: $(C_2H_5)_3Al + 3H_2O \rightarrow Al(OH)_3 + 3C_2H_6\uparrow$

18 흰린(황린)을 잘 녹이는 액체는?
① 물　　　　② 삼염화린
③ 벤젠　　　④ 알코올

황린(P_4): CS_2, 염화황, 삼염화인 등에 잘 녹음

19 황린의 저장 보호액을 pH9(약알칼리성)로 유지하는 이유로 옳은 것은?
① 착화점을 낮추기 위하여서
② PH_3(인화수소)의 생성을 방지하기 위하여
③ P_2O_5(오산화인)의 생성을 방지하기 위하여
④ 적린으로 변이하는 것을 방지하기 위하여서

PH_3의 생성방지를 위함

20 품명이 없는 시약병 4개의 뚜껑을 열고 내용물을 확인하려고 했다. 그 중 하나가 산화하면서 발광을 하였다. 무엇이겠는가?
① 붉은인　　② 황린
③ 황　　　　④ 염화암모늄

해설

황린은 착화점(34℃)이 매우 낮아 빛을 내면서 산화함

21 황린의 취급 시 주의사항으로 틀린 것은?
① 피부에 닿지 않도록 주의할 것
② 산화제와 접촉을 피할 것
③ 물의 접촉을 피할 것
④ 화기의 접근을 피할 것

황린(P_4): 물속에 보관

22 담황색의 고체로서 물속에 보관해야 하며 치사량이 0.02~0.05g이면 사망하는 제3류 위험물은?
① 황린　　　② 적린
③ 황　　　　④ 마그네슘

황린에 대한 설명임

23 다음은 어떤 위험물인가?

(A) 맹독성이므로 고무장갑, 보호복을 반드시 착용하고 취급한다.
(B) 공기에 닿지 않도록 물속에 저장한다.
(C) 연소하면 오산화인(P_2O_5)의 흰 연기를 낸다.

① 적린　　　② 황화인
③ 황린　　　④ 금속분

황린에 대한 설명임

24 다음은 어떤 위험물에 대한 설명인가?

> ㄱ. 어두운 곳에서 인광을 내는 백색 또는 담황색의 고체이다.
> ㄴ. 연소할 때 오산화인의 흰 연기를 발생한다.
> ㄷ. 물속에 저장한다.
> ㄹ. 지정 수량은 20kg이다.

① N_2
② P_4S_3
③ P_4
④ CS_2

 **해설**

황린에 대한 설명임

3▶ ❸ 위험등급 Ⅱ : 알칼리금속 및 알칼리토금속, 유기금속화합물(50kg)

01 금속리튬의 지정 수량은 얼마인가?

① 50kg
② 30kg
③ 20kg
④ 10kg

 해설

지정 수량 50kg

02 금속리튬의 일반적 성질로서 맞지 않는 것은?

① 은백색의 무른 경금속이다
② 물과 반응하여 수소가스와 대량의 열을 발생한다.
③ 연소 시 탄산가스 기류 속에서도 잘 꺼지지 않는다.
④ 소화는 포 소화약제를 사용한다.

 **해설**

물이 들어 있는 포 소화약제 사용금지한다.

03 금속리튬의 물과의 반응식에서 생성되는 가스는 무엇인가?

① 산소
② 수소
③ 아세틸렌
④ 아르곤

 해설

$2Li + 2H_2O \rightarrow 2LiOH + H_2\uparrow + Q$

04 금속칼슘에 대한 일반적 성질로서 맞지 않는 것은?

① 연한 은백색의 무른 중금속이다
② 상온에서 물과 반응하여 수소가스를 발생한다.
③ 피부에 닿으면 화상을 입는다.
④ 보호액으로 석유 톨루엔($C_6H_5CH_3$) 속에 저장한다.

 해설

금속칼슘은 은백색의 무른 경금속임

3▶ ❹ 위험등급 Ⅲ : 금속의 수소화물(300kg)

01 수소화나트륨 화재발생 시 주수소화가 부적당한 가장 큰 이유는?

① 발열반응을 일으킴
② 수화반응을 일으킴
③ 중화반응을 일으킴
④ 중합반응을 일으킴

 해설

물과 반응 시 발열반응함

---

02 수소화칼륨이 암모니아와 고온에서 반응 시키면 어떤 물질이 되는가?

① KNH_2 ② KH_2

③ KOH ④ K_2H

$KH + NH_3 \rightarrow KNH_2 + H_2$

03 제3류 위험물 중 물과 반응할 때 반응열이 가장 큰 것은?

① 탄화칼슘   ② 수소화나트륨

③ 금속나트륨   ④ 수소화칼륨

CaH_2(48 Kcal) > Na(44.1 Kcal) > CaC_2(27.8 Kcal) > NaH(21 Kcal)

3▶ ⑤ 위험등급 Ⅲ : 금속의 인화물(300kg)

01 금수성 물질인 인화칼슘(Ca_3P_2)이 물과 반응하였을 때 발생하는 가스는?

① 수소   ② 산소

③ 포스핀   ④ 아세틸렌

물, 약산에 의하여 심하게 반응, 독성의 포스핀(인화수소, PH_3)를 발생

$Ca_3P_2 + 6H_2O \rightarrow 2PH_3 + 3Ca(OH)_2$

02 Ca_3P_2(인화칼슘)의 성질에 대한 설명 중 틀린 것은?

① 비중은 2.5 정도이다.

② 건조한 공기 중에서는 안정하다.

③ 물과 반응하여 포스겐을 발생한다.

④ 에테르에 녹지 않고, 융점은 1600℃ 정도이다.

1번 해설 참조

03 인화석회의 성상에 있어서 틀린 것은?

① 융점은 1600℃이다.

② 비중은 1보다 크다.

③ 황색 액체이다.

④ 적갈색이다.

인화석회(Ca_3P_2): 적갈색의 고체

04 인화칼슘과 물이 반응할 때의 반응식으로 옳은 것은?

① $Ca_3P_2 + 6H_2O \rightarrow 2PH_3 + 3Ca(OH)_2 + Qkcal$

② $Ca_3P_2 + 5H_2O \rightarrow 2PH_3 + 3Ca(OH)_2 + Qkcal$

③ $Ca_3P_2 + 4H_2O \rightarrow 2PH_3 + 3Ca(OH)_2 + Qkcal$

④ $Ca_3P_2 + 3H_2O \rightarrow 2PH_3 + 3Ca(OH)_2 + Qkcal$

$Ca_3P_2 + 6H_2O \rightarrow 2PH_3 + 3Ca(OH)_2 + Qkcal$

05 탄화칼슘이 물과 반응했을 때 생성되는 것은?

① 소석회 + 수소

② 소석회 + 아세틸렌

③ 생석회 + 아세틸렌

④ 생석회 + 인화수소

$CaC_2 + 2H_2O \rightarrow Ca(OH)_2 + C_2H_2 + 27.8kcal$

06 다음 제3류 위험물 중 살충제로 사용되며 순수한 물질일 때 암회색의 결정으로서 이황화탄소에 녹는 물질은?

① 인화아연(Zn_3P_2) ② 수소화나트륨(NaH)

③ 금속칼륨(K) ④ 금속나트륨(Na)

인화아연(Zn_3P_2)
- 암회색의 결정
- 이황화탄소에 녹고 살충제로 사용

07 다음 중 물과 작용하여도 가연성 기체를 발생시키지 않는 것은?

① 수소화칼슘 ② 탄화칼슘

③ 산화칼슘 ④ 금속칼륨

해설

산화칼슘(생석회): 위험물이 아님
$CaO + H_2O \rightarrow Ca(OH)_2$

08 다음 위험물의 저장액(보호액)으로서 잘못된 것은?

① 황린 – 물

② 인화석회 – 물

③ 금속나트륨 – 등유

④ 나이트로셀룰로오스 – 함수 알코올

해설

물과 반응 시 독성의 인화수소(PH_3) 발생
$Ca_3P_2 + 6H_2O \rightarrow 2PH_3 + 3Ca(OH)_2$

09 물과 작용해서 유독성 가스를 발생하는 것은?

① AlP ② Mg

③ Na ④ K

해설

물과 반응하여 독성의 인화수소(PH_3) 발생
$AlP + 3H_2O \rightarrow Al(OH)_3 + PH_3$

3▸ ❻ 위험등급 Ⅲ: 칼슘 또는 알루미늄의 탄화물(300kg)

01 다음은 제3류 위험물중 물과 작용하여 메탄가스를 발생시키는 것은?

① 탄화 알루미늄 ② 수소화나트륨

③ 칼슘 실리콘 ④ 수소화칼슘

해설

$Al_4C_3 + 12H_2O \rightarrow 4Al(OH)_3 + 3CH_4 \uparrow$

02 다음 중 탄화칼슘(카바이트)의 성질에 대한 설명으로 틀린 것은?

① 건조한 공기 중에서는 안정하나 350℃ 이상으로 열을 가하면 산화된다.

② 분자량은 64.1이며 보통은 통상 회흑색의 괴상고체이다.

③ 물과 반응해서 수산화칼슘과 아세틸렌이 생성된다.

④ 질소와 고온에서 작용하여 흡열 반응한다.

해설

$CaC_2 + N_2 \rightarrow Ca(CN)_2 + Q$

03 탄화칼슘이 물과 반응하여 발생되는 아세틸렌가스의 위험성에 대한 설명으로 맞지 않는 것은?

① 폭발범위는 2.5~81%이다.

② 1.5기압 이상 가압 시 분해폭발한다.

③ 아세틸렌가스의 위험도는 29이다.

④ 구리, 은, 수은과 접촉 시 폭발성의 아세틸라이트를 형성한다.

 해설

C_2H_2 위험도(H)

$$H = \frac{U - L}{L} = \frac{81 - 2.5}{2.5} = 31.4$$

04 카바이트의 성질로 틀린 것은?

① 산화물을 환원시킨다.

② 물과 만난 뒤에는 소석회가 된다.

③ 건조된 공기 중에서 위험하지 않다.

④ 탄화칼슘이 물과 만나면 메탄이 발생하고 생석회는 수소를 발생시킨다.

 해설

물과 만나서 소석회가 되며 아세틸렌이 발생

$CaC_2 + 2H_2O \rightarrow Ca(OH)_2 + C_2H_2$

05 CaC_2와 물과 반응하여 C_2H_2 가스가 발생한다. 이때 발생되는 C_2H_2 폭발범위는 얼마인가?

① 5~15% ② 2.5~81%

③ 4~75% ④ 2.1~9.5%

 해설

C_2H_2 폭발범위: 2.5~81%

06 탄화알루미늄의 성질이 아닌 것은?

① 비중이 2.36 이다.

② 황색 결정 또는 분말

③ 1400℃ 이상에서 분해된다.

④ 물과 반응하면 수소가 발생한다.

해설

$Al_4C_3 + 12H_2O \rightarrow 4Al(OH)_3 + 3CH_4 \uparrow$ (메탄)

07 다음 카바이트류가 물과 작용하여 메탄과 수소를 발생시키는 것은?

① Al_4C_3 ② Mn_3C

③ Ma_2C_2 ④ MgC_2

해설

$Mn_3C + 6H_2O \rightarrow 3Mn(OH)_2 + CH_4 \uparrow + H_2 \uparrow$

4▶ ① 제4류 위험물

01 다음 중 제4류 위험물의 물에 대한 성질과 화재위험과 직접 관계가 있는 것은?

① 수용성과 인화성
② 비중과 인화성
③ 비중과 착화온도
④ 비중과 화재 확대성

물에 비중은 기름보다 크므로 주수 소화 시 기름과의 비중 차이로 연소 면을 확대시킬 위험이 있음

02 다음은 제4류 위험물에 관한 설명 중 옳은 것은?

① 가연성 액체이다.
② 물에 잘 녹는 극성 용매이다.
③ 일반적으로 전기의 도체이다.
④ 인화점이 높을수록 증기발생이 용이하다.

해설

제4류 위험물
• 가연성 액체로서 물에 녹지 않는 것이 대부분: 비극성
• 전기의 부도체로서 정전기 방지조치 할 것
• 인화점인 낮을수록 증기발생이 용이

03 제4류 위험물을 취급할 때 주의해야 할 사항 중 틀린 것은?

① 통풍이 잘되고 찬 곳에 저장한다.
② 증기는 낮은 곳에 체류하기 쉬우므로 환기에 주의할 것
③ 석유류는 전기의 양도체이기 때문에 정전기가 잘 흐르므로 주의할 것

④ 빈 드럼통이라 할지라도 가연성 증기가 남아 있으므로 취급에 주의할 것

해설

석유류는 전기의 부도체이기 때문에 정전기 방지조치를 할 것

04 석유류 위험물을 저장·취급하는 경우의 정전기 방지 대책으로서 적당하지 않은 것은?

① 공기를 이온화한다.
② 입고 후의 정치시간을 줄인다.
③ 공기나 불순물의 유입을 방지한다.
④ 공기 중의 상대습도를 70% 이상으로 유지한다.

해설

• 입고 후 정치시간을 줄이는 것은 정전기를 발생시킬 위험이 큼
• 정전기 방지대책: 공기이온화, 상대습도를 70% 이상 유지, 도전성 물질 사용 등

05 제4류 위험물의 위험물안전관리법령상 정의가 맞지 않은 것은?

① 특수인화물류라 함은 1기압에서 액체가 되는 것으로 발화점이 100℃ 이하 또는 인화점이 −20℃ 이하로서 비점이 40℃ 이하인 것을 말한다.
② 제1 석유류라 함은 1기압에서 액체로서 21℃ 미만인 것을 말한다.
③ 동식물류라 함은 1기압과 20℃에서 액체로 되는 동식물류를 말한다.
④ 제2 석유류라 함은 1기압에서 액체로서 인화점이 70℃ 이상 200℃ 미만인 것을 말한다.

[정답] 01 ④ 02 ① 03 ③ 04 ② 05 ④

해설

제2 석유류: 1기압, 21℃에서 액체로서 인화점이 70℃ 미만인 것을 말한다.

06 제4류 위험물에 속하지 않는 물질은?

① 크실렌　　　　② 질산에틸

③ 개미산 에틸　　④ 변성유

해설

질산에틸: 제5류 위험물 질산에스터류에 속함

07 제4류 위험물에 공통되는 성질에 대한 설명으로 옳은 것은?

① 인화점과 착화온도와의 온도차가 적은 것이 많다.

② 위험물에 따라 착화온도차는 있지만 고열체에 닿으면 발화한다.

③ 자연발화성이 있다.

④ 비중 1 이하의 것은 적다.

해설

① 수십 내지 수백도가 차이가 남

③ 인화성 액체

④ 비중이 1보다 큰 것이 적다. 대부분 물보다 가볍다.

08 제4류 위험물 분류로 옳은 것은?

① 제1 석유류: 아세톤, 가솔린, 이황화탄소

② 제2 석유류: 등유, 경유, 아크릴산

③ 제3 석유류: 중유, 송근유, 비닐에테르

④ 제4 석유류: 윤활유, 벤젠, 글리세린

해설

① 이황화탄소: 특수인화물

② 아크릴산($CH_2 = CHCOOH$): 제2 석유류

③ 송근유: 제2 석유류, 비닐에테르(($CH_2=CH)_2O$): 특수인화물

④ 글리세린: 제3 석유류

09 제4류 위험물의 각 석유류의 지정품명끼리 짝 지어진 것은?

① 등유, 경유

② 등유, 중유

③ 기계유, 글리세린

④ 글리세린, 장뇌유

해설

제2 석유류 지정품명: 등유, 경유

② 제2 석유류, 제3 석유류

③ 제4 석유류, 제3 석유류

④ 제3 석유류, 제2 석유류

10 다음 중 증기의 밀도가 가장 큰 것은?

① CH_3OH　　　　② C_2H_5OH

③ CH_3COCH_3　　④ $CH_3COOC_5H_{11}$

해설

증기밀도 = 증기분자량 / 22.4
분자량이 클수록 증기밀도가 크다.

11 다음 중 인화점이 낮은 순서대로 열거된 것은?

① 휘발유 – 크실렌 – 아세톤 – 벤젠

② 휘발유 – 아세톤 – 톨루엔 – 벤젠

③ 휘발유 – 크실렌 – 벤젠 – 아세톤

④ 휘발유 – 아세톤 – 벤젠 – 톨루엔

해설

휘발유(−43∼−20℃) 〉 아세톤(−18℃) 〉 벤젠(−11℃) 〉 톨루엔(4℃)

12 아래의 물질 중 인화점이 0℃ 이하이며, 물에 녹는 것은 모두 몇 개인가?

> 테레핀유, 아세톤, 톨루엔, 초산, 나이트로 벤젠

① 1개　　　　　　② 2개
③ 3개　　　　　　④ 4개

 **해설**

• **수용성**: 아세톤(−18℃, 제1 석유류), 초산(40℃, 제2 석유류)
• **비수용성**: 테레핀유(35℃, 제2 석유류), 나이트로벤젠(88℃, 제3 석유류), 톨루엔(4℃, 제1 석유류)

---

13 다음 중 제4류 위험물에 속하지 않는 것은?

① 메틸알코올
② 톨루엔
③ 나이트로글리세린
④ 다이메틸설파이드

해설

• 나이트로글리세린($C_3H_5(ONO_2)_3$): 제5류 위험물
• 다이메틸설파이드($(CH_3)_2S$): 특수인화물

---

14 다음 아래의 제4류 위험물 제1 석유류 중 수용성 물질을 모두 고르시오.

> ㉠ 아세톤　　　㉡ 메틸에틸케톤
> ㉢ 피리딘　　　㉣ 사이안화수소
> ㉤ 초산메틸

① ㉠, ㉡, ㉢　　　② ㉡, ㉢, ㉣
③ ㉠, ㉡, ㉤　　　④ ㉠, ㉢

해설

수용성: 아세톤, 피리딘

---

15 제1 석유류 비수용성 $400l$, 제2 석유류 비수용성 $2000l$ 저장 시 저장량의 합계는 지정 수량의 몇 배인가?

① 3　　　　　　② 4
③ 5　　　　　　④ 6

 해설

$$환산\ 지정\ 수량 = \frac{저장\ 수량\ A}{지정\ 수량\ A} + \frac{저장\ 수량\ B}{지정\ 수량\ B} + \cdots$$
$$= \frac{400}{200} + \frac{2000}{1000} = 4$$

4▶ ❷ 특수인화물: 지정 수량 $50l$

01 다음 특수인화물 지정 수량으로 맞는 것은?

① $50l$　　　　　② $100l$
③ $200l$　　　　④ $400l$

 **해설**

지정 수량: $50l$

---

02 다이에틸에터($C_2H_5OC_2H_5$)의 성질에 대하여 틀린 것은?

① 인화성이 강하다.
② 무색투명한 액체이다.
③ 알코올에 잘 녹는다.
④ 정전기가 발생되지 않는다.

 해설

정전기 발생에 주의할 것

---

03 다음 제4류 위험물 특수인화물류 중 물에 잘 녹지 않으며 비중이 물보다 작고, 인화점이 가장 낮은 −45℃인 위험물은?

① 아세트알데하이드 ② 산화프로필렌
③ 다이에틸에터 ④ 나이트로벤젠

$C_2H_5OC_2H_5$: 인화점이 −45℃

04 에테르($C_2H_5OC_2H_5$)의 성질을 설명한 것 중 옳은 것은?

① 비등점이 100℃이다.
② 물보다 비중이 크다.
③ 인화점이 150℃이다.
④ 비극성 용매로서 유지 등을 잘 녹인다.

• 비극성 용매로서 유지 등을 잘 녹임
• 에테르: 비점 34.5℃, 액비중 0.72, 인화점 −45℃

05 다음 중 다이에틸에터의 성상에 대하여 틀린 것은?

① 휘발성이 높은 물질이다.
② 증기에는 마취성이 있다.
③ 연소범위가 4류 위험물 중 가장 작다.
④ 비극성 용매로서 물에 잘 녹지 않는다.

연소범위 1.9~48%로 가장 넓다.

06 에테르 속에 과산화물 검출 시약과 과산화물 존재 시 색변화로서 맞는 것은?

① 질산은 용액 − 회색변화
② 적색리트머스지 − 적색변화
③ 연화파라듐지 − 청색변화
④ 아이오딘화칼륨 용액 − 황색변화

아이오딘화칼륨 10% 용액(KI 용액): 황색변화

07 다음 중 특수인화물의 분류에 속하지 않는 물질은 무엇인가?

① $C_2H_5OC_2H_5$
② CS_2
③ 1기압에서 발화점이 100℃ 이하인 물질
④ 나이트로글리세린

나이트로글리세린: 제5류 위험물

08 에테르가 공기와 장시간 접촉 시 생성하는 물질은?

① 수산화물 ② 과산화물
③ 질소화합물 ④ 황화합물

과산화물을 생성하여 폭발의 원인이 됨

09 다음 위험물의 성질에 관한 설명 중 옳은 것은?

① 이황화탄소, 가솔린, 벤젠 가운데 착화온도가 가장 낮은 것은 가솔린이다.
② 에테르는 인화점이 낮아 인화하기 쉬우며 그 증기는 마취성이 있다.
③ 에틸알코올은 인화점이 13℃이지만 물이 조금이라도 섞이면 불연성 액체가 된다.
④ 석유 에테르의 증기는 마취성이 있으며 공기보다 무겁고 비중은 1보다 크다.

[정답] 03 ③ 04 ④ 05 ③ 06 ④ 07 ④ 08 ② 09 ②

① CS₂ 100℃, 가솔린 300℃, 벤젠 562℃
② 에테르는 인화점 −45℃
③ 수용액의 농도가 60wt% 이상일 때 위험물로 본다. 즉 적은 양의 물은 알코올 농도를 변화시키는 데 크게 영향을 미치지 못함
④ 증기 비중 2.6, 액비중 0.71

10 이황화탄소 저장 시 그 액면에 물을 채워두는 경우가 있는데 그 이유 중 가장 적당한 것은?

① 공기 중 수소와 접촉하여 산화되는 것을 방지하기 위하여
② 공기와 접촉 시 발화하기 때문에
③ 가연성 증기를 발생하기 때문에
④ 불순물을 제거하기 위하여

CS₂: 착화온도가 낮고 휘발하기 쉬워서 물을 채운 수소 속에 보관한다.

11 다음 위험물에서 폭발한계가 1~44%인 것은 어느 것인가?

① 벤젠   ② 아세톤
③ 이황화탄소   ④ 가솔린

① 1.4~7.1%   ② 2.6~12.8%
③ 1~44%   ④ 1.4~7.6%

12 비스코스레이온 원료로서, 비중이 1.3, 끓는점이 약 46℃이고, 연소 시 유독한 아황산가스를 발생시키는 위험물은?

① 황린   ② 이황화탄소
③ 테레핀유   ④ 미네랄스피릿

CS₂: 비스코스레이온 연료로서 연소 시 유독한 아황산가스(SO_2)를 발생함
$$CS_2 + 3O_2 \rightarrow CO_2 + 2SO_2$$

13 이황화탄소의 성질에 대한 설명 중 틀린 것은?

① 순수한 것은 무색투명한 액체로 향기가 난다.
② 불순물이 존재하면 황색을 띠며 냄새가 난다.
③ 인화점은 −30℃, 끓는점은 약 46℃이다.
④ 분자량은 86이며, 증기 비중은 3.5 이다.

분자량은 76g, 증기 비중은 2.62이다.
CS_2(C: 12g, S: 32g) $= 12 + (32 \times 2) = 76g$

증기 비중 $= \dfrac{\text{가스의 분자량}}{\text{공기 비중}} = \dfrac{76g}{29g} = 2.62$

14 다음 중 고온의 물과 반응하여 유독한 황화수소 가스를 발생하는 물질은?

① 아세톤   ② 크실렌
③ 이황화탄소   ④ 아세트알데하이드

$$CS_2 + 2H_2O \rightarrow CO_2 + 2H_2S$$

15 다음 액체의 비중이 1보다 큰 위험물은?

① 이황화탄소   ② 벤젠
③ 톨루엔   ④ 메틸에틸케톤

① 특수인화물: 1.26   ② 제1 석유류: 0.88
③ 제1 석유류: 0.89   ④ 제1 석유류: 0.81

16 다음은 위험물을 저장 할 때 필요한 보호액으로 짝지은 것이다. 올바른 것은?

① 적린 – 질산
② 금속칼륨 – 에틸알코올
③ 이황화탄소 – 물
④ 금속나트륨 – 황산

 **해설**

금속칼륨, 금속나트륨: 석유, 경유, 유동파라핀 등에 보관

17 아세트알데하이드에 관한 설명으로 옳은 것은?

① 물, 에틸알코올에 잘 녹는다.
② 연소범위는 약 1.4~7.6%이다.
③ 질소함유율이 11%인 미황색 액체이다.
④ 불포화결합을 이루고 있으나 안정하며, 첨가반응보다 치환반응이 많다.

 해설

물, 에틸알코올, 에테르에 잘 녹음

18 아세트알데하이드(CH_3CHO)의 성질에 관한 설명이다. 틀린 것은?

① 아이오딘포름 반응을 한다.
② 물, 에틸알코올, 에테르에 녹는다.
③ 산화되면 에틸알코올, 환원되면 아세트산이 된다.
④ 환원성을 이용하여 은거울 반응과 펠링 반응을 한다.

 해설

• **산화**: $CH_3CHO + O_2 \rightarrow CH_3COOH$(초산)
• **환원**: $CH_3CHO + H_2 \rightarrow C_2H_5OH$(에틸알코올)

19 아세트알데하이드가 위험물안전관리법령상 위험물로 지정된 이유를 설명한 것이다. 연관성이 가장 가까운 것은?

① 자극성 냄새가 나며, 물에 녹기 때문이다.
② 산화되면 아세톤과 폭발성 물질이 생성되기 때문이다.
③ 수소로 반응하여 산화하면 벤질알코올이 되기 때문이다.
④ 끓는점, 인화점, 발화점이 낮아 화재의 위험성이 높기 때문이다.

 해설

특수인화물로서 비점 20℃, 인화점 −38℃, 착화점 185℃

20 산화프로필렌의 위험성 중 은, 구리, 철, 수은, 알루미늄 및 이들의 합금과 무슨 반응을 일으켜 폭발하는가?

① 산화 반응   ② 환원 반응
③ 중합 반응   ④ 첨가 반응

 해설

중합 반응을 일으켜 폭발성 물질인 아세틸라이드를 생성함

21 산화프로필렌 화재 시 소화가 좋은 것은?

① 팽창진주암
② 사염화탄소
③ 이산화탄소
④ 석면분말

 **해설**

CO_2가 가장 우수함

22 연소범위가 2.3~36%이고 인화점이 −37℃인 다음 구조식의 물질은 무엇인가?

$$H-C-C-C-H$$

① 프로판　　　　② 산화프로필렌
③ 프로피온산　　④ 프로판올

산화프로필렌은 인화점 −37℃로 특수인화물에 해당함

23 다음 물질들 중 인화점이 가장 낮은 것은?

① 아세트알데하이드
② 아이소프렌
③ 트리클로로실란
④ 에틸에테르

① −38℃　② −54℃
③ −28℃　④ −45℃

24 다음 아래에서 설명하는 위험물질은 무엇인가?

> ㉠ 인화점 −28℃이고, 발화점은 182℃이다.
> ㉡ 물과 심하게 반응, 부식성, 자극성의 염산 형성
> ㉢ 공기 중 수분과 반응하여 맹독성의 HCl 가스 발생

① 산화프로필렌　　② 펜타보란
③ 트리클로로실란　④ 아이소프렌

트리클로로실란에 대한 설명

25 반도체 공업에 사용되는 물질로 발화점 35℃, 인화점 30℃, 분자량 63.2g인 이 물질은 무색 액체로서 연소 시 유독성, 자극성 기체를 발생한다. 이 물질은 무엇인가?

① 이황화탄소　　② 펜타보란
③ 트리클로로실란　④ 비닐에틸에테르

펜타보란(B_5H_9)에 대한 설명

4▶ **③** 제1 석유류: 수용성 400*l*, 비수용성 200*l*

01 다음 중 인화점이 가장 낮은 것은?

① CH_3CH_2OH　　② C_5H_5N
③ CH_3COCH_3　　④ CH_3COOCH_3

① 에틸알코올 13℃　② 피리딘 20℃
③ 아세톤 −18℃　　④ 초산메틸 −10℃

02 다음 소화 시 주의하여야 하는 소포성 액체는?

① 가솔린　　　　　② $C_6H_4(CH_3)_2$
③ CH_3COCH_3　　④ 클레오소트유

해설

수용성인 아세톤은 포가 깨지지 않는 특수포인 알코올 포를 사용함

03 다음 위험물 중 물과 가장 잘 혼합되는 것은?

① 다이에틸에터　　② 초산메틸
③ 장뇌유　　　　　④ 아세톤

물과의 용해도: 아세톤이 가장 좋음

04 가솔린의 성질에 관한 설명 중 옳은 것은?

① 무색, 무취의 액체이다.

② 증기 비중은 공기 비중보다 크다.

③ 인화점이 300℃이다.

④ 물에 잘 녹는다.

- 증기 비중 3~4
- 인화점 −43℃~−20℃
- 공업용 – 무색
- 무연가솔린 – 노란색

05 다음은 가솔린에 관한 성질을 설명한 것이다. 관계없는 것은?

① 휘발성 액체이다.

② 비중이 물보다 가볍다.

③ 석유계 용제에는 불용성이다.

④ 비전도성으로 정전기를 발생 축적시키므로 대전을 일으키기 쉽다.

가솔린은 무극성으로 무극성인 석유계용제에 잘 녹음

06 가솔린의 성상 중 틀린 것은?

① 증기 비중은 3~4이다.

② 착화온도는 약 300℃이다.

③ 탄소와 수소와의 방향족 탄화수소이다.

④ 물에 녹지 않고 인화점이 낮은 액체이다.

방향족 탄화수소: 벤젠고리를 함유한 탄화수소

07 휘발유를 취급 시 주의사항에 관한 내용이다. 틀린 것은?

① 증기가 모여 있지 않도록 통풍을 잘 시킨다.

② 온도가 0℃ 이하일 때는 화기가 접근해도 무방하다.

③ 유체마찰에 의해 정전기가 발생하므로 옮겨 담는 작업에는 특히 주의해야 한다.

④ 제1류 위험물과 같은 강산화제와 혼합하거나 강산류와 혼합하면 혼촉발화의 위험이 있다.

인화점은 −43℃~−20℃로서 매우 낮아, 0℃ 이하에서는 화기가 존재하면 연소할 수 있다.

08 다음 중 액체 상호 간에 용해도가 가장 좋은 것은?

① 물과 아닐린

② 물과 벤젠

③ 알코올과 벤젠

④ 물과 이황화탄소

용해도

① 아닐린은 물에 약간 녹음

② 벤젠은 물에 녹지 않음

③ 알코올과 벤젠은 서로 용해됨

④ 이황화탄소는 물에 녹지 않음

09 벤젠의 성상에 관한 설명 중 틀린 것은?

① 벤젠의 증기는 마취성은 있으나 독성은 없다.

② 이황화탄소보다 착화온도가 높다.

③ 비전도성이므로 취급할 때 정전기의 발생위험이 있다

④ 인화점은 상온 이하이다.

벤젠의 유독성: 두통, 빈혈, 백혈병, 신경장애 유발

10 벤젠의 위험성에 대한 표현이 적절하지 않은 것은?

① 휘발하기 쉽다.

② 인화점이 낮은 액체이다.

③ 증기는 유독하여 흡입하면 위험하다.

④ 이황화탄소 보다 착화온도가 낮다.

 **해설**

- **벤젠**: 제1 석유류, 착화점 562℃
- CS_2: 특수인화물, 착화점 100℃

11 벤젠의 일반적 성질로 틀린 것은?

① 증기는 유독하다.

② 인화점은 휘발유보다 낮다.

③ 에틸에테르에 잘 녹는다.

④ 물에는 거의 녹지 않는다.

 **해설**

인화점: 벤젠(−11℃) 〈 휘발유(−43~−20℃)

12 벤젠의 특성에 대한 설명으로 적절하지 못한 것은?

① 융점이 5.5℃로서 겨울철에는 고체상태에서 가연성증기를 발생하지 않는다.

② 연소 시 검은 그을림이 많이 발생하므로 연료로서는 부적합하다.

③ 톨루엔, 크실렌 등 벤젠유도체는 독성이 있다.

④ 공명구조이므로 부가반응이 어렵고 치환반응이 주가 된다.

 해설

융점은 5.5℃로 한겨울 고체상태에서도 가연성증기를 발생함

13 벤젠의 첨가반응 중 일광 하에서 염소와 반응하여 얻어지는 물질은 무엇인가?

① C_6H_{12} ② $C_6H_6Cl_6$

③ C_6H_6 ④ C_6H_{14}

 해설

일광 하에 벤젠헥사클로라이드(BHC, $C_6H_6Cl_6$)가 생성됨

14 톨루엔의 성질이 아닌 것은?

① 물에 잘 녹는다.

② 수지를 잘 녹인다.

③ 고무를 잘 녹인다.

④ 유기용제에 잘 녹는다.

 해설

물에 녹지 않음

15 톨루엔을 산화(MnO_2+황산)시킬 때 생성되는 물질은?

① 크실렌 ② 아닐린

③ 안식향산 ④ 나이트로벤젠

 해설

톨루엔 산화반응식

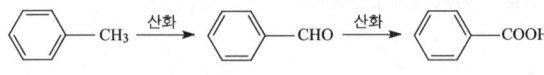

톨루엔   벤즈알데하이드   벤조산(안식향산)

16 톨루엔에 염소를 반응 시킬 때 촉매로 $FeCl_3$를 사용하였다. 이때의 생성물질은?

①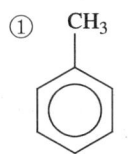

②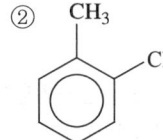

③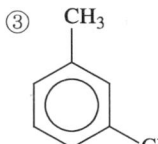

④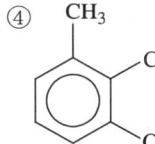

CH_3

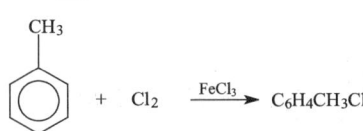

17 톨루엔의 위험성은 설명한 것 중 틀린 것은 다음 중 어느 것인가?

① 증기는 마취성이 있다.
② 독성이 벤젠보다 대단히 크다.
③ 인화점이 낮다.
④ 유체마찰 등으로 정전기가 생겨서 인화하기도 한다.

해설

벤젠보다 독성이 낮음

18 톨루엔에 대한 일반적 성질을 설명한 것이다. 맞지 않는 것은?

① 물에 불용이며 지정 수량은 $200l$이다.
② 무색의 독특한 냄새가 나는 고체로서 벤젠유도체이다.
③ 독성이 강하다.
④ TNT의 주성분이다.

해설

톨루엔: 인화성 액체

19 다음 물질 중 벤젠 유도체가 아닌 것은?

① 톨루엔　　② 크실렌
③ 아닐린　　④ 피리딘

해설

벤젠 유도체 벤젠의 수소 대신 작용기가 치환된 것을 말함

20 메틸에틸케톤의 취급 시 옳은 것은?

① 인화점이 25℃이므로 여름에만 주의하면 된다.
② 증기가 공기보다 가벼우므로 주의해야 한다.
③ 탈지작용이 있으므로 직접 피부에 닿지 않도록 한다.
④ 물보다 무거우므로 주의를 요한다.

해설

MEK: 탈지작용을 하므로 피부와 접촉 시키지 말 것

21 다음 아래에서 설명하는 물질은 무엇인가?

> ㉠ 인화점은 −1℃, 발화점은 516℃이다.
> ㉡ 비수용성으로 탈지작용을 한다.
> ㉢ 증기는 공기보다 가볍다.

① 아세톤　　② 메틸에틸케톤
③ 에틸에테르　　④ 벤젠

해설

메틸에틸케톤에 대한 설명임

[정답] 16 ② 17 ② 18 ② 19 ④ 20 ③ 21 ②

22 MEK에 대한 설명 중 틀린 것은?

① 인화점이 −1℃로서 제1 석유류에 속한다.

② 비중은 0.8로서 물보다 가볍다.

③ 비수용성으로 탈지작용을 한다.

④ 증기가 공기보다 가벼워서 주의해야 한다.

분자량이 72g으로 증기는 공기보다 무거움

23 피리딘의 일반적 성질에 관한 설명으로 잘못된 것은?

① 산·알칼리에 안정하다.

② 인화점이 0℃ 이하, 발화점은 100℃ 이하이다.

③ 순수한 것은 무색의 액체로 강한 악취와 독성이 있다.

④ 독성이 있고 급속중독일 경우는 마취, 두통, 식욕감퇴의 증상이 나타난다.

피리딘: 흡습성이 있으며 수용성 물질로 인화점 20℃, 발화점 482℃

24 다음 물질 중 인화점의 온도가 상온과 비슷한 것은?

① 톨루엔　　　　② 피리딘

③ 가솔린　　　　④ 아세톤

피리딘: 인화점 20℃

25 다음 물질 중 벤젠 유도체가 아닌 것은?

① 톨루엔　　　　② 크실렌

③ 아닐린　　　　④ 피리딘

피리딘(C_5H_5N)은 벤젠 유도체가 아님

26 다음 물질 중 인화점의 온도가 상온과 비슷한 것은?

① 톨루엔　　　　② 피리딘

③ 가솔린　　　　④ 아세톤

피리딘: 인화점 20℃

4▶ ④ 초산에스터류: 지정 수량 200ℓ

01 초산에스터류의 분자량이 증가할수록 달라지는 성질 중 옳지 않은 것은?

① 인화점이 높아진다.

② 이성질체가 줄어든다.

③ 수용성이 감소된다.

④ 증기 비중이 커진다.

분자량이 증가할수록 이성질체가 많아짐

02 초산메틸에 대한 설명 중 틀린 것은?

① 휘발성이 강하다.

② 인화성이 강하다.

③ 피부에 닿으면 탈지작용을 한다.

④ 공업용 에틸알코올을 함유하므로 독성이 없다.

공업용 에틸알코올을 함유하므로 독성이 있음

03 다음 물질 중 에스터류에 속하지 않는 것은?

① 초산에틸　　　② 초산아밀

③ 초산메틸　　　④ 초산나트륨

 **해설**

$RCOOH + R'-OH \xrightleftharpoons[\text{가수분해}]{\text{에스터}} RCOOR' + H_2O$

4▶ **⑤ 의산에스터류** : 지정 수량 200*l*

01 개미산 메틸에 대한 설명으로 옳지 못한 것은?

① 럼주의 향기를 가진 무색 액체이다.

② 증기는 마취성은 없으나 독성이 강하다.

③ 가수분해되면 CH_3OH와 $HCOOH$를 만

　든다.

④ 물, 에스터, 에테르에 비교적 잘 녹는다.

 **해설**

개미산 메틸: 증기 마취성, 독성은 없음

02 다음 중 인화점이 가장 낮은 위험물은?

① CH_3COOCH_3　　② $CH_3COOC_2H_5$

③ $CH_3COOC_3H_7$　　④ $CH_3COOC_4H_9$

 **해설**

분자량이 적을수록 인화점이 낮아짐

03 다음 중 수용성이 가장 큰 화합물은?

① CH_3COOCH_3　　② $CH_3COOC_2H_5$

③ $CH_3COOC_3H_7$　　④ $CH_3COOC_4H_9$

 **해설**

분자량이 증가할수록 수용성은 감소함

4▶ **⑥ 알코올류**: 지정 수량 400*l*

01 알코올의 지정 수량으로 맞는 것은?

① 200*l*　　　② 300*l*

③ 400*l*　　　④ 500*l*

 **해설**

지정 수량 400*l*

02 알코올의 분자량 증가에 따른 성질변환으로 맞

지 않는 것은?

① 물에 녹기 어렵다.

② 이성질체가 증가한다.

③ 착화온도가 높아진다.

④ 증기 비중이 증가한다.

 해설

착화온도가 낮아짐

03 다음 중 위험물안전관리법상 제4류 위험물의

알코올류에 속하는 것은?

① 프로필알코올　　② 에틸렌글리콜

③ 글리세린　　　　④ 고형알코올

 **해설**

② 제3 석유류

③ 제3 석유류

④ 제2 석유류 인화성 고체

04 알코올의 일반식으로 맞는 것은?

① R-OH　　　② R-COOH

③ R-COO-R'　　④ R-CO-R'

해설

② 카르복실산　③ 에스터　④ 케톤

05 다음 구조식에 해당하는 알코올은 몇차 알코올인가?

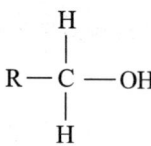

① 일차 알코올　　② 2차 알코올
③ 3차 알코올　　④ 4차 알코올

 해설

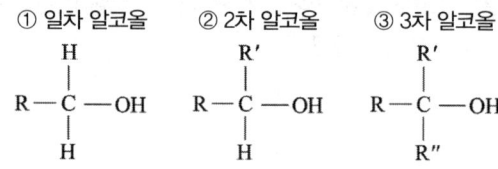

06 알코올에 대한 설명으로 옳지 않은 것은?

① 수용성이 가장 큰 알코올은 프로필알코올이다.
② 분자량이 증가함에 따라 수용성은 감소한다.
③ 분자량이 커질수록 이성질체도 많아진다.
④ 변성알코올은 알코올류에 포함된다.

해설

수용성은 분자량이 증가할수록 감소하며, CH_3OH가 수용성이 가장 큼

07 알코올류에서 독성이 있는 것은?

① 메틸알코올　　② 에틸알코올
③ 프로필알코올　④ 변성알코올

 해설

CH_3OH: 독성이 있어 30~100mL만으로도 생명에 위험을 줌

08 다음 제4류 위험물 중 알코올류에 속하는 것은?

① C_2H_5OH(에틸알코올)
② CH_3COOH(아세트산)
③ $CH_2=CHCH_2OH$(알릴알코올)
④ $C_5H_{11}NO_3$(질산아밀)

 해설

알코올류 정의
1분자를 구성하는 탄소 원자 수가 $C_1 \sim C_3$까지인 포화 1가 알코올(변성알코올을 포함)을 말한다.

09 메틸알코올의 인화점은 얼마인가?

① -11℃　　② 11℃
③ 35℃　　④ 120℃

 해설

CH_3OH: 인화점 11℃

10 메틸알코올과 에틸알코올이 각각 다른 시험관에 들어 있다. 이 두 화합물을 구별할 수 있는 실험은?

① 산화 시켜 나온 물질에 은거울 반응을 하여 본다.
② 금속나트륨을 넣어 본다.
③ NaOH와 I_2의 혼합용액을 넣어 노란색 침전물의 유무를 확인한다.
④ 환원시켜 생성물을 비교하여 본다.

 해설

에틸알코올은 아이오딘포름 반응으로 노란색 침전물이 생김

11 다음 알코올류 중 인화점이 가장 낮은 것은?

① 메틸알코올　　② 에틸알코올

③ n-부틸알코올　　④ 이소아밀알코올

 **해설**

분자량이 적을수록 인화점은 낮음

12 다음 중 알코올 화재 시 소화제로 적당하지 않은 것은?

① 석면포　　② 물

③ 모래주머니　　④ 드라이아이스

 해설

석면포: 단열재임

13 메틸알코올의 성상에 관한 설명으로 틀린 것은?

① K, Na 금속의 저장액으로 이용된다.

② 무색, 투명한 액체로서 물, 에테르에 잘 녹는다.

③ 눈에 들어가면 시신경에 장애를 주어 실명하게 된다.

④ 비중이 물보다 작으며, 수용액의 농도가 높아질수록 인화점이 낮아진다.

 해설

알코올라이트를 생성하므로 저장액으로 사용 금지

14 포름알데하이드는 무엇을 산화시켜 얻는가?

① 에틸알코올

② 아세트알데하이드

③ 빙초산

④ 메틸알코올

 해설

$CH_3OH \leftrightarrow HCHO \leftrightarrow HCOOH$
메틸알코올　포름알데하이드　포름산

15 에틸알코올이 연소할 때 벤젠보다 그을음(검 댕이)이 많이 발생하지 않는 이유는?

① 산소의 함유량이 적기 때문이다.

② 탄소의 함유량이 적기 때문이다.

③ 증기밀도가 크기 때문이다.

④ 물에 녹기 때문이다.

 해설

탄소 수가 많다는 것은 연소 시 공기를 많이 필요로 함. 즉, 에틸알코올은 탄소 수가 적어서 연소 시 많은 공기를 필요로 하지 않음

16 에틸알코올과 금속나트륨이 반응하여 생성되는 가스는?

① 수소　　② 산소

③ 질소　　④ 이산화질소

 **해설**

$2C_2H_5OH + 2Na \rightarrow 2C_2H_5ONa + H_2 \uparrow$

17 메틸알코올과 에틸알코올의 공통성을 설명한 것으로 맞지 않는 것은?

① 무색투명하고 향기가 있는 액체이다.

② 물에 잘 녹는다.

③ 두 물질은 산화 시 초산이 생긴다.

④ 알칼리금속과 반응하여 수소가 생긴다.

해설

CH_3OH는 산화 시 포름산($HCOOH$), C_2H_5OH는 산화 시 초산(CH_3COOH)이 생김

4▸ 7 제2 석유류: 수용성 2000*l*, 비수용성 1000*l*

01 위험물안전관리법상 등유나 경유는 제4류 위험물 중 몇 석유류에 속하는가?

① 제1 석유류　　② 제2 석유류
③ 제3 석유류　　④ 제4 석유류

제2 석유류에 해당됨

02 다음 중 카르복실기를 포함하고 있지 않는 것은?

① 포름산　　　② 벤조산
③ 살리실산　　④ 아닐린

카르복실기: COOH를 갖는 것

03 제2 석유류 중 수용성 물질로만 짝지어진 것은 무엇인가?

① 초산 – 의산
② 스틸렌 – 테레핀유
③ 크실렌 – 클로로벤젠
④ 크실렌 – 에틸셀로솔브

수용성 물질: 초산, 의산, 에틸셀로솔브

04 다음 중 착화온도가 가장 낮은 인화성 액체 화합물은?

① 등유　　　　② 톨루엔
③ 에틸알코올　④ 가솔린

인화점 30℃ 미만

05 등유의 저장 및 취급 시 주의사항이 아닌 것은?

① 화기를 피해야 한다.
② 통풍이 잘 되는 곳에 밀봉 밀전한다.
③ 누출에 주의하고 용기에는 항상 여유를 남긴다.
④ 정전기 불꽃으로 인하여 위험성이 없다.

정전기: 점화원의 일종으로 반드시 제거해야 함

06 다음 아래에서 설명하는 위험물질은 무엇인가?

> ㉠ 탄소 수가 C_9~C_{18}개까지의 포화·불포화 탄화수소의 혼합물이다.
> ㉡ 연소범위는 1~6%이며, 착화점은 250℃이다.
> ㉢ 유출온도는 150~300℃이다.

① 가솔린　　② 등유
③ 경유　　　④ 중유

등유에 대한 설명임

07 다음 물질 중 인화점이 상온 이상인 것은?

① 경유　　　　② 이황화탄소
③ 산화프로필렌　④ 다이에틸에터

① 50~70℃　　　② –30℃
③ –37℃　　　　④ –45℃

08 경유의 성질을 잘못 설명한 항은?

① 비중은 1 이하이다.

② 물에 녹기 어렵다.

③ 인화점은 등유보다 낮다.

④ 보통 시판되는 것은 담갈색의 액체이다.

 **해설**

인화점: 경유(50~70℃) 〉 등유(40~70℃)

09 경유의 화재 발생 시 주수소화가 부적당한 이유는?

① 경유가 연소할 때 물과 반응하여 수소가스를 발생하여 연소를 돕기 때문에

② 주수하면 경유의 연소열 때문에 분해하여 산소를 발생하여 연소를 돕기 때문에

③ 경유는 물과 반응하여 유독가스를 발생하므로

④ 경유는 물보다 가볍고 또 물에 녹지 않기 때문에 화재가 널리 확대되므로

 해설

주수소화 시 비중 차이로 인한 연소면을 확대함

※ 물 분무 소화는 가능함

10 초산(CH₃COOH)의 지정 수량은 얼마인가?

① 1000*l* ② 2000*l*

③ 3000*l* ④ 4000*l*

 **해설**

제2 석유류 수용성으로 지정 수량 2000*l*

11 초산의 일반적 성질로서 맞지 않는 것은?

① 무색투명한 자극성 액체다.

② 물에 잘 녹는다.

③ 질산, 과산화물과 반응하여 폭발을 일으키는 수가 있다.

④ 부식성이 약하여 화상의 우려가 없다.

 해설

강산으로 피부에 닿으면 화상입음

12 다음 아래에서 초산에 대한 설명을 맞게 짝지은 것은?

> ㉠ 비중은 1.2이다.
> ㉡ 개미나 곤충 속에 들어있는 강산이다.
> ㉢ 과산화물과 반응 시 폭발한다.
> ㉣ 내산성 용기에 보관한다.

① ㉠, ㉡ ② ㉡, ㉢

③ ㉢, ㉣ ④ ㉠, ㉣

 해설

질산, 과산화물과 접촉 시 폭발하며, 보관은 내산성 용기에 보관함

13 의산의 지정 수량은 얼마인가?

① 1000*l* ② 2000*l*

③ 3000*l* ④ 4000*l*

 해설

수용성으로 2000*l*

14 의산의 일반적 성질에 대해 맞지 않는 것은?

① 물, 알코올, 에테르에 녹는다.

② 피부와 접촉 시 화상을 입는다.

③ 내산성 용기에 보관할 것

④ 의산은 산화성의 포르밀기와 환원성의 알칼리성의 카르복실기를 갖고 있다.

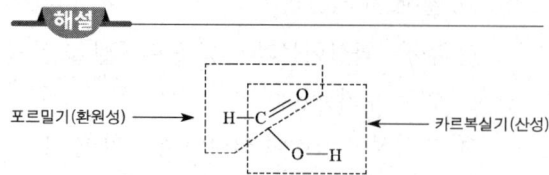

포르밀기(환원성) → ← 카르복실기(산성)

15 에틸알코올이나 포름알데하이드를 산화 시켜 얻는 물질로서, 개미나 곤충에 들어 있으며 초산보다 강한 산성을 나타내는 이물질의 화학식으로 맞는 것은?

① CH₃COOH ② C₆H₆COOH
③ C₆H₄(COOH)₂ ④ HCOOH

의산(HCOOH) : 제2 석유류 수용성 물질

16 인화점 33.9℃로, 주성분 피넨($C_{10}H_{16}$) 80～90%인 물질은 무엇인가?

① 테레핀유 ② 스틸렌
③ 나프탈렌 ④ 자일렌

주성분이 피넨($C_{10}H_{16}$) 80～90%

17 테레핀유의 일반적 성질에 대한 설명 중 잘못된 것은?

① 송정유(소나무 및 식물포함), 타펜유라고 한다.
② 무색이나 담황색의 액체로 불쾌한 냄새가 난다.
③ 물에는 불용이고 알코올, 에테르, 클로로 포름에 녹는다.
④ 자연발화의 위험이 없다.

자연발화의 위험이 크며, 주성분은 피넨($C_{10}H_{16}$) 80～90%

18 다음 중 테레핀유에 대한 설명이 잘못된 것은?

① 물에 녹지 않으나, 알코올, 에테르에 녹으며 유지 등을 잘 녹인다.
② 순수한 것은 황색의 액체이고, I₂와 혼합된 것은 가열하여도 발화하지 않는다.
③ 화학적으로는 유지는 아니지만, 건성유와 유사한 산화성이기 때문에 공기 중 산화한다.
④ 테레핀유가 묻은 엷은 천에 염소가스를 접촉 시키면 폭발한다.

순수한 것은 무색 또는 황색의 액체이고, I₂와 혼합된 것은 가열 시 발화 폭발

19 스틸렌의 중합체를 무엇이라 하는가?

① 폴리머 ② 폴리스틸렌
③ 크실렌 ④ 크실레놀

폴리스틸렌: 스틸렌의 거대 고분자 물질임

20 스틸렌의 일반적 성질에 관한 사항 중 맞지 않는 것은?

① 무색의 독특한 냄새를 가지는 액체이다.
② 물에는 불용성이다.
③ 중합에 반응하여 무색의 고상물이 된다.
④ 알코올에는 녹지만, 에테르, 이황화탄소에 녹지 않는다.

[정답] 15 ④ 16 ① 17 ④ 18 ② 19 ② 20 ④

알코올, 에테르, 이황화탄소에 녹음

21 다음 중 크실렌의 이성질체가 아닌 것은?

① o-크실렌　　② p-크실렌

③ m-크실렌　　④ q-크실렌

크실렌의 이성질체: o-크실렌, m-크실렌, p-크실렌

22 백색유, 적색유, 감색유라는 별칭으로 불리는 물질의 지정 수량은 무엇인가?

① 1000*l*　　② 2000*l*

③ 3000*l*　　④ 4000*l*

장뇌유: 비수용성 1000*l*

23 에틸셀로솔브의 일반적 성질이 아닌 것은?

① 무색의 수용성액체

② 가수분해 시는 에틸알코올 및 에틸렌 글리콜을 생성한다.

③ 농약, 자동차엔진 세척제 등에 사용

④ 제3 석유류에 속한다.

$C_2H_5OCH_2CH_2OH$: 제2 석유류

24 클로로벤젠의 일반적 성질로서 맞지 않는 것은?

① 마취성이 있으며 무색의 액체로 증기는 독성이 있다.

② 물에는 불용이나 많은 유기용제와 혼합한다.

③ 염료, 향료, DDT의 원료, 유기합성의 원료

④ 연소 시 산소가 발생한다.

연소 시 염화수소(HCl)가스가 발생

4▶ ⑧ 제3 석유류: 지정 수량 수용성 4000*l*, 비수용성 2000*l*

01 1기압에서 인화점이 70℃ 이상 200℃ 미만인 위험물은 어디에 속하는가? (단, 도료류 그 밖의 물품은 가연성 액체량이 40wt% 이하인 것은 제외)

① 제1 석유류　　② 제2 석유류

③ 제3 석유류　　④ 제4 석유류

제3 석유류에 대한 설명임

02 다음 중 제3 석유류에 속하는 것은?

① 가솔린　　② 등유

③ 글리세린　　④ 윤활유

① 제1 석유류　② 제2 석유류　④ 제4 석유류

03 중질유가 연소할 때 발생하는 가스 중 특히 취급 장치를 부식시키며 불쾌한 냄새를 가지는 불순물은?

① 황화합물　　② 탄소화합물

③ 수소화합물　　④ 산소화합물

황화합물은 장치를 부식시킴

04 중유 탱크 화재 시 탱크 저면부에 고여 있던 수분이 기화되면서 다량의 기름을 탱크 밖으로 밀어내는 현상은 무엇인가?

① 보일오버
② 스톱오버
③ 파일오버
④ 파이어 볼

보일오버에 대한 설명임

05 중유의 비중(0.9~0.95)·점도 등의 차이에 따른 종류에 해당하지 않는 것은?

① A 중유
② B 중유
③ C 중유
④ D 중유

중유: A 중유·B 중유·C 중유의 3종류

06 중유의 위험성에 대한 사항으로 맞지 않는 것은?

① 상온에서는 인화의 위험이 없다.
② 천, 포, 종이 등의 가연물에 스며들어 자연발화의 위험이 생긴다.
③ 탱크 화재 진압 시 보일오버(boil over)와 슬롭오버(slop over) 현상이 일어날 수 있다.
④ 가열 시 제2 석유류와 같은 위험성을 갖는다.

해설

가열 시 제1 석유류와 같은 위험성을 가짐

07 다음 물질 중 인화점이 상온 이상인 것은?

① 중유
② 벤젠
③ 아세톤
④ 이황화탄소

① 60~150℃   ② -11℃   ③ -18℃   ④ -30℃

08 중유 탱크 화재에서 화재 진압 시 사용된 수분이 함유된 소화약제가 100℃ 이상 가열된 기름유와 섞이면서 물에 비등하여 기름을 탱크 밖으로 밀어내는 현상을 무엇이라 하는가?

① 보일오버
② 파이어볼
③ 슬롭오버
④ 백파이어

해설

슬롭오버에 대한 설명임

09 크레오소트유에 대한 설명으로 틀린 것은?

① 제3 석유류로 지정된 지정품목이다.
② 독특한 냄새를 지녔으나 증기는 독성이 없다.
③ 황록색의 기름 모양의 액체이다.
④ 물보다 무겁고 물에 녹지 않는다.

해설

제3 석유류, 물보다 무겁고, 녹지 않으며 독성이 있음

10 벤젠에 진한 황산과 진한 질산의 혼산을 가해 반응 시키면 생성되는 위험물은 무엇인가?

① 클로로벤젠
② 나이트로벤젠
③ 질화술폰산
④ 나이트로셀룰로오스

해설

$$C_6H_6 + HNO_3 \xrightarrow{C-H_2SO_4} C_6H_5NO_2 + H_2O$$

[정답] 04 ① 05 ④ 06 ④ 07 ① 08 ③ 09 ② 10 ②

11 나이트로벤젠의 일반적 성질로서 맞지 않는 것은?

① 갈색, 암황색의 점조한 액체이다.

② 알코올, 에테르, 벤젠에 녹는다.

③ 철, 아연 등의 금속과 HCl을 작용시킨 상태에서 피크린산을 생성한다.

④ 증기는 독성이 강하다.

 해설

아닐린($C_6H_5NH_2$)을 생성한다.

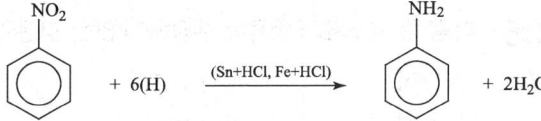

12 에틸렌글리콜의 일반적 성질로서 맞지 않는 것은?

① 대표적인 2가 알코올로서 무색의 끈기 있는 단맛의 액체로 일명 감유라 한다.

② 독성이 없다.

③ 물, 알코올, 아세톤, 글리세린에 잘 녹는다.

④ 락카, 자동차 부동액 등의 제조원료로 사용된다.

 해설

독성이 있음

13 다음 〈보기〉에서 설명하는 위험물질은 무엇인가?

> ㉠ 대표적인 2가 알코올이다.
> ㉡ 독성이 있다.
> ㉢ 락카, 자동차 부동액 등의 제작원료로 사용

① 에틸렌글리콜　② 프로판올

③ 글리세린　④ 크레졸

 해설

에틸렌글리콜에 관한 설명임

14 다음 중 3가 알코올의 대표적인 물질은 어느 것인가?

① CH_3OH　② $C_2H_4(OH)_2$

③ $C_2H_4(OH)_3$　④ $C_2H_4(OH)_4$

 해설

3가 알코올: (OH)가 3개인 것

15 다음 중 히드록시기와 메틸기를 함께 가지는 화합물은?

① 크실렌　② 크레졸

③ 피크르산　④ 글리세롤

 해설

메틸기 $-CH_3$, 히드록시기 $-OH$

16 다음 중 제3 석유류에 속하는 것은?

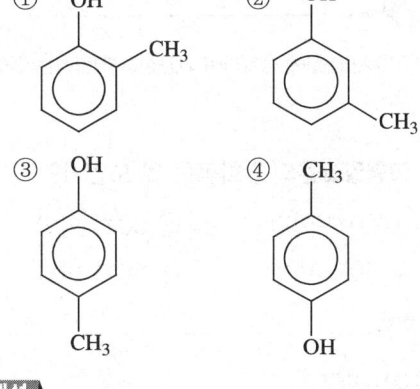

해설

① o-크레졸　② m-크레졸　③ p-크레졸　④ p-크레졸

[정답] 11 ③　12 ②　13 ①　14 ③　15 ②　16 ②

4▶ ⑨ 제4 석유류: 지정 수량 6000*l*

01 제4 석유류에 속하는 것은?

① 윤활유　　　② 등유
③ 경유　　　④ 중유

지정품목: 기계유, 실린더유, 지정 수량 6000*l*

02 1기압 20℃에서 액상이며 인화점이 200℃ 이상 250℃ 미만인 물질은?

① 벤젠　　　② 크실렌
③ 글리세린　　　④ 기어유

제4 석유류: 인화점 200℃ 이상 250℃ 미만, 기어유, 실린더유

03 인화점 200~250℃, 합성수지, 고분자 물질에 첨가하여 가공성을 개량하는 물질은 무엇인가?

① 첨가제　　　② 가소제
③ 촉매　　　④ 계면활성제

가소제: 고분자 물질에 첨가하여 가공성을 개량하는 물질

04 고형알코올의 인화점은 몇 도인가?

① 20℃ 미만　　　② 30℃ 미만
③ 40℃ 미만　　　④ 50℃ 미만

인화점: 30℃ 미만

05 제4류 위험물 중 윤활유 화재 시에 적절한 소화 방법끼리 묶인 것은?

① 이산화탄소와 분말소화
② 이산화탄소와 봉상 분무주수 소화
③ 탄산가스분말과 봉상 분무주수 소화
④ 탄산가스분말과 분말소화

이산화탄소와 분말소화약재로 질식소화

06 다음 중 가소제의 종류에 해당하지 않는 것은?

① DOP　　　② DIDP
③ TCP　　　④ BPO

BPO: 제5류 위험물

07 가소제에 대한 설명 중 맞지 않는 것은?

① 휘발성이 적어야 된다.
② 역과 빛에 안정되며 물, 그리이스, 용제 등에 추출되기 쉬워야 한다.
③ 인화점은 200~250℃ 정도이다.
④ 수지에 용해하여 가소성을 주어 성형가공 및 유연성, 내한성 등을 부여한다.

가소제: 용제 등에 쉽게 추출되지 않을 것

08 변압기 등에 쓰이는 광물류는 무엇인가?

① 전기절연유　　　② 스핀들유
③ 실린더유　　　④ 모터유

전기절연유: 변압기용 광물유

[정답] 01 ①　02 ④　03 ②　04 ②　05 ①　06 ④　07 ②　08 ①

09 수분의 침투를 방지하여 철제가 부식하는 것을 방지하는 기름은 무엇인가?

① 절삭유　　　　② 절연유
③ 방청유　　　　④ 가소제

 **해설**

방청유: 수분의 침투를 방지하여 철제의 부식을 방지함

10 금속재료의 절삭 가공 시 마찰열을 감소시키는 데 사용되는 기름은 무엇인가?

① 절삭유　　　　② 절연유
③ 방청유　　　　④ 머신유

 **해설**

절삭유: 금속재료의 절삭 가공 시 마찰열을 감소시킴

4▶ **10** **동식물유류**: 지정 수량 10000*l*

01 아이오딘값의 정의를 올바르게 설명한 것은?

① 유지 100kg에 부가되는 아이오딘의 g 수
② 유지 10kg에 부가되는 아이오딘의 g 수
③ 유지 100g에 부가되는 아이오딘의 g 수
④ 유지 10g에 부가되는 아이오딘의 g 수

 **해설**

아이오딘값: 유지 100g에 부가되는 아이오딘의 g 수

02 건성유의 아이오딘값은 얼마인가?

① 130 이상　　　② 100~130 미만
③ 100 미만　　　④ 100 이상

 **해설**

건성유: 아이오딘값 130 이상

03 아마인유에 대한 기술 중 옳지 않은 것은?

① 아이오딘값이 피마자유보다 작다.
② 공기 중 산소와 결합하기 쉽다.
③ 고급 지방산의 글리세린 에스터이다.
④ 정제한 것은 무미, 무취, 무색이다.

 해설

아마인유(170~204) > **피마자유**(81~86)

04 채종유의 아이오딘값은 얼마인가?

① 97~107　　　② 100~105
③ 102~110　　　④ 102~104

해설

채종유: 겨자씨 추출기름, 반건성유, 아이오딘값 97~107

05 동식물유류를 취급할 때의 주의사항 중 맞지 않는 것은?

① 아마인유는 건성유이므로 자연발화의 위험이 있다.
② 아이오딘값이 클수록 자연발화의 위험이 적다.
③ 아이오딘값이 130 이상인 것이 건성유이므로 저장 시 누출에 주의한다.
④ 화재 시 액온이 높아 소화가 곤란하다.

해설

아이오딘값: 클수록 불포화도가 크며, 자연발화 위험성도 큼

06 제4류 위험물 중 동식물유류의 관한 설명 중 옳은 것은?

① 아이오딘값에 관계없이 자연발화의 위험이 작다.

② 위험물안전관리법상 1기압, 40℃ 이상에서 액체로 된 것이다.
③ 산화되기 쉬운 동식물류일수록 자연발화의 위험이 작다.
④ 땅콩기름과 같이 아이오딘값이 100 이하인 것은 불건성유이다.

 해설

① 아이오딘값이 클수록 자연발화 위험성 큼
② 1기압에서 인화점이 250℃ 미만인 것
④ 산화되기 쉬운 동식물류일수록 자연발화의 위험이 크다.

07 다음 중 건성유에 해당하지 않는 것은?

① 들기름　　　　② 오동기름
③ 아마인기름　　④ 아주까리기름

 해설

- **건성유**: 아이오딘값 130 이상 정어리기름, 대구기름, 상어기름, 해바라기기름, 동유, 아마인유, 들기름
- **아주까리기름(피마자유)**: 아이오딘값(81~86)

08 아이오딘값이 큰 건성유가 나타내는 성질은?

① 건조되기 쉽고 자연발화가 용이하다.
② 공기 중 환원 중합으로 인화점이 아주 낮아진다.
③ 포화지방산을 많이 가지고 있어 공기 중에서 굳어지기 어렵다.
④ 불포화지방산을 적게 가지고 있으므로 공기 중에 방치하여도 액상을 유지한다.

 해설

아이오딘값이 130 이상으로 걸레 등 섬유류에 스며들어 자연발화가 쉽다.

09 불포화지방산에 대한 설명 중 틀린 것은?

㉠ 수소와 산소를 첨가하여 포화지방산으로 만든다.
㉡ 불포화지방산은 포화지방산보다 아이오딘값이 높다.
㉢ 경화유는 불포화지방산에 수소 첨가한 것이다.
㉣ 이중 결합이 함유된 것이 많다.

① 절삭유　　　　② 절연유
③ 방청유　　　　④ 가소제

 해설

불포화 부분에 수소가 첨가되어 고체지방(포화지방산)으로 변함

10 저장 시 섬유류에 스며들어 자연발화의 위험이 있는 기름은?

① 땅콩기름　　　　② 야자유
③ 올리브유　　　　④ 해바라기기름

 해설

건성유
- 자연발화 위험성이 큼
- 해바라기유, 동유, 아마인유, 들기름 등

5▶ ❶ 제5류 위험물

01 다음은 위험물안전관리법상 제5류 위험물들이다. 지정 수량이 가장 큰 것은?

① 나이트로 셀룰로이드

② 과산화벤조일

③ 나이트로글리세린

④ 트리나이트로 페놀

해설

①, ②, ③ 10kg
④ 200kg

02 제5류 위험물의 위험성에 대한 성질로서 옳은 것은?

① 모든 5류 위험물은 공기 중에서 흡습하여 발화 폭발한다.

② 일반적으로 타격이나 충격 등에 불안정하다.

③ 열에 대해서는 안정한 편이다.

④ 물과 반응하면 발열한다.

해설

자기반응성 물질로서 타격이나 충격 등에 의해 폭발위험이 큼

03 제5류 위험물이 소화하기 어려운 이유로 가장 알맞은 것은?

① 물과 발열반응을 일으킨다.

② 발화점이 높다.

③ 자기연소를 일으키며 연소속도가 매우 빠르다.

④ 연소할 때 연소물이 튀어 넓게 퍼진다.

해설

물질 자체에 가연물과 산소를 함유하고 있으며 점화와 동시에 연소가 되며 속도가 매우 빠름

04 제5류 위험물에 속하지 않는 물질은?

① 나이트로글리세린

② 나이트로벤젠

③ 나이트로셀룰로오스

④ 질산에스터류

해설

나이트로벤젠: 제4류 위험물 제3 석유류

05 다음 위험물이 연소할 때 자기연소를 일으키지 않는 것은?

① $C_3H_5(ONO_2)_3$ ② $(C_6H_7O_2(ONO_2)_3)_n$

③ CH_3ONO_2 ④ $C_6H_5NO_2$

해설

나이트로벤젠: 제4류 위험물 제3 석유류

06 제5류 위험물의 공통성질로 맞지 않는 것은?

① 자기연소를 일으킨다.

② 가열, 충격, 마찰 등으로 폭발의 위험이 있다.

③ 금수성 물질이므로 물기와 접촉을 피해야 한다.

④ 시간의 경과에 따라 자연발화의 위험성을 갖는다.

해설

금수성 물질은 제3류 위험물임

07 다음 제5류 위험물 중 지정 수량이 틀린 것은?

① 유기과산화물

② 나이트로화합물

③ 나이트로소화합물

④ 하이드라진유도체

유기과산화물: 10kg, 나머지는 200kg

08 다음은 스테아르산에 대한 설명이다. 틀린 것은?

① 광택이 있는 백색고체이다.

② 물에는 녹지 않지만 벤젠이나 CS_2 등에 녹는다.

③ 용융상태에서 위험성이 크며 자연발화의 위험이 있다.

④ 살충제나 제초제 제조에 사용된다.

비누, 의약, 가소제, 안정제로 사용

09 제5류 위험물 화재 초기 가장 적당한 소화 방법은 무엇인가?

① 이산화탄소에 의한 질식소화를 한다.

② 분말 소화약제에 의한 질식소화를 한다.

③ 포에 의한 질식과 냉각소화를 한다.

④ 대량의 물에 의한 냉각소화를 한다.

화재 초기에 대량의 물에 의한 냉각소화

10 제5류 위험물의 화재예방 대책으로 잘못된 것은?

① 고온체와의 접근이나 과열, 충격 또는 마찰을 피하여야 한다.

② 운반용기 및 포장의 외부에는 "화기엄금, 충격주의"와 같은 표시가 필요하다.

③ 화재 시 연쇄반응을 막기 위해서 소량보다는 다량으로 보관한다.

④ 용기의 파손과 균열이 일어나지 않도록 한다.

연쇄반응을 막기 위해 소량으로 소분하여 저장

5▸ ❷ 유기 과산화물

01 다음 중 유기과산화물에 대한 설명으로 틀린 것은?

① 메틸에틸케톤퍼옥사이드(MEKPO)는 무색 기름상의 액체이다.

② 벤조일퍼옥사이드(BPO)는 황색의 액체로서 물에 잘 녹는다.

③ 메틸에틸케톤퍼옥사이드(MEKPO)는 함유율이 60(wt%) 이상일 때 지정유기과산화물이라 한다.

④ 벤조일퍼옥사이드(BPO)는 수성일 경우 함유율이 80(wt%) 이상일 때 지정유기과산화물이라 한다.

해설

벤조일퍼옥사이드(BPO): 무색 또는 백색의 분말이나 결정 또는 무색의 결정성 고체

02 BPO의 저장 시 주의사항으로서 옳지 않은 것은?

① 저장 시 물이나 희석제를 혼합하여 저장한다.

② 강한 환원제와 가까이 하지 않는다.

③ 직사광선을 피하고 찬 곳에 저장한다.

④ 산화제이므로 다른 산화제와 같이 저장해도 괜찮다.

 해설

다른 산화제(질산 등)와 접촉 시 분해를 촉진시켜서 충격 마찰에 의해 폭발

03 과산화벤조일에 대한 설명 중 틀린 것은?

① 염화벤조일에 과산화소다를 적용시켜 제조한다.

② 사용량은 소맥분 1kg에 대해서 0.5g 이하로 한다.

③ 강산화 물질이다.

④ 산화하기 쉬운 다른 물질과 접촉하면 화재를 일으킨다.

 해설

소맥분 1kg에 대해서 0.3g 이하로 함

04 유기과산화물의 희석제로 널리 사용되는 것은?

① 물

② 벤젠

③ MEKOP

④ 프탈산디메틸

 해설

희석제: 프탈산메틸, 프탈산디부틸

05 유기과산화물의 저장 시 주의사항으로서 옳은 것은?

① 일광이 드는 건조한 곳에 저장한다.

② 자신은 불연성이지만 다른 가연물이 있으면 폭발의 위험이 있다.

③ 강한 환원제를 가까이 하지 말 것

④ 산화제이므로 다른 산화제와 같이 저장해도 좋다.

해설

① 직사광선 차단 저장

② 자기폭발성 물질

③, ④ 강산류, 환원제, 유기물, 기타 가연성 물질과 접촉하지 말 것

06 과산화메틸에틸케톤(MEKPO)에 대한 설명으로 맞지 않은 것은?

① 무색의 독특한 냄새가 나는 액체이다.

② 직사광선, 수은, 철, 납 구리합금과 접촉 시 분해가 촉진된다.

③ 100℃ 이상에서 심하게 백연을 발생한다.

④ 강력한 환원제임과 동시에 가연성 물질이다.

해설

강력한 산화제임과 동시에 가연성 물질

5▶ ❸ 질산에스터류

01 다음 중 질산에스터류에 해당하는 물질은?

① 나이트로글리세린

② 트리나이트로페놀

③ 셀룰로이드

④ 트리나이트로톨루엔

해설

질산에스터류: 나이트로글리세린, 나이트로셀룰로오스

02 질산에스터류의 공통된 성질로서 옳은 것은?

① 산소를 함유한 무기물질이다.
② 산소 함유물이며 가연성 물질이다.
③ 물과 작용하여 가연성 가스를 발생한다.
④ 부식성이 강한 물질이다.

해설

질산에스터: 자체에 가연물과 산소를 함유하고 있음

03 CH_3ONO_2의 소화 방법으로 적당하지 않은 것은?

① 마른모래 소화가 가장 좋다.
② 분무상의 물로 소화한다.
③ CO_2 분말을 방사한다.
④ 알코올 폼을 사용할 수 있다.

해설

제5류 위험물로서 대량의 물로 주수 소화함

04 질산에틸(Ethyl Nitrate)의 성상에 대한 설명으로 옳은 것은?

① 물에는 잘 녹는다.
② 상온에서 액체이다.
③ 알코올에는 녹지 않는다.
④ 황색이고 불쾌한 냄새가 난다.

해설

물에 불용, 무색 투명한 액체로서 알코올에 잘 녹는다. 상온에서 액체

05 질산에틸의 저장 및 취급 시 주의사항으로 잘못된 것은?

① 불꽃 등 화기를 멀리한다.
② 통풍이 잘되는 냉암소에 저장한다.
③ 저장 할 때는 개방된 금속제 용기를 사용한다.
④ 제4류 위험물 제1 석유류와 비슷하고 휘발성을 크므로 그 증기의 인화성에 유의하고 확인하여야 한다.

해설

용기는 밀봉하고 통풍 환기가 잘되는 찬 곳에 저장

06 자기반응성 물질로 액체상태인 경우 충격, 마찰에는 매우 예민하나 동결된 경우에는 액체상태보다 충격, 마찰이 둔해지는 물질은?

① 펜트리트
② 트리나이트로벤젠
③ 나이트로글리세린
④ 질산메틸

해설

• 무색투명한 기름상의 액체로서 충격 · 마찰에 매우 민감
• 10℃ 동결온도가 되면 충격 · 마찰에 둔감해짐

07 다음 중 규조토에 흡수시켜 다이너마이트를 제조할 때 사용되는 위험물은?

① 장뇌
② 질산에틸
③ 나이트로글리세린
④ 나이트로셀룰로오스

해설

다이너마이트: 규조토에 나이트로글리세린을 흡수시켜 제조

[정답] 02 ② 03 ① 04 ② 05 ③ 06 ③ 07 ③

08 질화면의 성질에 맞는 것은?

① 질산기(질화도)가 클수록 폭발성이 크다.

② 수분이 많이 포함 될수록 폭발성이 크다.

③ 외관상 젤리와 같은 진한 갈색의 물질이다.

④ 질산기(질화도)가 낮을수록 아세톤에 녹기 힘들다.

 해설

질화도가 클수록 폭발성과 위험성이 커짐

09 강질화면과 약질화면을 분류하는 기준은?

① 질화할 때의 온도 차

② 분자의 크기

③ 수분 함유량의 차

④ 질소 함유량의 차

 해설

질소(N)의 함유농도%에 의해 분류됨

10 셀룰로오스의 수산기 3개가 전부 질산에스터로 된 것은?

① 파이록실린

② 면화약

③ 일질산 셀룰로오스

④ 이질산 셀룰로오스

 해설

면화약에 대한 설명임

11 나이트로셀룰로오스 저장에 이용되는 액은?

① 물 또는 알코올

② 가솔린

③ 이황화탄소

④ 묽은질산

 해설

물이나 알코올에 습면시켜 저장함(건조 시 자연발화함)

12 제5류 위험물인 나이트로셀룰로오스의 성질을 설명한 것 중 옳지 않은 것은?

① 공기와의 접촉 시 열분해가 진행되어 자연발화가 용이하다.

② 무색 또는 백색의 고체이며 햇빛에 의해 황갈색으로 변하며 물에 녹지 않는다.

③ 가열하면 130℃에서 서서히 열분해하여 180℃에서 격렬히 연소하며 독성가스를 발생한다.

④ 불에 닿으면 바로 착화되나 물에 쉽게 용해되므로 유독가스는 발생되지 않는다.

 해설

130℃에서 서서히 분해, 180℃에서는 격렬히 연소하며 독성가스 발생

13 나이트로셀룰로오스는 건조하면 발화하기 쉬워 수분 및 알코올 등 습성제로 처리하는데 습성제를 총 중량의 몇 % 이상 함유하여 유지시켜야 하는가?

① 5%　　　　② 10%

③ 15%　　　　④ 20%

해설

총 중량 20% 이상으로 유지

14 나이트로셀룰로오스의 제법으로 가장 적당한 것은?

① 천연셀룰로오스에 진한황산과 진한 질산의 혼산으로 반응시켜 만든다.
② 글리세린에 진한황산과 진한 질산의 혼산으로 에스터화한다.
③ 셀룰로이드에 묽은염산과 진한 질산의 혼산으로 에스터화한다.
④ 글리세린에 진한염산과 묽은질산의 혼산으로 반응시켜 만든다.

 **해설**

$C_6H_{10}O_5 + 11HNO_3 \rightarrow C_{24}H_{29}O_9(NO_3)_{11} + 11H_2O$

15 다음 제5류 위험물질로 화재 발생 시 분무상의 물로 소화할 수 있는 것은?

① $C_3H_5(ONO_2)_3$
② $(C_6H_7O_2(ONO_2)_3)_n$
③ CH_3ONO_2
④ $(C_2H_4(ONO_2)_2)$

 **해설**

제5류 위험물은 대량의 물로 냉각소화를 한다. 특히 습성제로 물을 사용하는 나이트로셀룰로오스는 물 분무 소화도 가능하다.

16 다음 중 열분해에 의해 자연발화하는 물질은?

① 아크릴산
② 클로로벤젠
③ 트리나이트로톨루엔
④ 나이트로셀룰로오스

 **해설**

건조를 방지하기 위해 알코올이나 물로 습면시켜 저장

5▶ ④ 나이트로화합물

01 다음에서 위험물 안전관리법에서 말하는 나이트로화합물은?

① 피크린산
② 질산메틸
③ 질산암몬
④ 셀룰로이드

 해설

위험물안전관리법상 나이트로기($-NO_2$)가 2개 이상인 화합물

02 나이트로화합물 중 쓴맛이 있고 유독하며, 물에 전리하여 강한 산이 되며, 뇌관의 첨장약으로 사용되는 것은?

① 나이트로글리세린
② 셀룰로이드
③ 트리나이트로페놀
④ 트리메틸렌트리니트로아민

 해설

피크린산(TNP)에 대한 내용임

03 나이트로화합물을 저장할 경우 가장 옳은 것은?

① 담은 그릇의 마개를 꼭 막아 밀폐된 장소에 놓아둔다.
② 담은 그릇의 마개를 꼭 막아 햇볕이 잘 드는 곳에 놓아둔다.
③ 담은 그릇의 마개를 꼭 막아 통풍이 잘되는 곳에 놓아둔다.
④ 담은 그릇의 마개를 조금 헐겁게 막아 놓아 통풍이 잘되는 곳에 놓아둔다.

해설

밀봉, 밀전하여 통풍이 잘되는 찬 곳에 보관

04 화약을 만드는 반응은?

① 산화 반응　② 환원 반응
③ 할로젠화 반응　④ 나이트로화 반응

해설

나이트로화 반응

$C_6H_5CH_3 + 3HNO_3 \xrightarrow{C-H_2SO_4} C_6H_2CH_3(NO_2)_3 + 3H_2O$

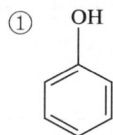 + 3HNO_3 $\xrightarrow{C-H_2SO_4}$ 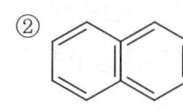 + 3 H_2O

05 트리나이트로톨루엔에 관한 설명 중 틀린 것은?

① 발화점이 300℃ 정도이다.
② 다이너마이트 제조 원료이다.
③ 충격에 극히 민감하다.
④ 에테르에 잘 녹는다.

해설

TNT: 충격에 둔감

06 트리나이트로톨루엔(TNT)은 어떤 물질의 유도체인가?

① 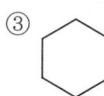　②

③ 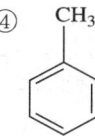　④

해설

TNT는 제4류 위험물 제1 석유류인 톨루엔의 유도체

07 TNT(Trinitro Toluene)가 폭발하였을 때의 생성물은?

① $Pb+H_2$
② $CO+C+H_2+N_2$
③ $CO+C+H_2$
④ $CO+H_2O+H_2+N_2$

해설

$2C_6H_2CH_3(NO_2)_3 \rightarrow 12CO+2C+3N_2+5H_2$

08 트리나이트로톨루엔에 관한 설명으로 틀린 것은?

① 담황색의 침상결정이다.
② 보통 피크린산이라 한다.
③ 물에는 녹지 않으나 에테르에는 잘 녹는다.
④ 충격에는 민감하지 않지만 급격한 타격에 의하여 폭발한다.

해설

피크린산: 트리나이트로페놀(TNP)

09 피크린산의 저장 및 취급 시 위험성이 증가하는 경우는 어느 때인가?

① 냉각할수록　② 통풍이 안 될 때
③ 건조할수록　④ 습(습윤)할수록

해설

공기 중의 수분과 작용하면 가수분해하여 질산을 형성하여 장기간 저장 시 자연 분해할 위험이 큼

10 다음 물질 중 황색염료와 산업용도폭선의 심약으로 사용되는 것으로 페놀에 진한 황산을 녹이고 이것을 질산에 작용시켜 생성되는 것은?

① 트리나이트로페놀
② 질산에틸
③ 나이트로셀룰로오스
④ 트리니트로페놀니트로아민

 **해설**

트리나이트로페놀(TNP)

11 다음 중 피크린산 1몰이 분해(폭발)하였을 때 생성되는 생성물을 바르게 나타낸 항은 어느 것인가?

① $12CO_2 + 10H_2O + 6N_2 + O_2$
② $2CO_2 + 3CO + 1.5N_2 + 1.5H + C$
③ $12CO + 3N_2 + 5H_2 + 2C$
④ $6CO + 2H_2O + 1.5N_2 + C$

 **해설**

$C_6H_2(OH)(NO_2)_3 \rightarrow 2CO_2 + 3CO + \frac{3}{2}N_2 + \frac{3}{2}H_2 + C$

12 피크린산의 위험성과 소화 방법으로서 틀린 것은?

① 피크린산의 금속염은 대단히 위험하다.
② 건조할수록 위험성이 증가한다.
③ 알코올 등 혼합된 것은 폭발의 위험이 있다.
④ 화재 시에는 질식소화가 효과 있다.

 **해설**

대량의 주수소화에 의한 냉각소화

13 나이트로화합물을 금속염으로 만들 때 폭발성이 있는 것은?

① HNO_3
② $C_2H_5NO_3$
③ $C_6H_2(NO_2)_3OH$
④ $C_3H_7NO_3$

 **해설**

TNP
• 보통의 금속과 반응 수소 발생
• Fe, Pb, Cu와 반응하여 피크린산 염을 형성

14 트리나이트로페놀(피크린산, $C_6H_2(NO_2)_3OH$)의 성질 중 틀린 것은?

① 단독으로는 마찰, 충격에 둔감하여 폭발하지 않는다.
② 백색의 결정이다.
③ 냉수에는 녹기 힘들지만 에테르에는 잘 녹는다.
④ 금속염 물질과 혼합하는 것은 위험하다.

 해설

휘황색의 침상 결정으로 유기용제에 잘 녹음

15 단독으로는 마찰 충격에 둔감하나 금속염으로 했을 때 폭발이 쉬운 것은?

① 피크린산　　② 질산에틸
③ 강질화면　　④ TNT

 해설

피크린산(TNP)
• 보통의 금속과 반응 수소 발생
• Fe, Pb, Cu와 반응하여 피크린산 염을 형성

5▸ 5 나이트로소화합물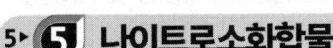

01 황백색의 분말로 가열 · 충격에 의해 폭발하며 파라핀을 안정제로 사용하며, 고무가황제로 사용되는 제5류 위험물은?

① 파라나이트로소 벤젠
② 디나이트로소 레졸신
③ 아크벤젠
④ 염화벤젠디아조늄

파라나이트로소벤젠에 대한 설명임

1▸ ① 제6류 위험물

01 제6류 위험물의 지정 수량은 얼마인가?

① 20kg 　② 50kg

③ 100kg 　④ 300kg

제6류 위험물: 위험등급 Ⅰ등급 300kg

02 다음 중 제6류 위험물에 속하는 것은?

① $HClO_4$ 　② $NaClO_3$

③ $KClO_4$ 　④ $NaClO_4$

②, ③, ④ 제1류 위험물

03 다음 중 제6류 위험물의 공통적인 성질은?

① 비중은 1보다 크다.

② 강산성이고 강환원제이다.

③ 모두 불에 잘 타는 물질이다.

④ 표준상태에서 모두가 고체이다.

해설

• 비중은 1보다 크고, 물에는 잘 녹음
• 부식성 · 유독성이 강한 액체임
• 물과 반응 시 심하게 발열함

04 산화성 액체위험물의 공통되는 성질에 해당하는 것은?

① 부식성이 강한 산으로 강산화제이다

② 상온에서 분해하여 산소를 발생시킨다.

③ 열분해 시 가연성의 수소가스를 발생시킨다.

④ 일반적으로 물에 용해되지 않는 적갈색의 액체이다.

제6류 위험물은 과산화수소를 제외하고 모두 강산이며 부식성이 강함

05 다음 제6류 위험물 중 강한 표백작용과 살균작용을 하고, 장기간 저장 보존 시 유리 용기 사용을 자제해야 하는 것은?

① HClO 　② H_2O_2

③ H_2SO_4 　④ HNO_3

유리 용기는 알칼리성으로 H_2O_2를 분해촉진하므로 유리 용기에 장기보존하지 않음

06 제6류 위험물의 취급 방법으로서 틀린 것은?

① 건조사로 위험물의 비산을 방지한다.

② 습기가 많은 곳에서 취급한다.

③ 소화 후에는 많은 물로 씻어 내린다.

④ 피복이나 피부에 묻지 않게 주의한다.

습기나 물기를 피할 것

07 다음은 제6류 위험물의 공통적 성질에 대한 설명이다. 틀린 것은?

① 비중은 물보다 크다.

② 피부에 닿으면 매우 위험하다.

③ 분해하면 인체에 유해한 가스가 발생한다.

④ 비휘발성 액체로서 에틸알코올과 반응 시 탈수작용을 한다.

해설

제6류 위험물: 휘발성이 강하며 에틸알코올과 반응 시 폭발

08 다음 중 제6류 위험물에 해당하지 않는 것은?

① HNO_3(비중1.49 이상)

② H_2SO_4(비중1.82 이상)

③ H_2O_2(36wt%)

④ $HClO_4$

해설

황산은 해당하지 않음

6▸ ② 질산: 지정 수량 300kg

01 질산(HNO_3)의 성질로 맞는 것은?

① 공기 중에서 자연발화한다.

② 충격에 의하여 자연발화한다.

③ 인화점이 낮아서 발화하기 쉽다.

④ 물과 반응하여 강한 산성을 나타낸다.

해설

질산은 불연성으로 환원되기 쉬운 물질과 접촉 시 자연발화할 수 있음

02 위험물 안전관리법에서 정의한 제6류 위험물인 진한 질산의 비중은 얼마 이상인가?

① 1.49 이상　　② 1.69 이상

③ 1.89 이상　　④ 1.29 이상

해설

위험물안전관리법상 질산의 비중: 1.49 이상

03 다음은 질산의 성상에 관한 설명으로 맞는 것은?

① 질산은 비휘발성 물질이다.

② $KClO_3$와 혼합하면 안정한 질산염이 생성된다.

③ 자신은 불연성 물질로 강한 환원력을 갖고 있다.

④ 위험물안전관리법상 질산의 비중이 1.49 이상을 위험물로 간주하고 있다.

해설

① 질산은 비점이 86℃로 휘발성이 강함

② 산화성 물질과 접촉을 피할 것

③ 강한 산화력을 갖고 있음

04 가열할 경우 액체 표면에 적갈색의 증기가 떠 있는 것은?

① 발연황산　　② 진한 질산

③ 진한 황산　　④ 무수 크로뮴산

해설

$2HNO_3 \rightarrow 2NO_2 + H_2O + O$

05 다음 중 진한 질산에 용해되는 금속은?

① Ag　　② Au

③ Fe　　④ Al

해설

• 부동태 금속: Fe, Ni, Co, Al

• Pt, Au 등은 질산에 용해되지 않음

06 취급을 잘못하여 손끝에 위험물이 묻어 피부가 노랗게 변했다. 다음 중 어느 물질을 취급하였는가?

① 황산　　　　② 클로로술폰산
③ 질산　　　　④ 무수 크로뮴산

크산토프로테인 반응: 질산은 단백질을 노랗게 변화시킴

07 진한 질산(2mol)을 가열분해 시 발생하는 가스는?

① 질소　　　　② 일산화탄소
③ 이산화질소　④ 암모늄이온

$2HNO_3 \rightarrow 2NO_2 + H_2O + O$

08 질산에 부식(침식)되지 않는 것은?

① 철　　　　　② 구리
③ 백금　　　　④ 아연

Pt, Au 등은 질산에 용해되지 않음

6▸ ③ 과염소산: 지정 수량 300kg

01 과염소산의 취급 시 주의사항이 아닌 것은?

① 누설 시 톱밥에 흡수시킨다.
② 가연성 물질과는 멀리 저장한다.
③ 물과의 접촉을 피하고, 밀봉, 밀전하여야 한다.

④ 용기는 직사광선을 피하고, 통풍이 잘되는 찬 곳에 저장한다.

누설 시 모래나 중화제를 사용하며 톱밥을 사용 시 발화위험이 있음

02 다음은 과염소산의 성질을 설명한 것이다. 옳은 것은?

① 상온에서는 액체이나 5℃ 이하에서는 고체이다.
② 방치하면 분해하고 물과 반응하면 폭발한다.
③ 염소 냄새가 나고 비중은 1.3 이하이다.
④ 가열하면 폭발하고 산성이 강한 편이다.

비중은 1.76, 융점 −112℃로 물과 반응 시 발열, 가열 시 폭발함

03 과염소산의 저장 및 취급 방법을 설명한 것으로 알맞지 않은 것은?

① 유리나 도자기 등 밀폐용기에 넣어 저온에서 저장한다.
② 환기가 잘되는 장소에 통풍이 잘되는 곳에 저장한다.
③ 이송 시는 물 등의 습윤제를 사용하고 일광에 노출되지 않게 한다.
④ 화기를 피해서 저장한다.

이송 시 젖지 않도록 하며 일광에 노출 시키지 말 것

6▶④ 과산화수소: 지정 수량 300kg

01 과산화수소(H_2O_2)가 표백, 산화작용을 하는 이유는 분해할 때 무엇이 생성되기 때문인가?

① 발생기 산소
② 발생기 수소
③ 발생기 염소
④ 이산화황

해설

발생기 안의 산소로 인해 표백, 산화작용을 함

02 과산화수소가 분해하여 발생하는 기체의 위험성은?

① 산소이며 가연성이다.
② 산소이며 연소를 도와준다.
③ 수소이며 가연성이다.
④ 수소이며 연소를 도와준다.

해설

$2H_2O_2 \rightarrow H_2O + O_2 + Q$

03 과산화수소의 저장 용기로 알맞은 것은?

① 나무상자
② 투명유리병
③ 착색유리병
④ 금속용기

해설

착색유리병에 뚫린 마개를 사용 보관

04 시판 중인 과산화수소 수용액(40%)이 분해하기 쉬우므로 이를 방지하기 위한 안정제로 사용할 수 있는 물질은?

① HgO
② CaO_3
③ MnO_2
④ H_3PO_4

해설

안정제: 인산(H_3PO_4), 요산($C_5H_4N_4O_3$), 요소, 글리세린 등

05 제6류 위험물인 과산화수소 취급법으로 틀린 것은?

① 냉암소에 저장한다.
② 농도가 진한 것은 피부접촉 시 물집이 생긴다.
③ 수용액은 서서히 분해되므로 안정제를 넣는다.
④ 착색된 유리 용기를 사용하여 밀전시켜 보관한다.

해설

갈색 병에 저장하되 구멍 뚫린 마개를 사용

06 과산화수소(H_2O_2)에 관한 설명 중 틀린 것은?

① 안정하면 쉽게 분해되지 않는다.
② 강한 산화성이 있다.
③ 일광의 직사에 의해서 분해된다.
④ 물, 알코올에 잘 녹는다.

해설

과산화수소(H_2O_2)는 단독으로 불안정하여 저장 시는 안정제를 첨가하여 산소분해를 억제함

[정답] 01 ① 02 ② 03 ③ 04 ④ 05 ④ 06 ①

6▸⑤ 할로젠 간 화합물: 둘 이상의 할로젠 원소 간의 화합물

01 할로젠 간 화합물인 염화티오닐에 대한 설명 중 옳지 않은 것은?

① 무색, 또는 동황색의 액체이다.
② 벤젠, 클로로포름 등에 용해된다.
③ 공기 중에서 자연발화한다.
④ 물과 반응하여 염산과 황산을 발생한다.

 해설

$SOCl_2 + H_2O \rightarrow 2HCl + SO_2$

02 할로젠 간 화합물인 염화술포닐(SO_2Cl_2)에 대한 설명으로 옳지 않은 것은?

① 이산화황에 염소를 넣고 장뇌를 촉매로 하여 햇볕을 쪼이면 얻는다.
② 독성·부식성이 강하다.
③ 무색투명한 고체로 공기 중에서 발열한다.
④ 물을 가하면 분해하여 황산과 염산을 얻는다.

 해설

SO_2Cl_2: 무색투명한 액체로 공기 중에서 발열
$SO_2Cl_2 + 2H_2O \rightarrow H_2SO_4 + 2HCl$

6▸⑥ 기타

01 발연질산에 관한 설명 중 옳은 것은?

① 물과 작용하여 가연성 가스를 발생시킨다.
② 마찰 충격으로 폭발한다.
③ 공기 중에서 자연발화한다.
④ 진한 질산에 이산화질소를 녹인 것이다.

 해설

진한 질산에 이산화질소를 과잉으로 녹인 무색 또는 적갈색의 발연성 액체

7▶ ① 제조소 등

01 위험물 제조소 등에 관한 시설이 아닌 것은?

① 제조시설　② 처리시설
③ 취급시설　④ 저장시설

 **해설**

위험물 제조소 등: 제조시설, 취급시설, 저장시설을 말함

02 위험물 찌꺼기 등을 안전한 장소에 폐기하여야 할 때 최소한 몇 일에 1회 이상 처분하여야 하는가?

① 1일　② 2일
③ 3일　④ 4일

 해설

1일에 1회 이상 처분할 것

03 지정 수량 미만인 위험물의 저장·취급 시 허가 사항은 어디에서 정하는가?

① 대통령령
② 행정안전부령
③ 산업자원부령
④ 시·도 조례로 정함

 해설

위험물의 정의: 인화성 또는 발화성 등의 성질을 가지는 것으로서 대통령령이 정하는 물품

04 제조소 등이 아닌 장소에서 지정 수량 이상의 위험물을 취급할 수 있는 경우 누구의 승인을 받아야 하는가?

① 대통령　② 행정안전부령장관
③ 관할 소방서장　④ 경찰서장

 해설

시·도의 조례가 정하는 바에 따라 관할소방서장의 승인

05 위험물의 안전관리와 관련된 업무를 수행하는 자에 대한 안전 실무교육 실시자는 누구인가?

① 소방본부장　② 소방학교장
③ 시장·군수　④ 한국소방안전원장

 해설

위험물안전관리업무 실무교육 실시자: 한국소방안전원장

06 제조소 등에서의 위험물의 저장 기준에 해당하지 않는 것은?

① 규정에 의한 신고와 관련되는 품명 외의 위험물 또는 지정 수량의 배수를 초과하는 위험물을 저장 또는 취급하지 말 것
② 제조소 등에서는 함부로 화기를 사용하지 말 것
③ 집유설비 또는 유분리장치의 위험물은 넘치지 아니하도록 수시로 제거할 것
④ 위험물의 쓰레기, 찌꺼기 등은 1일에 2회 이상 당해 위험물의 성질에 따라 안전한 장소에서 폐기하거나 적당한 방법으로 처리할 것

 해설

1일 1회 이상 안전한 장소에서 폐기한다.

[정답] 01 ② 02 ① 03 ④ 04 ③ 05 ④ 06 ④

07 임시로 위험물을 저장할 수 있는 기간은?

① 30일   ② 60일

③ 90일   ④ 120일

 **해설**

위험물 저장 기간: 90일 이내

08 제조소 등에서 위험물의 품명·수량 또는 지정 수량의 배수를 변경하고자 할 때 누구에게 언제까지 신고하는가?

① 변경하고자 하는 날의 7일 전까지 시·도지사 신고

② 변경하고자 하는 날의 14일 전까지 시·도지사 신고

③ 변경하고자 하는 날의 7일 전까지 소방서장 신고

④ 변경하고자 하는 날의 14일 전까지 소방서장 신고

 **해설**

변경하고자 하는 날의 7일 전까지 시·도지사 신고

09 제조소 등의 폐지 신고를 할 때는 시도지사에게 언제까지 신고를 하는가?

① 제조소 등의 용도를 폐지한 날부터 7일 이내에 시·도지사에게 신고

② 제조소 등의 용도를 폐지한 날부터 14일 이내에 시·도지사에게 신고

③ 제조소 등의 용도를 폐지한 날부터 15일 이내에 시·도지사에게 신고

④ 제조소 등의 용도를 폐지한 날부터 28일 이내에 시·도지사에게 신고

 **해설**

제조소 등의 폐지: 제조소 등의 용도를 폐지한 날부터 14일 이내에 시·도지사에게 신고

10 제조소 등의 허가 및 신고에서 제외되는 경우가 아닌 것은?

① 주택의 난방시설을 위한 저장소 또는 취급소

② 농예용·축산용 또는 수산용으로 필요한 난방시설

③ 건조시설을 위한 지정 수량 20배 이하의 저장소

④ 공동주택의 중앙난방시설

 **해설**

공동주택의 중앙난방시설은 신고대상

11 제조소 등의 설치는 누구의 허가 사항인가?

① 관할 소방서장   ② 행정안전부 장관

③ 시·도지사   ④ 경찰서장

해설

허가 사항: 시·도지사

12 다음에 ( ) 안에 들어갈 말을 골라라.

> 위험물은 (㉠), (㉡), (㉢) 그 밖의 계기를 감시하여 당해 위험물의 성질에 맞는 적정한 온도, 습도 또는 압력을 유지하도록 저장 또는 취급할 것

① ㉠ 온도계, ㉡ 압력계, ㉢ 습도계

② ㉠ 온도계, ㉡ 유량계, ㉢ 압력계

③ ㉠ 온도계, ㉡ 습도계, ㉢ 유량계

④ ㉠ 압력계, ㉡ 유량계, ㉢ 유속계

온도계, 압력계, 습도계

13 제조소 등에서의 위험물의 취급기준 중 제조에 관련된 공정이 아닌 것은?

① 증류공정   ② 추출공정
③ 건조 공정   ④ 폐기공정

제조에 관한 공정
㉠ 증류공정
㉡ 추출공정
㉢ 건조공정
㉣ 분쇄공정

14 제조소 등에서의 위험물의 취급기준 중 소비에 관한 기준이 아닌 것은?

① 분사도장작업
② 담금질 또는 열처리작업
③ 위험물을 옮겨 담는 작업
④ 버너를 사용하는 경우

소비에 관한 기준
• 분사도장작업
• 담금질 또는 열처리작업
• 염색 또는 세척의 작업
• 버너를 사용하는 경우

15 안전관리자 또는 그 대리자가 참여하지 아니한 상태에서 위험물을 취급한 자에 대한 부과되는 벌금은 얼마인가?

① 100만 원   ② 200만 원
③ 300만 원   ④ 400만 원

벌칙. 300만 원 이하의 벌금
1. 위험물의 취급에 관한 안전관리와 감독을 하지 아니한 자
2. 안전관리자 또는 그 대리자가 참여하지 아니한 상태에서 위험물을 취급한 자

16 다음 중 위험물안전관리자에 대한 사항으로 맞지 않는 것은?

① 제조소 등은 대통령령이 정하는 위험물의 취급에 관한 자격이 있는 자를 선임한다.
② 안전관리자를 해임하거나 퇴직한 날부터 30일 이내 다시 안전관리자를 선임한다.
③ 안전관리 대리자 직무 대행 기간은 30일을 초과할 수 없다.
④ 안전관리자를 해임 및 선임신고는 선임 또는 해임하거나 퇴직 시 14일 이내에 시도지사에게 신고한다.

14일 이내에 소방본부장 또는 소방서장에게 신고

17 다음 중 안전관리자 역할로서 맞지 않는 것은?

① 작업자에게 안전관리에 관한 필요한 지시
② 위험물의 취급에 관한 안전관리와 감독
③ 제조소 등의 관계인과 그 종사자는 안전관리자의 위험물안전관리에 관한 의견 따라야 한다.
④ 제조소 등에서 위험물취급자격자가 아닌 자는 안전관리자 또는 안전관리대리자가 없는 상태에서 위험물을 취급할 수 있다.

안전관리자 또는 안전관리대리자가 없는 상태에서서는 위험물을 취급할 수 없다.

18 다음 중 위험물안전관리자 자격에 관한 사항으로 맞지 않는 것은?

① 위험물 기능장은 제1류~제6류 위험물 모두를 취급할 수 있다.
② 위험물 산업기사는 제1류~제6류 위험물 모두를 취급할 수 있다.
③ 4류 위험물 기능사는 제4류 위험물을 취급할 수 있다.
④ 안전관리자 교육이수자는 제1류~제6류 위험물 모두를 취급할 수 있다.

안전관리교육이수자: 위험물 중 제4류 위험물을 취급

19 소방공무원으로서 3년 이상 근무한 자가 취급할 수 있는 위험물은?

① 제1류 위험물
② 제2류 위험물
③ 제3류 위험물
④ 제4류 위험물

소방공무원경력자(경력이 3년 이상인 자): 제4류 위험물

20 화재 예방규정은 누구의 령에 의해 정해지는가?

① 대통령령
② 행정안전부령
③ 시·도조례
④ 위험물안전관리법

행정안전부령에 의한 화재 예방규정을 정하여 시·도지사에게 제출

21 화재 예방규정을 정하여야 하는 제조소 등에 해당하지 않는 것은?

① 지정 수량의 10배 이상의 위험물을 취급하는 제조소
② 지정 수량의 10배 이상의 위험물을 취급하는 일반취급소
③ 지정 수량의 100배 이상의 위험물을 저장하는 옥외저장소
④ 지정 수량의 100배 이상의 위험물을 저장하는 옥내저장소

옥내저장소: 지정 수량의 150배 이상

22 화재 예방규정을 정할 때 옥외 탱크저장소는 지정 수량의 몇 배 이상인가?

① 지정 수량의 200배 이상
② 지정 수량의 250배 이상
③ 지정 수량의 300배 이상
④ 지정 수량의 350배 이상

옥외 탱크저장소: 지정 수량의 200배 이상

23 화재 예방과 화재 시, 비상조치계획 등 예방규정을 정하여 야 할 옥외저장시설에는 지정 수량 몇 배 이상을 저장 취급하는가?

① 30배 이상   ② 100배 이상
③ 200배 이상   ④ 250배 이상

옥외저장실: 지정 수량의 100배 이상의 위험물을 저장하는 옥외저장소

24 화재 예방규정에서 제외 대상은?

① 제4류 위험물(인화점이 40℃ 이상)로서 지정 수량의 40배 이하로 취급하는 일반취급소

② 지정 수량의 10배 이상의 위험물을 취급하는 일반취급소

③ 지정 수량의 100배 이상의 위험물을 저장하는 옥외저장소

④ 암반탱크 저장소

예방규정 제외 대상: 제4류 위험물(인화점이 40℃ 이상) – 지정 수량의 40배 이하로 취급하는 일반취급소

㉠ 보일러 · 버너 또는 이와 비슷한 것으로서 위험물을 소비하는 장치로 이루어진 일반취급소

㉡ 위험물을 용기에 다시 채워 넣는 일반취급소

25 다음 중 제4류 위험물로서 자체소방대를 설치해야 되는 제조소나 일반취급소는 지정 수량 몇 배 이상인가?

① 1000배   ② 2000배

③ 3000배   ④ 4000배

자체소방대 조직

• 제조소 · 일반취급소: 제4류 위험물로서 지정 수량의 3천 배 이상

• 저장취급소: 지정 수량 2만 배 이상 행정안전부령에 의한 화재 예방규정을 정하여 시 · 도지사에게 제출

26 위험물을 저장 · 취급 시 화재 또는 재난을 방지하기 위하여 자체소방조직을 두어야 한다. 지정 수량이 틀린 것은?

① 3천 배 이상의 위험물을 저장 · 취급하는 제조소

② 천 배 이상의 위험물을 저장 · 취급하는 일반취급소

③ 2만 배 이상의 위험물을 저장 · 취급하는 저장취급소

④ 4배 이상의 위험물을 저장 · 취급하는 이동판매취급소

이동판매취급소: 자체소방대를 조직하지 않음

27 다음 중 자체소방대를 설치 제외 대상에 해당하지 않는 것은?

① 보일러, 버너 그 밖에 이와 유사한 장치로 위험물을 소비하는 일반취급소

② 이동저장 탱크 그 밖에 이와 유사한 것에 위험물을 주입하는 일반취급소

③ 용기에 위험물을 채우는 일반취급소

④ 제4류 위험물로서 지정 수량 4000배를 저장하는 제조소

제4류 위험물로서 지정 수량 3천 배 이상을 취급하는 제조소 등은 자체소방대 설치

28 제4류 위험물취급 최대 수량이 1만 배일 때 화학소방차는 몇 대를 갖추어야 하는가?

① 1대   ② 2대

③ 3대   ④ 4대

최대수량이 지정 수량의 3천 배 이상 12만 배 미만 시: 화학소방차 1대

29 화학소방자동차에 갖추어야 하는 소화능력 설비의 기준 중 포수용액 방사차의 방사능력은 분당 얼마인가?

① 2,000*l*/min 이상

② 3,000*l*/min 이상

③ 4,000*l*/min 이상

④ 5,000*l*/min 이상

2,000*l*/min 이상

30 화학소방자동차 중 제독차에 갖추어야 할 가성소다와 규조토 양은 각각 얼마인가?

① 30kg   ② 40kg

③ 50kg   ④ 100kg

가성 소오다 및 규조토를 각각 50kg 이상 비치할 것

31 다음 내폭화학차의 소화약제(분말) 방사능력은 매초 몇 kg 이상인가?

① 45kg   ② 35kg

③ 25kg   ④ 15kg

소화약제(분말) 방사능력: 35kg/sec

32 자체소방대를 두어야 하는 화학소방자동차 중 포수용액을 방사하는 화학소방자동차는 전체 법정 화학소방자동차 대수의 얼마 이상으로 하는가?

① 1/3   ② 2/3

③ 1/5   ④ 2/5

포수용액을 방사하는 화학자동차의 대수는 규정에 의한 화학소방차의 대수의 2/3 이상으로 할 수 있다.

33 운송책임자의 감독·지원을 받아 운송하는 위험물이 아닌 것은?

① 다이에틸에터

② 알킬리튬

③ 알킬알루미늄

④ 알킬알루미늄이나 알킬리튬을 함유하는 위험물

다이에틸에터는 해당 없음

34 다음은 위험물 제조소 안전거리에 관한 사항이다. 문화재 보호법에 의한 지정문화재의 제조소와 안전거리는 얼마인가?

① 20m 이상   ② 30m 이상

③ 40m 이상   ④ 50m 이상

문화재보호법의 규정에 의한 유형문화재와 기념물 중 지정문화재: 50m 이상

35 다음 위험물 제조소와 안전거리에 관한 사항으로 맞지 않는 것은?

① 주택: 10m 이상

② 학교·병원·극장: 30m 이상

③ 고압가스, 액화석유가스 취급하는 시설: 20m 이상

④ 사용전압이 7,000V 초과 35,000V 이하의 특고압 가공전선: 5m 이상

사용전압이 7,000V 초과 35,000V 이하의 특고압 가공전선: 3m 이상

36 위험물 제조소의 보유공지에 관한 사항으로 취급하는 위험물의 최대수량이 10배 미만일 때 공지 너비는 얼마인가?

① 5m 이상　　② 3m 이상
③ 10m 미만　　④ 10m 이상

• 지정 수량의 10배 미만: 3m 이상
• 지정 수량의 10배 이상: 5m 이상

37 위험물 제조소 게시판 기재사항으로 맞지 않는 것은?

① 위험물의 유별 · 품명
② 저장 최대수량 또는 취급 최대수량
③ 지정 수량의 배수 및 안전관리자의 성명 또는 직명
④ 위험물의 수용성 여부

④ 위험물 포장 외부 표기사항

38 제1류 위험물 중 알칼리금속의 과산화물 게시판의 주의사항은 무엇인가?

① 화기엄금
② 물기엄금
③ 가연물접촉주의
④ 충격주의

알칼리금속의 과산화물 "물기엄금"

39 위험물 제조소에는 지정위험물에 따라 화기엄금, 화기주의 게시판을 설치하여야 한다. 게시판의 바탕, 문자가 바르게 짝지어진 것은?

① 백색 바탕에 청색 문자
② 청색 바탕에 백색 문자
③ 적색 바탕에 백색 문자
④ 백색 바탕에 적색 문자

• 불: 적색
• 물: 청색
• 문자: 백색

40 다음 중 게시판에 "화기엄금"을 기재해야 하는 위험물이 아닌 것은?

① 제2류 위험물 중 인화성 고체
② 제3류 위험물 중 자연발화성 물품
③ 제4류 위험물
④ 제6류 위험물

제6류 위험물: 해당 없음

41 "물기엄금" 게시판의 바탕색과 글자색은?

① 청색 바탕에 백색 문자
② 백색 바탕에 청색 문자
③ 적색 바탕에 백색 문자
④ 백색 바탕에 적색 문자

물: 청색, 청색 바탕에 백색 문자

42 다음 중 위험물 제조소에 "물기엄금"이라고 표시한 게시판을 설치해야 하는 위험물을 포함하는 유별은?

① 제2류 위험물　　② 제3류 위험물
③ 제4류 위험물　　④ 제5류 위험물

 해설

① 화기주의, 화기엄금(인화성 고체)
② 화기엄금(자연발화성), 물기엄금(금수성)
③ 화기엄금
④ 화기엄금

43 제조소 건축물 기준에 대한 사항으로 맞지 않는 것은?

① 지하층이 없도록 하여야 한다.
② 건축물의 벽·기둥·바닥·보·서까래 및 계단은 불연재료로 한다.
③ 연소의 우려가 있는 외벽은 개구부가 없는 내화구조의 벽으로 한다.
④ 지붕은 단단하고 무거운 불연재를 사용한다.

 **해설**

지붕: 가벼운 불연재료

44 제조소 중 위험물을 취급하는 건축물 외벽의 재료는?

① 불연재료
② 준불연재료
③ 방화구조
④ 내화구조

 **해설**

위험물을 취급하는 건축물 외벽의 재료: 내화구조일 것

45 위험물 제조소의 채광 조명 및 환기설비의 설치기준으로 옳지 않은 것은?

① 채광설비는 "불연재료"를 사용하고 연소의 우려가 없는 장소에 설치 할 것
② 채광면적은 최소로 할 것
③ 환기는 자연배기방식으로 할 것
④ 급기구는 높은 곳에 설치할 것

 해설

· 환기설비 급기구: 낮은 곳에 설치
· 배출설비 급기구: 높은 곳에 설치

46 제조소 건축물 중 액체의 위험물을 취급하는 건축물의 바닥기준으로 맞지 않는 것은?

① 위험물이 스며들지 못하는 재료를 사용
② 적당한 경사를 둘 것
③ 그 최저부에 집유설비를 하여야 한다.
④ 반드시 유분리장치를 설치한다.

 **해설**

비수용성 액체위험물의 경우만 해당한다.

47 제조소 조명 및 환기 설비에 관한 사항으로 맞지 않는 것은?

① 조명등은 방폭등으로 할 것
② 전선은 내화·내열전선으로 할 것
③ 점멸스위치는 출입구 안쪽 부분에 설치 할 것
④ 환기설비는 자연배기방식으로 한다.

 **해설**

점멸스위치는 출입구 바깥 부분에 설치한다.

48 제조소 환기설비는 자연배기방식으로 해야되는데 이때 급기구는 바닥면적 얼마마다 설치하는가?

① 150m²마다 1개 이상
② 200m²마다 1개 이상
③ 250m²마다 1개 이상
④ 300m²마다 1개 이상

 **해설**

150m²마다 1개 이상

49 제조소 급기구 1개의 크기는 얼마인가?

① 600cm²　　② 700cm²
③ 800cm²　　④ 900cm²

 **해설**

크기: 800cm² 이상

50 제조소 바닥면적이 80m²일 때 급기구의 면적은 얼마인가?

① 150cm² 이상
② 300cm² 이상
③ 450cm² 이상
④ 600cm² 이상

 **해설**

제조소 바닥면적 60m² 이상 90m² 미만: 300cm² 이상

51 제조소 환기구 높이는 얼마인가?

① 2m 이상　　② 3m 이상
③ 4m 이상　　④ 5m 이상

해설

2m 이상

52 가연성의 증기 또는 미분이 체류할 우려가 있는 건축물에 배출설비를 설치할 때 국소방식의 배출능력은 얼마인가?

① 배출능력은 1시간당 배출장소 용적의 20배 이상
② 배출능력은 1시간당 배출장소 용적의 20배 미만
③ 바닥면적 1m²당 18m³ 이상
④ 바닥면적 1m²당 28m³ 이상

해설

1시간당 배출장소 용적의 20배 이상

53 전역방출방식의 배출능력은 얼마인가?

① 배출능력은 1시간당 배출장소 용적의 20배 이상
② 배출능력은 1시간당 배출장소 용적의 20배 미만
③ 바닥면적 1m²당 18m³ 이상
④ 바닥면적 1m²당 28m³ 이상

해설

바닥면적 1m²당 18m³ 이상

54 위험물 제조소 옥외설비의 턱 높이는 얼마인가?

① 10cm 이상
② 15cm 이상
③ 20cm 이상
④ 25cm 이상

해설

턱 높이 15cm 이상

[정답] 48 ① 49 ③ 50 ② 51 ① 52 ① 53 ③ 54 ②

55 배출설비의 급기구 및 배출구 기준으로서 맞지 않는 것은?

① 배출설비는 강제적으로 배출(배풍기 · 배출 덕트 · 후드 등 이용)로 할 것

② 급기구 위치는 높은 곳에 설치하고, 가는 눈의 구리망 등으로 인화방지망을 설치할 것

③ 배출구 높이는 지상 2m 이상, 연소의 우려가 없는 장소에 설치

④ 배출 덕트가 관통하는 벽 부분은 수동으로 폐쇄되는 방화 댐퍼를 설치

배출 덕트가 관통하는 벽 부분은 자동으로 폐쇄되는 방화 댐퍼를 설치

56 옥외에 있는 위험물 취급탱크 중 액체위험물 탱크가 1기일 때 방유제 용량은 얼마인가? (단 이황화탄소를 제외)

① 탱크 용량의 50% 이상

② 탱크 용량의 100% 이상

③ 탱크 용량의 150% 이상

④ 탱크 용량의 200% 이상

탱크 용량의 50% 이상

57 옥외에 액체위험물 취급탱크가 2기 이상의 경우 방유제 용량은 얼마인가?

① 탱크 용량의 50% 이상

② 탱크 용량의 100% 이상

③ 탱크 중 용량이 최대인 것의 50%+나머지 탱크 용량 합계의 10%를 가산한 양 이상

④ 탱크 중 용량이 최대인 것의 50%+나머지 탱크 용량 합계의 15%를 가산한 양 이상

최대 탱크 용량 50%+나머지 탱크 용량 합계의 10%를 가산한 양 이상

58 다음 중 피뢰설비를 설치해야 되는 위험물 제조소는?

① 지정 수량 5배의 제1 석유류

② 지정 수량 6배의 특수인화물

③ 지정 수량 10배의 제2 석유류

④ 지정 수량 20배의 제6류 위험물

지정 수량의 10배 이상의 위험물을 취급하는 제조소(단, 제6류 위험물 제외)

59 다음 중 피뢰설비를 반드시 갖출 필요가 없는 곳은?

① 지정 수량이 10배인 제2류 위험물 저장소

② 지정 수량이 20배인 제6류 위험물 저장소

③ 지정 수량이 30배인 제5류 위험물 저장소

④ 지정 수량이 10배인 제4류 위험물 저장소

피뢰설비 제외 대상: 제6류 위험물 저장소

60 위험물 제조소의 옥내에 있는 위험물 취급탱크의 방유턱 용량은 얼마인가? (단, 탱크는 2기이다.)

① 탱크 중 최대인 탱크의 50% 이상을 수용할 수 있을 것

② 탱크 중 최대인 탱크의 70% 이상을 수용할 수 있을 것

③ 탱크 중 최대인 탱크의 80% 이상을 수용
할 수 있을 것

④ 탱크 중 최대인 탱크의 양 이상을 수용할
수 있을 것

 해설

• 탱크 중 최대인 탱크의 양 이상을 수용할 수 있을 것
• **옥내 방유턱**
  ㉠ 방유턱 용량: 탱크에 수납하는 위험물의 양을 전부 수용할
    수 있을 것
  ㉡ 방유턱 안에 2기 이상의 탱크가 있는 경우: 최대인 탱크의
    양 이상을 수용할 수 있을 것

61 하이드록실아민 등의 공작물, 제조소 외벽으
로부터 안전거리 구하는 공식은?

① $D = \dfrac{51.1 \cdot N}{3}$

② $D = \dfrac{51.1 \cdot N}{2}$

③ $D = \dfrac{52.1 \cdot N}{3}$

④ $D = \dfrac{51 \cdot N}{3}$

 해설

$D = \dfrac{51.1 \cdot N}{3}$

D: 거리(m)

N: 하이드록실아민 지정 수량의 배수

62 하이드록실아민 등을 취급하는 제조소 주위 토
제의 경사도는 몇 도 미만인가?

① 45°   ② 50°

③ 60°   ④ 75°

 해설

토제의 경사도 60°

63 하이드록실아민 등을 취급하는 제조소 기준에
대한 설명 중 맞지 않는 것은?

① 담이나 토제 설치 시 공작물의 외측으로
부터 2m 이상 떨어진 장소에 설치한다.

② 담이나 토제의 높이는 당해 제조소에 있
어서 하이드록실아민 등을 취급하는 부
분의 높이 이하로 할 것

③ 토제의 경사면 경사도는 60° 미만으로 할 것

④ 하이드록실실 등을 취급하는 설비에는 철, 이
온 등의 혼입에 의한 위험 방지조치를 할 것

 해설

담 또는 **토제의 높이**: 하이드록실아민 등을 취급하는 부분의 높이
이상으로 할 것

64 위험물 제조소 등의 안전거리 단축기준과 관
련해서 $H \leq pD^2 + a$인 경우 방화상 유효한
담의 높이는 2m 이상으로 한다. 다음 중 a에
해당하는 것은?

① 인근 건축물의 높이(m)

② 제조소 등의 외벽의 높이(m)

③ 제조소 등과 공작물과의 거리(m)

④ 제조소 등과 방화상 유효한 담과의 거리(m)

해설

$H \leq pD^2 + a$

H: 인근 건축물의 높이(m)

D: 제조소 등과 공작물과의 거리(m)

d: 제조소 등과 방화상 유효한 담과의 거리(m)

a: 제조소 등의 외벽의 높이(m)

01 옥외저장소와 지정문화재간의 안전거리는 얼마인가?

① 20m 이상

② 30m 이상

③ 40m 이상

④ 50m 이상

제조소 안전거리에 준함: 50m 이상

02 옥외저장소에 경유 3만 리터를 저장한다고 할 때 공지 너비는 얼마인가?

① 3m 이상

② 5m 이상

③ 9m 이상

④ 12m 이상

• **경유 지정 수량**: 1000l

• **환산지정 수량** $= \dfrac{\text{저장 수량}}{\text{지정 수량}} = \dfrac{30,000}{1,000} = 30$배

※ **공지 너비 기준**

지정 수량의 20배 초과 50배 이하 시: 9m 이상

03 제4류 위험물 중 제4 석유류 옥외저장소는 공지 너비의 얼마로 축소할 수 있는가?

① 1/2

② 1/3

③ 1/4

④ 1/5

공지의 너비의 3분의 1 이상의 너비로 할 수 있다.

04 제6류 위험물 옥외저장소는 공지 너비의 얼마로 축소할 수 있는가?

① 1/2

② 1/3

③ 1/4

④ 1/5

공지의 너비의 3분의 1 이상의 너비로 할 수 있다.

05 옥외저장소 선반 기준으로 맞지 않는 것은?

① 불연재료를 사용한다.

② 선반의 높이는 6m를 초과하지 말 것

③ 수납한 용기는 쉽게 낙하하지 않도록 할 것

④ 옥외저장소 선반 높이는 제한이 없다.

선반 높이는 6m를 초과할 수 없음

06 옥외저장소에 덩어리 상태의 유황을 저장할 경우 하나의 경계표시의 내부면적은 얼마 이하이어야 하는가?

① 75m^2

② 100m^2

③ 333m^2

④ 500m^2

덩어리 상태의 유황 등만 저장 또는 취급기준

㉠ 하나의 경계표시의 내부의 면적: 100m^2 이하

㉡ 경계표시 내부의 면적을 합산한 면적: 1,000m^2 이하

㉢ 인접하는 경계표시와 경계표시와의 간격: 공지의 너비의 2분의 1 이상

07 덩어리 상태의 유황 등만 저장 또는 취급기준
으로 맞지 않는 것은?

① 하나의 경계표시의 내부의 면적은 $100m^2$
이하일 것

② 경계표시 내부의 면적을 합산한 면적은
$1,000m^2$ 이하로 일 것

③ 인접하는 경계표시와 경계표시와의 간격
은 공지의 너비의 2분의 1 이상으로 할 것

④ 경계표시의 높이는 1.5m 이상으로 할 것

해설

경계표시의 높이: 1.5m 이하

08 다음 중 방수성이 있는 덮개를 해야 할 위험물
만으로 구성된 것은?

① 과염소산염류, 삼산화크롬, 황린

② 무기과산화물, 과산화수소, 마그네슘분

③ 철분, 금속분, 마그네슘분

④ 염소산염류, 과산화수소, 금속분

해설

방수성 덮개
㉠ 제1류 위험물 중: 알칼리금속의 과산화물
㉡ 제2류 위험물 중: 철분·금속분·마그네슘
㉢ 제3류 위험물 중: 금수성 물품

09 옥외에 저장하는 위험물 중 차광막을 설치해야
하는 위험물로서 옳은 것은?

① 과산화수소, 과염소산

② 철분, 금속분, 마그네슘분

③ 과염소산, 무기과산화물

④ 무기과산화물, 마그네슘분

해설

옥외저장소 중 차광막을 설치해야 되는 위험물: 과산화수소, 과
염소산

10 옥외저장소에 저장 가능한 위험물 맞지 않는
것은?

① 제2류 위험물 중 유황 또는 인화성 고체
(인화점이 섭씨 0도 이상인 것에 한한다)

② 제4류 위험물 중 제1 석유류(인화점이
섭씨 0도 이상인 것에 한한다)

③ 알코올류

④ 특수인화물

해설

옥외저장 가능한 위험물
㉠ 제2류 위험물 중 유황 또는 인화성 고체(인화점이 섭씨 0도 이
상인 것에 한한다)
㉡ 제4류 위험물 중 제1 석유류(인화점이 섭씨 0도 이상인 것에
한한다)
㉢ 알코올류
㉣ 제2 석유류·제3 석유류·제4 석유류 및 동식물유류
㉤ 제6류 위험물

11 제2류 위험물 중 인화성 고체를 옥외에 저장할
수 있는 기준은 무엇인가?

① 인화점이 21℃ 미만인 것

② 인화점이 21℃ 이상인 것

③ 인화점이 40℃ 미만인 것

④ 인화점이 40℃ 이상인 것

해설

제2류 위험물 인화성 고체: 인화점이 21℃ 미만인 것은 옥외저장
소 저장 가능

12 제1 석유류 또는 알코올류를 저장하는 옥외저장소에 대한 설명으로 맞지 않는 것은?

① 당해 위험물을 적당한 온도로 유지하기 위한 살수장치를 설치할 것

② 당해 위험물을 저장 · 취급하는 장소에는 배수구, 집유설비를 설치할 것

③ 제1 석유류 비수용성 위험물을 저장 또는 취급하는 장소에는 집유설비에 유분리 장치를 설치할 것

④ 알코올류를 저장 또는 취급하는 장소에는 집유설비에 유분리 장치를 설치할 것

알코올류는 수용성으로서 유분리 장치를 설치할 필요가 없음

7▶ **3** 옥내저장소

01 옥내저장소 중 안전거리를 두지 않아도 되는 경우에 해당하는 것은?

① 지정 수량의 20배 미만인 제4 석유류 또는 동식물유류

② 지정 수량의 30배 미만인 제4 석유류 또는 동식물유류

③ 지정 수량의 40배 미만인 제4 석유류 또는 동식물유류

④ 지정 수량의 50배 미만의 제4 석유류 또는 동식물유류

지정 수량의 20배 미만인 제4 석유류 또는 동식물유류
• 제6류 위험물

02 자연발화할 우려나 또는 재해가 발생될수 있는 위험물간 안전거리는 얼마인가?

① 지정 수량 10배마다 상호 간 0.1m 이상 안전거리를 둔다.

② 지정 수량 10배마다 상호 간 0.2m 이상 안전거리를 둔다.

③ 지정 수량 10배마다 상호 간 0.3m 이상 안전거리를 둔다.

④ 지정 수량 10배마다 상호 간 0.4m 이상 안전거리를 둔다.

지정 수량 10배마다 상호 간 0.3m 이상 안전거리를 둔다.

03 위험물과 내벽 간 거리는 얼마인가?

① 0.1m 이상   ② 0.2m 이상

③ 0.3m 이상   ④ 0.5m 이상

위험물과 내벽 간 거리: 0.5m 이상

04 옥내에 저장 시 기계에 의해 하역하는 구조로 된 용기를 쌓는 경우 높이는 얼마인가?

① 2m 이하   ② 4m 이하

③ 6m 이하   ④ 8m 이하

기계에 의해 하역하는 구조: 6m

05 제4류 위험물 중 제3, 제4 석유류 및 동식물유류를 용기에 겹쳐 쌓는 경우 높이는 얼마인가?

① 1m   ② 2m

③ 3m   ④ 4m

제3, 제4 석유류 및 동식물유류 경우 높이: 4m

06 옥내저장소의 위험물 저장 창고의 지면에서 처마까지의 높이는 얼마인가?

① 6m 미만　　② 12m 미만

③ 15m 미만　　④ 20m 미만

6m 미만인 단층 건물일 것

07 제2류 또는 제4류 위험물을 저장하는 창고를 20m 이하로 할 수 있는 기준에 해당하지 않는 것은?

① 벽·기둥·보 및 바닥이 내화구조의 창고

② 출입구에 60분 + 방화문 또는 60분 방화문을 설치한 것

③ 피뢰침을 설치할 것(제6류는 제외)

④ 무창층인 것

④ 해당 없음

08 옥내저장소 바닥기준 중 물이 스며 나오거나 스며들지 아니하는 구조로 해야 되는 위험물에 해당하는 것은?

① 과산화칼륨　　② 황

③ 과염소산　　④ 황린

㉠ 제1류 위험물 중 알칼리금속의 과산화물
㉡ 제2류 위험물 중 철분·금속분·마그네슘
㉢ 제3류 위험물 중 금수성 물품
㉣ 제4류 위험물

09 제5류 위험물 중 셀룰로이드를 저장하는 저장소에 갖추어야 할 것은?

① 환기설비

② 냉방장치

③ 온풍장치

④ 통풍장치 및 냉방장치

셀룰로이드: 비상전원을 갖춘 통풍장치 또는 냉방장치 등의 설비를 2 이상 설치할 것

10 옥내저장소 저장창고의 바닥면적에 대한 사항으로 제1류 위험물 중 과염소산염류, 무기과산화물 저장하는 창고의 바닥면적은 얼마인가?

① 500m^2

② 1,000m^2

③ 2,000m^2

④ 4,000m^2

바닥면적 1,000m^2(아염소산염류, 염소산염류, 과염소산염류, 무기과산화물 그 밖에 지정 수량이 50kg인 위험물)

11 Ⅰ, Ⅱ등급 위험물 이외의 위험물을 내화구조의 격벽으로 완전히 구획된 실에 각각 저장하는 창고의 면적은 얼마인가?

① 500m^2

② 1,500m^2

③ 2,000m^2

④ 4,000m^2

• 격벽으로 구획된 창고(Ⅰ, Ⅱ 등급 위험물 외의 위험물): 1500m^2
• Ⅰ등급 위험물을 저장하는 실의 면적: 500m^{2}를 초과할 수 없음

12 위험물 옥내저장소의 피뢰설비는 지정 수량의 몇 배 이상인 경우 저장창고에 설치해야 하는가?

① 10배 이상
② 15배 이상
③ 20배 이상
④ 30배 이상

피뢰설비: 지정 수량 10배 이상

13 옥내저장소의 보유공지는 지정 수량 20배 이상 50배 미만의 위험물을 옥내저장소에 저장하여 동일부지에 2개 이상 인접할 경우 보유공지 너비를 1/3로 감축한다. 이때 감축할 수 있는 공지의 너비는 얼마인가?

① 1.5m 이상
② 2m 이상
③ 3m 이상
④ 5m 이상

보유공지 너비를 1/3로 감축 시 공지의 최소거리 3m 이상

14 지정유기과산화물의 격벽은 외벽으로부터 (㉠) 이상, 지붕으로부터 (㉡) 이상 돌출되어야 한다. 괄호 안에 들어갈 말을 골라라.

① ㉠ 1m 이상   ㉡ 50cm 이상
② ㉠ 1.5m 이상   ㉡ 50cm 이상
③ ㉠ 1m 이상   ㉡ 60cm 이상
④ ㉠ 1.5m 이상   ㉡ 60cm 이상

외벽으로부터 1m 이상, 상부의 지붕으로부터 50cm 이상 돌출하여야 한다.

15 지정유기과산화물 저장창고의 창의 높이는 얼마인가?

① 바닥면으로부터 2m 이상의 높이로 할 것
② 바닥면으로부터 1.5m 이상의 높이로 할 것
③ 바닥면으로부터 1m 이상의 높이로 할 것
④ 바닥면으로부터 0.5m 이상의 높이로 할 것

바닥면으로부터 2m 이상의 높이로 할 것

16 지정유기과산화물의 하나의 창의 면적은 얼마인가?

① 0.4m^2 이내
② 0.5m^2 이내
③ 0.6m^2 이내
④ 0.7m^2 이내

창문 면적: 0.4m^2 이내

17 지정유기과산화물의 저장창고의 구조로서 틀린 것은?

① 저유설비를 할 것
② 환기 장치를 할 것
③ 바닥을 평평히 할 것
④ 물이 침투하지 않는 구조로 할 것

바닥: 적당한 기울기

18 지정유기과산화물의 하나의 벽면에 두는 창의 면적의 합계는 당해 벽면 면적의 얼마인가?

① 40분의 1 이내
② 50분의 1 이내
③ 60분의 1 이내
④ 80분의 1 이내

[정답] 12 ① 13 ③ 14 ① 15 ① 16 ① 17 ② 18 ④

벽면 면적의 80분의 1 이내

7▸ 4 옥외 탱크저장소

01 옥외 탱크저장소의 밸브 없는 통기관은 지름이 얼마 이상의 것으로 설치하여야 하는가?

① 20mm 이상   ② 30mm 이상

③ 40mm 이상   ④ 50mm 이상

밸브 없는 통기관 지름: 30mm 이상

02 위험물의 옥외 탱크저장소의 보유공지는 동일 부지 내에 2개 이상 인접하여 설치하는 경우 탱크 상호 간의 보유공지의 너비는? (단, 제6류 위험물)

① 1.5m 이상   ② 2.5m 이상

③ 3m 이상   ④ 4m 이상

・**옥외저장 탱크:** 동일한 방유제 안에 2개 이상 인접하여 설치 시
  ㉠ 보유공지의 3분의 1 이상의 너비
  ㉡ 최소보유공지의 너비는 3m 이상
・**제6류 위험물을 저장 또는 취급하는 옥외저장 탱크**
  ㉠ 보유공지의 3분의 1 이상의 너비
  ㉡ 최소보유공지 너비: 1.5m 이상일 것

03 옥외 탱크저장소의 방유제 설치기준으로 맞는 것은?

① 방유제 높이는 0.3m 이상 2m 이하로 한다.

② 방유제 높이는 0.5m 이상 3m 이하로 한다.

③ 방유제 높이는 0.7m 이상 4m 이하로 한다.

④ 방유제 높이는 0.3m 이상으로 하되 탱크 지름의 1/3까지 한다.

방유제 높이: 0.5m 이상 3m 이하

04 제4류 위험물의 옥외저장 탱크 중 압력탱크 외의 밸브 없는 통기관의 구부림 각도는 얼마인가?

① 15도   ② 25도

③ 35도   ④ 45도

선단은 수평면보다 45도 이상 구부려 빗물 등의 침투를 막는 구조

05 밸브 없는 통기관의 개방된 부분의 유효단면적은 얼마인가?

① $555.15mm^2$ 이상이어야 한다.

② $666.15mm^2$ 이상이어야 한다.

③ $777.15mm^2$ 이상이어야 한다.

④ $888.15mm^2$ 이상이어야 한다.

유효단면적은 $777.15mm^2$ 이상일 것

06 대기밸브부착 통기관의 작동압력은 얼마인가?

① 5kPa   ② 6kPa

③ 7kPa   ④ 8kPa

5kPa 이하의 압력 차이로 작동할 수 있을 것

07 옥외저장 탱크에 가연성의 증기를 회수하기 위한 밸브를 통기관에 설치하는 경우로서 틀린 것은?

① 10kPa 이하의 압력에서 개방되는 구조로 할 것

② 통기관의 밸브는 저장탱크에 위험물을 주입하는 경우를 제외하고는 항상 폐쇄시킬 것

③ 대기밸브부착 통기관은 5kPa 이하의 압력 차이로 작동할 수 있을 것

④ 통기관에는 가는 눈의 구리망 등으로 인화방지장치를 할 것

통기관의 밸브는 저장탱크에 위험물을 주입하는 경우를 제외하고는 항상 개방되어 있는 구조일 것

08 액체위험물의 옥외저장 탱크에 설치하는 계량장치의 종류에 해당하지 않는 것은?

① 기밀부유식 계량장치

② 부유식 계량장치

③ 다이아프램

④ 전기압력자동방식

계량장치
㉠ 기밀부유식 계량장치
㉡ 부유식 계량장치
㉢ 전기압력자동방식이나 자동계량장치 또는 유리 게이지

09 위험물 저장탱크의 허가용량은 최대용적에서 얼마의 공간 용적을 제외한 것인가?

① 탱크의 최대용적의 $\frac{2}{100} \sim \frac{5}{100}$

② 탱크의 최대용적의 $\frac{1}{100} \sim \frac{50}{100}$

③ 탱크의 최대용적의 $\frac{5}{100} \sim \frac{10}{100}$

④ 탱크의 최대용적의 $\frac{10}{100} \sim \frac{20}{100}$

탱크 내용적의 5~10% 이하 $\left(\frac{5}{100} \sim \frac{10}{100} \right)$

10 위험물의 옥외 탱크저장소를 동일한 방유제 안에 2개 이상 인접하여 설치하는 경우 그 인접하는 방향의 보유공지의 너비는 최소 얼마 이상으로 하여야 하는가? (단, 제6류 위험물 제외)

① 1.5m 이상   ② 2.5m 이상

③ 3m 이상   ④ 4m 이상

옥외저장 탱크: 동일한 방유제 안에 2개 이상 인접하여 설치 시
㉠ 보유공지의 3분의 1 이상의 너비
㉡ 최소보유공지의 너비는 3m 이상

11 옥외 탱크저장소 중 "특정 옥외 탱크저장소"라 함은 그 저장 또는 취급하는 액체위험물의 최대수량이 얼마인 경우인가?

① 100만l 이상

② 50만l 이상, 100만l 미만

③ 50만l 이상

④ 200만l 이상

특정옥외저장 탱크: 최대수량 100만l 이상의 것

12 다음은 옥외저장 탱크 방유제에 관한 설명이다. 틀린 것은?

① 방유제 높이는 0.5m 이상 3m 이하로 한다.

② 방유제 내에 설치하는 옥외저장 탱크 수는 15기 이하로 한다.

③ 옥외 탱크저장소의 방유제 용량은 탱크가 1기인 경우에 그 탱크 용량의 110% 이상이 되어야 한다.

④ 옥외 탱크저장소의 방유제 용량은 탱크가 2기이상인 경우에 당해 탱크 중 용량이 최대인 것의 용량의 110% 이상으로 한다.

방유제 내에 설치하는 옥외저장 탱크의 수: 10기 이하

13 소화난이도 등급 Ⅰ인 옥외 탱크저장소(지중탱크, 해상탱크 이외의 것)에 있어서 제4류 위험물 중 인화점이 섭씨 70도 이상인 것을 저장, 취급하는 경우 어느 소화설비를 설치해야 하는가?

① 스프링클러 소화설비
② 물 분무 소화설비
③ 이산화탄소 소화설비
④ 분말 소화설비

옥외 탱크저장소 소화난이도 Ⅰ등급: 물 분무 소화설비, 고정식 포 소화설비

14 옥외저장 탱크의 지름에 따른 탱크와 방유제 간 거리로서 맞는 것은?

① 지름이 15m 미만인 경우: 탱크 높이의 3분의 1 이상

② 지름이 15m 이상인 경우: 탱크 높이의 2분의 1 이상

③ 지름이 15m 미만인 경우: 탱크 높이의 2분의 1 이상

④ 지름이 15m 이상인 경우: 탱크 높이의 3분의 1 이상

지름에 따른 탱크와 방유제 간 거리
㉠ 지름이 15m 미만인 경우: 탱크 높이의 3분의 1 이상
㉡ 지름이 15m 이상인 경우: 탱크 높이의 2분의 1 이상

15 용량이 1,000만l 이상인 옥외저장 탱크의 방유제의 칸막이 둑 기준으로 틀린 것은?

① 방유제 높이는 0.3m 이상으로 할 것

② 방유제 높이는 탱크 용량의 합이 2억l를 초과 시는 1m로 할 것

③ 칸막이 둑의 재료는 흙 또는 철근콘크리트 등을 사용할 것

④ 칸막이 둑 용량은 칸막이 둑 안에 설치된 탱크의 용량의 100% 이상일 것

칸막이 둑 용량: 칸막이 둑 안에 설치된 탱크의 용량의 10% 이상

16 옥외저장 탱크 중 압력 외 탱크에 다이에틸에터를 저장할 때 온도는 얼마인가?

① 10℃   ② 20℃
③ 30℃   ④ 40℃

• 산화프로필렌과 이를 함유한 것 또는 다이에틸에터 등: 30℃ 이하
• 아세트알데하이드 또는 이를 함유한 것: 15℃ 이하

[정답] 13 ② 14 ① 15 ④ 16 ③

17 알킬알루미늄, 아세트알데하이드, 하이드록실아민 등의 옥외 탱크저장소에 관한 설명으로 틀린 것은?

① 아세트알데하이드 등의 옥외 탱크저장소 탱크 설비는 동·마그네슘·은·수은 또는 이들 합금을 사용하지 않는다.

② 아세트알데하이드 등의 옥외 탱크저장소 탱크 설비는 탱크 냉각장치 또는 보냉장치, 불활성의 기체를 봉입하는 장치를 설치한다.

③ 하이드록실아민 등의 옥외 탱크저장소는 온도 상승에 방지조치를 설치한다.

④ 하이드록실아민 등의 옥외 탱크저장소에는 철 이온 등의 혼입을 할 수 있는 조치를 한다.

 해설

옥외 탱크저장소: 철 이온 등의 혼입을 방지조치할 것

18 다음과 같은 위험물저장 탱크의 용량을 구하는 공식은?

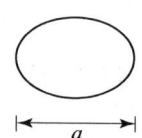 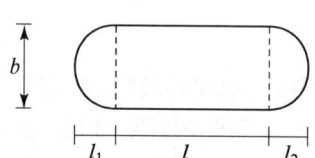

① 탱크 용량 = $\dfrac{\pi ab}{4}\left(l + \dfrac{l_1 + l_2}{3}\right)$

② 탱크 용량 = $\pi ab\left(l + \dfrac{l_1 + l_2}{3}\right)$

③ 탱크 용량 = $\dfrac{\pi ab}{4}\left(l + \dfrac{l_1 - l_2}{3}\right)$

④ 탱크 용량 = $\dfrac{\pi ab}{4}\left(l - \dfrac{l_1 + l_2}{3}\right)$

 해설

탱크 용량 = $\dfrac{\pi ab}{4}\left(l + \dfrac{l_1 + l_2}{3}\right)$

19 다음과 같은 위험물저장 탱크의 용량을 구하는 공식은?

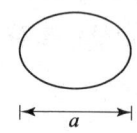 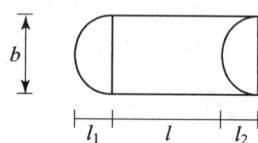

① 탱크 용량 = $\dfrac{\pi ab}{4}\left(l + \dfrac{l_1 + l_2}{3}\right)$

② 탱크 용량 = $\pi ab\left(l + \dfrac{l_1 + l_2}{3}\right)$

③ 탱크 용량 = $\dfrac{\pi ab}{4}\left(l + \dfrac{l_1 - l_2}{3}\right)$

④ 탱크 용량 = $\dfrac{\pi ab}{4}\left(l - \dfrac{l_1 + l_2}{3}\right)$

해설

탱크 용량 = $\dfrac{\pi ab}{4}\left(l + \dfrac{l_1 - l_2}{3}\right)$

20 다음과 같은 위험물저장 탱크의 용량을 구하는 공식은?

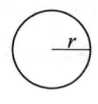 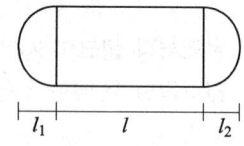

① 탱크 용량 = $\dfrac{\pi ab}{4}\left(l + \dfrac{l_1 + l_2}{3}\right)$

② 탱크 용량 = $\pi r^2\left(l + \dfrac{l_1 + l_2}{3}\right)$

③ 탱크 용량 = $\pi r^2\left(l + \dfrac{l_1 - l_2}{3}\right)$

④ 탱크 용량 = $\pi r^2\left(l - \dfrac{l_1 + l_2}{3}\right)$

 **해설**

원형 탱크 용량 = $\pi r^2\left(l + \dfrac{l_1 + l_2}{3}\right)$

21 다음과 같은 위험물저장 탱크의 용량을 구하는 공식은?

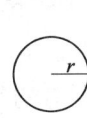 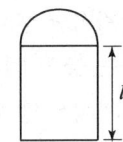

① 탱크 용량 = $\dfrac{\pi ab}{4}\left(l + \dfrac{l_1 + l_2}{3}\right)$

② 탱크 용량 = $\pi ab\left(l + \dfrac{l_1 + l_2}{3}\right)$

③ 탱크 용량 = $\pi r^2 l\left(l + \dfrac{l_1 - l_2}{3}\right)$

④ 탱크 용량 = $\pi r^2 l$

 **해설**

탱크 용량 = $\pi r^2 l$

22 위험물안전관리법령상 지정 수량의 3천 배 초과 4천 배 이하의 위험물을 저장하는 옥외저장 탱크저장소에 확보하여야 하는 보유공지 너비는 얼마인가?

① 6m 이상   ② 9m 이상
③ 12m 이상   ④ 15m 이상

 **해설**

지정 수량의 3천 배 초과 4천 배 이하: 15m 이상

7▶ 5 옥내 탱크저장소

01 옥내 탱크저장시설의 상호 간에는 얼마의 간격을 두어야 하는가?

① 0.1m 이상
② 0.5m 이상
③ 0.6m 이상
④ 1m 이상

 해설

• 옥외저장 탱크와 탱크전용실의 벽과의 사이 거리: 0.5m 이상
• 옥외저장 탱크의 상호간 거리: 0.5m 이상

02 옥내 탱크저장소 단층건축물에서 전용실에 설치하는 탱크의 용량은 지정 수량의 몇 배인가?

① 지정 수량의 10배 이하
② 지정 수량의 20배 이하
③ 지정 수량의 30배 이하
④ 지정 수량의 40배 이하

 **해설**

탱크 용량: 지정 수량의 40배 이하

03 옥외저장 탱크 중 압력탱크에 설치하는 탱크의 설비로서 틀린 것은?

① 자동적으로 압력의 상승을 정지시키는 장치
② 감압 측에 안전밸브를 부착한 감압밸브
③ 안전밸브를 병용하는 액면장치
④ 파괴판

 해설

안전밸브를 병용하는 경보장치를 설치

[정답] 21 ④ 22 ④ / 01 ② 02 ④ 03 ③

04 옥외저장 탱크의 압력탱크설비로 맞지 않는 것은?

① 자동압력상승방지 장치
② 감압측에 안전밸브를 부착한 안전밸브
③ 안전밸브를 병용하는 경보장치
④ 자동액면장치

 해설

압력탱크설비: 자동압력상승방지 장치, 감압측에 안전밸브를 부착한 감압밸브, 안전밸브를 병용하는 경보장치, 파괴판

05 옥내 탱크전용실을 단층 건물 외 1층 또는 지하층에 설치하는 위험물로서 맞지 않은 것은?

① 제2류 위험물 중 황화인·적린 및 덩어리 황
② 제3류 위험물 중 황린
③ 제6류 위험물 중 질산
④ 제4류 위험물 중 인화점이 21℃ 미만인 위험물

 해설

제4류 위험물 중 인화점이 40℃ 미만인 위험물

06 옥외저장 탱크의 밸브 없는 통기관의 기준으로서 틀린 것은?

① 건축물의 창·출입구 등의 개구부로부터 1m 이상 떨어진 옥외의 장소에 설치
② 지면으로부터 6m 이상의 높이로 설치
③ 인화점이 40℃ 미만인 위험물의 통기관은 부지경계선으로부터 1.5m 이상 이격할 것
④ 가스 등이 체류할 우려가 없는 곳에 설치할 것

 해설

지면으로부터 4m 이상의 높이로 설치

07 옥내 탱크전용실 방유제 용량은 얼마인가?

① 옥외저장 탱크의 용량을 수용할 수 있는 높이 이상일 것
② 옥외저장 탱크가 2 이상인 경우에는 최대 용량의 탱크의 50% 나머지 탱크의 용량 10%를 수용할 수 있는 높이 이상일 것
③ 옥외저장 탱크 용량의 110%를 수용할 수 있는 높이 이상일 것
④ 옥외저장 탱크가 2 이상인 경우에는 최대 용량의 탱크의 50%를 수용할 수 있는 높이 이상일 것

 해설

탱크전용실 내의 옥외저장 탱크: 용량을 수용할 수 있는 높이 이상

08 옥내 탱크저장소에 저장하는 산화프로필렌과 다이에틸에터의 경우 압력 외의 탱크에 저장 시 저장온도는 몇 도인가?

① 15℃   ② 30℃
③ 40℃   ④ 50℃

 해설

압력 외의 탱크에 저장하는 산화프로필렌, 다이에틸에터: 30℃ 이하

7▸ ⑥ 지하 탱크저장소

01 위험물 지하 탱크저장소의 탱크 주입배관의 선단은 탱크바닥판으로 부터 얼마 이내에 달하도록 설치해야 하는가?

① 0.5m 이하　　② 0.3m 이하
③ 0.2m 이하　　④ 0.1m 이하

 해설

주입배관선단: 탱크 바닥면으로부터 0.1m 이하

02 지하 탱크전용실의 내벽과 탱크와의 간격은 얼마 이상을 유지해야 하는가?

① 0.1m 이상　　② 0.2m 이상
③ 0.3m 이상　　④ 0.4m 이상

 해설

내벽과 탱크간 거리: 0.1 m 이상

03 지하 탱크저장소의 기준 중 벽 · 피트 · 가스관 등의 시설물 및 대지경계선과의 거리는 얼마인가?

① 0.6m 이상　　② 0.5m 이상
③ 0.4m 이상　　④ 0.3m 이상

 **해설**

벽 · 피트 · 가스관 등의 시설물 및 대지경계선: 0.6m 이상

04 지하 탱크의 윗부분과 지면과의 거리는 얼마인가?

① 0.6m 이상　　② 0.5m 이상
③ 0.4m 이상　　④ 0.3m 이상

 **해설**

지하 탱크의 윗부분과 지면과의 거리: 0.6m 이상

05 지하저장 탱크의 강철판두께는 얼마인가?

① 3.2mm 이상　　② 2.3mm
③ 1.6mm 이상　　④ 1.8mm

 해설

탱크의 재질: 두께 3.2mm 이상의 강철판

06 지하저장 탱크 액체위험물의 누설을 검사하기 위한 누유검사관의 수는 얼마인가?

① 4개소 이상　　② 3개소
③ 2개소　　　　④ 1개소

 **해설**

위험물의 누설을 검사하기 위한 관은 4개소 이상 설치

07 탱크전용실의 콘크리트조 두께는 얼마인가?

① 0.3m 이상　　② 0.4m 이상
③ 0.5m 이상　　④ 1m 이상

해설

벽 및 바닥 두께: 0.3m 이상의 콘크리트구조

08 지하저장 탱크에는 과충전을 방지장치 설치한다. 탱크 용량의 몇 %가 될 때 경보음을 발하도록 하는가?

① 70%　　　　② 80%
③ 90%　　　　④ 95%

해설

탱크 용량의 90%가 찰 때 경보음을 울리는 방법

[정답] 01 ④　02 ①　03 ①　04 ①　05 ①　06 ①　07 ①　08 ③

09 지하저장 탱크의 압력의 탱크 수압시험 방법을 맞게 설명한 것은?

① 70kPa 압력으로 10분간 수압시험하여 새거나 변형이 없을 것

② 70kPa 압력으로 15분간 수압시험을 실시하여 새거나 변형이 없을 것

③ 75kPa 압력으로 10분간 수압시험을 실시하여 새거나 변형이 없을 것

④ 75kPa 압력으로 15분간 수압시험을 실시하여 새거나 변형이 없을 것

70kPa 압력으로 10분간 수압시험 후 새거나 변형이 없어야 한다.

7▸ **⑦ 간이 탱크저장소**

01 하나의 간이 탱크저장소에 설치하는 탱크 수는 몇 개인가?

① 3개 이하　　② 4개 이하

③ 5개 이하　　④ 6개 이하

탱크 수: 3개 이하로 설치

02 간이저장 탱크 용량은 얼마인가?

① 600*l* 이하

② 500*l* 이하

③ 400*l* 이하

④ 300*l* 이하

간이탱크 용량: 600*l* 이하

03 간이저장 탱크 두께는 얼마인가?

① 5.5mm 이상 강판

② 2.3mm 이상 강판

③ 4.5mm 이상의 강판

④ 3.2mm 이상의 강판

강판두께: 3.2mm 이상

04 간이탱크수압시험 압력으로서 맞는 것은?

① 70kPa의 압력으로 10분간의 수압시험을 실시하여 새거나 변형되지 않을 것

② 80kPa의 압력으로 10분간의 수압시험을 실시하여 새거나 변형되지 않을 것

③ 70kPa의 압력으로 15분간의 수압시험을 실시하여 새거나 변형되지 않을 것

④ 80kPa의 압력으로 15분간의 수압시험을 실시하여 새거나 변형되지 않을 것

70kPa의 압력, 10분간의 수압시험을 실시하여 새거나 변형되지 않을 것

05 간이저장 탱크의 통기관의 선단 높이는 얼마인가?

① 지상 4.5m 이상으로 할 것

② 지상 3.5m 이상으로 할 것

③ 지상 2.5m 이상으로 할 것

④ 지상 1.5m 이상으로 할 것

지상 1.5m 이상으로 할 것

06 통기관의 기준으로서 틀린 것은?

① 지름은 25mm 이상으로 할 것

② 통기관은 옥외에 설치하되, 그 선단의 높이는 지상 1.5m 이상으로 할 것

③ 통기관의 선단은 수평면에 대하여 아래로 45° 이상 구부려 빗물 등이 침투하지 아니하도록 할 것

④ 가는 눈의 철망 등으로 인화방지장치를 할 것

 해설

가는 눈의 구리망 등으로 인화방지장치를 할 것

 **8 이동 탱크저장소(컨테이너식 이동 탱크저장소, 주유탱크차)**

01 위험물저장 탱크의 밸브를 놋쇠(황동)로 하는 이유로 적절한 것은?

① 제작 시에 발생되는 경제적 손실을 줄이기 위해

② 밸브의 제작이 용이하므로

③ 열전도도가 좋기 때문에

④ 저장 위험물과의 반응을 막기 위해

 해설

위험물과의 반응을 막기 위함임

02 이동 탱크의 저장소의 탱크는 4천 리터 이하마다 몇 밀리미터 이상의 강철판 칸막이를 설치하여야 하는가?

① 0.7mm ② 1.2mm
③ 2.4mm ④ 3.2mm

 해설

강철판 두께: 3.2mm 이상

03 이동 탱크저장소의 탱크 내부의 칸막이는 용량 얼마마다 설치하여야 하는가?

① 1000l ② 2000l
③ 3000l ④ 4000l

 해설

칸막이는 용량 4000l 마다 설치

04 이동저장 탱크의 칸막이로 구획된 각 부분마다 설치해야 하는 것은?

① 맨홀, 안전장치, 방파판

② 파괴판, 맨홀, 방파판

③ 안전장치, 방파판

④ 맨홀과 안전장치

 해설

맨홀, 안전장치, 방파판 설치

05 상용압력이 20kPa 이하인 탱크일 때 안전장치 작동압력은 얼마인가?

① 20kPa 이상 24kPa 이하의 압력에서 작동

② 24kPa 이상 28kPa 이하의 압력에서 작동

③ 상용압력의 1.1배 이상의 압력에서 작동

④ 상용압력의 1.1배 이하의 압력에서 작동

해설

20kPa 이상 24kPa 이하의 압력에서 작동

[정답] 06 ④ / 01 ④ 02 ④ 03 ④ 04 ① 05 ①

06 위험물안전관리법령상 이동탱크 저장소에 의한 위험물의 운송 시 위험물운송자가 위험물안전카드를 휴대하지 않아도 되는 경우는?

① 휘발유   ② 과산화수소

③ 경유   ④ 벤조일퍼옥사이드

위험물안전카드 **휴대하는 경우**: 제4류 위험물 특수인화물 및 제1 석유류가 해당됨

07 위험물안전관리법령상 이동저장 탱크(압력 탱크)에 대해 실시하는 수압시험은 용접부에 대한 어떤 시험으로 대신할 수 있는가?

① 비파괴시험과 기밀시험

② 비파괴시험과 충수시험

③ 추웃시험과 기밀시험

④ 방폭시험과 충수시험

비파괴시험과 기밀시험으로 대신 가능함

08 상용압력이 20kPa을 초과하는 탱크의 안전장치 작동압력은 얼마인가?

① 20kPa 이상 24kPa 이하의 압력에서 작동

② 24kPa 이상 28kPa 이하의 압력에서 작동

③ 상용압력의 1.1배 이상의 압력에서 작동

④ 상용압력의 1.1배 이하의 압력에서 작동

상용압력의 1.1배 이하의 압력에서 작동함

09 방파판의 두께는 얼마인가?

① 3.2mm 이상

② 2.3mm 이상

③ 1.6mm 이상

④ 1.8mm 이상

방파판 두께: 1.6mm 이상

10 측면틀과 방호틀의 역할로서 틀린 것은?

① 탱크상부에 돌출되어 있는 부속장치의 손상을 방지 한다.

② 부속장치는 맨홀·주입구 및 안전장치 등이다.

③ 방호틀은 탱크가 전복 시 액체위험물의 누출을 방지하기 위한 것이다.

④ 측면틀은 탱크가 전복되는 것을 방지하기 위함이다.

탱크가 전복 시 맨홀·주입구 및 안전장치 등의 부속장치의 손상을 방지하기 위함이다.

11 이동저장 탱크에 저장하는 아세트알데하이드 등 또는 다이에틸에터 등의 유지 온도는 얼마인가? (단, 보냉장치가 있음)

① 15℃ 이하   ② 30℃ 이하

③ 45℃ 이하   ④ 비점 이하

보냉장치가 있는 아세트알데하이드 등 또는 다이에틸에터: 비점 이하

12 이동저장 탱크에 저장하는 아세트알데하이드 등 또는 다이에틸에터 등의 유지온도는 얼마인가? (단, 보냉장치가 없음)

① 15℃ 이하 　　② 30℃ 이하
③ 40℃ 이하 　　④ 비점 이하

보냉장치가 없는 아세트알데하이드 등 또는 다이에틸에터: 40℃ 이하

13 이동저장 탱크 표지판에 대한 설명으로 틀린 것은?

① 이동 탱크저장소에는 차량의 전면 및 후면의 보기 쉬운 곳에 설치
② 한 변의 길이가 0.6m 이상, 다른 한 변의 길이가 0.3m 이상의 사각형 모형
③ 표지판에 최대수량과 적재중량을 기입한다.
④ 흑색 바탕에 황색의 반사도료 그 밖의 반사성이 있는 재료로 "위험물"이라고 표시한 표지를 설치

③ 게시판에 기재사항

14 휘발유를 저장하던 이동저장 탱크에 탱크의 상부로부터 등유나 경유를 주입할 때 액표면이 주입관의 선단을 넘는 높이가 될 때까지 그 주입 관 내의 유속을 몇 m/s 이하로 하여야 하는가?

① 1 　　② 2
③ 3 　　④ 5

유속은 1 m/s 이하일 것

15 이동저장 탱크의 분당 토출량은 얼마인가?

① 200l 이하 　　② 100l 이하
③ 400l 이하 　　④ 300l 이하

분당 토출량: 200l 이하

16 이동저장 탱크에 저장할 때 불연성가스를 봉입하여야 하는 위험물은 무엇인가?

① 메틸에틸케톤퍼옥사이드
② 아세트알데하이드
③ 아세톤
④ 트리나이트로톨루엔

아세트알데하이드, 산화프로필렌이 해당됨

17 알킬알루미늄 이동 탱크저장소에 대한 설명을 틀린 것은?

① 이동저장 탱크는 두께 10mm 이상의 강판을 사용한다.
② 배관 및 밸브 등은 당해 탱크의 윗부분에 설치할 것
③ 이동저장 탱크는 불활성의 기체를 봉입할 수 있는 구조로 할 것
④ 이동저장 탱크 및 그 설비는 금·수은·동·마그네슘 또는 이들 합금을 사용하지 말 것

은·수은·동·마그네슘 또는 이들 합금을 사용하지 말 것

18 알킬알루미늄 이동 탱크저장소 용량은 얼마 인가?

① 1,900*l* 미만   ② 2000*l* 미만

③ 2100*l* 미만   ④ 2400*l* 미만

 **해설**

알킬알루미늄 이동 탱크저장소 용량: 1900*l* 미만

19 다음 중 이동저장소에 설치하는 자동차용 소화 기에 해당하지 않는 것은?

① CFClBr   ② CF$_3$Br

③ C$_2$F$_4$Br$_2$ ④ CO$_2$

해설

② 할론 1301

③ 할론 2402

④ 이산화탄소

20 컨테이너식 이동 탱크저장소 유(U)자 볼트를 설치를 설치해야 되는 용량은 얼마인가?

① 용량 6,000*l* 이하인 이동저장 탱크를 싣 는 이동 탱크저장소의 경우

② 용량 7,000*l* 이하인 이동저장 탱크를 싣 는 이동 탱크저장소의 경우

③ 용량 8,000*l* 이하인 이동저장 탱크를 싣 는 이동 탱크저장소의 경우

④ 용량 9,000*l* 이하인 이동저장 탱크를 싣 는 이동 탱크저장소의 경우

해설

• 위험물과의 반응을 막기 위함임

• U자 볼트: 용량 6,000*l* 이하인 이동저장 탱크를 싣는 이동 탱크 저장소의 경우

21 주유탱크차는 공항 안에서 제한속도는 얼마 인가?

① 시속 40km 이하   ② 시속 50km

③ 시속 60km 이하   ④ 시속 70km 이하

해설

주유탱크차의 공항 안 제한속도: 시속 40km 이하

22 공항 내에서 시속 40km 이하로 운행하는 주유 탱크의 칸막이 직경은 얼마인가?

① 직경 40cm 이내   ② 40cm 이상

③ 직경 50cm 이내   ④ 50cm 이상

해설

칸막이 직경 40cm 이내

7▶ **9** 암반 탱크저장소

01 암반 탱크저장소의 암반투수계수는 초당 얼마 인가?

① 10^{-5}m/sec 이하   ② 10^{-6}m/sec 이하

③ 10^{-7}m/sec 이하   ④ 10^{-8}m/sec 이하

해설

암반투수계수: 1초당 10만분의 1m(10^{-5}m/sec) 이하인 천연 암반 내에 설치할 것

02 위험물안전관리 법령상 다음 암반 탱크의 공간 용적은 얼마인가?

가. 암반 탱크의 내용적 100억 리터
나. 탱크 내의 용출하는 1일 지하수의 양 2천만 리터

① 2천만 리터   ② 2억 리터

③ 1억 4천만 리터   ④ 100억 리터

해설

암반 탱크의 공간 용적은

1. 당해 탱크 내의 용출하는 7일 간의 지하수 양에 상당하는 용적

2. 당해 탱크 내용적의 100분의 1의 용적 중 큰 용적을 공간용적으로 한다.

  가. 100억 리터 / 100 = 1억 리터

  나. (2천만 리터 / 1일)×7일 = 1억 4천만 리터

7▶ ⑩ 주유취급소

01 주유취급소의 주유공지는 너비 15m 이상, 길이 6m 이상의 콘크리트로 포장되어야 한다. 다음 중 가장 적합한 주유공지라고 할 수 있는 것은?

①
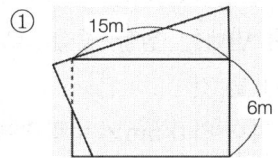

②
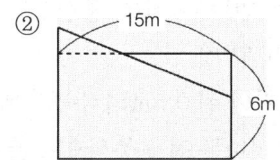

③
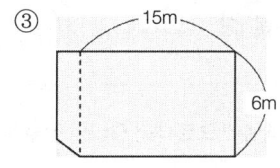

④
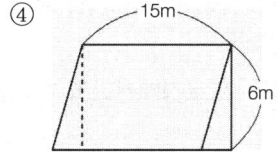

해설

너비 15m 이상, 길이 6m 안에 들어갈 것

02 게시판에 들어가야 할 내용 중 맞지 않는 것은?

① 위험물의 유별 및 품명

② 저장최대수량 또는 취급최대수량

③ 안전관리자의 성명 또는 직명

④ 최대 적재 중량

해설

최대 적재 중량: 이동 탱크저장소에 들어갈 내용

03 주유취급소 탱크에 관한 사항으로 맞지 않는 것은?

① 자동차 등에 주유하기 위한 전용 탱크 용량은 50,000*l* 이하이다.

② 고정급유설비에 직접 접속하는 전용 탱크 용량은 50,000*l* 이하이다.

③ 보일러 등에 직접 접속하는 전용 탱크 용량은 10,000*l* 이하이다.

④ 자동차 등을 점검·정비하는 작업장 등의 폐유 탱크 용량은 50,000*l* 이하이다.

해설

폐유 탱크 용량: 2,000*l* 이하인 탱크

04 고속도로 주유취급소 탱크의 용량은 얼마인가?

① 60,000*l* 이하   ② 50,000*l* 이하

③ 40,000*l* 이하   ④ 30,000*l* 이하

해설

고속도로 주유취급소 탱크의 용량: 60,000*l* 이하

05 고정주유설비의 주유관 선단에서 휘발유의 경우 최대토출량은 분당 얼마인가?

① 분당 50l 이하 ② 분당 180l 이하

③ 분당 80l 이하 ④ 분당 300l 이하

① 제1 석유류: 분당 50l 이하
② 경유: 분당 180l 이하
③ 등유: 분당 80l 이하
④ 이동저장 탱크에 주입하기 위한 고정급유설비의 펌프기기는 최대토출량: 분당 300l 이하

06 주유취급소의 표지 및 게시판의 기준에서 "위험물 주유취급소" 표지와 "주유중엔진정지" 게시판의 바탕색을 차례대로 옳게 나타낸 것은?

① 백색, 백색   ② 백색, 황색

③ 황색, 백색   ④ 황색, 황색

1. 위험물주유취급소 – 백색 바탕에 흑색 문자
2. 주유중엔진정지 – 황색 바탕 흑색 문자

07 노랑색 바탕에 흑색 글씨로 "주유중엔진정지" 라고 쓴 게시판의 규격은?

① 한 변의 길이가 0.6m 이상, 다른 한 변의 길이가 0.4m 이상의 사각형 모형
② 가로의 길이가 0.6m 이상, 세로의 길이가 0.3m 이상의 사각형 모형
③ 가로의 길이가 0.3m 이상, 세로의 길이가 0.6m 이상의 사각형 모형
④ 한 변의 길이가 0.6m 이상, 다른 한 변의 길이가 0.3m 이상의 사각형 모형

한 변의 길이가 0.6m 이상, 다른 한 변의 길이가 0.3m 이상의 사각형 모형

08 고정주유 설비 주유관의 길이는 얼마인가?

① 1m   ② 2m

③ 3m   ④ 5m

고정주유설비 또는 고정급유설비의 주유관의 길이: 5m

09 현수식 주유설비에 관한 사항으로 옳은 것은?

① 현수식은 지면 위 0.5m의 수평면에 수직으로 내려 만나는 점을 중심으로 반경 3m 이내가 될 것
② 현수식은 지면 위 0.3m의 수평면에 수직으로 내려 만나는 점을 중심으로 반경 3m 이내가 될 것
③ 현수식은 지면 위 0.5m의 수평면에 수직으로 내려 만나는 점을 중심으로 반경 5m 이내가 될 것
④ 현수식은 지면 위 0.5m의 수평면에 수직으로 내려 만나는 점을 중심으로 반경 1.5 m이내가 될 것

지면 위 0.5m의 수평면에 수직으로 내려 만나는 점을 중심으로 반경 3m 이내가 될 것

10 고정 주유설비와 도로경계선과의 거리는 얼마인가?

① 4m 이상   ② 5m 이상

③ 6m 이상   ④ 7m 이상

고정 주유설비와 도로경계선과의 거리: 4m 이상

11 고정 주유설비와 대지경계선 · 담 및 건축물의 벽과의 거리는 얼마인가? (단, 개구부가 없는 벽이다.)

① 1m 이상　　　　② 2m 이상
③ 3m 이상　　　　④ 4m 이상

해설

1m 이상

12 주유취급소 건축물 구조에 대한 사항으로 맞지 않는 것은?

① 벽 · 기둥 · 바닥 · 보 및 지붕은 내화구조 또는 불연재료로 한다.
② 창 및 출입구는 방화문이나 불연재료로 된 문을 설치한다.
③ 사무실 등의 창 및 출입구에 유리를 사용하는 경우는 망입유리 또는 강화유리로 할 것
④ 주유취급소 캐노피는 철근콘크리트의 내화구조로 한다.

해설

주유취급소 캐노피는 가벼운 금속판의 불연성 재료를 사용한다.

13 주유취급소의 사무실 등의 창을 강화유리로 할 경우 두께는 얼마인가?

① 8mm 이상　　　② 12mm 이상
③ 10mm 이상　　　④ 15mm 이상

해설

강화유리의 두께
• 창: 8mm 이상
• 출입구: 12mm 이상

14 다음 ( ) 안에 맞는 말을 골라라.

> 주유취급소의 사무실이나 화기를 사용하는 곳의 출입구 안에서 밖으로 개방할 수 있는 수 있는 (㉠)으로 하며, 문턱의 높이는 (㉡) 이상, 높이 (㉢) 이하의 부분에 있는 (㉣) 등은 밀폐시켜야 한다.

① ㉠ 자동폐쇄식, ㉡ 15cm, ㉢ 1m, ㉣ 창
② ㉠ 자동폐쇄식, ㉡ 12m, ㉢ 1.5m, ㉣ 창
③ ㉠ 방화문, ㉡ 1m, ㉢ 15cm, ㉣ 창
④ ㉠ 방화문, ㉡ 15cm, ㉢ 1m, ㉣ 창

해설

㉠ 출입구: 안에서 밖으로 자동폐쇄식
㉡ 문턱의 높이: 15cm 이상
㉢ 높이 1m 이하의 부분에 있는 창 등은 밀폐시킬 것

15 주유취급소에 자동차 등이 출입하는 쪽 외의 부분에 설치하는 담이나 벽의 높이는 얼마인가?

① 1m 이상　　　　② 2m 이상
③ 3m 이상　　　　④ 4m 이상

해설

2m 이상의 내화구조 또는 불연재료의 담 또는 벽을 설치

16 주유취급소 건축물에서 내화구조로 된 캔틸레버의 돌출길이는 얼마인가?

① 1m 이상　　　② 1.5m 이상
③ 2m 이상　　　④ 2.3m 이상

- 돌출길이는 1.5m 이상
- **캔틸레버:** 옥내주유취급소의 용도에 사용하는 부분에 상층이 있는 경우에는 상층으로의 연소를 방지하기 위함

17 주유취급소에 설치하는 펌프실의 구조에 대한 설명으로 틀린 것은?

① 바닥은 위험물이 침투하지 아니하는 구조로 하고 적당한 경사를 두어 집유설비를 설치한다.

② 펌프실의 출입구는 자동폐쇄식의 30분 방화문을 설치한다.

③ 펌프실 출입구 턱 높이 바닥으로부터 0.1m 이상으로 한다.

④ 펌프실에는 "위험물 펌프실", "위험물 취급실" 등의 표지와 방화에 관하여 필요한 사항을 게시한 게시판을 설치한다.

출입구: 자동폐쇄식의 60분 + 방화문 또는 60분 방화문을 설치할 것

18 고객이 직접 주유하는 주유취급소의 경우 휘발유의 주유량 상한선은 얼마인가?

① 10l ② 50l

③ 80l ④ 100l

휘발유 100l, 경유 200l 이하

19 고객이 직접 주유하는 주유취급소의 경우 휘발유의 주유시간 상한선은 얼마인가?

① 2분 이하   ② 4분 이하

③ 10분 이하   ④ 15분 이하

주유시간 상한선: 4분 이하

20 셀프용 고정급유설비의 1회의 연속 급유량 및 급유시간의 상한은 얼마인가?

① 급유량의 상한: 100l 이하, 급유시간의 상한: 6분 이하

② 급유량의 상한: 80l 이하, 급유시간의 상한: 5분 이하

③ 급유량의 상한: 70l 이하, 급유시간의 상한: 4분 이하

④ 급유량의 상한: 60l 이하, 급유시간의 상한: 3분 이하

급유량의 상한: 100l 이하, 급유시간 6분 이하

7 ▸ 11 판매취급소/이송취급소/일반취급소

01 제1종 판매취급소의 지정 수량의 얼마를 취급할 수 있는가?

① 지정 수량의 20배 이하

② 지정 수량의 30배

③ 지정 수량의 40배 이하

④ 지정 수량의 50배

제1종 판매취급소: 지정 수량의 20배 이하로 저장

02 제1종 판매취급소의 위험물 배합실 바닥면적은 얼마인가?

① $6m^2$ 이상 $15m^2$ 이하
② $8m^2$ 이상 $15m^2$ 이하
③ $9m^2$ 이상 $15m^2$ 이하
④ $6m^2$ 이상 $20m^2$ 이하

 해설

$6m^2$ 이상 $15m^2$ 이하

03 제2종 판매취급소는 지정 수량의 몇 배를 취급할 수 있는가?

① 지정 수량의 20배
② 지정 수량의 30배
③ 지정 수량의 40배 이하
④ 지정 수량의 50배

 해설

지정 수량의 40배 이하로 취급

04 이송취급소 설치금지장소에 대한 사항으로 틀린 것은?

① 철도 및 도로의 터널 안
② 고속국도 및 자동차전용도로의 차도·길 어깨 및 중앙분리대
③ 호수·저수지 등으로서 수리의 수원이 되는 곳
④ 급경사 지역이 없는 곳으로서 붕괴의 위험이 없는 지역

 해설

이송취급소 설치금지장소
㉠ 철도 및 도로의 터널 안
㉡ 고속국도 및 자동차전용도로의 차도·길 어깨 및 중앙분리대
㉢ 호수·저수지 등으로서 수리의 수원이 되는 곳
㉣ 급경사 지역으로서 붕괴의 위험이 있는 지역

05 다음 중 일반취급소에 해당하지 않는 곳은?

① 분무도장작업 등의 일반취급소
② 세정작업의 일반취급소
③ 보일러 등으로 위험물을 소비하는 일반취급소
④ 알킬알루미늄 등을 충전하는 일반취급소

 해설

알킬알루미늄, 아세트알데하이드, 하이드록실, 아민 등은 제외

8▶ ① 위험물의 운반

01 위험물의 용기·적재방법 및 운반 방법에 따른 세부기준은 누구의 령을 따르는가?

① 대통령령　　② 행정안전부령
③ 시·도지사　　④ 관할 소방서장

해설

세부기준: 행정안전부령

02 다음은 위험물 운반 용기 재질에 관한 사항이다. 운반재질에 해당하지 않는 것은?

① 강판·알루미늄·유리
② 강판·유리·종이
③ 강판·종이·삼
④ 강판·삼·도자기

해설

재질: 강판·알루미늄판·양철판·유리·금속판·종이·플라스틱·섬유판·고무류·합성섬유·삼·짚 또는 나무 등

03 고체위험물의 운반 시 내장 용기가 유리로서 최대용적이 10ℓ인 수납 위험물의 종류가 아닌 것은?

① 제1류　　② 제2류
③ 제3류　　④ 제4류

해설

제4류 위험물은 해당 없음

04 위험물을 운반할 때 위험물의 성질등을 운반 용기 및 포장의 외부에 주의사항을 표시토록 되어있는데 다음 중에서 틀린 것은?

① 제2류 위험물에는 "화기주의"
② 제3류 위험물에는 "물기엄금"
③ 제4류 위험물에는 "화기주의"
④ 제5류 위험물에는 "물기엄금"

해설

제4류 위험물에는 "화기엄금"

05 위험물 운반 용기의 표시법에 해당하지 않는 것은?

① 품명 및 화학명　　② 지정 수량
③ 수량　　④ 주의사항

해설

표시사항
㉠ 품명 및 화학명(수용성 여부: 제4류 위험물)
㉡ 수량
㉢ 위험등급
㉣ 주의사항

06 액체위험물의 운반 용기 중 금속제 내장 용기의 최대용적은 몇 ℓ인가?

① 5　　② 10
③ 20　　④ 30

해설

액체 및 고체위험물: 30ℓ

07 위험물을 수납한 운반 용기와 이를 포장한 외부에는 주의사항을 표시하여야 한다. 제2류 위험물인 경우 주의사항으로 옳은 것은? (단, 철분, 금속분, 마그네슘은 대상에서 제외함)

① 화기주의　　② 물기주의
③ 충격주의　　④ 포장주의

[정답] 01 ②　02 ④　03 ④　04 ③　05 ②　06 ④　07 ①

제2류 위험물은 가연성 고체로 포장외면에 "화기주의"를 표시한다.

08 위험물의 수납과 적재에 관한 사항으로 틀린 것은?

① 운반 용기는 밀봉하여 수납할 것
② 위험물의 성질에 적합한 재질의 운반 용기에 수납할 것
③ 운반 용기는 수납구를 옆으로 향하게 하여 적재하여야 한다.
④ 위험물을 수납한 운반 용기 높이는 겹쳐 쌓는 경우 그 높이를 3m 이하로 한다.

운반 용기는 수납구를 위로 향하게 하여 적재하여야 한다.

09 다음 중 고체위험물의 용기 수납률은 얼마인가?

① 90% 이하   ② 95% 이하
③ 97% 이하   ④ 98% 이하

운반 용기 내용적의 95% 이하

10 다음 중 액체위험물의 용기 수납률은 얼마인가?

① 90% 이하   ② 95% 이하
③ 97% 이하   ④ 98% 이하

운반 용기 내용적의 98% 이하

11 위험물을 운반 시 용기에 수납하지 않아도 되는 경우로서 맞는 것은?

① 덩어리 상태의 유황 등을 운반하기 위해 적재하는 경우
② 제2류 위험물 중 금속분 등을 운반하기 위해 적재하는 경우
③ 제5류 위험물 중 유기과산화물을 운반하기 위해 적재하는 경우
④ 동일 구내가 아닌 제조소 등의 상호간에 운반하기 위해 적재하는 경우

수납 제외
• 덩어리 상태의 유황 등
• 동일 구내가 아닌 제조소 등의 상호 간에 운반하기 위해 적재하는 경우

12 위험물을 운반할 때 위험물의 성질 등을 운반 용기 및 포장의 외부에 주의사항을 표시토록 되어있는데 다음 중에서 틀린 것은?

① 제2류 위험물에는 "화기주의"
② 제3류 위험물에는 "물기엄금"
③ 제4류 위험물에는 "화기주의"
④ 제5류 위험물에는 "물기엄금"

제4류 위험물에는 "화기엄금"

13 제3류 위험물을 수납하는 경우 알킬알루미늄의 운반 용기 수납률은 50℃에서 몇 % 이상의 공간용적을 유지해야 되는가?

① 2%   ② 3%
③ 4%   ④ 5%

5% 이상의 공간용적을 유지

14 제3류 위험물 중 자연발화성 물품의 운반 용기 수납률은 내용적의 몇 %로 수납하는가?

① 70% ② 75%
③ 80% ④ 90%

90% 이하로 수납할 것

15 위험물들을 운반 시 차광덮개를 사용해서 운반해야 되는 위험물로서 맞게 된 것은?

① 제1류 위험물, 자연발화성 물품, 금수성 물질
② 제1류 위험물, 제4류 위험물 중 특수인화물, 제5류 위험물
③ 제1류 위험물, 제2류 위험물, 제6류 위험물
③ 제2류 위험물, 자연발화성 물품, 제6류 위험물

차광덮개를 사용하는 위험물
㉠ 제1류 위험물 ㉡ 자연발화성 물품
㉢ 제4류 위험물 중 특수인화물 ㉣ 제5류 위험물
㉤ 제6류 위험물

16 위험물 운반 시 빗물 침투를 방지하는 조치를 하여 운반해야 되는 위험물이 아닌 것은?

① 제1류 위험물: 알칼리금속의 과산화물
② 제2류 위험물: 철분 · 금속분 · 마그네슘분
③ 제3류 위험물: 금수성 물질
④ 제5류 위험물: 자기반응성 물품

제5류 위험물은 해당 없음

17 위험물 운반 용기의 외부 표시사항으로 틀린 것은?

① 위험물의 품명
② 위험등급 · 화학명 및 수용성여부
③ 위험물의 수량
④ 위험물의 중량

④는 해당 없음

18 수납하는 위험물에 따른 주의사항으로서 제2류 위험물 중 인화성 고체에 해당하는 것은?

① "화기엄금", 그 밖의 것에 있어서는 "화기주의"
② "화기엄금", 그 밖의 것에 있어서는 "물기주의"
③ "화기주의", 그 밖의 것에 있어서는 "물기주의"
④ "화기주의", 그 밖의 것에 있어서는 "물기엄금"

화기엄금, 그 밖의 것에 있어서는 화기주의

19 제3류 위험물 중 자연발화성 물질의 주의사항으로 맞는 것은?

① "화기주의" 및 "공기접촉엄금"
② "화기엄금" 및 "화기주의"
③ "화기엄금" 및 "공기접촉엄금"
④ "화기주의" 및 "물기엄금"

해설

자연발화성 물질: 화기엄금, 공기접촉엄금

20 제6류 위험물의 주의사항으로 맞는 것은?

① "화기엄금"
② "공기접촉엄금"
③ "물기주의"
④ "가연물접촉주의"

해설

제6류 위험물 산화성 액체: 가연물접촉주의

21 수납 위험물의 주의 사항으로 틀린 것은?

① 제5류 위험물: 화기엄금 및 충격주의
② 제6류 위험물: 가연물 접촉주의
③ 제2류 위험물: 화기주의
④ 제1류 위험물 중 알칼리금속과산화물
　: 화기엄금 및 충격주의

해설

제1류 위험물 중 알칼리금속과산화물: 물기엄금

22 위험물의 포장 외부에 표시하는 사항으로 틀린 것은?

① 위험물의 수량
② 위험물 품명
③ 주의사항
④ 생산연도

해설

생산연도는 해당 없음

23 운반 용기 재질로서 해당하는 모든 것을 골라라.

| ㉠ 강판 | ㉡ 알루미늄판 | ㉢ 짚 |
| ㉣ 유리 | ㉤ 섬유 | |

① ㉠, ㉡, ㉢
② ㉠, ㉡, ㉣
③ ㉡, ㉢, ㉣
④ ㉠, ㉡, ㉢, ㉣

해설

제질: 강판, 알루미늄판, 양철판, 유리, 금속판, 종이, 플라스틱, 섬유판, 고무류, 합성섬유, 삼, 짚 또는 나무 등

24 산화성 액체위험물 중 과산화수소의 운반 용기의 외부에 표시하는 사항은?

① 화기주의
② 충격주의
③ 물기엄금
④ 가연물 접촉주의

해설

과산화수소: "가연물 접촉주의"

25 위험물안전관리법상 아세트알데하이드 또는 산화프로필렌의 옥외저장 탱크에 필요한 설비가 아닌 것은?

① 보냉장치
② 불연성 가스 봉입장치
③ 수증기 봉입장치
④ 강제 배출장치

해설

강제배출장치는 필요 없다.

26 다음의 ( ) 안에 알맞는 말은?

> 보냉장치가 있는 이동저장 탱크에 저장하는 아세트알데하이드 또는 산화프로필렌의 온도는 당해 위험물의 ( ) 이하로 유지하여야 한다.

① 인화점   ② 비점
③ 용해점   ④ 발화점

비점 이하로 유지

27 위험물을 운반할 때 혼재하여도 무방한 것은?

① 제1류와 제2류
② 제1류와 제4류
③ 제4류와 제5류
④ 제5류와 제3류

제4류와 제5류 위험물은 혼재가능

28 제6류 액체위험물을 운반 용기로 수납 운반한 경우 유리 용기 및 플라스틱 용기의 최대용적으로 알맞게 짝지어진 것은?

① 유리 용기 5l : 플라스틱 용기 10l
② 유리 용기 10l : 플라스틱 용기 5l
③ 유리 용기 5l : 플라스틱 용기 20l
④ 유리 용기 10l : 플라스틱 용기 30l

유리 용기 5l : 플라스틱 용기 10l

29 다음 ( ) 안을 채워라.

> 자연발화성 물품 중 알킬알루미늄 등은 운반 용기 내용적의 (㉠)% 이하의 수납률로 수납하되, (㉡)℃ 이하의 온도에서 (㉢)% 이상의 공간용적을 유지할 것

① ㉠ 90%, ㉡ 55℃, ㉢ 10%
② ㉠ 95%, ㉡ 50℃, ㉢ 5%
③ ㉠ 90%, ㉡ 50℃, ㉢ 5%
④ ㉠ 95%, ㉡ 50℃, ㉢ 10%

자연발화성 물품 중 알킬알루미늄 등은 운반 용기 내용적의 90% 이하의 수납률로 수납하되, 50℃ 이하의 온도에서 5% 이상의 공간용적을 유지할 것

30 제3류 위험물을 운반 용기 수납기준은?

① 자연발화성 물품에 있어서는 불활성기체를 봉입할 것
② 자연발화성 이외의 물품에 있어서는 파라핀, 등유, 경유 등의 보호액으로 채워 밀봉할 것
③ 자연발화성 물품 이외의 물품은 불활성 기체를 봉입하여 수분과 접촉시키지 말 것
④ 자연발화성 물품 중 알킬알루미늄 등은 운반 용기 내용적의 95% 이하의 수납률로 수납할 것

수납기준
㉠ 자연발화성 물품: 불활성 기체를 봉입하여 밀봉
㉡ 자연발화성 물품 외의 물품
 － 파라핀 · 경유 · 등유 등의 보호액으로 채워 밀봉
 － 불활성 기체를 봉입하여 밀봉하는 등 수분과 접하지 아니하도록 할 것

ⓒ 자연발화성 물품 중 알킬알루미늄 등 운반 용기 수납률
  – 내용적의 90% 이하의 수납률로 수납
  – 50℃에서 5% 이상의 공간용적을 유지할 것

31 위험물을 수납용기에 쌓을 경우 그 높이는 얼마인가?

① 1m 이하   ② 2m 이하

③ 3m 이하   ④ 5m 이하

높이: 3m 이하

32 수납 운반하는 위험물의 주의 사항으로 맞는 것은?

① 제4류 위험물: 화기주의

② 철분 · 금속분 · 마그네슘: 화기엄금 및 물기엄금

③ 인화성 고체: 물기엄금

④ 제3류 자연발화성 물품: 화기엄금 및 공기접촉엄금

제3류 위험물 자연발화성 물질: "화기엄금" 및 "공기접촉엄금"

PART 4

CBT
최종모의고사

제1과목 물질의 물리·화학적 성질

01 이산화황이 산화제로 작용하는 화학반응은?

① $SO_2 + H_2O \rightarrow H_2SO_4$

② $SO_2 + NaOH \rightarrow NaHSO_3$

③ $SO_2 + 2H_2S \rightarrow 3S + 2H_2O$

④ $SO_2 + Cl_2 + 2H_2O \rightarrow H_2SO_4 + 2HCl$

해설

산화제는 자신은 환원되고 다른 물질을 산화시키는 물질로

① : 산화수(+4 → +6) 증가로 환원제

② : 산화수(+4 → +4) 일정

④ : 산화수(+4 → +6) 증가로

환원제로 작용하였음

02 1패러데이(Faraday)의 전기량으로 물을 전기분해 하였을 때 생성되는 수소기체는 0℃, 1기압에서 얼마의 부피를 갖는가?

① 5.6L

② 11.2L

③ 22.4L

④ 44.8L

해설

물의 전기분해식 $2H_2O \rightarrow 2H_2 + O_2$으로부터

수소는 0.5mol과 같으므로,

$PV = nRT$

$V = \dfrac{nRT}{P}$

$= \dfrac{0.5\text{mol} \times \left(\dfrac{0.082\,\text{atm} \times \text{L}}{\text{mol} \times \text{K}}\right) \times 273.15\,\text{K}}{1\,\text{atm}}$

$= 11.2\text{L}$

03 염기성 산화물에 해당하는 것은?

① MgO

② SnO

③ ZnO

④ PbO

해설

· 염기성 산화물 : Na_2O, CaO, BaO, MgO

· 산성 산화물 : CO_2, SO_2, P_2O_5, NO_2

· 양쪽성 산화물 : Al_2O_3, ZnO, PbO

04 요소 6g을 물에 녹여 1000L로 만든 용액의 27℃에서의 삼투압은 약 몇 atm인가?

① 1.26×10^{-1}

② 1.26×10^{-2}

③ 2.46×10^{-3}

④ 2.56×10^{-4}

해설

$PV = \dfrac{WRT}{M}, \quad P = \dfrac{WRT}{VM}$

$P = \dfrac{6\text{g} \times \dfrac{0.082\,\text{atm} \cdot \text{L}}{\text{mol} \cdot \text{K}} \times (27+273)\text{K}}{1000\text{L} \times 60\text{g/mol}}$

$= 2.46 \times 10^{-3}\,\text{atm}$

05 0.1N HCl 10mL를 90mL의 증류수에 희석하였다. 이 용액의 pH 값은 얼마인가?

① 1

② 2

③ 3

④ 4

해설

$NV = N'V'$

$0.1 \times 10 = N \times 100$

$N = 0.01$

$pH = -\log[H^+] = -\log(0.01) = 2$

06 물 450g에 NaOH 80g이 녹아 있는 용액에서 NaOH의 몰분율은? (단, Na의 원자량은 23이다.)

① 0.074

② 0.178

③ 0.200

④ 0.450

[정답] 01 ③ 02 ② 03 ① 04 ③ 05 ② 06 ①

몰분율 $= \dfrac{\text{성분의 몰 수}}{\text{전체 몰 수}}$

$= \dfrac{\dfrac{80g}{40g/mol}}{\dfrac{450g}{18g/mol} + \dfrac{80g}{40g/mol}}$

$= 0.074$

07 물이 브뢴스테드산으로 작용한 것은?

① $HCl + H_2O \rightleftarrows H_3O^+ + Cl^-$

② $HCOOH + H_2O \rightleftarrows HCOO^- + H_3O^+$

③ $NH_3 + H_2O \rightleftarrows NH_4^+ + OH^-$

④ $3Fe + 4H_2O \rightleftarrows Fe_3O_4 + 4H_2$

브뢴스테드 산은 H^+를 주는 물질이고, 브뢴스테드 염기는 H^+을 받는 물질임

08 어떤 원자핵에서 양성자의 수가 3이고, 중성자의 수가 2일 때 질량수는 얼마인가?

① 1 　　　　　② 3

③ 5 　　　　　④ 7

양성자 수 $=$ 전자 수 $=$ 원자번호, 질량수는 양성자 수와 중성자 수의 합으로 $3+2=5$

09 중화적정 실험 중 미지농도 황산 20mL에 실험자의 실수로 1N-HCl 25mL을 넣었다. 이때 두 혼합산을 중화하는 데 3N-NaOH 용액 40mL가 소비되었다면 황산의 농도는 몇 N인가?

① 3 　　　　　② 3.75

③ 4 　　　　　④ 4.75

중화적정 공식 $NV + N'V' = N''V''$ 이용

$(x \times 20) + (1 \times 25) = (3 \times 40)$

$x = 4.75\,N$

10 2기압의 수소 2L와 3기압의 산소 4L를 동일 온도에서 5L의 용기에 넣으면 전체 압력은 몇 기압인가?

① $\dfrac{4}{5}$ 　　　　　② $\dfrac{8}{5}$

③ $\dfrac{12}{5}$ 　　　　　④ $\dfrac{16}{5}$

$P_1V_1 + P_2V_2 = PV$

$(2 \times 2) + (3 \times 4) = (P \times 5)$, $P = \dfrac{16}{5}$

11 다음 중 양쪽성 산화물에 해당하는 것은?

① NO_2 　　　　　② Al_2O_3

③ MgO 　　　　　④ Na_2O

양쪽성 산화물

산 · 염기 모두에 반응하는 산화물로 Al_2O_3, ZnO, SnO, PbO 등이 있음

12 0.1N HCl 100mL 용액에 수산화나트륨 0.32g을 넣고 물을 첨가하여 1L로 만든 용액의 pH 값은 얼마인가?

① 1.7 　　　　　② 2.7

③ 3.7 　　　　　④ 4.7

해설

$$노르말\ 농도 = \frac{용질의\ g\ 당량수}{용액\ 1L}$$

$$0.1 = \frac{\frac{x}{36.5}}{\frac{100}{1000}}, \quad x = 0.365g$$

$HCl\ 0.365g$의 몰 수 $= \dfrac{0.365g}{36.5g/mol} = 0.01mol$

$NaOH\ 0.32g$의 몰 수 $= \dfrac{0.32g}{40g/mol} = 0.008mol$

반응하지 않은 HCl의 몰 수 $= 0.01 - 0.008)mol$
$\qquad\qquad\qquad\qquad\qquad = 0.002mol$

$pH = -\log(0.002) = 2.7$

13 다음 중 물에 대한 소금의 용해가 물리적 변화라고 할 수 있는 근거로 가장 옳은 것은?

① 소금과 물이 결합한다.
② 용액이 증발하면 소금이 남는다.
③ 용액이 증발할 때 다른 물질이 생성된다.
④ 소금이 물에 녹으면 보이지 않게 된다.

해설

원자나 분자의 성질이 변하지 않고 상태가 변하는 물리적 변화에 해당함

14 프로판 $2m^3$이 완전연소할 때 필요한 이론공기량은 약 몇 m^3인가? (단, 공기 중 산소농도는 21vol%이다.)

① 23.81
② 35.72
③ 47.62
④ 71.43

해설

$C_3H_8 + 5O_2 \rightarrow 3CO_2 + 4H_2O$

$22.4 : \dfrac{5 \times 22.4}{0.21} = 2 : x$

$x = 47.62$

15 730mmHg, 100℃에서 257mL 부피의 용기 속에 어떤 기체가 채워져 있다. 그 무게는 1.671g이다. 이 물질의 분자량은 약 얼마인가?

① 28
② 56
③ 207
④ 257

해설

$$PV = \frac{WRT}{M}, \quad M = \frac{WRT}{PV}$$

$$M = \frac{1.671g \times \dfrac{0.082\,atm \cdot L}{mol \cdot K} \times (100 + 273)K}{730mmHg \times \dfrac{1atm}{760mmHg} \times 0.257L}$$

$$= 207g$$

16 찬물을 컵에 담아서 더운 방에 놓아두었을 때 유리와 물의 접촉면에 기포가 생기는 이유로 가장 옳은 것은?

① 물의 증기 압력이 높아지기 때문에
② 접촉면에서 수증기가 발생하기 때문에
③ 방 안의 이산화탄소가 녹아 들어가기 때문에
④ 온도가 올라갈수록 기체의 용해도가 감소하기 때문에

해설

기체의 용해도는 압력에 비례, 온도에 반비례

17 물의 끓는점을 낮출 수 있는 방법으로 옳은 것은?

① 밀폐된 그릇에서 물을 끓인다.
② 열전도도가 높은 용기를 사용한다.
③ 소금을 넣어준다.
④ 외부압력을 낮추어 준다.

물의 끓는점을 낮추기 위한 방법
- 개방된 그릇에서 물을 끓인다.
- 열전도가 낮은 용기를 사용한다.
- 소금을 넣어 끓는점을 높인다.
- 외부압력을 낮춘다.

18 질소 2몰과 산소 3몰의 혼합기체가 나타나는 전압력이 10기압일 때 질소의 분압은 얼마인가?

① 2기압   ② 4기압
③ 8기압   ④ 10기압

분압 = 몰분율 × 전체 압력
$$= \frac{2}{5} \times 10 = 4$$

19 어떤 용액의 pH를 측정하였더니 4이었다. 이 용액을 1000배 희석시킨 용액의 pH를 옳게 나타낸 것은?

① pH = 3   ② pH = 4
③ pH = 5   ④ 6 < pH < 7

pH 4인 용액을 1000배 희석하면, 산성용액을 아무리 희석하더라도 염기성으로 변화하지 않고 중성에 가까워짐(< pH 7)

20 다이크로뮴산이온($Cr_2O_7^{2-}$)에서 Cr의 산화수는?

① +3   ② +6
③ +7   ④ +12

Cr의 산화수= x
$2x + (-2 \times 7) = -2, \ x = +6$

21 고체가연물의 연소 형태에 해당하지 않는 것은?

① 등심연소
② 증발연소
③ 분해연소
④ 표면연소

고체의 연소 형태
표면연소, 분해연소, 증발연소, 자기연소

22 알루미늄분의 연소 시 주수소화하면 위험한 이유를 옳게 설명한 것은?

① 물에 녹아 산이 된다.
② 물과 반응하여 유독가스가 발생한다.
③ 물과 반응하여 수소가스가 발생한다.
④ 물과 반응하여 산소가스가 발생한다.

알루미늄은 물과 반응하여 수소가스를 발생함
$2Al + 6H_2O \rightarrow 2Al(OH)_3 + 3H_2 \uparrow$

23 위험물 제조소 등에 설치하는 포 소화설비의 기준에 따르면 포헤드방식의 포헤드는 방호대상물의 표면적 $1m^2$당 방사량이 몇 L/min 이상의 비율로 계산한 양의 포수용액을 표준 방사량으로 방사할 수 있도록 설치하여야 하는가?

① 3.5   ② 4
③ 6.5   ④ 9

포헤드방식의 표준 방사량

소방 대상물	포 소화약제의 종류	바닥면적 1m²당 방사량(L)
위험물 제조소·일반취급소·옥내저장소·옥내 탱크저장소·특수가연물 저장 취급하는 소방대상물	단백포 소화약제	6.5
	합성계면활성제 포 소화약제	6.5
	수성막포 소화약제	6.5
알코올류를 제조·저장 또는 취급하는 소방대상물	알코올형 포 소화약제	13

24 폐쇄형 스프링클러 헤드 부착장소의 평상시의 최고주위온도가 39℃ 이상 64℃ 미만일 때 표시온도의 범위로 옳은 것은?

① 58℃ 이상 79℃ 미만

② 79℃ 이상 121℃ 미만

③ 121℃ 이상 162℃ 미만

④ 162℃ 이상

평상시 최고주위온도에 따른 표시온도

설치장소 최고온도	표시온도
39℃ 미만	79℃ 미만
39℃ 이상 64℃ 미만	79℃ 이상 121℃ 미만
64℃ 이상 106℃ 미만	121℃ 이상 162℃ 미만
106℃ 이상	162℃ 이상

25 Halon 1301에 해당하는 화학식은?

① CH_3Br ② CF_3Br

③ CBr_3F ④ CH_3Cl

Halon 1301은 CF_3Br(Bromo Trifluoro Methane)

26 위험물의 화재 발생 시 적응성이 있는 소화설비의 연결로 틀린 것은?

① 마그네슘 – 포 소화기

② 황린 – 포 소화기

③ 인화성 고체 – 이산화탄소 소화기

④ 등유 – 이산화탄소 소화기

마그네슘 화재 시 물 또는 물을 포함한 소화기는 사용 금지

27 위험물안전관리법령상 제3류 위험물 중 금수성 물질에 적응성이 있는 소화기는?

① 할로젠화합물 소화기

② 인산염류분말 소화기

③ 이산화탄소 소화기

④ 탄산수소염류분말 소화기

금수성 물질은 소화 시 마른모래나 분말을 사용함. 주수엄금, 할로젠화합물 소화약제, 이산화탄소 소화약제 사용 금지

28 다음 중 보통의 포 소화약제보다 알코올형 포 소화약제가 더 큰 소화효과를 볼 수 있는 대상 물질은?

① 경유

② 메틸알코올

③ 등유

④ 가솔린

알코올형 포 소화약제는 수용성 인화물질에 소화 효과를 볼 수 있음

29 위험물안전관리법령상 전역방출방식 또는 국소방출방식의 불활성가스 소화설비 저장 용기의 설치기준으로 틀린 것은?

① 온도가 40℃ 이하이고 온도 변화가 적은 장소에 설치할 것
② 저장용기의 외면에 소화약제의 종류와 양, 제조연도 및 제조자를 표시할 것
③ 직사일광 및 빗물이 침투할 우려가 적은 장소에 설치할 것
④ 방호구역 내의 장소에 설치할 것

 **해설**

방호구역 외부에 설치할 것

30 금속 나트륨의 연소 시 소화방법으로 가장 적절한 것은?

① 팽창질석을 사용하여 소화한다.
② 분무상의 물을 뿌려 소화한다.
③ 이산화탄소를 방사하여 소화한다.
④ 물로 적신 헝겊으로 피복하여 소화한다.

해설

금속 나트륨 화재 시 소화방법으로는 마른모래, 분말 사용(주수엄금, 할로젠화합물 소화약제, 이산화탄소 소화약제 사용금지)

31 "Halon 1301"에서 각 숫자가 나타내는 것을 틀리게 표시한 것은?

① 첫째자리 숫자 "1" – 탄소의 수
② 둘째자리 숫자 "3" – 불소의 수
③ 셋째자리 숫자 "0" – 요오드의 수
④ 넷째자리 숫자 "1" – 브로민의 수

해설

셋째자리 숫자 "0"은 염소의 수를 나타낸 것으로, Halon 1301은 CF_3Br임

32 금속분의 화재 시 주수소화를 할 수 없는 이유는?

① 산소가 발생하기 때문에
② 수소가 발생하기 때문에
③ 질소가 발생하기 때문에
④ 이산화탄소가 발생하기 때문에

해설

금속분은 물과 만나 수소를 발생시키고, 이 수소는 폭발을 일으킬 수 있으므로 주수소화 금지함

33 제3류 위험물 금수성 물품에 적응성 있는 소화설비는?

① 할로젠화합물 소화기
② 인산염류 소화기
③ 이산화탄소 소화기
④ 탄산수소염류 소화기

해설

제3류 위험물 금수성 물질 소화 시 탄산수소염류 분말 소화약제가 적응성 있음

34 옥내소화전이 가장 많이 설치된 층의 옥내소화전 설치개수가 2개이다. 소화설비의 설치기준에 의하면 수원의 수량은 얼마 이상이 되어야 하는가?

① $10.6m^3$ ② $15.6m^3$
③ $20.6m^3$ ④ $25.6m^3$

수원의 수량(Q) = 설치개수 × 7.8 m³ = 2 × 7.8 m³ = 15.6 m³
※ 설치개수 최대 5개

35 옥내소화전설비의 기준에서 가압송수장치의 시동을 알리는 표시등은 무슨 색으로 하여야 하는가?

① 청색   ② 적색
③ 백색   ④ 녹색

해설

옥내소화전설비 표시등은 적색으로 함

36 제조소에서 취급하는 제4류 위험물의 최대수량의 합이 지정 수량의 12만 배 이상 24만 배 미만인 사업소의 자체 소방대에 두는 화학소방차 대수의 기준은?

① 1대   ② 2대
③ 3대   ④ 4대

해설

제조소 등 사업소 (제4류 위험물 최대수량)	화학소방차	자체소방대원
지정 수량의 3천 배 이상 12만 배 미만	1대	5인
지정 수량의 12만 배 이상 24만 배 미만	2대	10인
지정 수량의 24만 배 이상 48만 배 미만	3대	15인
지정 수량의 48만 배 이상	4대	20인

37 경유의 대규모 화재 발생 시 주수소화가 부적당한 이유에 대한 설명으로 가장 옳은 것은?

① 경유가 연소할 때 물과 반응하여 수소가스를 발생하여 연소를 돕기 때문에

② 주수 소화하면 경유의 연소열 때문에 분해하여 산소를 발생하고 연소를 돕기 때문에
③ 경유는 물과 반응하여 유독가스를 발생하므로
④ 경유는 물보다 가볍고 또 물에 녹지 않기 때문에 화재가 널리 확대되므로

해설

제4류 위험물 중 제2 석유류에 해당하는 경유는 화재 시 주수소화하면 연소면을 확대함

38 포 소화약제의 종류에 해당하지 않는 것은?

① 단백포 소화약제
② 합성계면활성제포 소화약제
③ 수성막포 소화약제
④ 액표면 소화약제

해설

포 소화약제
단백포, 합성계면활성제포, 수성막포, 불화단백포, 알코올 포 등

39 스프링클러 설비에 방사구역마다 제어 밸브를 설치하고자 한다. 바닥면으로부터 높이를 기준으로 옳은 것은?

① 0.8m 이상 1.5m 이하
② 1.0m 이상 1.5m 이하
③ 0.5m 이상 0.8m 이하
④ 1.5m 이상 1.8m 이하

 해설

제어 밸브는 바닥면으로부터 0.8m 이상 1.5m 이하

40 강화액 소화기에 한랭지역 및 겨울철에도 얼지 않도록 첨가하는 물질은 무엇인가?

① 탄산칼륨　　② 질소
③ 사염화탄소　④ 아세틸렌

 **해설**

강화액 소화기
물에 탄산칼륨(K_2CO_3)을 첨가하여 빙점을 $-25 \sim -30℃$로 낮춰 한랭지역 및 겨울철에 사용가능함

**제3과목**　**위험물 성상 및 취급**

41 금속 칼륨의 일반적인 성질로 옳지 않은 것은?

① 은백색의 연한 금속이다.
② 알코올 속에 저장한다.
③ 물과 반응하여 수소가스를 발생한다.
④ 물보다 가볍다.

해설

금속 칼륨과 금속 나트륨은 석유류(석유, 경유, 유동파라핀)에 저장함

42 다음 물질 중 증기비중이 가장 작은 것은?

① 이황화탄소
② 아세톤
③ 아세트알데하이드
④ 다이에틸에터

해설

① 2.62　　② 2
③ 1.1　　　④ 2.55

43 위험물안전관리법령상 주유취급소에서의 위험물 취급기준에 따르면 자동차 등에 인화점 몇 ℃ 미만의 위험물을 주유할 때에는 자동차 등의 원동기를 정지시켜야 하는가? (단, 원칙적인 경우에 한한다.)

① 21　　　② 25
③ 40　　　④ 80

 **해설**

일반주유취급소 기준
자동차 등에 주유할 때에는 고정주유설비를 사용해 직접 주유하여야 하며, 인화점 40℃ 미만의 위험물을 주유할 때에는 자동차 등의 원동기를 정지시켜야 함

44 염소산칼륨이 고온에서 완전 열분해할 때 주로 생성되는 물질은?

① 칼륨과 물 및 산소
② 염화칼륨과 산소
③ 이염화칼륨과 수소
④ 칼륨과 물

 해설

$2KClO_3 \rightarrow 2KCl + 3O_2$ (540 ~ 560℃)

45 과산화칼륨에 대한 설명으로 옳지 않은 것은?

① 염산과 반응하여 과산화수소를 생성한다.
② 탄산가스와 반응하여 산소를 생성한다.
③ 물과 반응하여 수소를 생성한다.
④ 물과의 접촉을 피하고 밀전하여 저장한다.

해설

과산화칼륨(K_2O_2, 제1류 위험물 중 무기과산화물)과 물과의 반응식: $2K_2O_2 + 2H_2O \rightarrow 4KOH + O_2$

46 다음과 같은 성질을 갖는 위험물로 예상할 수 있는 것은?

> • 지정 수량 : 400L
> • 증기비중 2.07
> • 인화점 : 12℃
> • 녹는점 : −89.5℃

① 메틸알코올
② 벤젠
③ 아이소프로필알코올
④ 휘발유

 해설

아이소프로필알코올(C_3H_7OH, 제4류 위험물 중 알코올류)
지정 수량 400L, 증기비중 2.07, 인화점 12℃, 녹는점 −89.5℃, 끓는점 82.3℃, 연소범위 2.1~13.5%

47 다음 위험물 중 물에 가장 잘 녹는 것은?

① 적린 　　② 황
③ 벤젠 　　④ 아세톤

 해설

아세톤은 물, 유기용제에 잘 용해됨

48 황화인에 대한 설명 중 가장 거리가 먼 내용은?

① 삼황화인은 끓는 물에서 분해한다.
② 오황화인은 공기 중의 수분을 흡수하여 분해되며 아황산가스가 발생한다.
③ 칠황화인은 흡수성이 있으며, 분해되어 황화수소를 발생한다.
④ 과산화물, 망가니즈산염, 안티몬 등과 공존하면 발화한다.

 해설

오황화인(P_2S_5) 물과의 반응식
$$P_2S_5 + 8H_2O \rightarrow 5H_2S \uparrow + 2H_3PO_4$$

49 다음 위험물의 적재 시 반드시 차광성이 있는 피복으로 가리지 않아도 되는 것은?

① 제2류 위험물 중 철분
② 제4류 위험물 중 특수인화물
③ 제5류 위험물
④ 제6류 위험물

 해설

제2류 위험물 중 철분은 방수 덮개 해야 함

50 황린으로 물속에 저장할 때 인화수소의 발생을 방지하기 위한 물의 pH는 얼마 정도가 좋은가?

① 4 　　② 5
③ 7 　　④ 9

 해설

황린(P_4, 제3류 위험물)은 자연발화성 물질로 저장 시 pH 9로 저장함

51 질산의 성질에 대한 다음 설명 중 틀린 것은?

① 질산을 가열하면 적갈색의 일산화질소를 발생하면서 연소한다.
② 환원성이 강한 물질과의 혼합은 위험하다.
③ 부식성을 가지고 있다.
④ 위험물안전관리법에서 위험물로 규정한 질산은 물보다 무겁다.

질산은 열분해 시 적갈색의 이산화질소를 발생함

52 제4류 위험물의 저장·취급 시 주의사항으로 틀린 것은?

① 화기접촉을 금한다.
② 증기의 누설을 피한다.
③ 냉암소에 저장한다.
④ 정전기 축적설비를 한다.

제4류 위험물 저장·취급 시 정전기 방지설비를 할 것

53 황린에 대한 설명으로 틀린 것은?

① 백색 또는 담황색의 고체로 독성이 있다.
② 물에는 녹지 않고 이황화탄소에는 녹는다.
③ 공기 중에서 산화되어 오산화인이 된다.
④ 녹는점이 적린과 비슷하다.

황린과 적린의 녹는점은 각각 44℃, 596℃이다.

54 위험물 제조소 건축물의 구조 기준이 아닌 것은?

① 출입구에는 60분+방화문·60분 방화문 또는 30분 방화문을 설치할 것
② 지붕은 폭발력이 위로 방출될 정도의 가벼운 불연재료로 덮을 것
③ 벽·기둥·바닥·보·서까래 및 계단은 불연재료로 하고 연소우려가 있는 외벽은 개구부가 없는 내화구조로 할 것
④ 산화성 고체, 가연성 고체 위험물을 취급하는 건축물의 바닥은 위험물이 스며들지 못하는 재료를 사용할 것

액체위험물을 취급하는 건축물의 경우 위험물이 스며들지 않는 바닥구조로 함

55 다음 중 적린과 황린에서 동일한 성질을 나타내는 것은?

① 발화점   ② 색상
③ 유독성   ④ 연소생성물

적린(P)과 황린(P_4)은 연소 시 P_2O_5(흰연기)가 발생함

56 제조소에서 위험물을 취급함에 있어서 정전기를 유효하게 제거할 수 있는 방법으로 가장 거리가 먼 것은?

① 접지에 의한 방법
② 상대습도를 70% 이상 높이는 방법
③ 공기를 이온화하는 방법
④ 부도체 재료를 사용하는 방법

부도체에서 정전기가 많이 발생함

57 과산화수소의 성질 및 취급방법에 관한 설명 중 틀린 것은?

① 햇빛에 의하여 분해한다.
② 인산, 요산 등의 분해방지 안정제를 넣는다.
③ 저장 용기는 공기가 통하지 않게 마개로 꼭 막아둔다.
④ 에틸알코올에 녹는다.

과산화수소 저장 시 저장용기는 밀봉하지 않고 구멍 뚫린 마개를 사용함

58 산화프로필렌 300L, 메틸알코올 400L, 벤젠 200L를 저장하고 있는 경우 각각 지정 수량 배수의 총 합은 얼마인가?

① 4
② 6
③ 8
④ 10

$$\frac{300L}{50L} + \frac{400L}{400L} + \frac{200L}{200L} = 8$$

59 위험물안전관리법령상 옥내저장 탱크의 상호 간에는 몇 m 이상의 간격을 유지하여야 하는가?

① 0.3
② 0.5
③ 1.0
④ 1.5

옥내저장소 상호 간 거리는 0.5m 이상

60 위험물안전관리법령상 가솔린의 화재 시 적응성이 없는 소화기는?

① 봉상강화액 소화기
② 무상강화액 소화기
③ 이산화탄소 소화기
④ 포 소화기

연소면을 확대하므로 봉상강화액 소화기는 사용할 수 없음

제1과목 | 물질의 물리·화학적 성질

01 다음 중 방향족 탄화수소가 아닌 것은?

① 에틸렌   ② 톨루엔

③ 아닐린   ④ 안트라센

해설

에틸렌(C_2H_4) : 이중결합을 가진 불포화탄화수소, 나머지는 벤젠 고리(방향족)를 가지고 있음

02 다음 중 파장이 가장 짧으면서 투과력이 가장 강한 것은?

① α-선   ② β-선

③ γ-선   ④ X-선

해설

- **투과력 세기** : γ-선 〉 β-선 〉 α-선
- **α-선** : 양전하를 띠며 음전하를 띤 β-선에 비해 비교적 큰 질량을 가짐
- **β-선** : 전자의 흐름
- **γ-선** : 높은 에너지 파장인 짧은 전자기 복사

03 1패러데이(Faraday)의 전기량으로 물을 전기 분해 하였을 때 생성되는 기체 중 산소 기체는 0℃, 1기압에서 몇 L인가?

① 5.6   ② 11.2

③ 22.4   ④ 44.8

해설

물의 전기분해식 $2H_2O \rightarrow 2H_2 + O_2$으로부터
수소는 0.25mol과 같으므로,

$PV = nRT$

$V = \dfrac{nRT}{P}$

$= \dfrac{0.25\,mol \times \left(\dfrac{0.082\,atm \times L}{mol \times K} \right) \times 273.15\,K}{1\,atm}$

$= 5.6L$

04 다음 중 염기성 산화물에 해당하는 것은?

① 이산화탄소

② 산화나트륨

③ 이산화규소

④ 이산화황

해설

- ①, ③, ④ : 산성산화물
- **염기성산화물** : 산화나트륨(Na_2O), 산화칼슘(CaO), 산화바륨(BaO), 산화마그네슘(MgO)

05 다음 중 물이 산으로 작용하는 반응은?

① $NH_4^+ + H_2O \rightarrow NH_3 + H_3O^+$

② $HCOOH + H_2O \rightarrow HCOO^- + H_3O^+$

③ $CH_3COO^- + H_2O \rightarrow CH_3COOH + OH^-$

④ $HCl + H_2O \rightarrow H_3O^+ + Cl^-$

해설

① 염기   ② 염기
③ 산   ④ 염기

- **산** : H^+을 내놓는 물질
- **염기** : H^+을 받는 물질

$CH_3COO^- + H_2O \rightarrow CH_3COO^- + [H^+ + OH^-]$
$\qquad\qquad\qquad\qquad\qquad\qquad (H^+ \text{ 내놓음})$
$\qquad\qquad\qquad \rightarrow CH_3COOH + OH^-$

06 11g의 프로판이 연소하면 몇 g의 물이 생기는가?

① 4　　　　　　　② 4.5
③ 9　　　　　　　④ 18

━━ 해설 ━━━━━━━━━━━

$C_3H_8 + 5O_2 \rightarrow 3CO_2 + 4H_2O$
　　44 : 4×18
　= 11 : x
　x = 18

07 프로판 1kg을 완전연소시키기 위해 표준상태의 산소가 약 몇 m³이 필요한가?

① 2.55　　　　　　② 5
③ 7.55　　　　　　④ 10

━━ 해설 ━━━━━━━━━━━

$C_3H_8 + 5O_2 \rightarrow 3CO_2 + 4H_2O$
　　44 : 5×22.4
　= 1 : x
　x = 2.55

08 27℃에서 9g의 비전해질을 녹여 만든 900mL 용액의 삼투압은 3.84기압이었다. 이 물질의 분자량은 약 얼마인가?

① 18　　　　　　　② 32
③ 44　　　　　　　④ 64

━━ 해설 ━━━━━━━━━━━

$PV = \dfrac{WRT}{M}, \quad M = \dfrac{WRT}{PV}$

$M = \dfrac{9g \times \dfrac{0.082\,atm \cdot L}{mol \cdot K} \times (27+273)K}{3.84atm \times 0.9L} = 64g$

09 불순물로 식염을 포함하고 있는 NaOH 3.2g을 물에 녹여 100mL로 한 다음 그 중 50mL를 중화하는데 1N의 염산이 20mL 필요했다. 이 NaOH의 농도(순도)는 약 몇 wt%인가?

① 10　　　　　　　② 20
③ 33　　　　　　　④ 50

━━ 해설 ━━━━━━━━━━━

노르말 농도 $= \dfrac{\text{용질의 g 당량수}}{\text{용액 1L}} = \dfrac{\text{용질의 질량/당량}}{\text{용액의 부피(mL)}/1000}$

몰 농도 $= \dfrac{\text{용질의 몰 수(mol)}}{\text{용액의 부피(L)}}$ 이므로,

1N HCl의 몰 수 $= 1mol/L \times 20/1000 = 0.02mol(0.73g)$
NaOH 50mL를 적정하는 데 0.02mol HCl 사용되었으며,

NaOH 몰 농도 $= \dfrac{0.02}{50/1000} = 0.4M$이며, NaOH를 녹인 용액

100mL 속에 들어있는 NaOH의 양은 $\dfrac{x}{100/1000} = 0.4$ 에서

$x = 0.04mol$이므로 $0.04mol \times 40g/mol = 1.6g$

즉, 이 NaOH의 농도는 $\dfrac{1.6g}{3.2g} \times 100\% = 50\%$

10 미지농도의 염산 용액 100mL를 중화하는데 0.2N NaOH 용액 250mL가 소모되었다. 이 염산의 농도는 몇 N인가?

① 0.05　　　　　　② 0.2
③ 0.25　　　　　　④ 0.5

━━ 해설 ━━━━━━━━━━━

$NV = N'V'$
$N \times 100mL = 0.2N \times 250mL$
$N = 0.5$

11 농도를 모르는 황산 용액 20mL가 있다. 이것을 중화시키려면 0.2N의 NaOH 용액이 10mL가 필요하다. 황산의 몰 농도는 몇 M인가?

① 0.01　　　　　　② 0.02
③ 0.05　　　　　　④ 0.10

$NV = N'V'$
$N \times 20 = 0.2 \times 10$
$N = 0.1$
황산의 몰 농도 $= \dfrac{N \ 농도}{원자가} = \dfrac{0.1}{2} = 0.05$

12 1몰의 질소와 3몰의 수소를 촉매와 같이 용기 속에 밀폐하고 일정한 온도로 유지하였더니 반응물질의 50%가 암모니아로 변하였다. 이때의 압력은 최초 압력의 몇 배가 되는가? (단, 용기의 부피는 변하지 않는다.)

① 0.5   ② 0.75
③ 1.25   ④ 변하지 않는다.

해설

$N_2(g) + 3H_2(g) \rightarrow 2NH_3(g)$

$PV = nRT$에서 반응물질 50%가 NH_3로 변하였고, 몰수 비는 압력 비와 같으므로 총 몰 수합은 3몰, 최초의 압력은 4몰로, 압력은 $\dfrac{3}{4} = 0.75$ 배

13 다음 중 물의 끓는점을 높이기 위한 방법으로 가장 타당한 것은?

① 순수한 물을 끓인다.
② 물을 저으면서 끓인다.
③ 감압 하에 끓인다.
④ 밀폐된 그릇에서 끓인다.

해설

물의 끓는점을 높이기 위한 방법으로는, 외부 압력을 높이거나, 밀폐된 그릇에서 물을 끓인다.

14 1기압에서 2L의 부피를 차지하는 어떤 이상기체를 온도의 변화 없이 압력을 4기압으로 하면 부피는 얼마가 되겠는가?

① 8L   ② 2L
③ 1L   ④ 0.5L

해설

$P_1V_1 = P_2V_2$
$V_2 = \dfrac{P_1V_1}{P_2} = \dfrac{1 \times 2}{4} = 0.5$

15 다음 중 아이오딘가가 가장 큰 것은?

① 땅콩기름   ② 피마자유
③ 면실유   ④ 아마인유

해설

- 건성유(아이오딘가 130 이상) : 아마인유
- 반건성유(아이오딘가 100~130) : 면실유
- 불건성유(아이오딘가 100 이하) : 땅콩기름, 피마자유

16 NH_4Cl에서 배위결합을 하고 있는 부분을 옳게 설명한 것은?

① NH_3의 $N-H$ 결합
② NH_3와 H^+과의 결합
③ NH_4^+와 Cl^-과의 결합
④ H^+와 Cl^-과의 결합

해설

배위결합은 두 원자가 공유 결합 시 한 쪽 원자의 전자를 제공해 결합 된 것을 말함

17 원자번호 11이고, 중성자 수가 12인 나트륨의 질량수는?

① 11   ② 12
③ 23   ④ 24

해설

질량수는 원자번호와 중성자 수의 합으로, 11+12=23임

18 다음 중 산에 대한 설명으로 부적절한 것은?

① 비공유 전자쌍을 줄 수 있는 이온 또는 분자
② pH 값이 작을수록 산의 세기가 강함
③ 수소 이온을 줄 수 있는 분자 또는 이온
④ 푸른 리트머스종이를 붉게 변화시키는 것

 해설

비공유 전자쌍을 줄 수 있는 이온 또는 분자는 염기임

19 휘발성 유기물 1.39g을 증발시켰더니 100℃, 760mmHg에서 420mL였다. 이 물질의 분자량은 약 얼마인가?

① 53.67g
② 73.56g
③ 101.46g
④ 150.73g

 해설

$PV = nRT = \dfrac{WRT}{M}$, $M = \dfrac{WRT}{PV}$ 에 대입

$= \dfrac{1.39g \times 0.082\dfrac{atm \cdot L}{mol \cdot K} \times 373K}{760mmHg \times \dfrac{1atm}{760mmHg} \times 0.42L} = 101.46g$

20 일반적으로 환원제가 될 수 있는 물질이 아닌 것은?

① 수소를 내기 쉬운 물질
② 전자를 잃기 쉬운 물질
③ 산소와 화합하기 쉬운 물질
④ 발생기의 산소를 내는 물질

 해설

발생기의 산소를 내는 물질은 산화제임

21 다음 [보기]의 물질 중 위험물안전관리법령상 제1류 위험물에 해당하는 것의 지정 수량을 모두 합산한 값은?

[보기] 퍼옥소이황산염류, 아이오딘산, 과염소산, 차아염소산염류

① 350kg
② 400kg
③ 650kg
④ 1350kg

 해설

제1류 위험물 퍼옥소이황산염류(지정 수량 300kg), 차아염소산염류(지정 수량 50kg)의 지정 수량의 합은 350kg

22 고체의 일반적인 연소 형태에 속하지 않는 것은?

① 표면연소
② 확산연소
③ 자기연소
④ 증발연소

 해설

고체의 연소 형태
표면연소, 분해연소, 증발연소, 자기연소

23 지정 수량 10배 이상의 위험물을 운반할 경우 서로 혼재할 수 있는 위험물 유별은?

① 제1류 위험물과 제2류 위험물
② 제2류 위험물과 제4류 위험물
③ 제5류 위험물과 제6류 위험물
④ 제3류 위험물과 제5류 위험물

 해설

제2류 위험물은 제4류 위험물과 제5류 위험물 혼재 가능함

24 옥내저장소 내부에 체류하는 가연성 증기를 지붕 위로 방출시키는 배출설비를 하여야 하는 위험물은?

① 과염소산   ② 과망가니즈산칼륨

③ 피리딘   ④ 과산화나트륨

해설

옥내저장소 저장창고에 있어서 인화점 70℃ 미만의 위험물을 저장 시, 내부에 체류하는 가연성 증기를 지붕 위로 방출시키는 배출설비를 해야 함. 피리딘은 제4류 위험물 중 제1 석유류에 해당함

25 화재발생 시 소화 방법으로 공기를 차단하는 것이 효과가 있으며, 연소물질을 제거하거나 액체를 인화점 이하로 냉각시켜 소화할 수도 있는 위험물은?

① 제1류 위험물

② 제4류 위험물

③ 제5류 위험물

④ 제6류 위험물

해설

제4류 위험물에 해당됨

26 위험물안전관리법령상 물 분무 소화설비가 적응성이 있는 위험물은?

① 알칼리금속과산화물

② 금속분 · 마그네슘

③ 금수성물질

④ 인화성 고체

해설

인화성 고체의 경우 물 분무 소화설비에 적응성이 있음

27 제1 석유류를 저장하는 옥외 탱크저장소에 특형포방출구를 설치하는 경우, 방출률은 액표면적 1m² 당 1분에 몇 리터 이상이어야 하는가?

① 9.5L   ② 8.0L

③ 6.5L   ④ 3.7L

해설

제1 석유류 저장 시 8.0L/min 이상임

28 분말 소화약제로 사용되는 탄산수소칼륨(중탄산칼륨)의 착색 색상은?

① 백색   ② 담홍색

③ 청색   ④ 담회색

해설

제2종 분말 소화약제인 탄산수소칼륨의 착색 색상은 회색, 담회색임

29 마그네슘에 화재가 발생하여 물을 주수하였다. 그에 대한 설명으로 옳은 것은?

① 냉각소화 효과에 의해서 화재가 진압된다.

② 주수된 물이 증발하여 질식소화 효과에 의해서 화재가 진압된다.

③ 수소가 발생하여 폭발 및 화재 확산의 위험성이 증가한다.

④ 물과 반응하여 독성가스를 발생한다.

해설

마그네슘은 물과 반응해 수소를 발생한다.
$$Mg + 2H_2O \rightarrow Mg(OH)_2 + H_2 \uparrow$$

30 위험물안전관리법령상 제3류 위험물 중 금수성 물질 이외의 것에 적응성이 있는 소화설비는?

　① 할로젠화합물 소화설비
　② 불활성가스 소화설비
　③ 포 소화설비
　④ 분말 소화설비

포 소화설비는 금수성 물질 이외에 적응성이 있음

31 제1종 분말 소화약제의 소화효과에 대한 설명으로 가장 거리가 먼 것은?

　① 열 분해 시 발생하는 이산화탄소와 수증기에 의한 질식효과
　② 열 분해 시 흡열반응에 의한 냉각효과
　③ H^+이온에 의한 부촉매 효과
　④ 분말 운무에 의한 열방사의 차단 효과

③ 해당 없음

32 위험물안전관리법령상 이산화탄소소화기가 적응성이 있는 위험물은?

　① 트리나이트로톨루엔
　② 과산화나트륨
　③ 철분
　④ 인화성 고체

인화성 고체를 제외한 기타 위험물은 폭발위험성이 큼

33 화재예방을 위하여 이황화탄소는 액면 자체 위에 물을 채워주는데 그 이유로 가장 타당한 것은?

　① 공기와 접촉하면 발생하는 불쾌한 냄새를 방지하기 위하여
　② 발화점을 낮추기 위하여
　③ 불순물을 물에 용해시키기 위하여
　④ 가연성 증기의 발생을 방지하기 위하여

이황화탄소(CS_2)
가연성 증기의 발생을 억제하기 위하여 물 속에 저장함

34 수성막포 소화약제에 대한 설명으로 옳은 것은?

　① 물보다 가벼운 유류의 화재에는 사용할 수 없다.
　② 계면활성제를 사용하지 않고 수성의 막을 이용한다.
　③ 내열성이 뛰어나고 고온의 화재일수록 효과적이다.
　④ 일반적으로 불소계 계면활성제를 사용한다.

수성막포 소화약제(AFFF, Aqueous Film Forming Foam) : 불소계계면활성제 사용함

35 위험물안전관리법령상 옥내소화전설비의 기준에서 옥내소화전의 개폐 밸브 및 호스접속구의 바닥면으로부터 설치 높이 기준으로 옳은 것은?

　① 1.2m 이하　　② 1.2m 이상
　③ 1.5m 이하　　④ 1.5m 이상

개폐 밸브 및 호스접속구는 바닥면으로부터 1.5m 이하에 설치함

36 다음 위험물을 보관하는 창고에 화재가 발생하였을 때 물을 사용하여 소화하면 위험성이 증가하는 것은?

① 질산암모늄
② 탄화칼슘
③ 과염소산나트륨
④ 셀룰로이드

탄화칼슘은 물과 반응해 아세틸렌가스를 발생

37 일반적으로 제4류 위험물 중 비수용성 액체의 화재 시 물로 소화하는 것은 적당하지 않다. 그 이유를 가장 옳게 설명한 것은?

① 가연성가스를 발생한다.
② 인화점이 낮아진다.
③ 화재면의 확대 위험성이 있다.
④ 물을 분해하여 수소가스를 발생한다.

제4류 위험물 중 비수용성 액체는 물보다 가볍고, 물에 녹지 않으므로 주수소화 시 화재면의 확대 위험이 있음

38 위험물안전관리법령상 이동식 불활성가스 소화설비의 호스접속구는 모든 방호대상물에 대하여 당해 방호 대상물의 각 부분으로부터 하나의 호스접속구까지 수평거리가 몇 m 이하가 되도록 설치하여야 하는가?

① 5
② 10
③ 15
④ 20

이동식 불활성가스 소화설비의 호스접속구 수평거리는 15m 이하임

39 제2류 위험물의 화재에 대한 일반적인 특징으로 옳은 것은?

① 연소 속도가 빠르다.
② 산소를 함유하고 있어 질식소화는 효과가 없다.
③ 화재 시 자신이 환원되고 다른 물질을 산화시킨다.
④ 연소열이 거의 없어 초기 화재 시 발견이 어렵다.

제2류 위험물 가연성 고체는 연소속도가 매우 빠른 속연성 물질임

40 위험물안전관리법령상 제2류 위험물인 철분에 적응성이 있는 소화설비는?

① 포 소화설비
② 탄산수소염류 분말 소화설비
③ 할로젠화합물 소화설비
④ 스프링클러 설비

철분은 더운 물 또는 묽은 산과 반응하여 수소를 발생시키므로 주수엄금, 건조사, 소금분말, 건조분말, 소석회 등으로 질식소화함

제3과목   위험물 성상 및 취급

41 다음 중 제4류 위험물로서 자체소방대를 설치해야 되는 제조소나 일반취급소는 지정 수량 몇 배 이상인가?

① 1000배
② 2000배
③ 3000배
④ 4000배

- **제조소, 일반취급소** : 제4류 위험물로서 지정 수량 3000배 이상
- **저장취급소** : 지정 수량 20000배 이상 취급 시 자체소방대 설치해야 함

42 다음 제4류 위험물 중 인화점이 가장 낮은 것은?

① 아세톤
② 아세트알데하이드
③ 산화프로필렌
④ 다이에틸에터

① −18℃   ② −38℃
③ −37℃   ④ −45℃

43 제3류 위험물의 운반 시 혼재할 수 있는 위험물은 제 몇 류 위험물인가? (단, 각각 지정 수량의 10배인 경우이다.)

① 제1류   ② 제2류
③ 제4류   ④ 제5류

제3류 위험물은 제4류 위험물과 혼재 가능함

44 과산화나트륨의 위험성에 대한 설명으로 틀린 것은?

① 가열하면 분해하여 산소를 방출한다.
② 부식성 물질이므로 취급 시 주의해야 한다.
③ 물과 접촉하면 가연성 수소가스를 방출한다.
④ 이산화탄소와 반응을 일으킨다.

과산화나트륨은 물과 반응하면 산소를 방출함

$$2Na_2O_2 \; + \; 2H_2O \; \rightarrow \; 4NaOH \; + \; O_2 \uparrow$$

45 다음 중 증기비중이 가장 큰 것은?

① 벤젠
② 아세톤
③ 아세트알데하이드
④ 톨루엔

① $\dfrac{78}{29} = 2.7$

② $\dfrac{58}{29} = 2$

③ $\dfrac{44}{29} = 1.5$

④ $\dfrac{92}{29} = 3.17$

46 다음은 어떤 위험물에 대한 내용인가?

- 지정 수량 : 400L
- 증기비중 : 2.07
- 인화점 : 12℃
- 녹는점 : −89.5℃

① 메틸알코올
② 에틸알코올
③ 아이소프로필알코올
④ 부틸알코올

아이소프로필알코올(제4류 위험물, 알코올류)
지정 수량 400L, 증기비중 2.07, 인화점 12℃, 녹는점 −89.5℃, 끓는점 82.3℃, 연소범위 2.1~13.5%

47 위험물의 운반에 관한 기준에서 위험물의 적재 시 혼재가 가능한 위험물은? (단, 지정 수량이 5배인 경우이다.)

① 과염소산칼륨 – 황린
② 질산메틸 – 경유
③ 마그네슘 – 알킬알루미늄
④ 탄화칼슘 – 나이트로글리세린

제5류 위험물인 질산메틸과 제4류 위험물인 경유는 혼재 가능함

48 오황화인에 관한 설명으로 옳은 것은?

① 물과 반응하면 불연성 기체가 발생된다.
② 담황색 결정으로서 흡습성과 조해성이 있다.
③ P_5S_2로 표현되며 물에 녹지 않는다.
④ 공기 중에서 자연발화한다.

오황화인(P_2S_5)
가연성, 독성의 황화수소(H_2S)와 인산(H_3PO_4) 발생하며, 물에 분해되고 발화점 142℃로 자연발화하지 않음

49 제4 석유류를 저장하는 옥내 탱크저장소의 기준으로 옳은 것은? (단, 단층 건축물에 탱크전용실을 설치하는 경우이다.)

① 옥내저장 탱크의 용량은 지정 수량의 40배 이하일 것
② 탱크전용실은 벽, 기둥, 바닥, 보를 내화 구조로 할 것
③ 탱크전용실에는 창을 설치하지 아니할 것
④ 탱크전용실에 펌프설비를 설치하는 경우에는 그 주위에 0.2m 이상의 높이로 턱을 설치할 것

② 보는 불연재료로 함
③ 창은 60분 + 방화문 · 60분 방화문 또는 30분 방화문 설치
④ 탱크전용실의 문 턱 높이 이상으로 설치할 것

50 위험물안전관리법령상 제1류 위험물 중 알칼리 금속의 과산화물의 운반 용기 외부에 표시하여야 하는 주의사항을 모두 나타낸 것은?

① "화기엄금", "충격주의" 및 "가연물접촉주의"
② "화기 · 충격주의", "물기엄금" 및 "가연물접촉주의"
③ "화기주의" 및 "물기엄금"
④ "화기엄금" 및 "물기엄금"

알칼리금속의 과산화물의 운반 용기 외부에 표시해야 하는 주의 사항 : 화기 · 충격주의, 물기엄금 및 가연물접촉주의

51 이동저장 탱크로부터 위험물을 저장 또는 취급하는 탱크에 인화점이 몇 ℃ 미만인 위험물을 주입할 때에는 이동 탱크저장소의 원동기를 정지시켜야 하는가?

① 21   ② 40
③ 71   ④ 200

원동기 정지는 인화점 40℃ 미만의 위험물이 해당됨

52 적재 시 일광의 직사를 피하기 위하여 차광성이 있는 피복으로 가려야 하는 것은?

① 메틸알코올   ② 과산화수소
③ 철분   ④ 가솔린

 **해설**

차광 덮개를 해야 하는 위험물
제1류 위험물, 제5류 위험물, 제6류 위험물, 자연발화성물품, 제4류 위험물 중 특수인화물

53 다음 물질 중 인화점이 가장 낮은 것은?

① CS_2 ② $C_2H_5OC_2H_5$
③ CH_3COCH_3 ④ CH_3OH

해설

① −30℃   ② −45℃
③ −18℃   ④ 11℃

54 다음은 위험물안전관리법령상 제조소 등에서의 위험물의 저장 및 취급에 관한 기준 중 저장기준의 일부이다. ( ) 안에 알맞은 것은?

> 옥내저장소에 있어서 위험물은 규정에 의한 바에 따라 용기에 수납하여 저장하여야 한다. 다만, ( )과 별도의 규정에 의한 위험물에 있어서는 그러하지 아니하다.

① 동식물유류
② 덩어리 상태의 유황
③ 고체 상태의 알코올
④ 고화된 제4 석유류

해설

옥내저장소에 대한 저장 기준임

55 금속 나트륨에 대한 설명으로 옳은 것은?

① 청색 불꽃을 내며 연소한다.
② 경도가 높은 중금속에 해당한다.
③ 녹는점이 100℃보다 낮다.
④ 25% 이상의 알코올수용액에 저장한다.

 **해설**

금속 나트륨은 노란색 불꽃을 내며 연소하고, 은백색 광택의 무른 경금속에 해당하며, 융점은 97.79℃임

56 염소산칼륨의 성질에 대한 설명 중 옳지 않은 것은?

① 비중은 약 2.3으로 물보다 무겁다.
② 강산과의 접촉은 위험하다.
③ 열분해하면 산소와 염화칼륨이 생성된다.
④ 냉수에도 매우 잘 녹는다.

 **해설**

염소산칼륨은 냉수 및 에터에는 녹기 힘듦

57 금속 칼륨의 일반적인 성질에 대한 설명으로 틀린 것은?

① 칼로 자를 수 있는 무른 금속이다.
② 에틸알코올과 반응하여 조연성 기체(산소)를 발생한다.
③ 물과 반응하여 가연성 기체를 발생한다.
④ 물보다 가벼운 은백색의 금속이다.

해설

금속 칼륨은 에틸알코올과 반응해 수소를 발생함

58 다음 위험물 중 보호액으로 물을 사용하는 것은?

① 황린
② 적린
③ 루비듐
④ 오황화인

 해설

황린은 저장 시 물 속에 저장함

59 다음 중 발화점이 가장 높은 것은?

① 등유
② 벤젠
③ 다이에틸에터
④ 휘발유

 해설

① 253℃   ② 720℃
③ 40℃ 이하   ④ 240~280℃

60 옥내저장소에서 위험물 용기를 겹쳐 쌓는 경우에 있어서 제4류 위험물 중 제3 석유류만을 수납하는 용기를 겹쳐 쌓을 수 있는 높이는 최대 몇 m인가?

① 3   ② 4
③ 5   ④ 6

 **해설**

• 제3 석유류, 제4 석유류 : 4m 이내
• 제2 석유류 : 3m 이내
• 기계에 의한 하역 : 6m 이내

CBT 최종모의고사 3회

제1과목 물질의 물리·화학적 성질

01 $Fe(CN)_6^{4-}$와 4개의 K^+이온으로 이루어진 물질 $K_4Fe(CN)_6$을 무엇이라고 하는가?

① 착화합물   ② 할로젠화합물

③ 유기혼합물   ④ 수소화합물

 해설

$K_4Fe(CN)_6$은 헥사시아노철(Ⅱ)로, 철이온(Fe^{2+})에 6개의 사이안화이온(CN^-)이 배위 결합한 착염이다.

전기량(Q) = 전류(A)×시간(s) = 10×(1930) = 19300

19300C은 0.2F와 같으므로, 이는 전자 0.2몰의 전기량과 같다.

즉, $\dfrac{x\,\mathrm{g}}{63.6\,\mathrm{g/mol}} = 0.2\,\mathrm{mol}$, $x = 12.72\,\mathrm{g}$

02 질산칼륨 수용액 속에 소량의 염화나트륨이 불순물로 포함되어있다. 용해도 차이를 이용하여 이 불순물을 제거하는 방법으로 가장 적당한 것은?

① 증류   ② 막분리

③ 재결정   ④ 전기분해

해설

재결정 : 소량의 고체 불순물을 포함한 고체혼합물을 고온에서 포화용액을 만들어 냉각시키면 용해도 차이에 의해 결정이 석출되어 분리하는 방법

03 휘발성 유기물 1.39g을 증발시켰더니 100℃, 760mmHg에서 420mL였다. 이 물질의 분자량은 약 얼마인가?

① 53.67g   ② 73.56g

③ 101.46g   ④ 150.73g

해설

$$pv = \frac{w}{M}RT, \quad M = \frac{wRT}{PV}$$

$$= \frac{1.39\,\mathrm{g} \times \left(\dfrac{0.082\,\mathrm{atm \cdot L}}{\mathrm{mol \cdot K}}\right) \times (100+273)\mathrm{K}}{\left(760\,\mathrm{mmHg} \times \dfrac{1\,\mathrm{atm}}{760\,\mathrm{mmHg}}\right) \times 0.42\,\mathrm{L}} = 101.46\,\mathrm{g}$$

04 95wt% 황산의 비중은 1.84이다. 이 황산의 몰 농도는 약 얼마인가?

① 4.5   ② 8.9

③ 17.8   ④ 35.6

 해설

몰 농도 = $\dfrac{10 \times d \times \%농도}{분자량} = \dfrac{10 \times 1.84 \times 95}{98} = 17.8$

05 상온에서 1L의 순수한 물이 전리되었을 때 $[H^+]$과 $[OH^-]$는 각각 얼마나 존재하는가? (단, $[H^+]$과 $[OH^-]$순이다.)

① $1.008 \times 10^{-7}\mathrm{g}$, $17.008 \times 10^{-7}\mathrm{g}$

② $1000 \times 1/18\mathrm{g}$, $1000 \times 17/18\mathrm{g}$

③ $18.016 \times 10^{-7}\mathrm{g}$, $18.016 \times 10^{-7}\mathrm{g}$

④ $1.008 \times 10^{-14}\mathrm{g}$, $17.008 \times 10^{-14}\mathrm{g}$

해설

$k_w = [H^+][OH^-] = 1.0 \times 10^{-14}\,(\mathrm{mol/L})^2$

$[H^+] = [OH^-] = 1.0 \times 10^{-7}\,(\mathrm{mol/L})$이므로,

$[H^+][OH^-] = x \times x$라면, $x^2 = 1.0 \times 10^{-14}\mathrm{M}$

몰 수를 질량 단위로 환산 후 이온의 질량을 곱하면,

$[H^+]\,1\mathrm{mol} = 1.008\mathrm{g}$, $[OH^-]\,1\mathrm{mol} = 17.008\mathrm{g}$

$[H^+]$: $(1 \times 10^{-7}\mathrm{M}) \times 1.008\,\mathrm{g/mol} = 1.008 \times 10^{-7}\mathrm{g/L}$

$[OH^-]$: $(1.0 \times 10^{-7}\mathrm{M}) \times 17\,\mathrm{g/mol} = 17.008 \times 10^{-7}\mathrm{g/L}$

1L의 순수한 물이 전리되었을 때

$[H^+] = 1.008 \times 10^{-7}\mathrm{g/L}$, $[OH^-] = 17.008 \times 10^{-7}\mathrm{g/L}$ 존재함

06 16g의 메탄을 완전연소시키는데 필요한 산소 분자의 수는?

① 6.02×10^{23}　　② 1.204×10^{23}

③ 6.02×10^{24}　　④ 1.204×10^{24}

메탄의 완전연소식

$CH_4 + 2O_2 \rightarrow CO_2 + 2H_2O$

$16 : 2 \times (6.02 \times 10^{23})$

$= 16 : x$

$x = 1.204 \times 10^{24}$

07 다음 밑줄 친 원소 중 산화수가 가장 큰 것은?

① $\underline{N}H_4^+$　　② $\underline{N}O_3^-$

③ $\underline{Mn}O_4^-$　　④ $\underline{Cr}_2O_7^{2-}$

① −3　② +5

③ +7　④ +6

08 다음 물질 중 −CONH−의 결합을 하는 것은?

① 천연고무

② 나이트로셀룰로오스

③ 알부민

④ 전분

단백질은 펩티드(−CONH−) 결합으로 이뤄져 있으며, 세포나 혈장에 존재하는 단백질인 알부민도 펩티트 결합을 하고 있음

09 물 36g을 모두 증발시키면 수증기가 차지하는 부피는 표준상태를 기준으로 몇 L인가?

① 11.2L　　② 22.4L

③ 33.6L　　④ 44.8L

$pv = nRT$, $v = \dfrac{nRT}{p}$ 식에 대입,

H_2O 36g에 해당하는 몰 수는, $\dfrac{36g}{18g/mol} = 2\,mol$

$v = \dfrac{2\,mol \times \dfrac{0.082\,atm \cdot L}{mol \cdot K} \times 273K}{1atm} = 44.77L = 44.8L$

10 P 43.7wt%와 O 56.3wt%로 구성된 화합물의 실험식으로 옳은 것은? (단, 원자량은 P 31, O 16이다.)

① P_2O_4　　② PO_3

③ P_2O_5　　④ PO_2

$\dfrac{43.7g}{31g/mol} : \dfrac{56.3g}{16g/mol} = 2 : 5$

실험식은 P_2O_5

11 CO_2와 CO의 성질에 대한 설명 중 옳지 않은 것은?

① CO_2는 공기보다 무겁고, CO는 가볍다.

② CO_2는 붉은색 불꽃을 내며 연소한다.

③ CO는 파란색 불꽃을 내며 연소한다.

④ CO는 독성이 있다.

이산화탄소는 완전산화물로 연소하지 않음

12 프로판 1몰을 완전연소하는 데 필요한 산소의 이론량을 표준상태에서 계산하면 몇 L가 되는가?

① 22.4　　② 44.8

③ 89.6　　④ 112.0

$$C_3H_8 + 5O_2 \rightarrow 3CO_2 + 4H_2O$$

$$1 : 5 = 22.4 : x$$

$$x = 112.0$$

13 불꽃 반응 시 보라색을 나타내는 금속은?

① Li ② K

③ Na ④ Ba

- Li – 진한빨강
- Na – 노랑
- K – 연보라
- Ba – 황록색
- Ca – 황적색
- Cu – 청록색

14 어떤 기체가 탄소 원자 1개당 2개의 수소 원자를 함유하고 0℃, 1기압에서 밀도가 1.25g/L일 때 이 기체에 해당하는 것은?

① CH_2 ② C_2H_4

③ C_3H_6 ④ C_4H_8

$$\frac{x}{22.4L} = 1.25g/L, \quad x = 28g$$

분자량 28g/mol인 C_2H_4

15 탄소 3g이 산소 16g 중에서 완전연소 되었다면, 연소한 후 혼합기체의 부피는 표준상태에서 몇 L가 되는가?

① 5.6 ② 6.8

③ 11.2 ④ 22.4

$$C + O_2 \rightarrow CO_2$$

완전연소 시 필요한 탄소의 몰 수는, $\dfrac{3g}{12g/mol} = 0.25\,mol$

탄소 0.25mol에 대한 산소의 질량은, $0.25mol \times \dfrac{32g}{mol} = 8g$

즉, 탄소 3g이 산소 16g 중 완전연소 되었으므로 과잉산소임. 연소 후 혼합기체의 부피는,

$$\begin{array}{ccc} & C & : & CO_2 \\ & 12g & : & 22.4L \\ = & 3g & : & x \end{array}, \quad x = 5.6L$$

$$\begin{array}{ccc} & O_2 & : & CO_2 \\ & 32g & : & 22.4L \\ = & 8g & : & x \end{array}, \quad x = 5.6L, \text{ 연소 후 혼합기체 부피는 11.2L}$$

16 아이소프로필알코올에 해당하는 것은?

① C_6H_5OH ② CH_3CHO

③ CH_3COOH ④ $(CH_3)_2CHOH$

아이소프로필알코올 : $(CH_3)_2CHOH$

17 pH=12인 용액의 $[OH^-]$는 pH=9인 용액의 몇 배인가?

① 1/1000 ② 1/100

③ 100 ④ 1000

$$k_w = [H^+][OH^-] = 10^{-14}$$

$$pH = 12 : [H^+] = 10^{-12}, \ [OH^-] = 10^{-2}$$

$$pH = 9 : [H^+] = 10^{-9}, [OH^-] = 10^{-5}$$

$$\frac{10^{-2}}{10^{-5}} = 1000$$

18 중화적정 실험 중 미지농도 황산 20mL에 실험자의 실수로 1N-HCl 25mL를 넣었다. 이때 두 혼합산을 중화하는데 3N-NaOH 용액 40mL가 소비되었다면 황산의 농도는 몇 N인가?

① 3 ② 3.75

③ 4 ④ 4.75

$NV + N'V' = N''V''$

$(x \times 20mL) \times (1 \times 25mL) = (3 \times 40mL)$

$x = 4.75$

19 다음 물질 중 이온결합을 하고 있는 것은?

① 얼음 ② 흑연

③ 다이아몬드 ④ 염화나트륨

이온결합은 금속과 비금속의 결합으로, 이온결합을 하고 있는 것은 ④이며, ①, ②, ③은 공유결합

20 다음 중 양쪽성 산화물에 해당하는 것은?

① NO_2 ② Al_2O_3

③ MgO ④ Na_2O

양쪽성 산화물은 산·염기에 모두 반응하는 산화물로 Al_2O_3, ZnO, SnO, PbO 등이 해당됨

제2과목 화재 예방과 소화방법

21 다음 [보기]의 물질 중 위험물안전관리법령상 제1류 위험물에 해당하는 것의 지정 수량을 모두 합산한 값은?

> [보기] 퍼옥소이황산염류, 아이오딘산 과염소산, 차아염소산염류

① 350kg ② 400kg

③ 650kg ④ 1350kg

22 분말 소화약제의 주성분이 아닌 것은?

① $NaHCO_3$ ② $KHCO_3$

③ K_2CO_3 ④ $NH_4H_2PO_4$

K_2CO_3은 강화액 소화기 약제주성분임

23 지정 수량의 10배 이상의 위험물을 저장, 취급하는 제조소 등에 설치하여야 할 설비에 해당되지 않는 것은?

① 확성장치

② 비상방송설비

③ 자동화재탐지설비

④ 무선통신보조설비

지정 수량의 10배 이상의 위험물을 저장, 취급하는 제조소 등 : 자동화재탐지설비, 비상경보설비, 확성장치 또는 비상방송설비 중 1종 이상

24 위험물안전관리법령상 연소의 우려가 있는 위험물 제조소의 외벽은 어떤 구조(재료)로 설치하여야 하는가?

① 불연재료 ② 준불연재료

③ 방화구조 ④ 내화구조

연소의 우려가 있는 제조소 외벽에는 개구부가 없는 내화구조로 할 것

제1류 위험물 퍼옥소이황산염류 지정 수량 300kg, 차아염소산염류 지정 수량 50kg으로 지정 수량의 합은 350kg

25 금속분의 화재 시 주수 소화를 할 수 없는 이유는?

① 산소가 발생하기 때문에

② 수소가 발생하기 때문에

③ 질소가 발생하기 때문에

④ 이산화탄소가 발생하기 때문에

해설

제2류 위험물 금속분은 수분과 반응해 수소가스를 발생함

26 다음 중 Ca_3P 화재 시 가장 적합한 소화방법은?

① 마른모래로 덮어 소화한다.

② 봉상의 물로 소화한다.

③ 화학포 소화기로 소화한다.

④ 산·알칼리 소화기로 소화한다.

해설

제3류 금수성 물질로 건조사로 피복소화함

$$Ca_3P_2 + 6H_2O \rightarrow 2PH_3 + 3Ca(OH)_2$$

27 강화액 소화기에 한랭지역 및 겨울철에도 얼지 않도록 첨가하는 물질은 무엇인가?

① 탄산칼륨   ② 질소

③ 사염화탄소   ④ 아세틸렌

해설

강화액 소화기 : 물에 탄산칼륨(K_2CO_3)을 첨가하여 빙점을 조절하였음

28 경유의 대규모 화재 발생 시 주수소화가 부적당한 이유에 대한 설명으로 가장 옳은 것은?

① 경유가 연소할 때 물과 반응하여 수소가스를 발생하여 연소를 돕기 때문에

② 주수 소화하면 경유의 연소열 때문에 분해하여 산소를 발생하고 연소를 돕기 때문에

③ 경유는 물과 반응하여 유독가스를 발생하므로

④ 경유는 물보다 가볍고 또 물에 녹지 않기 때문에 화재가 널리 확대되므로

해설

제4류 위험물 제2 석유류인 경유 화재 시 주수소화하면 연소면을 확대함

29 다음 할로젠화합물의 화학식과 Halon번호가 옳게 연결된 것은?

① CH_2ClBr – Halon 1211

② CF_2ClBr – Halon 104

③ $C_2F_4Br_2$ – Halon 2402

④ CF_3Br – Halon 1011

해설

- CH_2ClBr – Halon 1011
- CF_2ClBr – Halon 1211
- CF_3Br – Halon 1301

30 물이 일반적인 소화약제로 사용될 수 있는 특징에 대한 설명 중 틀린 것은?

① 증발잠열이 크기 때문에 냉각시키는 데 효과적이다.

② 물을 사용한 봉상수 소화기는 A급, B급 및 C급 화재의 진압에 우수하다.

③ 비교적 쉽게 구해서 이용이 가능하다.

④ 펌프, 호스 등을 이용하여 이송이 비교적 용이하다.

봉상수는 화재면의 확대우려가 있어 B급, C급 화재에 사용 금지

31 이산화탄소 소화약제의 저장용기 설치장소에 대한 설명으로 틀린 것은?

① 방호구역 내의 장소에 설치하여야 한다.
② 직사일광 및 빗물이 침투할 우려가 적은 장소에 설치하여야 한다.
③ 온도변화가 적은 장소에 설치하여야 한다.
④ 온도가 섭씨 40도 이하인 곳에 설치하여야 한다.

이산화탄소 소화약제 저장 용기는 방호구역 외의 장소에 설치함

32 화재의 종류와 표시색상의 연결이 옳은 것은?

① 금속화재 – 청색
② 유류화재 – 황색
③ 일반화재 – 녹색
④ 전기화재 – 백색

• 일반화재 – 백색
• 금속화재 – 무색
• 전기화재 – 청색

33 일반적으로 제4류 위험물 중 비수용성 액체의 화재 시 물로 소화하는 것은 적당하지 않다. 그 이유를 가장 옳게 설명한 것은?

① 가연성 가스를 발생한다.
② 인화점이 낮아진다.
③ 화재면의 확대 위험성이 있다.
④ 물을 분해하여 수소가스를 발생한다.

제4류 위험물 비수용성 액체 화재 시 물로 소화하면 연소면을 확대하므로 주수소화 금지.

34 소화난이도 등급 Ⅰ에 해당하는 옥외 탱크저장소 중 황만을 저장 취급하는 것에 설치하여야 하는 소화설비는? (단, 지중 탱크와 해상 탱크는 제외한다.

① 스프링클러 소화설비
② 이산화탄소 소화설비
③ 분말 소화설비
④ 물 분무 소화설비

소화난이도 등급 Ⅰ 황옥외 탱크저장소: 물 분무 소화설비 설치

35 화학포 소화기에서 중탄산나트륨과 황산알루미늄의 수용액이 반응할 때 생성되는 물질이 아닌 것은?

① 수산화알루미늄   ② 이산화탄소
③ 황산나트륨   ④ 인산암모늄

$$6NaHCO_3 + Al_2(SO_4)_3 \cdot 18H_2O$$
$$\rightarrow 6CO_2 + 2Al(OH)_3 + 3Na_2SO_4 + 18H_2O$$

36 과산화나트륨의 화재 시 소화방법으로 다음 중 가장 적당한 것은?

① 포 소화약제   ② 물
③ 마른모래   ④ 탄산가스

과산화나트륨(Na_2O_2)은 제1류 위험물 무기과산화물로 마른모래나 분말 소화약제 사용

37 과산화나트륨과 혼재가 가능한 위험물은? (단, 지정 수량 이상인 경우이다.)

① 에터

② 마그네슘분

③ 탄화칼슘

④ 과염소산

과산화나트륨(Na_2O_2)은 제1류 위험물로 제6류 위험물(과염소산, $HClO_4$)과 서로 혼재 가능함

38 포 소화약제의 종류에 해당하지 않는 것은?

① 단백포 소화약제

② 합성계면활성제포 소화약제

③ 수성막포 소화약제

④ 액표면포 소화약제

포 소화약제: 단백포, 합성계면활성제포, 수성막포, 불화단백포, 알코올 포 등

39 제4류 위험물을 취급하는 제조소에서 지정 수량의 몇 배 이상을 취급할 경우 자체소방대를 설치하여야 하는가?

① 1000배   ② 2000배

③ 3000배   ④ 4000배

지정 수량 3000배 이상 저장 취급하는 제조소 등은 자체소방대를 설치해야 함

40 화재의 위험성이 감소한다고 판단되는 경우는?

① 착화온도가 낮아지고 인화점이 낮아질수록

② 폭발하한값이 작아지고 폭발범위가 넓어질수록

③ 주변 온도가 낮을수록

④ 산소농도가 높을수록

온도가 낮을수록 화재 위험이 낮아짐

제3과목   **위험물 성상 및 취급**

41 위험물안전관리법령에 따른 제1류 위험물과 제6류 위험물의 공통적 성질로 옳은 것은?

① 산화성 물질이며 다른 물질을 환원시킨다.

② 환원성 물질이며 다른 물질을 환원시킨다.

③ 산화성 물질이며 다른 물질을 산화시킨다.

④ 환원성 물질이며 다른 물질을 산화시킨다.

제1류 위험물 산화성 고체, 제6류 위험물 산화성 액체로, 산화성 물질로 다른 물질을 산화시킨다.

42 제4류 위험물의 위험성 및 취급 시 주의사항에 대한 설명으로 옳지 않은 것은?

① 액체보다 증기상태가 인화의 위험성이 높다.

② 증기는 공기보다 무겁기 때문에 높은 곳으로 배출되는 편이 좋다.

③ 제1 석유류와 제2 석유류는 비점으로 구분된다.

④ 밀폐된 용기에 제4류 위험물이 가득 차 있는 것보다 공간이 남아 있는 것이 폭발의 위험이 크다.

제1 석유류와 제2 석유류의 구분은 인화점임

43 어떤 공장에서 아세톤과 메틸알코올을 18L용기에 각각 10개, 등유를 200L 드럼으로 3드럼을 저장하고 있다면 지정 수량의 몇 배인가?

① 1.3배   ② 1.5배

③ 2.3배   ④ 2.5배

해설

$$\frac{180}{400} + \frac{180}{400} + \frac{600}{1000} = 1.5$$

44 질산염류의 일반적인 성질에 대한 설명으로 옳은 것은?

① 무색액체이다.

② 대부분 물에 잘 녹는다.

③ 가연물과 혼합해도 위험하지 않다.

④ 과염소산염류보다 충격, 가열에 불안정하다.

해설

질산염류(지정 수량 300kg)는 제1류 위험물 강산화성 고체로 물에 잘 녹음

45 옥외저장 탱크를 강철판 재료로 제작할 경우 두께 몇 mm 이상으로 하여야 하는가? (단, 특정 옥외저장 탱크 및 준특정 옥외저장 탱크는 제외한다.)

① 1.2   ② 2.2

③ 3.2   ④ 4.2

해설

강판 두께는 3.2mm 이상으로 함

46 황린으로 물속에 저장할 때 인화수소의 발생을 방지하기 위한 물의 pH는 얼마정도가 좋은가?

① 4   ② 5

③ 7   ④ 9

해설

황린(P_4)은 제3류 위험물 자연발화성 물질로 인화수소 발생을 방지하기 위해 pH9인 물속에 저장함

47 삼황화인에 대한 설명 중 틀린 것은?

① 황색의 결정성 덩어리이다.

② 염산, 황산에 잘 용해된다.

③ 발화점은 약 100℃이다.

④ 물에는 녹지 않는다.

해설

삼황화인(P_4S_3)은 염산, 황산에 녹지 않음

48 수납하는 위험물에 따라 위험물 운반 용기의 외부에 표시하여야 하는 주의사항의 연결이 틀린 것은?

① 제2류 위험물 중 철분 – "화기주의" 및 "물기엄금"

② 제2류 위험물 중 인화성 고체 – "화기엄금"

③ 제4류 위험물 – "화기엄금"

④ 제6류 위험물 – "화기주의"

해설

제6류 위험물 – 가연물접촉주의

49 질산의 성질에 대한 다음 설명 중 틀린 것은?

① 질산을 가열하면 적갈색의 일산화질소를 발생하면서 연소한다.

② 환원성이 강한 물질과의 혼합은 위험하다.

③ 부식성을 가지고 있다.

④ 위험물안전관리법에서 위험물로 규정한 질산은 물보다 무겁다.

 해설

질산은 열분해 시 적갈색의 이산화질소가 발생함

$$4HNO_3 \rightarrow 4NO_2 + 2H_2O + O_2$$

50 벤젠의 일반적 성질에 대한 설명 중 틀린 것은?

① 비중은 약 0.88이다.

② 녹는점은 약 5.5℃이다.

③ 끓는점은 약 220℃이다.

④ 인화점은 약 −11℃이다.

 해설

벤젠의 끓는점은 약 80℃이다.

51 제6류 위험물의 위험성 및 성질에 관한 설명 중 옳은 것은?

① 산화성 무기화합물이다.

② 가연성 액체이다.

③ 제2류 위험물과 혼재가 가능하다.

④ 과산화수소를 제외하고는 염기성 물질이다.

 해설

제6류 위험물은 산화성 액체이며, 제1류 위험물과 혼재가능하고, 과산화수소를 제외하고는 강산성 물질임

52 가솔린의 성질 및 취급에 관한 설명 중 틀린 것은?

① 용기로부터 새어나오는 것을 방지해야 한다.

② 가솔린 증기는 공기보다 무겁다.

③ 소화방법으로 포에 의한 소화가 가능하다.

④ 발화점이 10℃ 정도로 낮아 상온에서도 매우 위험하다.

해설

가솔린의 발화점은 300℃임

53 제5류 위험물 제조소에 설치하는 주의사항 게시판에서 게시판 바탕 및 문자의 색을 옳게 나타낸 것은?

① 청색 바탕에 백색 문자

② 백색 바탕에 청색 문자

③ 백색 바탕에 적색 문자

④ 적색 바탕에 백색 문자

해설

제5류 위험물 제조소 주의사항 게시판: 화기엄금(적색 바탕에 백색 문자)

54 제3류 위험물 제조소와 300명 이상의 인원을 수용하는 영화상영관과의 안전거리는 몇 m 이상이어야 하는가?

① 10   ② 20

③ 30   ④ 50

해설

300명 이상 수용하는 공연장, 영화상영관 시설: 30m 이상

55 위험물안전관리법에서 구분한 취급소에 해당하지 않는 것은?

① 주유취급소
② 옥내취급소
③ 이송취급소
④ 판매취급소

취급소: 주유취급소, 판매취급소, 이송취급소, 일반취급소

56 제3류 위험물의 성질을 설명한 것으로 옳은 것은?

① 물에 의한 냉각소화를 모두 금지한다.
② 알킬알루미늄, 나트륨, 수소화나트륨은 비중은 모두 물보다 무겁다.
③ 모두 무기화합물로 구성되어 있다.
④ 지정 수량은 모두 300kg 이하의 값을 갖는다.

제3류 위험물은 자연발화성 물질 및 금수성 물질로서
• 자연발화성 물질 : 공기 또는 물과 접촉해 연소하거나 가연성가스를 발생하며 폭발적으로 연소함
• 금수성 물질 : 물과 만나면 발열하며 가연가스를 발생하거나 가연성가스를 발생하며 폭발적으로 연소함

57 다음 중 제1 석유류에 해당하는 것은?

① 휘발유   ② 등유
③ 에틸알코올   ④ 아닐린

② 제2 석유류
③ 알코올류
④ 제3 석유류

58 아염소산나트륨의 성상에 관한 설명 중 잘못된 것은?

① 자신은 불연성이다.
② 불안정하여 180℃ 이상 가열하면 산소를 방출한다.
③ 수용액 상태에서도 강력한 환원력을 가지고 있다.
④ 티오황산나트륨, 다이에틸에터 등과 혼합하면 폭발한다.

아염소산나트륨은 수용액 상태에서도 강력한 산화력을 가지고 있음

59 다음 중 나이트로기(–NO₂)를 1개만 가지고 있는 것은?

① 나이트로셀룰로오스
② 나이트로글리세린
③ 나이트로벤젠
④ TNT

나이트로벤젠($C_6H_5NO_2$)은 제4류 위험물 제3 석유류임

60 제4류 위험물의 저장, 취급 시 주의사항으로 틀린 것은?

① 화기접촉을 금한다.
② 증기의 누설을 피한다.
③ 냉암소에 저장한다.
④ 정전기 축적설비를 한다.

정전기 방지설비를 할 것

제1과목 물질의 물리·화학적 성질

01 이산화황이 산화제로 작용하는 화학반응은?

① $SO_2 + H_2O \rightarrow H_2SO_4$

② $SO_2 + NaOH \rightarrow NaHSO_3$

③ $SO_2 + 2H_2S \rightarrow 3S + 2H_2O$

④ $SO_2 + Cl_2 + 2H_2O \rightarrow H_2SO_4 + 2HCl$

해설

산화제는 자신은 환원되고 다른 물질을 산화시키는 물질로
① 산화수(+4 → +6) 증가로 환원제
② 산화수(+4 → +4) 일정
④ 산화수(+4 → +6) 증가로 환원제로 작용하였음

02 고체 유기물질을 정제하는 과정에서 이 물질이 순수한 상태인지를 알아보기 위한 조사 방법으로 다음 중 가장 적합한 방법은 무엇인가?

① 육안관찰

② 녹는점 측정

③ 광학현미경 분석

④ 전도도 측정

해설

순물질 확인법으로, 고체는 융해점(녹는점) 측정, 액체는 비등점 측정이 있음

03 표준상태에서 어떤 기체 2.8L의 무게가 3.5g 이었다면 다음 중 어느 기체의 분자량과 같은가?

① CO_2 ② NO_2

③ SO_2 ④ N_2

해설

$pv = nRT = \dfrac{wRT}{M}$, $M = \dfrac{wRT}{pv}$ 식에 대입,

$$M = \dfrac{3.5\text{g} \times \dfrac{0.082\,\text{atm} \cdot \text{L}}{\text{mol} \cdot \text{K}} \times 273\text{K}}{1\text{atm} \times 2.8\text{L}} = 27.98\text{g} = 28\text{g}$$

04 페놀에 대한 설명 중 틀린 것은?

① 카르복실산과 반응하여 에터를 형성한다.

② 나트륨과 반응하여 수소기체를 발생한다.

③ 수용액은 약한 산성을 띤다.

④ $FeCl_3$수용액과 반응하여 보라색으로 변한다.

해설

페놀은 카르복실산과 반응해 에스터(R–COO–R)를 생성함

$$CH_3COOH + C_6H_5OH \xrightarrow{\text{에스터화}} CH_3COOC_6H_5 + H_2O$$

05 다음 보기의 벤젠 유도체 가운데 벤젠의 치환 반응으로부터 직접 유도할 수 없는 것은?

[보기]   Ⓐ $-Cl$ Ⓑ $-OH$
             Ⓒ $-SO_3H$ Ⓓ $-NH_2$

① Ⓐ, Ⓑ   ② Ⓑ, Ⓓ

③ Ⓐ, Ⓒ   ④ Ⓒ, Ⓓ

해설

벤젠에 직접 치환되는 친전자체 그룹은 나이트로($-NO_2$), 할로젠(X), 설폰($-SO_3H$), 알킬($-CH_3$), 아실기($-COR$)이며, 벤젠의 π전자는 전자가 풍부한 친핵체이므로 친전자체와 반응을 하지만 $-OH$, $-NH_2$는 친핵체로 직접 치환반응을 하지 않음

06 염소산칼륨을 가열하여 산소를 만들 때 촉매로 쓰이는 이산화망가니즈의 역할은 무엇인가?

① KCl을 산화시킨다.
② 역반응을 일으킨다.
③ 반응속도를 증가시킨다.
④ 산소가 더 많이 나오게 한다.

촉매는 반응에 직접 참여하지 않으면서 다른 물질 간의 반응을 촉진시키거나 지연시키는 물질임

07 벤젠에 대한 설명으로 틀린 것은?

① 상온, 상압에서 액체이다.
② 일치환체는 이성질체가 없다.
③ 일반적으로 치환반응보다 첨가반응을 잘 한다.
④ 이치환체에는 ortho, meta, para 3종이 있다.

벤젠은 첨가반응보다 치환반응이 더 많음

08 27℃에서 9g의 비전해질을 녹여 만든 900mL 용액의 삼투압은 3.84기압이었다. 이 물질의 분자량은 약 얼마인가?

① 18　　　　② 32
③ 44　　　　④ 64

$\pi v = \dfrac{wRT}{M}$, $M = \dfrac{wRT}{\pi v}$ 식에 대입,

$M = \dfrac{3.5g \times \dfrac{0.082\,atm\cdot L}{mol\cdot K} \times (273+27)K}{3.84atm \times 0.9L} = 64g/mol$

09 산화 – 환원에 대한 설명 중 틀린 것은?

① 한 원소의 산화수가 증가하였을 때 산화 되었다고 한다,
② 전자를 잃은 반응을 산화라 한다.
③ 산화제는 다른 화학종을 환원시키며, 그 자신의 산화수는 증가하는 물질을 말한다.
④ 중성인 화합물에서 모든 원자와 이온들의 합은 0이다.

산화제는 다른 화학종을 산화시키며, 그 자신의 산화수는 감소하는 물질을 말함

10 찬물을 컵에 담아서 더운 방에 놓아 두었을 때 유리와 물의 접촉면에 기포가 생기는 이유로 가장 옳은 것은?

① 물의 증기압력이 높아지기 때문에
② 접촉면에서 수증기가 발생하기 때문에
③ 방 안의 이산화탄소가 녹아 들어가기 때문에
④ 온도가 올라갈수록 기체의 용해도가 감소하기 때문에

기체의 용해도
압력에 비례, 온도에 반비례하며 항상 발열반응을 함

11 벤젠에 진한 질산과 진한 황산의 혼합물을 작용시킬 때 황산이 촉매와 탈수제 역할을 하여 얻어지는 화합물은?

① 나이트로벤젠　　② 클로로벤젠
③ 알킬벤젠　　　　④ 벤젠술폰산

벤젠의 나이트로화 반응에 대한 설명임

12 촉매 하에 H_2O의 첨가반응으로 에틸알코올을 만들 수 있는 물질은?

① CH_4　　　　② C_2H_2

③ C_6H_6　　　　④ C_2H_4

촉매하에 물을 기체상태의 에틸렌(C_2H_4)에 첨가해 에틸알코올을 제조함

13 농도를 모르는 산의 용액 A가 있다. 이것을 20mL 취하여 0.4N의 염기의 용액 B를 15.4mL 가하니 알칼리성이 되었다. 다시 0.2N의 산의 용액 C를 2.8mL 넣으니 정확히 중화되었다면 최초의 산(A)의 농도(N)는 얼마인가?

① 0.28　　　　② 1.27

③ 2.47　　　　④ 4.28

$NV + N'V' = N''V''$
산 A의 농도를 x라 하면
$(x \times 20) + (0.2 \times 2.8) = (0.4 \times 15.4)$
$x = 0.28$

14 다음 중 산에 대한 설명으로 부적절한 것은?

① 비공유 전자쌍을 줄 수 있는 이온 또는 분자
② pH 값이 작을수록 산의 세기가 강함
③ 수소 이온을 줄 수 있는 분자 또는 이온
④ 푸른 리트머스종이를 붉게 변화시키는 것

비공유 전자쌍을 줄 수 있는 이온과 분자는 염기에 대한 설명임

15 어떤 원자의 K, L, M 전자껍질에 전자가 완전히 채워진다면 이 원자가 가지는 전자의 총 수는 몇 개인가?

① 10　　　　② 18

③ 28　　　　④ 32

각 전자껍질에 존재하는 전자의 최대 수는 $2n^2$
K : n=1, $2 \times 1^2 = 2$개
L : n=2, $2 \times 2^2 = 8$개
M : n=3, $2 \times 3^2 = 18$개
총 전자 수는 28개

16 액체공기에서 질소 등을 분리하여 산소를 얻는 방법은 다음 중 어떤 성질을 이용한 것인가?

① 용해도　　　　② 비등점

③ 색상　　　　④ 압축물

공기액화분리장치로 공기를 액화시켜 비등점의 차이로 액체공기에서 산소를 분리함

17 다음 산화제와 환원제로 모두 사용 가능한 것은?

① $KMnO_4$　　　　② $K_2Cr_2O_7$

③ HNO_3　　　　④ H_2O_2

SO_2, H_2O_2 등은 산화제와 환원제 양 쪽으로 작용하는 물질임

18 A 물질을 물에 용해시켰더니 온도가 내려갔다. 이 사실로서 A 물질의 용해과정에서 알 수 있는 것은?

① 발열과정이므로 온도를 높이면 용해도가 증가한다.

② 발열과정이므로 온도를 높이면 용해도가 감소한다.

③ 흡열과정이므로 온도를 높이면 용해도가 증가한다.

④ 흡열과정이므로 온도를 높이면 용해도가 감소한다.

흡열과정은 주변의 온도가 높을수록 반응이 커지고, 용해도가 증가함

19 불꽃 반응 결과 노란색을 나타내는 미지의 시료를 녹인 용액에 $AgNO_3$ 용액을 넣으면 백색 침전이 생겼다. 이 시료의 성분은?

① $NaSO_4$ ② $CaCl_2$

③ $NaCl$ ④ KCl

불꽃 반응 시 노란색을 나타내는 것은 Na이며,
$AgNO_3 + NaCl \rightarrow NaNO_3 + AgCl \downarrow$ (백색 침전)

20 원소의 주기율표에서 같은 족에 속하는 원소들의 화학적 성질에는 비슷한 점이 많다. 이것과 관련 있는 설명은?

① 같은 크기의 반지름을 가지는 이온이 된다.

② 제일 바깥의 전자 궤도에 들어있는 전자의 수가 같다.

③ 핵의 양 하전의 크기가 같다.

④ 원자번호를 8a+b라는 일반식으로 나타낼 수 있다.

같은 족 원소들은 같은 수의 최외각 전자를 가짐

제2과목 **화재 예방과 소화방법**

21 고체 가연물의 연소 형태에 해당하지 않는 것은?

① 등심연소   ② 증발연소

③ 분해연소   ④ 표면연소

고체의 연소 형태: 표면연소, 분해연소, 증발연소, 자기연소

22 다음에서 연소할 수 있는 조건을 모두 갖춘 것은?

① 성냥불, 등유, 산소 ② 등유, 수소, 공기
③ 아세톤, 수소, 산소 ④ 알코올, 황, 산소

연소의 3요소는 가연물(등유), 점화원(성냥불), 산소공급원(산소)임

23 옥외소화전 개폐 밸브 및 호스 접속구는 지면으로부터 몇 m 이하의 높이에 설치하는가?

① 1.5m   ② 2.5m

③ 3.5m   ④ 4.5m

옥외소화전 개폐 밸브 및 호스 접속구: 1.5m 이하에 설치함

[정답] 18 ③ 19 ③ 20 ② 21 ① 22 ① 23 ①

24 제3류 위험물 금수성 물품에 적응성 있는 소화 설비는?

① 할로젠화합물 소화기
② 인산염류 소화기
③ 이산화탄소 소화기
④ 탄산수소염류 소화기

제3류 위험물 금수성 물질에 적응성 있는 소화설비는 탄산수소염류 분말 소화약제임

25 탄소 1mol이 완전 연소하는데 필요한 최소 공기는 약 몇 L인가? (단, 0℃, 1기압 기준이다.)

① 10.7
② 22.4
③ 107
④ 224

$C + O_2 \rightarrow CO_2$
$\quad$ 1mol : 22.4L
$= $ 1mol : x , $x = 22.4L$
이론공기량 $= \dfrac{22.4}{0.21} = 106.6$

26 다음 중 연소의 3요소를 모두 충족하고 있는 것은?

① S, $KClO_4$, 정전기 불꽃
② CO_2, H_2O_2, 백열전등의 빛
③ CO_2, O_2, 산화열
④ S, H_2SO_4, 증발잠열

연소의 3요소
• 가연물(S)
• 점화원(정전기 불꽃)
• 산소공급원($KClO_4$)

27 위험물 제조소에서 화기엄금 및 화기주의를 표시하는 게시판의 바탕색과 문자색을 옳게 연결한 것은?

① 백색 바탕 – 청색 문자
② 청색 바탕 – 백색 문자
③ 적색 바탕 – 백색 문자
④ 백색 바탕 – 적색 문자

화기엄금, 화기주의 : 적색 바탕 – 백색 문자

28 소화난이도 등급 II의 옥내 탱크저장소에는 대형 수동식 소화기를 몇 개 이상 설치하여야 하는가?

① 1개 이상
② 2개 이상
③ 3개 이상
④ 4개 이상

소화난이도 등급 II
대형 · 소형 수동식 소화기 1개 이상 설치할 것

29 분말 소화약제의 주성분을 틀리게 나타낸 것은?

① 제1종 분말 – 탄산수소나트륨
② 제2종 분말 – 탄산수소칼륨
③ 제3종 분말 – 제1인산암모늄
④ 제4종 분말 – 탄산수소나트륨과 요소의 혼합

제4종 분말 소화약제 주성분은 탄산수소칼륨($KHCO_3$)과 요소((NH_2)$_2CO$)임

30 기체의 연소 형태에 해당하는 것은?

① 표면연소　　② 증발연소

③ 분해연소　　④ 확산연소

기체의 연소 형태는 확산연소

31 표준상태에서 2kg의 이산화탄소가 모두 기체 상태의 소화약제로 방사될 경우 부피는 약 몇 L인가?

① 10.18　　② 22.4

③ 224　　④ 1018

$pv = nRT$, $v = \dfrac{nRT}{p}$ 를 이용

2kg 이산화탄소의 몰 수 $= 2000g \times \dfrac{mol}{44g} = 45.45mol$

$v = \dfrac{45.45mol \times \dfrac{0.082\,atm \cdot L}{mol \cdot K} \times 273.15K}{1atm} = 1018L$

32 Halon 1211인 물질의 분자식은?

① CF_2Br_2　　② CF_2ClBr

③ CF_3Br　　④ $C_2F_4Br_2$

Halon 1211: CF_2ClBr

33 다음은 제4류 위험물에 해당하는 물품의 소화 방법을 설명한 것이다. 소화효과가 가장 떨어지는 것은?

① 산화프로필렌 : 알코올형 포로 질식소화 한다.

② 아세트알데하이드 : 수성막포를 이용하여 질식소화한다.

③ 이황화탄소 : 탱크 또는 용기 내부에서 연소하고 있는 경우에는 물을 유입하여 질식소화한다.

④ 다이에틸에터 : 이산화탄소소화설비를 이용하여 질식소화한다.

아세트알데하이드는 수용성물질로 알코올 포가 적당함

34 다음 중 자기연소를 하는 위험물은?

① 톨루엔

② 메틸알코올

③ 다이에틸에터

④ 나이트로글리세린

자기연소는 자기반응성물질로 제5류 위험물 나이트로글리세린이 해당됨

35 가연성가스의 폭발범위에 대한 일반적인 설명으로 틀린 것은?

① 가스의 온도가 높아지면 폭발 범위는 넓어진다.

② 폭발한계농도 이하에서 폭발성 혼합가스를 생성한다.

③ 공기 중에서보다 산소 중에서 폭발범위가 넓어진다.

④ 가스압이 높아지면 하한값은 크게 변하지 않으나 상한값은 높아진다.

폭발한계농도 내에서 폭발성 혼합가스를 생성함

36 할론 소화약제의 종류가 아닌 것은?

① 할론 1011 ② 할론 2102

③ 할론 2402 ④ 할론 1301

할론 2102는 해당 없음

37 물 분무 소화설비가 적응성이 있는 위험물은?

① 알칼리금속 과산화물

② 금속분, 마그네슘

③ 금수성 물질

④ 인화성 고체

물 분무 소화설비 설치 제외대상: 철분, 금속분, 마그네슘분, 제1류 알칼리금속 과산화물, 제3류 금수성 물질

38 점화원 역할을 할 수 없는 것은?

① 기화열 ② 산화열

③ 정전기 불꽃 ④ 마찰열

점화원은 발화를 일으키는 데 필요한 에너지원으로 기화열은 해당 없음

39 위험물에 화재가 발생하였을 경우 물과의 반응으로 인해 주수소화가 적당하지 않은 것은?

① CH_3ONO_2 ② $KClO_3$

③ Li_2O_2 ④ P

무기과산화물은 물과 반응하여 산소 방출

$2Li_2O_2 + 2H_2O \rightarrow 4LiOH + O_2 \uparrow$

40 분말 소화약제로 사용되는 주성분에 해당하지 않는 것은?

① 탄산수소나트륨

② 황산수소칼슘

③ 탄산수소칼륨

④ 제1 인산암모늄

① 제1종 분말 소화약제

③ 제2종 분말 소화약제

④ 제3종 분말 소화약제

41 금속 칼륨의 일반적인 성질로 옳지 않은 것은?

① 은백색의 연한 금속이다.

② 알코올 속에 저장한다.

③ 물과 반응하여 수소가스를 발생한다.

④ 물보다 가볍다.

금속 칼륨과 금속 나트륨은 석유류(석유, 경유, 유동파라핀)에 저장함

42 금속 나트륨의 저장 방법으로 맞는 것은?

① 물속에 저장한다.

② 다량으로 저장해야 한다.

③ 석유 속에 저장한다.

④ 환기가 잘되지 않는 냉암소에 저장한다.

금속 나트륨은 등유, 경유, 유동파라핀 등에 보관함

43 제4류 위험물의 공통적인 성질에 대한 설명 중 옳지 않은 것은?

① 연소범위의 하한값이 낮은 것이 많아 증기가 소량 누설되어도 화재 발생의 위험성이 있다.

② 대부분의 증기는 공기보다 무거워 낮은 곳에 체류한다.

③ 물보다 무거운 물질이 대부분이어서 낮은 곳에 체류한다.

④ 인화되기가 쉬운 물질이 대부분이다.

 **해설**

제4류 위험물은 대부분 물보다 가벼움

44 제1류 위험물 중 무기과산화물 150kg, 질산염류 300kg, 다이크로뮴산염류 3000kg을 저장하려 한다. 각각 지정 수량의 배수의 합은 얼마인가?

① 5   ② 6

③ 7   ④ 8

 해설

$$\frac{150kg}{50kg} + \frac{300kg}{300kg} + \frac{3000kg}{1000kg} = 7$$

45 위험물 운반 시 혼재가 금지된 위험물로 올바르게 짝지어 놓은 것은? (단, 지정 수량의 1/10 초과이다.)

① 제1류 위험물과 제2류 위험물

② 제2류 위험물과 제5류 위험물

③ 제3류 위험물과 제4류 위험물

④ 제6류 위험물과 제1류 위험물

해설

제1류 위험물과 제2류 위험물은 혼재 금지

46 벤젠의 일반적 성질에 관한 사항 중 틀린 것은?

① 알코올, 에터에 녹는다.

② 물에는 녹지 않는다.

③ 냄새는 무취이고, 색상은 갈색인 휘발성 액체이다.

④ 증기 비중은 약 2.8이다.

 해설

벤젠은 방향성이 있으며 무색투명한 휘발성 액체임

47 다음 물질 중 취급하는 장치나 구리가 마그네슘으로 되어 있을 때 반응을 일으켜서 폭발성의 아세틸라이트를 생성하는 것은?

① 이황화탄소

② 아이소프로필알코올

③ 산화프로필렌

④ 아세톤

해설

산화프로필렌 취급 시 구리나 마그네슘, 은, 수은 또는 이들의 합금으로 된 장치는 사용하지 말 것

48 제1류 위험물 중 알칼리금속의 과산화물 운반용기에 반드시 표시하여야 할 주의사항을 모두 옳게 나열한 것은?

① 화기 · 충격주의, 물기엄금, 가연물접촉주의

② 화기 · 충격주의, 화기엄금

③ 화기엄금, 물기엄금

④ 화기 · 충격엄금, 가연물접촉주의

해설

알칼리금속의 과산화물: 화기·충격주의, 물기엄금, 가연물접촉주의

49 다음 물질을 적셔서 얻은 헝겊을 대량으로 쌓아 두었을 경우 자연발화의 위험성이 가장 큰 것은?

① 아마인유   ② 땅콩기름
③ 야자유   ④ 올리브유

해설

아마인유는 건성유로 불포화도가 커 자연발화의 위험이 큼

50 다음 중 C_5H_5N에 대한 설명으로 틀린 것은?

① 순수한 것은 무색이고 악취가 나는 액체이다.
② 상온에서 인화의 위험이 있다.
③ 물에 녹는다.
④ 강한 산성을 나타낸다.

해설

피리딘(C_5H_5N) : 제4류 위험물 제1 석유류로 수용성, 독성이 있으며 수용액 상태에서 약알칼리성을 나타냄.

51 등유에 관한 설명 중 틀린 것은?

① 물보다 가볍다.
② 가솔린보다 인화점이 높다.
③ 물에 용해되지 않는다.
④ 증기는 공기보다 가볍다.

해설

등유의 증기는 공기보다 무거움

52 제2류 위험물과 제5류 위험물의 공통적인 성질은?

① 가연성 물질이다.
② 강한 산화제이다.
③ 액체 물질이다.
④ 산소를 함유한다.

해설

제2류 위험물은 가연성 고체, 제5류 위험물은 가연물과 산소를 포함한 자기반응성 물질

53 짚, 헝겊 등을 다음의 물질과 적셔서 대량으로 쌓아두었을 경우 자연발화의 위험성이 제일 높은 것은?

① 동유   ② 야자유
③ 올리브유   ④ 피마자유

해설

아이오딘값 130 이상인 건성유는 자연발화하기 쉬움
들기름 〉 아마인유 〉 동유 〉 해바라기

54 다음과 같이 위험물을 저장할 경우 각각의 지정 수량 배수의 총합은 얼마인가?

• 클로로벤젠 : 1000L
• 동식물유류 : 5000L
• 제4 석유류 : 12000L

① 2.5   ② 3.0
③ 3.5   ④ 4.0

해설

$$\frac{1000L}{1000L} + \frac{5000L}{10000L} + \frac{12000L}{6000L} = 3.5$$

55 과산화수소의 운반 용기의 외부에 표시해야 하는 주의사항은?

① 화기엄금　　② 물기엄금

③ 가연물접촉주의　　④ 충격주의

제6류 위험물은 산화성 액체로 주의사항은 가연물접촉주의

56 금속나트륨에 대한 설명으로 틀린 것은?

① 제3류 위험물이다.

② 융점은 약 297℃이다.

③ 은백색의 가벼운 금속이다.

④ 물과 반응하여 수소를 발생한다.

해설

금속나트륨(Na)의 융점은 97.9℃이다.

57 1기압 27℃에서 아세톤 58g을 완전히 기화시키면 부피는 약 몇 L가 되는가?

① 22.4　　② 24.6

③ 27.4　　④ 58.0

해설

아세톤(CH_3COCH_3, 분자량 58g/mol)

$pv = nRT$

$$v = \frac{nRT}{p} = \frac{(\frac{58g}{58g/mol}) \times (\frac{0.082\,atm \cdot L}{mol \cdot K}) \times (27 + 273.15)K}{1\,atm}$$

$v = 24.6L$

58 고체위험물은 운반 용기 내용적의 몇 % 이하의 수납률로 수납하여야 하는가?

① 94%　　② 95%

③ 98%　　④ 99%

해설

고체위험물 운반 용기 내용적의 95% 이하로 수납

59 옥내저장소에서 안전거리 기준이 적용되는 경우는?

① 지정 수량 20배 미만의 제4 석유류를 저장하는 것

② 제2류 위험물 중 덩어리 상태의 유황을 저장하는 것

③ 지정 수량 20배 미만의 동식물유류를 저장하는 것

④ 제6류 위험물을 저장하는 것

옥내저장소 안전거리 기준 중 제2류 위험물은 제외되지 않음

60 위험물과 보호액을 잘못 연결한 것은?

① 이황화탄소 – 물

② 인화칼슘 – 물

③ 황린 – 물

④ 금속나트륨 – 등유

인화칼슘은 물과 반응하여 포스핀가스 생성

$Ca_3P_2 + 6H_2O \rightarrow 2PH_3 + 3Ca(OH)_2$

- **물리적 변화** : 원자나 분자의 성질이 변하지 않고 상태가 변하는 것
- **화학적 변화** : 원자나 분자의 성질이 변하거나 화학반응으로 새로운 물질이 생기는 것

제1과목 **물질의 물리·화학적 성질**

01 프로판 1몰을 완전연소하는 데 필요한 산소의 이론양을 표준상태에서 계산하면 몇 L가 되는가?

① 22.4　　　　② 44.8

③ 89.6　　　　④ 112.0

해설

$C_3H_8 + 5O_2 \rightarrow 3CO_2 + 4H_2O$

$1 : 5 = 22.4 : x$

$x = 112.0$

02 한 분자 내에 배위결합과 이온결합을 동시에 가지고 있는 것은?

① NH_4Cl　　　② C_6H_6

③ CH_3OH　　　④ $NaCl$

해설

- **이온결합**(금속 + 비금속) : 정전기적인 인력에 의한 결합
- **배위결합** : 비공유 전자쌍을 일방적으로 내놓는 결합

　N-H : 3개는 공유결합, 1개는 배위결합

　NH_4^+와 Cl^-의 결합 : 이온결합

03 다음 중 물에 대한 소금의 용해가 물리적 변화라고 할 수 있는 근거로 가장 옳은 것은?

① 소금과 물이 결합한다.

② 용액이 증발하면 소금이 남는다.

③ 용액이 증발할 때 다른 물질이 생성된다.

④ 소금이 물에 녹으면 보이지 않게 된다.

04 어떤 기체의 무게는 30g인데 같은 조건에서 같은 부피의 이산화탄소의 무게가 11g이었다. 이 기체의 분자량은?

① 110　　　　② 120

③ 130　　　　④ 140

해설

$pv = \dfrac{wRT}{M}, \quad w = \dfrac{Mpv}{RT}$

어떤 기체 : $30g = \dfrac{M \times p \times v}{R \times T}$

이산화탄소 : $11g = \dfrac{44g \times p \times v}{R \times T}$

$30g : M = 11g : 44g, \quad M = 120g$

05 그레이엄의 법칙에 따른 기체의 확산 속도와 분자량의 관계를 옳게 설명한 것은?

① 기체 확산 속도는 분자량의 제곱에 비례한다.

② 기체 확산 속도는 분자량의 제곱에 반비례한다.

③ 기체 확산 속도는 분자량의 제곱근에 비례한다.

④ 기체 확산 속도는 분자량의 제곱근에 반비례한다.

해설

그레이엄의 법칙 : 기체 분자의 분출속도는 일정한 온도와 압력에서 분자량의 제곱근에 반비례함

---

06 다음 물질 중 물에 가장 잘 용해되는 것은?

① 다이에틸에터   ② 글리세린

③ 벤젠   ④ 톨루엔

 **해설**

글리세린은 제4류 위험물 제3 석유류로 분자구조 내에 친수성기인 히드록시기(–OH)를 갖고 있어 수용성이 큼

07 액체 0.2g을 기화시켰더니 그 증기의 부피가 97℃, 740mmHg에서 80mL였다. 이 액체의 분자량은?

① 40   ② 46

③ 78   ④ 121

 **해설**

$pv = nRT = \dfrac{wRT}{M}$, $M = \dfrac{wRT}{pv}$ 식에 대입,

$$M = \dfrac{0.2g \times \dfrac{0.082\,atm \cdot L}{mol \cdot K} \times (273+27)K}{(740mmHg \times \dfrac{1atm}{760mmHg}) \times 0.08L} = 78g$$

08 $CO + 2H_2 \rightarrow CH_3OH$의 반응에 있어서 평형 상수 K를 나타내는 식은?

① $K = \dfrac{[CH_3OH]}{[CO][H_2]}$ ② $K = \dfrac{[CH_3OH]}{[CO][H_2]^2}$

③ $K = \dfrac{[CO][H_2]}{[CH_3OH]}$ ④ $K = \dfrac{[CO][H_2]^2}{[CH_3OH]}$

 **해설**

평형상수(K)는 온도에 의존하며 반응물질이나 생성물질의 농도가 변해도 온도가 일정하면 평형상수는 일정함

$aA + bB \rightarrow cC + dD$

$K = \dfrac{[C]^c[D]^d}{[A]^a[B]^b}$

09 물 분자들 사이에 작용하는 수소결합에 의해 나타나는 현상과 가장 관계가 없는 것은?

① 물의 기화열이 크다.

② 물의 끓는점이 높다.

③ 무색투명한 액체이다.

④ 얼음이 물 위에 뜬다.

해설

물은 높은 녹는점과 끓는점을 갖고, 녹음열, 증발열, 비열이 비교적 높으며, 고체(얼음)의 밀도는 액체의 밀도보다 작음

10 수성가스(water gas)의 주성분을 옳게 나타낸 것은?

① CO_2, CH_4 ② CO, H_2

③ CO_2, H_2, O_2 ④ H_2, H_2O

해설

수성가스는 수소(H_2) + 일산화탄소(CO)

11 물 450g에 NaOH 80g이 녹아 있는 용액에서 NaOH의 몰 분율은? (단, Na의 원자량은 23이다.)

① 0.074   ② 0.178

③ 0.200   ④ 0.450

해설

$$몰\ 분율 = \dfrac{성분\ 몰\ 수}{전체\ 몰\ 수}$$

H_2O : $\dfrac{450g}{18g/mol} = 25\,mol$

$NaOH$: $\dfrac{80g}{40g/mol} = 2\,mol$

$$몰\ 분율 = \dfrac{2\,mol}{25\,mol + 2\,mol} = 0.074$$

12 집기병 속에 물에 적신 빨간 꽃잎을 넣고 어떤 기체를 채웠더니 얼마 후 꽃잎이 탈색되었다. 이와 같이 색을 탈색(표백)시키는 성질을 가진 기체는?

① He　　　　　② CO_2

③ N_2　　　　　④ Cl_2

하이포아염소산($HClO$)은 탈색, 표백작용을 함

$$Cl_2 + H_2O \rightarrow HClO + HCl$$

13 아세트알데하이드에 대한 시성식은?

① CH_3COOH

② CH_3COCH_3

③ CH_3CHO

④ CH_3COOCH_3

아세트알데하이드 : CH_3CHO

14 어떤 원자핵에서 양성자의 수가 3이고, 중성자의 수가 2일 때 질량수는 얼마인가?

① 1　　　　　② 3

③ 5　　　　　④ 7

양성자의 수＝전자 수＝원자번호이며,
질량수＝양성자의 수＋중성자의 수＝3＋2＝5

15 다음 중 가정용 표백제, 로켓연료의 하이드라진 제조용으로 사용되는 것은?

① AgBr　　　　　② CCl_4

③ NaClO　　　　　④ HCl

암모니아를 차아염소산나트륨(NaClO)으로 산화시켜 하이드라진(N_2H_4)을 제조할 수 있음

$$2NH_3 + NaClO \rightarrow N_2H_4 + NaCl + H_2O$$

16 NaOH 용액 100mL 속에 NaOH 10g이 녹아 있다면 이 용액은 몇 N 농도인가?

① 1.0　　　　　② 1.5

③ 2.0　　　　　④ 2.5

노르말 농도(N)＝$\dfrac{\text{용질의 g 당량수}}{\text{용액 1L}}$＝$\dfrac{\left(\dfrac{\text{용질의 질량}}{\text{당량}}\right)}{\left(\dfrac{\text{용액의 부피(mL)}}{1000mL}\right)}$

$$=\dfrac{\left(\dfrac{10}{40}\right)}{\left(\dfrac{100}{1000}\right)}=2.5$$

17 페놀의 수산기(−OH)의 특성에 대한 설명으로 옳은 것은?

① 수용액이 강알칼리성이다.

② 2가 이상이 되면 물에 대한 용해도가 작아진다.

③ 카르복실산과 반응하지 않는다.

④ $FeCl_3$ 용액과 정색반응을 한다.

페놀의 수산기(−OH)는 염화철($FeCl_3$) 용액과 정색반응을 하고, ① 수용액은 약산성이고, ② 용해도는 영향 없으며, ③ 카르복실산과 반응해 에스터를 만듦

18 Mg^{2+}와 같은 전자 배치를 갖는 것은?

① Ca^{2+}　　　　　② Ar

③ Cl^-　　　　　④ F^-

Mg^{2+}는 최외각 전자가 10개로, F는 전자 하나를 얻어 F^-가 되면 10개가 됨

19 배수비례의 법칙이 적용 가능한 화합물을 옳게 나열한 것은?

① CO, CO_2
② HNO_3, HNO_2
③ H_2SO_4, H_2SO_3
④ O_2, O_3

서로 다른 두 원소가 화합하여 2가지 이상의 화합물을 만들 때 한 원소의 일정량과 결합하는 다른 원소의 질량은 간단한 정수비를 이루며, 예로는 CO와 CO_2, SO_2와 SO_3 등이 있음

20 다음 중 동소체 관계가 아닌 것은?

① 적린과 황린
② 산소와 오존
③ 물과 과산화수소
④ 다이아몬드와 흑연

같은 원소나 원자배열이 다른 원소를 동소체라 하며, 연소생성물이 같음

제2과목 화재 예방과 소화방법

21 알코올 화재 시 일반적인 포 소화약제는 효과가 없다. 그 이유는?

① 유독가스가 발생하므로
② 화염의 온도가 높으므로
③ 알코올은 포와 반응하여 가연성 가스를 발생하므로
④ 알코올은 소포성을 가지므로

알코올 화재 시 소포성 때문에 특수포인 알코올 포를 사용하여 소화함

22 위험물안전관리법상 연소의 우려가 있는 위험물 제조소의 외벽은 어떤 구조(재료)로 설치해야 하는가?

① 불연재료
② 준불연재료
③ 방화구조
④ 내화구조

연소의 우려가 있는 제조소 외벽은 개구부 없는 내화구조로 함

23 옥외소화전 개폐 밸브 및 호스 접속구는 지면으로부터 몇 m 이하의 높이에 설치하는가?

① 1.5m
② 2.5m
③ 3.5m
④ 4.5m

옥외소화전 개폐 밸브 및 호스 접속구는 지면으로부터 1.5m 이하에 설치함

24 포 소화약제 사용 시 일어나는 반응식으로 옳은 것은?

① $Na_2CO_3 + H_2SO_4 \rightarrow Na_2CO_3 + H_2O + CO_2$

② $6NaHCO_3 + Al_2(SO_4)_3 \cdot 18H_2O \rightarrow 3Na_2SO_4 + 2Al(OH)_2 + 6CO_2 + 18H_2O$

③ $2NaHCO_3 + H_2SO_4 \rightarrow Na_2SO_4 + 2H_2O + 2CO_2$

④ $3Na_2CO_3 + Al_2(SO_4)_3 \rightarrow 3NaSO_4 + Al_2(CO_3)_3$

화학포 소화약제 반응식은 ②번

25 제3류 위험물 중 금수성 물질 화재에 적응할 수 있는 소화설비는?

① 포 소화설비

② 이산화탄소 소화설비

③ 탄산수소염류 등 분말 소화설비

④ 할로젠화합물 소화설비

 해설

제3류 금수성 물질은 탄산수소염류 분말 소화설비에 적응성 있음

26 옥내소화전 설비의 기준에서 가압송수장치의 시동을 알리는 표시등은 무슨 색으로 하여야 하는가?

① 청색　　　　② 적색

③ 백색　　　　④ 녹색

 해설

표시등은 적색등으로 함

27 다음 중 강화액에 주로 용해시킨 물질은 무엇인가?

① 탄산칼륨　　② 탄산수소나트륨

③ 인산염　　　④ 황산알루미늄

해설

강화액 소화기는 물에 탄산칼륨(K_2CO_3)을 첨가하여 소화효과를 높인 것임

28 화학포 소화약제 반응식에서 황산알루미늄과 탄산수소나트륨의 이론상 몰비는 얼마인가? (몰비는 황산알루미늄 : 탄산수소나트륨이다.)

① 1 : 2　　　　② 1 : 6

③ 2 : 1　　　　④ 6 : 1

해설

$$6NaHCO_3 + Al_2(SO_4)_3 \cdot 18H_2O \rightarrow 6CO_2 + 2Al(OH)_3 + 3Na_2SO_4 + 18H_2O$$

29 제6류 위험물의 화학적 성질과 위험성에 대한 설명 중 틀린 것은?

① 모두 가연성 물질이기 때문에 화기의 접근에 주의를 해야 한다.

② 모두 분자 내부에 산소를 갖고 있다.

③ 모두 지정 수량이 300kg이다.

④ 모두 액체 상태의 물질이다.

 **해설**

제6류 위험물은 가연성물질이 아님

30 제6류 위험물에 대한 일반적인 설명으로 틀린 것은?

① 비중이 1보다 크며, 산성을 나타낸다.

② 물에 용해된다.

③ 가연성 물질로 산소를 다량 함유한다.

④ 건조사나 포 소화기가 적응성이 있다.

 **해설**

제6류 위험물은 산화성 액체임

31 기체의 연소 형태에 관한 설명 중 틀린 것은?

① 목탄의 주된 연소는 표면연소이다.

② 목탄의 주된 연소는 분해연소이다.

③ 나프탈렌의 주된 연소는 증발연소이다.

④ 양초의 주된 연소 형태는 자기연소이다.

 **해설**

양초는 증발연소임

32 다음 중 제5류 위험물에 적용성이 있는 소화설비는?

① 분말을 방사하는 대형소화기
② CO₂를 방사하는 소형소화기
③ 할로젠화합물을 방사하는 대형소화기
④ 스프링클러 설비

 해설

제5류 위험물은 자기반응성 물질로 화재 초기에 대량의 물에 의한 냉각소화가 유효함

33 소화기 외부에 표시해야 하는 사항이 아닌 것은?

① 유효기간과 폐기날짜
② 적응화재표시
③ 소화능력단위
④ 취급상의 주의사항

 해설

소화기 외부 표시사항
소화기 명칭, 적응화재 표시, 용기합격 및 중량표시, 사용방법, 취급상 주의사항, 능력단위, 제조연월일

34 특정 옥외 탱크저장소라 함은 저장 또는 취급하는 액체 위험물의 최대수량이 몇 L 이상인 것을 말하는가?

① 50만   ② 100만
③ 150만   ④ 200만

해설

• **특정 옥외 탱크저장소**: 용량 100만 L 이상
• **준특정 옥외 탱크저장소**: 용량 50~100만 L 미만

35 화재 예방을 위하여 이황화탄소는 액면 자체 위에 물을 채워주는데 그 이유로 가장 타당한 것은?

① 공기와 접촉하면 불쾌한 냄새가 나기 때문에
② 발화점을 낮추기 위하여
③ 불순물을 물에 용해시키기 위하여
④ 가연성 증기의 발생을 방지하기 위하여

 해설

이황화탄소(CS_2)는 가연성 증기의 발생을 억제하기 위해 수조 속에 보관함

36 이동식 포 소화설비를 옥외에 설치하였을 때 방사량은 몇 L/min 이상으로 30분간 방사할 수 있는 양이어야 하는가?

① 100   ② 200
③ 300   ④ 400

 해설

방사량은 분당 400L 이상일 것

37 Halon 1011 속에 함유되지 않은 원소는?

① H   ② Cl
③ Br   ④ F

 해설

Halon 1011(일염화일취화메탄): CH_2ClBr

38 소화설비의 구분에서 물 분무 등 소화설비에 속하는 것은?

① 포 소화설비   ② 옥내소화전설비
③ 스프링클러 설비   ④ 옥외소화전설비

물 분무 등 소화설비: 물 분무 소화설비, 포 소화설비, 할로젠화합물 소화설비, CO_2 소화설비, 분말 소화설비 및 청정 소화약제 설비

39 다음 중 위험물에 화재가 발생하였을 때 주수 소화를 하면 수소가스가 발생하는 것은?

① 황화인 　　② 적린
③ 마그네슘 　　④ 황

마그네슘(Mg)은 제2류 위험물로 물과 반응 시 수소가스 발생함
$$Mg + 2H_2O \rightarrow Mg(OH)_2 + H_2 \uparrow$$

40 전기 불꽃 에너지 공식에서 (　)에 알맞은 것은? (단, Q는 전기량, V는 방전전압, C는 전기용량을 나타낸다.)

$$E = \frac{1}{2}(\quad) = \frac{1}{2}(\quad)$$

① QV, CV 　　② QC, CV
③ QV, CV^2 　　④ QC, QV^2

전기 불꽃 에너지 방정식
$$E = \frac{1}{2}CV^2 = \frac{1}{2}QV$$

제3과목　위험물 성상 및 취급

41 다음 위험물 중 톨루엔에 질산, 황산을 반응시켜 생성되는 물질로서 나이트로글리세린과 달리 장기간 저장해도 자연분해할 위험이 없이 안전한 것은 무엇인가?

① $C_6H_2(NO_2)_3OH$
② $C_3H_5(ONO_3)_3$
③ $C_6H_2CH_3(NO_2)_3$
④ $C_6H_3(NO_2)_3$

트리나이트로톨루엔(TNT)은 $C_6H_2CH_3(NO_2)_3$로 톨루엔에 질산과 진한황산의 혼산으로 축합반응하면 얻을 수 있음

42 아세톤의 일반성질에 관한 설명이다. 틀린 것은?

① 물에 잘 녹는다.
② 일광에 쪼이면 환원 중합한다.
③ 아이오딘포름 반응을 일으킨다.
④ 아세틸렌을 녹이므로 아세틸렌 저장에 이용된다.

아세톤은 일광에 의해 분해하며 과산화물을 생성해 황색으로 변하므로 갈색 용기에 보관해야 함

43 과산화나트륨의 저장 취급방법이 틀린 것은?

① 가연물, 물, 습기의 접촉을 피한다.
② 용기는 수분이 들어가지 않게 밀전 및 밀봉 저장한다.
③ 가열, 충격, 마찰을 피하고 유기물질의 혼입을 막는다.
④ 흡습성이 크므로 직사광선을 받는 곳이나 건조한 곳에 저장한다.

과산화나트륨(Na_2O_2)은 제1류 위험물 무기과산화물류로, 용기는 차고 건조한 곳에 보관함

44 제1류 위험물의 취급방법으로서 잘못된 것은?

① 환기가 잘되는 찬 곳에 저장한다.

② 가열, 충격, 마찰 등의 요인을 피한다.

③ 가연물과 접촉은 피해야하나 습기는 관계없다.

④ 화재 위험이 있는 장소에서 떨어진 곳에 저장한다.

 해설

제1류 위험물 산화성 고체는 조연성 물질이 많아 습기와 수분에 주의하여 용기는 밀폐보관함

45 과망가니즈산칼륨의 성질로서 잘못된 것은?

① 흑자색의 주상결정이다.

② 알코올류와 접촉시켜 두면 위험하다.

③ 황산을 가하면 격렬히 튀는 듯이 폭발한다.

④ 물에 잘 녹고, 수용액은 강한 환원제이다.

 해설

과망가니즈산칼륨($KMnO_4$)은 제1류 위험물 과망가니즈산염류로 물에 녹아 진한 보라색을 띠고, 강한 산화력과 살균력이 있음

46 어떤 공장에서 아세톤과 메틸알코올을 18L 용기에 각각 10개, 등유를 200L 드럼으로 3드럼을 저장하고 있다면 지정 수량의 몇 배인가?

① 1.3배 ② 1.5배

③ 2.3배 ④ 2.5배

 해설

$$\frac{180L}{400L} + \frac{180L}{400L} + \frac{600L}{1000L} = 1.5$$

47 벤젠의 성질에 대한 설명 중 틀린 것은?

① 증기는 유독하다.

② 정전기 발생 위험이 있다.

③ CS_2보다 인화점이 낮다.

④ 독특한 냄새가 있는 액체이다.

 해설

벤젠의 인화점 −11℃, CS_2의 인화점 −30℃

48 제2류 위험물은 어떤 성질의 물질인가?

① 산화성 고체 ② 가연성 고체

③ 자연발화성 물질 ④ 자기반응성 물질

 해설

제2류 위험물은 가연성 고체임

49 염소산칼륨의 위험성에 관한 설명 중 틀린 것은?

① 이산화망가니즈 존재 시 분해가 촉진되어 산소를 방출한다.

② 강력한 산화제이다.

③ 황, 목탄 등과 혼합된 것은 위험하다.

④ 물과 반응하면 위험하므로 주수소화는 피해야 한다.

해설

염소산칼륨($KClO_3$)은 주수에 의한 소화가 적당함

50 유별을 달리하는 위험물의 혼재 기준에서 다음 중 혼재가 가능한 위험물은? (단, 지정 수량 10배의 위험물을 가정한다.)

① 제1류와 제4류 ② 제2류와 제3류

③ 제3류와 제4류 ④ 제1류와 제5류

해설

제3류 위험물과 제4류 위험물은 서로 혼재 가능함

51 은백색의 금속으로 노란 불꽃을 내면서 연소하고, 수분과 접촉하면 수소를 발생하는 물질은?

① 탄화알루미늄   ② 인화석회

③ 나트륨   ④ 칼륨

나트륨의 물과의 반응식

$2Na + 2H_2O \rightarrow 2NaOH + H_2$

52 다음 중 위험등급 Ⅰ의 위험물이 아닌 것은?

① 염소산염류   ② 황화인

③ 알킬리튬   ④ 과산화수소

황화인은 위험등급 Ⅱ임

53 다음 중 제5류 위험물에 해당하지 않는 것은?

① 나이트로글리콜

② 나이트로글리세린

③ 트리나이트로톨루엔

④ 나이트로톨루엔

나이트로톨루엔($C_6H_4CH_3NO_2$)은 제4류 위험물 제3 석유류에 해당

54 질산에틸의 성상에 관한 설명 중 틀린 것은?

① 향기를 갖는 무색의 액체이다.

② 휘발성 물질로 증기 비중은 공기보다 작다.

③ 물에는 녹지 않으나 에터에 녹는다.

④ 비점 이상으로 가열하면 폭발의 위험이 있다.

질산에틸($C_2H_5ONO_2$)은 제5류 위험물 공기보다 무거움

55 다음 위험물의 유별 구분이 나머지 셋과 다른 하나는?

① 다이크로뮴산나트륨

② 과염소산마그네슘

③ 과염소산칼륨

④ 과염소산

①, ②, ③은 제1류 위험물이며, ④는 제6류 위험물

56 다음 위험물 중 혼재가 가능한 위험물은?

① 과염소산칼륨 – 황린

② 질산메틸 – 경유

③ 마그네슘 – 알킬알루미늄

④ 탄화칼슘 – 나이트로글리세린

제4류 위험물과 제5류 위험물은 서로 혼재가능, 질산메틸(제5류 위험물) – 경유(제4류 위험물)

57 제3류 위험물 중 금수성 물질 위험물 제조소에는 어떤 주의사항을 표시한 게시판을 설치하여야 하는가?

① 물기엄금   ② 물기주의

③ 화기엄금   ④ 화기주의

금수성 물질 위험물 취급 시 주의사항은 물기엄금

58 다음 중 아이오딘가가 가장 높은 동식물유류는?

① 아마인유

② 야자유

③ 피마자유

④ 올리브유

아마인유는 건성유로 아이오딘가가 가장 높다.

59 초산에틸의 성질에 대한 설명으로 틀린 것은?

① 물보다 가볍다.

② 끓는점이 약 77℃이다.

③ 비수용성 제1 석유류로 구분된다.

④ 무색, 무취의 투명 액체이다.

초산에틸은 딸기향이 나는 무색 투명한 가연성 액체임

60 위험물 주유취급소의 주유 및 급유 공지 바닥에 대한 기준으로 옳지 않은 것은?

① 주위 지면보다 낮게 할 것

② 표면을 적당하게 경사지게 할 것

③ 배수구, 집유설비를 할 것

④ 유분리장치를 할 것

주유취급소 공지 바닥은 주위 지면보다 높게 할 것

제1과목 **물질의 물리·화학적 성질**

01 이상기체상수 R값이 0.082라면 그 단위로 옳은 것은?

① $\dfrac{atm \cdot mol}{L \cdot K}$

② $\dfrac{mmHg \cdot mol}{L \cdot K}$

③ $\dfrac{atm \cdot L}{mol \cdot K}$

④ $\dfrac{mmHg \cdot L}{mol \cdot K}$

해설

이상기체상태방정식 $PV = nRT$ 로부터

$R = \dfrac{PV}{nT} = \dfrac{1atm \times 22.4L}{1mol \times 273.15K} = 0.082 \dfrac{atm \cdot L}{mol \cdot K}$

02 25℃의 포화용액 90g 속에 어떤 물질이 30g 녹아있다. 이 온도에서 이 물질의 용해도는 얼마인가?

① 30　　　　② 33

③ 50　　　　④ 63

해설

용해도 $= \dfrac{용질의\ 질량(g)}{용매의\ 질량(g)} \times 100 = \dfrac{30g}{(90-30)g} \times 100 = 50$

03 어떤 물질이 산소 50wt%, 황 50wt%로 구성되어 있다. 이 물질의 실험식은?

① SO　　　　② SO_2

③ SO_3　　　　④ SO_4

해설

몰 수 $= \dfrac{질량(g)}{분자량(g/mol)}$

산소의 몰 수 $= \dfrac{50g}{16g/mol} = 3.125\,mol\,O$

황의 몰 수 $= \dfrac{50g}{32g/mol} = 1.563\,mol\,S$

$S : O = 1.563 : 3.125 \fallingdotseq 1 : 2$ 이므로, SO_2

04 대기오염과 산성비의 원인이 되며 광화학 스모그 현상을 일으키는 중요한 원인이 되는 물질은 무엇인가?

① 프레온 가스　　　② 질소산화물

③ 할로젠화수소　　　④ 중금속물질

해설

자동차 및 공장 배출가스에 포함된 질소산화물과 탄화수소는 자외선과 반응하여 광화학 스모그를 형성하는 주요 원인 물질임.

05 물 2.5L 중 어떤 불순물이 10mg 함유되어 있다면 약 몇 ppm으로 나타낼 수 있는가?

① 0.4　　　　② 1

③ 4　　　　④ 40

해설

1ppm = 1mg/L

$\dfrac{10mg}{2.5L} = \dfrac{4mg}{L} = 4ppm$

06 다음 중 원자가 전자의 배열이 ns^2np^3인 것으로만 나열된 것은? (단, n은 2, 3, 4 … 이다.)

① N, P, As　　　② C, Si, Ge

③ Li, Na, K　　　④ Be, Mg, Ca

[정답] 01 ③ 02 ③ 03 ② 04 ② 05 ③ 06 ①

10 물 200g에 A 물질 2.9g을 녹인 용액의 어는점은? (단, 물의 어는점 내림 상수는 1.86℃ · kg/mol 이고, A 물질의 분자량은 58이다.)

① −0.017℃ ② −0.465℃

③ −0.932℃ ④ −1.871℃

 해설

ΔT_f(어는점 강하도)$= k_f \times m$(어는점 내림 상수×몰랄농도)

$$m = \frac{8질의\ 몰\ 수}{8매\ 1\,kg} = \frac{\left(\dfrac{2.9g}{58g/mol}\right)}{\left(\dfrac{200g}{1000g}\right)} = 0.25mol$$

용매 1kg 속에 0.25mol이 녹아 있는 것과 같으므로,

$$\Delta T_f = \frac{1.86\,℃ \times kg}{mol} \times \frac{0.25mol}{kg} = -0.465℃$$

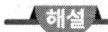 해설

• 질소(N) : $2s^2 2p^3$
• 인(P) : $3s^2 3p^3$
• 비소(As) : $4s^2 4p^3$

07 0.001N−HCl의 pH는 얼마인가?

① 2 ② 3

③ 4 ④ 5

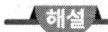 해설

$pH = -\log[H^+] = -\log[0.001] = -\log[10^{-3}] = 3$

08 벤젠에 대한 설명으로 옳지 않은 것을 고르면?

① 이중결합을 가지고 있어 치환반응보다 첨가반응이 지배적이다.
② 정육각형의 평면구조로 120°의 결합각을 갖는다.
③ 공명혼성구조로 안정한 방향족 화합물이다.
④ 결합길이는 단일결합과 이중결합 중간이다.

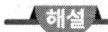 해설

벤젠은 공명구조로 매우 안정하여 첨가반응보다 치환반응이 일어남.

09 다음 중 $KMnO_4$의 Mn의 산화수는?

① +1 ② +3

③ +5 ④ +7

 해설

Mn의 산화수를 x라 했을 때,
$1 + x + [4 \times (-2)] = 0, \ x = +7$

11 반감기가 5일인 미지의 시료가 2g 있을 때 10일이 경과 하면 남은 양은 몇 g인가?

① 2 ② 1

③ 0.5 ④ 0.25

 해설

반감기(T) : $m = M\left(\dfrac{1}{2}\right)^{\frac{t}{T}} = 2\left(\dfrac{1}{2}\right)^{\frac{10}{5}} = 0.5$

12 네슬러 시약에 의하여 적갈색으로 검출되는 물질을 고르면?

① 질산이온
② 암모늄이온
③ 일산화탄소
④ 아황산이온

 해설

암모니아 및 암모늄이온이 함유된 용액에 네슬러 시약을 가하면 담황색 또는 적갈색으로 변함

13 화약제조에 사용되는 질산칼륨에서 N의 산화수는 얼마인가?

① +1   ② +3

③ +5   ④ +7

N의 산화수를 x라 하면,

$(+1) + x + 3 \times (-2) = 0$, $x = +5$

14 물 36g을 모두 증발시키면 수증기가 차지하는 부피는 몇 L인가? (단, 표준상태를 가정한다.)

① 11.2L   ② 22.4L

③ 33.6L   ④ 44.8L

$PV = nRT$ 로부터

$$V = \frac{nRT}{p} = \frac{2\,mol \times \dfrac{0.082\,atm \cdot L}{mol \cdot K} \times 273K}{1atm} = 44.77L$$

15 다음 중 침전을 형성하는 조건은?

① 이온곱 〉 용해도곱

② 이온곱 = 용해도곱

③ 이온곱 〈 용해도곱

④ 이온곱 + 용해도곱 = 1

• **이온곱 〉 용해도곱** : 침전 발생
• **이온곱 = 용해도곱** : 평형상태(포화용액)
• **이온곱 〈 용해도곱** : 난용성염 용해

16 물 분자들 사이에 작용하는 수소결합에 의하여 나타나는 현상과 가장 관계가 없는 것은?

① 물의 기화열이 크다.

② 물의 끓는점이 높다.

③ 무색투명한 액체이다.

④ 얼음이 물 위에 뜬다.

물의 물리적 성질
녹는점과 끓는점이 높고, 물의 증발열, 비열이 비교적 높음.
또한, 얼음(고체)의 밀도는 액체의 밀도보다 작음

17 공업적으로 에틸렌을 $PdCl_2$ 촉매 하에 산화시킬 때 주로 생성되는 물질은?

① CH_3OCH_3

② CH_3CHO

③ $HCOOH$

④ C_3H_7OH

Hochst-Wacker(회흐스트-바커)법
물을 용매로 하여 에틸렌을 염화팔라듐 촉매로 직접 산화시키면
아세트알데하이드를 얻음

18 산화-환원에 대한 설명 중 틀린 것은?

① 한 원소의 산화수가 증가하였을 때 산화되었다고 한다.

② 전자를 잃은 반응을 산화라고 한다.

③ 산화제는 다른 화학종을 환원시키며, 그 자신의 산화수는 증가하는 물질을 말한다.

④ 중성인 화합물에서 모든 원자와 이온들의 산화수의 합은 0이다.

산화제는 다른 화학종을 산화시키고, 자신의 산화수는 감소하는
물질임

19 질산칼륨 수용액 속에 소량의 염화나트륨이 불순물로 포함되어 있다. 용해도 차이를 이용하여 이 불순물을 제거하는 방법으로 가장 적당한 것은?

① 증류   ② 막분리
③ 재결정   ④ 전기분해

용해도 차이에 의해 결정이 석출되어 분리하는 방법은 분별결정(재결정)법임

20 가로 2cm, 세로 5cm, 높이 3cm인 직육면체 물체의 무게는 100g이었다. 이 물체의 밀도는 몇 g/cm³인가?

① 3.3   ② 4.3
③ 5.3   ④ 6.3

$$밀도 = \frac{질량}{부피} = \frac{100g}{(2 \times 5 \times 3)cm^3} = 3.3g/cm^3$$

제2과목   화재 예방과 소화방법

21 제3종 분말소화약제가 열분해했을 때 생기는 부착성이 좋은 물질은 무엇인가?

① NH_3 ② HPO_3
③ CO_2 ④ P_2O_5

제3종 분말소화약제 열분해식

$$NH_4H_2PO_4 \longrightarrow HPO_3 + NH_3 + H_2O$$
$$\text{(방진작용)}$$

22 위험물안전관리법령상 마른모래(삽 1개 포함) 50L의 능력단위는?

① 0.3   ② 0.5
③ 1.0   ④ 1.5

삽 1개를 포함하는 마른모래 50L : 능력단위 0.5단위

23 옥내소화전설비의 비상전원은 자가발전설비 또는 축전지 설비로 옥내소화전 설비를 유효하게 몇 분 이상 작동할 수 있어야하는가?

① 10분   ② 20분
③ 45분   ④ 60분

비상전원용량 45분 이상

24 이산화탄소 소화기에 관한 설명으로 옳지 않은 것은?

① 소화작용은 질식효과와 냉각효과에 의한다.
② A급, B급 및 C급 화재 중 A급 화재에 가장 적응성이 있다.
③ 소화약제 자체의 유독성은 적으나, 공기 중 산소 농도를 저하시켜 질식의 위험이 있다.
④ 소화약제의 동결, 부패, 변질 우려가 적다.

이산화탄소 소화기는 B급(유류화재), C급(전기화재) 화재에 적합함

25 과산화칼륨에 의한 화재 시 주수소화가 적합하지 않은 이유로 가장 타당한 것은?

① 산소가스가 발생하기 때문에
② 수소가스가 발생하기 때문에
③ 가연물이 발생하기 때문에
④ 금속칼륨이 발생하기 때문에

제1류 위험물 무기과산화물에 해당하는 과산화칼륨은 물과 반응하여 산소 가스를 발생시켜 화재를 확대시킴

26 위험물을 적재, 운반할 때 방수성 덮개를 하지 않아도 되는 것은?

① 알칼리금속의 과산화물
② 마그네슘
③ 나이트로화합물
④ 탄화칼슘

차광덮개
제1류 위험물, 자연발화성 물품, 제4류 위험물 중 특수인화물, 제5류 위험물, 제6류 위험물

27 위험물제조소는 문화재보호법에 의한 유형문화재로부터 몇 m 이상의 안전거리를 두어야 하는가?

① 20m   ② 30m
③ 40m   ④ 50m

문화재보호법 규정에 의한 유형문화재와 기념물 중 지정문화재
: 50m 이상

28 다음 중 나이트로셀룰로오스 위험물의 화재 시에 가장 적절한 소화약제는?

① 사염화탄소   ② 이산화탄소
③ 물   ④ 인산염류

제5류 위험물로 다량의 냉각수에 의한 소화가 효과적임

29 위험물안전관리법령상 지정 수량의 10배 이상의 위험물을 저장, 취급하는 제조소 등에 설치해야할 경보설비 종류에 해당하지 않는 것은?

① 확성장치
② 비상방송설비
③ 자동화재탐지설비
④ 무선통신설비

무선통신설비는 해당 없음

30 옥내탱크전용실에 설치하는 탱크 상호 간에는 얼마의 간격을 두어야 하는가?

① 0.1m 이상   ② 0.3m 이상
③ 0.5m 이상   ④ 0.6m 이상

탱크 상호 간 거리 : 0.5m 이상

31 전역방출방식의 할로젠화합물 소화설비의 분사헤드에서 Halon 1211을 방사하는 경우의 방사압력은 얼마 이상으로 하여야 하는가?

① 0.1MPa   ② 0.2MPa
③ 0.5MPa   ④ 0.9MPa

- Halon 1301 : 0.9MPa 이상
- Halon 1211 : 0.2MPa 이상
- Halon 2402 : 0.1MPa 이상

32 다음 중 물분무소화설비가 적응성이 없는 대상물은?

① 전기설비
② 제4류 위험물
③ 인화성 고체
④ 알칼리금속의 과산화물

알칼리금속의 과산화물은 물과 접촉 시 폭발함

33 이산화탄소 소화설비 기준에서 저압식 저장용기에 반드시 설치하도록 규정한 부품이 아닌 것은?

① 액면계
② 압력계
③ 용기밸브
④ 파괴판

저압식 저장용기 설치 부품 : 액면계, 압력계, 압력경보장치, 안전밸브(파괴판)

34 소화난이도등급 Ⅰ에 해당하는 옥외탱크저장소 중 황만을 저장 취급하는 것에 설치하여야 하는 소화설비는? (단, 지중탱크와 해상탱크는 제외한다.)

① 스프링클러소화설비
② 이산화탄소소화설비
③ 분말소화설비
④ 물분무소화설비

소화난이도 등급 Ⅰ에 해당하는 황 만의 옥외탱크저장소
: 물분무소화설비

35 단층의 위험물제조소에 옥내소화전을 3개 설치하였을 때 수원의 수량은 몇 m^3 이상이어야 하는가?

① 7.8
② 9.9
③ 10.4
④ 23.4

옥내소화전 수원의 수량(Q)
= 설치개수(n, 최대 5개)×7.8m^3
= 3×7.8m^3 = 23.4m^3

36 인화알루미늄의 화재 시 주수소화를 하면 발생하는 가연성 기체는?

① 아세틸렌
② 메테인
③ 포스겐
④ 포스핀

제3류 위험물 금수성 물품으로 물과 접촉 시 포스핀(PH_3) 발생

37 옥내소화전은 위험물 제조소 등의 건축물의 층마다 당해 층의 각 부분에서 하나의 호스 접속구까지의 수평거리가 몇 m 이하가 되도록 설치해야 하는가?

① 10
② 15
③ 20
④ 25

옥내소화전 호스 접속구까지의 수평거리 : 25m 이내

38 복합용도 건축물의 옥내저장소의 기준에서 옥내저장소의 용도에 사용되는 부분의 바닥면적은 몇 m² 이하로 하여야 하는가?

① 30 　　　　② 50

③ 75 　　　　④ 100

해설

복합용도 건축물의 옥내저장소 바닥면적 75m² 이하

39 연소이론에 대한 설명으로 가장 거리가 먼 것은?

① 착화온도가 낮을수록 위험성이 크다.

② 인화점이 낮을수록 위험성이 크다.

③ 인화점이 낮은 물질은 착화점도 낮다.

④ 폭발한계가 넓을수록 위험성이 크다.

해설

인화점과 착화점은 관계없음

40 위험물안전관리에 관한 세부기준에서 개방형 스프링클러 헤드를 이용하는 스프링클러설비에서 설치하는 수동식 개방밸브를 개방 조작하는 데 필요한 힘은 몇 kg 이하가 되도록 설치하여야 하는가?

① 5 　　　　② 10

③ 15 　　　　④ 20

해설

개방형 스프링클러설비에 설치하는 수동식 개방밸브를 조작하는 데 필요한 힘은 15kg 이하

제3과목　위험물 성상 및 취급

41 옥내저장소의 안전거리 기준을 적용하지 않을 수 있는 조건으로 틀린 것은?

① 지정 수량의 20배 미만의 제4석유류를 저장하는 경우

② 제6류 위험물을 저장하는 경우

③ 지정 수량의 20배 미만의 동식물유류를 저장하는 경우

④ 지정 수량의 20배 이하를 저장하는 것으로서 창에 망입유리를 설치한 것

해설

지정 수량의 20배 이하를 저장하는 것으로서 무창층인 경우 안전거리에서 제외됨

42 위험물 제조소 등의 안전거리의 단축기준과 관련해서 H ≤ pD² + a인 경우 방화상 유효한 담의 높이는 2m 이상으로 한다. 다음 중 a에 해당하는 것은?

① 인근 건축물의 높이(m)

② 제조소 등의 외벽의 높이(m)

③ 제조소 등과 공작물과의 거리(m)

④ 제조소 등과 방화상 유효한 담과의 거리(m)

해설

H ≤ pD² + a

여기서, p : 상수
　　　　D : 제조소 등과 인접 건축물과의 거리
　　　　a : 제조소 등의 외벽의 높이
　　　　H : 인접 건축물의 높이

43 휘발유를 저장하던 이동저장탱크에 탱크의 상부로부터 등유나 경유를 주입할 때 액표면이 주입관의 선단을 넘는 높이가 될 때까지 그 주입관 내의 유속을 몇 m/s 이하로 하여야 하는가?

① 1　　　　　　② 2
③ 3　　　　　　④ 4

주입관 내의 유속 1m/s 이하

44 다음 위험물 중 물과 반응하여 연소범위가 약 2.5~81%인 위험한 가스를 발생시키는 것은?

① Na　　　　　② P
③ CaC_2　　　　④ Na_2O_2

탄화칼슘의 물과의 반응식
$CaC_2 + 2H_2O \rightarrow Ca(OH)_2 + C_2H_2$
아세틸렌(C_2H_2, 2.5~81%) 가스 발생함

45 황린에 공기를 차단하고 약 몇 ℃로 가열하면 적린이 되는가?

① 250　　　　　② 120
③ 44　　　　　　④ 34

황린을 공기를 차단하고 250℃로 가열하면 적린이 생성됨

46 제조소에서 취급하는 위험물의 최대수량이 지정수량의 20배인 경우 보유공지의 너비는 얼마인가?

① 3m 이상　　　② 5m 이상
③ 10m 이상　　　④ 20m 이상

제조소에서 취급하는 위험물의 최대수량이 지정 수량의 10배 초과 시 공지의 너비는 5m 이상

47 위험물 주유취급소의 주유 및 급유공지의 바닥에 대한 기준으로 옳지 않은 것은?

① 주위 지면보다 낮게 할 것
② 표면을 적당하게 경사지게 할 것
③ 배수구, 집유설비를 할 것
④ 유분리장치를 할 것

주유취급소 바닥 기준 : 주위 지면보다 높게 할 것

48 보냉장치가 없는 이동저장 탱크에 저장하는 아세트알데하이드의 온도는 몇 ℃ 이하로 유지하여야 하는가?

① 30　　　　　　② 40
③ 50　　　　　　④ 60

보냉장치 없을 시 40℃ 이하로 유지, 보냉장치 있을 시에는 비점 이하로 유지함

49 위험물안전관리법에서 구분한 취급소에 해당하지 않는 것은?

① 주유취급소
② 옥내취급소
③ 이송취급소
④ 판매취급소

위험물 취급소 : 주유취급소, 판매취급소, 이송취급소, 일반취급소

50 화재 발생 시 물을 사용하면 위험성이 더 커지는 것은?

① 염소산칼륨　　② 질산나트륨

③ 과산화나트륨　④ 브로민산칼륨

과산화나트륨의 물과의 반응식

$2Na_2O_2 + 2H_2O \rightarrow 4NaOH + O_2$

51 산화프로필렌 300L, 메틸알코올 400L, 벤젠 200L를 저장하고 있는 경우 각각 지정 수량 배수의 총 합은 얼마인가?

① 4　　　　　　② 6

③ 8　　　　　　④ 10

지정 수량의 배수 $= \dfrac{\text{저장(취급) 수량}}{\text{지정 수량}}$

$\dfrac{300L}{50L} + \dfrac{400L}{400L} + \dfrac{200L}{200L} = 8$

52 위험물제조소의 배출설비 기준 중 국소방식의 경우 배출능력은 1시간당 배출장소 용적의 몇 배 이상으로 해야 하는가?

① 10배　　　　　② 20배

③ 30배　　　　　④ 40배

배출설비 국소방식의 경우 배출능력 : 1시간당 배출장소 용적의 20배 이상

53 이동탱크저장소의 용량이 19,000L일 때 탱크의 칸막이는 최소 몇 개를 설치해야 하는가?

① 2　　　　　　② 3

③ 4　　　　　　④ 5

이동탱크저장소 용량 4,000L마다 칸막이를 설치하므로

$\dfrac{19,000L}{4,000L} - 1 = 3.75 \fallingdotseq 4$

54 위험물 간이탱크 저장소의 간이저장탱크 수압시험 기준으로 옳은 것은?

① 50kPa의 압력으로 7분간 수압시험

② 70kPa의 압력으로 10분간 수압시험

③ 50kPa의 압력으로 10분간 수압시험

④ 70kPa의 압력으로 7분간 수압시험

간이저장탱크의 수압시험은 70kPa의 압력으로 10분간 실시하여 새거나 변형이 없어야 함

55 안전한 저장을 위해 첨가하는 물질로 옳은 것은?

① 과망가니즈산나트륨에 목탄을 첨가

② 질산나트륨에 황을 첨가

③ 금속칼륨에 등유를 첨가

④ 다이크로뮴산칼륨에 수산화칼슘을 첨가

금속칼륨, 금속 나트륨 보호액 : 산소가 함유되지 않은 석유, 경유, 유동파라핀 등의 석유류 속에 저장

56 위험물안전관리법령상의 동식물유류에 대한 설명으로 옳은 것은?

① 피마자유는 건성유이다.

② 아이오딘 값이 130 이하인 것이 건성유이다.

③ 불포화도가 클수록 자연발화하기 쉽다.

④ 동식물유류의 지정 수량은 20000L이다.

① 피마자유 : 불건성유

② 아이오딘 값 : 130 이상

④ 지정 수량 : 10,000L

57 다음 제4류 위험물 중 인화점이 가장 낮은 것은?

① 아세톤

② 아세트알데하이드

③ 산화프로필렌

④ 다이에틸에터

① −18℃

② −38℃

③ −37℃

④ −45℃

58 다음 중 황린이 자연발화하기 쉬운 가장 큰 이유는?

① 끓는점이 낮고 증기의 비중이 작기 때문에

② 산소와 결합력이 강하고 착화온도가 낮기 때문에

③ 녹는점이 낮고 상온에서 액체로 되어 있기 때문에

④ 인화점이 낮고 가연성 물질이기 때문에

제3류 위험물 자연발화성 물질인 황린(P_4)은 발화점이 34℃로 매우 낮고, 산소와 친화력이 커 공기 중에 방치 시 자연발화 할 수 있음

59 수납하는 위험물에 따라 위험물 운반용기의 외부에 표시하여야 하는 주의사항의 연결이 틀린 것은?

① 제2류 위험물 중 철분 – 화기주의 및 물기엄금

② 제2류 위험물 중 인화성 고체 – 화기엄금

③ 제4류 위험물 – 화기엄금

④ 제6류 위험물 – 화기주의

제6류 위험물 운반용기 외부 표시 주의사항 : 가연물 접촉주의

60 금속 과산화물을 묽은 산에 반응시켜 생성되는 물질로서 석유와 벤젠에 불용성이고, 표백작용과 살균작용을 하는 것은?

① 과산화나트륨

② 과산화수소

③ 과산화벤조일

④ 과산화칼륨

과산화수소는 분해 시 발생한 발생기 산소가 표백작용을 함

MEMO

위험물산업기사 필기

정가 ▮ 30,000원

지은이 ▮ **이응재 · 윤두수**
김선기 · 최은선
펴낸이 ▮ **차 승 녀**
펴낸곳 ▮ **도서출판 건기원**

2023년 4월   7일 제1판 제1쇄 인쇄발행
2024년 1월 31일 제2판 제1쇄 인쇄발행
2025년 3월   5일 제3판 제1쇄 인쇄발행
2025년 12월 30일 제4판 제1쇄 인쇄발행

주소 ▮ 경기도 파주시 연다산길 244(연다산동 186-16)
전화 ▮ (02)2662-1874~5
팩스 ▮ (02)2665-8281
등록 ▮ 제11-162호, 1998. 11. 24

ISBN 979-11-5767-911-9 13570

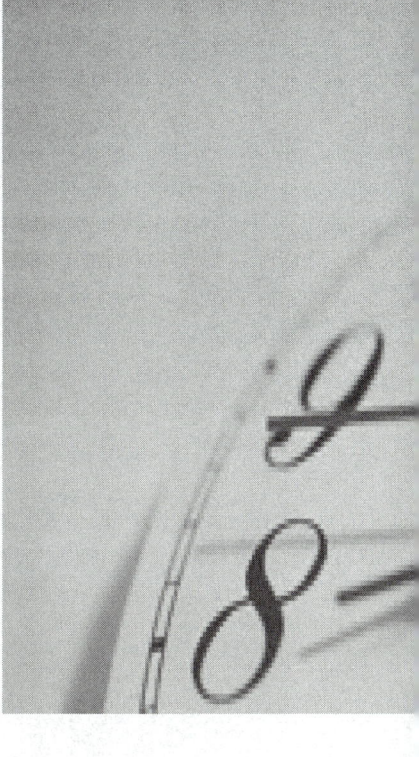